中国晚古生代孢粉化石

—— 下册 ——

The Late Paleozoic Spores and Pollen of China

欧阳舒　卢礼昌　朱怀诚　刘　锋 编著

资助项目

中华人民共和国科学技术部基础性工作专项（2006FY120400，2013FY113000）

中国科学技术大学出版社

目　录

上　册

下　册

第二章 中国泥盆纪孢粉组合序列及泥盆-石炭系孢粉界线

第一节 中国泥盆纪孢粉组合序列

一、早泥盆世孢子组合序列

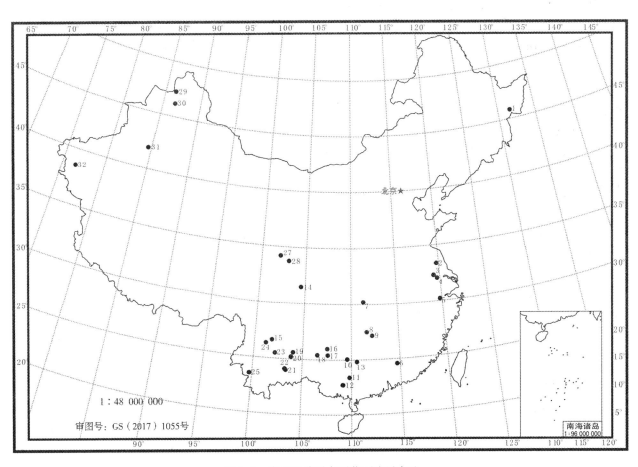

图 2.1 中国泥盆系主要化石孢子产地

Fig. 2.1 Main localities of Devonian palynofloras in China

1. 黑龙江密山 2. 江苏宝应 3. 江苏南京龙潭 4. 江苏句容 5. 浙江富阳 6. 江西全南小慕 7. 湖北长阳 8. 湖南锡矿山 9. 湖南界岭 10. 广西融安 11. 广西象州 12. 广西六景 13. 广西桂林 14. 四川龙门山地区 15. 四川攀枝花(渡口) 16. 贵州都匀 17. 贵州独山 18. 贵州睦化 19. 云南沾益 20. 云南曲靖(西山和翠峰山) 21. 云南婆兮 22. 云南盘溪 23. 云南禄劝 24. 云南华坪 25. 云南耿马四排山 26. 西藏聂拉木 27. 甘肃碌曲 28. 甘肃迭部 29. 新疆和布克赛尔俄姆哈山 30. 新疆沙尔布尔提山 31. 新疆塔里木盆地草1井 32. 新疆塔里木盆地莎车。

(一)北方地区

甘肃碌曲-迭部地区下泥盆统孢子组合(高联达、叶晓荣,1987;高联达,1993)获自羊路沟与普通沟剖面羊路沟组上部与下普通沟组下、中部,包括丰富的小孢子与少量的疑源类、几丁虫等。羊路沟组以 *Apiculiretusisispora minor*, *Leiotriletes parvus* 与 *Retusotriletes* spp. 的存在为特征。这些种的孢体很小(20—40μm),且纹饰简单。此外,还含有海相微体化石:*Leiosphaeridia wenlokia*, *Macroptycha uniplicata*, *Pterospermella* spp. 与 *Hoegisphaera* spp.。顶界以 *Apiculiretusisispora spicula*, *Leiotriletes laevis*, *Retusotriletes* cf. *warringtonii*, *R.* sp. A, *R.* sp. C 与 *R.* sp. F 等的出现为标志。下普通沟组下、中部则以 *Streelispora newportensis*, *Ambitisporites dilutus* 的出现为特征,并含有 *Synorisporites* spp., *Tholisporites chulus* var. *chulus*, *T. chulus* var. *nanus*, *Retusotriletes aureoladus*, *R.* cf. *warringtonii*, *Apiculiretusisispora synorea*, *Cymbosporites* cf. *senex*, *Brochotriletes* sp. 与 *Amicosporites* sp. 等。上述两组地层产出的孢子合称为 *Streelispora newportensis* – *Ambitisporites dilutus*(ND)组合。地质时代最初归属晚志留世—早泥盆世。其后,高联达(1993)在研究西准噶尔早泥盆世材料时,认为沙尔布尔提山乌吐布拉克组 MN 组合可与当前 ND 组合对比,时代应归属早泥盆世吉丁期(Gedinnian)。

西准噶尔沙尔布尔提山下泥盆统乌吐布拉克组孢子组合(高联达,1993)由占绝对优势(95%)的三缝孢类与极少数(3%—5%)疑源类等组成,包括自下伏 DS 组合上延的 *Retusotriletes dittonensis*, *R. aureoladus*, *R. warringtonii**, *R. minor*, *Ambitisporites dilutus**, *A. avitus*, *Apiculiretusisispora spicula**, *A. synera*, *Tholisporites* (al. *Archaeozonotriletes*) *chulus* var. *chulus**, *T. chulus* var. *nanus**, 新出现的 *Emphanisporites micrornatus*, *E. decornatus*, *Streelispora newportensis**, *Cymbosporites echinatus*, *C. dittonensis*, *Coronaspora mariae*, *Ebreosispora glabella*, *Acinosporites salopiensis*, *Synorisporites verrucatus*, *Stenozonotriletes pumilus*, *Apiculiretusisispora plicata*, *Concentricosisporites sapittarius* 等三缝孢,以及少量的疑源类与几丁虫。本书称之为 *Emphanisporites micrornatus* – *Streelispora newportensis*(MN)组合(上列名单中具 * 号者为 MN 组合与 ND 组合的共有孢子属种)。

上述情况表明,本 MN 组合与其下伏 DS 组合关系甚为密切,应为连续沉积的产物。当前乌吐布拉克组 MN 组合大致可与甘肃碌曲-迭部地区下泥盆统 ND 组合(高联达、叶晓荣,1987)对比:首先,彼此的组成相同,均为"孢子+疑源类";其次,弓脊孢类与栎型孢类均较丰富,并具一定数量的共同种。时代为早泥盆世吉丁期。

高联达、叶晓荣(1987)在甘肃碌曲–迭部地区下泥盆统当多组建立 *Reticulatisporites emsiensis* – *Clivasisispora verrucata*(EV)组合,其地层层位相当于当多组下部与中部,组合以 *Reticulatisporites emsiensis* 与 *Clivosisispora verrucata* 的存在为特征。主要孢子属种有:*Leiotriletes dissimilis*, *Retusotriletes* spp., *Apiculiretusisispora plicata*, *Apiculatisporis microconus*, *Acinosporites lindlarensis* var. *lindlarensis*, *Verrucosisporites polygonalis*, *Brochotriletes foveolatus*, *Dibolisporites wetteldofensis*, *Dictyotriletes gorgoneus*, *Grandispora douglastownense*, *Hymenozonotriletes* sp., *Hystricosporites corystus* 与 *Ancyrospora* spp. 等。组合以 *Reticulatisporites emsiensis*, *Acinosporites lindlarensis* var. *lindlarensis*, *Dibolisporites wetteldofensis* 与 *Grandispora douglastownense* 的消失为顶界。结合剖面产出的其他动物化石,当前孢子组合的时代当属早泥盆世埃姆斯期(Emsian)。

(二)南方地区

1. 云南曲靖西山水库组合特征

Streelispora newportensis – *Chelinospora cassicula*(NC)组合(方宗杰等,1994)源于云南曲靖西山水库志留–泥盆系界线剖面的下西山村组。组合由 12 属 21 种三缝孢子(仅有属种名单)组成,它们是:*Retusotriletes dittonensis*, *R. laevis*, *R. minor*, *R. triangulatus*, *Ambitisporites avitus*, *A. dilutus*, *Apiculiretusisispora plicata**, *A. spicula*, *Anapiculatisporites petilus*, *Clivosisispora verrucatus* var. *verrucatus*, *Brochotriletes sanpetrensis*, *Emphanisporites neglectus*, *Camptozonotriletes* sp., *Streelispora newportensis**, *Chelinospora cassicula**, *Cymbosporites dittonensis*, *C. proteus**, *C. verrucatus*, *Tholisporites* (al. *Archaeozonotriletes*) *chulus* var. *chulus*, *T. chulus* var. *nanus*, *Synorisporites labutus*。原作者高联达(方宗杰等,1994)称之为 *Streelispora newportensis* – *Chelinospora cassicula*(NC)组合,通过与 Richardson 和 McGregor(1986)的 MN 组合对比发现,两者均以 *Streelispora newportensis* 占主要地位,并具 4 个共同种(带 * 号者),且彼此时代相当,故 NC 组合的时代也应属吉丁期(方

宗杰等,1994)。并且据原作者的研究,志留-泥盆系界线应位于西山水库剖面的 YDC37 和 YDC43 之间,即该界线位于下西山村组内部。此观点与以往一般将下西山组置于下泥盆统底部不同。

类似的组合有:①*Streelispora granulata* – *Archaeozonotriletes chulus*(GC)组合(高联达,1981),该组合产自曲靖翠峰山西屯组,其特征与上述下西山村组的 VN 组合有些近似,主要分子有 *Emphanisporites neglectus*, *E. minutus*, *Returotriletes* cf. *dittonensis*, *R. communis*, *R. simplex* 与 *Streetispora granulata* 等 6 种。高联达(1988)将该两个组合分别与 Welsh Borderland 的当顿统(Downtonian)和迪通统(Dittonian)的组合(Richardson and Lister,1969)以及与利比亚吉丁期的组合(Richardson and Ioannides,1973)对比并认为这两个组合的时代均属早泥盆世早期。②四川龙门山地区也有类似的两个组合,即 *Streelispora neuwportensis* – *Synorisporites verrucatus* 组合和 *Brochotriletes* spp. – *Synorisporites neoportenensis* 组合,其时代分别相当于吉丁期—西根期(Gedinnian—Siegenian)和上西根期(王士涛等,1988)。

2. 广西六景孢子组合特征

广西六景下泥盆统那高岭阶(由下部那高岭段、中部蚂蝗岭段与上部露义岭段组成)含 3 个孢子组合(高联达,1978),自下而上为:

A. *Leiotriletes* – *Punctatisporites* 组合。组合获自下那高岭段(1—2 层),含三缝小孢子 10 属 20 种,主要特征有:无环光面孢类占优势,为总含量的 78%,它们是 *Leiotriletes*(48%),*Calamospora*(11%),*Punctatisporites*(9%)与 *Retusotriletes*(10%);其次为具饰孢类(12%),如 *Acanthotriletes*, *Apiculiretusispora*, *Verrucosisporites* 与 *Dictyotriletes* 等;再次为具环三缝孢(10%),如 *Stenozonotriletes*。

B. *Retusotriletes* – *Acanthotriletes* – *Stenozonotriletes* 组合。材料获自上那高岭段(3—4 层),含三缝孢类 19 属 39 种、单缝孢类 1 属 1 种,主要特征是:组合成分相对较丰富,其属种数量为其下伏组合的近 2 倍;光面三缝孢类,除 *Retusotriletes* 含量明显增加(由 10% 增至 28.5%)外,其他 3 属〔*Leiotriletes*(48%),*Calamospora*(11%)与 *Punctatisporites*(9%)〕由 68% 减少至 48%;具刺—粒、瘤纹与网纹类孢子含量由 12% 增至 42%,它们分别是 *Apiculiretusispora*(7.5%),*Apiculatisporites*(4.5%),*Acanthotriletes*(23%),*Verrucosisporites*(3.0%)与 *Reticulatisporites*(4.0%);新现属种有 *Tholisporites*(al. *Archaeozonotriletes*)*chulus* var. *nanus*, *Hymenozonotriletes antiquus* 与 *H. deltoides* 以及单缝孢 *Laevigatosporites contiguus*。

由此可见,上述两组合关系颇密切,其成分的变化是随时间推移的必然结果。那高岭段(组)时代可能为吉丁期—西根期。

C. 第三组合与上述两个组合相比因所属沉积环境不同而异:其组合成分以疑源类占绝对优势,含量高达 91%;孢子化石仅见 *Leiotriletes* sp., *Retusotriletes communis*, *R. rotundus*, *R. triangulatus*, 以及 *Crissisporites guangxiensis* 与 *Stenozonotriletes* sp. 等,含量不超过 9%。

3. 四川龙门山地区孢子组合特征

四川龙门山地区下泥盆统产有 2 个孢子组合,即 *Streelispora newportensis* – *Synorisporites verrucatus*(NV)组合与 *Brochotriletes* spp. – *Synorisporites downtonensis*(SD)组合。前者产自桂溪组、木耳厂组与观音庙组,后者产自关山坡组与白柳平组,时代分别属于吉丁期—西根期(Gedinnian—Siegennian)与上西根期。

A. *Streelispora newportensis* – *Synorisporites verrucatus*(NV)组合。孢子以无环三缝孢类为主,结构简单,表面光滑,纹饰细刺—粒状,如 *Leiotriletes*, *Punctatisporites*, *Retusotriletes* 与 *Apiculiretusispora*,占组合的百分含量为 50%—70%,其中又以后两属的分子含量最高,约为 50%;此外,孢体较小,常在 25—45 μm 之间,平均约 32 μm。类似或可比较的孢子组合见于广西六景地区下泥盆统下那高岭段(高联达,1978)。后者的主要成分也是无环光面三缝孢类(78%),并也含有一定数量(12%)的具饰三缝孢类等。

B. *Brochotriletes* spp. – *Synorisporites downtonensis*(SD)组合。由丰富的孢子与众多的几丁虫、疑源类与虫颚等组成;三缝孢类,除 *Retusotriletes* 与 *Apiculiretusispora* 等继续存在外,还出现了若干瘤面、穴面、双型纹饰的以及具桴、具环类等的属的分子,如 *Verruciretusispora*, *Brochotriletes*, *Dictyotriletes*, *Dibolisporites*,以及 *Cymbosporites* 与 *Hymenozonotriletes* 等;此外,孢子大小也增至 30—55 μm,平均约 45 μm。

类似组合见于广西六景地区下泥盆统上那高岭段(3—4层;高联达,1978),该组合也是以无环光面三缝孢类占优势(78%)。

4. 云南曲靖翠峰山一带早泥盆世徐家冲组孢子组合特征(卢礼昌、欧阳舒,1976)

该组合标本取自曲靖徐家冲下泥盆统剖面徐家冲组;含小孢子13属32种,并以弓脊孢类与具环孢类为主,主要属种有 *Retusotriletes communis*,*R. confossus*,*R. intergranulatus*,*R. pychovii*,*R. reculitus*,*R. simplex*,*R. triangulatus*(含 *R. triangulatus* var. *major* 与 *R. triangulatus* var. *microtriangulatus*),*R. distinctus*,*Apiculiretusispora conica*,*A. golatensis*,*A. minuta*,*A. plicata*,*Verruciretusispora megaplatyverruca*,*V. platyverruca*,以及具环孢 *Stenozonotriletes extensus* var. *major* 与 *S. extensus* var. *medius*,它们占组合的百分含量为66.7%;其次是栎型孢类,如 *Cymbosporites dittonensis* 与 *Tholisporites chulus* var. *chulus* 等。依据以上孢粉组合面貌,建立 *Retusotriletes triangulatus - Apiculiretusispora minuta*(TM)组合。本组合中的19个已知种在世界各地的地质分布表明,其中有16个种的时代为早泥盆世晚期与中泥盆世早期。从孢子的大小幅度分析,该组合中的主要分子大小为40—110μm,该大小幅度大致可与苏格兰(Midland Valley)的下老红砂岩上部地层(相当于早泥盆世晚期)孢子的大小幅度(Richardson,1967)比较。更为重要的是,在本组合地层中产出以 *Drepanophycus spinaeformis* 与 *Zosterophyllum yunnanicus* 为代表的植物群化石,进一步佐证了本组合的时代属于早泥盆世(徐仁,1966;李星学等,1977)。

与本组合关系最为密切的莫过于云南沾益龙华山泥盆系剖面的下部孢子组合(卢礼昌,1980)。该组合的主要成分与本组合的十分近似,也是以 *Retusotriletes*,*Apiculiretusispora*,*Verruciretusispora* 与 *Tholisporites* 等4属的分子占优势,百分含量为78.7%—86.3%。地质时代也应相近,均属早泥盆世埃姆斯期(Emsian)。类似组合还有云南曲靖龙华山组(=徐家冲组)孢子组合(Gao L. D.,1981),该组合也是以 *Retusotriletes* 与 *Apiculiretusispora* 的分子占优势,百分含量为40%—60%。组合的特征种有 *Retusotriletes triangulatus**,*R. rotundus*,*Apiculiretusispora plicata**,*Cymbosporites dittonensis**,*Stenozonotriletes extensus* var. *medius**,*S. extensus* var. *major**,*Verrucosisporites* sp.,?*Dictyotriletes* cf. *emsiensis* 与 *Camarozonotriletes* cf. *parvus*。上列属种名单表明,两组合的总体面貌基本相同,均以 *Retusotriletes* 与 *Apiculiretusispora* 占优势,且有5个共同种(带*号者)。时代的归属也颇接近,可能为晚西根期—早埃姆斯期。

5. 贵州独山和都匀地区孢子组合特征

高联达和侯静鹏(1975)在贵州独山和都匀地区下泥盆统丹林组中发现了2个孢子组合,即丹林组下段(2—12层)组合与丹林组上段(13—17层)组合。时代可能属于西根期—埃姆斯期。

A. 丹林组下段孢子组合以裸蕨类植物与古蕨类植物孢子的存在为特征。其中三缝孢类的含量为94.8%,单缝孢类为5.2%,主要属种有 *Retusotriletus triangulatus*,*Apiculiretusispora microperforatus*,*Granulatisporites kweichowensis*,*Verrucosisporites pseudoreticulatus*,*V. krypsis* 与 *Dibolisporites wetteldofensis* 等,它们的百分含量约为80%;其次是 *Reticulatisporites*,*Dictyotriletes* 与 *Brochotriletes* 等网面孢属,平均百分含量约为5.6%;再次是 *Emphanisporites*(约2%),如 *E. annulatus*,*E. neglectus* 与 *E.* sp. 等。在此暂称为 *Retusotriletes triangulatus - Emphanisporites annulatus*(TA)组合。

B. 丹林组上段孢子组合的主要成分是 *Calamospora divisa*,*Punctatisporites pyramidalis*,*Retusotriletes diligens*,*R. triangulatus*,*Convolutispora sinuosa*,*Acinosporites* cf. *acanthomammillatus* 与 *Ancyrorpora breviradius* 等,它们的百分含量约为82%;其次是新出现的 *Grandispora* 与 *Hymenozonotriletes*,约占3.7%。与下段组合的共同分子有:*Apiculiretusispora homogranulatus*,*Brochotriletes foveolatus*,*Dictyotriletes grandis*,以及单缝孢 *Laevigatosporites minutus* 等。在此暂称为 *Calamospora divisa - Grandispora* spp.(DG)组合。

二、中泥盆世早期孢子组合序列

（一）北方地区

Rhabdosporites langii - *Grandispora velata*（LV）组合（高联达、叶晓荣,1987）产自甘肃碌曲-迭部地区中泥盆世地层,层位相当于工作区的当多组上部与鲁热组下部。组合主要由 *Retusotriletes rotundus*, *R. dubius*, *Apiculiretusispora densiconata*, *A. mierperforata*, *Dibolisporites echinaceus*, *Acinosporites acanthomammillatus*, *Dictyotriletes minor*, *Camarozonotriletes laevigatus*, *C. sextantii*, *Perotrilites ergatus*, *Ancyrospora involucra*, *Archaeoperisaccus* spp. 与 *Rhabdosporites micropaxillus* 等组成,并以 *Rhabdosporites langii* 与 *Grandispora velata* 的首次出现为基本特征。LV 组合与其下伏 EV 组合不同的是,含有众多的中泥盆世分子（如 *Archaeoperisaccus* 属）,且在某些样品中的百分含量可达 10%—15%,这表明当时植物的演进处于一个较新的阶段。高联达、叶晓荣（1987）认为 LV 组合可与 *Rhabdosporites langii* - *Acinosporites acanthomammillatus* 组合（Richardson,1974; McGregor and Camfield,1976）粗略地对比,也可与 Tschibrikova 和 Naumova（1974）报道的 *Retusotriletes* - *Hymenozonotriletus* 组合（Ⅲ）对比,时代属中泥盆世早期（艾菲尔期）。

Densosporites devonicus 组合（高联达、叶晓荣,1987）产地与上述 LV 组合为同一地区,其层位相当于鲁热组上部与下吾那组。组合成分中除少量疑源类等海相化石外其余大部分是小孢子,主要属种有 *Leiotriletes trivialis*, *Punctatisporites solidus*, *Retusotriletes pychovii*, *Apiculiretusispora* spp., *Verrucosisporites* spp., *Stenozonotriletes minus*, *Densosporites concinnus*, *Archaeozonotriletes primarius*, *Cymbosporites pusillus* var. *atavus*, *Geminospora compacta*, *Aneurospora goensis*, *Hystricosporites grandis* 与 *Ancyrospora furcutla* 等;占优为 *Densosporites devonicus*。原作者认为上列诸种主要为西欧、俄罗斯与北美吉维特期（Givetian）的代表分子,故将当前组合与 *Densosporites devonicus* 组合带及 *Samarisporites triangulatus* 组合带（下部）（Richardson,1974）对比,也可与 McGregor 和 Camfield（1976）报道的 *Densosporites devonicus* - *Samarisporites orcadensis* 组合带对比,其地质时代为中泥盆世艾菲尔期晚期与吉维特期。

（二）南方地区

1. 贵州独山地区中泥盆统龙洞水组（D_2^1,24—28 层）孢子组合（高联达、侯静鹏,1975）

孢子组合特征是:下伏丹林组与舒家坪组的一些重要分子在本组合中消失或急剧减少;常见于中泥盆统的分子则大量出现,显示当时植物群处于一个新的发育阶段。具体表现是:①*Retusotriletes* cf. *distinctus* 与 *R. rugulatus* 大量增加,平均含量为 7% 左右,偶尔高达 13%;*Stenozonotriletes labratus* 与 *Archaeozonotriletes basilaris* 的平均含量为 6.2%,个别达 18.5%,*Hymenozonotriletes* 少量出现;② *Hystricosporites corystus* 首次出现;③*Emphanisporites* 明显减少,由 2.1% 减少至 0.2%。高联达、侯静鹏（1975）认为,龙洞水组为中泥盆世早期沉积,其孢子组合可与国外同期组合比较,时代属中泥盆世早期（艾菲尔期）。在此暂称为 *Retusotriletes* cf. *distinctus* - *Hystricosporites corystus*（DC）组合。

2. 云南曲靖地区中泥盆统穿洞组（D_2^1）孢子组合特征（徐仁、高联达,1991）

Calyptorporites velatus - *Rhabdosporites langii*（VL）孢子组合成分包括两部分,即由早泥盆世继续上延的 *Apiculiretusispora plicata*, *Acinosporites macrospinosus*, *Dibolisporites echinaceus*, *D. bullatus*, *Verruciretusispora dubia*, *Brochotriletes foveolatus*, *Dictyotriletes subgranifer*, *Grandispora douglastownense*, *Emphanisporites annulatus* 和新出现的 *Calyptosporites velatus*, *Retusotriletes rugulatus*, *Corystisporites multispinosus* var. *multispinosus*, *Camarozonotriletes pusillus*, *Acinosporites acanthomammillatus*, *Verrucosisporites paremeceus*, *Geminospora micropaxilla* 等（除少数疑源类）组成。原作者认为,当前组合可与贵州独山都匀地区龙洞水组的组合对比,时代也为中泥盆世艾菲尔期。

三、中泥盆世晚期孢子组合序列

（一）北方地区

1. 新疆准噶尔盆地呼吉尔斯特组孢子组合特征（卢礼昌,1997b）

组合标本来自和布克赛尔俄姆哈山北坡呼吉尔斯特组上部（产 *Lepidodendropsis*）,产小孢子 36 属 83 种,其中以 *Cymbosporites* 与 *Emphanisporites* 两属为主,百分含量分别为 36.3% 与 8.7%,常见属种有 *Cymbosporites arcuatus*、 *C. caythus*、 *C. conatus*、 *C. formosus*、 *C. magnificus* var. *magnificus*、 *C. microverrucosus*、 *C. pallida*、 *C. coniformis*、 *C. obtusangulus*、 *Emphanisporites annulatus*、 *E. hoboksarensis*、 *E. patagiatus* 与 *E. rotatus*,共 13 种,其百分含量合计为 45%。当前孢子组合被命名为 *Cymbosporites* 组合。

除上述主要成分外,还有部分次要分子: *Retusotriletes concinnus*、 *R. scabratus*、 *R. triangulatus*、 *R.* cf. *famennensis*、 *Acanthotritetes crematus*、 *A. dentatus*、 *Apiculiretusispora plicata*、 *Verruciretusispora grandis*、 *V. platyveruca*、 *V. domanica*、 *V. cymbiformis*. *Verrucosisporites mesogrumosus*、 *V. nitidus*、 *V. polygonalis*、 *V. tumulemtis*、 *Converrucosisporites humilis*、 *Lophotrilites devonicus*、 *L. salebrosus*、 *L. trivialis*、 *Lophozonotriletes concessus*、 *L. curvatus*、 *L. grandis*、 *L. media*、 *L. polymorphus*、 *Archaeozonotriletes dissectus*、 *A. meandricus*、 *A. timanicus*、 *A. variabilis*、 *Tholisporites decorus*、 *Asperispora decumana*、 *A. naumovae*、 *A.* sp.、 *Camptozonotriletes* spp.、 cf. *Cirratriadites avius*、 *Crassispora imperfectus* 与 *Cristatisporites firmus* 等,各属的百分含量一般为 1.8%—3.7%,罕见超过 4%。

Cymbosporites 是泥盆纪尤其是中泥盆世晚期与晚泥盆世早期最常见且分布甚广的形态属之一,在北美、欧洲是如此,在中国也是如此,并在中泥盆世晚期最为丰富（卢礼昌,1980b,1988；Bharadwaj et al.,1971）。同时,它的某些种如 *C. magnificus* var. *magnificus* 在欧美地区还是早、中吉维特期 *Geminospora lemurata* - *Cymbosporites magnificus* 组合带的特征种之一,并可上延至弗拉期（Richardson and McGregor,1986；McGregor and Playford,1992）；在中国,该分子也主要见于吉维特期与弗拉期；在南半球澳大利亚也始见于吉维特期,并且是弗拉期 *Archaeozonotriletes ovalis* - *Verrucosisporites bulliferus* 组合带的特征种之一（McGregor and Playford,1992）。该特征种在呼吉尔特组 *Cymbosporites* 组合中的存在,并结合相关的植物与腕足类化石（蔡重阳等,1984；许汉奎等,1990）,表明当前组合的时代应归属中泥盆世晚期吉维特期。

2. 黑龙江密山中泥盆统黑台组上部（D_2^2）孢子组合特征（欧阳舒,1984）

取自黑台组上部的岩石标本,经切片和浸解两种方法所获组合中,除疑源类 3 属 5 种、几丁虫 2 种、木材碎片（管胞）及藻类丝状体之外,孢子共 22 属 34 种（型）,最引人注目的是以棘刺类型的 *Dibolisporites*、 *Apiculiretusispora*、 *Grandispora* 与 *Biornatispora* 等 4 属为主要特征,其含量将近 50%。此特征与美国纽约州吉维特期中晚期潘特尔山（Pantter Mountain）组（产植物化石 *Leclercqia complexa*）的孢子组合以及时代大致相当,同时与比利时 Goé 层孢子组合也颇为相似。此外,*Archaeoperisaccus*［该属在我国中泥盆世晚期是常见的重要分子之一（卢礼昌,1980b）］的可能存在,也表明黑台组上部的地质时代归入吉维特期较适合。而产丰富化石（珊瑚、腕足类、苔藓虫、海蕾）的黑台组下部的地质时代则可能为中泥盆世早期。

3. 甘肃碌曲 - 迭部地区中—晚泥盆世蒲莱组 *Convolutispora crerata* 组合（高联达、叶晓荣,1987）

研究标本产自甘肃碌曲-迭部地区中—晚泥盆世蒲莱组,组合以 *Convolutispora crerata* 的出现为特征,主要成分有 *Archaeozonotriletes triquetrus*、 *A. antiquus*、 *Geminospora micromanifestus* var. *minor*、 *G. famenensis*、 *Aneurospora goensis*、 *Tholisporites ancylus*、 *Convolutispora scurrus*、 *C. crassata*、 *Dictyotriletes subgranifer*、 *D. devonicus*、 *Hymenozonotriletes varius* var. *minor*、 *Grandispora multispinosa* 与 *Ancyrospora furcula* 等。

高联达、叶晓荣（1987）认为,本组合可粗略地与 Richardson（1974）报道的 *Samarisporites triangulatus* - *Contagisporites optivus* 组合带对比,时代为晚吉维特期—早弗拉期。

(二) 南方地区

1. 云南沾益史家坡海口组孢子组合 (卢礼昌, 1988)

该组合产自沾益玉光村史家坡中泥盆统海口组 (D_2^2)。沉积物由以陆相为主的海陆交替相组成。史家坡海口组, 不仅产有属种最多、标本最好的孢子, 而且还有世界性中泥盆世标志的动物 (腕足类) *Stringocephalus burtini*、植物 *Protolepidodendron scharyanum* 等大化石与本微体植物群同层或互层产出。当前组合由大小孢子 57 属 173 种与少量疑源类组成。占优势者主要有①光面弓脊孢: *Retusotriletes avonensis*, *R. communis*, *R. confossus*, *R. denssus*, *R. distinctus*, *R. dubiasus*, *R. impressus*, *R. levidensus*, *R. linealis*, *R. rugulatus*, *R. simplex*, *R. spissus*, *R. triangulatus* (13 种); ②具栎类型孢: *Archaeozonotrilates auritus*, *A. dessectus*, *A. distinctus*, *A. incompletus*, *A. orbiculatus*, *A. splenditus*, *A. variabilis* (7 种), *Chelinospora irregulata*, *C. larga*, *C. ligulata*, *C. multireticulata*, *C. ochyrosa*, *C. rarireticulata*, *C. regularis*, *C. robusta* (8 种), *Cymbosporites arcuatus*, *C. conatus*, *C. cyathus*, *C. dentatus*, *C. magnifica* var. *endoformis*, *C. magnifica* var. *magnificus*, *C. microverrucosus*, *C. rhytideus* (8 种), *Tholisporites densus*, *T. distalis*, *T. interopunctatus*, *T.* sp. (4 种); ③具锚刺类型孢: *Hystricosporites germinis*, *H. microancyreus*, *H.* cf. *gravis*, *H.* sp. 1—4 (7 种), *Ancyrospora acuminata*, *A. arguta*, *A. baccillaris*, *A. conjunctiva*, *A. dissecta*, *A. distincta*, *A. incisa*, *A. irregularis*, *A.* (?) *majuscula*, *A. malvillensis*, *A. penicillata*, *A. pulchra*, *A. simplex*, *A. stellizonalis*, *A. striata*, *A. subcircularis*, *A.* cf. *subcircularis*, *A. tenuicaulis* (18 种) 与 *Nikitinsporites brevicornis*, *N. rhabdocladeus* (2 种) 等 9 属 71 种, 占组合的百分含量为 75%。其次为 *Lophozonotriletes baculiformis*, *L. crissifer*, *L. irregularis*, *L. mamillatus*, *L. polymorphus*, *L. timanicus*, *L. verrucosus* (7 种) 与 *Crassispora imperecta*, *C.* cf. *imperfecta*, *C. kosankei*, *C. remota* (4 种) 等 11 种, 约占 5.5%。再次是 *Reticulatamonoletes angustus*, *R. robustus* 与 *Archaeoperisaccus indistinctus* 及 *A. scabratus* 等重要分子。由此可见, 占优势的主要为弓脊类型的 *Retusotriletes*, 具栎类型的 *Archaeozonotriletes*, *Chelinospora*, *Cymbosporites*, *Tholisporites*, 以及具锚刺类型的 *Hystricosporites*, *Ancyrospora* 与 *Nikitinsporites*。故在此称为 *Retusotriletes* - *Cymbosporites* - *Ancyrospora* 孢子组合。由于在本组合中发现的 55 个种中, 见于中泥盆统上部的种多达 42 种, 占所列种数的 26.4%, 因此当前组合的时代应归属中泥盆世晚期, 即吉维特期。组合中的某些分子如 *Archaeoperisaccus scabratus*, *A. indistictus*, 与代表中泥盆世晚期沉积的腕足类 *Stringocephalus burtini* 和 *Stringocephalus* spp. 同层 (17 层) 或多次互层产出。这不仅有力地支持了孢粉学观点的组合时代, 而且还再次证明, *Archaeoperisaccus* 在中国, 至少在华南, 不像在北美 (美国、加拿大) 和欧洲 (前苏联部分) 那样, 只限于晚泥盆世弗拉期。

类似组合见于云南婆兮中泥盆世小孢子组合 (Bharadwaj et al., 1971)。最为相似或亲近的组合为云南沾益龙华山中泥盆统上部 (15—17 层) 组合 (卢礼昌, 1980b)。两组合的共同成分达 42 种之多, 约占史家坡海口组组合已知种的 50%。此外, 还有下列共同属: *Leiotriletes*, *Calamospora*, *Punctatisporites*, *Camarozonotriletes*, *Dictyotriletes* 与 *Archaeoperisaccus* 等。最主要的差异是, 当前组合成分较龙华山上部组合丰富许多, 达 170 种, 为后一组合的 2 倍多。其主要原因是, 史家坡剖面地层厚度 (105.88m) 较龙华山剖面上部地层厚度 (55.5m) 大许多, 野外观察、对比与测量结果表明, 史家坡剖面的部分地层是龙华山剖面地层的补充或沉积的延续。

2. 云南婆兮中泥盆统上部孢子组合 (Bharadwaj et al., 1971)

研究材料取自大植物化石标本的围岩。除几丁虫等海相微体化石外, 组合由小孢子 13 属 28 种组成。组合中 *Cymbosporites* 的含量最高, 达 48.8% (据棒状图、按比例测量), 其他主要成分有 *Ancyrospora*, *Radiatispinospora*, *Poshisporites* 与 *Cincturasporites*, 可称为 *Cymbosporites* - *Poshisporites* 组合。

Bharadwaj 等 (1971) 通过组合间比较, 得出的结论是婆兮组合的时代应为中泥盆世, 即艾菲尔期—吉维特期。

四、晚泥盆世早期孢子组合序列(南方地区)

我国晚泥盆世早期孢子组合的报道,无论是南方区还是北方区均较稀少,还难以构成理想的序列。现仅介绍如下南方区的少量组合:

1. 四川渡口上泥盆统油页岩层(D_3^1)孢粉组合特征(卢礼昌,1981)

研究材料产自四川渡口大麦地与云南华坪小冷卡两相邻地带的泥盆系剖面油页岩层。组合由三缝孢类33属68种(其中无环三缝孢20属40种,具环三缝孢13属28种)与单缝孢类2属3种组成,依据这些孢子化石建立了 *Cyclogranisporites dukouensis* * – *Archaeoperisaccus microancyrus*(DM)组合(卢礼昌,1981)。组合主要成分有 *Retusotriletes communis*, *R. imparilis* *, *R. levidensus*, *R. simplex*, *R. triangulatus*, *Apiculiretusisspora crassa*, *A. granulata*, *A. microverrucosa*, *Verruciretusispora magnifica* var. *magnifica*, *V. magnifica* var. *endoformis*, *V. pallida*, *Archaeozonotriletes splendidus* *, *A. variabilis*, *Cymbosporites catillus*, *C. cyathus*, *Tholisporites distalis* *, *T. separatus* *, *T.* sp. 等6属18种,约占47.5%;其次是 *Rotaspora interornata* *, *Camarozonotriletes parvus*, *C. microgranulatus* *, *Lophozonotriletes torosus*, *L. curvatus*, *L. baculiformis* * 等,约占15%;再次是锚刺孢类,*Hystricosporites germinis* *, *H.* sp. 与 *Ancyrospora melvillensis*, *A. robusta* *, *A.* aff. *incisa*, *A.* cf. *acuminata* 等,约占4%;其余属种约占33.5%。由此可见,本组合由单一的孢子组成,并以三缝孢类占绝对优势,单缝孢类仅2属3种;三缝孢类的新出现种(35个)较已知种(27个)多许多,约为已知种的1.3倍,表明该组合的地方色彩颇浓厚;以 *Ancyrospora* 为代表的锚刺孢类的存在,表明组合时代属于泥盆纪,而油页层上覆灰岩中存在的豆石灰岩,在我国西南地区通常被认为是晚泥盆世的标志;加之当前组合中出现了下石炭统较为常见的孢子属(*Rotaspora*, *Camarozonotriletes*),而滇东地区中泥盆统海口组(D_2^2)的孢子组合中,具典型泥盆纪色彩的孢子属 *Hystricosporites* 和 *Ancyrospora* 在当前组合中分异度明显降低,因此,当前组合的时代应略新于海口组的孢子组合,归属晚泥盆世早期——弗拉期(Frasnian)较适合。

2. 湖北长阳上泥盆统黄家磴组(D_3^1)孢子组合特征(刘淑文、高联达,1985)

当前组合产自长阳落雁山马颈杠上泥盆统黄家磴组含植物化石 *Leptophloeum rhombicum* 的围岩。组合由23属37种小孢子组成,主要属种有 *Samarisporites concinnus*, *S. triangulatus*, *Apiculiretusisspora granulata*, *Verruciretusispora magnifica magnifica*(相当于现今的 *Cymbosporites magnificus* var. *magnificus*), *Geminospora regularis*, *Grandispora eximius*, *G. krestovinikovii*, *G. medius*, *G. mesodevonicus*, *Discernisporites micromanifestus*, *Hymenozonotriletes turbinatus*, *Perotrilites aculeatus*, *Ancyrospora melvillensis* 和 *Hystricosporites devonicus* 等。

这里暂定为 *Samarisporites concinnus* – *Hystricosporites devonicus*(CD)组合。因其源于典型的晚泥盆世植物化石 *Leptophloeum rhombicum*,又含有若干晚泥盆世早期的分子,所以将 CD 组合的时代定为晚泥盆世早期——弗拉期。

3. 云南华宁盘溪地区上泥盆统一打得组(D_3^1)孢子组合特征

据徐仁、高联达(1991)综合报道,当前孢子组合产自云南东部,相当于上泥盆统一打得组,主要分布于华宁盘溪地区。孢子组合主要由中泥盆世上延的 *Cristatisporites triangulatus*, *Cymbosporites cyathus*, *Geminospora lemurata*, *Aneurospora greggsii*, *Auroraspora macromanifestus*, *Camarozonotriletes devonicus* 与新出现的 *Apiculiretusispora granulata*, *A. nitida*, *Hystricosporites multifurcatus*, *H.* spp., *Ancyrospora ancyrea*, *A. furcata*, *A. mulvillensis*, *Pustulatisporites rugulatus*, *Verrucosisporites bullatus*, *Lophozonotriletes medius*, *Hymenozonotrilates argutus*, *Aneurospora goensis* 等两部分组成。组合以 *Archaeoperisaccus ovalis* 的存在为特征,并取名为 *Archaeoperisaccus ovalis* – *Lagenicula bullosum*(OB)组合,其时代因 *Archaeoperisaccus ovalis* 存在而被定为弗拉期。

五、晚泥盆世晚期和泥盆-石炭纪孢子组合序列

（一）北方地区

1. 新疆和布克赛尔上泥盆统洪古勒楞组（D$_3^2$）微体化石组合（Lu and Wicander, 1988）

组合以疑源类为主，计17属37种，小孢子其次，计11属21种组成。疑源类主要有：*Ammonidium grosjeani* *，*Craterisphaeridium sprucegrovanse* *，*Cymatiosphaera perimenbrans* *，*C. parvicarina* *，*Daillydium pentaster* *，*Gorgonisphaeridium absitum* *，*G. ohioense* *，*G. plerispinosum*，*Micrhystridium stellatum*，*M. wepionense* *，*Multiplicisphaeridium ramusculosum*，*Polyedryxium embudum*，*P. pharaonis*，*Solisphaeridium spinoglobsum*，*Stellinium comptum* *，*S. micropolygorale*，*Unellium piriforme* *，*U. winsloviae* *，*Veryhachium arcarium* *，*V. europaeum*，*V. trispinosum*；小孢子有：*Ancyraspora* cf. *A. lysii* *，*A.* cf. *A. netlersheimensis* *，*Apiculiretusispora nitida*，*A. plicata* *，*Asperispora* cf. *A. acuta* *，*Calamospora nigrata*，*Camptotriletes* sp.，*Crassispora remota* *，*C.* cf. *kosankei*，*Cymbosporites* cf. *C. conatus* *，*Densosporites* cf. *dentatus*，*Discernisporites* spp.，*Grandispora* cf. *G. echinata* *，*G.* spp. 与 *Kraeuselisporites* sp. A。本文暂且将当前组合命名为 *Ancyraspora* 组合。某些已知种（带 * 号者）的时代分布表明（Lu and Wicander, 1988, text-fig. 5），该组织的时代一般为弗拉期—法门期，但更倾向于法门期，即新疆和丰洪古勒楞组的时代为晚泥盆世晚期法门期。

2. 新疆和布克赛尔黑山头组孢子组合特征（卢礼昌, 1999）

组合产自新疆和布克赛尔蒙古自治县俄姆哈泥盆系—石炭系剖面黑山头组，共含小孢子64属206种，以及13个疑源类型。据孢子化石的垂直分布及变化特征，可划分出2个组合，即下部 *Vallatisporites* spp. 组合与上部 *Hefengitosporites* 组合，并分别可与国内外的泥盆纪—石炭纪及早石炭世的组合不同程度地对比。

（1）黑山头组下部 *Vallatisporites* spp.（Vs）组合

该组合产自黑山头组第3, 4层，岩性主要由深灰色砂质灰岩夹紫红色钙质砂岩、砂质泥岩，以及灰黄与灰色砂质泥岩夹灰—褐色泥质粉砂岩、砂质灰岩扁豆体组成。组合由占绝对优势的小孢子与少量疑源类组成，其中，无环三缝孢22属37种，有环三缝孢27属79种，无环单缝孢1属2种，合计50属118种。①无环三缝孢主要有：*Leiotriletes laevis*，*Calamospora microrugosus*，*Punctatisporites punctatus*，*P. subtritus*，*Retusotriletus simplex*，*Cyclogranisporites aureus*，*Granulatisporites frustulatus*，*Verrucosisporites aspratilis*，*V. nitidus*，*Anapiculatisporites ampullaceus*，*Apiculatisporites aculeatus*，*Apiculiretusispora fructicosa*，*A. granulata*，*Dibolisporites belamellatus*，*Lophotriletes uncatus*，*L. rarus*，*Baculatisporites atratus*，*Raistrickia condylosa*，*R. corynoges*，*R. grovensis*，*R. famenensis*，*Neoraistrickia cymosa*，*Camptosporites bucculentus*，*Convolutispora robusta*，*Dictyotriletes varius*，*Microreticulatisporites punctatus*，*Emphanisporites obscurrus*，*E. rotatus*，*E. densus*，*Foveosporites vadosus*，*Reticulatisporites magnidictyus*，*R. baculiformis*，*R. discoides*，*R. separatus*；②有环三缝孢主要有：*Ancyrospora* cf. *melvillensis*，*A.* sp.，*Asperispora cornuta*，*A. muronata*，*A. undulata*，*Knoxisporites pristinus*，*Lycospora uber*，*Tumulispora rotunda*，*Crassispora kosankei*，*Cymbosporites conatus*，*C. magnificus* var. *magnificus*，*C. microverrucosus*，*C. dimorphus*，*C. spinulifer*，*Cyrtospora cristifer*，*Tholisporites minutus*，*Auroraspora macra*，*Grandispora echinata*，*G. promiscua*，*G. dissobuta*，*G. psilata*，*G.* cf. *spinosa*，*Spelaeotriletes balteatus*，*S. crenulatus*，*S. crustatus*，*S. obtusus*，*Velamisporites perinatus*，*V. irrugatus*，*Discernisporites micromanifestus*，*D. papillatus*，*D. varius*，*Endosporites nidius*，*E. perfectus*，*E. rugosus*，*Geminospora lemurata*，?*Neogemina hispita*，?*N. spongiosa*，?*N.* cf. *spongiosa*，*Angulisporites inaequalis*，*Cingulizonates loricatus*，*C. triangulatus*，*Cirratriradites radialis*，*C. rodinatus*，*Cristatisporites echinatus*，*C. conicus*，*C. denticulatus*，*C. rarus*，*C. simplex*，*C. spiculiormis*，*C. varius*，*Densosporites anulatus*，*D. granulosus*，*D. simplex*，*D. spitsbergensis*，*Hymenozonotriletes explanatus*，*H. praetervisus*，*H. major*，*Kraeuselisporites mitratus*，*K. amplus*，

K. incrassatus，*K. subtriangulatus*，*Vallatisporites ciliaris*，*V. pusillites*，*V. vallatus*，*V. verrucosus*，*V. interruptus*，*V. convolutus*，*V. cornutus*，*V. cristatus*，*V. hefengensis*，*V. pustulatus*，*V. spinulosa*，*V. cf. pusillites*；③无环单缝孢1属2种：*Tuberculatosporites xinjiangensis*，*T. macrocephalus*。此外，尚含疑源类7属8种（群）。组合以 *Vallatisporites*（33.7%），*Discernisporites*（21.7%）与 *Cristatisporites*（6.7%）等3属占优势，总计百分含量高达62.1%，其余诸属百分含量一般在0.6%—1.2%之间，罕见超过5%。值得一提的是，*Vallatisporites* 不仅含量最高，而且其种数也居首位，达12种之多，且其中3种颇具地层意义，即 *V. pusillites*，*V. verrucosus* 与 *V. vallatus*，前者被视为限于泥盆系顶部，后者常见于石炭系底部，中间者主要产于泥盆－石炭系界线层。

组合中35个已知种的时代分布为，晚泥盆世晚期和早石炭世早期的分子合计为30种（其中5种可产自中泥盆世地层），约占35种的85.7%（卢礼昌，1999，表6）。这充分表明，黑山头组下部 *Vallatisporites* spp. 组合的地质时代确属于泥盆纪—石炭纪，即法门期—杜内期。新疆南部莎车上泥盆统奇自拉夫组（D$_3^2$）孢子组合（朱怀诚，1996，1999）含有2个组合带，即 MI 带与 RL 带（后者又分 LF 亚带与 LP 亚带），其中 RL 带以 *Retispora lepidophyta* 与 *Apiculiretusispora rarissima* 的高百分含量（分别为35.5%与50%—67%）为特征，前者是世界性晚法门期的标志性分子，后者是我国法门期地层区域性较强的最常见的分子。因此 RL 带的时代应属于晚泥盆世晚期，即法门期。而当前 Vs 组合未含这2种指示分子，但考虑到在35个已知种中限于法门期的仅有 *Apiculiretusispora fructicosa*，*Dictyotriletes varius*，*Baculatisporites atratus*，*Raistrickia famenensis* 与 *Vallatisporites pusillites* 等5种（卢礼昌，1999，表6），而更多的是晚泥盆世晚期和早石炭世早期的分子（合计30种），为前者的6倍。由此可见，黑山头组下部 *Vallatisporites* spp. 组合完全属于晚泥盆世晚期的可能性应予排除。同时这一结论也得到剖面上其他化石门类的支持：①植物化石 *Leptophloeum rhombicum* 与 *Lepidodendropsis* sp. 是世界性晚泥盆世的标志性化石，它们在俄姆哈黑山头组剖面下伏地层洪古勒楞组的产出表明，黑山头组的地质时代不可能归属中泥盆世；②牙形刺化石 *Polygnathus communis* 与 *Siphonodella cooperi* 是分布颇为广泛的晚泥盆世与早石炭世常见分子，现今在黑山头组下部（第3层，AEJ351）的产出表明，该地层的地质时代归属泥盆纪—石炭纪；③菊石化石 *Gattendofia* sp.，自1935年荷兰石炭纪会议以来，有关古生物学者尤其菊石专家，普遍赞成将 *Gattendofia* 的底界作为泥盆－石炭系界线。由于该底界略高于孢子化石 *R. lepidophyta* 的顶界（14cm），因此，孢粉学者概念上的泥盆－石炭系界线略低于菊石学者定的界线。现今 *Gattendofia* sp. 产于 *Vallatisporites* spp. 孢子组合的上覆地层（第6层，AEJ352-357），因此，它有力地表明，含该组合的地层顶界不太可能过多地超越石炭系的底界。总之，上述表明：以孢子化石为依据所确定的 *Vallatisporites* spp. 组合的地质时代（泥盆纪—石炭纪）得到了多门类化石强有力的支持。

（2）黑山头组上部（C$_1^1$）*Hefengitosporites* spp.（Hs）组合

孢子主要产自黑山头组第5，6层的灰黄、灰—深灰色钙质粉砂岩或含粉砂质泥岩，组合由占绝对优势的小孢子与少量疑源类组成。小孢子51属119种。其中，无环三缝孢21属58种，主要有：*Leiotriletes ornatus*，*L. densus*，*Punctatisporites ciriae*，*P. irrasus*，*P. minutus*，*P. planus*，*P. punctatus*，*P. subtritus*，*P. lancis*，*P. cf. subvarcosus*，*P. sp.*，*Retusotriletes incohatus*，*R. pychovii*，*R. triangulatus*，*Verrucosisporites aspratilis**，*V. chilus*，*V. difficilis*，*V. morlatus*，*V. nitidus**，*V. oppresus*，*V. papulosus*，*V. verrucosus*，*V. cf. nitidus*，···，*Apiculatisporis aculeatus**，*A. communis*，*Lophotriletes insignitus*，*L. rarus**，*Pustulatisporites gibberosus*，*P. awilliamsii*，*Baculatisporites atratus**，*Raistrickia accincta*，*R. clavata*，*R. pinguis*，*R. pondersa*，*R. radiosa*，*R. famenensis**，*Camptotriletes corrugatus*，*C. robustus*，*Convolutispora disparalis*，*C. fromensis C. robusta**，···，*Emphanisporites obscurrus*，*E. rotatus**，*E. densus**，*E. subzonalis*，*Foveosporites appositus*，*Reticulatisporites distinctus*，*R. varius*；有环三缝孢26属52种，主要有：*Asperispora undulata**，*Gorgonispora convoluta*，*Knoxisporites seniradiatus*，*K. triradiatus*，*Lycospora pusilla*，*L. rugosa*，*L. sp.*，*Stenozonotriletes inspissatus*，*S. pumilus*，*Tumulispora variverrucata*，*Crassispora kosankei**，*C. variabilis*，*Archaeozonotriletes variabilis*，*Cymbosporites catillus*，*C. cyathus*，*C. conatus**，*C. magnificus* var. *endoformis*，*C. magnificus* var. *magnificus**，*C. microverrucosus**，*Tholisporites minutus**，*Auroraspora macra**，···，*Spelaeotriletes spissus*，*Endosporites midius**，*E. perfectus**，*E. rugosa**，···，

Cingulizonates loricatus[*]，*C*. cf. *loricatus*，…，*Densosporites anulatus*[*]，*D. frederici*，*D. gracilis*，*D. granulosus*[*]，*D. parvus*，*D. pius*，*D. simplex*，*D. spitsbergensis*，*D*. cf. *gracilis*，*D*. cf. *spinifer*，*Hymenozonotriletes scorpius*，*H. longispinus*，*Kraeuselisporites amplus*[*]，*Samarisporites triangulatus*，*Vallatisporites interruptus*[*]；无环单缝孢4属9种，它们是：*Laevigatosporites vulgaris*，*Punctatosporites magnificus*，*P*. sp.，*Tuberculatosporites xinjiangensis*[*]，*T. magrocephalus*[*]，*Hefengitosporites adppressus*，*H. hemisphaericus*，*H. separatus*，*H*. cf. *separatus*；尚有疑源类5属9种（群）。组合以形态简单、表面光滑的 *Leiotriletes*，*Punctatisporites*（2属占31.5%）与 *Retusotriletes*（10.8%）等3属（14种）的百分含量居首位，合计为42.3%；其次，*Hefengitosporites* 为13.5%，*Verrucosisporites* 为3.8%；其余诸属常在0.4%—1.4%之间，罕见超过2.8%。可以这样说，黑山头组上部 *Hefengitosprites* spp.（Hs）组合是以形态简单、表面光滑的 *Leiotriletes*，*Punctatisporites* 与 *Retusotriletes* 占主导以及 *Hefengitosprites* 等单缝孢的大量出现为特征的。

黑山头组上部 Hs 组合，如同其下部 Vs 组合，也由"小孢子+疑源类"组成，同属海相碎屑岩沉积环境，彼此属种众多，且数目近乎相等；彼此共同成分达31种之多，约占各组合种数（分别为118种与119种）的1/4，表明了两组合关系密切且地层沉积连续；组合间的地层间距（厚度）约1.5m。两组合所不同的是：上部 Hs 组合的无环三缝孢类与无环单缝孢类明显增加，分别为下部 Vs 组合的1.6倍与4.5倍；*Ancyrospora* 常被视为泥盆系的标志性分子之一，它仅存在于下部 Vs 组合中，而在上部 Hs 组合中则完全缺失；再就新发现种的多少而论，上、下两组合分别为36个与16个，约占各组合种数（118种与119种）的30.5%与13.4%。上部 Hs 组合的地质时代略晚于下部 Vs 组合，为早石炭世早期，即杜内期。

3. 新疆南部晚泥盆世莎车奇自拉夫组（D_3^2）孢子组合特征（朱怀诚，1996，1999a）

样品采自莎车县达木斯乡艾特沟剖面。获得小孢子24属56种。据其中某些类型的数量变化关系以及一些重要属种的出现与消失情况，由下至上划分出2个孢子组合带，即 *Leiotriletes microthelis* - *Punctatisporites irrasus*（MI）带与 *Apiculiretusispora rarissima* - *Retispora lepidophyta*（RL）带，后者又分出两个亚带，即下部 *Retispora lepidophyta* - *Ancyrospora furcula*（LF）亚带与上部 *Retispora lepidophyta* - *Spelaeotriletes pallidus*（LP）亚带。组合的时代，因地层含有众多公认的晚泥盆世标志化石 *Retispora lepidophyta*，*Leptophloeum rhombicum* 与 *Cyrtospirifer* spp.，毫无疑问，应为晚泥盆世晚期（Fa2c—Tn1）。

（1）*Leiotriletes microthelis* - *Punctatisporites irrasus*（MI）组合带

其层位相当于奇自拉夫组下部厚约80m的石英砂岩与砂质泥岩。组合以 *Leiotriletes*，*Punctatisporites*，*Retusotriletes* 与 *Aneurospora* 的数量占优势为特征，其百分含量达43%—61%。它们的主要种有：*Leiotriletes microthelis*，*Punctatisporites irrasus*，*P. minutus*，*Retusotriletes incohatus*，*R. planus*，*R. pulcherus*，*Aneuospora asthenolabrata* 与 *A. tarimensis*；其次是：*Apiculiretusispora fructicosa*，*A. hunanensis*，*A. rarissima* 与 *Auroraspora conica*，*A. corporiga*，*A. panda*，其中 *Apiculiretusspora* 与 *Auroraspora* 的含量分别为20%左右与14%—18%；再次是：*Grandispora*（2%—4.6%）与 *Spelaeotriletes*（0—8%）。

Punctatisporites irrasus 是 MI 带的重要特征分子之一，在比利时的最早记录为晚泥盆世（Tn1a）的上部（Paproth and Streel，1970，fig. 13）。同样重要的成员，*Leiotriletes microthelis* 与 *Apiculiretusispora rarissima* 至今仅限于我国晚泥盆世法门期（卢礼昌、文子才，1993；卢礼昌，1995）。再考虑到 *Retispora lepidophyta* 最早仅出现于 MI 带的上覆 RL 带的底部。由此可见，将 MI 组合带的时代定为 Fa2c—2d，大致相当于西欧 Vu 带顶部至 LL 带上部（Clayton et al.，1977），较为适合。

（2）*Apiculiretusispora rarissima* - *Retispora lepidophyta*（RL）组合带

其层位相当于奇自拉夫组上部，岩性主要为泥岩与钙质泥岩，厚略大于80m。所获属种丰度与分异度均高于其下伏 MI 带，底部以 *Retispora lepidophyta* 的首次出现为标志。RL 带又分下部 *Retispora lepidophyta* - *Ancyrospora furcula*（LF）亚带与上部 *Retispora lepidophyta* - *Spelaeotriletes pallidus*（LP）亚带。

A. *Retispora lepidophyta* - *Ancyrospora furcula*（LF）亚带。本亚带以 *Retispora lepidophyta* 异常丰富（最高含量可达35.5%）为特征。底部首次出现的分子有：*Retispora lepidophyta*，*Anapiculatisporites hystricosus*，*Auro-*

raspora microrugosa, *A. raria*, *Vallatisporites* sp. A, *Geminospora tarimensis*, *Leiotriletes scabratus*;在顶部消失的有:*Auroraspora epicharis*, *A. hyalina*, *Geminospora tarimensis*, *Leiotriletes scabratus*, *Spelaeotriletes orientalis*, *Ancyrospora furcula*, *A. involucra*, *Retispora cassicula*;主要分子有:*Retusotriletes incohatus*, *R. planus*, *R. pulcherus*, *Aneurospora asthenolabrata*, *A. tarimensis*, *Apiculiretusispora fructicosa*, *A. nitida*, *A. rarissima*, *A. microrugosa*, *A. raria*, *Auroraspora corporiga*, *A. conica*, *Retispora lepidophyta*。

B. *Retispora lepidophyta* – *Spelaeotriletes pallidus*（LP）亚带。本亚带以 *Apiculiretusispora rarissima* 的高含量(35%—67%)与 *Retispora lepidophyta* 的低含量(由 35.5%降至 1.5%以下,多数至 1%以下)为特征。该亚带成分远不如其下伏 LF 亚带的丰富多彩,其优势分子仅有:*Spelaeotriletes pallidus*, *Auroraspora corporiga**, *Apiculiretusispora fructicosa**, *Aneurospora asthenolabrata**, *Retusotriletes incohatus** 与 *R. pulcherus** 等,其中,带*号者为 LF 亚带的上延分子,表明两亚带的关系颇密切,地层沉积连续。

4. 塔里木盆地北部上泥盆统孢子组合特征(D_3^2,朱怀诚,2000)

材料获自塔里木盆地北部草 2 井(5974.0—6021.2m)东河塘组,含有小孢子 37 属 73 种,据此建立了 *Apiculiretusispora hunanensis* – *Ancyrospora furcula*（HF）组合带。①占优势的分子(高于 10%):*Apiculiretusispora hunanensis*, *A. rarissima*, *Spelaeotriletes radiatus*;②主要分子(3%—10%):*Aneurospora tarimensis*, *Apiculiretusispora fructicosa*, *Auroraspora conica*, *A. corporiga*, *Spelaeotriletes spissus*, *Cymbosporites bellus*, *C. tarimensis*, *Grandispora clandestina*, *Punctatisporites debilis*, *Retusotriletes planus*;③某些常见分子(1%—3%):*Ancyrospora langii*, *Apiculiretusispora nitida*, *Auroraspora macra*, *Geminosprora spongia*, *Grandispora uniformis*, *Punctatisporites planus*, *Raistrickia platyraphia*, *Retusotriletes incohatus*, *Tumulispora ordinaria*。

与此组合关系最为密切的应是莎车奇自拉夫组的孢子组合,尤其与该组地层上部 RL 组合带的共性较多,彼此共同成分达 27 种之多。其中,*Apiculiretusispora rarissima* 在两组合中均为极盛分子,最高含量分别达 67%与 54.4%,同时,该分子为我国法门期地层区域性较强的标志分子之一。另外,常与 *Retispora lepidophyta* 共存的 *R. cassicula* 也在两地均有出现。再者,孢子的大小幅度与纹饰组成亦颇接近或相似,组合特征相似,其时代也应相当,均属晚泥盆世法门期。

5. *Archaeozonotriletes* spp. 组合(高联达、叶晓荣,1987)

本组合产自甘肃迭部上泥盆统擦阔合组,主要成分为:*Archaeozonotriletes triquetrus*, *A. antiquus*, *A. basilaris*, *Lophozonotriletes vulgatus* var. *angulatus*, *Acinosporites hirsutus*, *Grandispora nultispinosus* 与 *Hystricosporites grandis* 等。原作者认为,本组合可大致与 Richardsosn（1974）记载的 *Lophozonotriletes cristifer* 组合对比。

(二)南方地区

1. 江苏南京龙潭地区五通群孢子组合特征(卢礼昌,1994)

五通群的标准剖面由江苏南京龙潭地区擂鼓台与观山剖面组成(李星学,1963),当前研究材料即采自这两个剖面。共发现小孢子 53 属 136 种,其中,擂鼓台剖面 43 属 100 种,观山剖面 44 属 91 种,两者共有成分 34 属 55 种。自下而上可划分出 4 个孢子组合,即观山段的 *Aneurospora asthenolabrata* – *Radiizonates longtanensis*（AL）组合,以及擂鼓台组下—中部的 *Retusotriletes* – *Cymbosporites*（RC）组合,中—上部的 *Knoxisporites* – *Densosporites*（KD）组合与上部的 *Leiotriletes crassus* – *Laevigatosporites vulgaris*（CV）组合。江苏南京龙潭地区五通群除含晚泥盆世的沉积外,还包含部分早石炭世的沉积,泥盆-石炭系界线大致位于擂鼓台组的中部,亦即 RC 与 KD 组合之间。该界线的划定与相关的大植物化石及鱼化石的地质时代基本吻合。

(1)观山段 *Aneurospora asthenolabrata* – *Radiizonates longtanensis*（AL）组合

该段地层岩性以石英砂岩为主,泥质粉砂岩与粉砂质泥岩较少。孢子组合成分相对较贫乏,仅含小孢子 17 属 25 种,其中,*Aneurospora asthenolabrata* 与 *Radiizonates longtanensis* 的百分含量最高(分别为 54.2%,30.2%),达 84.4%,其余属种明显偏低,一般仅为 0.4%—1.7%。显然,本组合以 *Aneurospora asthenolabrata* 与 *Radiizonates longtanensis* 的百分含量最高为特征。同时,当前组合也是至今为止产自观山段的唯一的孢子组合。组合中某些种的时代分布是：① *Granulatisporites rugosus* var. *minor*，*Lophotriletes perpusillus*，*Cymbosporites canatus*，*C. magnificus* var. *magnificus*，*Apiculiretusispora conica* 与 *Velamisporites laevigatus* 等 6 种，主要见于中上泥盆统；②*Retusotriletes minor*，*Cyclogranisportes baoyingensis*，*Apiculiretusispora gannanensis*，*Aneurospora asthenolabrata* 与 *Acanthotriletes denticulatus* 等 5 种，主要见于或限于上泥盆统上部，其中，*A. denticulatus* 在江西全南晚泥盆世晚期 DR 组合中的含量达 25%，并与 *?R.* cf. *lepidophyta* 同层产出（文子才、卢礼昌，1993）；③*Spelaeotriletes crenulatus* 与 *Discernisporites micromanifestus* 常见于泥盆-石炭系界线的 2 种。由此可见，当前 AL 组合特征具明显的晚泥盆世尤其是晚泥盆世晚期色彩。同时与下列江西和湖南组合的对比结果也呈现出与上述相同或类似的时代结论。

江西全南小慕三门滩组 RD 孢子组合（文子才、卢礼昌，1993）由 13 属 20 种小孢子组成，其中，见于观山段 AL 组合的有 *Acanthotriletes denticulatus*，*Apiculiretusispora gannanensis*，*Spelaeotriletes resolutus*，*Retusotriletes minor* 与 *Aneurospora asthenolabrata* 等 5 种，前 3 种是 RD 组合中占优势的分子，而最后 1 种则是 AL 组合中含量最高（54.2%）的分子。同时，彼此尚有 4 个共同属。此外，观山段（AL 组合）的上覆层即擂鼓台组下—中部，与三门滩组同样产有全球性的晚泥盆世标志性植物化石 *Leptophloeum rhombicum*。上述情况表明，江苏南京龙潭地区五通群观山段 AL 组合与江西全南小慕三门滩组 RD 组合的地质时代当属晚泥盆世。值得注意的是 *?R.* cf. *lepidophyta* 与 *Grandispora echinata* 仅见于 RD 组合，而在 AL 组合中则缺失，同时它们又出现于 AL 组合的上覆 RC 组合中，这是人为因素所致，还是层位略有高低不同，至今尚不清楚。

湖南锡矿山地区欧家冲泥盆-石炭系界线第一孢子组合带（侯静鹏，1982）的时代大致相当西欧的法门阶（Fa2d）。与当前 AL 组合相同，成分也较贫乏（18 属 26 种），但相对来说，彼此具较多的共同成分，除 5 个共同属外，还有 4 个共同种，它们是 *Leiotriletes ornatus*，*Apiculatisporites* sp.（= *Acanthotriletes denticulatus*，卢礼昌，1994，以下同），*Granulatisporites hunanensis*（= *Apiculiretusispora gannanensis*）与 *Cymbosporites parvibasilaris*（= *C. conatus*），约占组合总数的 16%。同时，值得注意的是观山段 AL 组合的特征分子之一即 *Aneurospora asthenolabrata*，在欧家冲第一组合带中缺失，但在其上覆的第二组合带中出现。与此相反，第一组合带的分子 *Spelaeotriletes lepidophyta*（= *?R.* cf. *lepidophyta*），则在 AL 组合中未发现，但在较年轻的 RD 组合中出现。这种组合成分的相互补充表明，上述组合间，不仅横向关系密切，纵向关系也颇密切，彼此的地质时代应大致相同。

综上所述，江苏南京龙潭五通群观山段的地质时代应属晚泥盆世晚期，即法门期。但在江苏泰县五通组观山段发现的胞石 *Grahanichitina pilosa*，确定其时代为中泥盆世吉维特期（耿良玉等，2000），与苏南此孢粉组合所定时代差距大（约 6Ma），是何原因，有待今后研究。

（2）*Retusotritetes - Cymbosporites*（RC）组合产自擂鼓台组下—中部

主要含孢子地层的岩性以灰白色石英砂岩与杂色粉砂岩为主，并夹有灰—黑色粉砂质泥岩。组合由小孢子 22 属 43 种组成，并以 *?Retispora* cf. *lepidophyta*〔相当于 *Spelaeotriletes hunanensis*（Fang et al.，）Lu，1994b〕的首次出现为主要特征；其次，以 *Cymbosporites*（7 种，26.8%），*Punctatisporites*（4 种，10.4%），*Retusotriletes*（3 种，6.1%）等 3 属 14 种的百分含量高为次要特征；再次，与下伏 AL 组合关系密切，彼此共同成分达 11 种之多，分别占各组合种数的 25.6% 与 44%，它们是 *Acanthotriletes denticulatus*，*Cyclogranisporites baoyingensis*，*Cymbosporites conatus*，*C. zonalis*，*Discernisporites micromanifestus*，*Spelaeotriletes crustatus*，*S. granulatus*，*S. crenulatus*，*Apiculiretusispora conica*，*A. ganulata* 与 *Aneurospora asthenolabrata*；最后，时代特征明显，广泛分布于苏、皖、湘、赣、浙等地区的 *?R.* cf. *lepidophyta*，其层位仅见于这些地区的泥盆系顶部。同时，据不完全统计（卢礼昌，1994），组合中颇具地层意义的 26 个已知种中，主要或首次见于晚泥盆世的达 16 种之多，包括 *Leiotriletes labiatus*，*Punctatisporites rotundus*，*Cyclogranisporites baoyingensis*，*Acanthotriletes denticulatus*，*Apiculiretusispora flexuosa*，*A. gannanesis*，*A. granulata*，*Lophotriletes minor*，*Asperispora acuta*，*Knoxisporites literatus*，*Stenozonotriletes solidus*，*Synorisporites minor*，*Cymbosporites dimerus*，*C. famenensis*，*C. minutus* 与 *Spelaeotriletes subulatus*；最常见于泥盆系特别是中、上泥盆统，以及上泥盆统—下石炭统的分子各具 5 种，它

们分别是:*Retusotriletes simplex*, *Apiculiretusispora conata*, *A. conica*, *Cymbosporites conatus*, *C. micromanifestus* 与 *Grandispora echinata*, *Spelaeotriletes crenulatus*, *S. cuslatus*, *Discernisporites micromanifestus*, *Velamisporites perinatus*。由此可见,本组合的特征具浓厚的晚泥盆世晚期即法门期的时代色彩。

江苏句容包 1 井擂鼓台组下部 *Retispora lepidophyta* var. *minor* – *Apiculiretusispora hunanensis* – *Cymbosporites* spp. 组合(欧阳舒等,1987a)与当前 RC 组合颇为相似,两者均含有颇具地层意义的 *Retispora lepidophyta* var. *minor* 和或疑似 ?*R.* cf. *lepidophyta*,以及百分含量最高的 *Cymbosporites*(分别为 46.6% 与 26.8%)。相同的孢子组合面貌表明,这 2 个孢子组合的时代大致相当。

江西全南小慕剖面上泥盆统翻下组(D_3^2)的 MX 组合(文子才、卢礼昌,1993)的众多属种(如 *Leiotriletes*,*Punctatisporites*, *Cyclogranisporites*, *Cymbosporites*, *Spelaeotriletes* 等属,以及 *Retusotriletes simplex*, *Acanthotriletes denticulatus*, *Apiculiretusispora gannanensis*, *Asperispora acuta*, *Aneurospora asthenolabrata*, *Grandispora echinata* 与 *Discernisporites micromanifestus* 等)也出现在当前 RC 组合中。共有属种的存在表明这两个组合关系颇密切,彼此地质时代应大致相当。

在湖南锡矿山地区欧家冲剖面邵东组上部(侯静鹏,1982)发现的 20 属 36 种小孢子有 *Leiotriletes debilis*,*L. planus*, *Retusotriletes incohatus*, *Apiculiretusispora flexuosa*, *Apiculatisporis* sp. (= *Acanthotriletes denticulatus*),*Knoxisporites literatus* 与 *Discernisporites micromanifestus* 等 7 种,以及 *Punctatisporites*, *Cyclogranisporites*, *Lophotriletes*, *Grandispora* 等 4 属,这些属种也见于当前 RC 组合中,表明两组合具有一定的亲近关系,或彼此的层位应大致相当。相当层位、不同地区的其他组合还有浙江富阳西湖组 LH 组合(何圣策、欧阳舒,1993),该组合也含有晚法门期的 *Retispora lepidophyta* 或 ?*R.* cf. *lepidophyta*,以及常与后者伴生的 *Apiculiretusispora hunnanensis*(部分相当于 *A. gannanensis*),同时彼此还含有 9 个共同属。除上述组合外,类似的组合也见于西藏聂拉木晚泥盆世地层(高联达,1983),因其含有典型的 *Retispora lepidophyta*,无疑应属于晚泥盆世法门期最晚期。该组合与 RC 组合相似之处是,彼此均含有较丰富的 *Retusotriletes* 与 *Apiculiretusispora* 的分子,同时具有 8 个共同属与 8 个共同种。相异之处是,聂拉木孢子组合,除陆生植物小孢子外,还有海相疑源类与虫牙,而五通群 RC 组合仅含小孢子;其次典型的 *Retispora lepidophyta* 以及 *Hymenozonotriletes explanatus* 与 *Vallatisporites pusillites* 等,仅出现于西藏组合,同时,其总体面貌更接近"欧美型",而 RC 组合似乎更具区域性或地方性。

(3) *Knoxisporites* – *Densosporites* (KD)组合

产自五通群擂鼓台组中—上部,岩性主要为石英砂岩夹黄色页岩与黑色粉砂质页岩,组合由 28 属 59 种小孢子组成。主要成分有:*Knoxisporites* (*K. literatus*, *K. cinctus*, *K. dedaleus*, *K. hederatus*, *K. imperfectus*;15.2%), *Spelaeotriletes* (*S. crenulatus*, *S. resolutus*, *S. inaequiformis*, *S. echinatus*, *S. pretiosus*, *S.* cf. *minutus*;8.6%), *Aneurospora asthenolabrata*(17.1%) 与 *Hymenozonotriletes rarispinosus*(14.4%) 等,约占组合百分含量的 55.3%。组合以 *Densosporites* 的首次出现与 *Knoxisporites* 的大量增加(由 1 种增至 5 种,含量由 12% 增至 15.2%),取代下伏 RC 组合重要分子 ?*R.* cf. *lepidophyta* 与优势种 *Cymbosporites*(26.8%) 并以此为主要特征;同时又以 *Dictyotriletes* – *Reticulatisporites* 为代表的网纹三缝孢(含有环类)的首次及大量出现为次要特征。这些变化表明,与下伏晚泥盆世晚期的 RC 组合比较而言,本组合的泥盆纪色彩已明显减退,而石炭纪色彩则相对增加。

KD 组合中 39 个小孢种在世界各地的地质分布表明(卢礼昌,1994):具泥盆纪与石炭纪双重色彩或仅呈现早石炭世早期色彩的属种多达 26 种,它们是 *Punctatisporites rotundus*, *Cyclogranisporites pisticus*,*Planisporites magnus*, *Baculatisporites fusticulus*, *Dictyotriletes reticosus*, *D. trivialis*, *Foveosporites appositus*, *Reticulatisporites papillatus*, *Knoxisporites literatus*, *K. cinctus*, *K. hederatus*, *Bascaudasporites* (*Dictyotriletes*) *submarginata*, *Lycospora nactuina*, *Crassispora kosankei*, *Cymbosporites septalis* var. *minor*, *Auroraspora macra*,*Grandispora echinata*, *Spelaeotriletes crenulatus*, *S. crustatus*, *S. pretiosus*, *S. resolutus*, *S. retosus*, *Cingulizonates bialatus*, *Densosporites gracilis*, *D. pseudoannulatus* 和 *D. rarispinosus*,而常见于中、晚泥盆世的分子仅 13 种,仅为早石炭世早期种数的 50%。由此可见,本组合的地质时代明显倾向于早石炭世早期。泥盆系与石炭系的

界线大致位于含本组合的地层的底部砂质页岩与下伏含 RC 组合的地层的顶部石英砂岩之间。

（4）*Leiotrilates crassus* - *Laevigatosporites longtanensis*（CL）组合

该组合产自擂鼓台组上部。组合由占绝对优势的三缝孢类(44 属 96 种)与极少量的单缝孢类(1 属 2 种)组成,主要有 *Leiotrilates* - *Punctatisporites*（10 种;17.9%）,*Dictyotrilates* - *Reticulatisporites*（7 种;12.5%）,以及 *Spelaeotrilates*（8 种;6.1%）与 *Radiizonates longtanensis*（11.5%）等,合计占孢子组合总含量的 48%。组合特征主要有:*Laevigatosporites vulgaris* 的首次出现以及 *Leiotrilates* - *Punctatisporites* 与 *Dictyotrilates* - *Reticulatisporites* 的明显增加;反之,在下伏 KD 组合含量较高(15.2%)的 *Knoxisporites*,在本组合中明显减少(仅为 1.3%)。

本组合中 *Dictyotrilates reticosus*, *D. trivialis*, *Reticulatisporites macroreticulatus*, *R. polygonalis* 与 *Corbulispora*（*Dictyotrilates*）*cancellata* 等的垂直分布表明,这些属种主要分布于早石炭世杜内期或杜内期—韦宪期地层;*Spelaeotrilates echinatus*, *S. crenulatus*, *S. crustatus*, *S. pretiosus*, *S. resolutus* 与 *S. minutus* 等,其中的部分种虽然具泥盆纪与石炭纪的双重时代色彩,但它们毕竟是西欧早石炭世早期各组合带的主要成分(Higgs, 1975; Higgs et al., 1988),其中 *S. pretiosus* 还是 PC 带的标志分子之一。因此,上述分子的出现及其含量的增加表明,本组合石炭纪色彩更为浓厚,时代属晚泥盆世法门期的可能性应予排除,其具体时代应略晚于 KD 组合的早石炭世早杜内期。

江苏句容包 1 井擂鼓台组下部 *Retispora lepidophyta* var. *minor* - *Apiculiretusispora hunanensis* - *Cymbosporites* spp. 组合(欧阳舒、陈永祥,1987a)由小孢子 40 属 113 种与疑源类 2 属 2 种组成。最为重要的属是 *Cymbosporites*（7 种;46.59%）,*Apiculiretusispora*（4 种;18.37%）与 *Anapiculatisporites*（3 种;6.17%）,共计 3 属 14 种,百分含量为 71.13%。其次为 *Leiotrilates*（10 种;2.62%）,*Calamospora*（4 种;2.62%）,*Cyclogranisporites*（6 种;2.89%）,*Synorisporites*（2 种;2.49%）与 *Stenozonotrilates*（6 种;2.36%）;其他诸属的百分含量均不足 2%。组合中包含晚泥盆世标志分子之一 *Retispora lepidophyta* var. *minor*,同时也出现了具有石炭纪色彩的 *Leiotriletes laevis*, *L. trivialis*, *L. simplex*, *L. subintortus* var. *rotundatus*, *Punctatisporites rotundatus*, *Calamospora parva*, *C. pedata*,尤其是 *Granulatisporites* cf. *rudigranulatus*, *Cyclogranisporites* cf. *micaceus*, *C.* cf. *aureus*,与 *Microreticulatisporites verus* 等典型石炭纪孢子在组合中的出现更增加了当前组合的石炭纪色彩。因此,本组合似乎具泥盆、石炭纪双重色彩。以下十几个已知种的垂直分布更强烈地表明了本组合的泥盆纪色彩。这些已知种是:*Retispora lepidophyta* var. *minor*, *Dibolisporites*（*Archaeozonotrilates*）*upenis*, *Grandispora echinata*, *Apiculiretusispora hunanensis* 等(欧阳舒、陈永祥,1987a,表 3)。因此,句容包 1 井擂鼓台组下部组合的时代似应属晚法门期,甚至可能属于晚法门期晚期(Fa2c—d 或 Fa2d)。

类似组合也见于江苏宝应应 2 井上部(井深 1351.6—1354.8m)组合(欧阳舒、陈永祥,1987b),该组合大致可与当前包 1 井擂鼓台组下部组合对比:彼此共同种有 *Dibolisporites upensis*, *Apiculiretusispora hunanensis*, *Crassispora hystricosa*, *Cymbosporites minutus*, *Retispora lepidophyta* var. *minor*, *Grandispora* cf. *echinata* 与 *G. apicilaris* 等。尤其是 *Retispora lepidophyta* var. *minor*, *A. hunanensis* 与 *Cymbosporites* 分子的存在,表明这两个孢子组合层段的时代应大致相当,时代也为晚法门期(Fa2d)较适宜。

2. 江西全南小慕泥盆-石炭系孢子组合特征(文子才、卢礼昌,1993)

小慕剖面由上泥盆统三门滩组及翻下组与下石炭统荒塘组及刘家塘组组成。泥盆-石炭系界线位于翻下组与荒塘组之间。产自该剖面的小孢子共计 30 属 57 种,并划分出 3 个孢子组合,自下而上为:① *Acanthotrilates denticulatus* - *Apiculiretusispora rarissima*（DR）组合;② *Leiotrilates macrothelis* - *Grandispora xiamuensis*（MX）组合;③ *Apiculiretusispora tenera* - *Lycospora* cf. *tenuispinosa*（TT）组合。

（1）*Acanthotrilates denticulatus* - *Apiculiretusispora rarissima*（DR）组合

组合产自法门阶三门滩组,由小孢子 14 属 20 种组成。其中,无环三缝孢 5 属 9 种:*Leiotriletes laevis*, *L. microrugosus*, *Retusotrilates crassus*, *R. minor*, *R. simplex*, *Granulatisporites minimus*, *Acanthotrilates denticulatus*, *Apiculiretusispora gannanensis* 与 *A. rarissima* 等;有环三缝孢 9 属 11 种:*Ancyrospora* sp., *Aneurospora rarispinosa*, *Bascaudaspora* sp. 2, *Cymbosprites circinalatus*, *Auroraspora poljessica*, *Diaphanospora depressa*, *Gran-*

dispora echinata, *G. macrospinosa* var. *punctata*, *G.* sp.，?*Retispora* cf. *lepidophyta*（ = 本书的 *Spelaeotrilates hunanensis*）与 *Spelaeotriletes resolutus* 等。组合以 *Acanthotriletes denticulatus*（约 25%），*Apiculiretusispora rarissima*（20%），*Spelaeotrilates resolutus*（16.7%），*Apiculiretusispora gannanensis*（15%）与 ?*R.* cf. *lepidophyta*（8.3%）占优势，并以 ?*R.* cf. *Lepidophyta* 的存在为特征。

本 DR 组合面貌与江苏南京龙潭地区五通群标准剖面含中华鱼（*Sinolepis*）层的孢子组合（高联达，1978）、擂鼓台组下和中部（AEI 110—120 与 AEI 131—136）RC 孢子组合（卢礼昌，1988）以及湖南锡矿山地区马牯脑段顶部—邵东组下部组合（侯静鹏，1982）较接近；而 RC 组合又以 ?*R.* cf. *lepiolophyta* 为特征，其层位大体相当于潘江等（1987）记述的 *Sinolepis* - *Asterolepis sinensis* 鱼化石带与李星学等（1984）报道的 *Leptophloeum rhombicum* 植物层之间的地层，而更接近含植物化石的地层，其时代可归属于晚泥盆世晚期，相当于法门期。

（2）*Leiotriletes macrothelis* - *Grandispora xiaomuensis*（MX）组合

组合产自法门阶翻下组，成分较下伏 DR 组合丰富，由占绝对优势的三缝孢与极少数单缝孢组成，合计 25 属 45 种。其中，无环三缝孢 12 属 24 种，主要有 *Leiotriletes laevis**，*L. microrugosus**，*L. simplex*，*L. macrothelis*，*L. microthelis*，*Retusotriletes asthenolabratus*，*R. minor**，*R. simplex**，*Granulatisporites minimus**，*Acanthotriletes denticulatus**，*A. retispoinus*，*Apiculiretusispora gannanensis**，*A. rarissima**，?*Dictyotriletes rotundatus*，*Emphanisporites* sp. 等；有环三缝孢 12 属 20 种，主要有 *Asperispora macuta*，*Aneurospora chinensis*，*A. greggsii*，*A. spinulifer*，*Auroraspora poljessica**，*A. macra*，*Tumulispora malevkensis*，*T. zhushanensis*，*T.* cf. *variverrucata*，*Grandispora echinata**，*G. gracilis*，*G. conspicua*，*G. xiaomunensis*，*Discernisporites micromanifestus*，*Densosporites rarispinosus*，*D. variabilis*，*Spelaeotriletes vulgaris*，*Cymbosporites circinatus** 等；以及单缝孢 *Laevigatosporites vulgaris*。组合以孢体甚小（12.5—18.7μm 与 15.6—24.3μm）与数量众多（约 20%）的 *Leiotriletes macrothelis* 与 *Grandispora xiaomunensis* 为特征，同时在下伏 DR 组合中占优势的 *Acanthotriletes denticulatus* 与 *Apiculiretusispora rarissima* 在本组合中明显减少，且 *Spelaeotriletes resolutus* 与 ?*R.* cf. *lepidophyta* 缺失，取而代之的是 *Leiotriletes microthelis*，*Aneurospora*（al. *Retusotriletes*）*asthenolabrata* 与 *Grandispora xiaomunensis* 等，并出现较多的具环孢类（如 *Asperispora*，*Aneurospora*，*Densosporites* 与 *Tumulispora* 等属）。

上述情况表明，本组合与 DR 组合共同成分达 11 种，反映了彼此关系密切、沉积连续。因此，层位略高于 DR 组合的本组合的时代属于法门期晚期也就顺理成章了。类似组合多见于湘中邵东组（群），如湖南锡矿山地区泥盆-石炭系第 II 孢子组合带[即 *Lophozonotriletes rarituberculatus* - *Vallatisporites batiamber*（II）组合带（侯静鹏，1982）]和湖南界岭邵东组 *Spelaeotriletes hunanensis*（Sh）微体植物群（卢礼昌，1994，1995，1997）。前一组合即第 II 组合带由 20 属 36 种小孢子组成，占优势的有 *Lophozonotriletes*，*Retusotriletes* 与 *Apiculiretusispora* 等 3 属的分子，与 MX 组合的共同种有：*Cymbosporites parvibasilaris*（部分为 *Apiculiretusispora rarissima*），*Granulatisporites hunanensis*（部分为 *Apiculiretusispora gannanensis*），*Lophozontriletes malevkensis*（ = *Tumulispora malevkensis*），*L. zhushanensis*（ = *T. zushanensis*），*Retusotriletes asthenolabratus*（ = 本书的 *Aneurospora asthenolabrata*），*Dibolisporites* sp.（ = *Asperispora acuta*）与 *Densosporites xinhuaensis*（ = ?*Densosporites* cf. *Archaeozonotriletes consimilis*）。这些共同成分的存在，显示出这两个组合的关系较密切，彼此层位应大致相当。后一组合即 Sh 微体植物群较丰富，除海相微体化石外，主要由 56 属 145 种小孢子组成。该组合与 MX 组合除含 14 个共同属外，尚具 11 个共同种，即 *Acanthotriletes denticulatus*，*Apiculiretusispora gannanensis*，*Auroraspora macra*，*Discernisporites micromanifestus*，*Densosporites rarispinosus*，*D. variabilis*，*Leiotriletes macrotholis*，*L. microthelis*，*Aneurospora*（al. *Retusotriletes*）*asthenolabrata*，*Spelaeotriletes* sp.（*S. fanxiaensis*）与 *Laevigatosporites vulgaris* 等。同时，Sh 微体植物群及 MX 组合所在地层均属近岸海相沉积环境。由此表明，两组合关系较为密切，时代颇为相近，应均属晚泥盆世晚期，即法门期。

（3）*Apiculiretusispora tenera* - *Lycospora* cf. *tenuispinosa*（TT）组合

组合产自杜内阶荒塘组与刘家塘组，成分贫乏，仅具小孢子 7 属 9 种，其中 *Leiotriletes laevis*，*L. macrothelis*，*Retusotriletes asthenolabratus*，*R. simplex* 与 *Aneurospora chinensis* 是下伏 MX 组合上延至此的，而

Granulatisporites minimus, *Apiculiretusispora tenera*, *Crassispora parva* 与 *Lycospora* cf. *tenuispinosa* 为本组合新出现的分子。组合以 *Apiculiretusispora tenera* 与 *Lycospora* cf. *tenuispinosa* 占优势(合计所占的百分含量为70%)为特征。前者为本组合首见分子,而后者 *tenuispinosa* 首现于江苏句容下石炭统高骊山组(欧阳舒、陈永祥,1987a)。TT 组合与 MX 组合虽具 5 个共同种,且占其总种数的56%,表明沉积是连续的,但其时代不太可能为晚泥盆世,因为占优势(70%)的分子是 *Apiculiretusispora tenera* 与 *Lycospora* cf. *tenuispinosa*,同时,荒塘组底部(第23层)产有腕足类 *Eochotites neipentaiensis*,具有明显的早石炭世色彩;加之刘家塘组产有植物化石 *Sublepidodendron* sp.,所以 TT 组合的时代只可能属于早石炭世早期,即杜内期。泥盆系与石炭系界线在翻下组与荒塘组之间。

3. 湖南界岭邵东组微体植物群特征(卢礼昌,1994,1995,1997)

标本产自界岭附近刘家塘剖面,岩性主要由浅灰色薄层泥灰岩、小型灰岩扁豆体、砂质泥岩、钙质泥岩与黄色砂岩组成。共获小孢子 56 属 145 种与疑源类 2 属 3 种,三缝孢类主要有: *Spelaeotriletes* (*S. crenulatus*, *S. crustatus*, *S. fanxiaensis*, *S. hetermorphus*, *S. hunanensis*, *S. microgranulatus* var. *minor*, *S. microspinosus*, *S. obtusus*, *S. pretiosus*, *S. rarus*, *S. resolutus*, *S. retosus* 和 *S. triangulatus* 等 13 种; 36.4%)、*Densosporites* (*D. capistratus*, *D. crassus*, *D. variabilis*, *D. rarispinosus*, *D. secundus*, *D. spinifer*, *D. variomarginatus*, *D. xinhuaensis* 和 *D.* sp. 等 9 种; 5.3%)、*Leiotriletes* (*L. crassus*, *L. macrotlelis*, *L. microthelis*, *L. ornatus*, *L. pyramidatus*, *L.* cf. *subintertus* var. *rotundatus*, *L. velatus* 和 cf. *L.* sp. 等 8 种; 3.6%)、*Grandispora* (*G. cornuta*, *G. cumula*, *G. echinata*, *G. eximia*, *G. furcata*, *G. gracilis* 与 *G. raurota* 等 7 种; 3.9%)、*Discernisporites* (*D. deminutus*, *D. macromanifestus*, *D. micromanifestus*, *D. papillatus*, *D. ruspinctus*, *D. usilatus* 与 *D. varius* 等 7 种; 4.7%)、*Geminospora* (*G. lasius* var. *minor*, *G. lemurata*, *G. micropaxilla*, *G. multiramis*, *G. spongiata* 与 *G. venuta* 等 6 种; 4.0%)、*Apiculiretusispora* (*A. laberidos*, *A. flexuosus*, *A. gananensis*, *A. plicata*, *A. pseudozonalis* 等 5 种; 2.6%),以及 *Tumulispora ordinaria* (8.7%)、*Camptozonotriletes proximus* (3.2%)、*Cristatisporites digitatus* (2.6%) 与 *Gulisporites hiatus* (2.1%)。合计 11 属 59 种,所占总百分含量为 77.1%,处于组合的优势地位;其余 86 种的含量不足 23%,其中,单缝孢类仅 1 属 1 种,即 *Laevigatosporites vulgaris* (低于 1%)。

尚需提及的几个种是:①*Spelaeotriletes hunanensis*,归入该种名下的标本,尽管不同的作者有不同的意见,但其产地与层位几乎是公认的,即广泛分布于我国苏、浙、皖、赣、湘、鄂,甚至新疆、西藏等地区,且仅见于或限于这些地区的晚泥盆世末期的沉积物中,因而被视为我国晚泥盆世地层区域性颇强的分子。而该分子在本组合中的百分含量高达 26.8%,并与 *Retispora cassicula* 伴生,而后者又常与 *R. lepidophyta* 共存,并也仅限于晚法门世末期。因此,*Spelaeotriletes hunanensis* 是我国晚泥盆世晚期的重要分子,也是本组合名之所以为 Sh 组合的缘由。②*Cordytosporites papillatus* 与 *Spelaeotriletes pretiosus*,也出现在 Sh 组合中,而这两种通常被视为欧美与南澳大利亚早石炭世的典型分子,在中国则不尽然。除当前组合之外,这两种或其中的一种,在浙江富阳西湖组 LH 组合(何圣策、欧阳舒,1993)、湖南锡矿山地区邵东组 FL 组合(王怿,1996)等先后有产出,且时代均属于晚法门期;同时也见于江苏南京龙潭地区擂鼓台组中—上部(C_1^1)KD 组合。因此,在中国不能视之为早石炭世的典型分子,也不宜称本 Sh 组合"具有泥盆、石炭纪双重时代色彩",其时代应属晚泥盆世晚期或晚法门期。

综上所述,当前邵东组 Sh 组合的主要特征是:组合成分极为丰富,迄今为止,是我国晚泥盆世孢子组合序列中属种类型丰盛且标本保存完好的一个组合;以我国晚泥盆世区域性颇强的 *Spelaeotriletes hunanensis* 的百分含量最高且以含 *Retispora cassicula*, *Cordylosporites papillatus*, *Spelaeotriletes pretiosus* 为特征,其地质时代无疑属于晚法门期。

可与当前组合比较的组合有:①江苏南京龙潭地区五通群擂鼓台组下—中部 *Retusotriletes - Cymbosporites* (RC)组合(卢礼昌,1994)。该组合由 22 属 43 种小孢子组成,其中 *Acanthotriletes denticulatus*, *Aneurospora asthenolabrata*, *Apiculiretusispora flexuosa*, *A. gannanensis*, *Discernisportes micromanifestus*, *Grandispora echinata*, *Leiotriletes ornatus*, *Punctatisporites planus*, ?*Retispora* cf. *lepidophyta* (= *Spelaeotriletes hunanensis*), *Reticulatisporites* papillatus（= *Cordylosporites papillatus*），*Retusotriletes crassus* 与 *Velamisporites perinatus* 等 12 种见于邵东组 Sh 组合，此外，两者还共有 5 个共同属，即 *Auroraspora*，*Camptotriletes*，*Cymbosporites*，*Lophotriletes* 与 *Stenozonotriletes*。特别值得提及的是，在我国颇具晚泥盆世晚期指示意义的 *Spelaeotriletes hunanensis*，以及在我国晚泥盆世超前出现的 *Cordylosporites papillatus* 的共同存在，表明这两个组合时代相近，均应属晚泥盆世晚期，即法门期或晚法门期。②江西全南小慕三门滩组（D_3^2）的 *Acanthotriletes denticulatus* – *Apiculiretusispora rarissima*（DR）组合（文子才、卢礼昌，1993），虽仅含小孢子 13 属 20 种，但与邵东组 Sh 组合的共同成分，除 6 个共同属外，还有 6 个共同种，其中占多数的是 *Spelaeotriletes hunanensis*（即 ?*Retispora* cf. *lepidophyta*），*S. resolutus* 与 *S. fanxiaensis*（*Spelaeotriletes* sp.），尤其是 *S. hunanensis* 的存在，表明这两个组合的时代较为接近。③西藏聂拉木波曲组上部 *Retispora lepidophyta* – *Vallatisporites pusillites*（LP）组合（高联达，1983）与邵东组 Sh 组合有许多相似之处：组合均由小孢子与疑源类等组成，且成分均颇丰富，共同或可比较种有：小孢子 *Aneurospora asperella*，*Apiculiretusispora plicata*，*Auroraspora macra*，*Cymbosporites formosus*，*Discernisporites micromanifestus*，*Geminospora lemurata*，*Grandispora cornuta*，*G. echinata*，*Retispora lepidophyta*，*R. lepidophyta* var. *minor*（= *Spelaeotriletes hunanensis*），*Laevigatosporites rarus*（*L. vulgaris*）；疑源类 *Veryhachium trispinosum*，*Micrhystridium stellatum*；虫牙 *Leogenys altilis* 等。同时尚有 20 个（小孢子）共同属。表明两组合关系密切，层位相当，时代应同属晚泥盆世晚期，即法门期。主要差异是，常见欧美尤其是西欧泥盆系最顶部的特征分子 *Hymenozonotriletes explanatus* 与 *Vallatisporites pusillites* 仅存在波曲组上部 LP 组合中，而在邵东组 Sh 组合中则缺失，这似乎表示邵东组的层位尚不完全达到泥盆系最顶部。类似的组合尚有贵州睦化剖面格董关层孢子组合（高联达，见侯鸿飞等，1985），以含 *Vallatisporites pusillites* 为特征。组合成分中的 *Acanthotriletes*，*Aneurospora*，*Archaeozonotriletes*，*Cristatisporites*，*Cymbosporites*，*Dictyotriletes*，*Grandispira*，*Hymenozonotriletes*，*Lophotriletes*，*Lophozonotriletes*，*Pustulatisporites*，*Retispora*，*Reticulatisporites*，*Tumulispora* 与 *Verrucosisporites* 等 15 属见于邵东组 Sh 组合，表明两组合的层位相当，而该组合的特征分子 *V. pusillites* 在 Sh 组合缺失，疑似格董关层至少部分略高于邵东组（如前与波曲组上部组合对比所述）。

4. 西藏聂拉木上泥盆统章东组（D_3^2）孢子组合特征（高联达，1983，1988）

章东组含有 2 个孢子组合，即下部 *Retispora lepidophyta* – *Hymenozonotriletes*（= 本章节的 *Indotriletes*）*explanatus*（LE）组合与上部 *Retispora lepidophyta* – *Verrucosisporites nitidus*（LN）组合，时代均为晚法门期。下部 LE 组合以 *Retispora lepidophyta*（5%—15%）与 *Verrucosisporites pusillites*（25%）的存在为特征，主要成分有：*Cymbosporites formosus*（一般为 20%—30%，甚至达 35%），*Grandispora cornata*（13%）与 *Hymenozonotriletes*（0—3%），其次是 *Grandispora macroseta*，*G. devonicus* var. *minor*，*G. microspinosa* 等；上部 LN 组合以形态典型、数量众多的 *Retipora lepidophyta* 的存在为主要特征，其最高含量可达 50%—60%，最低含量也具 20% 左右，同时与该分子密切相关的 *R. lepidophyta* var. *tener* 与 *R. lepidophyta* var. *minor* 在个别样品中也可达 5%—10%。LN 组合较下伏 LE 组合更为丰富多彩：*Cymbosporites formosus*，*C. decorus*，*C. pustulatus* 与 *Geminospora parvibasilaris*，*G. extensa*，*G. pusilla* 等，合计含量约为 20%；*Hymenozonotriletes*，*Vallatisporites*，*Calyptosporites*，*Rhabdosporites*，*Spelaeotriletes*，*Discernisporites* 与 *Samarisporites* 等，合计含量为 15%—20%。*Verrucosisporites nitidus*，*Aneurospora incohata* 与 *Knoxisporites literatus* 等首次出现于 LN 组合。

类似组合在滇西耿马四排山上泥盆统中部（D_3^2）也有报道，称之为 *Retispora lepidophyta* 组合（Yang，1999）。该组合与聂拉木章东组的 LE + LN 组合颇相似，也是以 *R. lepidophyta* 的含量高（30%—40%）为特征。所不同的是，滇西组合以无环三缝孢类如 *Leiotriletes*，*Punctatisporites*，*Calamospora*，*Retusotriletes*，*Apiculatisporis*，*Apiculiretusispora* 与 *Microreticulatisporites* 等为主，而章东组组合则以具环三缝孢类为主。

5. 贵州睦化地区 *Vallatisporites pusillites*（VP）组合特征（高联达，1985）

组合产自贵州睦化剖面（D_3^2）格董关层底部（678—1）。组合以 *Vallatisporites pusillites* 的存在为特征。主要成分有：*Retusotriletes dubius*，*Acanthotrilates serratus*，*Verrucosisporites* cf. *nitidus*，*V. depressus*，*Pustulatisporites gibberosus*，*Lophotriletes atratus*，*Dictyotriletes distinctus*，*Emphanisporites rotatus*，*Corbulispora*（?）*subalveolaris*，*Didu-

cites poljessicus, *Aneurospora incohatus*, *A. greggsii*, *A. goensis*, *Hymenozonotrileles explanatus*, *H. tanellus*, *H. varius*, *Grandispora echinata*, *Cristatisporites echinatus*, *Lophozonotrileles curvatus*, *L. exicisus*, *Samarisporites concinnus*, *Tumulispora dentata*, *T. macrotuberculata*, *T. major*, *T. narituberculata*, *T. turgiduta*, *Archaeozonotrileles famenensis*, *A. polymorphus*, *A. truncatus*, *A. variabilis*, *Cymbosporites basilaris*, *Vallatisporites verrucosus* 与 *?Retispora* sp. 等,其中,以 *Tumulispora* 含量最高,可达 20%—30%。组合中虽未见 *Retipora lepidophyta*,但含有常与其共生的 *Vallatisporites pusillites*(2%—3%),由于该分子不仅是 PL 带的特征分子之一,且至今为止仅限于法门期顶部,因此组合时代当属晚泥盆世晚期,即法门期。

现将上述文字讨论的结论性意见列入对比表内(表 2.1)。

表 2.1　中国泥盆系孢粉组合带及其对比关系

Table 2.1　Devonian Palynological assemblage zones and their correlation in China

统	阶	湖南中部	江西	江苏	四川龙门山	甘肃迭部	贵州独山	云南曲靖	新疆准噶尔	塔里木中部	西藏	浙江	塔里木西南	广西六景
上泥盆统	法门阶	孟公坳组 LE / 邵东组 RB / 欧家冲组 LV / 锡矿山组 马牯脑段 Lh / 泥塘里段 / 兔子塘灰岩 / 长龙界页岩	翻下组 MX / 三门滩组 DR	播鼓台组 LC / LH / 观山组 AL	长滩子组 / 茅坝组 / 沙窝子组	陡石山组	尧梭组	宰格组	黑山头组下段 VS / 洪古勒楞组 A	甘木里克组 SI / 东河塘组 HF	西湖组下段 / 章东组 LN / LE / LP	西湖组下段 LH	奇自拉夫大组 RL LP / LF / MI	融县组
上泥盆统	弗拉斯阶	佘田桥组	中棚组		小岭坡组 / 土桥子组	擦阔合组 As	望城坡组		朱鲁木特组		波曲群			谷闭组
中泥盆统	吉维特阶	棋子桥组	云山组		观雾山组	蒲莱组 Cc	独山组	海口组 RCA / 上双河组	纸房组					民塘组
中泥盆统	艾菲尔阶	跳马涧组			金宝石组	鲁热组 Dd / LV	大河口组 / 龙洞水组 DC	穿洞组 VL	乌尔苏组		嘎弄组			那叫组
下泥盆统	埃姆斯阶	埃姆斯阶			养马坝组 EV / 二台子组 / 谢家湾组 / 甘溪组 / 白柳坪组 SD / 关山坡组 / 观音庙组	当多组 EV / 舒家坪组 / 丹林组 DG / TA / 尕拉组	龙华山组(徐家冲组)TM	和丰组 / 曼格尔组	呼吉尔斯特组 C		凉泉组		莫丁组 / 郁江组 / 那高岭组 VMC RAS LP	
下泥盆统	布拉格阶	布拉格阶			木耳厂组 NV / 桂溪组	上普通沟组 / 下普通沟组 ND	桂家屯组 / 西屯组 GC / 下西山村组 NC	乌图布拉克组 MN	克兹尔塔格组		先穷组			莲花山组
下泥盆统	洛赫科夫阶	洛赫科夫阶												

第二节　中国泥盆-石炭系孢粉界线

从 1935 年荷兰海尔伦会议以来,国际地层学界对泥盆-石炭系(D/C)界线一直存在着争议。的确,要找到同时能适用于海相(深水、浅水)和非海相沉积的某个化石门类的标志类群或属种,是非常困难的;不过,到 1979 年,国际地层委员会泥盆纪分会下属的 D/C 界线工作组终于达成一致的决议,即在牙形刺 *Siphonodella praesulcata* 到 *S. sulcata* 演化系列中,以 *S. sulcata* 的首现作为石炭系的底界,这一界线与早年以菊石 *Gattendorfia* 的首现作为石炭系的底界颇为接近(后者仅略高一点)。严格说,这种以某个门类的化石种(还必须穿过相同岩性!)作划界标志,至多也只能算是一个公认的工作方案,实际上还会存在这样那样的问题,包括该门类标志种的形态分类,其首现(底界)或末现(顶界)的穿时性,不同相区如何对比等问题。而植物的化石孢子,因为其沉积到保存相对不受海相、非海相或陆相的限制,有一定的优越性,特别是泥盆－石炭系之交,存在几个标志种,尤其是 *Retispora lepidophyta*,几乎全球性分布,在晚法门期末突然消失,与 *S. sulcata* 的首现界线基本一致,所以被广泛接受为划界重要标志之一。

方晓思,Steemans 和 Streel(1993)发表了《湘中泥盆－石炭系界线划分的新进展》一文,主要论点是:以往从湘中欧家冲组、邵东组报道的所谓的 *Retispora lepidophyta* 并非真正的 *R. lepidophyta*,而是与此相近的一种单缝孢子。故他们根据从原剖面统计出 484 粒这类孢子并为之另建一新属新种:*Retizonomonoletes hunanensis* gen. et sp. nov.,并称其分布于欧家冲组、邵东组,含量达 30%—35%,到孟公坳组仅 1%左右了,最后绝灭于孟公坳组顶部;而从同一剖面即谭正修等(1987,11 页)的马栏边剖面孟公坳组顶部一层 3.2m 厚的粉砂岩、砂质页岩中,他们才发现了真正的 *Retispora lepidophyta*,并为这仅几米厚的一套碎屑岩建立一新地层单元——田心组。

令我们感到诧异的是,对方晓思的工作,该文的合作者、国际 D/C 的权威 Streel 似乎并未认真观察研究,哪怕是文中所附的几张照片,例如分别作为全模、副模的图 1 中的 1,2,有经验的人稍加审视便可看出,并非什么单缝孢,而是射线保存不好的三缝孢,因为这 2 个标本上(射线端部的)3 个弓形脊都可以不同程度地辨别出来:它们与图 1 中的 3—6 的真正的 *R. lepidophyta* 之间,如果说有什么区别的话,也仅在外壁外层上网穴的大小上。

卢礼昌(1994)根据湘中等地 D/C 之交这类标本的详细研究,证明了上述新属新种确为三缝孢,该新属不能成立;但他认为我国以往归入 *R. lepidophyta* 的孢子,除西藏的(高联达,1983)标本较典型(?)以外,其他地区的 *R. lepidophyta* 都不是真正的欧洲的这个种,而是另一种,他采用了 *Retizonomonoletes hunanensis* 的种名,并将其归入另一属成为 *Spelaeotriletes hunanensis*(Fang et al.)Lu comb. nov.,还仔细列出了这两个属种的区别。*Spelaeo*-的形容词 *Spelaeus* 即“洞、穴”之意,与 *Retispora* 之 *Reti*-(网、穴)有共通之义。本书描述部分保留了他的做法,但讨论部分则将 *R. lepidophyta* 广义地使用,仍将 *hunanensis* 包括在内。理由如下:①古生物学界对种的划分,历来有分、合的两种主张或做法,很难抽象地肯定何者更正确,这是一个实践检验、历史淘汰的过程,不过,一般说,“异中求同”比“同中求异”更难些。②除西藏(?)外,我国其他地区发现的 *R. lepidophyta*,有些标本,即使按卢礼昌的标准,归入该种也是没有问题的,如江苏宝应的有关标本(欧阳舒、陈永祥,1987b,图版Ⅲ,图 36,37),浙江富阳西湖组的标本(何圣策、欧阳舒,1993,18 页,图版Ⅰ,图 5),周宇星发现的新疆标本(欧阳舒等,2003,图版 10,图 14),及上述湘中孟公坳组顶部标本(方晓思等,1993,735 页,图 1—4,5)。③即使西藏的标本,如所定 *R. lepidophyta*(高联达,1988,图版 5,图 19—21)或 *R. lepidophyta* var. *tenera* Kedo(高联达,1988,223 页,图版 5,图 18),与最初从白俄罗斯普里皮亚季(Pripyat)盆地描述的这个种的标本(*Hymenozonotriletes lepidophyta* Kedo,1957,p. 24,pl. 2,figs. 19—21,35—90 μm;同一盆地的 *Retispora lepidophyta*,见 Avchimovitch,1992,pl. 1,fig. 1,或 *R. lepidophyta* var. *tenera*,如 pl. 2,fig. 1)也表现出一些不同特征(如同一标本上网穴大小和形态不如后者规则);其实,Avchimovitch(1992)的图版 1—8 中共列了此种的 19 张照片(包括 3 变种,var. *tenera*,var. *minor* 和 var. *minima*),其形态(近三角形—近圆形)、大小(40—90 μm)、本体大小(占整个孢子面积比例)、三射线明显与否、弓形脊是否清楚、网穴大小、网结处刺凸明显程度等,都有相当变化,如果说硬要找出差别的话,我国的大多数标本与白俄罗斯模式标本相比,主要是在同一标本上网穴大小要不规则得多(侯静鹏,1982,图版Ⅱ,图 13;高联达,1988,图版 5,图 19;王怿,1996,图版Ⅲ,图 11),那么是否有必要为我国大多数标本另建一新变种或将 *hunanensis* 下降为一变种即 *R. lepidophyta* var. *hunanensis*(Fang et al.)var. and comb. nov. 呢? ④我们以为可以考虑,因为不排除同一种(母体)植物在地理上隔离等因素影响下,有分异成变种的可能,尽管单从孢粉考虑,还要做进一步的比较与讨论,如即使湘中的标本,也有与白俄罗斯普里皮亚季(Pripyat)盆地标本几乎无法区别的,如王怿(1996)鉴定的 *R. lepidophyta*(图版Ⅲ,图 13,15)与 Avchimovitch(1992)的图版 6 图 2 的 *R. lepidophyta* var. *minor*,而它们与相对显示“中国特色”(王怿说的“地方色彩”)的分子之间还有过渡形式相联系。⑤如果像方晓思等所说的那样,真正的 *R. lepidophyta* 仅限于孟公坳组顶部一层,那么,这个种的垂直分布年限比起欧洲可分几个带和亚带的年限就显得太短了,而且无法对比!

总之,本书不赞成 Spelaeotriletes hunanensis 作为一个独立的种,而认为它是广义的 Retipora lepidophyta 的组成部分。其实,将该种归入 R. lepidophyta,早有人这样做了,如 Yang 和 Neves(1997)将产自广西桂林上泥盆统鹿寨组与 R. hunanensis(Fang et al.)一样的标本直接定作 R. lepidophyta(fig. 2,左上),而且在引用方晓思、侯静鹏等的文章把晚法门期孢子组合分为 4 个亚带时,将湘中的 R. lepidophyta 占优势的组合(包括方晓思文中提到的含 30%—35% 的 R. hunanensis 的欧家冲组、邵东组)归入 L 带的下亚带,与俄国的 Ltn 和西欧的 LE 带对比;该文的合作者 Neves 是英国孢粉界第二代权威,但他只字不提 Retizonomono-letes hunanensis,显然是不赞成这一新属种的,但不愿点出,想必是因方晓思文的合作者中有 Streel;又如王怿(1996)也回避了这个问题,对湘中类似标本直接定为 Retipora lepidophyta;欧阳舒(2000)则说那样分种只是对"种"的宽窄的理解问题。在讨论主题之前,不得不先就面临的一个关键种的处理而又不能回避的问题做出如上说明。

还有一个与上述 R. lepidophyta 很有联系的与 D/C 划界相关的孢子组合带在西欧经典地区及俄罗斯等地的对比问题,对此有必要做些介绍,但历史回顾篇幅太长,姑且先以下面一张对比表来代替。这张表(表 2.2)是参照杨伟平(Yang,1999,表 6—9)综合而来的。

表 2.2　泥盆-石炭系之交欧洲孢子组合带的对比

Table 2.2　Palynological correlation of Devonian – Carboniferous transition in Europe

地层			Clayton et al., 1978	Higgs et al., 1988	比利时	英伦三岛	西欧综合	俄罗斯
石炭系		Tn3	CM	CM		CM		
		Tn2b	PC	PC		PC		
	哈斯塔阶	Tn2a	VI	BP	TE			
				HD		HD	HD	M
		Tn1b		NV	VI	VI	VI	
							?VI	P PMi
				VI			LCr	PM
			LN	LN		LN	LN	P PLE
	斯屈年阶		LE	LE			LE	LE
			LL	PL	PLs2	LL	LL	Ltn LMb
泥盆系		Tn1a		LL	PLs1	LV	LV	Lty LF
					PLm			LV
					PLi			
	法门阶	Fa2d						
		Fa2c			VCo			

表中泥盆 – 石炭系的界线据牙形刺、头足类(菊石)大体划在相当于孢粉带 LN—VI 带之间,即将传统上的杜内阶下部(Tn1a + Tn1b)划归泥盆系。表内主要列了西欧(比利时、英伦三岛、德国)及俄罗斯西部尤

其白俄罗斯普里皮亚季(Pripyat)盆地、白俄罗斯、莫斯科地区及伏尔加—乌拉尔地区相关孢子带。孢子带简称：LL = *Retispora lepidophyta - Knoxisporites literatus*，LE = *Retispora lepidophyta - Hymenozonotriletes expanatus*，LN = *Retispora lepidophyta - Verrucosisporites nitidus*，VI = *Vallatisporites vallatus - Retusotriletes incohatus*，PC = *Spelaeotriletes pretiosus - Raistrickia clavata*，CM = *Schopftes claviger - Auroraspora macra*，PL = *Vallatisporites pusillites - Retispora lepidophyta*，NV = *Vallatisporites nitidus - Vallatisporites vallatus*，HD = *Kraeuselisporites hibernicus - Dibolisporites distinctus*，PB = *Rugospora polyptycha - Spelaeotriletes balteatus*，PC = *Spelaeotriletes pretiosus - Raistrickia clavata*，LV = *Retispora lepidophyta - Apiculiretusispora verrucosa*（PLi = *Vallatisporites pusillites - Retispora lepidophyta*，PLm = *Vallatisporites pusillites - Retispora lepidophyta minor*，PLs$_1$ = *Vallatisporites pusillites - Retispora lepidophyta*），PLs$_2$ = *Vallatisporites pusillites - Retispora lepidophyta*，TE = *Retusotriletes triangulatus - Hymenozonotriletes explanatus*，VCo = *Rugospora versabilis - Grandispora cornuta*，LCr = *R. lepidophyta - Cyrtospora cristifer*，Lty = *R. lepidophyta - R. lepidophyta typica*，LF = *Retispora lepidophyra - Grandispora facilis*，Ltn = *Retispora lepidophyta - R. lepidophyta - R. tenera*，LMb = *Retispora lepidophyta - R. tenera - Tholisporites mirabilis*，PLE = *Verrucosisporites pusillites - Retispora lepidophya - Hymenozonotriletes explanatus*，PM = *Verrucosisporites pusillites - Tumulispora malevkensis*，PMi = *Verrucosisporites pusillites - Bascaudasporites mischikinensis*，P = *Vallatisporites pusillites*，M = *Tumulispora malevkensis*。

注意表中左边西欧 LN，VI 2 个带本来是连续的，但西欧综合性的垂直分带在这两带之间还多了两个带(LCr, ?VI)，英伦三岛 LN 与 VI 带之间可能也有地层缺失，所以对比表上在 LN，VI 之间有个空格；各家对比方案并不完全一致，例如 Byvscheva 和 Umnova (1993)关于俄罗斯地台与西欧的对比表中，石炭系下部的 P 带仅其下、中部的 PLE + PML(*Vallatisporites pusillites - Tumulispora malevkensis - Retispora lepidophyta*)两个带与西欧的 LN 带对比，而上部的 PM 带 + 石炭系的 M(*T. malevkensis*)带之和相当西欧的 VI 带。

一、关于华南泥盆－石炭系界线和相关地层的时代问题

我国从孢粉地层角度触及泥盆－石炭系过渡地层问题最早的是在华南，30 多年来发表成果最多，在两系划界上取得了重大进展，尤其对那些属陆相或非海相地层的划界，因无牙形刺那样的决定性化石门类或其标志属种，孢子的作用更加显示出来。早在 20 世纪 70 年代后期，高联达、侯静鹏就报道了长江下游五通群与鱼化石共生的 *Retispora lepidophyta*，虽然未附其图照(潘江等，1978)。侯静鹏(1982)还率先研究了湘中马牯脑组、欧家冲组和邵东组的孢子组合，初步确定了它们的时代，其后相继出现了涉及湖南主要是湘中地区的一系列文章(杨云程，见谭正修等，1987；王根贤等，1987；高联达，1990，1992；Fang et al.，1993；卢礼昌，1995；王怿，1996；Yang et al.，1997)，这里无需也不可能一一介绍各位作者的材料和观点，只就与界线问题相关的争论焦点作如下介绍和讨论。

1. 湘中地区

(1) 将 D/C 界线置于邵东组与上覆孟公坳段之间(侯静鹏，1982)

作者在原图 1 上把界线划在欧家冲组和邵东组之间(传统观点，见侯鸿飞，1965；吴望始，1981)。但据文字讨论，她的第一孢子组合带即 LH (*Retispora lepidophyta-Apiculiretusispora hunanensis*) 带(从下至上分 3 个亚带，分别代表马牯脑段顶部、欧家冲段和邵东组中下部)，主要特征是这两个代表种皆出现，且与 *Apiculiretusispora hunanensis* 类似，*Retispora lepidophyta* 在 1—2 亚带含量颇高(10%—20% 甚至 20% 以上)，她认为"其时代大致相当于西欧的法门阶 Fa2d"；而第二孢子组合带(相当于邵东组上部)即 RB (*Lophozonotriletes rarituberculatus-Vallatisporites batiambes*) 带，*Retispora lepidophyta* 等在此带已基本消失，时代大致可与杜内阶 Tn1a 相当。众所周知，Tn1a(和 Tn1b 下部)早已划归泥盆系(Clayton et al.，1977)。所以客观上，作者将两系界线置于邵东组顶部或稍上一点。

与上述方案基本一致的还有高联达(1990)等，研究地区包括湘中和湘西北。例如，马栏边剖面，邵东组

下部称 LE(*Retispora lepidophyta* – *Hymenozonotriletes explanatus*)带,上段 LN(*Retispora lepidophyta* – *Verrucosisporites nitidus*)带,孟公坳组(厚 168.7m,即谭正修等 11 页,马栏边剖面)下部产 VI(*Vallatisporites verrucosus* – *Aneurospora incohatus*)带,上部为 FM(*Baculatisporites fusticulus* – *Auroraspora macra*)带,定其时代为早石炭世。其中,VI 带出现了石炭纪色彩的 *Tumulispora varituberculata*,*T. rarituberculata*[亦见于石门梯子口组(=邵东组)的上部],特别是 *Umbonatisporites distinctus*(无孢子照相证实)。但王恃(1996)认为这并非真正的 VI 带,因为他从孟公坳组下部发现了 *Retispora lepidophyta*;此外,高联达提到在新邵马栏边孟公坳组中部(谭正修等的第 34 层)有极少量可疑的 *Retispora lepidophyta* 和 *Vallatisporites pusillites*。在新化锡矿山剖面(王根贤等,1987)孟公坳组底部也找到了 *V. pusillites*,上述孢子均同典型石炭纪分子在一起,这种情况是再沉积还是正常形成的还需深入研究。实际上,马栏边剖面从欧家冲组至孟公坳组,杨云程(谭正修等,1987)划了 PL 带的 3 个亚带,从下到上各自以 *Retispora lepidophyta* 占优势,*Vallatisporites pusillites* 和 *Retispora lepidophyta* 共存和 *Vallatisporites pusillites* 占优势(*Retispora lepidophyta* 尚未见到)为特征,加上 36 层 *R. lepidophyta* 的再现,人们当然可以怀疑我国这种与白俄罗斯普里皮亚季(Pripyat)盆地、西欧和波兰等地如此美好的 4 个阶段的数量对比关系(即两个种各 1 优势阶段,1 个共存阶段,加最后的再现阶段;见 Yang et al.,1997,fig.3),因为这样的"规律"未见于其他相关文献,杨云程也无统计数量公布,但高联达所谓的孟公坳组中部第 34 层,实乃其上部,当时并未发现 *R. lepidophyta*,倒是 *Vallatisporites pusillites* "占优势",而且从 34 层(38.9m 厚)3 个不同层位发现的众多属种中,大多数是具泥盆纪色彩的种,仅见于石炭纪的几乎没有,有些种带石炭纪色彩,实则在泥盆纪已出现,如在白俄罗斯,*Tumulispora rarituberculata* 和 *T. malevkensis* 在晚法门期最底部的 LF 带已出现(Avchimovitch et al.,1988)。至于再沉积问题,当然值得重视,但对浅海的无底砾岩之类的连续沉积而言,这种可能性很小,而且时代相差越小,越难以证明;不像泥盆系孢子再沉积到白垩纪地层中那么容易识别。

高联达(1992)曾详细研究过鄂西和湘西北 D/C 界线层的孢粉地层,在与湘中邵东组相当的梯子口组也分别建立了下部的 LE 带和上部的 LN 带,而上覆的长阳组下部亦为 VI 带,亦即将 D/C 界线置于长阳组之底,与上述方案一致。值得注意的是他提及,大致相当于高骊山组的资丘组(Pu 带)中出现了 *Schulzospora campyloptera* 及 *Umbonatisporites distinctus*,而按其表一孢子垂直分布,前者在长阳组上部的 PC 带已出现,表明至少长阳组上部不可能属泥盆纪,后者甚至在其下的 VI 带已出现,如果种的鉴定可靠,则表明整个长阳组都应划归石炭纪。这与下述方案(2)就不一致了。

(2)将 D/C 界线置于孟公坳组之顶(谭正修等,1987)

即孟公坳组和马栏边组之间,他们根据多门类化石(珊瑚、腕足类、有孔虫、牙形刺和孢子等)主要是珊瑚 *Cystophrentis* 的末现层位的详细深入的研究,将 D/C 界线置于湘中孟公坳组顶部普遍出现的一套 2—10m 厚的砂页岩之上。他们认为这一末现层位可与国外有些人主张的 D/C 之交一次全球性的短暂海退事件(如德国的 Hangenberg 页岩)对比,所以将界线划在马栏边剖面的第 36 层的顶部。这一界线与方晓思等(1993)从该剖面 36 层(田心组)所发现的"真正的 *Retispora lepidophyta*"是一致的。因属浅水区,这里未发现牙形刺 *Siphonodella praesulcata* – *S. sulcata*,这个层位发现 *Retispora lepidophyta* 就显得更为重要,也就是说,综合各家资料,*R. lepidophyta* 是从马牯脑组上部经欧家冲组、邵东组上延到孟公坳组顶部的。

(3)将 D/C 界线划在孟公坳组中间(王恃,1996)

即锡矿山欧家冲至竹山煤矿公路边剖面的该组从下至上的 4—5 层与 6—8 层之间,因邵东组顶部至 4—5 层产 EL(*Lophozonotriletes excisus* – *Retispora lepidophyta*)组合,而孟公坳组上部 6 层产 KD(*Crassispora* cf. *kosankei* – *Lycospora denticulata*)组合,*Retispora lepidophyta* 和 *Vallatisporites pusillites* "已经消失",*Crassispora* 含量颇高(33.8%),*Lycospora* 有所增加(3.8%),这两属很可能为乔木石松类孢子,石炭纪色彩较浓,故王恃将其时代定为 Tn1b 上部至 Tn2。支持这一结论的是王成源和 Ziegler(1982),他们报道了湘中 *Cystophrentis* 带的牙形刺,认为 *Cystophrentis* 带大部分属于晚泥盆世,D/C 界线可能在孟公坳组内部或上部通过。

本书采用谭正修等(1987)的划界方案,即将 D/C 界线划在孟公坳组的顶部,首先是源于方晓思等在该组第 36 层发现可靠的 *Retispora lepidophyta*，此层岩性独特，野外工作按图索骥，不致搞错；其次，谭正修等的结论，是多门类（尤其珊瑚、腕足类、有孔虫、孢子）化石综合生物地层研究、国内外对比的成果，比较可信。唯原文第 36 层的少量孢子称为 NV（*Verrucosisporites nitidus － Vallatisporites vallatus*）带，与欧洲 VI 带（底部）对比，可能有点问题，*Verrucosisporites nitidus* 在西欧的首现层位是 LN 带之底，*Vallatisporites vallatus* 在白俄罗斯首现于 PLE 带，即西欧 LN 带下部，加上后来 *Retispora lepidophyta* 的发现，所以第 36 层恐怕仍属 LN 带。此外，侯鸿飞（1965）说，邵东组（段）和孟公坳组（段）腕足动物群关系密切，完全可与狄南盆地的艾特隆层对比，现在看来，依然是基本正确的，因为艾特隆层原在 Tn1a 之下，后来都划归泥盆纪了。

2. 长江下游地区

本区 D/C 之交地层以广泛发育的五通群（组）及其相当地层为代表，关于其历史沿革、地层对比和时代争议参见有关文献（李星学，1963，1965）。江苏南京附近准层型剖面的孢子发现虽可追溯到 40 年前（潘江等，1978），但江苏句容和宝应相关钻孔及龙潭等地剖面的五通群的孢子研究取得重大进展（包括大量描述图版并确认了 D/C 界线通过擂鼓台组内部）则是在上世纪 80 年代以后（李星学等，1984；陈永祥、欧阳舒，1985，1987；欧阳舒、陈永祥，1987a，b；Cai et al.，1987；严幼因，1987；蔡重阳等，1988；Ouyang and Chen，1989；高联达，1991；卢礼昌，1994，1999；欧阳舒，2000；杨晓青，2003）。五通群下部为观山段，上部擂鼓台组：先是欧阳舒等建立了擂鼓台组的 3 个组合带，其后卢礼昌（1994）从江苏南京龙潭剖面观山段发现了孢子，现综述如下：

（1）江苏南京龙潭五通群下部观山段 *Aneurospora asthenolabrata － Radiizonates longtanensis*（AL）组合

已知有孢子 17 属 25 种，名单见卢礼昌（1994）。组合命名 2 个种含量分别达 54% 和 30%。此组合泥盆纪特别是晚泥盆世色彩浓厚，如出现 *Cymbosporites conutus*，*Verruciretusispora magnifica* var. *magnifica*，*Apiculiretusispora conica*，*A. gananensis*，*Retusotriletes minor*，*Aneurospora asthenolabrata* 等，见于 D/C 过渡层的较少，如 *Discernisporites micromanifestus*，*Spelaeotriletes crenulatus* 等。原作者定其时代为晚泥盆世法门期，甚至很可能为法门晚期。组合中并未出现 Fa2d 才开始出现的 *Retispora lepidophyta*。不过，此前高联达（1991）曾报道"近年来在观山段中发现丰富的孢子"，称 *Rugospora flexuosa － Grandispora cornuta*（LC）带，主要属种有 *Grandispora uncata*，*Aneurospora greggsii*，*Knoxisporites literatus*，*Ancyrospora angulata* 和极少量的 *Retispora lepidophyta*，*V. pusillites*。原作者认为此组合可与西欧 *Rugospora versabilis － Grandispora uncata*（VU）带和 *R. lepidophyta － K. literatus*（LL）带对比，时代法门期晚期（Fa2c—Fa2d）。遗憾的是原作者未指明剖面地点，也无剖面图，仅有孢子名单而无描述、图版，与卢礼昌（1994a）从江苏南京龙潭剖面所见组合面貌差别颇大。

（2）江苏句容、宝应五通群上部擂鼓台组中下部 *Retispora lepidophyta － Apiculiretusispora hunanensis*（LH）组合（欧阳舒等，1987a，b）

类似组合亦见于龙潭剖面含鱼化石层及其以下地层，卢礼昌（1994a）称之为 *Retusotriletes － Cymbosporites*（RC）组合。本组合以较多样的弓形脊孢子属如 *Retusotriletes*，*Apiculiretusispora*，具腔或不具腔的刺面孢子和栎状孢子如 *Cymbosporites* 的含量较高为特征。组合中，泥盆纪特别是晚泥盆世色彩浓厚，偶有中泥盆世较常见的 *Hystricosporites* 和 *Emphanisporites*［再沉积（?）］，还有 D/C 过渡成分及少量石炭纪色彩成分等；值得特别注意的是 *Retispora lepidophyta*，*R. lepidophyta* var. *minor* 和 *Vallatisporites* cf. *pusillites* 的存在，因为这 3 个种在全世界被视为晚泥盆世末 Fa2d—Tn1b 下部即斯届年期的标志分子，表明擂鼓台组中下部也应属于这一时限范围，此结论与准层型剖面共生的动、植物化石所示基本不矛盾，故目前已无争议。

另据高联达（1991）报道：在江苏江宁孔山和陈家边剖面……的第 1 层产斜方薄皮木（*Leptophloeum rhombicum*），之上第 2 层产有 *Retispora lepidophyta*，其上第 3 层晚泥盆世晚期典型孢子完全消失，代之以典型的早石炭世早期孢子的出现，包括 *Umbonatisporites distinctus*，称之为 *Vallatisporites verrucosus － Retusotriletes incohatus*（VI）带，时代为杜内期早期（Tn1b—Tn2 的下部）；南京附近茨山组上部为 *Spelaeotriletes pretiosus － Cingulizonates bialatus*（PB）孢子带，相当于西欧杜内阶下部。这 3 个组合序列是否代表擂鼓台组的序列，高联达的 VI 带是否相当欧阳舒等人的 MD 带（?）有待进一步研究解决。

（3）江苏句容包1井擂鼓台组中上部的 *Knoxisporites literatus* – *Reticulatisporites cancellatus*（LC）组合

类似的组合也见于江苏南京龙潭擂鼓台和观山剖面的擂鼓台组中上部，即含鱼化石层之上、距顶部十来米地层即产早石炭世的 *Schopfites claviger* – *Auroraspora macra*（CM）组合的地层之下的一段地层（陈永祥，见蔡重阳等，1988；卢礼昌，1994a），卢礼昌称之为 *Knoxisporites* – *Densosporites*（KD）组合。本组合组成分极为丰富，已知 100 多种，并有几种大孢子；与下伏 LH 组合相比，已发生较大变化，此前丰富多彩的栎状、弓形脊和刺面孢子组合被以网面、蠕虫状纹饰和粒面为主的孢子组合所取代，而且未发现 *Retispora lepidophyta*。有一定数量的泥盆纪或 D/C 双重色彩的分子，石炭纪色彩的成分明显增加，包括 *Reticulatisporites papillatus*，*Convolutispora mellita*，*Lycospora denticulata* 及大孢子 *Lagenicula* cf. *horrida*，*Crassilagenicula* cf. *baccaefera*，*Cystosporites* sp. 等。

欧阳舒等（1987a）提到："本组合典型的泥盆纪分子不多，石炭纪色彩十分浓厚，（那）几种大孢子的出现更加重了这一色彩。"但他们（陈永祥等，1985，1987；Ouyang and Chen，1989；欧阳舒，2000）仍将此 LC 组合所在层位定作晚泥盆世最晚期斯屈年期（期末的 Tn1a + Tn1b 下部），主要还是顾虑到几种泥盆纪植物如 *Archaeopteris mutatoformis*，*Leptophloeum rhombicum*（江宁孔山，分别出现于距擂鼓台组顶界约 10m，35m 处，据蔡重阳等，1988）和 *Cyclostigma kiltorkense*［南京汤山坟头村擂鼓台组层位不明（?）］有可能出现在 LC 孢子组合之上，不能以 *Retispora lepidophyta* 是否出现作为判定时代的主要证据，还必须考虑中国某些石松类植物的早发性，何况擂鼓台组顶部还有一套确实无疑的早石炭世早期（杜内期）组合。

本组合部分内容自从被报道（李星学等，1984）以后，引起了国外同行的关注。Fairon-Demaret（1986），Streel（1986）都表示 LC 组合"可能"已属石炭纪（Streel 甚至认为侯静鹏将邵东组上部 RB 组合定为 Tn1a"是没有理由接受"的，显然是因为其图 2 的 *Retispora lepidophyta* 没有延伸到邵东组上部）。卢礼昌（1994a）也持相同意见，认为擂鼓台中上部的（KD = LC 组合）时代归属于早石炭世早杜内期较合适。本书在对比表中将 LC 组合仍归泥盆纪末，D/C 界线穿越擂鼓台组中上部和顶部组合之间；但在下一章将作为石炭纪最早期组合的可能代表。

（4）江苏宝应五通群顶部 *Auroraspora macra* – *Dibolisporites distinctus*（MD）组合

类似组合亦见于江苏南京龙潭（卢礼昌，1994a）、孔山（陈永祥、欧阳舒，1987）及江宁陈家边（严幼因，1987；高联达，1991）等地。卢礼昌把他从观山和擂鼓台剖面相当层位所获孢子组合称 *Leiotriletes crassus* – *Laevigatosporites vulgaris*（CV）组合。MD 组合分异度也很高，综合各家名单，达 100 种以上；具泥盆纪尤其 D/C 过渡色彩的成分颇有一些，但同时也出现许多石炭纪特别是早石炭世的分子，包括 *Dibolisporites distinctus*，*D. microspicatus*，*Schopfites claviger*，*Crassispora* cf. *kosankei*，*Camptotriletes* cf. *certus* 等，此组合大体相当于西欧的 VI（Tn1b 上部—Tn2 中下部）—CM 带，尤其 CM（Tn2 上部—Tn3 下部）带。

（5）浙江泥盆纪—石炭纪地层分浙北和浙西两个地层区，浙北称五通群（组），浙西称千里岗砂岩，从下至上划分为"唐家坞砂岩"和"西湖石英砂岩"，后者再分为西湖组、珠藏坞组和叶家塘组；珠藏坞组产 *Sublepidodendron mirabile*，"*Sublepidodendron*" *wusihense* 等植物化石，时代被定为杜内期（赵修祜，1986；陈其奭，1987）。关于千里岗砂岩的沿革见李星学（1963）和何圣策等（1993）的文章。狭义的千里岗"群"即西湖组，1963 年后多数作者将其归入晚泥盆世，《浙江区域地层志》（1962）则定为晚弗拉—法门期。何圣策、欧阳舒（1993）研究了浙江富阳新店剖面西湖组（223.82m）孢子，从下段（154.31m）近顶部发现了 *Retispora lepidophyta* – *Apiculiretusispora hunanensis*（LH）组合，泥盆纪色彩较为浓厚，除了两个组带命名种外，还有 *Retusotriletes*，*Cymbosporites*，*Aneurospora*，*Lophotriletes uncatus*，*Lophozonotriletes rarituberculatus*，cf. *Simozonotriletes duploides*，*Discernisporites micromanifestus* 等和其他一些泥盆-石炭纪过渡色彩分子，典型的石炭纪分子很少，且种的鉴定有所保留，故此组合时代被定为晚法门期（其下还有 140 余米地层未见孢子）；上段（69.51m）近底部产 *Dibolisporites distinctus* – *Cordylosporites papillatus*（DP）组合，这 2 种是石炭纪的标志分子，而 *Retispora lepidophyta* 在组合中已经消失，组合中其他成分多显示出泥盆-石炭系过渡型色彩，故其时代被定为杜内早期（Tn1b 晚期—Tn2），大体可与江苏五通群顶部的 DM 组合对比，即泥盆-石炭系界线划在西湖组剖面的

22—23 层之间。上、下两组合中皆未见具刺疑源类。

3. 江西全南县小慕村西南

文子才、卢礼昌(1993)研究了赣南全南一个泥盆纪—石炭纪地层剖面的孢子。该剖面自下而上由三门滩组(411.64m)、翻下组(58.39m)、荒塘组(118.70m)和刘家塘组(209.54m)组成。

三门滩组产腕足类 Camarotoechia cf. hsikuangshanensis，Yunnanella abrapta var. schnurioides，植物 Leptophloeum rhombicum 和星鳞鱼 Asterolepis sp. 等。此外，产孢粉 Acanthotriletes denticulatus(25%) - Apiculiretusispora rarissima(20%)(DR)组合，另两个含量较高的种是 Spelaeotriletes resolutus(16.7%)，Apiculiretusispora gannanensis(15%)，而 Retispora lepidophyta 含量亦达 8.3%(原作者对属种鉴定作了保留，实即前文的 R. lepidophyta var. hunanensis)，所以称 R. lepidophyta - Diducites poljessicus(LP)组合也未尝不可。此组合泥盆纪色彩较浓厚，也有些泥盆-石炭系过渡成分，可与龙潭五通群擂鼓台组中下部组合对比，时代被定为晚泥盆世法门期。

翻下组产珊瑚 Complanophyllum sp. 和较多孢子属种，称 Leiotriletes macrothelis - Grandispora xiaomuensis(MX)组合，其中限于晚泥盆世晚期的约 10 种，泥盆-石炭系过渡色彩的 6 种，限于早石炭世晚期的 5 种。与前一组合连续性颇强，但 Retispora lepidophyta 则已绝迹，组合面貌略可与侯静鹏(1982)的邵东组上部的 RB 带(Tn1a)，及西藏聂拉木波曲组上部 LP(Retispora lepidophyta - Vallatisporites pusillites)组合带(高联达，1983)对比，但是值得注意是波曲组之上还有章东组。章东组也有两个孢子带(高联达，1988)，下部同样为 LP 带，上部为 LN(Retispora lepidophyta - Verrucosisporites nitidus)带，这两个组合带皆以 Retispora lepidophyta 含量较高(分别为 5%—15%和 20%—60%)为特征，因此章东组层位要低于邵东组上部。所以原作者称翻下组的组合更接近邵东组上部，时代被定为法门期晚期。

荒塘组—刘家塘组中部的 Apiculiretusispora tenera - Lycospora cf. tenuispinosa(TT)组合，组成贫乏，仅 7 属 9 种，其中有 5 个种(56%)是从下伏 MX 组合延伸上来的，说明仍有相当的延续性。但两个组合指示种含量很高，合计约占 70%，它们很可能是新兴的石松纲的孢子，L. tenuispinosa 以往见于江苏高骊山组，显示出强烈的石炭纪色彩，所以其时代被定为杜内期。也就是说，泥盆-石炭系界线置于研究剖面的的翻下组与荒塘组之间，这与翻下组的珊瑚化石及荒塘组下部的腕足动物化石(Eochoristites neipentaiensis，Eusella metafrigonalis，Punctospirifer sp. 等)指示的时代亦无矛盾。

4. 广西桂林南边村剖面—桂平剖面

南边村剖面沉积属碳酸盐岩台地边缘斜坡相，化石门类丰富(牙形刺、腕足类、三叶虫、介形虫等)，研究详细，1988 年被选为国际泥盆-石炭系过渡副层型剖面，多人在该标准剖面界线之下的 4mm 厚的黑色页岩(也许可与西德的 Hangenberg 页岩对比)中尝试提取孢粉，但可惜的是皆不成功。

然而，Yang W. P. 和 Neves(1997)从离桂林 10km 的桂平剖面上一套盆地相沉积的黑灰色泥质、粉砂质页岩中，首次发现了不少泥盆纪最晚期的孢子。下面的(GP2—GP8 样)称为 Vallatisporites pusillites - Tumulispora malevkensis - Vallatisporites robustospinosus(Pmr)组合，属种多样，包括：Verrucosisporites nitidus，Lophozonotriletes，Densosporites，Anulatisporites；光面、穴面、网面、栎形、周壁等三缝孢子，Apiculatisporites hunanensis，A. rarispinosa，Auroraspora macra，Discernisporites micromanifestus，Retusotriletes communis 等。上面(GP9 样)的孢子称 Pml 组合，因有 Retispora lepidophyta var. minor(2%—3%)出现。该剖面产牙形刺、介形虫、头足类，根据区域生物地层对比，例如紧挨 Pml 组合之上，有早石炭世最早期的标志牙形刺分子 Siphonodella duplicata，所以作者将这 2 个组合带与西欧的 LN 带最上部对比，从而填补了这一重要地区的孢子研究的空白。

5. 滇西耿马、四排山剖面

杨伟平从 20 世纪 90 年代初起，相继对滇西缝合带的晚古生代地层中的孢粉进行过研究，主要成果反映在 1993 年完成的博士论文(英文稿，205 页，17 图版，记载约 68 属 123 种，大多简单描述或注释，未刊)，其主要结果和观点后来先后在《Palaeoworld》(Yang，Neves and Liu，1997)和日本英文刊物上发表(Yang，1999)。这里仅简要引录有关泥盆-石炭系之交的孢粉。

在耿马四排山剖面龙坝组(总厚超过3000m)下部SPS12层位中发现一个 *Retispora lepidophyta* 组合,此指示种含量占整个组合的30%—40%,*Spelaeotriletes* 也较为常见,其他常见分子有晚泥盆世—早石炭世色彩的 *Grandispora praecipua*, *G. echinata*, *Hymenozonotriletes explanatus*, *Auroraspora macra*, *Apiculiretusispora granulata*, *Retusotriletes triangulatus*, *Diducites mucronatus*, *Discernisporites micromanifestus*, *Punctatisporites irrasus*, *Basaudaspora collicura* 等,及主要见于西澳大利亚泥盆纪末的 *Grandispora praecipua*, *G. clandestina*, *Apiculatisporis morbusus*。此组合时代被定为晚泥盆世末;先前(Yang, Neves and Liu, 1997),曾明确示为Tn1a—b。

第二个称为 *Grandispora spiculifera* 组合,见于四排山、耿马南皮桥和南皮河的龙坝组,在四排山剖面所在层位(轻微变质的细粒粉砂岩)为SPS13,上距SPS12层位>600m,除组合命名种之外,*Retispora lepidophyta* 含量达组合的6%—8%,但被解释为"可能为再沉积的结果",因为组合中其他重要分子有些是早石炭世的代表,如 *Schopfites delicatus*, *Kraeuselisporites fasciatus*, *Anapiculatisporites austrinus*, *Raistrickia* cf. *condylosa*, *Verrucosisporites irregularis*, *Convolutispora major*, *Radiizonates mirabilis*, *Baculatisporites fusticulus* 等,不过,组合中还有许多晚泥盆世色彩的分子,如 *Rugospora flexuosa*, *Grandispora praecipua*, *G. clandestina*, *Hystricosporites porrectus*, *Hymenozonotriletes scorpius*, *Ancyrospora* sp., *Videospora glabrimaginata* 等。这一组合为混合型(如再沉积)或泥盆 - 石炭系之交的过渡型组合。作者没有正面解释为何此"较年轻"组合产出层位却在 *Retispora lepidophyta* 组合之下的问题。

杨伟平(Yang W. P.,1999)的四排山剖面(SPS11),据其表4所列,有 *Auroraspora corporiga*, *Crassispora maculosa*, *Diducites mucronatus*, *Grandispora notensis*, *Grandispora echinata*, *G. praecipa*, *G. piculifera*, *Hymenozonotriletes scorpius*, *Raistrickia condylosa*, *Retusotriletes incohatus*, *Rugospora polyptycha*, *Spelaeotriletes balteatus*, *Umbonatisporites obstrusus*。从其表4可以看出,四排山剖面从下至上出现5个组合,即SPS15—14的Rl(*Retispora lepidophyta*),SPS13的Gs(*Grandispora spiculifera*),SPS12的Rl组合,SPS11—10的Gs组合,SPS9—1的Pu(*Lycospora pusilla*)组合;其中夹在两个Rl组合之间的样品SPS13的组合,如上所述,*Retispora lepidophyta* 含量仍达6%—8%,时代层位解释上仍有点问题,但在其表2(滇西晚古生代组合序列)中将此组合列入下石炭统下部。

在此前的文章中(Yang, Neves and Liu, 1997),作者将上述第一个 *Retispora lepidophyta* 组合称为"最老的组合",而把第二个组合即 *Grandispora spiculifera* 组合的时代标定为杜内中晚期(Tn1b2—Tn3c),而且提及在 *Retispora lepidophyta* 消失以后,它(指 *Grandispora spiculifera*)变得丰富起来,且与下列属种共生:*Spelaeotriletes balteatus*, *Baculatisporites fusticulus*, *Grandispora notensis*, *Granulatisporites frustulensis*, *Vallatisporites verrucosus*, *Velamisporites caperatus*, *Densosporites* cf. *spitsbergensis*, *Raistrickia* cf. *condylosa*, *Endoculeospora vargranulata*, *Retusotriletes incohatus*, *Punctatisporites irrassus*, *Rugospora flexuosa*, *Hymenozonotriletes explanatus*, *Auroraspora macra* 等。不知为什么,此文并未提及组合中含有6%—8%的 *Retispora lepidophyta*。

第三个称为 *Lycospora pusilla* 组合,发现于耿马南皮桥剖面(GN-13)、四排山剖面(SPS 11A,原文如此,但表4中仅有SPS5,7,9样产 *L. pusilla*)和南皮河剖面(NPIII-11B),时代被定为早石炭世维宪期。NPIII剖面只有一个样(NPIII-44)产保存精美的 *Lycospora pusilla*,其他共生种有 *Schofites* cf. *delicatus*, *Umbonatisporites* sp., *Kraeuselisporites hibernicus*, *Anapiculatisporites austrinus*, *Grandispora notensis* 和 *Cymbosporites magnificus*。四排山剖面9号样产 *Umbonatisoporites* cf. *distinctus*, 7号样产 *Verrucosisporites* cf. *nitidus*, 5号样产 *Dictyotriletes flavus*,显示出强烈的早石炭世晚期色彩;在耿马南皮桥剖面的Pu组合中,出现了 *Planisporites conspersus* 和 *Anapiculatisporites largus*,这两种是澳大利亚维宪期 A. largus 组合带的标志分子(Playford, 1983, 1985)。产Pu组合9号样的最低层位与下伏泥盆系顶部产 R. lepidophyta 组合12号样的层位间的地层厚度>1400m,所以这个组合不大可能是杜内期的,表2中(Yang, Neves and Liu, 1997),*Lycospora pusilla* 的位置应标示在下石炭统(C₁)方格的上部。

6. 贵州睦化、代化 D/C 剖面

高联达(侯鸿飞等,1985)研究了睦化有关剖面的王佑组格董关层底部及打屋坝组底部的孢子组合,组合中属种丰富,可贵的是大多作了描述、拍了照片;前者是以 *Vallatisporites pusillites*（2%—3%）- *Tumulispora* spp.（20%—30%）为特征的组合,作者认为可与西欧晚泥盆世末 LN 带对比,而后者以 *Verrucosisporites nitidus* - *T. rarituberculata* 为特征,可与西欧的 CM 带对比,时代属杜内晚期。由于 *Siphonodella praesulcata* - *S. sulcata* 的界线通过王佑组下部或格董关层内部(灰岩),而打屋坝组和王佑组之间还有睦化组,所以两个孢子组合之间有大的间断,无法探讨泥盆 - 石炭系孢子界线。侯静鹏(Ji et al.,1989)则主要研究了长顺大坡上剖面的睦化组及代化剖面打屋坝组下部的孢子:睦化组孢子很少,仅见 *Apiculiretusispora*,*Auroraspora* 和 *Tumulispora rarituberculata*;而代化剖面孢子较多,面貌基本可与高联达从睦化剖面Ⅱ所得的打屋坝组组合比较。

高联达(1991)研究了贵阳乌当及独山若干地点泥盆 - 石炭系剖面,自下而上从者王组—上司组共建立了 6 个孢子组合带。泥盆 - 石炭系之交主要为淡水相碳酸盐岩,孢粉属种甚多,但保存欠佳,标本颜色偏黑,涉及泥盆 - 石炭系界线的有两个组合:①者王组及革老河组下段的 *Vallatisporites pusillites* - *Verrucosisporites nitidus*（PN）组合带;②革老河组上段的 *Vallatisporites verrucosus* - *Retusotriletes incohatus*（VI）组合带。原作者提及,贵州地区迄今为止尚未发现 *Retispora lepidophyta* 的踪迹。

二、关于西藏南部泥盆-石炭系界线和相关地层的时代问题

20 世纪 50 年代初,我国即开始进行青藏高原的综合科考,并相继取得累累硕果。通过对珠峰地区泥盆纪—石炭纪地层中的孢粉研究,在 80 年代先后发表了两篇重要著作(高联达,1983,1988),标本来自藏南聂拉木县江东区亚里村中上泥盆统波曲组(256m)上部和上覆地层章东组(大于 18m,未见底)、亚里组(67.3m)和纳兴组下部。尽管所采或含孢粉的岩石样品数目作者并未明确注明,但孢子组合的分异度却很高,总共记载了 200 多种,从下至上分了 5 个组合带。

高联达(1983)将波曲组上部称为 *Retispora lepidophyta* - *Vallatisporites pusillites*（LP）带,章东组下部称为 *Retispora lepidophyta* - *Hymernozonotriletes explanatus*（LE）带,章东组上部称为 *Retispora lepidophyta* - *Verrucosisporites nitidus*（LN）带,亚里组下部称为 *Vallatisporites vallatus* - *Aneurospora incohatus*（VI）带,亚里组上部称为 *Cingulizonates bialatus* - *Auroraspora macra*（BM）带和纳兴组下部称为 *Lycospora pusilla*（Pu）带,并分别与西欧等地区的相关孢子带对比。定波曲组(上部)的时代为 Fa2d,章东组下部 LE 带为 Fa2c—Fa2d,上部 LN 带为"晚法门晚期"[虽然前后新老有点颠倒矛盾,但总的时代是晚法门晚期—斯特隆期(即 late Famennian—Strunian = Fa2c—d 至 Tn1a—early Tn1b)]可能性更大;而亚里组下部组合,虽然也有 *Retispora lepidophyta*,*Vallatisporites pusillites*,但作者怀疑其为再沉积产物,加之有 *Vallatisporites vallatus* - *Aneurospora incohatus* 出现,故作者与西欧的 VI 带对比,划归石炭系,即 D/C 界线置于章东组与亚里组之间。

这个划界方案,大约是受到亚里组产菊石 *Gattendorfia* 的影响,是值得商榷的,除泥盆系顶部标志分子 *Retispora lepidophyta* 和 *Vallatisporites pusillites* 的存在外,作者提及的主要"典型石炭纪分子"(举例 4 种)中,*Vallatisporites verrucosus* 和 *Verrucosisporites nitidus* 在西欧和波兰 LN 带之底已出现。*Tumulispora* 属孢子,包括 *T. varituberculata* 和 *T. malevkensis*(其大量出现为杜内阶底部特征,Avchimovitch 认为 *T. variverrucata* 可能是 *T. malevkensis* 的同义名!),在白俄罗斯晚法门晚期最下部的 LF 带(= 西欧的 LV 带)已出现(Avchimovitch et al.,1988),至于 *Dictyotriletes submarginatus*,此种最初见于加拿大霍顿群,而该群的时代并不全属早石炭世,下部有属泥盆纪的可能(McGregor,1970),何况从波曲组也发现这个种,所以这 4 个种没有一个是"典型石炭纪分子";此外,作者鉴定的 *Vallatisporites vallatus*(高联达,1988,图版 5,图 25)与最初建立的 *V. vallatus* Hacquebard（1957,pl. 2,fig. 12)差别甚远,*Aneurospora incohatus* 未见图照,但它与保存较好的 *Vallatisporites vallatus* 倒是出现在泥盆纪的波曲组(高联达,1983,图版 3,图 11;图版 7,图 17)。

所以,我们认为,高联达(1983)的亚里组下部的 VI 带并非西欧真正的 VI 带,似为其 LN 带上部,属泥盆纪末的可能性更大。本书同意邱洪荣(1988,272—282 页)的方案,即将泥盆 - 石炭系界线划在亚里组下部的亚里东沟段(10.8m)顶界,因为他的牙形刺研究证明 *Siphonodella praesulcata* 发现于距该段顶 2.2m 处,而

S. sulcata 首次出现在亚里组沟陇日段(此段厚仅 0.5m)上部 10cm 处(所以他在表 1 中更慎重地将泥盆-石炭系界线置于沟陇日段内部,即稍高于文字描述部分),此处为泥盆-石炭系界线,与菊石 *Gattendorfia* 的底界基本一致。这条界线(即剖面的 6—5 层之间)与按孢子标准划分的泥盆－石炭系界线差仅约 4m,*Retispora lepidophyta*(高联达,1988,图版 5,图 18,21)产出的最高层位,即 CNL128,亚里村剖面第 8 层距底约 2m,属亚里组上段腊扎蒲段(56m)近底部(邱洪荣,1988,274 页)。

三、关于新疆准噶尔和塔里木盆地泥盆－石炭系界线和相关地层的时代问题

1. 新疆北部准噶尔盆地

新疆北部和布克赛尔县俄姆哈黑山头组泥盆－石炭系过渡层剖面孢粉研究颇为详细,先后出版两篇重要著作(周宇星,1988;卢礼昌,1999)。周宇星的硕士学位论文(未刊)中的部分孢子描述和泥盆－石炭系划界成果后载入《新疆北部石炭纪—二叠纪孢子花粉研究》(见欧阳舒、王智等,2003,121 页,略有修改的图 5.1,黑山头组改称和布克河组),这里不再赘述。

周宇星为该剖面黑山头组划分两个孢子组合带,下部称 *Retispora lepidophyta* - *Discernisporites micromanifesttus*(LM)带,特征分子有 *Vallatisporites pusillites*, *Cristatisporites minisculus*, *Vallatisporites verrucosus*, *Raistrickia spathulata*, *Hymenozonotriletes conjunctus*, *Lophozonotrilets* spp., *Tuberculatosporites* 等,以 *Vallatisporites*(15%—20%), *Discernisporites*(12.5%), *Cristatisporites*(13.7%)含量高为特征;上部称 *Verrucosisporites nitidus*(Vn)带,以 *Verrucosisporites*, *Punctatisporites* 含量较高为特征,*Retispora lepidophyta* 和 *Vallatisporites pusillites* 在此带消失,石炭纪色彩成分颇多,如 *Anapiculatisporites concinnus*, *Lophotriletes mirus*, *Foveosporites appositus*, *Verrucosisporites congestus*, *Raistrickia spathulata*, *Densosporites simplex*, *Camarozonotriletes laevigatus*, *Cingulizonates loricatus* 等。大致对比方案是,LM 相当于西欧 LN 带,Vn 带相当 VI 带,时代大体上为 Fa2d—Tn2,泥盆－石炭系界线划在 J2 和 AEM206 样层之间;与上覆 AEM206 牙形刺 *Siphonodella sulcata* 首现界线基本一致,此外更高层位还有菊石 *Gattendorfia*、腕足类、珊瑚等化石,与孢粉划界不矛盾。

卢礼昌记载了同一剖面黑山头组(分 2—6 共 5 层)的 180 余种孢子,并作了大量种的描述。他也将其划分为两个组合,下部称 *Vallatisporites* spp.(Vs)组合,上部称 *Hefengitosporites* spp.(Hs)组合。前者以 *Vallatisporites* 含量最高(33.7%), *Discernisporites* 次之(21.7%), *Cristatisporites* 居第三(6.7%)。此外,泥盆纪色彩分子有 *Vallatisporites pusillites*, *Retusotriletes simplex*, *Apiculiretusispora granulata*, *Cymbosporiters cyathus*, *C. microverrucosus*, *Raistrickia famenensis* 等;泥盆－石炭系过渡成分有 *Auroraspora macra*, *Cyrtospora cristifer*, *Verrucosisporites nitidus*, *V. verrucosus*, *V. vallatus*, *Grandispora echinata*, *Hymernozonotriletes explanatus* 等;石炭纪成分有 *Raistrickia condylosa*, *Grandispora spinosa*, *Neoraistrickia cymosa*, *Spelaeotriletes obtusus* 等。卢礼昌认为此组合比江苏句容擂鼓台组下部的 LH 的层位略高,而比其上部的 LC 组合层位略低,时代定为泥盆-石炭纪。而 Hs 组合尽管还有不少泥盆－石炭系过渡色彩分子,如 *Tumulispora variverrucata*, *Verrucosisporites nitidus*, *Densosporites spitsbergensis*, *Auroraspora macra*, *Emphanisporites rotatus* 等,但典型的石炭纪成分如 *Lycospora pusilla*, *Raistrickia clavata*, *Densosporites anulatus*, *Rugospora minuta*, *Vallatisporites interruptus* 等已出现,大致可与甘肃靖远前黑山组对比,时代为杜内期。

可见,对同一剖面,下伏地层皆为产植物 *Leptophloeum rhombicum* 的洪古勒楞组,但其上的黑山头组的厚度,孢子组合的分异度和组成,泥盆－石炭系界线的具体划分位置,都有不同程度的差别,但仍有一些普遍特征反映出来,如都分为上下两个组合,都含少量具刺疑源类,下部组合皆以 *Vallatisporites* 等含量较高为特征(卢礼昌从中虽未发现 *Retispora lepidophyta*,但也见到几乎有同样重要意义的 *Vallatisporites pusillites*),上部组合石炭纪色彩浓厚等。我们认为,卢礼昌的上下两个组合(2—4 及 5—6 层)之间的界线(即 4—5 层之间)大体即为泥盆－石炭系界线;下部的 Vs 组合可与江苏句容的 LH 组合对比。

2. 新疆南部塔里木盆地

1991 年高联达等首次报道了塔北沙 10 井(井深 4610.0—5404.4m)早石炭世早期的孢子组合,分 4 带,最低的地层(5328m 以下)与 Ⅵ 带对比,但未发表任何孢子图照,是否涉及泥盆－石炭系界线,不得而知。主要是围绕塔北的草 2 井的东河塘组(即东河砂岩,东河砂岩段)及其上覆地层巴楚组,涉及泥盆－石炭系界线问题,出现了较多争议。因为东河砂岩是塔里木盆地重要的储油层,所以其地质时代的确定,意义非同一般。

1993 年初,詹家祯和朱怀诚分别研究了东河塘组和巴楚组的孢子化石,曾将其命名为 *Tumulispora － Latosporites* (TL) 组合,推测其时代为晚泥盆世晚期—早石炭世早期。1994 年,朱怀诚、赵治信改定该段地层时代为法门晚期。但高联达等(1996)也是根据草 2 井(井深 5992.5m 和 5 995m 两块岩样)的孢粉(无图照),却定为早石炭世晚期,与西欧维宪期和纳缪尔早期对比,理由是,组合中的 *Lycospora* 含量高达 40%—50%,与个别的 *Florinites* 共生,而这两属在西欧到维宪期才出现。其后,朱怀诚、詹家祯(1996)发表塔里木盆地泥盆-石炭系孢粉组合序列(附图版),公布了此前(朱怀诚等,1994)为东河塘组孢子(井深 5992.24—6021.16m 井段)命名的 *Apiculiretusispora hunanensis － Ancyrospora furcula* (HF) 组合名单,其中根本没有 *Lycospora* 和 *Florinites*;除组合带命名的两种外,还有其他泥盆纪色彩分子,如 *Apiculiretusispora granulata*, *A. rarissima*, *Retusotriletes asthenolabratus*, *Hystricosporites* sp. 等,及不少泥盆－石炭系过渡色彩分子,未见典型石炭纪成分,故仍定其时代为晚泥盆世法门期。

此后,朱怀诚(1998)较详细地讨论了此组合的时代,他指出高联达鉴定的 *Lycospora* 可能是 *Apiculiretusispora rarissima* 之误,因为后者在草 2 井那段地层中含量也很高,且其弓形脊与赤道外壁重叠时容易被误认为"环";此外,高联达鉴定的 *Gansusispora* 属最初发现于早石炭世晚期的榆树梁组[= 李星学等(1993)的靖远组],本书已将原归入 *Gansusispora* 或 *Stenozonotriletes* 的有关种改归入 *Tumulispora*,而且草 2 井的有关种(含量达 3%—20%)与 *Tumulispora ordinaria* Staplin and Jansonius [为 *T. varia* (Kedo) Byvscheva, 1988 的同义名]共生,后者时代是跨泥盆-石炭系界线的。继先前的几篇有关时代讨论的文章之后,朱怀诚(1999)正式描述了该组合的一些新种,包括泥盆纪色彩浓重的 *Hystricosporites* 和 *Ancyrospora* 的种;此文重申了晚泥盆世的意见,与产于同层的鱼化石所指示的时代(王俊卿,1997)一致。

所幸的是,20 世纪与 21 世纪之交,在塔里木盆地巴楚小海子剖面巴楚组中段下部发现了牙形刺,有些作者将其鉴定为 *Icriodus deformatus*,并据此将其时代定为法门期,F－F 界线在巴楚段中段的底界,而东河塘组在此界线以下,故其时代应为晚泥盆世弗拉期或更老。但王成源(2003)确认此种鉴定有误,应代表一新种(*Icriodus bachuensis* sp. nov.),由于该属只限于泥盆纪,结合他人在巴楚组中段底部发现的牙形刺、腕足类及区域地层对比资料,他认为应将巴楚组中段下部归入晚泥盆世晚期,泥盆－石炭系界线应划在中段下部之内;而井下巴楚组的生屑灰岩段虽有早石炭世牙形刺,但泥盆－石炭系界线可能在下泥岩段中(朱怀诚等,2002);东河塘组的时代很可能为晚泥盆世法门期,但还缺少直接的(牙形刺)化石证据。无论如何,巴楚组的牙形刺已确证东河塘组的时代是早于石炭纪的。

东河塘组上覆的"甘木里克组"(陈中强,1995;朱怀诚等,1996),王成源认为可能存在相变,即相当于巴楚组三分的下段,露头和井下剖面的对比尚存在一点问题;不过,从塔中 401 井巴楚组下泥岩段(井深 3649.77—3654.05m)所获孢子(朱怀诚、詹家祯,1996),后来(朱怀诚,2001)更名为 *Cymbosporites* spp. － *Retusotriletes incohatus* (SI)组合带,其他种也多为泥盆－石炭系过渡类型,如 *Aneurospora greggsii*, *Retusotriletes planus*, *Auroraspora macra*, *Spelaeotriletes* spp. 和 *Tumulispora* 等,似与西欧狭义的 Ⅵ 带(Higgs et al. , 1988)相当,时代为早石炭世杜内早期(Tn1);同一钻孔的下泥岩段顶部和生屑灰岩段(井深 3622.67—3649.28m)产 *Verrucosisporites nitidus － Dibolisporites distinctus* (ND)组合带,可与西欧 HD 带对比,时代为杜内中期(Tn2)的早期。

一方面,从孢粉角度讲,很难肯定地说东河塘组的时代是晚法门晚期或斯屈年期的,因为组合中含多种 *Ancyrospora* 和 *Hystricosporites*,显示出面貌较老的色彩;另一方面,却没有发现 *Retispora lepidophyta*, *Val-*

latisporites pusillites 等标志分子,当然也有可能是含量太少,未找到,或有关母体植物因生态条件未生长于塔北一带。塔北草 2 井组合与上述塔中巴楚组下泥岩段的 SI(VI)组合的上下层位关系,并未真正解决泥盆 – 石炭系分界问题,有待今后进一步深入研究。

将 *Retispora lepidophyta* 的消失作为泥盆系顶界,目前看来,在全球很大范围内不失为一个很有效的标志,但也有弊端,如在某个孢子组合中未发现它的存在,就难以区别究竟是因其含量太少(如统计 200 粒难见 1 粒),薄片里未找到,还是真正消失(或灭绝)或缺席(同时期,别的地方尚存在)。在我国也是如此,多数情况下是可行的,有时则需结合别的属种作综合分析,方能得出合理的结论,如江西翻下组的 MX 组合,江苏搢鼓台组中下部的 LH 组合之上的 LC 组合,层位都在含 *Retispora lepidophyta* 组合的层位之上,皆未见此种,但仍然属于或可能属于晚泥盆世末期。塔里木盆地,无论东河塘组还是巴楚组下泥岩段,皆未发现 *Retispora lepidophyta*,所以泥盆 – 石炭系界线的确切划分,目前虽有初步方案,但很难说是定论。

现将上述文字讨论的结论性意见列入对比表内(表 2.3)。

表 2.3　中国泥盆-石炭系界线上下孢粉组合带及其对比关系

Table 2.3　Palynological correlation of Devonian-Carboniferous transition in China

地层	西欧 Higgs et al.,1988	西藏 高联达,1988	湖南 杨云程,1987	准噶尔北 周宇星,1988	湖北 高联达,1992	贵州 高联达,1991	江苏宝应 欧阳舒等,1987	江苏句容 欧阳舒等,1987	下扬子区 欧阳舒等,1989	下扬子区 高联达1991	浙江 何圣策等,1993	江西 文子才等,1993	塔里木西南 朱怀诚1999	云南 杨伟平,1993,1997	桂林 Yang,1999
石炭系 Tn2b-c	PC	亚里西组章东组 BM	马栏边组孟公坳组	和布克组河组	长阳组 PC	汤耙沟组 TM	金陵组搢鼓台组	金陵组搢鼓台组	金陵组搢鼓台组		西湖	刘家塘组荒塘组翻下组 DP	克里塔格组奇自拉夫组 TT	陇巴组 PC	鹿寨组
	BP					革老河组上段 VI	播鼓 DM	播鼓 DC	播鼓 MD BP					BP	
	HD		VI	NV	VN					VI					
	VI														
泥盆系 Tn1b	LN	LN	PL	PL	LM	革老河组下段 LN	台组 LC LH	台组 LC LH	台组 PL	LC	播鼓台组 LC MX	奇自拉夫组 LP LF	陇巴组 LE	Pml Pmn LE
	LE					LE									
	LL Tn1a-b					PN			LL						

第三章 中国石炭纪孢粉组合序列,兼论石炭系的中间界线

第一节 中国石炭纪孢粉组合序列

一、华南地区

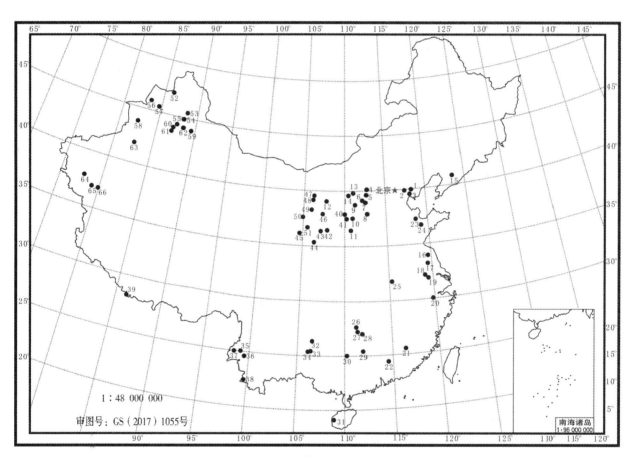

图3.1 中国石炭系主要化石孢粉产地

Fig. 3.1 Main localities of Carboniferous palynofloras in China

1. 河北开平 2. 河北林西 3. 河北唐山 4. 山西左云 5. 山西朔县 6. 山西宁武 7. 山西轩岗 8. 山西太原 9. 山西保德 10. 山西柳林 11. 山西大宁 12. 内蒙古鄂托克旗 13. 内蒙古准格尔旗 14. 内蒙古清水河 15. 辽宁本溪 16. 江苏滨海 17. 江苏宝应 18. 江苏南京龙潭 19. 江苏句容 20. 浙江富阳 21. 福建长汀 22. 江西全南 23. 山东沾化 24. 山东垦利 25. 河南固始 26. 湖南新化 27. 湖南新邵 28. 湖南邵东 29. 湖南宁远 30. 广西桂林 31. 海南石碌 32. 贵州贵阳 33. 贵州睦化 34. 贵州代化 35. 云南保山 36. 云南昌宁 37. 云南腾冲 38. 云南孟连 39. 西藏聂拉木 40. 陕西米脂 41. 陕西吴堡 42. 甘肃华池 43. 甘肃环县 44. 甘肃平凉 45. 甘肃靖远 46. 宁夏盐池 47. 宁夏石炭井 48. 宁夏石嘴山 49. 宁夏灵武 50. 宁夏中卫 51. 宁夏横山堡 52. 新疆和布克赛尔 53. 新疆克拉麦里(克拉美丽)54. 新疆沙丘河帐篷沟 55. 新疆阜康 56. 新疆乌鲁木齐 57. 新疆乌拉泊 58. 新疆吉木萨尔 59. 新疆木垒 60. 新疆托里县 61. 新疆克拉玛依 62. 新疆尼勒克县 63. 新疆库车 64. 新疆叶城 65. 新疆皮山杜瓦 66. 新疆和田。

本区石炭纪地层发育,海相地层分布颇广,但牙形刺的 Siphonodella praesulcata – S. sulcata 序列仅见于藏南、广西桂林、贵州睦化等地海水较深区域,浅水区牙形刺的其他种虽有出现,但对比上存在种种问题,非海相地层主要在长江中下游地区,尚无牙形刺记录。照理说,应首先列出藏南与 S. sulcata 共生的孢粉组合,可惜,如上章所说,亚里组下部 VI 组合并无典型的石炭纪分子,其底部尚有 Retispora lepidophyta – Vallatisporites pussilites 出现,所以泥盆-石炭系界线的划定还有待来日。新的孢粉界线之上因属种不多,垂直分布不详,无法列出名单,广西和贵州泥盆－石炭系界线之间组合不连续,早石炭世(C₁)早期组合不得而知。所以还是先从泥盆-石炭系界线实用层型所在的南京及其周边或江苏宝应的孢粉描述较详细、其他动植物资料亦较多的已知组合中,理出早石炭世的序列;维宪期组合则由各地拼凑。

1. 晚泥盆世最晚期?(?Tn1a 末—Tn1b)孢粉组合

以南京句容、龙潭、孔山的五通群上部(含鱼化石层之上,露头剖面距顶部约 10m;句容为钻孔剖面,以距金陵灰岩底界 30 余米的 Knoxisporites literatus – Reticulatisporites cancellatus (LC)组合为代表(Ouyang and Chen, 1989),主要属种有:Leiotriletes simplex*, L. laevis*, L. trivialis*, Punctatisporites rotundus*, Calamospora cf. pedata*, C. pallida, C. cf. membrana, Cyclogranisporites commodus*, C. pisticus, C. microgranus, Anapiculiretusispora cf. reductus, Convolutispora mellita, C. planus, Dictyotriletes cf. falsus, D. cf. varius, Reticulatisporites cancellatus, R. cf. mediareticulatus, Knoxisporites literatus, Stenozonotriletes pumilus*, S. cf. extensus, Lycospora denticulata, Velamisporites perinatus, Endosporites cf. micromanifestus, Hymenospora cf. caperata;大孢子 Sublagenicula* sp., Lagenicula cf. horrida, Crassilagenicula cf. baccaefera, C. simplex forma canaliculata, Cystosporites sp. 及少量无刺疑源类(注*者为从泥盆纪末 LH 组合延伸上来的)。与搥鼓台下段组合相比,虽有 25 种是从下段延伸上来的,但已颇不相同,此前大量的 Cymbosporites、具弓脊孢子、刺面孢子等已大为减少,Retispora lepidophyta 已消失,代之以网面、蠕脊—穴面和粒面孢子为主的组合。

从江苏南京龙潭剖面搥鼓台组中上部发现的孢子,称 Knoxisporites – Reticulatisporites(KD)组合,共 28 属 59 种,含量较多的属种是 Knoxisporites(5 种;15.2%),Spelaeotriletes(6 种;8.6%),Aneurospora asthenolabrata(17.1%),Hymenozonotrileles rarispinosus(14.4%)。组合名单详见卢礼昌(1994),与 LC 组合共同的种不到 10 种,是否层位上稍有高低之别,不得而知;他认为此组合与浙西的 DP 组合关系最为密切,两者皆缺失 Retispora lepidophyta,且共有 Cordylosporites (Reticulatisporites) papillatus 等重要分子,时代当为早杜内期。

关于本组合的时代,自李星学等(1984)的文章发表后,国外的同行 Fairon-Demaret(1986)及 Streel(1986)都认为"可能属石炭纪"。对此,欧阳舒(2000)已一再讨论,大意是:典型泥盆纪分子不多,石炭纪色彩浓重,那几种大孢子更加重了石炭纪色彩,只不过,组合之上可能还有 Archaeopteris, Cyclostigma kiltorkense 等泥盆纪植物,小孢子组合本身也勉强可与德国哈根贝格(Hangengberg)页岩的某个组合比较,大孢子虽较接近乍得、埃及的"早石炭世最早期"的组合,但从孢子大小和纹饰复杂程度看,显得比乍得的稍老,何况 Lycospora, Lagenicula 等属出自乔木石松类,而此类植物在我国出现比欧洲早,故定其时代为泥盆纪末期。

搥鼓台组上部大孢子是从句容包 1 井距金陵组底界约 34m 的灰黑色泥岩中发现的(陈永祥、欧阳舒,1987),共 4 属 5 种,主要为 Lagenicula 和 Crassilagenicula,大小幅度 580—1245μm(而搥鼓台组下部大孢子仅 200—400μm,到高骊山组的 Lagenicula applicita,大小达 1700—1925μm),颇为接近 Chaloner(1968)从 Cyclostigma kiltorkense 发现的 Lagenicula 型的原位大孢子的大小幅度 760—1520μm。有趣的是,如原文标题所示,此种植物产自爱尔兰"上泥盆统",但 Edwards 和 Richardson(1996)在总结泥盆纪原位孢子材料时,却将其时代改为早石炭世(Table 2, p. 394),大概他们以为这样大的大孢子是不可能出现在泥盆纪的。如果真是这样,那么,以往被认为是泥盆纪标志的植物如 Cyclostigma kiltorkense, Leptophloeum rhombicum 等就延伸到石炭纪最早期。本书在文字部分姑且存疑从众。

2. 早石炭世早期(Tn1b 晚期—Tn2 早期)孢粉组合

以江苏宝应钻孔中五通群顶部的 Auroraspora macra – Dibolisporites distinctus(MD)组合(欧阳舒等,1987)为代表,类似组合亦见于江苏南京龙潭和江宁孔山(陈永祥等,1987;Ouyang and Chen, 1989)以及江宁陈家边等地(严幼因,1987,"陈家边组";孢子由阎永奎鉴定,可惜无图像)距擂鼓台顶界约 10m 的地层;卢礼昌(1994)将他从江苏南京龙潭观山和擂鼓台剖面相当的地层所获孢子称 *Leiotriletes crassus* - *Laevigatosporites vulgaris*(CV)组合。综合各家名单,此组合分异度很高,在 100 种以上,代表分子有:*Punctatisporites nitidus*, *P. debilis*, *Calamospora* cf. *pedata*[*], *Aneurospora* cf. *semizonalis*[*], *Retusotriletes* cf. *simplex*, *Granulatisporites* sp., *Cyclogranisporites* sp., *Verruciretusispora semilucensis*[*], *Apiculiretusispora setosa*, *Lophotriletes uncatus*[*], *Schofites claviger*, *Dibolisporites distinctus*, *D. microspicatus*[*], *Reticulatisporites cancellatus*[*], *Camptotriletes* cf. *certus*, *Crassispora* cf. *kosankei*, *Gravisporites* sp., *Hymenozonotriletes explanatus*, *Densosporites* sp., *Monilospora* sp., *Velamisporites* cf. *vermiculatus*[*], *Endosporites parvus*, *E. micromanifestus*[*], *Spelaeotriletes echinatus*, *Grandispora* sp., *Auroraspora macra*[*], *A. pallida*, *A.* sp., *Discernisporites*? sp. (带[*]号者为前一组合延伸上来的);卢礼昌记载的组合,含量偏高的主要属种有 *Leiotriletes* - *Punctatisporites*(10 种,17.9%),*Dictyotriletes* - *Reticulatisporites*(7 种;12.5%),*Spelaeotriletes*(8 种;6.1%),*Radiizonates longtanensis*(11.5%),合计达 48%。组合中有大半是先前组合上延的,早石炭世早期色彩的成分有 *Gorganispora convoluta*, *G. multiplicabilis*, *Velamisporites submirabilis*, *Crassispora spitzbergense*, *Densosporites spitzbergensis*, *Canthospora patula*,出现了鳞木孢 *Lycospora pusilla* 和光面单缝孢 *Laevigatosporites*。严幼因报道的名单中有 *Retusotriletes incohatus*, *Vallatisporites verrucosus*, *Verrucosisporites nitidus*, *Spelaeotriletes pretiosus* 等,也有 *Auroraspora macra*, *Schopfites claviger* 及 *Lycospora pusilla*。

苏北滨海老坎组孢粉组合 *Auroraspora macra* - *Schopfites claviger*(MC)组合。欧阳舒于 1995 年鉴定了江苏油田所送该地某钻孔一批样品,其中 3 块富含孢子,从组合面貌判断,时代当老于高骊山组、新于擂鼓台组中上部 LC 组合,故推测属老坎组。组合约 30 属 45 种,以 *Auroraspora macra*, *Grandispora echinata*, *Tumulispora* 和网穴面三缝孢较丰富为特征,具个别泥盆纪色彩的种和大量泥盆 - 石炭系过渡成分:*Crassispora hystricosa*, *Reticulatisporites cancellatus*, *Foveosporites pellucidus*, *Convolutispora composita*, *Dibolisporites upensis*, *Rugospora flexuosa*, *Archaeozonotrilete* cf. *variabilis*, *Grandispora echinata*, *G. flava* 等;石炭纪特别是早石炭世成分多样,包括 *Dictyotriletes bireticulatus*, *Crassispora* spp., *Densosporites* spp., *Diatomozonotriletes* sp., *Ahrensisporites* cf. *guerickei*,特别是 *Schopfites claviger*。与擂鼓台组顶部 MD 组合共有分子不少,大体可以对比,时代为 Tn1b 晚期—Tn2,滨海另一钻孔老坎组上部产此期牙形刺(李星学等,1984)与此结论一致。

浙江富阳西湖组(何圣策、欧阳舒,1993)上部的 *Dibolisporites distinctus* - *Cordylosporites papillatus*(DP)组合与下伏的 *Retispora lepidophyta* - *Apiculiretusispora hunanensis*(LH)组合(即露头剖面 24—22 层,但下面 22 层厚达 10.97m,上面 23 层厚 8.07m,从图上标的采样位置看,22 层与 23 层之间至少隔了 10m)不同,出现频率较高的是 *Knoxisporites* cf. *literatus*, *Cordylosporites papillatus*,穴面的 *Foveosporites* cf. *pellucidus*, *Dictyotriletes*,刺面的 *Dibolisporites distinctus* 和粒面的 *Cyclogranisporites baoyingensis* 及 *Grandispora* sp. B;已知 17 属 25 种(下段 30 余种中有 11 种包括 *Retispora lepidophyta*,未延伸上来),有 4/5 的种与下组合共有,说明关系仍较密切。鉴于石炭纪色彩的 *Dibolisporites distinctus* 和 *Cordylosporites papillatus* 含量较高,所以似应与江苏的 MD 组合对比,时代为 Tn1b 晚期—Tn2。

江西全南荒塘组和刘家塘组的 TT 组合组成不甚丰富,时代大约与上述西湖组的组合相当。

3. 早石炭世晚杜内期—早维宪期(Tn3— V1 +2)孢粉组合(Ouyang and Chen,1989)

以南京附近句容钻孔中的高骊山组的 *Lycospora denticulata* - *Apiculatisporis pineatus*(DP)组合带为代表。主要成分如下:*Leiotriletes simplex*[*], *Punctatisporites* sp., *Calamospora* cf. *pedata*[*], *C. pallida*[*], *C.* cf. *membrana*[*], *C. parva*[*], *C.* cf. *laevigata*, *Phyllothecotriletes rigidus*, *Retusotriletes* sp., *Apiculiretusispora hunanensis*[*], *Cyclogranisporites pisticus*[*], *C. microgranus*[*], *C.* spp., *Anapiculatisporites* spp., *Anaplanisporites* cf. *atheticus*, *Dibolisporites distinctus*[*], *Reticulatisporites peltatus*, *R. cancellatus*, *Lycospora denticulata*[*], *L.* spp., *Diatomozonotriletes* cf. *curiosus*, *Velamisporites perinatus*[*], *V. rugosus*, *V.* cf. *vermiculatus*, *Rugospora* sp., *Auroraspora macra*[*], *Hymenospora* cf. *caperata*[*];大孢子 *Sublagenicula* sp.[*], *Lagenicula* cf. *horrida*[*], *L.* spp.([*]代表从擂鼓台组上

延的分子）。

　　有近一半的种是从摇鼓台组特别是其顶部延伸上来的,说明该组合有颇强的杜内期色彩,但已出现很大不同,如鳞木类孢子 *Lycospora* 已占优势(平均含量 70.13%),以及一些早石炭世晚期分子(如 *Apiculatisporis pineatus*,*Reticulatisporites peltatus*)及面貌似更年轻的分子(如 *Lycospora denticulata*,*Cyclogranisporites microgranus* 等),使本组合可与欧洲的 Pu 带对比,时代为杜内晚期—维宪早期。

　　4. 早石炭世晚期维宪期—纳缪尔 A 期(Visean—Namurian A)孢粉组合

　　福建长汀陂角梓山组(厚 260m)与下伏晚泥盆世地层桃子坑组整合接触,与上覆黄龙组假整合接触。孢子出自梓山组下段,距底界 47—60m(黄信裕,1982),可称之为 *Lycospora*(41%)- *Triquitrites*(18%)- *Changtingispora*(5.1%)组合,这 3 属含量共约占 64%。此组合具环孢子占优势,特别是 *Lycospora*,表明与江苏高骊山组组合有继承性,代表属种有 *Lycospora microgranulata*,*L. granulata*,*L. verrucosa*,*L. pellucida*,*L. orbicula* 等,其他具环代表属种有 *Simozonotriletes intortus*,*Murospora varia*,*Densosporites dentatus*,*Tumulispora rarituberculata*,*Stenozonotriletes clarus*,*Cirratriradites* sp. ,*Heteroporispora subtriangularis*;各种角部加厚的孢子大量出现,含量约占 28%,代表分子有 *Triquitrites ornatus*,*T. tendoris*,*T. tribulllatus*,*Tripartites vetustus*,*T. trilinguis*,*T. serratus*,*T. paradoxus*,*T. incisotrilobus*,*Waltzispora albertensis*,*W. sagittata*,*Chantingispora simplex*,*C. pulchra* 等;各种刺、瘤、网穴孢子含量占 9.6%,有 *Acanthotriletes multisetus*,*Convolutispora* sp. ,*Anapiculatisporites dumosus*,*Raistrickia bacilla*,*Microreticulatisporites fistulosus*,*M. parvirugosus*,*Dictyotriletes minutus*,*Reticulatisporites* sp. ,*Knoxisporites* sp. ,*Foveosporites* 等;光面、粒面孢子 *Leiotriletes*,*Punctatisporites*,*Calamospora exigua*,*Granulatisporites granulatus* 等;还有 *Laevigatosporites*,*Endosporites*? sp. 。

　　原作者将此组合与甘肃靖远臭牛沟组中段(高联达,1975)、加拿大艾伯塔省上密西西比系(Staplin,1960)、斯瓦尔巴德(Svarlbard)群岛斯匹次卑尔根(Spitsbergen)相当于维宪期—纳缪尔 A 期的"*Aurita*"组合(Playford,1962)对比,它们有颇多类似之处,如具环孢子含量、*Lycospora* 含量、*Waltzispora* 的某些种:故定其时代为早石炭世晚期。

　　湖南中部双峰标准剖面测水组及涟源仙洞朝光煤矿和新化温塘相当地层的孢粉组合(唐善元,1986):产自该组下段上部,标准地点与植物化石共生,下伏地层为石磴子组,上下地层皆有腕足类、珊瑚化石。该组合共有 33 属 56 种,被称为 *Murospora aurita* - *Anapiculatisporites concinnus*(AC)组合,该作者未作百分比统计,但称无环三缝孢占优势,次为具环三缝孢、耳环三缝孢,*Lycospora* 种类和数量比较多。后两点与福建长汀上述组合略相似,梓山组出现的 28 属中,16 属均见于测水组(包括 *Distanulisporites subtriangulus*,本书改归 *Heteroporispora*),但种的组成很少相同,部分原因可能是鉴定有差别。从测水组无环三缝孢子分异度较高、环囊孢子较多样看,时代似乎稍老于梓山组。该作者将此组合与西欧的 NM-VF-NC 3 个维宪中晚期组合对比,相同的种有 *Leiotriletes tumidus*,*Cyclogranisporites densus*,*Convolutispora flexuosa* f. minor,*Lycospora noctuina*,*L. pusilla*,*Murospora margodentata*,*Triquitrites tricuspis*,*T. marginatus*,*Tripartites distinctus*,*Discernisporites micromanifestus*。不过,*Triquitrites*,*Tripartites* 在西欧到维宪晚期才出现,那里维宪早期已出现具囊花粉 *Schulzospora*,我国华南至今尚无记载。

　　华南早石炭世晚期(纳缪尔早期),叶家塘群中上部及其相当地层的孢粉至今尚无发现,有待后补充研究。本区上石炭统多为海相地层,如黄龙组、船山组,很难找到丰富的孢粉。

二、西南地区

1. 西藏南部聂拉木亚里组中上段孢粉 *Cingulizonates bialatus* - *Auroraspora macra*(BM)组合(高联达,1988)

　　其中早石炭世色彩分子有 *Vallatisporites vallatus*,*V. verrucosus*,*V. hystricosus*,*Verrucosisporites nitidus*,*Crassispora balteola*,*Baculatisporites fusticulus*,*Spelaeotriletes microspinosus*,*S. bilteatus*,*Pulvinispora scolecophora*;较重要种有 *Retusotriletes planus*,*Retusotriletes incohatus*,*Apiculiretusispora septalata*,*Punctatisporites lasius*,

Cyclogranisporites commodus，*Lophotriletes minutissimus*，*Verrucosisporites tuberculatus*，*Lycospora* spp.，*Crassispora balteola*，*Aneurospora greggsii*，*Raistrickia baculosa*；具膜环或环囊的孢子(5%—10%)有 *Hymenozonotriletes explanatus*，*H. punctatus*，*Discernisporites micromanifestus*，*Diducites poljessicus* 及丰富的疑源类。原作者将此组合与西欧的 PC—CM 带(Clayton et al.，1977)对比。本书认为，由于出现了一些泥盆纪色彩成分及 VI 带标志分子 *Vallatisporites vallatus* - *Retusotriletes incohatus*，*Vallatisporites* 分异度较高，且未见 *Schopfites claviger*，恐怕到不了 CM 带(杜内晚期)那样高的层位，而应与 VI 带[中上部(?)]—PC 带对比，即时代为杜内早中期 (Tn1b 晚期—Tn2)。

同一剖面与下伏亚里组整合接触的纳兴组(高联达，1988；图 1 柱状剖面显示岩性与邱洪荣 1988 同书 273 页"中石炭统：纳兴组"最下层"中厚层状石英砂岩"有所不同!)的 *Lycospora pusilla* (Pu)组合带，孢粉不多，主要有 *Crassispora trychera* (5%—10%)，*Baculatisporites fusticulus*，*Convolutispora tesselata*，*C. venusta*，*Dictyotriletes famenensis*，*D.* spp.，*Crassispora verrucosa*，*Stenozonotriletes laevigatus*，*Vallatisporites ciliaris*；还有几个种(标本保存并不好)，如 *Apiculatisporis inflatus*，*A. rotundiformis*，*A. multisetus*，*Asperispora acuta* (高联达，1988)。该作者将此组合与西欧的 CM 带上部—Pu 带对比，时代定为维宪早期。鉴于属种不多，保存较差，原鉴定的 *Lycospora pusilla* (图版 4，图 5)与 Clayton 等(1977)同种标本(pl. 8，fig. 11)相差甚远，故本书难以评论此时代对比。

2. 贵州睦化泥盆 - 石炭系界线层型的生物地层研究(侯鸿飞、季强等，1985)

该研究取得了重要进展。该地层从下至上包括代化组、格董关层、王佑组、睦化组、打屋坝组。据牙形刺证据，泥盆 - 石炭界线穿过厚仅 4.5—40.0cm 的格董关层(原归王佑组下部)内部，其底部发现以 *Vallatisporites pusillites* - *Tumulispora* spp. 为代表的孢子组合，与西欧 PL 带上部的 LN 亚带对比，时代为晚泥盆世末；往上在打屋坝组底部黑色粉沙质页岩中的孢子组合，含 *Verrucosisporites nitidus*，*Tumulispora rarituberculata* 等，本书称之为 NR 组合，其他重要种有 *Verrucosisporites cerosus*，*Raistrickia variabilis*，*Umbonatisporites distinctus*，*Convolutispora venusta*，*C. mellita*，*Reticulatisporites cancellatus*，*Dictyotriletes submarginatus*，*Knoxisporites hederatus*，*Lycospora pusilla*，*Densosporites anulatus*，*Crassispora maculosa*，*C. trychera*，*Murospora conduplicata*，*Diatomozonotriletes pectinatus*，*Auroraspora macra*，*Discernisporites micromanifestus*，*Laevigatosporites vulgaris* 等，高联达(见侯鸿飞等，1985)将此组合与西欧的 CM 带对比，时代为杜内期晚期。

3. 贵州贵阳乌当旧司组孢粉(高联达，1983)

相当于高联达(1991)命名的 *Tripartites vetustus* - *Murospora aurita* 组合带。据高联达(1983)描述，组合中有 *Leiotriletes sphaerotriangularis*，*Punctatisporites lacunosus*，*P. punctatus*，*P. punctulus*，*P. solidus*，*Retusotriletes communis*，*Apiculiretusispora plicata*，*Calamospora breviradiata*，*C. flexilis*，*Granulatisporites granulatus*，*G. normalis*，*Cyclogranisporites lasius*，*Acanthotriletes tenuispinosus*，*Anapiculatisporites minor*，*Anaplanisporites atheticus*，*Raistrickia subrotundus*，*Convolutispora venusta*，*Dictyotriletes* sp.，*Foveosporites triangulatus* (Gao)，*Knoxisporites seniradiatus*，*Orbisporis* sp.，*Reticulatisporites polygonalis*，*R. reticulatus*，*R. serratus*，*Colatisporites denticulatus*，*Densosporites anulatus*，*Hadrochercos minutus*，*Lycospora granianellatus*，*L. granulata*，*L. pusilla*，*Monilospora mutabilis*，*M. canduplicata*，*Rotaspora knoxi*，*Stenozonotriletes pumilus*，*Tripartites triperititus*，*T. verrucosus*，*T. vetustus*，*Triquitrites mirabilis*，*Trinidulus guizhouensis*，*Waltzispora* sp.，*Auroraspora solisortus*，*Cirratriradites* cf. *saturnii*，*Diatomozonotriletes jubatus*，*D. minutus*，*D. papillatus*，*D. pectinatus*，*Endosporites hyalinus hyalinus*，*E. hyalinus tourrnensis*，*Grandispora* sp.，*Simozonotriletes arcuatus paputus*，*Spelaeotriletes* cf. *microspinosus*，*Vallatisporites* spp.，*Laevigatosporites vulgaris*，*Punctatosporites* sp.。我国南方早石炭世丰宁统包括岩关阶、大塘阶和德坞阶。大塘阶层型剖面在贵州南部惠水至平塘一带，由祥摆组、旧司组和上司组组成，产珊瑚、腕足类等化石，可作区域对比依据(张遴信，2000)，所以旧司组的孢粉可作为西南地区的维宪期组合的一个标志。

贵州东南部革老河组(上部)、汤耙沟组、祥摆组、旧司组、上司组的孢粉组合(高联达，1991)包括了不同地点综合性的 6 个孢粉组合带，自下而上：①*Vallatisporites pusillites* - *Verrucosisporites nitidus* (PN)带，产自独山地区王者组和革老河组下段；②*Vallatisporites verrucosus* - *Retusotriletes incohatus* (VI)带，革老河组上段，主要采自独山城西几个剖面;③*Crassispora trychera* - *Auroraspora macra*（TM）带,汤耙沟组,采样点也来自独山城西几个剖面,另有平塘甘寨和其林寨水库,含量较高的有 *Raistrickia variabilis*, *Anaplanisporites atheticus*;④*Lycospora pusilla*（Pu）带,祥摆组,采自平塘甘寨,其林寨水库及贵阳乌当,含量较高的有 *Baculatisporites fasciculatus*;⑤*Tripartites vetustus* - *Murispora aurita*（VA）带,相当于旧司组,采自贵阳乌当,独山城西南、其林寨水库及平塘西关,此组合与下伏祥摆组颇相似,但 *Lycospora pusilla* 显著增多（20%左右,偶达30%—50%）;⑥*Convolutispora mallita* - *Murospora kosankei*（MK）带,相当于上司组,产自平塘西关和独山城西,*Convolutispora* 含量10%—18%。这些组合带与西欧对比,时代如下:VI——杜内早期;TM——杜内晚期;Pu——维宪最早期;VA——维宪早期;MK——维宪晚期。

三、华北地区

石炭纪开始,祁连-柴达木板块的地质发展史与华北板块近于同步,推测当时两板块可能已完成对接(陈旭等,2001),故将祁连—河西走廊、华北北缘及南缘地区的孢粉组合笼统归入华北地区。华北地台本部(包括东北南部)大部分奥陶系之上缺失下石炭统,大体相当于莫斯科期的本溪组直接与马家沟灰岩接触。

1. 陆台南缘,秦岭—大别山地区的北缘

该地区河南商城、固始及金寨一带的阳山组有维宪期植物群(吴秀元,1992)及孢粉(王仁农等,1994),其中王仁农从固始花园墙组上部分析出较为典型的石炭纪标志孢子(如 *Cordylosporites* cf. *papillatus*, *Dibolisporites distinctus*, *D.* cf. *artiarchus* 等),并在该段地层中建立了 *Dibolisporites distinctus* - *Auroraspora macra*（DM）孢子组合,该作者认为DM组合与江浙一带五通群顶部建立的CM组合较为相近,同时也与西欧杜内期孢子组合可以对比,因此认为当前DM组合的时代为杜内期(Tn1b—Tn3)。

2. 辽东地区本溪市田师傅本溪组下部

该地层产纳缪尔期腕足类、珊瑚等(吴秀元等,1982);刘发(1987)从田师傅组(本溪组)描述12属18种,定其时代为早石炭世晚期—中石炭世早期,可与甘肃靖远靖远组(纳缪尔期)或苏联巴什基尔阶(Bashkirian)对比。米家榕等(1990)描述了此地本溪组底部(他称之为"木盂子组")的植物化石,以 *Sublepidodendron* 为主,也有 *Lepidodendron*, *Conchophyllum*, *Neuropteris gigantea*,他认为颇具早石炭世晚期色彩。

高联达等(1995)从上述本溪组底部 G 层铝土矿顶板(相当于"木盂子组")发现不少孢子,有多种 *Lycospora* 及 *Mooreisporites tessellatus*, *Ibrahimisporis magnificum*, *Retispora cancellata*, *Vestispora fenestrata*, *Tripartites vetustus*, *Ahrensisporites duplicatus*, *Trinidulus diamphidios*, *Tantillus triquetrus*, *Tumulispora*, *Murospora*, *Crassispora*, *Knoxisporites*, *Densosporites*, *Schulzospora ocellata*, *Discernisporites micromanifestus*, *Laevigatosporites*, *Florinites*?;疑源类,虫牙。时代为维宪期—纳缪尔早期(未附孢粉图版),本书暂将当前组合命名为 Ly 组合。

3. 甘肃靖远前黑山组

该地层产很多孢子,称 *Lophozonotriletes* - *Auroraspora*（LA）组合带(高联达,1980;Gao,1984;朱怀诚,2001),带命名属含量约占组合的40%,主要见有:*Auroraspora macra*, *Lophozonotriletes famenensis*, *Retusotriletes incohatus*, *Punctatisporites irrasus*, *Dictyotriletes trivialis*, *Reticulatisporites cancellatus*, *R. crassipterus*, *Perotrilites evanidus*, *Spelaeotriletes crustatus*, *Discernisporites festus*, *D. micromanifestus*, *Grandispora notenensis*, *G. echinata*, *Exallospora coronata*,大致与英国下石炭统 Tn3 的 *Schopfites claviger* - *Aurospora macra*（CM）组合带(Neves et al., 1972)相当。

4. 甘肃靖远臭牛沟组

该地层总厚约176m,下段(22—33 层)121.96m,上段(34—36 层)54.2m,产植物化石,腕足类、珊瑚等化石,历来被认为属维宪期;其中所产孢子,原作者(Gao,1984;高联达,1988)前后分带或所用带名略有不同,依据后来的较详细研究,该组被分为 4 个组合带,自下而上是:

（1）*Lycospora pusilla*（Pu）组合带（22—26 层）

含前黑山组延伸上来的属种，如 *Knoxisporites literatus*，*Verrucosisporites nitidus*，*Discernisporites micromanifestus*，*Grandispora echinata*，*Convolutispoora florida*，*Tumulispora rarituberculata* 等；首次出现的有 *Tripartites vetustus*，*T. inathina*，*Schulzospora ocellata*，*S. campyloptera*，*Diatomozonotriletes ubertus*，*Simozonotriletes elegans*，*Trinidulus diamphidios*，*Mooreisporites delicatus*，*Reinschospora speciosa* 等；相对限于本组合的有 *Pustulatisporites pustulatus*，*Auroraspora solisortus*，*Colatisporites decorus*，*Alatisporites radius* 等；具环的有 *Secarisporites lobatus*，*Lycospora* spp.，*Tumulispora* spp.，*Lophozonotriletes* spp. 等（含量占总量的 50%—60%）。作者将此带与西欧的 Pu 带（Clayton et al.，1978）对比，时代为杜内末期—维宪中期（Tn3 顶—V1—3 底部），如果正确的话，则 *Tripartites* 尤其 *Schulzospora* 等在我国出现要早些。

（2）*Perotrilites tesselatus* - *Schulzospora campyloptera*（TC）组合带（27—28 层）

与下伏组合面貌基本一致，许多属种延伸上来，仅见于本组合的有 *Verrucosisporites baccatus*，*Raistrickia nigra*，*R. clavata*，*R.* cf. *fulva* 等。与西欧的 TC 带对比，时代为晚维宪期早期（V3 下部），但西欧 TC 带尚未出现 *R. nigra*。

（3）*Raistrickia nigra* - *Triquitrites marginatus*（NM）组合带（29—33 层）

以这两个带命名种出现较多为特征，底界出现 *Tripartites trilinguis*，*T. nonguerickei*，顶界以 *Spencerisporites radiatus*，*Tumulispora rarituberculata*，*Knoxisporites literatus* 等的消失为标志，主要种有 *Schulzospora ocellata*，*Lycospora rotunda*，*Convolutispora venusta*，*Knoxisporites stephanophorus*，*Densosporites anulatus* 等，与西欧的同名 NM 带对比，时代为晚维宪中期（V3 中部）。

（4）*Tripartites vetustus* - *Rotaspora fracta*（VF）组合带（34—36 层）

主要成分与前一组合相似，两命名种含量较多，其他重要种有 *Crassispora maculosa*，*C. kosankei*，*Lycospora subtriquetra*，*Cristatisporites* spp.，*Kraeuselisporites* spp.，*Densosporites anulatus*；还有 *Trinidulus diamphidios*，*Knoxisporites stephanophorus* 等；时代为维宪末期（V3 上部）。

高联达将上述 4 个组合带分别与西欧同名的 Pu，TC，NM，VF 4 个带对比，即基本上涵盖了整个维宪期地层。臭牛沟组的上覆地层为榆树梁组［等同于李星学等（1993）的靖远组］。

5. 甘肃靖远组—红土洼组

该地层总厚度约 160m，产植物化石及牙形刺、头足类等化石，依据其中所产孢粉化石，可以建立 5 个孢粉组合带，分别为：

（1）*Tripartites trilinguis* - *Simozonotriletes arcuatus*（TA）组合带

该组合带产自甘肃靖远靖远组下部（Zhu，1987，1989，1993，1995）。先前出现于臭牛沟组的一些成分得到迅速发展，尤其值得注意的是组合带两个命名种，在组合中占相当优势，一般含量达 15%，最高达 81.5%；其他较有意义的分子有 *Convolutispora minuta*，*Punctatisporites aerarius*，*Microreticulatisporites punctatus*，*Cyclogranisporites aureus*，*Simozonotriletes striatus*，*S. sinensis*，*Remysporites magnificus*，*Changtingispora pulchra* 等。此带与英国纳缪尔期的 *Bellisporites nitidus* - *Reticulatisporites carnosus*（NC）带［Owens et al.，1977（?）；Clayton et al.，1977］即 V3 顶—纳缪尔 A 晚期地层大致可以对比（表 3.1）。

（2）*Simozonotriletes verrucosus* - *Stenozonotriletes rotundus*（VR）组合带

该组合带产自甘肃靖远靖远组上部，底部以 *Stenozonotriletes circularis* 和 *Simozonotriletes verrucus* 的首次出现为标志。首见于 TA 带顶部的 *Simozonotriletes sinensis*，*S. striatus* 和 *Stenozonotriletes rotundus* 在本带数量明显增加；而一些 TA 带的优势分子包括 *Tripartites trilinguis*，*T. vetustus* 和 *Simozonotriletes arcuartus* 在 VR 带却很少出现；出现于本带的分子还有 *Punctatisporites sinuatus*，*P. pseudopunctatus*，*P. giganteus*，*Acanthotriletes castanea*，*Anapiculartisporites concinnus*，*Apiculatisporis frequentispinosus*，*Simozonotriletes intortus*，*Rotaspora major*，*Crassispora kosankei*，*Alatisporites pustulatus*，*Reinschospora* spp.，*Cirratriradites* spp.，*Laevigatosporites vulgaris* 和 *Florinites* spp. 等。VR 带与英国纳缪尔期的 TK（*Stenozonotriletes triangulus* - *Rotaspora knoxi*）带大致可以对比。该带下部产菊石 *Eumorphoceras bisulcatum*，*Cravenoceras arcticum* 和 *Anthracoceras glabrum* 等，属于 E2 菊石带（梁希洛，1993）。

表 3.1　甘肃靖远纳缪尔阶和维斯发阶下部孢粉组合带与欧洲组合带的对比(据 Zhu, 1995,略修改)

Table 3.1　Palynological correlation of Namurian deposits from Jingyuan with those of Europe

地层		菊石带	西欧 (Clayton et al., 1977)	乌克兰顿涅茨盆地 (Teteriuk, 1976)	波兰 (Kmiecik, 1986)	甘肃靖远 (Zhu, 1993b)
石炭系 上石炭统 WESTPHALIAN	B		*Microreticulatisporites nobilis-Florinites junior* NJ	*Endosporites globiformis-Bellispores bellus* EG-BB	*Endosporites globiformis* Eg	(hatched)
	A		*Radiizonates aligerens* RA		*Radiizonates aligerens* Ra	
			Triquitrites sinani-Cirratriradites saturni SS	*Apiculatisporis grumosus-Schulzospora rara* AG-SR	*Lycospora punctata-Lycospora pusilla* Lpp	*Triquitrites tribullatus-Ahrensisporites guerickei* TG
		G2				*Apiculatisporis abditus-Radiizonates striatus* AS
石炭系 上石炭统 NAMURIAN	C	G1	*Raistrickia fulva-Reticulaisporites reticulatus* FR	*Conglobatisporites conglobatus-Mooreisporites trigallerus* CC-MT	*Grumosisporites varioreticulatus* Gv	*Triquitrites bransonii-Lycospora pellucida*
	B	R2	*Crassispora kosankei-Grumosisporites varioreticulatus* KV	*Alatisporites pustulatus-Remysporites magnificus* AP-RM	*Reticulatisporites carnosus* Rc	BP
		R1				*Crassispora kosankei-Rugospora minuta* KM
	A	H2	*Lycospora subtriquetra-Kraeuselisporites ornatus* SO	*Knoxisporites dissidius-Rotaspora knoxi* KD-RK	*Chaetosphaerites pollenisimilis* Chp	*Densosporites sphaerotriangularis-Dictyotriletes bireticulatus* SB
		H1				
下石炭统 VISEAN		E2	*Stenozonotriletes triangulus-Rotaspora knoxi* TK	*Mooreisporites bellus-Auroraspora solisorta* MB-AS	*Tripartites rugosus*	*Simozonotriletes verrucosus-Stenozonotriletes rotundus* VR
		E1	*Bellisporites nitidus-Reticulatisporites carnosus* NC	*Proprisporites-Tetraporina* P-T	*Tripartites rugosus* Tr	*Tripartites trilinguis-Simozonotriletes arcuatus* TA
		P2	*Tripartites vetustus-Rotaspora fracta* VF	*Microsporites radiatus-Potoniespores delicatus* MR-PD	*Diatomozonotrileites saetosus* Ds	

(3) *Densosporites sphaerotriangularis* – *Dictyotriletes bireticulatus*(SB)组合带

该组合带产自于甘肃靖远红土洼组下部,无论是孢子丰度还是分异度方面都不及前述 TA 带和 VR 带,无肋双囊粉偶有见及。*Densosporites reticuloides*, *Dictyotriletes bireticulatus* 在此带首次出现。一些先前在 TA 和 VR 带中丰富的孢子包括 *Simozonotriletes*, *Tripartites* 和 *Rotaspora* 的一些种已不见。*Granulatisporites piroformis*, *Cyclogranisporites pressoides*, *Crassispora kosankei*, *D. sphaerotriangularis* 和 *Punctatisporites aerarius* 常见。

依据其薄层灰岩夹层中与 H 带菊石带相当的牙形刺 *Neognathodus symmetricus*, *Declinognathodus noduliferus noduliferus* 和 *D. noduliferus inaequalis* 等(Wang Z. H. et al., 1987),朱怀诚(Zhu et al., 1993,1995)将 SB 带的时代定为晚石炭世早期(表 3.1)。

(4) *Crassispora kosankei* – *Rugospora minuta*(KM)组合带

该组合带产自甘肃靖远红土洼组中部,底界以组合带 2 个命名种的数量显著增加为标志。尽管 *Crassispora kosankei* 在此前已出现,但只是到本带才突破 3%;其他有意义的分子还有 *Perotrilites delicatus*, *Punctatisporites* cf. *crassus*, *Raistrickia fulva*, *Grumosisporites* cf. *varioreticulatus* 和 *Cirratriradites gracilis*。此外,常见分子有 *Microreticulatisporites punctatus*, *Dictyotriletes reticulocingulum*, *Ahrensisporites guerickei*, *Reinschospora granifer*, *Tumulisporarotunda*, *Crassispora orientalis*, *Lycospora pellucida*(朱怀诚,1993b;Zhu, 1993)。无肋双囊粉较前期明显增加,但在本带一般不超过 3%,顶部达 4%。

KM 带与英国 KV(*Crassispora kosankei* – *Grumosisporites varioreticulatus*)孢子带(Owens et al., 1977;Clayton et al.,1977)完全可以对比,时代应相当于于纳缪尔 B 期(Zhu, 1993, 1995),与 KV 带同层产出的菊石 *Bilinguityes politus* 和 *B. superbilinguis* 等及牙形刺 *Idiognathoides corrugatus* 和 *I. sinuatus* 等(梁希洛,1993;Wang Z. H. et al., 1987),皆指示其时代与菊石 R1 带相当(表 3.1)。

(5) *Triquitrites bransonii* – *Lycospora pellucida*(BP)组合带

该组合带层位上对应于甘肃靖远红土洼组上部,底界以无肋双囊花粉和单缝孢子类的数量明显增加为特征,前者 2.4%—16.6%（平均 7.4%）,后者 3.8%—18.4%（平均 8.0%）（朱怀诚,1993b;Zhu, 1993）。*L. pellucida* 和 *Ahrensisporites guerickei* 在本带底部数量亦有增高。在底部出现的有 *Triquitrites bransonii*, *Lycospora noctuina* 和 *Dictyotriletes bireticulatus*（该种自在 KM 带消失后再次出现）。常见种有：*Leiotriletes sphaerotrian-mgularis*, *Punctatisporitres minutus*, *P. nitidus*, *Cyclogranisporites minutus*, *Microreticulatisporites punctatus*, *Triquitrites bransonii*, *Crassispora kosankei*, *Lycospora orbicula*, *L. pusilla*, *Reinschospora granifer*, *Laevigatosporites medius*, *L. minor*, *L. vullgaris* 和 *Limitisporites* spp. 等。

BP 带大致与英国 FR（*Raistrickia fulva – Reticulaisporites reticulatus*）带相当,同层产菊石 *Cancelloceras contractum*, *C. asianum* 和 *Bilinguites mediabilinguis* 等,属纳缪尔 C 期 R2—G1 带（梁希洛,1993;朱怀诚,1993b;Zhu, 1995）。

晚纳缪尔期—晚石炭世早期华夏孢粉植物群（A1—3）总的特征是,与同期欧美植物群关系仍较接近,但孢粉各大类的百分含量或兴衰时期与之不同,再加上一些地方色彩的种的出现,标志着华夏区的特征渐趋明显。除纳缪尔阶底部 H1 带孢粉可能稍贫乏外,往上早石炭世的部分代表种消失,孢粉分异度大增,石松纲的孢子似由盛到衰,有节类的孢子不断发展,裸子植物花粉在局部地区可达相当高的比例。A1—3 三期各期孢粉植物群情况详见欧阳舒、侯静鹏（1999）。

以上（1）—（5）组合带涵盖了整个红土洼组,即根据各家（高联达,1984,1987;朱怀诚,1993;Zhu,1993;王永栋,1993）华北大体相当的地层资料而笼统命名的 *Tripartites trilinguis – Crassispora kosankei – Triquitrites bransonii* 组合,是早期华夏孢粉植物群的 A1 纳缪尔晚期的代表,详细讨论见欧阳舒、侯静鹏（1999）。

6. 甘肃靖远羊虎沟组

总厚度约 100m,依据其中所产孢粉化石,可以建立 2 个孢粉组合带,分别为:

（1）*Apiculatisporis abditus – Radiizonates striatus*（AS）组合带

层位上对应于甘肃靖远羊虎沟组下部,底界以 *R. striatus* 的首次出现和 *Apiculatisporis abditus* 的数量明显增加为特征（朱怀诚,1993b;Zhu, 1993）,其他较有意义的属种有 *Simozonotriletes densus*, *Triquitrites tribullatus*, *Radiizonates reticulatus*, *Grumosisporites varioreticulatus*, *G. reticuloides* 和 *G. inaequalis* 等。本带大致可与西欧维斯发期早期的 SS（*Triquitrites sinani – Cirratriradites saturni*）组合带（Clayton et al. , 1977）下部对比（表 3.1）。

（2）*Triquitrites tribullatus – Ahrensisporites guerickei*（TG）组合带

层位上对应于甘肃靖远羊虎沟组上部,底界以带命名分子的有意义的数量增加为标志（朱怀诚,1993b;Zhu, 1993）。单缝孢子 *Laevigatosporites*, *Latosporites* 等数量很高,最高达 23.0%,这与先前的 BP 带相似;无肋双囊花粉数量明显下降,为 0.1%—5.0%。常见分子有 *Latosporites punctatus*, *Dictyotriletes mediareticulatus*, *Vestispora laevigata*, *V. magna*, *Ahrensisporites guerickei* var. *ornatus*, *Speciososporites sinensis*, *Raistrickia fulva*, *Apiculatisporis spinosus*, *A. spinososaetosus* 和 *Laevigatosporites minor* 等。

本带也可以与西欧维斯发早期的 SS 带对比,同层产菊石 *Gastrioceras wongi*, *Lissogastrioceras fittsi*, *Decorites crassicostatus*（梁希洛,1993）和鋌科 *Profusulinella antiqua*, *Eostaffella ikensis*, *E. proikensis* 等,指示时代为 Bashkirian 晚期（朱怀诚,1993b;Zhu H. C. , 1995）。

7. 华北不同地点本溪组—太原组下部两个组合

（1）*Torispora securis – Endosporites globiformis*（SG）组合带（吴秀元、朱怀诚,2000）

等同于 *Torispora securis – Torispora laevigata*（SL）组合带（Liu et al. , 2008）,产出层位是华北不同地点的本溪组（Ouyang and Li, 1980;高联达,1984;Gao, 1985;廖克光,1987a, b, c）。保德扒楼沟剖面本溪组灰岩中产鋌*Pseudostaffella*, *Schubertella*, **Hemifusulina vozhgalica* 等,与山西其他地区的 *Fusulina – Fusulinella* 组合带可以对比;亦产牙形刺如 *Idiognathodus delicatus*, **Neognathodus bassleri* 等（*号的鋌和牙形刺为苏联莫斯科阶的标志性属种）。

本组合带中下部蕨类植物孢子占明显优势（35%—100%），孢子中以 *Punctatisporites glaber*（20%—45%）和 *Laevigatosporites vulgaris*（16%—45%）占优势，*Leiotriletes ornatus*，*Calamospora breviradiata*，*C. minuta*，*Dictyotriletes danvillensis*，*Lycospora noctuina*，*L. granulata*，*Waltzispora* cf. *polita* 较常见（含量皆不超过5%）；在组合带顶部裸子植物花粉的含量由于 *Florinites* 的大量出现从之前不到25%骤升到65%，同时出现少量的 *Vesicaspora* 和 *Piceaepollenites*（含量皆为0—5%）；其他较重要的种有 *Pustulatisporites verrucifer*，*Triquitrites addidus*，*Murospora kosankei*，*Reticulatisporites polygonalis*，*Alatisporites hexalatus*，*Vesicaspora ovata*，*Grumosisporites verrucosus*，*Laevigatosporites vulgaris*，*Florinites circularis*，*Piceaepollenites alatus* 等。本组合带特点：一是 *Torispora securis* 和 *T. laevigata* 在其底部首现，二是 *Reticulatisporites polygonalis* 与 *Murospora kosankei* 在略高于本带底部的层位出现，虽然含量较低；三是 *Punctatisporites glaber* 和 *Laevigatosporites vulgaris* 大量出现，与少量的 *Triquitrites* 和 *Densosporites* 共存；四是在本带上部 *Florinites* 居统治地位，有可能是所谓的 Neves 效应，即花粉经风媒搬运异地埋藏而浓度增高的结果。总之，本组合带基本上可与西欧维斯发 C 期同名（SL）孢子组合带（Clayton et al.，1977）对比，时代为莫斯科期。

（2）*Florinites junior - Laevigatosporites vulgaris*（JV）组合带

本组合带产自山西太原组晋祠段和西山段，等同于 *Torispora verrucosa - Pachetisporites kaipingensis*（VK）组合带（Liu et al.，2008），出自山西保德太原组下部，灰岩夹层中产䗴化石，其面貌与山西其他地区晋祠段的吴家峪灰岩的 *Triticites sinuosus - Montiparvus minutus* 组合基本一致，层位大致相当于马平阶，且52层灰岩中产少量 *Idiognathodus tersus*，加之在较高层位已出现二叠纪底界标志牙形刺 *Streptognathodus isolatus*，因此本组合带时代大致为卡西莫夫期—阿瑟尔期（Kasimovan—Asselian），基本相当于格舍尔期（Gzhelian）以及斯蒂芬 B—D 期。本组合与西欧晚石炭世最晚期 NBM（*Potonieisporites novicus - P. bharadwaji - Striatosporites major*）组合有明显的差异，如 *Lycospora* 丰度较低，*Vittatina* 和 *Protohaploxypinus* 等具肋花粉未出现，双囊花粉稀少等，但 *Punctatosporites* 和 *Laevigatosporites* 的大量出现是可以与之类比的。

Torispora verrucosa 的首现标志着本组合带的底界，而 *Pachetisporites kaipingensis* 在略高于底界的层位出现。本组合带蕨类孢子占优势（55%—96%），裸子植物花粉含量4%—45%，主要为 *Florinites*，其他双囊花粉含量很低。孢子中 *Punctatisporites scabellus*（27%—95%），*Laevigatosporites vulgaris*（12%—60%），*Microreticulatisporites sulcatus*（0—25%），*Dictyotriletes danvillensis*（7%—21%），*Crassispora orientalis*（0—17%）占绝对优势；*Torispora securris*，*T. laevigarta*，*Cyclogranisporites micaceus*，*Endosporites globiformis*，*Striatosporites ovalis* 等各占0—10%之间，*Verrucosisporites donarii* 以及 *Densosporites reticuloides* 仅在本组合带下段较多；鳞木孢子 *Lycospora* 含量（0—7%）不高。

本组合带还有两个特点：一是 *Pseudolycospora inopsa* 在本组合带近顶部出现，之后在颇短延限内消失，此种可作为华北陆相地层石炭 - 二叠系界线的标志；二是 *Indospora spinosa* 以及 *Striatosporites major* 在组合内部首次出现。

宁夏方面，先后有王蕙（1982,1984）对横山堡钻井中的上石炭统，王永栋（Wang Y. D.，1995）对中卫石炭系的孢粉生物地层研究。后者出自露头剖面，有动、植物化石共生，尤其红土洼组—太原组皆有牙形刺，有利于确定时代。

关于华北石炭系划分及其与华南标准的对比，参见表3.2。

四、塔里木盆地

塔里木盆地的石炭纪孢粉组合序列，主要由朱怀诚和他的合作者詹家祯、赵治信等建立（朱怀诚等，1998；朱怀诚、赵治信，1999；朱怀诚、詹家祯，1996；尤其朱怀诚，1999 未刊博士论文）；材料皆出自钻孔，如塔中401井、1井、4井，轮南3井、16井、23井、50井、56井，满西1井，草湖2井；其中7个组合主要出自塔中401井。

表 3.2　中国石炭系孢粉组合带及其对比关系
Table 3.2　Carboniferous palynological assemblage zones and their correlation in China

系	国际阶		江苏	浙江	福建	湖南	西藏	贵州独山	贵州睦化	河南固始	辽宁本溪	华北其他地区	甘肃靖远	准噶尔盆地	塔里木盆地
石炭系	格舍尔阶	斯蒂芬阶 C/B/A	船山组	船山组	船山组	船山组	基龙组	"马平组"			晋祠组	晋祠组 JV / VK		奥尔吐组 ASB	
	卡西莫夫阶	Ca / A												车排子组 VC	小海子组 CL
	莫斯科阶	维斯发阶 D/C/B/A	黄龙组	黄龙组	黄龙组	黄龙组		达拉组		西冲头组	本溪组	本溪组 SL / SG；羊虎沟组；TG / AS		巴塔玛依内山组 VJ	
	巴什基尔阶	纳缪尔阶 C						滑石板组			田师傅组	红土洼组 BP / KM / SB	滴水泉组	卡拉沙依组 OM / LC / PP / PC / CO / PS	
	谢尔普霍夫阶	纳缪尔阶 B / A	老虎洞组 / 和州组	叶家塘组	梓山 LTC；梓门桥组	梓门桥组；测水组 AC；纳兴组		摆佐组；上司组 MK		杨山组	木盂子组 Ly	靖远组 TA-VR	CR		
	维宪阶	3 / 2 / 1	高骊山组 DP	塘组；珠藏坞组 DP	石磴子组 Pu	Pu		旧司组 VA；祥摆组 Pu				臭牛沟组 VF / NM / TC / Pu			LG
	杜内阶	3 / 2	金陵组；五通组顶部 MD	西湖组顶部 DP	桃子坑组顶部？；刘家塘组 BM	刘家塘组	亚里里组上部 TM	汤耙沟组 TM	打屋坝组 NR；睦化组 DM；王佑组	寒坡岭组 DM；花园墙组		前黑山组 LA；和布克河组 NV	黑山头组 DL；上段	巴楚组 BP / ND / SI	

前文在讨论泥盆-石炭系界线问题时已涉及塔中 401 井,其中下泥岩段井深 3649.77—3654.05m 的 *Cymbosporites* spp. - *Retusotriletes incohatus*(SI)组合,显示出泥盆-石炭系过渡色彩,与欧洲的 VI 组合对比,归入杜内期最早期。

Verrucosisporites nitidus - *Dibolisporites distinctus*(ND)组合,产自塔中 401 井下泥岩段顶部及生屑灰岩段井深 3622.67—3649.28m(朱怀诚等,1998)处,与下伏的 SI 组合成分非常相似,主要区别在于本组合底部开始出现了标志性的孢子 *Dibolisporites distinctus*,主要分子还有 *Cyclogranisporites* spp.,*Cymbosporites* spp.,*Grandispora* spp.,*Punctatisporites minutus*,*Retusotriletes* spp.,*Verrucosisporites nitidus* 等。本组合与西欧的 HD 组合带可以对比,时代为杜内中期(Tn2)的早期。

Spelaeotriletes balteatus - *Rugospora polyptycha*(BP)组合,对应层位为盆地北部中泥岩段(?)和双峰灰岩中的泥岩夹层,主要依据轮南 4 口井相关岩性段(卡拉萨依组底部)孢子建立(朱怀诚、詹家祯,1996):以组合命名分子大量出现为特征,其中,*R. polyptycha* 可达 19.2%—40.0%(?);其他主要有 *Punctatisporites minutus*,*Retusotriletes* sp.,*Auroraspora macra*,*Rugospora granulatipunctata*,*R. minutus*,*Hymenozonotriletes elegans*,*H. proelegans*。本组合完全可与爱尔兰早石炭世 BP 带(Higgs et al.,1988)对比,时代为早石炭世杜内中期(Tn2)的晚期。

Lycospora - *Grumosisporites*(LG)组合,主要见于轮南 16 井、满西 1 井和塔中 1 井的上泥岩段(朱怀诚、詹家祯,1996)。组合中具环三缝小孢子含量达 41.8%,其中 *Lycospora* 属可达 34.8%;其他主要属有 *Calamospora*,*Punctatisporites*,*Verrucosisporites*,*Crassispora*,*Auroraspora*,*Grandispora*,*Retusotriletes*,*Apiculatasporites*,*Apiculiretusispora* 和 *Grumosisporites* 等。考虑到 *Lycospora* 和 *Grumosisporites* 两属在西欧一般自维宪期开始有记录,现依据组合内 *Lycospora* 的高含量,将其与西欧维宪期 Pu + Tc 孢子带对比(Clayton et al.,1977),时代为维宪早期。

Cyclogranisporites pressoides - *Florinites* spp.(PS)组合,依据塔中 401 井砂泥岩段井深 3429.43—3444.91m 孢粉材料建立,以首次出现 *Florinites* spp. 和 *Schulzospora* spp. 为标志(尽管两者百分含量都很低)。组合中主要属有 *Punctatisporites*,*Calamospora*,*Auroraspora* 和 *Cyclogranisporites*。*C. pressoides* 含量很高,最高可达 55%,*Lycospora pusilla* 最高可达 17%;此外,*Potonieisporites* sp.,*Schulzospora* spp.,*Florinites* spp. 和 *Grumosisporites* sp. 数量很少(少

于3%)。依据组合中出现了西欧自维宪晚期才开始见有的 *Schulzospora*，故将本组合时代定为维宪晚期(V3)，大致与西欧 VF 孢子带(Clayton et al.，1977)对比；不过，*Florinites* 在西欧是在 V3 晚期(= Namurian A 下部)首现的，*Potonieisporites* 出现更晚(此属大个体标本在北半球早石炭世末 E 带或 E + H 带首现)。

Schulzospora campyloptera - *Schulzospora ocellata* (CO)组合，依据塔中 401 井砂泥岩段井深 3428.96m 样品孢子材料建立，以种子蕨 *Schulzospora* 属的含量占绝对优势为特征，可达 51%；其次为 *Cyclogranisporites pressoides*。主要分子有 *Schulzospora campyloptera*，*S. ocellata*，*Lycospora pusilla*，*Punctatisporites* sp.，*Grumosisporites* sp. 和 *Crassispora kosankei* 等。依据 *Schulzospora* spp. 在西欧维宪末期—纳缪尔 A 早中期最为丰富，将本组合与西欧 NC 孢子带[Owens，1982(?)；Clayton et al.，1977]大致对比，时代为维宪末期—纳缪尔 A 早期(P2—E1)。

Punctatisporites - *Cyclogranisporites* (PC)组合，见于轮南 16 井砂泥岩段(井深 4851m)，以无环三缝小孢子占优势为特征。蕨类孢子中，*Punctatisporites* 占 60.0%，*Cyclogranisporites* 占 14.0%，其他有 *Calamospora*，*Leiotriletes*，*Converrucosisporites*，*Reticulatisporites*，*Lycospora* 和 *Densosporites*；花粉很少，仅个别单囊分子(*Florinites*)。推测组合时代大致相当于纳缪尔 A 中期(E2)。

Potonieisporites - *Punctatisporites* (PP)组合，依据塔中 401 井砂泥岩段井深 3338.68—3340.3m 井段(卡拉萨伊组中上部)产出的孢粉化石建立，以 *Potonieisporites* 和 *Punctatisporites* 的高百分含量为特征。其他分子有 *Potonieisporites elegans*，*P.* sp.，*Schulzospora campyloptera*，*Trinidulus diamphidios*，*Knoxisporites stephanophorus*，*Florinites* sp.，*Lycospora pusilla*，*Secarisporites remotus* 和 *Schopfipollenites* sp. 等。时代为晚石炭世早期(纳缪尔 A 晚期)。

Limitisporites - *Cordaitina* (LC)组合，层位上对应于塔中 401 井砂泥岩段上部—含灰岩段下部井深 3292.50—3337.41m 井段(卡拉萨伊组上部过渡层)。本组合在属种组成大类方面与 *Potonieisporites* - *Punctatisporites* 组合相似，亦以该两属高百分含量为特征。区别在于本组合底部开始出现无肋双气囊花粉(*Limitisporites*，*Vestigisporites* 等)和单囊花粉(*Cordaitina* 等)，且双囊花粉自下而上有逐渐增加趋势。其他主要分子有 *Schopfipollenites* sp.，*Trinidulus diamphidios*，*Knoxisporites stephanophorus*，*Cyclogranisporites* sp.，*Calamospora* sp.，*Potonieisporites elegans* 和 *P.* sp. 等。考虑到甘肃靖远无肋双囊花粉自纳缪尔 B 期才开始较多出现(朱怀诚，1993；Zhu，1993，1995；Zhan，in Gao R. Q. et al.，2003)，故将当前组合时代定为纳缪尔 B 期。

Lycospora orbicula - *Rugospora minuta* (OM)组合，依据满西 1 井含灰岩段上部(4422—4424m)孢粉材料建立，也见于塔中 4 井含灰岩段(朱怀诚、詹家桢，1996)。优势分子有 *Lycospora orbicula*，*Rugospora minuta*，*Calamospora pallida*，*Apiculatisporis variocorneus*，*Punctatisporites minutus*，*Apiculatisporis aculeatus* 和 *Crassispora kosankei*；其次还有 *Cadiospora magna*，*Polycingulatisporites convallatus*，*Lycospora pellucida*，*L. pusilla* 和 *Remysporites magnificus* 等。本组合与甘肃靖远晚石炭世孢粉组合(朱怀诚，1996；Zhu，1993，1995)可以对比，时代为纳缪尔 B 期—纳缪尔 C 期。

Calamospora - *Laevigatosporites* (CL)组合，依据塔中 401 井小海子组顶灰岩段孢粉材料建立。组合分异度很低，以 *Lycospora* spp. 的高百分含量为特征(主要为 *Lycospora pusilla*)，最高可达 79%；其他主要属有 *Potonieisporites*，*Calamospora*，*Punctatisporites*，*Cyclogranisporites*，*Apiculatisporis*，*Cordaitina* 和 *Laevigatosporites* 等。组合时代为纳缪尔末期—维斯发早期。塔中 1 井顶灰岩段产䗴 *Fusulinella*，在巴楚小海子组底部有缺失，故其时代可能只限于莫斯科期。

在塔里木盆地至今尚未发现晚石炭世晚期[相当于欧洲斯蒂芬期(Stephanian)]的孢粉组合。

新疆北部石炭系的孢粉组合带及相关地层划分对比沿革参见欧阳舒、王智等(2003)，其结论性意见如表 3.2 所示。

第二节　中国石炭系的中间界线

石炭系的中间界线包括上石炭-下石炭统界线,纳缪尔阶与其下维宪阶及与其上维斯发阶的界线,斯蒂芬阶与二叠系的界线。除末一条界线外,前面几条孢粉界线当以甘肃靖远剖面为准,因为该地在生物地层上有独到的优势,与孢粉、植物共生的动物化石门类多,特别是产牙形刺、头足类、䗴等重要标志化石,生物地层研究历史悠久、系统精细(李星学等,1993)。这里仅转载朱怀诚(Zhu,1995)一张对比表(表 3.1),因有关组合带情况前面已一一列举,仅就这张表涉及的上述几条界线问题稍做说明。

从表 3.1 可以看出,在靖远,上石炭－下石炭统的孢粉界线划在纳缪尔阶 A 之内,即大致相当于菊石 H－E 带之交的 *Densosporites sphaerotriangularis － Dictyotriletes bireticulatus*(SB)和 *Simozonotrileles verrucus － Stenozonotriletes rotundus*(VR)孢粉组合带之间。纳缪尔阶的底界以 *Tripartites trilinguis － Simozonotriletes arcuatus*(TA)带来确定,以这两个组合带命名种的含量较高为特征;而纳缪尔阶的顶界以 BP 带即 *Lycospora pellucida* 的较高含量及 *Triquitrites bransonii* 的首现为特征。从纳缪尔末期(C)开始,靖远甚至整个华北,双囊花粉的含量最高已可达 10% 以上,单缝孢 *Laevigatosporites* 的含量同样如此,这些特征从一个侧面反映出华夏植物群在晚石炭世以前与欧美区已颇有区别,所以组合带的洲际对比也越趋困难。至于斯蒂芬阶与二叠系孢粉组合的特征及其分界,详见第五章。

根据对宁夏中卫石炭系孢粉研究成果,并结合靖远的孢粉资料,王永栋等(1995)也做了类似的对比(表 3.3)。同样,石炭系的中间界线主要也是根据菊石,即下、上石炭统分别以 *Eumorphoceras*(E),*Homoceras*(H)的出现为标志;与 H 带大致相当的还有上统底部的牙形刺 *Declinognathodus noduliferus* 带。这条界线,在孢粉上,是划在 *Lycospora subtriquetra － Gansusispora mammilla*(本书将该种归并入 *Stenozonotriletes rotundus*)组合(SM 带)的底,即红土洼组的底,与前述朱怀诚的方案一致。他们指出,由于靖远瓷窑剖面红土洼组底部,牙形石和菊石均表明该段地层仅相当于西欧纳缪尔阶 H 带的 H2 亚带,故这里的石炭系中间界线应适当下移,方能更细致地确定上-下石炭统界线的位置。

表 3.3　甘肃靖远、宁夏中卫石炭系中间界线的孢粉带及其与西欧的对比(据王永栋等,1995)

Table 3.3　Palynological correlation of Mid-Carboniferous from Jingyuan of Gansu and Zhongwei of Ningxia as well as those of Europe

地　层			菊石带	西欧	甘　肃　靖　远				宁夏中卫	
					高联达, 1987		朱怀诚, 1993		王永栋, 1993	
石　炭　系	上石炭统	纳缪尔阶	C G1	FR	*Reticulatisporites reticulatus-Densosporites triangularis* RT	靖远组	*Triquitrites bransonii-Lycospora pellucida*		红土洼组	*Gardenasporites pinnatus-Microreticulatisporites concavus*
			B R2	KV	*Crassispora kosankei-Grumosisporites varioreticulatus* KV			BP		
			B R1				*Crassispora kosankei-Rugospora minuta* KM			PC
			A H2	SO	*Bellisporites nitidus-Rotaspora knoxi* NK		*Densosporites sphaerotriangularis-Dictyotriletes bireticulatus* SB			*Lycospora subtriquetra-Gansusispora mammilla* SM
			A H1							
	下石炭统		A E2	TK	*Reticulatisporites carnosus-Savitrisporites nux*	榆树梁组	*Simozonotrileles verrucosus-Stenozonotriletes rotundus* VR		靖远组	*Tripartites trilinguis-Simozonotriletes sinensis* TS
			A E1	NC			*Tripartites trilinguis-Simozonotriletes arcuatus* TA	CN		

第四章 中国二叠纪孢粉组合序列，
兼论石炭 - 二叠系及二叠 - 三叠系孢粉界线

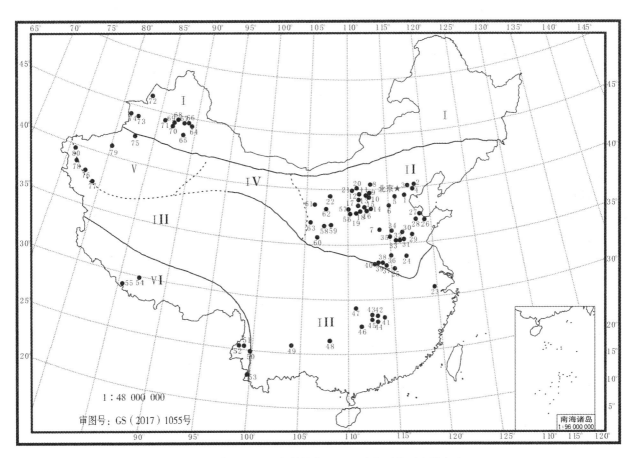

图4.1 中国二叠纪孢粉植物地理区及主要化石孢粉产地

Fig. 4.1 Main localities of Permian palynofloras in China

I 准噶尔-兴安二叠纪亚安加拉孢粉植物地理区；Ⅱ. 华北二叠纪华夏-欧美混生孢粉植物地理区；Ⅲ. 华南二叠纪华夏植物地理区；Ⅳ. 西北二叠纪华夏-亚安加拉混生孢粉植物地理区；Ⅴ. 塔里木盆地二叠纪亚安加拉孢粉植物区系；Ⅵ. 藏南滇西二叠纪冈瓦纳-华夏混生植物地理区 1. 天津 2. 河北开平 3. 河北林西 4. 河北唐山 5. 河北文安苏桥 6. 河北深泽 7. 河北邯郸 8. 山西左云 9. 山西平朔 10. 山西轩岗 11. 山西宁武 12. 山西河曲 13. 山西保德 14. 山西太原 15. 山西娄烦 16. 山西交城 17. 山西兴县 18. 山西离石 19. 山西柳林 20. 内蒙古准格尔旗 21. 内蒙古清水河 22. 内蒙古鄂托克旗 23. 浙江长兴 24. 安徽淮北 25. 安徽太和 26. 山东垦利 27. 山东沾化 28. 山东博兴 29. 山东新汶 30. 山东肥城 31. 山东兖州 32. 山东济宁 33. 山东巨野 34. 山东堂邑 35. 河南范县 36. 河南柘城 37. 河南项城 38. 河南周口 39. 河南临颍 40. 河南平顶山 41. 湖南浏阳 42. 湖南长沙 43. 湖南宁乡 44. 湖南湘潭 45. 湖南韶山 46. 湖南邵东 47. 湖南石门 48. 贵州凯里 49. 云南富源 50. 云南昌宁 51. 云南腾冲 52. 云南保山 53. 云南孟连 54. 西藏昂仁 55. 西藏色龙 56. 陕西吴堡 57. 陕西米脂 58. 甘肃环县 59. 甘肃华池 60. 甘肃平凉 61. 宁夏灵武 62. 宁夏盐池 63. 宁夏横山堡 64. 新疆木垒 65. 新疆吐鲁番 66. 新疆奇台 67. 新疆吉木萨尔 68. 新疆阜康 69. 新疆乌拉泊 70. 新疆乌鲁木齐 71. 新疆玛纳斯 72. 新疆托里 73. 新疆尼勒克 74. 新疆伊宁 75. 新疆库车 76. 新疆叶城 77. 新疆皮山 78. 新疆莎车 79. 新疆阿克苏 80. 新疆阿图什。

第一节 中国二叠纪孢粉组合序列

一、华北地区

石炭－二叠系界线,二叠系底界的全球层型已选定在哈萨克斯坦北部的艾达拉拉希(Aidaralash)剖面,层型点以牙形刺 Streptognathodus isolatus 的首次出现为标志(金玉玗等,1999),但这个种在我国很难见到,此属其他种也有区域性,所以单凭牙形刺,区域对比也有困难。如前所述,目前在华北,多以䗴类 Pseudoschwagerina 的首现作为二叠系的底界,划在太原组内部,晋祠段(组)划归石炭系,西山段(毛儿沟段＋东大窑段)划归二叠系。这一界线在各地的岩石地层中的位置并不稳定,与据其他门类化石所划界线也不尽一致。例如,在山西太原,根据牙形刺该界线划在晋祠组(段)的顶界,这与廖克光(1987c)将太原组(除晋祠组)划归下二叠统基本一致,但却与廖克光(1987a, b)稍早文章中的划法不同[1987a 将太原组三段皆归入 C₃ 太原统,1987b(平朔矿区)将整个太原组(未划分出晋祠段)归入 C₂]。

我国二叠纪孢粉组合序列,以往已做过总结(欧阳舒、侯静鹏,1999),但该文内涉及的组合序列,有些来自钻井剖面,有些是煤矿井下的样品,大多未附剖面图,有些有剖面图又仅限于某些组段,总之缺乏系统性,多未引证海相动物化石;所以,这里扼要择录本书作者之一刘锋的博士论文《山西保德晚石炭世—二叠纪孢粉生物地层学研究》(2009)的孢粉组合序列内容作为华北二叠纪孢粉组合序列的代表。由于植物地理上的分异,这个剖面并不能反映华北(如山东、河南、苏北等地)华夏孢粉植物群的全部重要特征,下石盒子组开始出现的 Anticapipollis,晚二叠世大量出现的如 Macrotorispora,上石盒子组开始出现的 Lueckisporiotes virkkiae,在保德皆未发现。但该剖面有两大优点:一是本溪组—太原组有些海相夹层产动物化石(䗴类、牙形刺,偶有腕足类),有利于确定时代和石炭－二叠系界线;二是从本溪组底部直到孙家沟组下部孢粉保存较好,组合连续性较强,且做过较详细的定性、定量研究。这里本溪组厚 33.6m,太原组厚 82.5m,山西组厚约 34m,下石盒子组厚 81.4—167.4m,上石盒子组厚 270—329m,孙家沟组厚 103—172m。根据各类孢粉在地层中首次出现的层位及丰度的变化,在二叠纪地层中建立了 5 个组合带,从下至上的孢粉组合如下:

1. *Thymospora thiessenii - Striatosporites heyleri* (TH)组合带

本组合带的分布层位是从扒楼沟剖面太原组第 58 层至 77 层最下部。第 66 层为灰岩,其底部产腕足类化石,含䗴类 *Schubertella excelsa*, *Eoparafusulina shanxiensis*, *Schwagerina erucaria*, *S. xiaolongkouensis*, *Triticites pusillus* 等(孔宪桢,1996),层位相当于山西柳林的 *Sphaeroschwagerina* 组合带。该组合带代表性的岩层为庙沟灰岩—东大窑灰岩西山段,且与太原七里沟的 *Pseudoschwagerina - Quasifusulina longissima* 组合带基本相当。因此,此层灰岩标志着二叠系的开始,这也被该层顶部的牙形刺 *Streptognathodus elegantus - S. elongatus* (此种被王成源 2000 改定为 *S. isolatus*)组合带的发现所证实。总之,本组合带应大致相当于阿瑟尔阶—萨克马尔阶中下段。

本组合带的底界以具明显周壁的 *Striatosporites heyleri* 和 *Thymospora thiessenii* 的首次出现为标志。蕨类孢子在组合中占优势(65%—100%),裸子植物花粉含量 ≤ 35%,主要为 *Florinites*(多为 *F. mediapudens*),其他双囊花粉含量一般不超过 8%(如 *Piceaepollenites*)。孢子主要有 *Crassispora orientalis* (16%—65%), *Striatosporites heyleri*(0—50%), *Cyclogranisporites aureus*(6%—40%), *Laevigatosporites vulgaris*(3%—34%), *Verrucosisporites sifati*(0—22%), *Punctatisporites scabellus*(0—15%),含量 0—10% 的还有 *Neoraistrickia*, *Punctatisporites*, *Gulisporites*;其他孢子如 *Vallatisporites*, *Cyclogranisporites micaceus*, *Convolutispora tesselata*, *C. mellita*, *Raistrickia* 等也有一定含量(0—9% 不等)。要说明的是,不具明显周壁的 *Striatosporites heyleri* 在太原组下段(32 层)已出现。

Dictyotriletes cf. *muricatus*, *Endosporites globiformis*, *Pachetisporites kaipingensis* 在略高于本组合带底界的位

置最后一次出现。

2. *Radiizonates solaris* – *Platysaccus minor*（SM）组合带

分布于保德扒楼沟剖面太原组上段 77 层底部—下石盒子组最下段 96—98 层最下部。本组合带底界以 *Radiizonates solaris* 的首现为标志。裸子植物花粉含量明显增加（但不超过 60%），除主要的 *Florinites* 之外，其他双囊花粉增加，在组合带顶部 *Abietineaepollenites*，*Piceaepolllenites* 的含量首次超过 10%。蕨类孢子相对减少，虽然一般仍占优势（40%—100%），其中以 *Gulisporites cochlearius*（13%—73%），*Crassispora orientalis*（16%—60%），*Laevigatosporites vulgaris*（0—47%）含量较高，其他如 *Punctatisporites*，*Microreticulatisporites*，*Vallatisporites*，*Verrucosisporites*，*Cyclogranisporites* 的代表种含量亦颇可观（含量 0—28%，后 4 属 0—10% 不等），其次如 *Striatosporites major*（0—9%），*Indospora tumida*（0—9%），*Pustulatisporites pustulatus*（0—7%），*Convolutispora mellita*（0—7%），*Acanthotriletes castanea*（0—7%），*Torispora lavigata*（0—6%），*Convolutispora tessellata*（不超过 5%）等也颇常见。偶尔有几个层位产虫牙化石。

本组合带其他特征包括：①*Raistrickia lacerata*，*Reinschospora triangularis*，*Striatosporites ovalis*，*Indospora clara* 和 *Striatosporites major* 在本组合带内最后一次出现，其后基本消失；②*Platysaccus minor* 及 *Granulatisporites incomodus* 在组合内部首次出现。

3. *Cuneisporites* sp. – *Sinulatisporites shansiensis*（CS）组合带

该组合带分布于扒楼沟剖面下石盒子组下部 96—98 层下段至 111—113 层下段。本组合带底界置于 *Cuneisporites* sp. 的首现层位，*Sinulatisporites shansiensis* 在略高于该组合带底界的层位出现。蕨类孢子在组合带中占明显优势（70%—100%），裸子植物花粉含量 ≤32%，其中 *Florinites* 略占优（27%），其他具囊花粉含量 ≤17%。与前此组合带 *Florinites* 的高含量很可能是 Neves 效应的结果不同，当前组合带顶部两气囊花粉含量的明显增高则反映了从下石盒子组底部开始，真正代表偏干旱气候的松柏类及某些种子蕨数量开始有所增加，反映当时气候开始趋向干旱，海相沉积也随之基本消失。组合带中孢子 *Laevigatosporites vulgaris*（12%—49%），*Gulisporites cochlearius*（7%—42%），*Punctatisporites minutus*（3%—25%），*P. flavus*（0—10%），*P. glaber*（0—10%），*Calamospora minuta*（0—20%），*Striolatospora nauticus*（0—15%），*Gulisporites convolutus*（0—15%），*Cyclogranisporites microgranus*（0—12%），*Calamospora breviradiata*（0—11%）和 *Verrucosisporites cerosus*（0—11%）占绝对优势，其他如 Verrucosisporites，*Lophotriletes*，*Raistrickia*，*Leiotriletes* 的代表种也颇常见（0—5%）；花粉以 *Florinites mediapudens*（5%—22%）为主，还有 *Abietineaepollenites*，*Piceaepollenites* 和 *Vesicaspora* 的代表（0—7% 不等）。

本组合带其他特征还有：①*Torispora laevigata*，*Triquitrites bransonii*，*Ahrensisporites guerickei*，*Indospora tumida*，*Microreticulatisporites sulcatus*，*Striatosporites heyleri* 和 *Thymospora thiessenii* 在组合带内最后一次出现，其后基本消失；②许多种（30 多种）在本组合内部"首次出现"，但在华北是否有普遍性，尚待考证，例如 *Sinulatisporites shansiensis*；不过，有些种的确值得注意，如除一种藻类胞囊 *Reduviasporonites chalastus* 外，还有 *Dictyophyllidites bullus*，*Raistrickia floriformis*，*Convolutispora faveolata*，*Crassispora minuta*，*Hymenozonotriletes digitus*，*Tuberculatosporites acutus*，*Schopfipollenites shansiensis*，*Striolatospora minor* 和 *Limitisporites rhombicus* 等。

4. *Playfordispora crenulata* – *Schopfites convolutus*（CC）组合带

本组合带分布于扒楼沟剖面下石盒子组上部 111—113 层下段至上石盒子底部 121 层，底界以本组合带两个命名种的首现为标志。蕨类孢子在组合带中占明显优势（60%—100%），裸子植物花粉含量 ≤40%，其中双囊花粉（如 *Abietineaepollenites*，*Limitisporites*）优势颇明显，*Florinites* 的含量首次不超过 10%。孢子中，*Sinulatisporites shansiensis*（0—49%），*Laevigatosporites vulgaris*（0—35%），*Calamospora minuta*（0—25%），*Punctatisporites solidus*（0—23%），*P. minutus*（0—19%），*P. flavus* 和 *P. glaber*（皆为 0—10%），*Gulisporites cochlearius*（0—16%），*Calamospora breviradiata*（0—15%），*Crassispora orientalis*（0—15%）及 *Lycospora granulata*（0—10%）占绝对优势，其他如 *Leiotriletes*，*Latosporites*，*Dictyotriletes*，*Densosporites* 和 *Verrucosisporites* 等的代表种也颇常见（5%—8% 不等）。

本组合带其他特征还有：①*Torispora verrucosa* 在本组合带内最后一次出现,其后基本消失;②*Walikalesaccites ellipticus*, *Schopfites convolutus*, *Lophotriletes cursus*, *Playfordiaspora crenulata* 在本组合带底界首次出现;③*Vesicaspora lateralis*, *Potonieisporites novicus*, *Protohaploxypinus* sp., *Labiisporites manos*, *Triquitrites* cf. *tendoris* 在本组合带内部首次出现。

5. *Patellisporites meishanensis* – *Brialatisporites iucundus*（MI）组合带

本组合带底界以 *Patellisporites meishanensis* 的首现为标志,结合华南华北各家资料,推断本组合带的时代为中二叠世晚期卡匹敦期—晚二叠世早期吴家坪期。

本组合带分布于扒楼沟剖面上石盒子组底部 123 层—孙家沟组下部 140 层中部,以两个命名种在本组合带底部的首次出现为标志。蕨类植物孢子在组合带中仍具明显优势（70%—90%）,但面貌颇为单调,以 *Punctatisporites* 和 *Lycospora* 含量较高,裸子植物花粉含量≤30%,以双囊花粉为主。孢子中,*Punctatisporites minutus*（0—56%）, *P. dejerseyi*（0—22%）, *P. solidus*（0—17%）, *P. divisus*（0—14%）, *P. glaber*（2%—10%）, *Lycospora denticulatus*（0—25%）, *Spinozonotriletes kaiserii*（0—14%）和 *Brialatisporites iucundus*（0—14%）占绝对优势;其他如 *Patellisporites meishanensis*（0—9%）, *Verrucosisporites verus*（0—9%）, *Radiizonates solaris*（0—8%）, *Gulisporites cochlearius*（0—7%）, *Cyclogranisporites aureus*（0—7%）和 *Sinulatisporites shansiensis*（0—5%）等亦颇常见;裸子植物花粉中 *Abietineaepollenites microsibiricus*（2%—15%）和 *Limitisporites rhombicorpus*（0—22%）含量颇可观,*Vesicaspora wilsonii*（0—7%）, *Piceaepollenites alatus*（0—5%）和 *Labiisporites manos*（0—5%）亦颇常见。

组合带特征还有:①*Brialatisporites iucundus* 在组合带首次出现;②*Triquitrites kaiserii*, *Vestigisporites* cf. *transversus*, *Potonieisporites* sp. 2, *Spinozonotriletes kaiserii* 和 *Patellisporites baodeensis* 在组合带内部首次出现。

保德剖面孙家沟组仅在下部有一些孢粉,且与华北其他地区已知孙家沟组（石千峰组）普遍出现的 *Lueckisporites virkkiae* – *Jugasporites schaubergeroides* 组合有显著区别。

二、华南地区

1. 湘、黔早二叠世孢粉组合

（1）湖南石门县,早二叠世栖霞组马鞍段（谌建国,1978）孢粉组合（据属种描述综合）

Gulisporites cf. *torpidus* Playford, *Triquitrites* cf. *bransonii*, *T.* sp., *Lycospora* cf. *pseudoannulata*, *L.* cf. *uber*, *Anguisporites* sp., *Clavisporis florescentis*, *Densosporites ma'anian*, *D.* sp., *Rotaspora* spp., *Cirratriradites* sp., *Lucidisporites* sp., *Tholisporites* sp., *Lepyrisporites jiangnanensis*, *Laevigatosporites maximus*, *Schizaeoisporites* cf. *microrugosus* 及疑源类 *Tetraporina* spp.（= *Holologinella* spp.）,这十几个属种显然不能代表此期组合的全貌,如完全缺乏裸子植物花粉,较之下述"梁山组"组合似乎更老,摘录于此,以备今后研究的参考。

（2）贵州凯里早二叠世早期梁山组孢粉组合（高联达等,1989）

本书暂称为 *Laevigatosporites vulgaris-Florinites ovalis*（VO）组合,因组合中代表古植代科达类的 *Florinites* 含量很高（30%—40%）,单缝孢子也不少（10%—20%）。此组合蕨类种子蕨孢子占 45%—60%,无环孢子的分异度略超过具环孢子,单囊和双囊的花粉合计占 40%—55%。出现的代表种有 *Convolutispora gingina* Gao, *Foveolatisporites guizhouensis* Gao（? = *Eupunctisporites chinensis* Ouyang and Li）, *Lycospora rotunda*（Bharadwaj）, *Crassispora kosankei*, *Tantilus perstantus* Gao, *Torispora securis*, *Thymospora pseudothiesseni*, *Schizaeoisporites microrugosus*, *Gardenasporites* spp., *Corisaccites quadratoides* 和 *Protohaploxypinus* sp. 等。值得特别注意的是 *Macrotorispora media*（Ouyang）Chen 和双囊具肋花粉在华北的最低层位是山西组（原作者将此组合与山西组对比）。考虑到文中的几个剖面梁山组与下伏地层为假整合接触,则缺失与早二叠世太原组上部相当的地层也未可知。

2. 浙江长兴煤山中二叠世晚期堰桥组孢粉组合（侯静鹏、宋平，1995）

该组合可称为 *Macrotorispora gigantea-Corisaccites quadratoides*（GQ）组合，这两个命名种虽皆可延伸至龙潭组，这里仍选择它们作代表，选择前者是为显示与龙潭组的联系，选择后者是因为它在北方下石盒子组更有代表性。组合分异度颇高，达 60 属 124 种，除个别疑源类或藻类胞囊以外，孢子含量近 82%，花粉近 18%。具环和腔孢子约 21%，单缝孢 18%，无肋双囊花粉约 13%，具肋花粉比例很低（但高于 2%）。一半以上的种可延伸到龙潭组（或宣威组），包括 *Patellisporites meishanensis*，*Triquitrites sinensis*，*Waltzispora strictura*，*Yunnanospora radiata* 和 *Anticapipollis tornatilis* 等，也有一些种是限于堰桥组的，如 *Verrucosisporites*，*Triquitrites* 的一些种和 *Shanxispora spinosus* Gao 等。

3. 浙江长兴和湖南邵东、邵阳等地晚二叠世龙潭组孢粉组合

（1）*Macrotorispora gigantea* - *Patellisporites meishanensis*（GM）组合

浙江长兴煤山两个钻孔龙潭组中上部孢粉（欧阳舒，1962），后来被称为 *Macrotorispora gigantea* - *Patellisporites meishanensis*（GM）组合，由 26 属 70 种孢子花粉组成，主要组分有：*Leiotriletes adnatus*，*L. ornatus*，*Punctatisporites palmipidites*，*P. minutus*，*Calamospora platyrugosa*，*C. pedata*，*Granulatisporites* cf. *piroformis*，*Verrucosisporites ovimammus*，*Knoxisporites instarrotulae*，*Triquitrites microgranifer*，*T. sinensis*，*Tripartites* spp.，*Patellisporites meishanernsis*，*Laevigtosporites medius*，*L. desmoinesensis*，*Punctatosporites major*，*Tuberculatosporites acutus*，*Macrotorispora gigantea*，*M. media*，*Protohaploxypinus* sp.，*Pityosporites* sp. 和 *Cycadopites* spp. 等。组合以蕨类和种子蕨类孢子占绝对优势，裸子植物（主要是科达类和松柏类）花粉偶尔高达 10%，一般低于5%，种子蕨具肋双囊花粉仅个别见到。花粉明显低于前述时代更老的梁山组及堰桥组，主要是因为长兴当时处在沿海相对低洼的泥炭沼泽环境，山地或高地生长的松柏类、科达类及种子蕨花粉相对较少搬运至此。

（2）长兴煤山加善煤矿 13 井龙潭组孢粉组合（侯静鹏、宋平，1995）

该组合由 71 属 145 种组成。孢子含量约 86%，花粉约占 13%。具环和腔孢子 13.6%，单缝孢近 13%，无肋双囊花粉近 9%，具肋花粉仅个别见到。*Macrotorispora gigantea* - *Patellisporites meishanensis* 及其他许多已知种之外，出现了一些新的种，如 *Baculatisporites minor*，*Apiculatisporis changxingensis*，*Lophotriletes paratrilobata*，*Pustulatisporites concavus*，*Raistrickia leptosiphoncula*，*Triquitrites tersus*，*Tripartites bellus* 和 *Striatopodocarpites zhejiangensis* 等；值得注意的是组合中出现了云南富源宣威组尤其是下段的许多种，如 *Leiotriletes exiguus*，*Waltzispora textura*，*Leschikisporites stabilis*，*Dictyophyllidites discretus*，*Nixispora sinica*，*Schopfites phalacrosis*，*Neoraistrickia irregularis*，*Triquitrites rugulatus*，*Proterisispora verruculifera*，*Polypodiidites fuyuanensis*，*Yunnanospora radiata* 和 *Anticapipollis tornatilis* 及个别具刺疑源类及沟鞭藻等。

（3）湖南邵东、邵阳、宁乡、浏阳、长沙等地龙潭组孢粉组合（谌建国，1978）

以下仅列属名，括弧内代表种数，对个别属种名称已作了改定：*Leiotriletes*（7），*Ahrensisporites*?（1），*Gulisporites*（1），*Punctatisporites*（6），*Calamospora*（9），*Granulatisporites*（2），*Cyclogranisporites*（3），*Verrucosisporites*（4），*Lophotriletes*（2），*Apiculatisporis*（4），*Ibrahimspores*（1），*Acanthotriletes*（3），*Raistrickia*（5），*Convolutispora*（1），*Microreticulatisporites*（1），*Reticulatisporites*（2），*Knoxisporites*（1），*Proprisporites*（2），*Triquitrites*（5），*Tripartites*（2），*Stenozonotriletes*（2），*Lycospora*（1），*Cadiospora*（1），*Anguisporites*（1），*Lophozonotriletes*（1），*Cingulatisporites*（1），*Densosporites*（1），*Duplexisporites*?（1），*Patellisporites*（4），*Crassispora*（2），*Laevigatosporites*（6），*Latosporites*（1），*Torispora*（3），*Macrotorispora*（5），*Diptychosporites*（2），*Punctatosporites*（2），*Tuberculatosporites*（4），*Thymospora*（6），*Schizaeoisporites bellulus*（2），*Hunanospora*（2），*Cordaitina*（3），*Florinites*（6），*Crucisaccites*（1），*Limitisporites*（1），*Auroserisporites*（1），*Bactrosporites*（2），*Anticapipollis*（2），*Protohaploxypinus*（2），*Striatopodocarpites*?（1），*Limitisporites*（3），*Vitreisporites*（1），*Pityosporites*（1），*Vesicaspora*（3），*Alisporites*（3），*Gnetaceaepollenites*（1）和 *Vittatina*（2）及疑源类几个类型，包括一种具刺者。总共约 56 属 137 种。谌建国这一重要成果，此后又被总结于《湖南古生物图册》（蒋全美等，1982），并增加了十几个新种。除具图谱形式描述和图版之外，皆未见相关剖面资料、整个组合文字说明、讨论及百分含量等内容。但从图版及属种组成看，仍然大大充实了华南龙潭组孢粉植物群的内

容,虽然与前述龙潭组组合没有本质上的不同。

4. 云南富源宣威组孢粉组合(Ouyang,1982;欧阳舒,1986)

宣威组分下段、上段2个地层单位,分别夹8—10层煤,地层层位上分别可与龙潭组、长兴组对比。下段产孢粉49属82种,亦可称为 *Macrotorispora gigantea - Patellisporites meishanensis*(GM)组合,虽然这2个命名种向上可延伸至卡以头组底部。除相当数量以往主要见于欧美中石炭世、部分延至早二叠世的属种外,也有25%以上的种是见于龙潭组的,如 *Leiotriletes exiguus*, *L. sporadicus*, *Gulisporites cochlearius*, *Calamospora microrugosa*, *Punctatisporites palmipedites*, *Cyclogranisporites pressus*, *Verrucosisporites ovimammus*, *Triquitrites sinensis*, *Tripartites cristatus*, *Crassispora orientalis*, *Laevigatosporites minimus*, *L. lineolatus*, *Torispora securis* 和 *Anticapipollis tornatilis* 等。基本上限于下段的有 *Cyclogranisporites pseudozonatus*, *Neoraistrickia robusta*, *Reticulatisporites excelsus* 和 *Umbilisaccites elongatus* 等。组合中,无环三缝孢23属44种,具环者7属11种,单缝孢7属14种,花粉10属11种,甲藻及具刺疑源类各1种。蕨类和种子蕨孢子占绝对优势,平均占93.8%,裸子植物花粉含量1.05%—17.78%不等,平均约5%或稍多;其他门类按重要性依次为:楔叶纲、石松纲、松柏纲、科达目、银杏纲、苏铁纲。

宣威组上段孢粉孢粉组合称为 *Yunnanospora radiata - Gardenasporites minor - meniscatus*(RM)组合,分异度极高,达74属160种,包括甲藻和疑源类4属5种。其中,无环三缝孢32属84种,具环者11属18种,单缝孢10属24种,单囊花粉2属5种,双气囊花粉11属15种,具肋双囊粉3属5种,单沟粉1属4种。组合基本承袭了下段特征,下段的82种中,有66种(约占种数的80%)延伸至上段。类别的百分含量也无显著变化,仅某些属的含量有增加趋势,如 *Calamospora*, *Tripartites*, *Crassispora*, *Yunnanospora* 和 *Tuberculatosporites*;有些属则略有减少的趋势,如 *Cyclogranisporites*, *Laevigatosporites* 和 *Torispora Punctatosporites* 等。主要分布于宣威组上段的分子有 *Triquitrites rugulatus*, *Lophotriletes mictus*, *Apiculatasporites spinulistratus*, *Polypodiidites reticuloides*, *Periplecotriletes tenuicostatus*, *Murospora scabratus*, *Apiculatisporis tesotus*, *Cycadopites granulatus*, *Densosporites paranulatus*, *Converrucosisporites confractus*, *Vittatina* sp., *Cedripites lucidus*, *Protopinus asymmetricus*, *Gardenasporites delicatus*, *Leiotriletes concavus*, *Baculatisporites xuanweiensis*, *Punctatisporites pistilus*, *Baculatisporites comaumensis* 和 *Vesicaspora ooidea* 等,本段顶部出现个别三叠纪色彩的 *Aratrisporites yunnasnensis* 和 *Dictyophyllidites mortoni* 等,也有些属延伸至早三叠世卡以头层,如 *Schopfites*, *Yunnanospora* 及 *Anticapipollis* 等。

5. 浙江长兴长兴组的疑源类 - 孢粉组合(Ouyang and Utting,1990)

产自长兴煤山二叠 - 三叠系国际层型剖面(尤其D剖面),主要是灰岩夹层(薄片状灰黑色页岩或泥岩)中,为海相地层,以疑源类为主(含量66%—99%),称之为 *Leiosphaeridium changxingensis - Micrhystridium stellatum*(CS)组合,另有 *Veryhachium*, *Baltisphaeridium*? 及虫牙碎片,值得注意的是藻菌类 *Tympanicysta stoschiana* 的出现。与疑源类共生的少量孢粉有:*Leiotriletes exiguus*, *Granulatisporites adnatoides*, *Cyclogranisporites* sp., *Convolutispora*? sp., *Apiculatasporites* sp., *Vitreisporites* sp., *Piceaepollenites* sp., *Klausipollenites* sp., *Platysaccus insignis*, *Striatoabieites*? sp. 和 *Hamiapollenites*? sp.。而上覆下三叠统下青龙组下部产裸子植物花粉为主的 *Vittatina - Protohaploxypinus* 组合,该组上部产 *Lunatisporites - Ephedripites* 组合,分异度相当高。两组合皆含 *Aratrisporites* cf. *yunnanensis*, *Lundbladispora* cf. *nejburgii*, *Lueckisporites virkkiae* 和 *Klausipollenites schaubergeri*。

三、新疆塔里木盆地

塔里木盆地石炭-二叠纪孢粉组合最早王蕙(1985,1989)进行过研究,其后廖卓庭等(1990)、侯静鹏(1990)、汪世兰(1991)皆有零星报道;之后朱怀诚在多次参与塔里木盆地及其周边地区地质考察过程中,相继发表了一系列涉及泥盆纪—二叠纪—早三叠世孢粉研究成果(1996a, b;1997a, b, c, d, e, f;1998a, b, c, d;1999a, b, c, d;2000a, b),并于1999年完成博士论文《塔里木盆地晚古生代孢粉及生物地层研究》,还有与他人合作的泥盆纪—石炭纪文章。本节乃摘自朱怀诚(1997)《塔里木盆地二叠系孢粉组合及生物地层学》一文孢粉组合序列一节。主要依据朱怀诚等对棋盘、杜瓦两剖面的最新研究成果,并结合一些前人资料,建立下述 6 个(二叠纪 5 个,早三叠世 1 个)孢粉组合带。由老到新,组合序列及时代如下:

1. *Striolatospora – Qipanapollis*(SQ)孢粉组合带

本组合带主要根据叶城棋盘、皮山杜瓦两剖面克孜里奇曼组孢粉材料建立。据王蕙(1985,1989)研究及结合最新成果,组合内花粉(主要为裸子植物具气囊花粉)数量占优势(33.6%—70.0%),孢子次之,一般不少于 15%(个别样品可达 60%)。具气囊花粉中,本体具肋花粉含量明显低于无肋花粉,单气囊花粉 *Cordaitina*,*Potonieisporites* 和 *Florinites* 常见。组合其他分子还有:*Punctatisporites*,*Cyclogranisporites*,*Raistrickia*,*Verrucosisporites*,*Dictyotriletes*,*Densosporites*,*Striolatospora*,*Laevigatosporites*,*Qipanapollis*,*Limitisporites*,*Piceaepopollenites* 和 *Protohaploxypinus* 等。其中 *Striolatospora* 和 *Qipanapollis* 的形态特征明显,易于识别,故被视为本组合带的命名分子。

克孜里奇曼组的地质时代很可能属早二叠世早期(Asselian)。

2. *Potonieisporites – Vestigisporites*(PV)孢粉组合带

主要依据叶城地区棋盘组孢粉材料建立。组合以具气囊花粉占绝对优势为特征,除个别样品略有波动外,百分含量值一般可达 85% 以上,单囊粉、无缝双囊粉、单缝双囊粉和具肋双囊粉均有发现。其中无肋双囊粉在数量上占明显优势,具肋双囊粉占总数的 10%—20%。孢子含量较 SQ 组合带明显降低,类型上也颇显单调,多不超过组合总数的 10%。组合内主要属有:*Leiotriletes*,*Calamospora*,*Cyclogranisporites*,*Punctatisporites*,*Acanthotriletes*,*Raistrickia*,*Kraeuselisporites*,*Vitreisporites*,*Vestigisporites*,*Vesicaspora*,*Potonieisporites*,*Piceaepollenites*,*Qipanapollis*,*Cordaitina*,*Crucisaccites*,*Protohaploxypinus*,*Striatopodocarpites*,*Hamiapollenites* 和 *Vittatina* 等。

本组合带以个体较大(一般长轴方向大于 150μm)的椭圆形或近圆形联囊粉或单气囊花粉如 *Vestigisporites*,*Potonieisporites* 和 *Vesicaspora* 等较多出现为特征。尽管这类分子在个体数目上不一定占绝对优势,但它们在镜下薄片中十分明显,易于辨别。

棋盘组的地质时代当属早二叠世(大体相当于萨克马尔期,参见表 4.1)。

3. *Apiculatisporis – Verrucosisporites*(AV)孢粉组合带

本组合带的建立主要依据柯坪大冲沟剖面沙井子组的孢粉资料。据汪世兰(1991)研究,组合内蕨类孢子数量占明显优势,含量超过 50%,最高可达 92.5%,其中又以三缝孢子最为丰富(44.9%—88.7%),主要有:*Leiotriletes*,*Calamospora*,*Punctatisporites*,*Apiculatisporis*,*Verrucosisporites*,*Acanthotriletes*,*Neoraistrikia*,*Kraeuselisporites* 和 *Laevigatosporites* 等。裸子植物花粉含量颇低,主要有:*Cycadopites*,*Cordaitina*,*Vitreisporites*,*Protohaploxypinus* 和 *Vittatina* 等。

朱怀诚(1997)将本组合的时代定为早二叠世晚期—晚二叠世早期。

4. *Lueckisporites – Protohaploxypinus*(LP)孢粉组合带

依据杜瓦剖面普司格组顶部的孢粉资料建立,底界以 *Lueckisporites* 和 *Gardenasporites xinjiangensis* Hou and Wang,*Piceaepollenites* spp. 和 *Protohaploxypinus* spp. 的开始出现为标志。组合内具肋双气囊花粉明显多于无肋双气囊花粉,前者占总数的 50% 以上;孢子较少,含量一般低于 10%,多数低于 5%。主要属有:*Cyclogranissporites*,*Kraeuselisporites*,*Limitisporites*,*Alisporites*,*Piceaepollenites*,*Vestigisporites*,*Potonieisporites*,*Crucisaccites*,*Cordaitina*,*Gardenasporites*,*Lueckisporites*,*Taeniaesporites*,*Protohaploxypinus*,*Hamiapollenites*,*Striatopodocarpites* 和 *Vittatina* 等。

本组合的地质时代很可能为晚二叠世早期。

5. *Piceaepollenites – Gardenasporites*(PG)孢粉组合带

本组合依据杜瓦剖面杜瓦组孢粉资料建立,以 *Gardenasporites xinjiangensis*,*Piceaepollenites* spp. 和 *Protohaploxypinus* spp. 的高百分含量为特征。组合内双气囊花粉占绝对优势,达总数的 90% 以上;孢子含量低,类型单调,主要为:*Calamospora*,*Cyclogranisporites* 和 *Kraeuselisporitess* 等。双气囊花粉中,具肋类花粉含量一般不低于组合总数的 60%,无肋类 30% 左右,主要分子有:*Limitisporites*,*Platysaccus*,*Piceaepollenites*,*Vitreisporites*,*Ves-*

tigisporites, *Gardenasporites*, *Protohaploxypinus*, *Hamiapollenites*, *Lueckisporites*, *Taeniaesporites*, *Vittatina* 和 *Cordaitina* 等。

杜瓦组的地质时代当属晚二叠世晚期。

6. *Chasmatosporites* – *Taeniaesporites*（CT）孢粉组合带

依据杜瓦四十七团煤矿东支沟剖面原杜瓦组顶部厚约 0.50m 的灰黑色泥岩及透镜状钙质胶结砂岩（现据孢粉资料将该段地层置于乌尊萨依组最底部，方宗杰等，1996）中的孢粉资料而建立（Zhu，1996），是在塔里木盆地发现的最早的三叠纪孢粉组合；刘兆生（1996）从乌尊萨依组发现了属种较多的孢粉，值得特别注意的是，除上述 *Aratrisporites*，*Lundbladispora* 等重要孢子属外，还有裸子植物花粉 *Quadreculina* 及 *Classopollis* 等主要见于侏罗纪—白垩纪的先驱分子。

本组合带与其下的 PG 孢粉组合带差异明显，出现了以 *Aratrisporites*，*Lundbladispora*，*Taeniaesporites* 和 *Chasmatosporites* 等为代表的三叠纪常见属。组合内孢子达 37.5%，双气囊花粉 30.9%，单沟类花粉 29.4%。双气囊花粉中具肋类 18.%，无肋类 12.9%。主要分子有：*Aratrisporites*，*Limatulasporites*，*Lundbladispora*，*Annulispora*，*Kraeuselisporites*，*Taeniaesporites*，*Chasmatosporites*，*Cycadopites*，*Ephedripites* 和 *Protohaploxypinus* 等。

朱怀诚、欧阳舒等将塔里木盆地和准噶尔盆地二叠纪孢粉组合进行对比并讨论了其植物区系意义（Zhu et al.，2005）。新疆北部晚石炭世早期—二叠纪，常以裸子植物尤其是具肋花粉占优势（GSPD）的组合为特征，是亚安加拉植物区的典型代表，孢粉资料证实了苏联古植物学家 Meyen 的假说，即此区是某些裸子植物类群（如种子蕨、松柏类）的发源地。我们的对比研究表明，塔里木盆地在石炭纪基本上属于欧美区，到早二叠世早期[如和田塔哈奇组—克孜里奇曼组（Asselian—Artinskian）]，欧美区、亚安加拉区混生色彩已颇浓厚。此期已知 120 余种孢粉中，亚安加拉型的种占 25% 以上；克孜里奇曼组裸子植物花粉含量已达组合的 74%，是 GDP 组合，与准噶尔盆地塔什库拉组的 GSPD 组合可以对比；同样塔里木盆地的比尤列提组与准噶尔盆地中二叠世早中期的芦草沟组＋红雁池组组合亦可对比，皆为 GSPD 组合；和田地区晚二叠世晚期杜瓦组组合与锅底坑组中下部组合亦可以对比。这些资料表明塔里木最迟在中二叠世已属亚安加拉区，如果考虑到已知塔里木早二叠世晚期裸子植物花粉占优势（GPD）组合是产自较为潮湿的低洼地带的，那么，早二叠世早期在相对高地或较干旱区域出现 GPD 或 GSPD 组合的可能性就不能排除。

现将上述文字讨论的结论性意见列入对比表内（表 4.1）。

表 4.1 中国二叠系孢粉组合带及其对比关系

Table 4.1 Permian palynological assemblage zones and their correlation in China

系	统	国际阶	新疆北部	塔里木盆地综合		华北		华南		中国西南部	
三叠系	下三叠统	奥伦尼克阶	烧房沟组 LLDT	乌尊萨依组	TLLA	和尚沟组	LVT	殷坑组		卡以头组	LAP
		印度阶	韭菜园组 LLTE		CT	刘家沟组	LTC		LE		
									VP		
二叠系	乐平统	长兴阶	锅底坑组 LL/VS	杜瓦组	PG	孙家沟组	VS	长兴组 CS		宣威组	RM
		吴家坪阶	梧桐沟组 ST	沙井子组	LP	上石盒子组	MI	龙潭组 GM			GM
	瓜德鲁普统	卡匹敦阶	泉子街组 JL		AV					峨眉山组	
		沃德阶	红雁池组 AAI	达里约尔组		下石盒子组	CC	堰桥组 GQ		茅口组	
		罗德阶	芦草沟组 USM 井井子沟组 UP					茅口组			
	乌拉尔统	空谷阶	乌拉泊组 SO				CS	栖霞组		栖霞组	
		亚丁斯克阶	塔什库拉组 LRL	棋盘组 PV		山西组	SM	梁山组 VO/马鞍段		矿山场组	
		萨克马尔阶									
		阿瑟尔阶	石人子沟组 RT	克孜里奇曼组 SQ		太原组上段	TH	船山组		马坪组	

第二节　中国石炭－二叠系孢粉界线

我国海相石炭－二叠系生物地层界线的确定,以往主要靠䗴类及有孔虫,近20年来,牙形刺起着越来越重要的作用。根据贵州紫云石炭－二叠系牙形刺标本,王成源、王志浩(1981)首先提议将 *Neogondlella bisseli － Sweetognathus whitei* 作为二叠系的底界。后来,王志浩(1991)根据贵州纳水和紫云、广西柳州及山西太原(西山)4条剖面的详细生物地层研究,提议以 *Streptognathodus gracilis － S. wabaunensis － S. barskovi* 演化系列的 *S. barskovi* 作为二叠系底界的标志。其后,王成源(Wang C. Y. , 2000)根据国际标准(哈萨克斯坦 Aidaralash 剖面),附议以牙形刺 *Streptognathodus isolatus* 作为二叠系底界的标志,因为这个种也广泛分布于华南华北,他认为:王志浩等(1984, 1985, 1987)此前先后建立的山西、河南等地的 *S. gracilis* 及 *S. wabaunsensis* 的一部分标本实际上即 *S. isolatus*。可见,要选定某个牙形刺标志种作为划界标志,也有这样那样的问题,包括地理分布是否广泛。

牙形刺多产于水体相对较深的碳酸盐沉积之中,这样的岩性并不适宜孢粉的大量保存。尽管如此,在新疆和布克赛尔俄姆哈泥盆－石炭系过渡层剖面第5层内部(岩性为灰色粉砂岩为主夹钙质砂岩透镜体),除较多腕足类之外,还有标志石炭系底界的牙形刺 *S. sulcata* 及丰富的孢粉,如在紧挨产 *S. sulcata* 地层的下伏地层(粉砂岩)中即发现了晚泥盆世末的孢子标志种 *Retispora lepidophyta*。此剖面泥盆系还有植物 *Leptophloeum rhombicum*,珊瑚,石炭系底部之上还有头足类 *Gattendorfia*,这些情况表明这里当时并非深水区,其孢粉化石可作为正常海相与陆相对比的桥梁。如前所述,山西保德扒楼沟石炭-二叠系剖面以陆相为主(夹几层灰岩),其中太原组58—77层最下部即孢粉 *Thymospora thiessenii － Striatosporites heyleri* (TH)组合带,代表二叠系底部的一个带,其中66层灰岩产䗴类,其层位大致相当于太原组 *Pseudoschwagerina* 组合带,此层的顶产牙形刺 *Streptognathodus elegantus － S. elongatus* 组合带,而有的学者认为后者即包括 *S. isolatus*。

刘锋为早二叠世早期命名的上述 *Thymospora thiessenii － Striatosporites heyleri* (TH)组合带,实际上即欧阳舒、侯静鹏总结的所谓的中期华夏植物群A期的 *Perocanoidospora clatratus － Thymospora thiessenii* (CT)组合带,因为在描述部分,*P. clatratus* 已被当作 *S. heyleri* 的同义名,而且是指那些周壁离本体较远的分子。

而代表石炭纪晚期(格舍尔期或斯蒂芬B—D期)的是产自扒楼沟剖面太原组32层中部—58层最下部的 *Torispora verrucosa － Pachetisporites kaipingensis* (VK)组合,大体相当于前述早期华夏植物群B期的 *Laevigatosporites vulgaris － Lycospora granulata* (VG)组合(参见表4.1)。

第三节　中国二叠－三叠系孢粉界线

晚二叠世—早三叠世是古联合大陆(或泛大陆)最趋于"一体化"的时期,与大陆增生密切相关的是干旱气候带大范围扩展,也是石炭纪—二叠纪以煤沼植物为代表的古植代植物渐行消亡,被中植代所取代的时期,不过,这个取代过程在不同植物地理区是穿时的,所以与二叠－三叠纪年代地层界线通常是两码事。在欧亚范围内,晚二叠世以松柏类 *Ullmannia － Pseudovoltzia* 为代表的植物群,到早三叠世变成以新型石松类-松柏类 *Pleuromeia － Voltzia* 为代表的植物群,且由于某些世界性分布的属种存在,这个时期的世界植物群分区也没有此前那么明显,孢粉方面也是这样,虽然在小区划分上也许可以提供更多的信息;而且二叠－三叠纪之交,孢粉化石记录较之大化石,还表现出较强的过渡性。

欧阳舒、侯静鹏(1999)已做过关于晚二叠世晚期孢粉组合面貌的研究,这里侧重讨论早三叠世尤其是二叠－三叠系的孢粉界线。

早三叠世,中国植被分属①(亚)安加拉区;②欧亚区,包括华北亚区及华南亚区;③冈瓦纳区(孙革等,见李星学等,1995)。从石炭纪北疆和二叠纪东昆仑山、塔里木孢粉资料看,早三叠世该区应有冈瓦纳植物群的影响,但目前工作还没有细致到足以具体讨论该区范围的程度。所以本节只能涉及前两区。

我国二叠-三叠纪地层广泛发育,晚二叠世,华北本部和新疆为陆相沉积,东北大部分和内蒙古的一部分为新蒙海域,华南—青藏大部分为海相沉积;早三叠世东北—华北—西北连成一片,皆为陆相沉积,其南缘或受到海水影响,华南和青藏地区以海相沉积为主,因几个古陆继续存在(康滇、云开、华夏),局部有滨海相—海陆过渡相。

涉及二叠-三叠系界线且有连续孢粉记录者有:①海相,如浙江长兴煤山的长兴组—下青龙组(Ouyang and Utting,1990),此地 D 剖面,既是长兴阶的层型剖面,也是 2001 年国际地质科学联合会批准的二叠-三叠系界线层型的金钉子剖面,这里岩石地层、动物化石以及孢粉化石保存都比南阿尔卑斯等剖面好得多;②陆相,如新疆准噶尔盆地南缘吉木萨尔大龙口等地锅底坑组—韭菜园组(侯静鹏、王智,1986,1990;侯静鹏、沈百花,1989;曲立范、王智,1986,1990;曲立范,1989;Ouyang and Norris,1999;欧阳舒、王智等,2003;侯静鹏,2004),这里地层序列发育良好,也产多门类化石,有望成为陆相地层二叠-三叠系界线参照剖面;③非海相(海陆交替相),如云南富源宣威组—卡以头组(欧阳舒、李再平,1980;Ouyang,1982;欧阳舒,1986)。

二叠-三叠纪之交孢粉多产自非连续地层剖面,如华北地区,晚二叠世晚期—早三叠世早期,主要是陆相的红色地层石千峰群,自下而上包括孙家沟组(狭义的石千峰组)/刘家沟组、和尚沟组,及其他地点的相当地层,如山西离石(曲立范,1980)、柳林(唐锦秀,1994;尚冠雄编,1997;侯静鹏、欧阳舒,2000)、河南周口坳陷(吴建庄,1995)、平顶山(欧阳舒、王仁农,1983),河北天津张贵庄(朱怀诚、欧阳舒等,2002),安徽界首(王蓉,1987)山西交城(曲立范,1982),河北平泉(下板城组,苗淑娟等,1984),河南登峰(欧阳舒、张振来,1982);西北地区,如陕西麟游、岐山、府谷(苗淑娟等,1984;Ouyang and Norris,1988),青海一系列论文表明主要是海相早三叠世组合(曲立范、冀六祥,1994;冀六祥、欧阳舒,1996,2006),塔里木盆地,新疆和田杜瓦组(侯静鹏,1990;朱怀诚,1997)—乌尊萨依组(Zhu,1996;朱怀诚,1997;刘兆生,1996)以及吐哈盆地(刘兆生,2000)。

本节不拟详细罗列各地区二叠-三叠纪之交孢粉组合名单,重点是介绍上述有代表性的上二叠统—下三叠统总体孢粉面貌,并根据已发表的众多资料,包括综合性讨论、涉及二叠-三叠纪孢粉植物群的文献(Yao and Ouyang,1980;曲立范、杨基端等,1983;Ouyang,1987;欧阳舒,1995;欧阳舒、侯静鹏,1999;欧阳舒、朱怀诚,2007),就二叠-三叠系划界的孢粉特征等几个关键问题说些意见。

1. 海陆交互相沉积中孢粉组合

这些孢粉组合可以作为对比海相沉积及陆相沉积的桥梁,尽管由于植物地理区系不同,组合之间属种组成名单差异可能较大,但仍可找出某些特点或共性,进行区域间的对比。例如,云南富源宣威组上段和卡以头组的二叠-三叠系孢粉组合,孢粉极丰富,分别达到 74 属 160 种和 72 属 150 余种。其中,卡以头组下部早三叠世早期 *Aratrisporites - Lundbladispora* 组合中,有近 50% 的种,是从下伏地层晚二叠世宣威组下段和上段的 *Patellisporites meishanensis - Macrotorispra gigantea* 和 *Yunnanospora radiata - Gardenasporites* spp. 组合中延伸上来的,显示出强烈的二叠-三叠系过渡性质。

宣威组上段组合与下段的连续性很强,仍以蕨类及种子蕨类孢子(少量具三缝的前花粉)占极大优势(平均含量占 90%—95%),裸子植物花粉仅占从属地位(4%—8%),但亦呈现出几个特点,如此段孢子、花粉分异度大增,首次出现了几个单囊花粉新种和双囊、单沟花粉种,尤其是出现不少中生代色彩的成分,如 *Dictyophyllidites*,*Gleicheniidites*,*Trilobosporites*,*Baculatisporites*,*Multinodisporites*,*Wilsonisporites* 和 *Polypodiidites* 等,顶部甚至出现个别的 *Aratrisporites*。总体讲,上段组合古生代色彩浓厚得多,故其时代仍应归入晚二叠世晚期。

卡以头组下部组合表明:一方面,许多石炭纪—二叠纪成分残存到早三叠世最早期,包括 *Waltzispora*,*Stellisporites*,*Triquitrites*,*Patellisporites*,*Crassispora*,个别 *Lycospora*,*Tripartites*,*Torispora*,*Thymospora*,*Cordaitina* 和双囊具肋花粉,如 *Lueckisporites*?,*Taeniaesporites*?,*Protohaploxypinus*,*Striatopodocarpites* 及 *Florinites* 等;另一方面,也出现不少中生代色彩成分,如 *Dictyophyllidites*,*Obtusisporis*,*Osmundacidites*,*Neoraistrickia*,*Lunzisporites*,*Multinodisporites*,*Polycingulatisporites*,*Wilonisporites*,*Polypodiidites*,*Angustisulcites*,*Protopinus*,*Inaperturopollenites*,*Cedripites*,*Classopollis*?,特别是 *Lundbladispora sinica*,*L. communis* 和 *Aratrisporites yun-*

nanensis。关于卡以头组的时代,曾有过其下部应划归晚二叠世晚期的意见(王尚彦,2001),但新近在宣威密德该组近底部发现数量较多的 *Annalepis*(喻建新等,2008),与富源该组底部分散孢子 *Aratrisporites* 含量高达18%一致;*Isoetes ermayinensis* Wang Z. Q. ,1991,在陕西二马营组被发现,作者王自强称此种孢子叶为 *Annalepis* 型,异孢孢子囊内产大孢子 *Dijkstraisporites* 和小孢子 *Aratrisporites*,并建议将 *Annalepis*, *Tomiostrobus*, *Cylomeia* 和 *Skilliostrobus* 归水韭科 Isoetaceae(此科起源于中生代初,一直延续到现代),再次证明卡以头组应全部划归早三叠世早期,因为传统上 *Annalepis* 被看作是早三叠世晚期(如华北和尚沟组)—中三叠世的标志。

早三叠世早期出现如此多的石炭纪—二叠纪色彩孢粉成分,当然要考虑孢粉的再沉积问题,但对滇东卡以头组而言,由于在其底部发现几种石炭-二叠纪过渡色彩的植物大化石,即 *Annularia shirakii*, *Lobatannularia multifolia*, *Lobatannularia* sp. , *Pecopteris* sp. , *Cladophlebis* sp. 和 *Taeniopteris* sp. (姚兆奇等,1980),这些植物化石当然不可能是再沉积产物,表明这里是古生代某些蕨类和种子蕨植物的避难所。换句话说,在世界上 P/T 时期,干旱气候广布,许多古生代植物遭遇灭顶之灾,但在有些场所,因干旱气候尚未波及[西南地区如云南,可能处于热带,贵州奥伦尼克(Olenekian)期才出现蒸发岩(Boucot、陈旭,2009)],或有些植物比较耐旱(如产生少肋甚至无肋双囊粉的松柏类,产双囊多肋或无囊具肋花粉的盾籽蕨类、苏铁类等),就能穿越二叠纪之末进入中生代,所以从孢粉来讲,与其用再沉积或群体灭绝之类的理由来解释上述现象,不如用过渡植物群的存在解释更有说服力。

滇东的非海相二叠系—三叠系尤其下三叠统孢粉组合的重要意义之一,就在于它提供了一个特殊的、可能是热带雨林的二叠-三叠系过渡植物群的例子,有助于解释其他不同气候、生态下的同时代孢粉植物群的共性及特殊性。而卡以头组组合中 *Lundbladispora*, *Aratrisporites* 的存在对探讨陆相与海相地层之间的对比也有重要意义。

距卡以头组底界 27—35m 处,孢粉组合的性质已发生了质的变化,即以蕨类、种子蕨类孢子占优势的组合被裸子植物尤其是松柏类的花粉为主的组合所取代,植被也大大贫乏化了。

2. 浙江长兴上二叠统长兴组—下三叠统下青龙组下部的疑源类及孢粉

分别称为 *Leiosphaeridia changxingensis-Micrhystridium stellatum* 组合和 *Vittatina - Protohaploxypinus* 组合。长兴组以光面和具刺疑源类占优势(含量82%—89%),还有菌藻胞囊 *Tympanicysta stoschiana*,在长兴组下中部、中上部含量可达40%,仅个别穿越二叠-三叠系界线。因长兴组属典型海相沉积,孢粉很少,有 *Leiotriletes exiguus*, *Granulatisporites adnatoides*, *Cyclogranisporites* sp. , *Convolutispora*? sp. , *Apiculatasporites* sp. , *Vitreisporites* sp. , *Piceaepollenites* sp. , *Klausipollenites* sp. , *Platysaccus insignis*, *Striatoabieites*? sp. 和 *Hamiapollenites*? sp. ;但在第一层"混合动物群"(青龙组底黏土,B 剖面 ACT44,在牙形刺 *Hindeodus parvus* 带之下)即二叠-三叠系界线层附近,见到以裸子植物花粉占极大优势的组合,且出现以 *Lueckisporites virkkiae*, *Klausipollenites schaubergeri*, *Limitisporites* cf. *fuscus* 为代表的组合,前两种可作为长兴期的标志。下青龙组组合中,蕨类孢子含量不高(3%—16%,平均12%),以裸子植物花粉占极大优势(83%—86%);在三叠系底界牙形刺标志种 *Hindeodus parvus* 带之上,产孢粉 *Endosporites papillatus*, *Lundbladispora* cf. *nejburgii*, *Aratrisporites* cf. *yunnanensis*, *Limitisporites tectus*, *Klausipollenites schaubergeri*, *Lueckisporites virkkiae*, *Lunatisporites orientalis*, *Vittatina* cf. *costabilis* 和 *Protohaploxypinus* cf. *bharadwajii* 等。其中前3种石松类孢子是早三叠世较为特征的分子,其后的大多是二叠纪普遍出现的中植代成分,包括松柏类(如主要从长兴期延伸上来的 *Lueckisporites virkkiae*, *Klausipollenites schaubergeri* 和 *Pityosporites zapfei*)和先进种子蕨类(如产 *Protohaploxypinus* s. l. + *Vittatina* 的盾籽蕨类 Peltaspermales),还有少量石炭纪—二叠纪古植代成分,也显示出强烈的二叠-三叠纪过渡色彩。这个组合以无肋双囊花粉(平均占57%),具肋花粉(18%)为主(显然与离海岸线较远有关),在南非和以色列等地被视为在二叠纪末已基本灭绝,但在我国和世界上许多早三叠世组合中也有出现。

3. 新疆准噶尔盆地南缘吉木萨尔大龙口剖面锅底坑组—韭菜园组孢粉组合

包括北翼和南翼两个剖面(侯静鹏、王智,1986),或仅研究了北翼剖面(曲立范、王智,1986;Ouyang and

Norris,1999;欧阳舒、王智等,2003)、南翼剖面(侯静鹏,2004)。晚二叠世晚期锅底坑组中下部孢粉丰富多彩,共达 66 属 133 种,个别层位具刺疑源类 *Veryhachium* 含量达 6%,侯静鹏(2004)称为 *Limatulasporites* – *Alisporites* – *Lueckisporites* 组合,其中裸子植物花粉含量(平均 51.7%)略高于蕨类植物孢子(47.2%)。该组合具有 3 个明显特点:一是组合中除个别可能是再沉积的 *Emphanisporites* 外,仍有一定数量的古植代色彩成分,如 *Waltzispora* sp.,*Convolutispora florida*,*Lycospora* sp.,*Densosporites* sp. 和 *Cordaitina* spp. 等;二是大量中植代主要是二叠纪色彩的成分,含单囊、双囊无肋的大多数属种,如 *Florinites luberae*,*Vesicaspora fusiformis*,*V. acrifera*,*Limitisporites monstruosus*,*Alisporites tenuicorpus*,*A. sublevis*,*Falcisporites nuthallensis*,*Platysaccus* spp.,*Chordasporites rhombiformis*,双囊或无囊的具肋花粉和单沟花粉,包括晚二叠世晚期较为特征的 *Lueckisporites virkkiae*,*Klausipollenites schauberhgeri*,*Falcisporites zapfei*,*Scutasporites xinjiangensis*(Hou and Wang),*S.* cf. *unicus*;三是出现了中生代的少量先驱分子,如 *Lundbladispora*,*Lapposisporites*,*Taeniaesporites* 和 *Ephedripites* sp.,或二叠 – 三叠纪过渡分子,如 *Limatulasporites*,*Discisporites*,*Polycingulatisporites* 和 *Tympanicysta stoschiana* 等。

早三叠世早期锅底坑组上部(北翼剖面距该组顶界约 30m,见李佩贤等,1986;或 50m,见 Ouyang and Norris,1999;南翼剖面与该组顶界之距 >100m,见侯静鹏,2004)和韭菜园组组合,前者同中下部组合一样丰富多彩,蕨类植物孢子含量(平均约 55%)稍高于裸子植物花粉(大于 38%),属种组成与韭菜园组也颇为一致,故被统称为 *Lundbladispora* – *Lunatisporites* – *Aratrisporites* 组合或 *Limatulasporites* – *Lundbladispora* – *Taeniaesporites* 组合;前一组合名强调我国甚至世界范围此期组合的共性,后一组合名称中选用 *Limatulasporites* 是因其高含量和与二叠纪组合的继承性及跨洲性(此属在亚安加拉区,包括我国北疆和青海,以及澳大利亚较丰富)。韭菜园组组合与下伏组合稍有差别的是,蕨类孢子含量明显超过裸子植物花粉,出现较多的 *Lundbladispora*,双囊具肋花粉中,种子蕨花粉比例降低,松柏类的增高,尤其是 *Taeniaesporites*。同样,本组合也有少量古植代成分,如 *Densosporites*,*Lycospora*,*Triquitrites* 和 *Cordaitina*;大量中植代的蕨类孢子(许多属种无环光面或具饰三缝孢,如 *Cyathidites*,*Dictyophyllidites*,*Apiculatisporis* 和 *Kraeuselisporites*)和裸子植物花粉(包括双囊无肋花粉、少肋花粉,单沟花粉等),以及稳定出现的三叠纪较特征的分子,如 *Lundbladispora*,*Aratrisporites*,*Taeniaesporites* 等。晚二叠世较典型的 *Lueckisporiotes virkkiae*,*Klausipollenites schaubergeri*,*Falcisporites zapfei*,*Scutasporites xinjiangensis* 和 *S.* cf. *unicus* 等仍残存下来,也显示出二叠 – 三叠系的强烈过渡性质,如果再考虑到韭菜园组与上覆烧房沟组组合的很强的连续性,则新疆北部这样完整保存古—中生代(Bashkirian—Olenekian)很长时间内(几千万年)古生态稳定性的植物群记录的地区,在世界上很少见。

上述资料表明,我国华东(浙江)、西南(云南)、西北(新疆北部)从海相到海陆过渡相再到陆相,几条连续剖面的上二叠 – 下三叠统的孢粉组合,都显示出强烈的过渡性质,迫使我们必须再次想到再沉积问题,即如果早三叠世组合中常有的许多二叠纪分子,实际上是沉积区之外露出地表的较老地层风化剥蚀后再沉积的产物,那么这种所谓孢粉植物群的过渡性或连续性就是一种假象了。笔者在不同场合已讨论过,这里仅作一些补充。

早三叠世组合中,通常包括三类时代意义不同的孢子花粉:①古植代成分,蕨类植物,石松纲(如鳞木、封印木等),楔叶纲(如芦木、楔叶、星轮叶、瓣轮叶等),真蕨类和部分种子蕨类,包括树蕨类(少量前花粉常具三缝)孢子,古老种子蕨类花粉(如近、远极分别具单缝原始沟的 *Schopfipollenites*),松柏纲如科达类、歧杉 *Ernestiodendron* 和安勒杉 *Lebachia*(*Walchia*)的单囊花粉(*Florinites*,*Cordaitina*,*Potonieisporites*);②中植代成分,包括先进种子蕨,盾籽蕨类(产双囊、无囊多肋花粉,部分双囊无肋花粉和单沟花粉),先进松柏类[大多数为双囊花粉,少数为少肋花粉(如 *Lueckisporites*,*Scutasporites*,*Lunatisporites* 等)],苏铁类,银杏类及先进真蕨类(孢子,如 *Dictyophyllidites*,*Cyathidites*,*Gleicheniidites*,*Propterisisispora*,*Polypodiidites* 等);③主要从三叠纪才开始繁盛的草本石松类(如产 *Aratrisporites*,*Lundbladispora* 的母体植物 *Lycostrobus*,*Cylostrobus*,*Pleuromeia*,Isoetaceae 的 *Annalepis* 等),真蕨类孢子,裸子植物麻黄类花粉(*Ephedripites* s. l.),或三叠纪开始出现的松柏类花粉(如 *Classopollis*, *Quadraeculina*)。一般来说,早三叠世组合中大量出现的是上述②,③类的成分,但有些作者把第②类当作二叠纪的再沉积产物,显然是不符合实事的。例如,从俄罗斯伏尔加—北德维纳河之间的沃洛格达地区的下三叠统维特隆阶(Vetlungian)底部(Astashikhian 段,产水龙兽 *Lystrosaurus*)距底界约 10m 的杂色层中发现一个孢粉组合,裸子植物花粉占优势,以 *Klausipollenites schaubergeri* 为代表的 *Klausipollenites* 和 *Cycadopites* 各占 30%,其他有 *Lueckisporites virkkiae*, *Lunatisporites noviaulensis*, *L. pellucidus*,双囊多肋的 *Striatoabieites richteri*;分异度颇大的蕨类孢子(未列名单),包括石松类的 *Densoisporites* sp.,*Polycingulatisporites* sp.(此种似属 *Densoisporites* 或 *Lundbladispora*)等和大孢子 *Otnisporites eotriassicus*(此种见于中、东欧的斑砂统 Buntsandstein 和我国北疆锅底坑组上部—韭菜园组),并与 *Tympanicysta stoschiana* 等共生(Krassilov et al., 1999;Afonin et al., 2001)。这是又一个二叠 - 三叠纪过渡植物群;同层产出的植物化石(角质层、胚珠盘、种子),包括 *Tatarina conspicua*, *T. lobata*, *Phylladoderma* 和松柏类的 *Ullmannia bronnii*, *Quadracladus solmsii*,说明这些传统上被认为属晚二叠世的植物,在早三叠世很干旱的环境下还可以存活下来。产分散孢粉和植物化石的这个 Astashikhian 段,原作者将其与斑砂统下部及锅底坑组上部对比,前者传统上归入早三叠世最早期,与我们将锅底坑组上部—韭菜园组归入早三叠世早期的意见一致。而对于 Astashikhian 段之下的 Nedubrovo 组大部分所产孢粉,我们不同意将其与锅底坑组上部对比的意见(Foster and Afonin, 2005),而应与其中下部对比。Astashikhian 段的孢粉和植物化石组合对我们探讨早三叠世植被面貌有很重要的意义,因为根据原位孢子资料,那几种盾籽蕨正是多肋花粉(*Protohaploxypinus* s. l. + *Vittatina*)的最可能的母体植物,而几种松柏类,则可能与双囊少肋或无肋花粉(*Lueckisporites*, *Lunatisporites*, *Klausipollenites*)相关,苏铁类在我国二叠纪已有植物化石记载,*Cycadopites* 在早三叠世得到较大发展:这几类花粉与大植物共生,正好可证明某些二叠纪植物是可以延续到早三叠世的,那些花粉(如 *Lueckisporites virkkiae*, *Klausipollenites schaubergeri* 等)并非再沉积的! 而 Astashikhian 段中的石松类孢子 *Densoisporites* 和 *Lundbladispora*,三叠纪早期的色彩更为强烈。

4. 华北孙家沟组—刘家沟组孢粉组合

最早从山西离石孙家沟组发现的组合(曲立范,1980),组成较贫乏,仅 20 余种,裸子植物花粉占极大优势(85%),其中又以双囊具肋粉为主,比较重要的种是 *Lueckisporites virkkiae*, *Jugasporites schaubergeroides*, 还有 *Protohaploxypinus*, *Striatoabieites*, *Vittatina* 及其他双囊花粉(如 *Illinites*, *Scutasporites*? 等,蕨类植物孢子 *Apiculatisporis*, *Punctatisporites*, *Cyclogranisporites*, *Converrucosisporites* 等),值得注意的是偶尔可见到 *Aratrisporites* 和 *Lycospora*,另有个别具刺疑源类。该组合与石盒子群孢粉很少联系,但与欧洲苦灰组的组合颇为相似。与离石相距不足 100km 的山西柳林,此孙家沟组组合分异度却高得多(侯静鹏、欧阳舒,2000),共有 57 属 109 种,含量亦以裸子植物花粉占优势(84%—89%),亦以本体具肋或裂缝的双囊粉为主(43%—60%),几个重要种 *Lueckisporites virkkiae*, *Jugasporites schaubergeroides*, *Klausipollenites schaubergeri*, *Falcisporites zapfei*, *Scutasporites xinjiangensis* 皆有出现;蕨类植物孢子含量低,但分异度尚高(多于 40 种);出现古植代分子 *Triquitrites*, *Lycospora*, *Densosporites*, *Crassispora*, *Florinites*, *Cordatina*, *Potonieisporites* 等。孙家沟期组合在华北多有记载,总体上可称为 *Lueckisporites virkkiae* - *Jugasporites schaubergeroides* 组合,这是华夏植物群末期的代表组合。

山西交城刘家沟组孢粉组合,蕨类孢子含量大多高于 90%,其中 *Lundbladispora* 平均达 65%,少量光面、粒面、瘤面、刺面三缝孢,*Osmundacidites* 和 *Triancoraesporites*,未见 *Aratrisporites*;裸子植物花粉含量一般低于 10%,个别样品中该含量 >50%,主要是 *Cycadopites*(平均 13%),双囊具肋(*Taeniaesporites*, *Protohaploxypinus*, *Striatopodocarpites*)及不具肋诸属含量颇低,但 *Taeniaesporites* 分异度尚可(曲立范,1982)。这一组合可称为 *Lundbladispora* - *Cycadopites* - *Taeniaesporites* 组合,也可仿照植物大化石资料(如 *Pleuromeia* 植物群)简称为 *Lundbladispora nejburgii* 组合。这个组合是干旱气候条件下的产物,分异度低,与大体同期的云南卡以头组下部组合形成鲜明对照,与新疆、青海有关组合相比,分异度也低得多,且缺少那里较丰盛的 *Limatulasporites* 或较多的具刺疑源类(青海)或多样的双囊具肋、不具肋花粉(新疆)。

总之,在我国甚至北半球(欧美区、华夏区、亚安加拉区及局部冈瓦纳区),二叠－三叠系的孢粉界线大多并不难确定。一般来说,晚二叠世的组合以裸子植物花粉占优势,晚期以一些重要标志种[如*Lueckisporites virkkiae*, *Jugasporites schaubergeroides*, *Jugasporites delasaucei*, *Klausipollenites schaubergeri*, *Falcisporites zapfei*, *Scutasporites unicus*, *S.* cf. *unicus*(＝*S. xinjiangensis*)]的出现,较多的小双囊花粉(*Vitreisporites*)等及中植代色彩的或区域性的蕨类植物孢子的参与,某些或少量古植代成分的残留,以及个别中生代色彩的先驱成分的出现为特征,海相沉积中则往往有较多疑源类。而国内外,已知早三叠世组合也已经不少,尽管各地组合面貌千差万别,孢子或花粉含量何者占优也因地而异,早、晚期也有些区别,但都有如下特点:一些重要属[如*Lundbladispora*, *Aratrisporites*, *Taeniaesporites*(＝*Lunatisporites*)]普遍出现,有时还有较多的*Limatulasporites*及具刺疑源类(*Veryhachium*, *Micrhystridium*, *Baltisphaeridium*等,海相、滨海或受海水、半咸水影响)以及繁盛于晚二叠世末、可能消失于早三叠世早期的菌藻类胞囊(*Chordecystia chalasta* Foster, 1979 ＝ *Tympanicysta stoschiana* Balme, 1980)出现,极少古植代分子参与,中植代成分略衰退(如双囊多肋)或进一步发展(如双囊少肋或无肋,单沟花粉*Cycadopites*),中生代色彩成分(包括*Classopollis*, *Quadraeculina*,以及一些蕨类孢子)更多。

当然,要确定某个孢粉组合的时代究竟是二叠纪还是三叠纪,上述标志分子固然重要,但还要根据组合的综合特征及其反映的植物群背景和时代意义,方能做出正确的判断,如果能参照其他化石证据就更好。这是因为某些所谓的"标志化石",孤立地看,未必能一锤定音:一方面,如*Aratrisporites*在晚二叠世的孙家沟组、锅底坑组、宣威组顶部都曾个别见到,*Lundbladispora*在更早时代已有记载;另一方面,不少二叠纪色彩成分可延伸到早三叠世,如上述的*Lueckisporites virkkiae*, *Jugasporites schaubergeroides*, *Klausipollenites schaubergeri*等。还有二叠纪较多的*Vittatina*,国内外下三叠统已很少见到,但在北疆大龙口剖面划归早三叠世的锅底坑组上部组合(层位接近该组中部)个别样品中含量仍可达2%—3%(侯静鹏,2004);又如*Quadraeculina*主要是三叠－侏罗纪标志,*Classopollis*通常被视为侏罗－白垩纪的重要标志,但在我国早三叠世(如塔里木乌尊萨依组,刘兆生,1996)已有记载,*Classopollis*甚至可能已在晚二叠世出现(如天津张贵庄;朱怀诚、欧阳舒等,2002)。

与二叠纪末生物大灭绝相关的所谓的真菌事件(fungal event),在西方尤其西欧,被某些孢粉学家炒得很热,甚至将其视为地质历史上的古-中生代划代的一个时间界面(Visscher and Brugman, 1988; Visscher et al., 1996)。他们认为,那些被定为*Tympanicysta* Balme, 1962的微体化石(如代表子囊菌的菌丝和无性孢子)实乃真菌遗迹,而且是靠植物尸积而生活的腐生真菌,而它们在二叠-三叠系之交的过渡层极为富集,正是二叠纪末全球性陆生植物大灭绝的后果或标志。Krassilov等(1999),Afonin等(2001)推测*Tympanicysta*为绿藻类(如现代的水绵属*Spirogyra*)的化石胞囊;他们对有些人将*Tympanicysta*视为*Reduviasporites* Wilson, 1962 ＝ *Chordecystia* Foster, 1979的晚出同义名则持保留态度。Foster等(2002)对这类化石的化学组成的测定,证明它们确属藻类而非真菌。我们根据这类化石在中国发现的地层层位,以及类似化石在俄罗斯地台前寒武系的存在,指出Visscher等人鼓吹的所谓"真菌事件"是很靠不住的:在西欧、格陵兰、南非等地二叠-三叠系的分布,一方面,那些剖面远不及我国浙江长兴、新疆大龙口、云南富源的P－T剖面,在地层连续性、化石门类的多样性、孢粉的丰富度上都差得很远;另一方面,即使他们提供的藻菌化石丰度,最多也只能作为区域地层对比的标志,但绝不可能是什么全球性二叠纪末生物大灭绝的标志(欧阳舒等,2007)。

讨论二叠-三叠纪之交生物大灭绝与复苏问题最详细深入、综合性强且有说服力的,当属方宗杰(2004)。他的论述涉及天、地、生3个圈层的联系及演化,引用文献近700种,包括十几个动物门类及维管束植物、孢粉等,还有某些特定的岩矿(包括煤)、生物礁及其他生化指标的追踪等。他的最终结论包括在晚二叠世及二叠-三叠纪之交的灭绝分幕,从他文中所列的图(图4.10.7)中就可以看出,他认为导致全球大灭绝的主因("元凶")是二叠纪晚期西伯利亚的基性熔岩大爆发及其对生态系统各个方面的灾难性影响。不过,笔者以为,他的结论在东半球大范围内也许经得起检验,但西半球情况似乎有些不同。我们曾说过(欧阳舒等,2003),西欧古植代的尤其许多煤沼植物的消失(不等于灭绝)在二叠纪之初就发生了,北美可能更早一些,在中国却很晚(可延伸到晚二叠世末,部分甚至到分布范围极小的早三叠世早期的"避难所")。西欧早二叠世红色地层赤底统(Rotliegends)的植物群与石炭纪的是大为不同的,而晚二叠世(苦灰统,Zechstein)与早二叠世有更大区别(以松柏类为主)且被视为中植代的开始,早三叠世班砂统(Buntsandstein)的 *Pleuromeia* 植物群与古生代已迥然不同,所以古生代植物群在西半球(?)或欧美区的灭绝,是近似台阶式的(stepwise)。至于云南卡以头组下部(大羽羊齿 *Lobatannularia* 等几种古生代植物与 *Lundbladispora* – *Aratrisporites* 及植物 *Annalepis* 等中生代成分共存)被方宗杰归入晚二叠世末,我们虽然认为可能属于早三叠世,但把这些中生代色彩分子解析为二叠纪的"先驱"也不是绝对不可能的,故我们在本书中也列入了少量卡以头组的分子。

第五章　关于古生代孢粉植物群几个重要演化事件的讨论

第一节　关于陆生维管束植物起源于早志留世的孢粉证据

关于我国贵州早志留世植物大化石,即黔羽枝 *Pinnatiramosus qianensis* Geng 的发现史、形态特征、古植物学意义及所在凤冈县硐卡拉剖面韩家店组上段地层及共生化石几丁石、腕足类、双壳类化石等,详见有关文献(Cai et al.,1993;李星学等,1995)。不过,这一植物的发现在国际上受到某些作者(Edwards,1990;Edwards et al.,2007)的质疑,认为它实际上是二叠纪植物的根系延伸到下伏志留纪地层的化石,并非真正的志留纪植物。王怿等根据对贵州几个地点相当地层古植物的重新研究,肯定了 Edwards 早先的解释(Wang et al.,2011),但本书不拟讨论。有趣的是,与此植物化石共生的很可能属维管束植物的孢子(Cai,Ouyang,Wang Z. Q. et al.,1995;Wang Y.,Ouyang and Cai,1996;王怿、欧阳舒,1997),并未受到质疑。

硐卡拉剖面产 *Apiculiretusispora spicula* – *Emphanisporites neglectus* 组合,其中含孢子5属12种(类型),如 *Ambitisporites avitus*、*A. dilutus*、*A.* cf. *dilutus*、*Retusotriletes warringtonii*、*R.* cf. *warringtonii*、*R.* cf. *triangulatus*、*R. minor*、*R.* cf. *abundo*、*Apiculiretusispora spicula*、*A. sparsa* sp. nov.、*Leiotriletes* sp. 和 *Punctatisporites* sp.(图 5.1)。

图5.1　硐卡拉剖面早志留世孢子特征属种(所有图片均放大500倍)

1. *Retusotriletes warringtonii* Richardson and Lister, 1969;2. *Ambitisporites avitus* Hoffmeister, 1959;3. *Ambitisporites* cf. *dilutus* (Hoffmeister) Richardson and Lister, 1969;4、5. *Apiculiretusispora spicula* Richardson and Lister, 1969;6. *Apiculiretusispora sparsa* Wang and Ouyang, 1996;7. *Retusotriletes* cf. *triangulatus* (Streel) Streel, 1968。

组合中,具类弓形脊的 *Ambitisporites* 属最多,含量约占整个组合的50%;具真正弓形脊的 *Retusotriletes* 属亦约占40%,而且有具纹饰的 *Apiculiretusispora*,尽管含量不高。根据已有原位孢子资料,可以肯定,这3个属的孢子当产自于维管束植物。

孢子和花粉作为植物的生殖器官,对探讨植物演化上三大起源(即陆生维管植物、裸子植物、被子植物的起源)可以提供重要的证据,故数十年来越来越引起人们的重视,并取得了某些重大进展。

在探讨陆生植物和陆生维管植物起源上,某些高等藻类尤其是高等植物中较低等的胚胎植物,即苔藓类和原始的蕨类格外引起人们的重视,因为它们往往具有某些由水生到陆生的过渡性状,原始的蕨类的地史记录也最早(苔藓类相对较难保存为大化石)。从孢子性状而言,苔藓类有一部分产三缝孢,原始的蕨类几乎都是三缝孢的产生者(有些蕨类植物产单缝孢,部分种子蕨亦产三缝或单缝孢——前花粉,但它们在地史上出现较晚)。判断是否属维管植物当然有其他重要标志(如具管胞的输导束和具气孔的角质层),但三缝孢的初现是植物演化上的一个重要生物学事件,尽管它们究竟属于苔藓类还是维管植物一向是个有争议的问题。正如美国古植物学家 Banks(1975)指出的"我们没有简单的标准来区分苔藓类或维管植物的孢子",所以我们对在兰多维列统发现的三缝孢亦应持谨慎态度。不过,根据 Gray(1985)的回顾,现代苔藓类中,三缝孢与无缝或其他形式孢子相比是很少的(Erdtman,1965;Boros and Jarai-Komludi,1975),因绝大多数苔类和许多藓类,四孢体的分离在孢子形成过程的很早期就发生了。三缝孢主要见于藓类角苔目(Anthocerotales),泥炭藓目(Sphagnales)和某些黑藓目(Andreareales);在苔类中,仅地钱目(Marchantiales)[苔纲(Hepaticae)],丛藓目(Pottiales),葫芦藓目(Funariales)和变齿藓目(Isobryales)产少量三缝孢。在现代苔藓的 900—1000 属中,仅有 25 属具三缝或隐三缝孢。所以 Gray 得出结论:"现代苔藓类中三缝构形并不像现代维管隐花植物中那样典型……古今对比的现实主义模式的可行性表明,三缝孢子代表维管植物的结论基本可靠。"

此外,如果说不是所有的三缝孢都是由维管植物所产生,至少前泥盆纪的具弓脊三缝孢(如 *Ambitisporites*,*Retusotriletes*,*Apiculiretusispora* 等)在现代苔藓类中还未发现可靠的对应物,在化石非维管植物中同样如此。可能的唯一例外是泥盆纪很奇特的植物 *Protosalvania*,有关此属植物的亲缘关系历来争议很多(褐藻或红藻? 苔藓? 真蕨? 具陆生植物特征的一种藻类? 见 Taylor,1988),以往原位孢子研究表明它产生大于 200μm 的孢子(通常为四孢体 tetraspores,tetrahedral 或 tetrad),据说形态与 *Retusotriletes* 相同,但是或被认为是一个与 *Retusotriletes* 并不能真正对比的例外(Gray,1985),或甚至它有无三缝尚未得到证明(Taylor,1988)。相反,具弓脊三缝孢却见于化石维管植物中,如英国志留纪普里道利世—早泥盆世吉丁期的 *Cooksonia pertoni* Lang 产 *Ambitisporites* 和 *Aneurospora*(Fanning et al.,1988)等;*Retusotriletes* 型孢子见于 *Psilophyton dawsonii* Banks,Leclercq and Hueber(1975),*Zosterophyllum* cf. *fertile* Leclercq(Edwards,1969);*Psilophyton* 还产 *Apiculiretusospora* 型孢子(Gensel,1979;Knoll et al.,1984);*Krithodeophyton*(?Barinophytes)也产具弓脊三缝孢,*Sawdonia acanthotheca* Gensel et al. 的原位孢子三射线顶区具增厚,可与 *Retusotriletes* cf. *rotundum*(Streel)Streel 相比较(Allen,1980)。

还可以举出泥盆纪维管植物产此类孢子的其他一些例子(Gensel,1980)。具弓形脊三缝孢在泥盆纪的高度分异和发育与此期维管植物的分异辐射和较大发展的这种平行现象,也表明了此类孢子与维管植物的密切关系。即使对分散三缝孢的植物亲缘关系持最谨慎态度的 Banks(1973)也认为:"虽然一般不能确定这些分散孢子是从什么植物来的,但其中有些是可以与着生的孢子囊内发现的原位孢子比较的,且其相似程度如此之高,不能归之于偶然的原因。"对凤冈 *Pinnatiramosus qianensis* 层位所产的 *Ambitisporites*,*Retusotriletes* 和 *Apiculiretusispora*,Banks 的这种谨慎肯定也是完全适用的。本组合中的单个三缝孢,其大部分极有可能产自维管植物,如果其时代鉴定(Telychian 特列奇期)可靠的话,那就意味着在兰多维列世晚期或者更早时期,已确有陆生维管植物的存在。之所以说可能为"更早时期",是因为本组合的分异度已经较高,那 10 余种孢子似不可能出自某一种植物。

有些古植物学家之所以对志留纪普里道利世以前的分散三缝孢产自维管植物持怀疑态度(Banks,1975),是因为在此之前,维管植物大化石无可靠记载,而志留纪温洛克世—普里道利世(Wenlock—Pridoli)分散三缝孢的分异度又远远超过植物大化石,似乎意味着这些三缝孢相当一部分出自非维管植物。但是,也正如 Banks(1975)指出的,这种大小化石记录的矛盾也可以用孢子容易保存且同一种植物能产生不同"种"甚至"属"的分散孢子来解释的;但同时我们认为也不能排除不同种甚至属的植物大化石有时也会产生相同"属"甚至"种"的孢子;而且现代孢粉的埋葬试验证明,并不是所有孢子或花粉都能保存为化石。因此我们认为大小化石记录的矛盾主要来自保存为化石的潜力不同,而凤冈孢子组合较高的分异度有着一定的客观意义,在一定程度上有助于解释志留纪温洛克世维管植物分异度更大(从微体化石判断)的现象,尽管目前植物大化石所知仍然极少。

我国志留纪的以三缝孢子为主的微体化石组合以往所知极少,除云南曲靖和新疆北部普里道利世地层有较多三缝孢发现以外,侯静鹏(1982)从安徽南陵温洛克统(?)茅山群中发现 2 种三缝孢(*Archaeozonotriletes* sp. ,*Punctatisporites*? sp. 或 *Retusotrileles*? sp.)。高联达 (Gao, 1981)报道了贵州独山兰多维列世—温洛克世翁项组的三缝孢子,包括 *Leiotriletes* sp. ,*Punctatisporites* sp. ,*Retusotrileles* sp. ,*Apiculiretusispora* sp. ,*Ambitisporites* sp. 。Timofeev (1959)曾报道在我国震旦系发现不少的所谓的三缝孢,但这是靠不住的。此外,王怿和李军(Wang Y. and Li J. , 2009)曾发表了苏北盐城某钻孔晚志留世"坟头组"(时代主要据几丁虫)的三缝孢子 11 属 20 种,其中具弓形脊孢子 2 属(*Retusotriletes* ,*Apiculiretusispora*)7 种,含量占整个组合的 37%,其他还有具环孢子(如 *Cymbosporites* ,*Archaeozonotriletes*? ,*Chelinospora*?),周壁三缝孢子 *Perotrilites* ,无环三缝孢子 *Anapiculatisporites* ,*Brochotriletes* ,*Emphanisporites* ,*Amicosporites* ,*Synorisporites* ,它们大多产自维管束植物。

总之,凤冈兰多维列世晚期以弓脊三缝孢为主的组合的发现,不仅在我国填补了空白,从世界范围的维管植物起源研究来看也具有重要意义,虽然不能作为直接证据。

这里还要补充 2011—2012 年之交我们为云南理工大学云南区调队鉴定的一个组合,所送 22 块样品中,仅云南禄春小米角一块样(D3287bf2)发现较多的微体植物化石,当时称为 *Retusotriletes* - *Ambitisporites* - *Filisphaeridium* - *Dactylofusa* 组合,从共生的具刺疑源类(如 *Filisphaeridium*)和虫牙的存在,可以推论此组合当出自海相沉积。此组合的特征是原始维管束植物的三缝孢子(*Retusotriletes* ,*Ambitisporites* ,*Leiotriletes* ,*Punctatisporits* ,*Apiculiretusispora* cf. *sparsa* 等)较多,还有苔藓类孢子 *Sphagnumsporites* ,不少疑源类(*Leiosphaeridia* ,*Trachysphaeridium* ,*Favososphaeridium* ,*Retisphaeridium* ,*Dactylofusa* ,*Filisphaeridium* 等),及少量植物管胞碎片和虫牙化石。

这一组合比我们从贵州凤岗"韩家店组上部"发现的早志留世晚期(特列奇晚期)组合似乎要年轻些,从已知孢子属种看,主要属为具弓形脊孢子[如 *Retusotriletes* ,*Apiculiretusispora* ,*Ambitisporites*(与贵州凤岗韩家店组上部孢粉组合共有)],但本组合三缝孢子较多样;疑源类 *Dactylofusa cabottii* 是中晚奥陶世—志留纪的,分布时代很长;本组合维管束碎片结构原始、简单,但凤岗植物维束有具缘纹孔等复杂结构,是解释其为早志留世植物的巨大障碍:所以我们现在倾向于认为这一组合的时代要比凤岗组合还要年轻些,很可能属中志留世。

第二节 关于我国石炭纪—二叠纪孢粉植物群分区

经国际古植物学家一个多世纪的研究,全球石炭纪中晚期—二叠纪植物地理分区,基本轮廓已经清楚,即欧美区、华夏区、安加拉区、冈瓦纳区。当时中国几个板块与欧美诸板块大致处于相近纬度,属热带—亚热带,故植物群主体接近欧美,但华夏植物群有自己的特色,而且北边有(亚)安加拉区南移,南边受到冈瓦纳植物群的影响,所以说中国是上述几大植物群交汇之地。

我国著名古植物学家(如斯行健,1953;徐仁,1973;Hsü, 1978;Li X. X. and Yao,1979;李星学、姚兆奇,1983;李星学等,1985;李星学等,1995;Li and Shen, 1996)已为石炭纪—二叠纪植物地理区划奠定了良好基础;大致分为 3 个不同的植物区系,即藏南、藏北(假定冈瓦纳与欧亚大陆主缝合线在昆仑山—金沙江一带;黄汲清等,1987)的冈瓦纳或冈瓦纳 - 华夏混合区,新疆北部经甘肃、内蒙古—东北北部的亚安加拉区和这二者之间的欧美区或欧美 - 华夏区。

如图 4.1 所示,二叠纪植物地理分区的划分依据主要是不同区块之间古植物化石面貌的差异(李星学等,1995);在孢粉方面,二叠纪已知孢粉产地约有 80 处,主要分布于华北和新疆。由于受到海相沉积影响,相关地层层段缺失孢粉连续记录,华南、西南地区孢粉产地较少,所以总体上孢粉化石还不足以作为二叠纪植物地理分区的依据,只能对古植物的地理分区做点补充,如塔里木早二叠世植物区系归属与植物大化石方面出入较大。

1. 华夏区

可进一步划分为 3 个亚区,即华北、华南和西南。整体讲,华夏区石炭纪孢粉组合面貌与欧美区相似,虽然仅限于我国的土著分子是存在的,尤其在种的级别上。而到二叠纪,孢粉植物群发生了较大变化,出现了较多的土著分子,特别是出现分异度较高的一些单缝孢子。此区内,通常皆以蕨类(包括部分产三缝或单缝孢子的种子蕨)孢子占优势,先进裸子植物花粉占优势的组合直到早二叠世晚期(华北)或晚二叠世晚期(华南)或接近二叠-三叠纪之交(西南)才出现。许多带欧美石炭纪色彩的属种在华夏区可延续到二叠纪(例如 *Trinidulus diamphidios*, *Tripartites cristatus*)。到晚二叠世晚期,华夏植物群已趋贫乏化,在生态环境特别适宜的个别场所(如成煤沼泽或类似当代的"沙漠绿洲"),古植代色彩的某些植物尚能延续下来。

2. 亚安加拉区

在中国,主要分布于准噶尔-兴安地槽区,以北疆为典型代表,从晚石炭世早期至整个二叠纪,属亚安加拉区,有关组合序列和孢粉植物群区系特征已有过详细讨论。甘肃永昌、肃南的二叠纪孢粉组合表明,这里在早二叠世(山西组、下石盒子组)以欧美、华夏共有属种成分为主(母体植物主要为蕨类、种子蕨类),但在下石盒子组裸子植物得到较大发展,至晚二叠世早期(红泉组或上石盒子组)可能已占主导地位,到晚二叠世晚期(大泉组或石千峰组)为典型的 GSPD 面貌,显示出浓厚的亚安加拉区-华夏区混合色彩,称 *Lueckisporites virkkiae* - *Scutasporites xinjiangensis* - *Protohaploxypinus* spp. 组合(欧阳舒等,1998)。内蒙古-东北北部,二叠纪孢粉,尚无公开发表资料,但黎文本(2009)曾从内蒙古大兴安岭(南北之交)晚二叠世晚期林西组发现裸子植物花粉(双囊无肋和具肋为主)占优势组合,蕨类孢子含量<10%,前者重要种有 *Klausipollenites schaubergeri*, *Scutasporites xinjiangensis*, *Lueckisporites* spp., *Taeniaesporites* spp. 等,似乎兼具华北和亚安加拉特征。我国有些古植物学家认为此区属安加拉区,从广义讲,并不错;然而,孢粉研究业已证明,此区应归入 Meyen 概念上的亚安加拉区,虽然某些安加拉(以西伯利亚为典型)分子,如 *Noeggerathiopsidozonotriletes*(此属主要分布于乌拉尔山以东和中亚哈萨克斯坦及中国北疆),以及 *Cordaitina* 和某些蕨类植物孢子,在北疆石炭系—二叠系的确存在,但我国新疆、内蒙古和东北北部等地的孢粉组合总的面貌与安加拉区(以西伯利亚为典型)还是有较大差别,反而与俄罗斯地台东部特别是西乌拉尔的同期组合极其相似。这些地区晚石炭世早期—二叠纪孢粉组合最显著的特征是,每个组合几乎全都是以裸子植物花粉占优势,特别是双囊和无囊具肋纹花粉(很可能出自盾籽蕨目)的丰度往往相当高,这样的特点是狭义的安加拉区(以西伯利亚为典型)没有的(详见欧阳舒等,2003)。

3. 塔里木盆地

王蕙(1985)研究了塔里木盆地石炭纪—二叠纪孢粉组合之后,我国有关单位专家相继在该区开展了古植物学、孢粉学研究,并建立了石炭纪—二叠纪较为系统、详细的孢粉组合序列(Zhu,1999;Zhu and Zhan,1996)。塔里木与准噶尔两地二叠纪孢粉组合的对比研究表明(Zhu, Ouyang, Zhan et al., 2005),塔里木盆地在早二叠世早期(阿瑟尔期—萨克马尔期)属欧美区,而从欧美区转变成亚安加拉区的大变化发生在中二叠世的开始或更早一些,因为塔里木的克孜里奇曼组与准噶尔的塔什库拉组孢粉组合面貌已颇相似。孢粉证据支持我国有些构造地质学家的假说,即准噶尔板块与哈萨克斯坦-西伯利亚板块的拼接发生在晚海西期(不晚于早石炭世),而塔里木与准噶尔板块的拼接发生在早二叠世(可能早于亚丁斯克期)。图4.1塔里木盆地虚线所示即指从早二叠世亚丁斯克期起即可归入亚安加拉区。不过,最近两年,我们在鉴定塔里木西北柯坪地区某地层样品时,发现一个时代可能是早二叠世的孢粉组合,是以单囊的棋盘粉和其他裸子植物包括 *Florinites*、双囊无肋和有肋花粉等占绝对优势的组合,时代很可能为早二叠世早期(阿瑟尔期—萨克马尔期),这表明塔里木地区当时有不同生态的植物群落存在,一个是潮湿的低地群落,一个是相对较干旱的高地群落。至于后一组合的确切时代及区系性质问题,还有待进一步研究。

4. 冈瓦纳区

据目前已有的古植物和孢粉资料,西藏南部和云南西部很可能属此区。我国古植物学家在藏南曲布的曲布组发现一个早二叠世植物群(徐仁,1973;Hsü,1978;Hsü, Rigby and Duan, 1990;李星学,1983;Li X. X.,1986;Li X. X. and Rigby, 1995),其中含几种 *Glossopteris*。关于此植物组合的组成,尤其曲布组的时代,有些不同见解,徐仁先是定为晚二叠世(相当于 Raniganj 组),其后因 *Glossopteris communis* 的存在,倾向

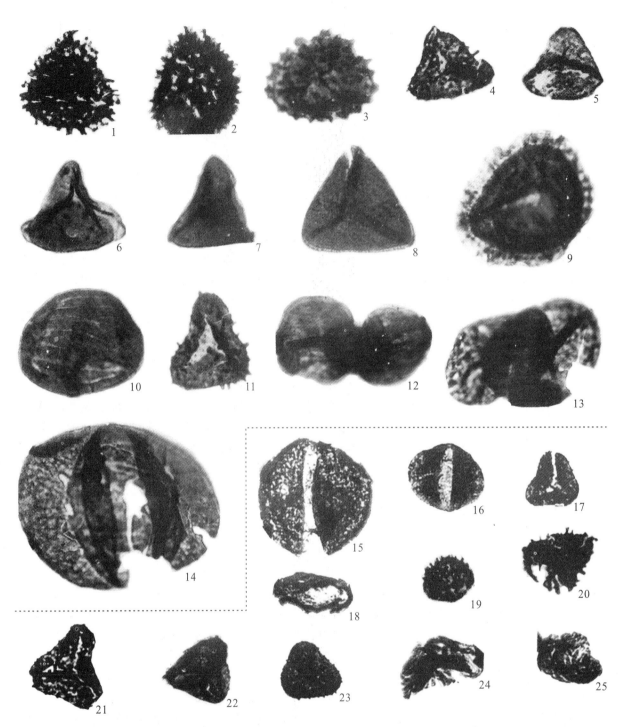

图 5.2　云南西部(1—14)和西藏南部(15—25)二叠纪冈瓦纳特征属种(所有图片放大 500 倍)

1, 2. *Jayantisporites pseudozonatus* Lele and Makada, 1972；3. *Jayantisporites variabilis*（Anderson）comb. Backhouse, 1991；4, 11, 17, 23. *Horriditriletes tereteangulatus*（Balme and Hennelly）comb. Backhouse, 1991；5, 7. *Microbaculispora tentula* Tiwari, 1965；6. *Microbaculispora trisina*（Balme and Hennelly）Anderson, 1977；8. *Pseudoreticulatispora confluens*（Archangelsky and Gamerro）comb. Backhouse, 1991；9. *Indotriradites niger*（Segroves）comb. Backhouse, 1991；10. *Vittatina fasciolata*（Balme and Hennelly）Bharadwaj, 1962；12. *Striatopodocarpites fusus*（Balme and Hennelly）Potonié, 1956；13. *Striatopodocarpites cancellatus*（Balme and Hennelly）Hart, 1963；14. *Protohaploxypinus amplus*（Balme and Hennelly）Hart, 1963；15. *Sulcatisporites maximus*（Hart）Tiwari, 1973；16. *Pteruchipollenites indarraensis*（Segroves）Foster, 1979；18, 24, 25. *Weylandites lucifer*（Bharadwaj and Salujha）Foster, 1975；19. *Apiculatisporis cornutus*（Balme and Hennelly）Høeg and Bose, 1960；20. *Jayantisporites* sp.；21. *Horriditriletes novus* Tiwari, 1965；22. *Indospora* sp.。

于定为早二叠世早期（与Karharbari组对比）；李星学则结合上下地层的动物化石定为早二叠世。然而，从同一地点、地层发现了一个孢粉组合，以蕨类孢子为主，含量占64.2%，花粉占35.8%；但种的分异度相近（各24种，参见图5.2）：其中有*Leiotriletes directus*，*Lacinitriletes minutus*，*Punctatisporites priscus*，*Apiculatisporis*（*Brevitriletes*）*levis*，*A. cornutus*，*Lophotriletes rectus*，*Cyclogranisporites gondwananensis*，*Verrucosisporites pseudoreticulatus*，*Horriditriletes novus*，*H. tereteangulatus*，*Indospora* sp.，*Laevigatosporites colliensis*，*Faunipollenites parvus*，*Protohaploxypinus limpidus*，*Hamiapollenites perisporites*，*Lahirites minutus*，*Striatopodocarpites brevis*，*Vittatina fasciolata*，*Weylandites lucifer*和*Scheuringipollenites maximus*等冈瓦纳色彩成分，组合面貌与Karhabari组（富含*Parasaccites*和*Callumispora*）迥异，却大致可与印度下冈瓦纳系的Barakar组（尤其中下部）以*Scheuringisporites*，*Faunisporites*为代表的组合对比，时代定为早二叠世晚期（晚亚丁斯克期—空谷期）（Hou and Ouyang，1999）。

杨伟平等先后发表系列文章，论述了滇西耿马晚泥盆世—早石炭世的孢粉组合，尤其是腾冲、保山等地二叠纪的冈瓦纳型孢粉组合及其古构造-板块意义；虽然对滇西或滇缅马地块晚古生代沉积建造、古生物的区系性质曾有不同意见和解释（Fang et al.，1990；方宗杰，1991）。在腾冲地体的空树河村和大水沟—桥头剖面发现空树河组的孢粉（Yang and Liu B. P.，1996；Yang，1999），前者是以*Microbaculispora tentula* - *Jayantisporites pseudozonatus*为代表的，即与澳大利亚TP带或*Pseudoreticulatispora confluens*带对比的组合，产孢粉层位在*Pseudoschwagerina*（Sakmarian）带以下一点，故时代被定为早二叠世早期（阿瑟尔期—萨克马尔期）。这个组合还有两点值得注意：一是以蕨类孢子为主，花粉较少，仅有*Cordaitina*，*Protohaploxypinus*，*Vittatina*；二是缺乏冈瓦纳型单囊花粉，与印度早二叠世塔尔契尔冰碛层—卡哈布尔组（Talchir—Karharbari）单囊花粉（*Parasaccites*，*Plicatipollenites*）和孢子（*Callumispora*）占优势情况大为不同，杨伟平（1996）以藏中 - 滇西小板块当时所在位置较冈瓦纳其他板块纬度较低、气候稍温暖作解释。

在腾冲地体的桥头剖面组合（未附图照）中发现了7属蕨类孢子，皆是光面、粒面、瘤面形态属分子，裸子植物花粉则达10属之多，几乎未见冈瓦纳型的特征成分。较引人注目的是作者提到的*Primuspollenites levis* Tiwari［高联达（1984）鉴定的此种已被否定（见本书*Vesicaspora* cf. *gigantea*种下）］，另一种*Weylandites lucifer*，亦为冈瓦纳型的种，但无图照佐证，难作评述。鉴于*Protohaploxypinus samoilovichiae*的出现，原作者认为这一组合比上述TP组合"要年轻得多"，在其表18中列举的代表分子为*Primuspollenites levis*，*Scheuringipollenites maximus*，时代被定为亚丁斯克期。但本书作者仍然有疑问，因组合名单中还列了*Anticapipollis gausos* Gao = *A. elongatus* Zhou，假如鉴定可靠，则不但增添了组合的华夏色彩，且其时代恐怕还要比亚丁斯克期新，因为*Anticapipollis*这个属在华北华南主要具晚二叠世（上石盒子组—石千峰组；龙潭组—长兴组）色彩，仅在轩岗山西组见个别存疑代表。此桥头组合与空树河剖面组合大异，似有重新研究审核的必要。

在保山丁家寨组的组合中，的确出现了一些冈瓦纳色彩的属种，如*Microbaculispora*，*Pseudoreticulatispora*，*Jayantisporites*，*Horriditriletes*，*Indotriradites*等孢子（图5.2）；亦有不少裸子植物花粉，包括双囊或无囊的具肋纹花粉，如*Protohaploxypinus*，*Striatopodocarpites*，*Striatoabieites*，*Vittatina*，*Weylandites lucifer*等。杨伟平将其与东澳大利亚的*Pseudoreticulatispora confluens*带对比，时代比腾冲的TP组合要年轻些，被定为阿瑟尔末期—萨克马尔期。

拿藏南曲布组组合与上述腾冲、保山组合对比，虽然有共同点（如皆有*Horriditriletes tereteangulatus*，*Scheuringipollenites maximus*，*Weylandites lucifer*和一些双囊具肋或不具肋花粉属及*Vittatina*等），但总组合面貌差别很大：一方面缺失腾冲组合中的*Microbaculispora tentula*，*Jayantisporites pseudozonatus*，*Pseudoreticulatispora confluens*等时代偏老的种；另一方面裸子植物花粉分异度要高得多，显然时代要新些。但详细的比较与讨论是不可能的，因为滇西组合属种图照列的很不完整，也无任何正式描述。

上述几个孢粉组合，孢粉保存多不理想，而且多无形态描述，本书仅选择了二叠纪早期一些代表分子列于图5.2（Yang，1999，p.63，fig.7）。

藏南昂仁县贡久布地区敌布错组晚二叠世孢粉组合（杜凤军等，2006）产自近700m厚的剖面，该剖面中

上部产植物化石 *Lepidophylloides* sp. ，*Lepidostrobophyllum*? sp. ，*Pecopteris* sp. ，*Schizoneura*? sp. ，也有产 *Noeggerathiopsis*? sp. ，*Phyllotheca* sp. ，*Plagiozamites*? *oblongifolius* 和 *Sphenopteris* sp. 等的报道，因为该区的其他剖面还有 *Glossopteris* sp. 产出，所以被认为是华夏－冈瓦纳混生植物群。昂仁县贡久布地区敌布错组中有5个层位产孢粉较多，共15属18种(花粉8属10种)，被称为 *Vitreisporites signatus* － *Limitisporites rectus* （SR）组合，时代被定为晚二叠世，有可能属晚二叠世早期。值得注意的是组合中 *Lycospora*，*Protohaploxypinus* 和 *Hamiapollenites* 的存在。遗憾的是该组合并未附孢粉图照，难以确证植物区系特征。

本书对藏南、滇西冈瓦纳孢子花粉的发现和意义不拟多加讨论，因为已知孢粉的时空分布不连续，涉及问题太复杂，除了属种鉴定的一般困难，及目前如何区别冈瓦纳型和亚安加拉型的双囊具肋纹分子的特殊困难外，有些现象超出我们目前的认识能力。例如，即使按杨伟平(1999，图9)引用的二叠纪古地理图看，所谓的藏中-滇西板块或羌塘板块，离华南板块比离澳大利亚板块近得多，冈瓦纳型植物(尤其异孢植物，如花粉)的出现和华夏植物的缺失如何解释? 还有笔者和黎文本2004年曾从东昆仑发现的一个较为典型的冈瓦纳型早二叠世孢粉组合，其中冈瓦纳型单囊花粉占优势(与滇西同期组合大不相同)。又如，与滇东晚二叠世形态差不多的单缝孢子 *Yunnanopollis*，在澳大利亚(冈瓦纳)也有发现。再如，华北二叠系有可靠的 *Indospora* 等;此外，新疆北部有不少分子包括单囊的 *Plicatipollenites*，*Parasaccites* 与冈瓦纳相同，甚至有些出现还早些(欧阳舒等，2003)。用大洋岛链桥、板块碰撞及植物迁移导致的植物混生说、平行演化说或同孢植物依靠风传孢子繁殖说等来解释这些现象，都说不清楚。

第三节　裸子植物花粉优势组合在我国石炭纪—二叠纪出现的时间和空间分布序列及其在植物学、地质学上的意义

古植物学上中植代(Mesophyte)的兴起，是全球陆生植物群大的演化事件之一。然而，尽管中植代和古植代(Paleophyte)这样的概念在古植物学和孢粉学上不失为有用的概念，但在古植物学界，中植代如何正确定义仍然不无争议(Dobruskina，1982，1987)。为了方便，这里不妨把传统意义上及后来略有改进的(Meyen，1987;Traverse，1988)非严格的科学术语中植代定义为先进裸子植物(如松柏类、高等种子蕨类、银杏类、苏铁类等)及其花粉组合占优势的时代。考虑到一些因素(如 Neves 效应)对地层中孢粉的浓度影响及中植代问题本身的复杂性，本节内容的目的仅在于追索古生代某些裸子植物花粉的首现及其优势组合在华夏区、欧美区、亚安加拉区的时间/空间上的分布序列及其在古植物学和地质学方面(如构成中国大陆的诸板块或地体由北向南依次拼合的关系)的意义。

亚安加拉区是 Meyen(1982,1987)提出的概念，关于这个概念的内涵和地理范围的扩充，详见其后有关资料(欧阳舒、王智等，1994;欧阳舒、侯静鹏，1999);本书将欧阳舒、王智等(1994)一文中引用的一幅图转载于此(图5.3)。

从古地理图上可以看出，亚安加拉区大致横跨当时北纬30°南北，沿东西向延伸，从我国新疆北部—哈萨克斯坦一部 —乌拉尔东、西坡 —北欧包括北格陵兰、巴伦支(Barents)海域、斯堪的纳维亚—埃尔斯米尔岛(Ellesmere)(加拿大北极地区)—加拿大育空地区，构成东西向延伸的一个相对狭长的介于北边的安加拉区和南边的华夏区、欧美区之间的区域。尽管与北边的安加拉区、南边的华夏和欧美区有着强弱不同程度的联系，但亚安加拉区无论植物大化石还是孢粉都显示出独有的特色。

北半球孢粉资料表明，裸子植物具囊花粉或前花粉(不包括辐射对称三缝假囊型的分子，如泥盆纪的 *Rhabdosporites*)最晚在早石炭世维宪期已出现，如可能属种子蕨的 *Schulzospora*，有些作者推想，此属为某些高等裸子植物花粉的祖先。Meyen 曾提及，亚安加拉区是某些裸子植物(当然包括花粉)的发源地，他举了几个形态类群的例子，如双囊无肋诸属、单囊属、双囊具肋属及 *Vittatina*，但这些属类的花粉在新疆的初现比他说的还要早，详见《新疆北部石炭纪—二叠纪孢子花粉研究》(欧阳舒等，2003)。这里简述如下:

亚安加拉区最显著的特点是某些裸子植物(包括种子蕨、松柏类)花粉类群数量优势的早发性，在新疆

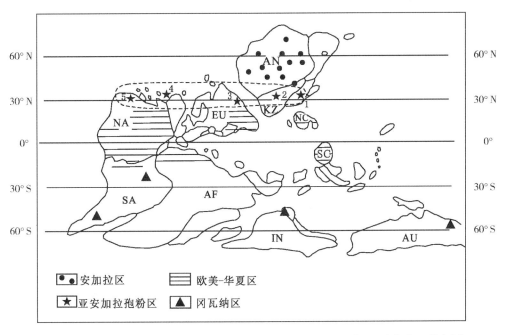

图 5.3　晚石炭世早期(Bashikirian—Moscovian 期或 Moscovian 期)亚安加拉区分布图
(古地理据 Rui L. et al. ,1991,略有改动)

Fig. 5.3　Distribution of GSPD palynofloras in Subangara Province during early Late Carboniferous (Bashkirian and/ or Moscovian)

AF. 非洲,AN. 安加拉,AU. 澳大利亚,EU. 欧洲,IN. 印度,KZ. 哈萨克斯坦,NA. 北美,NC. 华北,SC. 华南,SA . 南美。

1. 新疆北部,2. 哈萨克斯坦中部,3. 乌拉尔东、西坡,4. 加拿大北极群岛埃尔斯米尔岛,5. 加拿大育空地区。

北部的孢粉组合中也很典型。

　　早巴什基尔期(菊石 H + R 带)出现最早的原始 GSPD 组合,即 *Noeggerathiopsidozonotriletes varicus* – *Striatolebachiites junggarensis* 组合,首见于东准噶尔盆地出露的巴塔玛依内山组,除大个体的等松柏类花粉(总含量≤10%)外,出现了种子蕨类大个体的单气囊的多肋花粉 *Striatolebachiites* 和形态较原始的 *Protohaploxypinus*,二者含量可达整个孢粉组合的 20%;但组合中数量占优势(平均 62%)的 *Noeggerathiopsidozonotriletes* (Luber,1955) emend. Ouyang and Wang, 2003 (= *Psilohymena* Hart and Harrison, 1973),可能产自安加拉区的种子蕨(此期植物化石亦以种子蕨"准安加拉羊齿"*Angarpteridium* 为主),果真如此,则这个时期即巴什基尔期(纳缪尔期 H + R 带)已是裸子植物花粉(三者相加 90%以上)开始占优势(GPD)的时代。

　　中、晚巴什基尔期(可能属 R + G 带)3 个地点的井下的"巴塔玛依内山组"孢粉组合中,产更丰富多彩的裸子植物花粉,其中双囊多肋的 *Protohaploxypinus* + *Striatopodocarpites* 平均共达 12%,*Potonieisporites* 达 11%,无肋双囊的 *Pityosporites*, *Platysaccus* 及单缝的 *Limitisporites* 亦少量出现。

　　真正的 GSPD 组合,首次出现于准噶尔盆地的几口井下的车牌子组,据共生动物群及地层区域对比,时代为中、晚巴什基尔期—莫斯科期,称为 *Protohaploxypinus verrucosus* – *Hamiapollenites chepaiziensis* 组合:其分异度很高,达 74 属 178 种;按含量计,裸子植物花粉约占 78%(其中单囊 14%,单囊具肋 1%,双囊具肋 44%,双囊无肋 18%,单沟花粉等 2%),这样的组合被称为裸子植物花粉尤其具肋花粉占优势的组合(assemblages of gymnospermous, especially striate pollen dominance,简称 GSPD 组合)。先进裸子植物花粉包括单、双气囊的 *Potonieisporites*, *Florinites*, *Vesicaspora*, *Pityosporites*, *Platysaccus*, *Klausipollenes*, *Voltziaceaesporites*,*Falcisporites*, *Piceaepollenites*, *Abiespollenites* 及 *Limitisporites*;还有单囊多肋的 *Striatolebachiites*, *Striatomonosaccites*,基本无囊的叉肋粉 *Vittatina*,双囊多肋的 *Illinites*, *Protohaploxypinus*, *Striatoabieites*, *Striatopodocarpites*, *Hamiapollenites* 及双囊少肋花粉 *Chordasporites*, *Lueckisporites*, *Gardenasporites*, *Scutasporites*, *Lunatisporites = Taeniaesporites*。据原位孢子研究,后五属主要产自松柏类,而前述的多肋花粉(即 *Protohaploxypinus* s. l. + *Vittatina*)主要产自种

子蕨(包括北半球的盾籽蕨类和南半球的舌羊齿类)。虽然在形态学及亲缘关系上,这两大类有交叉现象,如南半球三叠纪的一种松柏类(*Rissikia*),据说也产 *Protohaploxypinus* 型花粉,而三叠纪的一种种子蕨 *Pteruchus* 却产四肋粉 *Lunatisporites*。多肋花粉诸属,较之少肋花粉属,总体上似有更长的地质分布史,而少肋花粉尤其二肋粉在欧洲更为常见和丰富。

与上述晚巴什基尔—莫斯科期车牌子组合相近似的典型组合,见于加拿大育空地区的 Ettrain 组(Barss, 1967, 1972; Bamber et al., 1989),加拿大北极地区艾尔斯米尔岛的 Otto Fiord 组(Utting,1985),乌拉尔东、西坡莫斯科期地层(Chuvashov et al., 1979, 1984; Chuvashov and Djupina, 1973; Djupina, 1979),及中央哈萨克斯坦(Chuvashov et al., 1984)和巴伦支海(Barents Sea)莫斯科阶。

通过上述回顾,可以看到华夏区中植代的兴起是一个长期与古植代型的植被的衰落相伴随的过程,表现在 GSPD 在石炭纪—二叠纪随着时间的推进,无论分异度还是含量都逐渐升高,直到在孢粉组合中占优势;与此同时,构成煤沼或低地古植代植物群的主要类别(如乔木石松类、楔叶类、有节类的孢子和古相种子蕨及欧美型科达类的花粉)则呈下降的总趋势。从花粉记录判断,在早石炭世末华北已有松柏类(以 *Potonieisporites* 为代表,通常被认为属于 Walchiaceae 或 Lebachiaceae,见 Clement-Westerhof, 1988; Taylor, 1988),其他松柏类(包括部分二囊无肋和少肋花粉,可能还有本体具单裂的花粉)在晚石炭世早期以后逐渐得到发展;先进种子蕨花粉(包括二囊多肋,*Illinites*,*Vittatina*,部分二囊无肋的 *Falcisporites*,*Alisporites*,*Vitreisporites* 等)在晚二叠世以前从不占重要地位;苏铁类、银杏类花粉(基本为单沟)虽起源很早,可能在晚石炭世早期(Namurian R2 + G 带,如甘肃靖远红土洼组)甚至更早已出现,但它们在组合中含量一直很低(部分原因可能与不易保存有关);构成中植代内容的其他真蕨类[如薄囊蕨亚纲的某些分子(Osmundaceae, Dipteridaceae, Matoniaceae, Dicksoniaceae, Pteridaceae, Polypodiaceae)]在乔木石松类等衰退以后才开始在二叠纪晚期有所发展;草本石松类(*Lundbladispora*, *Aratrisporites* 等)则在早三叠世才得到爆炸性的发展。

与华夏区相比,新疆北部(亚安加拉区)显得很特殊,这里早石炭世以具环孢子为代表的组合(鳞木植物群)出现之后不久,在巴什基尔晚期即突然被先进种子蕨(以盾籽目的花粉为代表)和古松柏类为主的 GSPD 组合所取代。

总之,中国由古植代向中植代的转变,或确切地说,GSPD 或 GPD 组合的首次出现,在北疆发生在晚石炭世早期(Bashkirian 晚期或 Westphalian A 期),在塔里木发生在早二叠世晚期(卡伦达尔组)或更早[早二叠世早期(?)],在华北始于晚二叠世晚期(石千峰组之底或更低一些),在华南比华北稍晚(长兴组内部),在西南大体位于二叠 - 三叠系界线或稍晚,总的趋势是由北向南 GSPD 或 GPD 组合首现的层位越来越高(表 5.1)。

由表 5.1 可看出,从古植代面貌组合(往往以蕨类、古相种子蕨的孢子和前花粉占优势)到 GSPD 或 GPD 组合首现的巨大变革,在整个劳亚大陆(不包括狭义的安加拉区)发生的时间也有由北向南越来越晚的趋势。此类组合最早于巴什基尔晚期—莫斯科期或莫斯科期起始于亚安拉区北部(表 5.1),在早二叠世扩展出现于欧美腹地,中二叠世扩展到西班牙南部(Broutin, 1986),晚二叠世晚期见于华北、华南,二叠 - 三叠纪之交在中国西南部。这一结论与 Balme(1980)提及的此类组合在世界范围的突然兴起大体发生在早二叠世之初,是颇为不同的。这种趋势可能与几个主要因素相关:

A. 随着劳亚大陆在石炭纪—二叠纪继续向北漂移的总趋势,GSPD 或 GPD 组合的某些母体植物(如盾籽目,产 *Protohaploxypinus* - *Vittatina* 型花粉)发生向南的迁移;

B. 劳亚大陆诸板块拼接的时限(Scotese and Mckerrow, 1990; 周志毅、陈丕基,1990;涂光炽,1993)由北向南有递进趋势,例如准噶尔板块(地体)与哈萨克斯坦板块-西伯利亚板块(晚泥盆世—晚石炭世早期),塔里木板块与准噶尔板块(晚石炭世晚期—早二叠世),华北板块与西伯利亚板块(晚二叠世),华南板块与华北板块[晚三叠世或更早(?)];

C. 干旱气候迹象或干旱带由北向南扩张或煤沼植物群的依次消失;

D. 在北半球广大范围内,晚石炭世陆地继续增生和上升,使得总体上二叠纪气候的大陆性增强,比石炭

表5.1 亚安加拉、欧美和华夏区地层对比及GSPD或AGPD组合首现的大致层位（*号所在）

Table 5.1 Broad correlation of Subangaran, Euroamerian and Cathaysian Late Carboniferous and Permo-Triassic stages (the asterisks indicating the approximate horizon of the first appearance of GSPD or AGPD assemblages) (cited from Ouyang et al.,1996)

系	统	中国阶	国际阶	亚安加拉区（新疆北部）	顿涅茨盆地	西欧	美国（西部内陆）	塔里木盆地	华北	华南	中国西南部
三叠系	下三叠统		Olenkian	上仓房沟群		Buntsandstein			和尚沟组	青龙组 * * * * *	卡以头组 * * * *
			Indian						刘家沟组		
二叠系	上二叠统	长兴阶	Changhsingian	下仓房沟群		Zechstein	Ochoan	比尤勒包含孜群	石千峰组	长兴组 * * * * *	宣威组
		吴家坪阶	Dzhulfian	上芨芨槽群						龙潭组	峨眉山组
		茅口阶	Kazanian			Saxonian	Guadalupian	卡伦达尔组 * * * *	石盒子群 * * * *	堰桥组	茅口组
			Kungurian	下芨芨槽群			Leonardian	巴立克立克组		茅口组	栖霞组
	下二叠统	栖霞阶	Chihsian		Slavainskian	—?—			山西组	栖霞组	矿山场组
			Artinskian		Nikitovskian	Autunian * * * * *	Upper Wolfcampian * * * * * * *				
			Sakmarian	六棵树组	*Katamyshkian*		Lower Wolfcampian	康克林组	大原组	船山组	马坪组
		龙吟阶	Asselian		Araucaritan	Stephanian	Missourian				
					Avilovskian						
					Isaevskian						
石炭系	上石炭统	马平阶	Gzhelian		Krasnokutskian	Westphalian D	Desmoinesian		本溪组		
			Kasimovian		Kamenskayan	Westphalian C				黄龙组	
		威宁阶	Moscovian	车排子组 * * * * *	Belayaka-litevskian	Westphalian B	Atokan		羊虎狗组		
					Katalskian	Westphalian A					
			Bashkirian	巴塔玛依内山组		Namurian	Morrowan		红土洼组		

注：国际阶自下而上为：巴什基尔阶、莫斯科阶、卡西莫夫阶、格舍尔阶、阿瑟尔阶、萨克马尔阶、亚丁斯克阶、栖霞阶、孔谷阶、卡赞阶、未尔发阶、长兴阶、印度阶、奥伦尼克阶。

纪干旱,相对海平面而言,地下水位下降,有助于低地旱化,故伴随某些高纬度生存的植物南移的同时,也有些原先生存于较低纬度高地生境的先进裸子植物分子向沉积盆地迁移(Frederiksen,1972)。

上述纬向的由北向南和高差的由高地到低地的两大迁移事件,可以较好地解释 GPD 组合的首现层位(或有时即相当中植代的底界)的递变现象和大植物化石/孢粉地层记录的矛盾。当然,由于气候的波动,某些植物的广泛生态适应性,地质地貌条件(如海域、陆桥)和风向、海洋暖流等的变化,植物的迁移不可能是单向的。上述迁移事件发生的同时还发生过其他方向(甚至由南向北)的迁移(Meyen, 1982, 1987;王自强,1989)。

总之,我国新疆北部早石炭世以乔木石松类为主的低地生态群落,从晚石炭世早期开始已相继被以种子蕨为主的[高地(?)]群落所取代。在华北和华南,石炭纪尤其二叠纪时,至少存在 2 个或 3 个不同的生态体系:一个是煤沼植物群落(以树蕨类如辉木 Psaronius 为主的成煤植物,兼以其他真蕨类,包括石松类、有节类、科达类)或低地群落,以古植代的蕨类(乔木石松类、有节类、部分楔叶类和真蕨类等)、种子蕨类和科达类为主体;另一个是高地群落,以中植代松柏类、先进种子蕨类、苏铁类、银杏类等为主体。在石炭纪高地群落中,中植代成分不多,可能大部为中生—旱生的古植代成分(或植被较稀疏),到二叠纪晚期(上石盒子组—石千峰组,或长兴组)由于煤沼环境的消失和部分古植代植物的绝灭或衰微(如乔木石松类、科达类)而腾出的空白生境,使得由上述两大植物群落的植物迁移事件导致的中植代面貌的植被在我国大范围内繁荣、辐射。所以中植代的兴起,从内因说是由于植物系统演化上的重大变革,就外因讲则是由于生态环境的巨大变化的结果。

与欧美区相比,石炭纪—二叠纪时,我国大部分地区处于温暖、潮湿气候的地质时间要长得多,故华夏植物群的一个显著特征是它的持续性特别长,由于植物尤其孢粉相对较易保存为化石,除许多中植代成分(主要为二囊具肋,Vittatina 和二囊不具肋花粉)越过二叠系顶界以外,不少石炭纪色彩的植物(孢粉)在晚二叠世仍然存在,相当一部分甚至可进入早三叠世最早期的避难场所(如中国西南)。孢粉方面的例子有 Waltzispora,古生代型的 Calamospora 和 Laevigatosporites, Schopfites, Stellisporites, Triquitrites, Tripartites, Lycospora, Densosporites, Crassipora, Rotaspora, Torispora, Thymospora, Cordaitina, Florinites 等。欧阳舒(Ouyang, 1991)根据对新疆北部、华北、浙江、云南 4 个早三叠世孢粉组合的分析,指出除华北早三叠世早期刘家沟组组合过渡性种较少以外,其他 3 个组合中有 35%—50% 的种是从石炭纪—二叠纪延续上来的,显示出强烈的过渡性质。二叠纪末陆生植物似未发生过全球性的大的群体绝灭,如有的作者(王自强,1989)声称的那样,古生代华夏植物群的衰落和消亡是一个渐进的过程(或阶梯性的突变过程),但北方的干旱气候和南方晚二叠世—早三叠世的海侵加速了这个过程。不同类群的植物衰落时限不一,如鳞木类和科达类在华北、华南中植代兴起以前已大为衰落,只有极少孑遗类型尚存于早三叠世最早期,而部分真蕨类、楔叶类、先进种子蕨、苏铁类、银杏类和松柏类则穿越二叠系顶界,后三类植物在早三叠世后甚至得到进一步发展而成为中植代的主要角色。

第四节　华夏孢粉植物群的主要特征、组合序列及某些孢粉属的首现层位

与华夏植物群相对应的华夏孢粉植物群的演进及其与欧美植物群的异同,与安加拉植物群和冈瓦纳植物群的关系及华夏植物群区的起源和成形等问题,已在别处有颇详细的论述(欧阳舒、侯静鹏,1999)。现将其结论部分转载如下:

A. 石炭纪—二叠纪华夏孢粉植物群的主要特征是:①具有许多形态特别的土著分子,除大量种以外,属一级包括无环三缝孢(Strimiantrospora, Benxiesporites, Shanxispora, Kaipingispora),具环三缝孢(Changtingispora, Heteroporispora, Gansusispora, Pachetisporites, Pseudolycospora, Sinulatisporites, Brialatisporites, Balteusispora, Callisporites, Patellisporites),多样的单缝孢(Pectosporites, Speciosoporites, Striolatospora, Perocanoidospora,特别是 Macrotorispora),双囊无肋或具肋的花粉(Anticapipollis, Auroserisporites)等,涉及蕨类(包括真蕨类和石松类)、种子蕨类和松柏类;②蕨类孢子在晚二叠世晚期以前的长时期内居主导地位,仅在个别地区石炭-二叠系之交因

古植代的 *Florinites* 的大量存在,出现了裸子植物花粉占优势的组合,孢子中,除大量三缝孢外,单缝孢 *Laevigatosporites* 含量往往颇高,先进裸子植物花粉的优势组合只在晚期华夏植物群才开始出现,且从华北到华南再到西南其始现层位越来越高;③许多欧美区、华夏区共有的石炭纪色彩的成分延续时间特长,大部分可延伸到晚二叠世早期,少数孑遗分子可到晚二叠世晚期甚至在西南到早三叠世之初,但有些泥炭沼泽的成煤植物,如产孢子 *Lycospora* 的鳞木类等,在欧美区二叠纪之初甚至更早时期已消失,比它们在华夏区的生存历史短得多;④除西南地区外,至晚二叠世晚期,华夏区植物群已趋贫乏化,且大体上以裸子植物花粉占优势,但蕨类孢子分异度仍高于欧美区。

B. 晚石炭世—二叠纪华夏孢粉植物群可划分为晚石炭世、早二叠世、晚二叠世 3 期,即早、中、晚期。早期具环孢子由盛到衰,单缝孢子由少到多;中期单缝孢子和无环三缝孢子特别多样化且含量往往较高;晚期裸子植物花粉开始兴起、繁荣,每期又可各分 A,B 两个亚期,每个亚期包含 1—2 个组合,虽然每个组合都继承了前一组合的某些特征,但也含有一些特殊分子,可作为华夏区组级地层对比的依据。

C. 虽然某些孢粉事件(如 *Torispora securis* 和 *Florinites* 的突然兴起)与欧美区可以对比,但也有一些事件是不一致的(如两囊花粉 *Limitisporites* 和单缝孢子 *Laevigatosporites* 比欧美出现早,而先进裸子植物花粉优势组合始现比欧美晚);此外还有一些华夏区特有的事件。

D. 由于同处赤道低纬度的热带—亚热带环境,华夏区与欧美区关系最为密切,与植物大化石情况相似,许多孢粉属种是共有的;与狭义的安加拉区和冈瓦纳区对照,区别明显,华夏区与欧美区的分异实际上是亚区性质的。二叠纪时,华夏区内的安加拉-亚安加拉分子增多;华夏区与冈瓦纳区的关系是很疏远的。

E. 华夏植物群的渊源最早可追溯到中晚泥盆世,那时华南除与欧美区或其他全球性的共有孢子外,也出现 *Archaeoperisaccus* 和 *Geminospora lemurata*,可能属北欧美区,但已有相当数量的土著植物,包括某些异孢植物,显然经向的重洋远隔和地理隔离对华夏式新的属种出现和植物的平行演化起了重要作用。

由于上述摘录的内容和表5.2,5.3发表于十多年前,涉及其间据我国材料发表的若干新属。在这个过程中,随着人们认识的不断深化,证明了该文中提及的某些属是别的作者此前已建立属的同义名,例如为

表5.2 华北华南石炭纪—二叠纪孢粉组合序列

Table 5.2 **Palynological assemblage succession of Carboniferous—Permian in North and South China**

世	期	区	期	亚期	地层(代表组)和孢粉组合			
					华北		华南	
					代表组	组合	代表组	组合
晚二叠世	Kazanian—Tatarian	华夏孢粉植物群	晚	B	石千峰组	*Lueckisporites virkkiae-Jugasporites schaubergeroides* assembl.	长兴组	*Lueckisporites virkkiae-Klausipollenites schaubergeri* assembl.
				A	上石盒子组	*Macrotorispora gigantea-Patellisporites meishanensis* assembl.	龙潭组	*Macrotorispora gigantea-Patellisporites meishanensis* assembl.
早二叠世	Asselian—Sakmarian-Artinskian—Kungurian		中	B	下石盒子组	*Sinulatisporites shansiensis-Corisaccites quadratoides* assembl.	堰桥组	*Macrotorispora gigantea-Corisaccites quadratoides* assembl.
				A	山西组	*Radiizonates solaris-Gulisporites cochlearius* assembl.	梁山组	*Laevigatosporites vulgaris-Florinites ovalis* assembl.
					太原组上部	*Perocanoidospora clatrata-Thymospora thiessenii* assembl.		
晚石炭世	Namurian—BWestphalian—Stephanian		早	B	太原组	*Laevigatosporites vulgaris-Lycospora granulata* assembl.	马坪组	
				A	本溪组 / 红土洼组	*Reinschospora triangularis-Densosporites reticuloides* assembl. / *Tripartites trilinguis-Crassispora kosankei-Triquitrites bransonii* assembl.	上紫山组	

表5.3　华夏孢粉植物群演进的某些孢粉事件表

Table 5.3　Palynological events through Cathaysian flora

地　层	孢　粉　事　件
石千峰组	双囊具肋和无肋花粉高峰期 GPD
上石盒子组	*Lueckisporites virkkiae* 初现 FA *Macrotorispora* 和 *Anticapipollis* 高峰期 acme
山西组	双囊具肋花粉出现 FA of bisaccate striatiti 具环孢子明显减少 decrease of Zonotrietes
太原组上部	*Florinites* 显著增加 remarkable increase 华夏式单缝孢诸属出现 FA of Cathaysian monoletes
太原组下部	*Sinulatisporites* 和 *Kaipingispora* FA
本溪组或羊虎沟组	*Torispora securis* 高峰期 acme *Shanxispora* 和 *Benxiesporites* 初现 FA
红土洼组	*Laevigatosporites* 和 *Limitisporites* 首次明显增加 Firstly remarkable increase

有脱落梯纹状周壁的单缝孢而建立的 *Perocanoidospora* Ouyang and Lu, 1979 属, 以及此前建立的 *Columinisporites* Peppers, 1964, 实际上都是 *Striatosporites* Bharadwaj, 1954 的晚出同义名[最初描述和素描图, 都表示其外壁梯纹为互相垂直的凹纹(canaliculate)], 所以都是无效而应予以废弃的晚出同义名。现将该文中引用的某些无效属名以及本书认为的无效属名[除个别可能有争议外(如 *Gansusispora*), 似乎可将原亚属名 *Distverrusporis* Krutzsch, 1964 提升为属代替之]一并列于表5.4中。

《国际植物命名法规》(1972, 1976)中对化石植物和孢子花粉命名的有关规定, 欧阳舒等(1978)编译的《化石孢子花粉的分类》及周志炎(2007)介绍的《维也纳法规》(2006)中的有关规定, 尤其是与孢粉命名直接相关的 Jansonius 和 Hills(1976)编写的《化石孢子花粉属卡》的导论和对法规条款的解读, 它们对合格(effectively)发表、有效(validly)发表及合法(legitimately)发表条款规则都给出了相应的解释:合法发表是要求新属种的发表必须符合法规中所有有关条款, 而有关合格发表的条款最少, 仅提及只要出版物能发散到一定范围即算合格发表, 而私人信函、手稿、打字稿(包括胶片或影印版)上的新属种名皆非合格发表, 因而无效。

Jansonius 和 Hills 的这套属卡——内容包括了对许多属的合格、不合格, 有效、无效, 合法、不合法的评价, 以及对某些属征的沿革、修订和取舍建议——尽管不是正式出版的, 仅标明加拿大加尔加里大学地质系专门出版, 却得到了国际孢粉学界的广泛认可。因此, 周和仪(1980)的著作《山东北部晚古生代孢粉组合》, 仅封面上注明"胜利油田地质科学院", 应属合格、有效发表, 其他类推(如国际学术会议上散发的论文)。古生物包括古孢粉学学术命名的法规, 没有像《民法》、《刑法》那样严厉的意义, 所以有些作者在讨论其命名问题时, 回避"非法"这样严厉的字眼(如 Traverse, 1988)。又比如, *Corollina* Malyavkina, 1949, 按 Traverse (1988, p. 226)的意思, 应是有优先权的唯一名字; 而 *Classopollis* Pflug, 1953 应视为其晚出同义名, 可国际上广泛使用的还是 *Classopollis*!

表 5.4　华夏区石炭纪—二叠纪孢粉新属的无效属名及其早出同义名

Table 5.4　Invalid miospore genenra based on materials from the Carboniferous—Permian of the Cathaysian Province and their senior synonyms

无 效 属 名 (Invalid genus)	早出同义名 (Senior synonyms)	备　注 (Remarks)
Batillumisporites Geng, 1987	*Trimontisporites* Urban, 1971	
Concavitrilobates Geng, 1985	*Tripartites* Schemel, 1950	
Costatizonotriletes Geng, 1987	*Gulisporites* Imgrund, 1960	
Shanxispora Gao, 1984 *Benxisporites* Liao, 1987	*Indospora* Bharadwaj, 1962	
Vesicatispora Gao, 1983 *Strumiantrospora* Tang, 1986	*Trinidulus* Felix and Paden, 1964	
Collarisporites Kaiser, 1976	*Patellisporites* Ouyang, 1962	
Gansusispora Gao, 1987	*Stenozonotriletes* (Naumova) Ischenko, 1952	or *Stereisporites* subgen. *Distverrusporis* Krutzsch, 1963
Macropatellisporites Tan and Tao, 2000	*Balteusispora* Ouyang,1964	or *Emphanizonosporites* Schulz, 1968
Pseudoclavisporis Liao, 1987	*Hymenozonotriletes* (Naumova) R. Potonie, 1958	
Glyptispora Gao, 1984	*Pseudolycospora* Ouyang and Lu, 1979	
Lepyrisporites Chen, 1978	*Tholisporites* Butterworth and Williams, 1958	
Dikranotorispora Jiang, 1982	*Macrotorispora* (Chen ex Gao, 1978)	
Pectosporites Imgrund, 1960	*Lycospora*? or *Thymospora*?	
Pericutosporites Imgrund, 1960	*Thymospora* Wils. and Venkat. , 1963	
Tuberculatotorispora Jiang, 1982	*Thymospora* Wils. and Venkat. , 1963	
Perocanoidospora Ouyang and Lu, 1979	*Striatosporites* Bharadwaj, 1954	
Annulisaccus Wang R. , 1987	*Iunctella* Kara-Murza, 1952	
Schansispora Kaiser, 1976	*Vesicaspora* Schemel, 1951	
Galeatispora (Potonié and Kremp, 1954) Imgrund,1960	*Crassispora* Bharadwaj,1957	

主要参考文献

王仁农,王怿,欧阳舒.1994.大别山北麓石炭系研究新进展.地层学杂志,18(1):17—23,1图版.

王从军.1986.安徽北部二叠纪孢子花粉组合特征.淮南矿业学院学报,1:1—15,4图版.

王从军.1990.淮南地区红色岩层中孢粉化石的新发现及其地层意义.淮南矿业学院学报,10(2):8—16.

王永栋.1995.宁夏中卫晚石炭世维斯发期孢粉组合.植物学报,37(12):978—985,2图版.

王永栋,沈光隆.1995a.中国石炭系中间界线孢粉学研究新进展.西北大学学报:自然科学版,25(2):135—139.

王永栋,沈光隆.1995b.宁夏中卫上石炭统羊虎沟组的一个孢粉学事件.微体古生物学报,12(2):199—205.

王成源.2003.新疆巴楚地区的"*Icriodus deformatus*"(牙形刺)与巴楚组和东河塘组的时代.地质论评,49(6):561—566.

王志浩.1991.中国石炭-二叠纪界线地层的牙形刺——兼论石炭-二叠系界线.古生物学报,30(1):6—41,4图版.

王尚彦.2001.论卡以头组.地层学杂志,25(2):129—134.

王怿.1994.滇东南文山古木早泥盆世孢子组合.微体古生物学报,11(3):319—332,2图版.

王怿.1996.湘中锡矿山邵东组和孟公坳组孢子组合——兼论泥盆—石炭系界线.微体古生物学报,13(1):13—42,6图版.

王怿,欧阳舒.1997.贵州凤冈早志留世孢子组合的发现及其古植物学意义.古生物学报,36(2):217—237,1图版.

王俊卿.1997.新疆塔里木盆地胴甲鱼类化石发现的意义.地层学杂志,21(3):224—225.

王蓉.1987.安徽西北部界首晚二叠世晚期孢粉组合.中国油气区地层古生物论文集(一).北京:石油工业出版社:38—57,3图版.

王蕙.1982.宁夏横山堡中晚石炭世孢粉植物群及环境特征//中国科学院兰州地质研究所.石油地质论文.兰州:甘肃人民出版社:235—260,7图版.

王蕙.1984.宁夏横山堡中上石炭统孢粉组合.古生物学报,23(1):91—106,3图版.

王蕙.1985.塔里木盆地棋盘—杜瓦地区早二叠世孢粉组合中的新属种.古生物学报,24(6):663—671,1图版.

王蕙.1989a.塔里木盆地棋盘—杜瓦地区早二叠世孢粉植物群及生态环境.古生物学报,28(3):402—414,2图版.

王蕙.1989b.新疆准噶尔盆地克拉美丽地区滴水泉剖面下石炭统孢粉组合.微体古生物学报,6(3):275—281,1图版.

王德旭,贺勃,张淑玲.1984.祁连山华夏和安加拉混生植物群//国际交流地质学术论文集,1:13—22,2图版.

文子才,卢礼昌.1993.江西全南小幕泥盆—石炭系孢子组合及其地层意义.古生物学报,32(3):303—331,4图版.

方宗杰.1991.滇缅马生物区系及其在古特提斯中的位置.古生物学报,30(4):511—532.

方宗杰.2004.二叠纪—三叠纪之交生物大灭绝的型式、全球生态系统的巨变及其成因//戎嘉余,方宗杰主编.生物大灭绝与复苏——来自华南古生代和三叠纪的证据.合肥:中国科学技术大学出版社:785—928.

方晓思,Steemans P H,Streel M.1993.湘中泥盆-石炭系界线划分的新进展.科学通报,38(3):732—736,1图版.

邓茨兰,何汝昌,郁荣秀.1983.鄂尔多斯盆地北部上古生界孢粉组合初探.石油实验地质,5(1):29—34,2图版.

卢功一,徐鹏彪.1993.海南岛兰洋地区石炭系孢子的发现及其意义.地质论评,39(6):548—556,3图版.

卢礼昌.1980a.关于*Archaeoperisaccus*属在中国云南东部的发现.古生物学报,15(6):500—505,1图版.

卢礼昌.1980b.云南沾益龙华山泥盆纪小孢子及其地层意义.中国科学院南京地质古生物研究所集刊,14:1—45,11图版.

卢礼昌.1981.四川渡口大麦地一带晚泥盆世的孢粉组合.中国科学院南京地质古生物研究所丛刊,第3号:91—130,10图版.

卢礼昌.1987.湖北宜昌黄花场大湾组一些疑源类.微体古生物学报,4(1):87—102,3图版.

卢礼昌.1988.云南沾益史家坡中泥盆统海口组微体植物群.中国科学院南京地质古生物研究所集刊,24:109—222,34图版.

卢礼昌.1994a.江苏南京龙潭地区五通群孢子组合及其地质时代.微体古生物学报,11(2):153—199,6图版.

卢礼昌.1994b.关于我国"*Retispora lepidophyta*"的再研究.微体古生物学报,11(4):469—478,2图版.

卢礼昌.1995.湖南界岭邵东组小孢子及其地质时代.古生物学报,34(1):40—52,4图版.

卢礼昌.1997a.湖南界岭邵东组微体植物群.古生物学报,36(2):187—216,4图版.

卢礼昌.1997b.新疆准噶尔盆地呼吉尔斯特组孢子组合.微体古生物学报,14(3):295—314,4图版.

卢礼昌.1999.新疆和布克赛尔黑山头组孢子组合兼论泥盆纪-石炭纪过渡层//中国科学院南京地质古生物研究所著.新疆北部古生代化石.南京:南京大学出版社:1—141,36图版.

卢礼昌,欧阳舒.1976.云南曲靖翠峰山下泥盆统徐家冲组孢子组合.古生物学报,15(1):21—38,3图版.

卢礼昌,欧阳舒.1978.云南沾益龙华山泥盆纪大孢子.古生物学报,17(1):69—79,3图版.

曲立范.1980.三叠纪孢子花粉//中国地质科学院地质研究所编著.陕甘宁盆地中生代地层古生物(一).北京:地质出版社:115—143,图版61—79.

朱怀诚.1993a.山西柳林石炭—二叠系孢粉的发现——兼论碳化花粉的研究.古生物学报,32(1):115—122,2图版.

朱怀诚.1993b.孢粉植物群//李星学,等.北祁连山东段纳缪尔期地层和生物群.济南:山东科学技术出版社:142—310,图版50—89.

朱怀诚.1996a.孢粉//孔宪祯,许德龙,李润兰,等.山西晚古生代含煤地层和古生物群.太原:山西科学技术出版社:255—267,6图版.

朱怀诚.1996b.塔里木盆地西南缘晚泥盆世孢子的发现及其意义.地层学杂志,20(4):252—256,1图版.

朱怀诚.1997a.塔里木西南早三叠世早期孢粉组合及二叠系－三叠系界线研究.科学通报,42(3):301—303.

朱怀诚.1997b.塔里木盆地二叠纪孢粉及生物地层.古生物学报,36(增刊):38—64,4图版.

朱怀诚.1997c.塔里木盆地二叠纪孢粉植物群区系性质及塔里木地块演化探讨.微体古生物学报,14(3):315—320.

朱怀诚.1997d.塔里木盆地南部早二叠世孢粉组合及植物区系.新疆石油地质,18(2):142—146,1图版.

朱怀诚.1997e.新疆皮山杜普司格拉组晚二叠世孢粉的发现.地层学杂志,21(3):219—223,1图版.

朱怀诚.1998.塔里木盆地草2井东河砂岩段孢子组合的时代.微体古生物学报,15(4):395—403,2图版.

朱怀诚.1999a.塔里木盆地北部东河塘组孢子化石.古生物学报,38(3):327—345,2图版.

朱怀诚.1999b.新疆南部莎车奇自拉夫组晚泥盆世孢子组合及孢粉相研究.古生物学报,38(1):56—85,4图版.

朱怀诚.2000.塔里木盆地北部晚泥盆世孢子研究.古生物学报,39(2):159—176,5图版.

朱怀诚.2001.中国石炭系孢粉组合带序列.微体古生物学报,18(1):48—54.

朱怀诚,王启飞.2000.甘肃靖远石炭系纳缪尔阶高分辨率生物地层研究.地层学杂志,24(1):36—48.

朱怀诚,李军.1998.塔里木盆地西南缘晚泥盆世疑源类.微体古生物学报,15(3):36—248,2图版.

朱怀诚,张师本,罗辉,等.2000.塔里木盆地泥盆系－石炭系界线研究新进展.地层学杂志,24(增刊):370—372.

朱怀诚,欧阳舒.2005.孢子花粉与植物大化石:地质记录的差异及其古植物学意义.古生物学报,44(2):161—174.

朱怀诚,欧阳舒,高峰,等.2002.天津张桂庄晚二叠世孢粉植物群.古生物学报,41(1):53—71,2图版.

朱怀诚,赵治信.1998.塔里木盆地东河塘组的时代:兼论泥盆-石炭系界线//北京大学地质系编.北京大学国际地质科学学术研讨会论文集.北京:地震出版社:396—408.

朱怀诚,赵治信.1999.塔里木盆地泥盆—石炭系孢粉研究新进展.新疆石油地质,20(3):248—251.

朱怀诚,赵治信,刘静江.1999.塔里木盆地泥盆系—石炭系界线研究.地质论评,45(2):125—128.

朱怀诚,赵治信,刘静江,等.1998.塔里木盆地早石炭世早期孢子的发现及其地层意义.地层学杂志,22(4):295—298.

朱怀诚,高琴琴,王启飞,等.2000.新疆南部巴楚组晚泥盆世孢子的发现及其地层意义//中国地质学会编."九五"全国地质科技重要成果论文集.北京:地质出版社:5—87.

朱怀诚,詹家祯.1996.塔里木盆地覆盖区泥盆—石炭系孢粉组合及生物地层.古生物学报,35(增刊):139—161,3图版.

刘发.1987.辽宁本溪地区本溪组下部腕足类化石的发现及其意义.长春地质学院学报,2:121—130.

刘兆生.1996.新疆皮山县杜瓦地区早三叠世乌尊萨依组孢粉组合.古生物学报,35:37—59,6图版.

刘陆军,王军,赵修祜.2000.非海相二叠系//中国科学院南京地质古生物研究所编著.中国地层研究二十年.合肥:中国科学技术大学出版社:213—226.

刘锋,朱怀诚,欧阳舒.2007.山西保德晚石炭世至早二叠世重要孢粉属种丰度的变化及其反映的古生态变迁.微体古生物学报,24(4):393—406,2图版.

米家榕,孙克勤,金建华.1990.辽宁本溪早石炭世植物化石.长春地质学院学报,4:361—368.

许汉奎,蔡重阳,廖卫华,等.1990.西准噶尔上泥盆统洪古勒楞组及泥盆－石炭系界线.地层学杂志,14(4):292—301.

杜凤军,卢书炜,高联达,等.2006.藏南昂仁县贡久布地区晚二叠世孢粉组合的特征及其意义.地质通报,25(1—2):165—172.

杜宝安.1986.甘肃平凉山西组孢子花粉组合及其时代.古生物学报,25(3):284—295,3图版.

杜慧英,王家德.1994.河南省山西组孢粉组合特征及环境意义.河南地质,12(3):198—203.

李克.1987.山西轩岗矿区早二叠世山西组孢子花粉组合.地层学杂志,11(3):224—229.

李克.1995.辽东半岛中、晚石炭世的一些银杏类苏铁类花粉化石.山西矿业学院学报,13(1):12—17.

李克.1997.山西洪涛山地区早二叠世山西组孢子花粉组合.微体古生物学报,14(2):225—231,1图版.

李星学.1963.中国晚古生代陆相地层.北京:科学出版社:1—168.

李星学.1995.论华夏植物群//李星学主编.中国地质时期植物群.广州:广东科技出版社:190—197.

李星学,吴秀元,沈光隆,等.1993.北祁连山东段纳缪尔期地层和生物群.济南:山东科学技术出版社:1—482,110图版.

李星学,蔡重阳,欧阳舒.1984.长江下游五通组研究的新进展.中国地质科学院院报,9:119—136,1图版.

李星学,周志炎,郭双兴.1981.植物界的发展和演化.北京:科学出版社:1—184.

杨伟平.1998.冈瓦纳二叠纪最早期孢粉事件及其古气候意义.科学通报,43(18):1997—2000.

杨学英.1994.河北唐山南部早二叠世孢粉组合及油气性.石油实验地质,16(3):308—312.

杨晓清 . 2003. 苏北滨海地区早石炭世孢子的发现 . 微体古生物学报,3:270—275,2 图版 .

杨基端,等 . 1984. 中国北方陆相晚二叠世—早三叠世地层及古生物群 . 27 届国际地质大会国际交流地质论文集,1:87—96.

吴秀元 . 1992. 河南固始早石炭世杨山组植物群 . 古生物学报,31:564—584.

吴秀元,朱怀诚 . 2000. 非海相石炭系//中国科学院南京地质古生物研究所编著 . 中国地层研究二十年 . 合肥:中国科学技术大学出版社:
165—188.

吴秀元,赵修祜 . 1982. 中国石炭纪陆相地层的划分和对比//中国科学院南京地质古生物研究所 . 中国各纪地层对比表及说明书 . 北京:科学
出版社:137—147.

吴建庄 . 1995. 河南周口坳陷二叠纪孢粉//中国石油天然气总公司河南石油勘探局石油勘探开发研究院,地质矿产部华北石油地质局地质研
究大队 . 河南周口和南阳地区地层古生物 . 北京:地质出版社:324—356,图版 49—56.

吴建庄,王从风 . 1987. 河北中部平原石炭—二叠纪孢粉组合//石油地层古生物会议论文集 . 北京:地质出版社:179—191,图版 1—2.

吴绍祖 . 1993a. 塔里木北缘晚二叠世外区植物入侵事件 . 新疆地质,11(2):140—146.

吴绍祖 . 1993b. 新疆石炭—二叠纪植物地理区的形成与演变 . 新疆地质,11(1):13—22.

吴望始,赵嘉明,姜水根 . 1981. 华南地区邵东组的珊瑚化石及其地质时代 . 古生物学报,20(1):1—14.

何圣策,欧阳舒 . 1993. 浙江富阳西湖组泥盆 - 石炭系过渡层孢子组合 . 古生物学报,32(1):31—48,4 图版 .

汪世兰 . 1991. 塔北下二叠统开派兹雷克组孢粉组合//贾润胥编 . 中国塔里木盆地北部油气地质研究(第一辑). 武汉:中国地质大学出版社:
94—99,1 图版 .

宋之琛,尚玉珂,等编著 . 2000. 中国孢粉化石(第二卷):中生代孢粉化石 . 北京:科学出版社:710,167 图版 .

宋之琛,等编著 . 1999. 中国孢粉化石(第一卷):晚白垩世和第三纪孢粉 . 北京:科学出版社:1—910,207 图版 .

张义杰,程显胜 . 1993. 东准噶尔克拉美丽地区晚石炭世孢粉组合序列 . 新疆石油地质,14(4):17—25.

张统军 . 1992. 孢子花粉组合//程保洲主编 . 山西晚古生代沉积环境与聚煤规律 . 太原:山西科学技术出版社:43—50.

张桂芸 . 1987. 贵州水城汪家寨煤矿一号煤层花粉组合 . 中国矿业学院学报,1:73—85,3 图版 .

张遴信 . 2000. 石炭系//中国科学院南京地质古生物研究所著 . 中国地层研究二十年 . 合肥:中国科学技术大学出版社:129—165.

陈永祥,欧阳舒 . 1987. 江苏句容擂鼓台组上部大孢子的发现及其地层意义 . 古生物学报,24(3):267—274,2 图版 .

陈永祥,欧阳舒 . 1989. 江苏句容泥盆—石炭纪大孢子的补充研究 . 古生物学报,26(4):435—448,4 图版 .

陈旭,阮亦萍,布科 A J. 2001. 中国古生代气候演变 . 北京:科学出版社:80—83.

郁秀荣 . 1983. 内蒙古白彦套海地区中石炭世孢粉组合 . 石油实验地质,5(2):108—115,1 图版 .

欧阳舒 . 1962. 浙江长兴龙潭组孢子花粉组合 . 古生物学报,10(1):76—119,11 图版 .

欧阳舒 . 1964. 山西河曲下石盒子组孢子花粉的初步研究 . 古生物学报,12(3):486—519,8 图版 .

欧阳舒 . 1965. 古生代孢粉组合//宋之琛主编 . 孢子花粉分析 . 北京:科学出版社:174—196,4 图版 .

欧阳舒 . 1984. 黑龙江密山泥盆纪黑台组的微体化石 . 古生物学报,23(1):69—84,3 图版 .

欧阳舒 . 1986. 云南富源晚二叠世—早三叠世孢子花粉组合 . 中国古生物志(总号第 169 册,新甲种),1:1—122,15 图版 .

欧阳舒 . 1995. 从孢粉学角度论中国古植代向中植代的转变//李星学主编 . 中国地质时期植物群 . 广州:广东科技出版社:212—220.

欧阳舒 . 2000. 江苏晚古生代孢粉组合序列 . 地层学杂志,24(3):230—235.

欧阳舒,王仁农 . 1983. 平顶山砂岩的时代归属及其沉积环境 . 煤炭资源地质勘探,1:3—23,2 图版 .

欧阳舒,王仁农 . 1985. 豫皖地区平顶山砂岩段地质时代的探讨 . 石油实验地质,7(2):13—24.

欧阳舒,王智,詹家桢,等 . 1993. 新疆北部石炭纪—二叠纪孢粉组合的植物区系性质初步探讨 . 微体古生物学报,10(3):237—255,4 图版 .

欧阳舒,王智,詹家桢,周宇星 . 2003. 新疆北部石炭纪—二叠纪孢子花粉研究 . 合肥:中国科学技术大学出版社:1—700,107 图版 .

欧阳舒,朱怀诚 . 2007. "二叠纪末真菌事件"质疑——兼论二叠—三叠纪过渡孢粉植物群 . 古生物学报,46(4):394—410,1 图版 .

欧阳舒,朱怀诚,王蕙 . 1998. 甘肃永昌、肃南二叠纪孢粉植物群的发现及其区系性质的讨论 . 科学通报,43(11):1202—1205.

欧阳舒,朱怀诚,高峰 . 2003. 内蒙古准格尔旗早二叠世早期煤层孢子花粉——古生态个案分析 . 古生物学报,42(3):428—441.

欧阳舒,李再平 . 1980. 云南富源卡以头层微体植物群及其地层和古植物学意义//中国科学院南京地质古生物研究所著 . 黔西滇东晚二叠世
含煤地层和古生物群 . 北京:科学出版社:123—194,7 图版 .

欧阳舒,李再平 . 1981. 海南石碌矿区石碌群化石孢粉的新发现及其地质时代的讨论 . 古生物学报,20(2):95—106,1 图版 .

欧阳舒,宋之琛 . 1965. 化石孢粉的分类与命名//宋之琛主编 . 孢子花粉分析 . 北京:科学出版社,155—173.

欧阳舒,陈永祥 . 1987a. 江苏中部宝应地区晚泥盆世—早石炭世孢子组合 . 微体古生物学报,4(2):195—214,4 图版 .

欧阳舒,陈永祥 . 1987b. 江苏句容泥盆纪—石炭系孢子组合并讨论五通群的时代问题 . 中国科学院南京地质古生物研究所集刊,23:1—92,
19 图版 .

欧阳舒,周宇星,王智,詹家桢 . 1994. 论新疆北部晚石炭世早期(Bashikirian—Moscovian)具肋花粉优势(GSPD)组合的发现. 古生物学报,
33(1):24—47,3 图版 .

欧阳舒,侯静鹏 . 1999. 论华夏孢粉植物群特征 . 古生物学报,38(3):261—290,4 图版 .

欧阳舒,侯静鹏.1999.根据孢粉讨论华夏与安加拉两个植物群的关系.微体古生物学报,16(4):351—368.

欧阳舒,黎文本.1983.孢子花粉的形态多样性及其在化石属种鉴定上的意义.中国科学院南京地质古生物研究所丛刊,6:27—39,2图版.

金玉玕,尚庆华.2000.第九章:二叠系//中国科学院南京地质古生物研究所编著.中国地层研究二十年(1979—1999).合肥:中国科学技术
　　大学出版社:189—212.

周志炎.1997.历史生物地理学概念上的一次革新——读"隔离分化生物地理学译文集".古生物学报,36(1):132—134.

周志炎.2007.我国古植物学命名中若干值得注意的问题.古生物学报,46(4):387—393.

周和仪.1980.山东北部晚古生代孢粉组合.胜利油田地质科学研究院,69,30图版.

周和仪.1982.山东北部二叠纪孢粉.中国孢粉学会第一届学术会议论文集.北京:科学出版社:141—151,2图版.

周和仪.1987.山东北部晚古生代孢粉组合.中国油气区地层古生物论文集(一).北京:石油工业出版社:1—17,4图版.

波托尼.化石孢子花粉的分类.欧阳舒,宋之琛译,1978.南京:中国科学院南京地质古生物研究所:245,36图版.

赵修祜,吴秀元,陈其奭.1986.浙西石炭纪植物群.中国科学院南京地质古生物研究所集刊,22:1—70,15图版.

胡俊卿,毛国兴.1997.华北盆地南部晚古生代孢粉组合及上二叠统下限.河南石油,11(3):5—7.

侯静鹏.1982.湘中锡矿山地区泥盆-石炭系过渡层的孢子组合.中国地质科学院地质矿产研究所所刊,5:81—92,2图版.

侯静鹏.1990.新疆和田杜瓦地区晚二叠世孢粉组合.新疆地质,8(1):47—55,3图版.

侯静鹏,王智.1986.晚二叠世孢子花粉//中国地质科学院地质研究所,新疆地矿局地质研究所编.新疆吉木萨尔大龙口二叠三叠纪地层及古
　　生物群.北京:地质出版社:70—110,图版21—30.

侯静鹏,王智.1990.新疆北部二叠纪孢粉组合//中国地质科学院地质研究所,新疆石油管理局勘探开发研究院编.新疆北部二叠纪—第三纪
　　地层及孢粉组合.北京:中国环境科学出版社:12—36,图版1—8.

侯静鹏,宋平.1995.浙江长兴煤山早二叠世晚期—晚二叠世早期的孢粉组合.地层古生物论文集,25:168—183,图版19—23.

侯静鹏,欧阳舒.2000.山西柳林孙家沟组孢粉植物群.古生物学报,39(3):356—368,3图版.

侯鸿飞,高联达,季强.1985.国际泥盆-石炭系界线研究介绍.地质评论,31(1):87—92.

姚兆奇,徐均涛,郑灼官,等.1980.黔西滇东晚二叠世生物地层和二叠系与三叠系的界线问题//中国科学院南京地质古生物研究所著.黔西
　　滇东晚二叠世含煤地层和古生物群.北京:科学出版社:1—69.

姚峻岳,吕玉文.1992.淮北煤田QS井田二叠纪孢子花粉煤层对比研究.中国矿业大学学报,21(1):84—90,2图版.

秦典燮,胡肇荣.1989.黔东南苦李井、鱼硐同一带早二叠世孢粉组合.贵州地质,6(1):30—40.

徐仁,高联达.1991.云南东部中泥盆世和晚泥盆世早期孢子带及其地层意义.植物学报,33(4):304—313,2图版.

耿国仓.1985a.鄂尔多斯盆地晚石炭世孢粉组合.植物学报,27(2):208—215,1图版.

耿国仓.1985b.陕甘宁盆地西部中石炭世晚期孢粉组合.植物学报,27(6):652—660,2图版.

耿国仓.1987.鄂尔多斯南部早二叠世微古植物群.中国油气区地层古生物论文集(一).北京:石油工业出版社:18—37,3图版.

贾高隆.1994.内蒙古准格尔旗煤田六煤孢粉组合时代划分及区内外对比.中国煤田地质,6(3):21—24.

高联达.1978.广西六景早泥盆世那高岭阶孢子和疑源类.华南泥盆系会议论文集.北京:地质出版社.

高联达.1980.甘肃靖远下石炭统前黑山组孢子组合和它的时代.中国地质科学院院报地质研究所分刊,1(1):49—69,5图版.

高联达.1983a.西藏聂拉木晚泥盆世孢子的发现及其地层意义.青藏高原地质论文集.北京:地质出版社,8:183—218,8图版.

高联达.1983b.泥盆纪和石炭纪孢子//成都地质矿产研究所编.西南地区古生物图册.北京:地质出版社:481—520,图版106—116.

高联达.1984.云南曲靖下泥盆统桂家屯组孢子和疑源类.中国地质科学院地质研究所所刊(第9号):125—132,2图版.

高联达.1985.贵州睦化泥盆—石炭系化石孢子//侯鸿飞,等.贵州睦化泥盆—石炭纪界线.北京:地质出版社:50—85,图版3—10.

高联达.1986.贵州东南部晚泥盆世至早石炭世孢子带和泥盆—石炭系界线.贵州地质,8(1):59—69.

高联达.1987.甘肃靖远石炭纪纳缪尔阶孢子带和石炭纪内部界线.中国地质科学院地质研究所所刊,16:193—226,图版1—12.

高联达.1988a.甘肃靖远下石炭统臭牛沟组孢子带.地层古生物论文集,22:181—212,图版1—7.

高联达.1988b.西藏聂拉木晚泥盆世至早石炭世孢子带及泥盆—石炭系界线.西藏古生物论文集.北京:地质出版社:181—214,8图版.

高联达.1989a.*Archaeoperisaccus*属的地质历程和地理分布.微体古生物学报,6(2):197—203,1图版.

高联达.1989b.湘西北和鄂西云台观组孢子组合及其地层意义.湖南地质,8(1):1—12,2图版.

高联达.1990a.甘肃漳县王家店组孢子组合及其时代.甘肃地质,11:1—12,1图版.

高联达.1990b.湖南泥盆—石炭系过渡层孢子组合及其地层意义.地质论评,36(1):58—68,2图版.

高联达.1991a.长江下游地区晚泥盆世至早石炭世孢粉地层学的新进展.中国地质,8:28—29.

高联达.1991b.河南信阳群南湾组化石孢子的发现及其地质意义.中国地质科学院院报,24:85—95,2图版.

高联达.1991c.贵州东南部晚泥盆世至早石炭世孢子带和泥盆—石炭系界线.贵州地质,8(1):59—71,2图版.

高联达.1992.鄂西和湘西北泥盆系与石炭系界线层的孢粉地层学.中国地质科学院地质研究所所刊,23:171—188,图版1—4.

高联达.1993.西准噶尔晚志留世、早泥盆世孢子和疑源类.新疆地质,11(3):194—203,2图版.

高联达.1994a.甘肃靖远上石炭统羊虎沟组孢粉组合.地层古生物论文集,24:107—126,4图版.

高联达.1994b.宁夏石炭纪、早二叠世孢子带和石炭—二叠系界线.甘肃地质学报,3(1):11—26,4图版.

高联达.1996a.云南施甸晚志留世—早泥盆世孢子和疑源类.地球学报:中国地质科学院院报,17(1):105—114.

高联达.1996b.内蒙古东乌拉珠穆沁旗西山巴润特花组孢型化石及时代.华北地质矿产杂志,11(1):31—47.

高联达.1997.山西早二叠世微古植物群基本特征.华北地质矿产杂志,12(2):103—113.

高联达.1998a.中国早石炭世小孢子和微古植物地理区.甘肃地质学报,7(1):48—58.

高联达.1998b.滇西亲冈瓦纳微古植物群的发现及其地质意义.地球学报,7(1):105—112,2图版.

高联达.2008.山西晚二叠世微古植物-孢子花粉组合基本特征.地球学报,29(1):18—30,4图版.

高联达,王素娟.1984.石炭纪、二叠纪孢子花粉//天津地质矿产研究所主编.华北古生物图册(三):微体古生物分册.北京:地质出版社:313—440,图版133—164.

高联达,王根贤.1990.湘南下泥盆统源口组孢子组合及其地层意义.湖南地质,11(3):1—9,1图版.

高联达,叶晓荣.1987.微体古植物//地质矿产部西安地质矿产研究所,中国科学院南京地质古生物研究所.西秦岭碌曲、迭部地区晚志留世至泥盆纪地层与古生物(下册).南京:南京大学出版社:379—450,图版169—185.

高联达,何卓生,王蕙,等.1991.塔里木盆地北部早石炭世孢子的发现及其意义.中国地质,12:27—28.

高联达,何卓生,董凯琳.1996.塔里木盆地北部草2井早石炭世晚期孢子的发现及其地层意义.中国区域地质,3:269—271.

高联达,沈志达,秦典燮.1989.贵州凯里地区早二叠世早期孢子花粉的发现及其地层意义.贵州地质,6(2):1—13,2图版.

高联达,范国清.1995.辽东地区早石炭世晚期孢子花粉的发现及其地层意义.中国区域地质,3:268—271.

高联达,钟国芳.1985.三峡地区晚泥盆—早石炭世孢子.长江三峡地区生物地层学(3):晚古生代.北京:地质出版社.

高联达,侯静鹏.1975.贵州独山都匀早、中泥盆世孢子组合特征及其地层意义.地层古生物论文集,1:170—232,13图版.

高联达,侯静鹏.1978.华南陆相泥盆系//华南陆相泥盆系会议论文集.北京:地质出版社.

高联达,冀六祥.1991.青海石炭纪孢子花粉及其地层意义.青海地质,1(1):1—6,2图版.

唐善元.1986.湘中下石炭统测水组的孢粉组合.地层古生物论文集,16:193—206,2图版.

唐锦绣.1994.华北石炭、二叠纪孢粉生物地层序列和石炭、二叠系界线.中国煤田地质,6(4):7—15.

唐锦绣.1997.孢粉生物地层//尚冠雄主编.华北晚古生代煤地质学研究.太原:山西科学出版社:67—75,图版19—22.

黄信裕.1982.福建长汀陂角梓山组孢粉组合//中国孢粉学会第一届学术会议论文选集.北京:科学出版社:151—158,2图版.

阎存风,袁剑英,吉利民,等.1995.新疆准噶尔盆地下石炭统滴水泉组孢粉组合.地层学杂志,19(2):104—109,2图版.

谌建国.1978.二叠纪孢子花粉//湖北地质科学研究所,等编著.中南地区古生物图册(四):微体化石部分.北京:地质出版社:393—439,图版116—126.

斯行健.1953.中国古生代植物图鉴.北京:科学出版社:102—137,80图版.

蒋全美,胡济民.1982.古生代孢子花粉//湖南省地质局编著.湖南古生物图册:地矿部地质专报(二):地层古生物(第1号).北京:地质出版社:595—635,图版395—419.

蒋全美,胡济民.1984.湘中、湘南早石炭世孢粉组合及其地质意义.湖南地质,3(2):41—44.

斐放,张元国.1995.河南北秦岭晚古生代孢子化石的发现及其地质意义.中国区域地质,2:112—117.

喻建新,黄其胜,Broutin J,等.2008.黔西滇东早三叠世早期Annalepis(脊囊属)的出现及其地层意义.古生物学报,47(3):292—300,1图版.

詹家桢,王智,林树磐,等.1992.准噶尔盆地西北缘井下中石炭统海相动物群和共生孢粉组合的发现及其重要意义//新疆石油管理局,中国科学院资源环境管理局.准噶尔盆地油气地质综合研究.兰州:甘肃科技出版社:42—50,2图版.

新疆维吾尔自治区区域地层表编写组.1981.西北地区区域地层表:新疆维吾尔自治区分册.北京:地质出版社:16—20.

蔡重阳.2000.非海相泥盆系//中国科学院南京地质古生物研究所编著.中国地层研究二十年.合肥:中国科学技术大学出版社:95—128.

蔡重阳,卢礼昌,吴秀元,等.1988.下扬子准地台江苏地区泥盆纪生物地层//江苏石油勘探局地质研究院,中国科学院南京地质古生物研究所.江苏地区下扬子准地台震旦纪—三叠纪生物地层.南京:南京大学出版社:169—217,7图版.

廖克光.1987a.山西北部石炭二叠孢粉组合//煤炭科学研究院地质勘探分院,山西省煤田地质勘探公司编.太原西山含煤地层沉积环境.北京:煤炭工业出版社:535—577,图版133—145.

廖克光.1987b.太原西山煤田石炭二叠纪孢粉组合及比较.煤炭科学技术,6:65—72,3图版.

廖克光.1987c.孢子新种的描述//煤炭部煤炭科学院,山西省煤田地质勘探公司编.中国平朔矿区含煤地层沉积环境.西安:陕西人民教育出版社:206—207,229—233,图版22—29.

廖卓庭,王玉净,周宇星.1990.二叠系//周志毅,陈丕基主编.塔里木生物地层和地质演化.北京:科学出版社:226—254.

谭正修,杨云程,等.1987.湖南新邵马栏边泥盆—石炭系孢子//湖南省地质矿产局区域地质调查队编著.湖南晚泥盆世和早石炭世地层及古生物群.北京:地质出版社:1—66,147—155,图版27—28.

潘江,王士涛,高联达,等.1978.华南陆相泥盆系//中国地质科学院地质矿产研究所主编.华南泥盆系会议论文集.北京:地质出版社:1—256.

Afonin S A, Barinova S S, Krassilov V A. 2001. A bloom of *Tympanycysta* Balme (green algae of Zygnematalean affinities) at the Permian Triassic boundary. Geodiversitas,23 :481—487.

Agrali B, Akyol E. 1967. Etude palynologique de charbons de Hazro et considerations sur l'âge des horizons lacustres de Permo-Carbonifers. Bull. of Miner-al Res. and Expl. I nst. of Turkey (foreign edition), 68 ;1—26, pls. 1—10.

Alekseev A S, Goreva N V, Isakova T N, et al. 2004. Biostratigraphy of the Carboniferous in the Moscow Syneclise, Russia. Newsletter on Carboniferous Stratigraphy, 22 : 28—35.

Allen K C. 1965. Lower and Middle Devonian spores of North and Central Vestspitsbergen. Palaeontology, 8(4) : 687—748, pls. 94—108.

Alpern B. 1956. Succinct description of the principal genera and species of pollen and spores found in the coals of central and eastern France. Entre d'Etudes et Recherches des Charbonnages de France, 56-9-052 : 1—23, 3 pls.

Alpern B. 1958. Description de Quelques Microspores du Permo-Carbonifère Francais. Review Micropalèontology, 1 : 75—86.

Alpern B. 1959. Contribution to the palynological and petrographic study of French coals. Thesis, University of Paris (Dec. 1957) ;314, 12 pls.

Alpern B, Doubinger J. 1973. Monolete Miospores of the Paleozoic // Alpern B, Streel M. (eds.). Microfossiles organiques du Paleozoique, 6, Les spores. Editions, du Centre Nat'l de la Recherche scientifique, Paris;1—103, 23 pls..

Alpern B, Doubinger J, Hörst U. 1965. Révision du genre *Torispora* Balme. Pollen et Spores, 7 : 565—572.

Alpern B, Girardwau J, Trolard F. 1958. Description of some microspores of the French Permo-Carboniferous. Revue Micropaleontologie (Paris), 1(2) : 75—86, 2 pls.

Andreyeva F M, et al. 1956. Atlas of the leading forms of fossil flora and fauna of the Permian System of the Kuznets Basin. Transaction of VSEGEI : 1—411, pls. 43—60 (in Russian).

Antonescu E, Taugourdeau-Lantz J. 1973. Considerations sur des megaspores et microspores du Trias inferieur et moyen de Roumainie. Palaeontographica, B,144(1, 2) ;1—10,6 pls.

Artüz S. 1957. The Sporae dispersae of the Turkish bituminous coal from the Zonguldak Area. Review of Faculty of Science of Istanbul University, B(22) : 239—236.

Avchimovich V I, Tschibrikova E V, Obukhovskaya T G, et al. 1988. Miospore systematics and stratigraphic correlation of Devonian-Carboniferous boundary deposits in the European part of USSR. and Western Europe. Cour. Forsch. -Inst. Senckenberg. Frankfurt a. M. , 100 : 169—191.

Avchimovich V I. 1992. Zonation and spore complexes of the Devonian and Carboniferous boundary deposits of the Pripyat despression (Belorussia). Ann. de la soc. géol. de Belgique, T. 115-fasc. ,2 : 425—451,10 pls.

Balme B E, Hassel C W. 1962. Upper Devonian spores from the Canning Basin, Western Australia. Micropaleontology, 8 (1) : 1—28, 5 pls.

Balme B E, Hennelly J P F. 1956. Monolete, Monocolpate and Alete sporomorphs from Australian Permian sediments. Austral. J. B. , 4(1) : 54—67, 3 pls.

Balme B E, Hennelly J P F. 1955. Bisaccate sporomorphs from Australian Permian coals. Australian Journal of Botany, 3(1) : 39—98, 6 pls.

Balme B E. 1952. On some spore specimens from British Upper Carboniferous coals. Geological Magazine (Hertford), 98 : 175—184.

Balme B E. 1960. Upper Devonian (Frasnian) spores from the Carnarvon Basin, Western Australia. Palaeobotanist, 9(1—2) : 1—10.

Balme B E. 1964. The palynological record of Australian pre-Tertiary floras. Ancient Pacific Floras : 49—80, 7 pls(Honolulu).

Balme B E. 1970. Palynology of Permian and Triassic strata in the Salt Range and Surghar Range, West Pakistan //Kummel B, Teichert C. (eds.). Stratigraphic and boundary problems. The Univ. Press of Kansas, Lawrence, KS, Depart. Geol. Special Publication, 4 : 305—453, 22 pls.

Balme B E. 1980a. Palynology of Permian-Triassic boundary beds at Kap Stosch, East Greenland. Meddelelser Om Grønland,Udgivne Af Kommissionnen for Kidenskabelige Undersøelseri Grøland, 200 : 1—37,22 pls.

Balme B E. 1980b. Palynology and the Carboniferous-Permian boundary in Australia and other Gondwana continents. Palynology, 4 : 43—55.

Balme B E. 1995. Fossil in situ spores and pollen grains: an annotated catalogue. Rev. Palaeobot. Palynol. , 87 : 81—323, 13 pls.

Barss M S. 1967. Carboniferous and Permian spores of Canada. Geol. Surv. Can. , Pap. 67(11) ;1—94, 38 pls.

Bateman R M, DiMichele W A. 1994. Heterospory : the most iterative key innovation in the evolutionary history of the plant kingdom. Biol. Rev. , 69 : 345—417.

Becker G, Bless M J M, Streel M, et al. 1974. Palynology and ostracod distribution in the Upper Devonian and basal Dinantian of Belgium and their dependance on sedimentary facies. Meded. Rijks Geol. Dienst, N. S. , 25 : 9—99, 30 pls.

Beju D. 1970. New contributions to the palynology of Carboniferous strata from Romania. C. R. 6th Cong. Avanc Etud. Stratigr. Geol. Carb. , Shefield, 1967 (2) : 459—487.

Bek J, Milan L, Jana D. 2009. *Selaginella labutae* sp. nov. , a new compression herbaceous Lycopsid and its spores from the Kladno – Rakovník Basin, Bolsovian of the Czech Republic. Rev. Palaeobot. Palynol. , 155 : 101—115.

Bell P R. 1979. The Contribution of the ferns to an understanding of the life cycles of vascular plants // Dyer A F. (ed.). The experimental biology of ferns. Academic Press, London;57—85.

Berry W. 1937. Spores from the Pennington Coal, Rhea County, Tennessee. American Midland Naturalist, 18 : 60—155.

Bharadwaj D C. 1954. Einige neue Sporengattungen des Saarkarbons. Neues Jahrbuch fur Mineralogie, Geologie und Palaontologie, 11 : 512—525.

Bharadwaj D C. 1955. The spore genera from the Upper Carboniferous coals of the Saar and their value in stratigraphical studies. Palaeobotanist, 4: 119—149, 2 pls.

Bharadwaj D C. 1957a. The palynological investigations of the Saar coals. Palaeontographica, Abt. B, 101: 73—125.

Bharadwaj D C. 1957b. The spore flora of Velener Schichten (Lower Westphalian D) in the Rhur Coal Measures. Palaeontographica, Abt. B, 102: 111—138, 4 pls.

Bharadwaj D C. 1962. The miospore Genera in the coals of Raniganj Stage (Upper Permian), India. Palaeobotanist, 9: 68—106, 22 pls.

Bharadwaj D C. 1963. Pollen grains of *Ephedra* and *Welwitschia* and their probable fossil relatives. Mem. Indian Bot. Soc. , 4: 125—135.

Bharadwaj D C, Kar R, Navale G. 1976. Palynostratigraphy of Lower Gondwana deposits in Parana and Maranho basins, Brazil. Biol. Mem. , Palaeopalynology Series (Lucknow), 1(1—2): 56—103, 6 pls.

Bharadwaj D C, Mahdi S A. 1982. Namurian and basal Westphalian miospore assemblages from the Feathstone area, Northern England. Pollen et Spores, 24 (3—4): 481—510, 6 pls.

Bharadwaj D C, Salujha S K. 1964. Palynological study of seam VIII in Raniganj Coalfield, Bihar (India) (part I): Description of *Sporae dispersae*. Palaeobotanist, 12(2): 181—215, 12 pls.

Bharadwaj D C, Salujha S K. 1965. A sporological study of seam VII in Raniganj Coalfield, Bihar. Palaeobotanist, 13(1): 30—41, 2 pls.

Bharadwaj D C, Spinner E. 1967. Lower Carboniferous spores from North-West England. Palaeontology, 10 (1): 1— 24.

Bharadwaj D C, Srivastava S C. 1969. Some new miospore genera from Barakar Stage, Lower Gondwana, India. Palaeobotanist, 17(2): 220—229.

Bharadwaj D C, Tiwari R S, Venkatachala B S. 1971. A Devonian microflora from P'oshi district (Yunnan), China. Palaeobotanist, 20 (2): 152—169, 7 pls.

Bharadwaj D C, Venkatachala B S. 1962. Spore assemblage out of a Lower Carboniferous shale from Spitzbergen. Palaeobotanist, 10 (1—2): 18—47, 10 pls.

Bharadwaj D C, Williams R W. 1958. The small spore floras of coals in the Limestone Coal Group and Upper Limestone Group of the Lower Carboniferous of Scotland. Trans. R. Sco. Edinburgh. Earch Sci. , 63 (17): 353—392.

Bolkhovitina N A. 1953. Spores and pollen of characteristic Cretaceous deposits of central areas of the USSR. Publ. , Geol. Inst. Acad. of Sci. , USSR, 145, Ser. Geol. , 61: 1—183(in Russian).

Bolkhovitina N A. 1956. Atlas of spores and pollen from Jurassic and Lower Cretaceous deposits in the Viljuyi Basin. Publ. , Geol. Inst. Acad. of Sci. , USSR, 2: 1—185(in Russian).

Bolkhovitina N A. 1968. The spores of the Family Gleicheniaceae ferns and their stratigraphic significance. Publ. , Geol. Inst. Acad. of Sci. , USSR, 186: 1—116, 16 pls. (in Russian).

Bose M N, Kar R K. 1966. Palaeozoic *Sporae dispersae* from Congo. Mus. Royal de L'Afrique Centrale, Sér. 8,53: 1—168.

Brzozowska M. 1968. The genus *Setosisporites* (Ibrahim, 1933) Potonié and Kremp, 1954 from the Carboniferous of the Lublin Basin. Prace Inst. Geol. , 55: 43—57.

Butterworth M A, Jansonius J, Smith A H V, et al. 1964. *Densosporites* (Berry) Potonié and Kremp and related genera. Compto Rendu Congress Stratigraphy and Geology of Carboniferous. Centre Nat'l de la Recherche Scientifique, Paris: 1—7.

Butterworth M A, Williams R W. 1954. Descriptions of nine species of small spores from the British Coal Measures. Annals and Magazine of Natural History, 12(7): 753—764, 3 pls.

Butterworth M A, Williams R W. 1958. The small spore floras of coals in the Limestone Coal Group and Upper Limestone Group of the Lower Carboniferous of Scotland. Trans. Roy. Soc. of Edinburgh, 63: 353—392, 4 pls.

Byvscheva T V. 1971. Palynological characteristics and stratigraphy of the Tournaisian, Lower and Middle Visean deposits, eastern part of the Russian Platform. Trudy Vses. Nauchno-Issled. Geol. Razv. Neft. Inst. , 106: 18—46 (in Russian).

Byvscheva T V. 1974. Zonation of the Tournaisian and Lower and Middle Visean deposits of the Volga-Urals region on the basis of spore analysis. Palynology of Proterophyte and Palaeophyte. Proc. 3rd Intern. Palynol. , Conf. : 100—105, 3 pls. (in Russian).

Byvscheva T V. 1976. Zonal complexes of spores in the Devonian and Carboniferous boundary deposits in the eastern region in the Russian Plateform. Trudy Vses. Nauchno-Issled Geol. Razv. Neft. Inst. , 192: 67—93 (in Russian).

Byvscheva T V. 1985. Spores from deposits of the Tournaisian and Visean stages of Russian Platform. Atlas of spores and pollen from oil/gas-bearing strata of Phanerozoic in Russian and Turanian plates: 80—158 (in Russian).

Byvscheva T V, Arkhangelskaya A D, Petroc'yantz A, et al. 1985. Atlas of spores and pollen from Phanerozoic oil and gas bearing section of Russian and Turanian Plate. Tr. VNIGNI, 253: 1—224, 1—40(in Russian).

Byvscheva T V, Higgs K, Streel M. 1984. Spore correlations between the Rhenish Slate Mountains and the Russian Platform near the Devonian-Carboniferous boundary. Cour. Forsh. Inst. Senckenberg. , 67: 37—45, 2 pls (in Russian).

Byvscheva T V, Umnova N I. 1993. Palynological characteristic of the lower part of the Carboniferous of the central region of the Russian Platform. Ann. dela soc. géol. de Belg. ,115,fasc. 2:519—529 (in Russian).

Cai Chong-yang, Ouyang Shu, Wang Yi, et al. 1996. An Early Silurian vascular plant. Nature, 379: 592, 1 fig.

Cai Chong-yang, Ouyang Shu, Wu Xiu-yuan, et al. 1987. Problems on the correlation of the Devonian- Carboniferous transitional sequences of South China: A palaeobotanical and palynological review // Wang Cheng-yuan(ed.). Carboniferous boundaries in China. Science Press, Beijing:50—65.

Chaloner W G. 1951. On *Spencerisporites*, gen. nov. and *S. karczewskii* (Zerndt), the isolated spores of *Spencerites insignis* Scott. Annual Magazine of Natural History, 12(4): 861—873.

Chaloner W G. 1962. A *Sporangiostrobus* with *Densosporites* microspores. Recent advances in botany. Palaeontology (London), 5(1):73—85, 2 pls.

Chaloner W G. 1968. The cone of *Cyclostigma kiltorkense* Haughton, from the Upper Devonian of Ireland. Journal of the Linnean Society of London, Botany, 61:25—36, 3 pls.

Chaloner W G. 1970. The Evolution of miospore polarity. Geoscience and Man, 1: 47—56.

Chernykh V V, Ritter S M. 1997. *Streptognathodus* (Conodont) succession at the proposed Carboniferous-Permian boundary stratotype section, Aidaralash Creek, Northern Kazakhstan. Journal of Paleontology, 71: 459—474.

Chi B I, Hills L V. 1976. Biostratigraphy and taxonomy of Devonian megaspores, Arctic Canada. Bull. Can. Petrol. Geol. , 24(4):641—820, 18 pls.

Clapham W B Jr. 1970. Permian miospores from the Flowerpot Formation of Oklahoma. Micropalaeontology, 16(1): 15—36, 2 pls.

Clarke R F A. 1965. British Permian saccate and monosulcate miospores. Palaeontology, 8(2): 322—354, 5 pls.

Clayton G. 1966. Chapter 18C. Mississippian miospores // Jansonius J and McGregor D C. (ed.). Palynology: Principles and applications 2. Publishers Press, Salt Lake City, Utah: 589—696.

Clayton G. 1970. A Lower Carboniferous miospore assemblage from the calciferous sandstone measures of the Cockburnspath region of Eastern Scotland. Pollen et Spores, 12 (4): 577—600, 4 pls.

Clayton G, Coquel R, Doubinger J, et al. 1977. Carboniferous miospores of Western Europe: illustration and zonation. Meded. rijks geol. dienst. , 29:1—71, pls. 1—25.

Clayton G, Higgs K, Keegan J B, et al. 1978. Correlation of the palynological zonation of the Dinantian of the British Isles. Palynology, 1: 137—147, 1 pl.

Clement-Westerhof J A. 1974. In situ pollen from gymnospermous cones from the Upper Permian of the Italian Alps: A preliminary account. Rev. Palaeobot. Palynol. , 17: 63—73, 5 pls.

Clendening J A. 1974. Palynological evidence for a Pennsylvanian age assignment of the Dunkard Group in the Appalachian Basin (part 2). W. VA. Geol. Econ. Surv. , Coal Geol. Bull. , 3: 1—107, 23 pls.

Cookson I C, Dettmann M E. 1958. Some trilete spores from Upper Mesozoic deposits in Eastern Australian region. Proc. Roy. Soc. Vic. New Ser. , 70(part 2):95—128.

Cookson I C, Dettmann M E. 1959. On *Schizosporis*, a new form genus from Australian Cretaceous deposits. Micropaleontology, 5: 213—216.

Couper R A. 1953. Upper Mesozoic and Cenozoic spores and pollen grains from New Zealand. Bull. New Zealand Geol. Surv. , 22: 1—77.

Couper R A. 1958. British Mesozoic microspores and pollen grains——a systematic and stratigraphic study. Palaeontographica, Abt. B, 103: 75—179.

Cramer F H. 1966. Palynomorphs from the Silurian: Devonian boundary in NW Spain. Notas Comun. Inst. Geol. Min. Esp. , 8:71—82.

Cramer F H, Diez M, Del C R. 1975. Earliest Devonian miospores from the Province of Leon, Spain. Pollen et Spores, 17(2): 331—334, 2 pls.

De Jersey N J. 1962. Triassic spores and pollen grains from the Ipswich Coalfield. Geol. Surv. Queensl. Publ. , 307: 18 pp. , 6 pls.

De Jersey N J. 1966. Devonian spores from the Adavale Basin. Geol. Surv. , Qd 334 Palaeont. , Publ. , 3: 1—28.

Delcourt A, Sprumount G. 1955. Les spores et grains de pollen du Wealdien du Hainaut. Mémoire Société Belge Géologie, 4: 73.

Dettmann M E. 1963. Upper Mesozoic microfloras from South-Eastern Australia. Provc. Roy. Soc. Victoria, 77(1): 1—148.

Dibner A F. 1971. Cordaitales pollen from Angaraland. Uchennyye Zapiski, Palaeontol. Biostratigr. Mat. , 3 Internatl Palynol. Conf. , 32: 5—66, 10 pls.

Djupina G V. 1974. New miospores from Permian deposits of Middle Urals // Algae, brachiopods and miospores from Permian deposits of Western Urals. Tr. Inst. Geol. Geochem. , AN SSSR, 109:135—161 (in Russian).

Dolby G. 1970. Spore assemblages from the Devonian-Carboniferous transition measures in South-West Britain and Southern Eire. Coll. sur la Strat. du Carbon. , Liege, Univ. , Congr. Colloq. , 55: 267—274, 1 pl.

Dolby G, Neves R. 1970. Palynological evidence concerning the Devonian-Carboniferous boundary in the Mendips, England. C. R. 6e Congr. Int. Strat. Geol. Carb. , Sheffield, 1967(2): 631—646, 2 pls.

Doubinger J. 1968. Contribution a l' etude palynologique du Permo-Carbonifere de l' Autunois. Bulletin of Natural History Society of Autunois, 93: 1—89.

Doubinger J. 1973. Etudes palynologiques dans le Permien du basin de Blanzy. La Physiophile, Soc. Sci. Nat. Hist. Montceau-Les-Mines, 78: 75—82, 2 pls.

Doubinger J, Rauscher R. 1966. Spores du Visean marine de Bourbachle-Haut dans les Vosges du Sud. Pollen et Spores, 8: 361—405, 11 pls.

Dybova S, Jachowicz A. 1957. Microspore zones of the Carboniferous coal measures of Upper Silesia. Kwart. Geol. , 1 (1): 182—212.

Eble C F. 1996. Chapter 29B. Paleoecology of Pennsylvanian coal beds in the Appalachian Basin // Jansonius J, McGregor D C (ed.). Palynology: principles and applications 3. Publishers Press, Salt Lake City, Utah: 1143—1156.

Edwards D, Richardson J B. 1996. Chapter 14A. Review of in situ spores in early land plants // Jansonius J, McGregor D C. (eds.). Palynology: principles and applications 1. Publishers Press, Salt Lake City, Utah: 391—407.

Efremova G D. 1966. On the classification of the group Striatii Pant, 1954 // Bolkhovitina, et al. (eds.). On the methods of palaeopalynological investigation, Proceeding of 2nd International Palynology Conference, Utrecht: 42—57 (in Russian).

Elsik W C. 1999. *Reduviasporonites* Wilson, 1962: Synonymy of the fungal organism involved in the Late Permian Crisis. Palynology, 23: 37—41.

Erdtman G. 1947. Suggestions for the classification of fossil and recent pollen grains and spores. Svensk. Bot. Tidskr., 41: 104—114.

Eshet Y. 1990. Paleozoic-Mesozoic palynology of Israel. 1. Palynological aspects of the Permo-Triassic succession in the subsurface of Israel. Geol. Surv. Israel, Bull. 81: 57, 8 pls.

Evans P R. 1970. Revision of the miospore genera *Perotrilites* Erdtman ex Couper, 1953 and *Diaphanospora* Balme ex Adssell, 1962. Palaeontological Papers, Bull., 116: 65—74, pls. 10—12.

Faddeeva I Z. 1990. Palynostratigraphy of Permian deposits // Panova L A, et al. (eds.). Practical Palynostratigraphy. Leningrad: Nedra, Leningrad Branch:61—80, 10 pls. (in Russian).

Felix C J, Burbridge P P. 1967. Palynology of the Springer Formation of southern Oklahoma, USA. Palaeontology, 10(3): 349—435, 14 pls.

Felix C J, Paden P. 1964. A new Lower Pennsylvanian spore genus. Micropalaeontology, 10(3):330—332, 7 figs.

Felix C J, Parks P. 1959. An American occurrence of *Spencerisporites*. Micropaleontology, 5(3): 359—364, 2 pls.

Foster C B. 1975. Permian plant microfossils from the Blair Athol Coal Measures, Central Queensland, Australia. Palaeontographica B, 154(5—6):121—171, 8 pls.

Foster C B. 1979. Permian Plant Microfossils of the Blair Athol Coal Measures, Baralaba Coal Measures, and Basal Rewan Formation of Queensland. Queensland:Geol. Surv. Queensl. Publ. 372, Palaeontol. Pap., 45: 1—244, 41 pls.

Foster C B, Stephenson M H, Marshall C,et al. 2002. A revision of *Reduviasporonites* Wilson,1962:Description, illustration, comparison and biological affinities. Palynology,26: 35—58.

Gao Lian-da. 1981. Devonian spore assemblages of China. Rev. Palaeobot. Palynol., 34: 11—23, 3 pls.

Gao Lian-da. 1984. Carboniferous spore assemblages in China. CR, neu. Congr. Int. Stratigr. Geol. Carbon., Washington and Champaign-Urbana, 1979 (2): 103—108, 4 pls.

Gao Lian-da. 1985. Carboniferous and Early Permian spore assemblages of North China region and the boundary of the Carboniferous and Permian // Dixieme Congr. Inter. Strat. Carb. (Madrid, 1983), CR, 2, Inst. Geol. Min. Espana.: 409—424, 4 pls.

Gao Lian-da. 1988. Palynostratigraphy at the Devonian-Carboniferous boundary in the Himalayan region, Xizang (Tibet), China. Devonian of the World, Proc. 2th Int. Symp. on the Devonian System, Calgary, Canada, Ⅲ:159—170, 3 pls.

Gao Rui-qi, Zhu Zong-hao, Zheng Guo-guan, et al. 2000. Palynlolgy of Petroliferous basins in China. Petroleum Industry Press: Beijing. 250 pp.,45 pls. Paleozoic spores: 29—58,pls.

Good C W. 1977. Taxonomic and stratigraphic significance of the dispersed spore genus *Calamospora* // Romans R C. (ed.). Geobotany, Plenum, New-York: 43—64.

Gradstein F M, Ogg J G, Smith A. 2004. A Geologic Time Scale 2004. Cambridge University Press, Cambridge.

Grauvogel-Stamm L, Lugardon B. 2004. The spores of the Triassic lycopsid *Pleuromeia sternbergii* (Münster) Corda: Morphology, ultrastructure, phylogenetic implications and chronostratigraphic inferences. Internat. Journ. Plant Science, 165: 631—650.

Grebe H. 1957. Zur Mikroflora des niederrheinischen Zechsteins. Geol. Jb., 73: 51—74.

Grebe H. 1971. A recommended terminology and descriptive method for spores. In: Alpern B, Streel M. (eds.). Microfossiles organiques du Paleozoique, 4, Les spores. Editions, CIMP, Centre nat'l de la Recherche scientifique, Paris: 5—34.

Guennel G K. 1958. Miospore analysis of the Pottsville coals of Indiana. Bull. Indiana Depart. Conserv. Geol. Surv., 4: 1—40.

Guennel G K, Neavel R C. 1961. *Torispora securis* Balme: Spore or sporangial wall cell? Micropaleontology, 7(2): 207—212, 3 pls.

Gupta S. 1969. Palynology of the Upper Strawn Series (Upper Pennsylvanian) of Texas above the *Fusulina* zone. Palaeontographica B, 125: 150—196, 5 pls.

Gupta S. 1970. Miospores from the Desmoinesian-Missourian boundary formation of Texas and the age of the Salesville Formation. Geoscience and Man, Proceedings, First Annual Meeting, AASP (Baton Rouge, 1968), 1: 67—82, 2 pls.

Habib D. 1966. Distribution of spore and pollen assemblages in the Lower Kittanning Coal of Western Pennsylvania. Dissertation Abstr., 26 (8). Pennsylvanian, USA, S:5.

Hacquebard P A. 1957. Plant spores in coal from the Horton Group (Mississippian) of Nova Scotia. Micropaleontology, 3: 301—324, 3 pls.

Hacquebard P A, Barss M S. 1957. A Carboniferous spore assemblage in coal from the South Nahanni River area, Northwest Territories. Bull. Geol. Surv. Canada, 40: 1—63, 6 pls.

Halle T G. 1927. Palaeozoic Plants from Central Shansi. Palaeontologia Sinica, A(2): 1—316.

Hart G F. 1965. Systematics and Distribution of Permian Miospores. Witwatersrand University Press, Johannesburg: 252 pp. , 410 text-figs.

Hart G F. 1970. The biostratigraphy of Permian palynofloras. Geoscience and Man, 1:89—131.

Hart G F, Harrison W E. 1973. The "hymenate" miospore *Zonotriletes psilopterus* and its inclusion in a new genus, *Psilohymena*. Amer. Assoc. Stratigr. Palynol. , Proc. of the Fourth Annual Meeting. Geoscience and Man, 7: 67—72, 1 pl.

Heckel P H. 2004. Chairman's Column. Newsletter on Carboniferous Stratigraphy, 22: 1—3.

Helby R. 1966. Sporologische Untersuchungen an der Karbon/Perm- Grenze im Pfalzer Bergland. Fortschr. Geol. Rheinld. U. Westf. , 13 (1) : 645—704, 10 pls.

Hemsley A R, Scott A C. 1991. Ultrastructure and relationships of Upper Carboniferous spores from Thorpe Brickworks, West Yorkshire, UK. Rev. Palaeobot. Palynol. , 69: 337—351.

Henderson C M. 2005. International correlation of the marine Permian time scale. Permophiles, 46: 6—9.

Hibbert F A, Lacey W S. 1969. Miospores from the Lower Carboniferous Basement Beds in the Menai Straits region, North Wales. Palaeonotology, 12 (1): 78—83.

Higgs K. 1975. Upper Devonian and Lower Carboniferous miospore assemblages from Hook Head, County Wexford, Ireland. Micropaleontology, 21 (4): 393—419, 7 pls.

Higgs K, Clayton G. 1984. Tournaisian miospore assemblages from Maesbury in the eastern Mendips, England. Micropaleontology, 3 (1): 17—28, 2 pls.

Higgs K, Clayton G, Keegan B. 1988. Stratigraphic and systematic palynology of the Tournaisian rocks of Ireland. Geol. Surv. Ireland, Spec. Paper, 7: 1—93, 17 pls.

Higgs K, Streel M. 1984. Spore stratigraphy at the Devonian-Carboniferous in the northern "Rheinisches Schieferbirge", Germany Cour. Forsch. Senckenberg, 67: 157—180, 4 pls.

Hoffmeister W S, Staplin F L, Malloy R E. 1955. Mississippian plant spores from the Hardinsburg Formation of Illinois and Kentucky. Journ. Paleontol. , 29: 372—399.

Holowitz A. 1972. Probable palaeogeographic implications of the global distribution of the Late Permian Cathaysian microflora. An. Acad. Brasil. Cienc. , 44 (suppl.): 173—177.

Hörst U. 1955. The Sporae dispersae of the Namurian from Western Upper Silesia and Mahrisch-Ostrau: Stratigraphical comparison of these areas by spore diagnosis. Palaeontogr. B, 98: 137—236, 9 pls.

Hörst U. 1957. A guide fossil of the Lugau-Oelsnitz bituminous coal seams. Geologie (Berlin), 6(6—7): 698—721, 8 pls.

Hou Jing-peng, Ouyang Shu. 1999. A Gondwana palynoflora from the Lower Permian Chubu Formation, southern Tibet. Continental Dynamics, 4(2): 19—28, 3 pls.

Hughes N F, Playford G. 1961. Palynological reconnaissance of the Lower Carboniferous of Spitsbergen. Micropaleontology, 7 (1): 27—44, 4 pls.

Ibrahim A C. 1933. Sporenformen des Aegirhorizonts des Ruhr-Reviers. Triltsch Comp (Wurzburg): 46 pp. , 8 pls.

Imgrund R. 1952. The Sporites of the Kaiping Basin,etc. PhD Dissertation Aachen, Rheinland-Westfalen Tech. Hochschule: 1—96.

Imgrund R. 1960. Sporae dispersae des Kaipingbeckens, etc. Geol. Jahrb. , 77: 143—204, 4 pls.

Inosova K I, Kruzina A K, Shvatsman E G. 1976. Atlas of microspores and pollen of the Upper Caroniferous and Lower Permian of the Donets River Basin. Nedra, Moscow, Nedra: 154 pp. (in Russian).

Ischenko A M. 1956. Spores and pollen of Lower Carboniferous deposits of the western extension of the Donets Basin, and their value for stratigraphy. Stratigraphic and Palaeontologic Series, Acad. Sci. Ukraine (Kiev), 11: 1—187, 20 pls. (in Russian).

Ischenko A M. 1958. Spore and pollen analysis of the Lower Carboniferous deposits of the Dnieper-Donets Basin. Trudy Inst. Geol. Nauk. Kiev, Ser. Strat. Pal. , 17: 1—188, 13 pls. (in Russian).

Jachowicz A. 1967. Microflora of the Zareby Beds from the Swietokryzyskie Mountains. Inst. Geol. Prace (Warsaw),49: 1—105, 42 pls.

Jansonius J. 1962. Palynology of Permian and Triassic sediments, Peace River Area, Western Canada. Palaeontographica B, 110: 35—98.

Jansonius J. 1971. Emended diagnosis of *Alisporites* Daugherty,1941. Pollen et Spores, 13(2): 349—357, 1 pl.

Jansonius J, Hills L V. 1976. Genera file of fossil spores and pollen. Special Publication, Department of Geology, University of Calgary, Canada.

Jardine S. 1974. Microflores des formations du Gabon attribuees au Karroo. Rev. Palaeobot. Palynol. , 17: 75—112, 10 pls.

Ji Qiang, et al. 1989. The Dapoushang section: An excellent section for the Devonian-Carboniferous boundary stratotype in China. Science Press, Beijing: 165pp. , 43 pls.

Jizba K M. 1962. Late Paleozoic bisaccate pollen from the United States Midcontinent area. J. Paleontol. , 36(5): 871—887, 4 pls.

Kaiser H. 1976. Die permische Mikroflora der Cathaysia-Schichten von Nordwest Schansi, China. Palaeontographica B , 159: 83—157, 16 pls. Stuttgart.

Kara-Murza E N. 1952. An atlas of Permian microspores and pollen of the Taimirian depression. Tr. Inst. Geol. Arktiki, 31: 1—117,25 pls. (in Russian).

Kedo G I. 1955. Spores of Middle Devonian of north-eastern Belarus SSR. Paleontology and Stratigraphy BSSR. Sb. 1(Minsk): 5—59 (in Russian).

Kedo G I. 1957a. Stratigraphic significance of *Hymenozonotriletes pusillites* sp. nov. Dokl. Akad. Nauk. BSSR, 1: 21—23 (in Russian).

Kedo G I. 1957b. Spores from the Supra Salt Devonian deposits of the Pripyat Depression and their stratigraphic significance. Tr. Inst. Geol. Nauk, Akad. Nauk Byelorussk SSR. , Ser. Stratigr. Palaeontol. ,2: 3—43, 4 pls. (in Russian).

Kedo G I. 1958. The spore and pollen features of the Lower Carboniferous horizons of the Belorussian SSR. Dokl. Akad. Nauk. BSSR (Minsk), 1: 46—56.

Kedo G I. 1963. Spores of the Tournaisian Stage of the Pripyat Depression and their stratigraphical significance. Palaeont. Strat. BSSR, 4: 3—131, 11 pls. (in Russian).

Kedo G I. 1966. Spores of the Lower Carboniferous Pripyat Depression (Yasnopoliansky subformation). Paleontology and Stratigraphy BSSR (Minsk), 5: 3—143 (in Russian).

Kedo G I. 1974. The Devonian-Carboniferous boundary in the Pripyat Depression as revealed by palynological data. Palynol. Proterophyte and Paleophyte. Proc. 3rd. Internl. Palynol. Conf. , Nauka, Moscow: 86—92, 2 pls. (in Russian).

Keegan J B. 1977. Late Devonian and Early Carboniferous miospores from the Galley Head-Leap Harbour region of southwest Ireland. Pollen et Spores, 19 (4): 545—573.

Keegan J B. 1981. Palynological correlation of the Upper Devonian and Lower Carboniferous in central Ireland. Rev. Palaeobot. Palynol. , 34: 99—105.

Klaus W. 1960. Sporen der karnischen Stufe der ostalpinen Trias. Jahrb. Geol. Bundesanstalt. Sonderband, 5: 1—294.

Klaus W. 1963. Sporen aus dem südalpinen Perm. Jahrb. Geol. Bundesanstalt. Sonderband, 106: 229—361.

Knox E M. 1950. The Spores of *Lycopodium*, *Phylloglossum*, *Selaginella* and *Isoëtes* and their value in the study of microfossils of Palaeozoic age. Trans. Bot. Soc. Edinburgh, 35: 211—357.

Koloda N A. 1989. *Ventralvittatina*——A new genus of Permian taeniate pollen. Trud. Inst. Geol. Komi Science Center, UrO AN SSSR, 7: 60—71.

Kosanke R M. 1950. Pennsylvanian spores of Illinois and their use in correlation. Illinois State Geol. Surv. Report of Investigations, 74: 1—124, 16 pls.

Kosanke R M. 1959. *Wilsonites*, new name for *Wilsonia* Kosanke, 1950. Journal of Paleontology, 33(4): 700.

Krassilov V A, Afonin S A, Barinova S S. 1999. *Tympanicysta* and the terminal Permian events. Permophiles, 35: 16—17.

Krutzsch W. 1962—1971. Atlas der mittle- und jungtertiaren dispersen Sporen und Pollen sowie der Mikroplanktonformen des nordlichen Mittleuropas. Lief I —Ⅶ. Web Deutscher Verlag der Wissenschaften.

Lanninger E P. 1968. Sporen-Gesellschaften aus Ems der SW-Eifel (Rheinisches Schiefergebirge). Palaeontographica B, 122: 95—170, pls. 20—26.

Laveine J P. 1965. Contribution to the study of microspores of different layers of the Lower Westphalian C: Palynological correlation between the groups of Archell-Bruay and of Bethune-Noeux. Annales, Soc. Geol. Du Nord, 85(2): 129—150, 3 pls.

Laveine J P. 1969. Some Pecopterid coals in the light of palynology. Pollen et Spores, 11(3): 619—668, 17 pls.

Laveine J P. 1970. Some Pecopteridians of the coal measures in the light of palynolgy (2): Palaeobotanic and sratigraphic implications. Pollen et Spores, 12(2): 235—297, 21 pls.

Lele L R, Maithy B S. 1964. A morphologic study and emendation of *Vesicaspora* Schemel, 1951. Palaeobotanist, 12: 307.

Lele L R, Streel M. 1969. Middle Devonian (Givetian) plant microfossils from Goé (Belgium). Ann. Soc. Geol. Belgiq. , 92, Fasc. I: 89— 116, 4 pls.

Leschik G. 1955. Die Keuperflora von Neuewalt bei Basel. (Ⅱ). Die Iso-und Mikrosporen, Schweiz. Palaont. Abh. , 72: 5—70.

Leschik G. 1956. Sporen aus dem Salzton des Zechsteins von Neuhof. Palaeontographica B, 100: 122—142.

Li Wen-ben, Ouyang Shu. 1980. Jurassic (and Permian) sporo-pollen assemblages from Yanzhou, Southwestern Shandong. Pap. for the 5th Internat. Palynol. Conf. Nanjing Inst. Geol. Palaeont. , Acad. Sin. Nanjing, China: 1—12, 3pls.

Li Xing-xue. 1986. The mixed Permian Cathaysia-Gondwana flora. Palaeobotanist, 35(2): 211—222.

Li Xing-xue, et al. 1995. Fossil floras of China through the geological ages. Guangdong Sci. and Technol. Press, Guangzhou: 695 pp. , 144 pls. (Both in Chinese and English version).

Li Xing-xue, Rigby J F. 1995. Further contributions to the study of the Qubu flora from southern Xizang (Tibet). Palaeobotanist, 44: 38—47.

Li Xing-xue, Yao Zhao-qi. 1980. An outline of recent researches on the Cathaysia flora in Asia // Paper for the 1st Palaeobotanical Conference, England, UK: 1—13.

Liu Feng, Zhu Huai-cheng, Ouyang Shu. 2008. Late Carboniferous—Early Permian palynology of Baode (Pao-te-chou) in Shanxi Province, North China. Geol. Jour. , 43: 487—510.

Loboziak S. 1971. The micro- and megaspores of the western part of the northern coal basin of France. Palaeontographica B, 132: 1—127, 13 pls.

Loboziak S, Streel M. 1980. Miospores in Givetian to Lower Frasnian sediments dated by conodonts from the Boulonnais, France. Rev. Palaeobot. Palynol. , 29: 285—299.

Loose F. 1934. Spores of the Bismarck Seam, Ruhr area. Arbeitstagung Institut Palaobotanik und Petreographie der Brennteine, Berlin, 4: 128—164.

Love L G. 1960. Assemblages of small spores from the Lower Oil-Shale Group of Scotland. Proceedings, Royal Soc. Edinburgh, section B, 67 (7): 99—106, 2 pls.

Lu Li-chang. 1988. Middle Devonian microflora from Haikou Formation at Shijiapo in Zhanyi of Yunnan, China. Mem. Nanjing Inst. Geol. and Palaeont. ,

Academia Sinica, 24:109—222, 34 pls.

Lu Li-chang, Wicander R. 1988. Upper Devonian acritarchs and spores from the Honggululeng Formation, Hefeng district in Xinjiang, China. Revista Espanlola de Micropaleontologia,20(1):109—148, 5 pls.

Luber A A. 1955. Atlas of spores and pollen of the Paleozoic deposits of Kazakhstan. Alma-Ata: Akad. Nauk Kazakh. : 1—125, 10 pls. (in Russian) .

Luber A A. 1966a. Morphological classification of spores and pollen and their unification. Paleopalynology, 1: 104—111. I. M. Pokrovskaya(ed.), Leningrad: Nedra (in Russian).

Luber A A. 1966b. Main form-genera of miospores and their distribution in middle and upper Paleozoic deposits of USSR // On methods of paleopalynological studies. Leningrad: 26—41(in Russian).

Luber A A, Waltz I E. 1938. Classification and stratigraphical value of spores of some Carboniferous coal deposits in the USSR. Trudy tsent. nauchno-issled. geologo-razv. Inst. , 105: 1—45.

Luber A A, Waltz I E. 1941. Atlas of microspores and pollen grains of the Paleozoic of the USSR. Trans. of the All-Union Sci. Res. Inst. of Geol. (VSEGEI) , Issue 139. Moscow-Leningrad, Geol. Geolisdat (Russian, translated into English by T. Pidhayny): 189 pp. , 16 pls.

Lundblad B. 1950. On a fossil *Selaginella* from the Rhaetic of Hyllinge, Scania. Svensk Bot. Tidsk. , 44(3): 477—487, 2 pls.

Mädler K. 1964. Die geologische Verbreitung von Sporen in der deutschen Trias. Beih. Geol. Jb. ,65: 1—147.

Maheshwari H K. 1967. Studies in the *Glossopteris* Flora of India-29, Miospore assemblage from the Lower Gondwana exposures along Bansloi River in Rajmahai Hills, Bihar. Palaeobotanist, 15(3): 258—280.

Maheshwari H K, Banerji J. 1975. Lower Triassic palynomorphs from the Maitur Formation, West Bengal, India. Palaeontographica B, 152: 149—190.

Manum S. 1960. On the genus *Pityosporites* Sward, 1914, with a new description of *Pityosporites antarcticus* Seward. NYTT Mag. Bot. , B:11—15,1 pl.

Marshall J E A, Allen K C. 1982. Devonian miospore assemblages from Fair Isele, Shetland. Palaeontology, 25 (2): 277—312, pls. 30—33.

McGregor D C. 1960. Devonian spores from Melville Island, Canadian Arctic Archipelago. Palaeontology, 3 (1):26—44, pls. 11—13.

McGregor D C. 1961. Spores with radial pattern from the Devonian of Canada. Geol. Surv. Can. Bull. ,76: 11 pp.

McGregor D C. 1970. *Hymnenozonotriletes lepidophytus* Kedo and associated spores from the Devonian of Canada. Colloques sur la stratigraphic du Carbonifere. Congres Colloques Univ. Liege, 55: 315—326, pls. 21—23.

McGregor D C. 1973. Lower and Middle Devonian spores of eastern Gaspe, Canada(I):Systematics. Palaeontographica B, 142: 1—77, pls. 1—9.

McGregor D C. 1979. Spores in Devonian stratigraphical correlation. The Devonian System. Spec. Pap. in Palaeontology (London):163—184.

McGregor D C, Camfield M. 1982. Middle Devonian miospores from the Cape De Bray, Weatherall and Hecla Bay Formations of northeastern Melville Island, Can. Arctic. Geol. Surv. Canada Bull. , 348: 1—105, pls. 1—18.

McGregor D C, Playford G. 1992. Canadian and Australian Devonian spores: Zonation and correlation. Geol. Surv. Canada, 438:1—85, 20 pls.

Medvedeva A M. 1960. Stratigraphic subdivision of lower horizons of the Tunguska Series by spore-pollen analysis. Acad. Sci. USSR, Inst. Geol. Sci. Develop. Fuel Min. : 207 pp (in Russian).

Mehta K R. 1944. Microfossils from a carbonaceous shale from the Pali beds of the South Rewa Gondwana Basin. Proc. Natn. Acad. Sci. India, 14(4—5): 125—141.

Meyen S V. 1982. The Carboniferous and Permian floras of Angaraland (a synthesis). Bio. Mem. , 7:1—109.

Meyen S V. 1987. Fundamentals of Palaeobotany. Chapman and Hall, London: 432 pp.

Morgan J L. 1955. Spores of McAlester-Stigler Coal. Circular, Oklah. Geol. Surv. , 36: 1—52, 3 pls.

Naumova S N. 1939. Spores and pollen of coals of USSR Tr. 17th Internat. Geol. Congr. , 1: 355—366.

Naumova S N. 1953. Spore and pollen assemblages of the Upper Devonian of the Russian Platform and their stratigraphic significance. Trans. Inst. Nauk. Geol. , USSR, 143: 1—204, 22 pls. (in Russian).

Neves R. 1958. Upper Carboniferous plant spore assemblages from the *Gastrioceras subcrenatum* horizon, North Staffordshire. Geol. Mag. (Hertford), 95(1): 1—19, 3 pls.

Neves R. 1961. Namurian plant spores from the Southern Pennies, England. Palaeontology, 4 (2):247—279.

Neves R. 1964. *Knoxisporites* (Potonié and Kremp) Neves, 1961. Report, Working Group No. 5. CR, 5eme Congr. Internatl. Stratigr. Geol. du Carbon. (Paris, 1963) , 3: 1063—1069, 1 pl.

Neves R, Dolby G. 1967. An assemblage of miospores from the Portishead Beds (Upper Old Red Sandstone) of Mendip Hills, England. Pollen et Spores, 9 (3): 607—614, 2 pls.

Neves R, Gueinn K, Clayton G, et al. 1973. Palynological correlations within the Lower Carboniferous of Scotland and northern England. Transactions, Roy. Soc. Edinburgh, 69(2): 23—70, 6 pls.

Neves R, Ioannides N. 1974. Palynology of the Spilmersford Borehole. Bull. Geol. Surv. Gt. Br. , 45: 73—97, 5 pls.

Neves R, Owens B. 1966. Some Namurian camerate miospores from the English Pennies. Pollen et Spores, 8: 337—360, 3 pls.

Neville R S W. 1968. Ranges of selected spores in the Upper Visean of the East Five Coast section between St. Monance and Pittenweem. Pollen et Spores,

10(2): 431—462, 3 pls.

Nilsson T. 1958. Uber das Verkommen eines mesozoischen Sapropelgesteines in Schonen. Lunds. Univ. Arsskriftt. , N. F. , 54(10): 1—112, 8 pls.

Norin E. 1922. The Late Palaeozoic and Early Mesozoic sediments of Central Shansi. Bull. Geol. Surv. China, 4: 13—22.

Norin E. 1924. The lithological character of the Permian sediments of the Angara Series in Central Shansi, N China. Geol. Foren. Stockholm Ford. Bd. 46, H: 1—2.

Oshurkova M V. 2003. Morphology, classification and description of form-genera of Late Paleozoic miospores. VSEGEI Press, St. Petersburg: 377 pp. (in Russian, with English diagnosis for some new genera).

Ouyang Shu. 1979. Notes on some new miospore genera from Permo-Carboniferous strata of China. Paper for the 9th Inter. Congr. Carb. Strat. Geol. Nanj. Inst. Geol. Palaeont. , Acad. Sin. : 13 pp. ,2 pls.

Ouyang Shu. 1982. Upper Permian and Lower Triassic palynomorphs from eastern Yunnan, China. Can. Journ. Earth Sci. , 19:68—84, 4 pls.

Ouyang Shu. 1991. Transitional palynofloras from basal Lower Triassic of China and their ecological implications, with special reference to Paleophyte/ Mesophyte problems // Jin Yu-gan, et al. (eds.). Palaeoecology of China. Nanjing University Press, Nanjing: 168—196.

Ouyang Shu. 1996. On the first appearance of some gymnospermous pollen and GSPD assemblages in the Sub-Angara, Euramerian and Cathaysia provinces. Palaeobotanist, 45:20—32.

Ouyang Shu. 1999. A brief discussion on the occurrence of *Scutasporites unicus* and *Lueckisporites virkkiae* complexes in the northern Hemisphere. Permophilies, 33: 21—23.

Ouyang Shu, Chen Yong-xiang. 1989. Palynology of Devonian-Carboniferous transition sequences of Jiangsu, E China. Palaeontologia Cathayana, 4: 439—473, 6 pls.

Ouyang Shu, Li Zai-ping. 1980. Upper Carboniferous spores from Shuoxian, northern Shanxi. Paper for the 5th Int. Palyn. Conf. , Nanjing Inst. Geol. Palaeont. , Acad. Sin. : 1—16, 3 pls.

Ouyang Shu, Lu Li-chang. 1980. On *Torispores* of China. Ibid. : 1—13, 3 pls.

Ouyang Shu, Norris G. 1988. Spores and pollen from the Lower Triassic Heshangou Formation, Shaanxi Province, North China. Rev. Palaeobot. Palynol. , 54: 187—231, 7 pls.

Ouyang Shu, Norris G. 1999. Earliest Triassic (Induan) spores and pollen from the Junggar Basin, Xinjiang, northwestern China. Rev. Palaeobot. Palynol. , 106: 1—56, 1—10 pls.

Ouyang Shu, Utting J. 1990. Palynology of Upper Permian and Lower Triassic rocks, Meishan, Changxing county, Zhejiang Province, China. Rev. Palaeobot. Palynol. , 66: 65—103, 8 pls.

Ouyang Shu, Wang Zhi, Zhan Jiazhen, et al. 2000. On the genus *Noeggerathiopsidozonotriletes* Luber, 1955 // Song Zhichen (ed.). Palynofloras and Palynomorphs of China. Univ. Sci. Tech. China Press, Hefei: 1—10, 2 pls.

Ouyang Shu, Wang Zhi, Zhan Jiazhen, et al. 2003. Palynology of the Carboniferous and Permian Strata of northern Xinjiang, Northwestern China. Univ. Sci. Tech. China Press, Hefei: 787,107 pls (in Chinese with detailed English summary).

Ouyang Shu, Zhou Yu-xing, Wang Zhi, et al. Palynostratigraphic correlation of the Permian System of northern Xinjiang and the Cis-Urals. Permophiles, 3: 24—27.

Ouyang Shu, Zhu Huai-cheng. 2007. Query the assumption of "end-Permian fungal spike event", with special reference to the Permo-Triassic transitional palynofloras. Acta Palaeontologica Sinica, 46(4): 394—409, 1 pl.

Ouyang Shu, Zhu Huai-cheng. 1998. Palynological events and the mid-Carboniferous boundary. Carboniferous Newsletter, 16: 14—16.

Ouyang Shu, Zhu Huai-cheng, Wang Hui. 1999. Permian palynofloras from Yongchang and Sunan of Gansu Province and their phytoprovincial characteristics. Chin. Sci. Bull. , 44(9): 831—834.

Owens B. 1970. Recognition of the Devonian-Carboniferous boundary by palynological methods. Colol. Sur la Strat. Du Carb. , Publ. l' Univ. de Liege, 55: 349—364.

Owens B. 1971. Miospores from the Middle and early Upper Devonian rocks of Western Elizabeth Island, Arctic Archipelago. Geol. Surv. Can. , Paper 70 (38): 1—157, 28 pls.

Owens B. 1996. Chapter 18D. Upper Carboniferous spores and pollen // Jansonius J, McGregor D C (eds.). Palynology : Principles and applications 2. Publishers Press, Salt Lake City, Utah: 597—606, 2 pls.

Owens B, Mishell D, Marshall J. 1976. *Kraeuselisporites* from the Namurian of northern England. Pollen et Spores, 18(1): 145—156, pls. 1—3.

Owens B, Richardson J B. 1972. Some recent advances in Devonian palynology: A review. Report of CIMP Working Group No. 13 B. C. R. 7e Congr. Int. Strat. Geol. Carb. , Krefeld,1971, 1: 325—343.

Panova L A, Oshurkova M V, Romanovskaya G M, et al. 1990. Practical Palynostratigraphy. Leningrad: Nedra. 1—263, 80 pls. (in Russian).

Pant D D. 1954. Suggestions for the classification and nomenclature of fossil spores and pollen grains. Bot. Rev. , 20: 33—60.

Parrish J T. 1993. Climate of the Supercontinent Pangea. Journal of Geology, 101: 215—233.

Pashuck R J, Gupta S. 1979. Palynological zones of the Wichita Group of North-Central Texas and their correlation with the Gearyan Stage of Kansas and Dunkard Group of West Virginia. Biol. Mem. , Palaeopalynology, Ser. 7, 3(2): 176—191, 3 pls.

Peppers R A. 1964. Spores in strata of late Pennsylvanian Cyclothems in the Illinois Basin. Bull. Illinois State Geol. Surv. , 90: 1—89, 7 pls.

Peppers R A. 1970. Correlation and palynology of coals in the Carbondale and Spoon formations (Pennsylvanian) of the northeastern part of the Illinois Basin. Bull. Illinois State Geol. Surv. , 93: 1—173,13 pls.

Pflug H. 1953. Origin and development of the angiosperm pollen in earth history. Palaeontographica B, 95: 61—171.

Pi-Radondy M, Doubinger J. 1968. Spores nouvelles du Stéphanien (Massif Central Francais). Pollen et Spores, 10: 411—430.

Playford G. 1962—1963. Lower Carboniferous microflora of Spitsbergen. Palaeontology(part 1 and 2), 5(2, 4): 550—618, 619—678, 10 and 5 pls.

Playford G. 1964. Miospores from the Mississippian Horton Group, Eastern Canada. Surv. Can. Bull. , 107: 1—47, 11 pls.

Playford G. 1971. Lower Carboniferous spores from the Bonaparte Gult Basin, Western Australia and Northern Territory. Bull. Bur. Miner. Resour. Geol. Geophys. Aust. , 115: 1—59, 18 pls.

Playford G. 1972. Trilete spores of *Umbonatisporites* in the Lower Carboniferous of Northwestern Australia. N. Jb. Geol. Palaont. Abh. , 141(3):301—315, 3 pls.

Playford G. 1976. Plant microfossils from the Upper Devonian and Lower Carboniferous of the Canning Basin, Western Australia. Palaeontographica B, 158: 1—71, 12 pls.

Playford G. 1978. Lower Carboniferous spores from the Ducabrook Formation, Drummond Basin, Queensland. Palaeontographica B, 167: 105—160, 13 pls.

Playford G. 1981. Late Devonian acritarchs from the Gneudna Formation in the Western Carnavon Basin, Western Australia. Geobios, 14 (2): 145—171, 6 pls.

Playford G. 1983. The Devonian miospore genus *Gyminospora* Balme, 1962: A reappraisal based upon topotypic *G. lemurata* (type species). Mem. Ass. Australas. Palaeontols. , 1: 311—325.

Playford G. 1986. Lower Carboniferous megaspores from the Clark River Basin, North Queensland, Australia. Special Papers in Palaeontology, 35: 135—148.

Playford G, Dettmann M E. 1965. Rhaeto-Liassic plant microfossils from the Leigh Creek Coal Measures, South Australia. Seckenberg. Leth. , 46: 127—181.

Playford G, Dettmann M E. 1996. Spores // Jansonius J, McGregor D C. (eds.). Palynology: Principles and applications(volume 1). Publishers Press, Salt Lake City, Utah: 227—260.

Playford G, Dino R. 2000. Palynostratigraphy of Upper Palaeozoic Strata (Tapajós Group), Amazonas Basin, Brazil(part one). Palaeontographica B, 255: 1—46, 9 pls.

Playford G, Helby R. 1968. Spores from a Carboniferous section in the Hunter Valley, New South Wales. J. Geol. Soc. Aust. , 15 (1): 103—119, pls. 9—11.

Playford G, Powis G D. 1979. Taxonomy and distribution of some trilete spores in Carboniferous strata of the Canning Basin, Western Australia. Pollen et spores, 21(3): 371—394, 5 pls.

Playford G, Rigby J. 2008. Permian palynoflora of the Ainim and Aiduna formations, West Papua. Rev. Espanola de Micropaleont. , 40: 1—57.

Playford G, Satterthwait D F. 1986. Lower Carboniferous (Visean) spores of the Bonaparte Gulf Basin, northwestern Australia(part 2). Palaeontographica B, 200: 1—32, 9 pls.

Playford G, Satterthwait D F. 1988. Lower Carboniferous (Visean) spores of the Bonaparte Gulf Basin, northwestern Australia(part 3). Palaeontographica B, 208: 1—26, 10 pls.

Pokrovskaya I M. 1966. Paleopalynology. VSEGEI (Trans. Geol. Surv. Can.), 1: 161—232, 45 pls.

Potonié R. 1962. Synopsis der Sporae in Situ. Beih. Geol. Jahrb. , 52: 1—204, 19 pls. .

Potonié R. 1951. Revision stratigraphisch wichtiger Sporomorphen des mitteleuropaischen Tertiars. Palaeontographica B, 91: 131—151.

Potonié R. 1956—1958—1960. Synopsis der Gattungen der Sporae dispersae, Teil I— II —III. Beih. Geol. Jb. , 23: 1—103, 11 pls. ; 31: 1—114, 11 pls. ; 39:1—189, 9 pls.

Potonié R, Ibrahim A C, Loose F. 1932. Sporenformen aus den Flozen Agir und Bismark des Ruhrgebites. N. Jb. Miner. usw Teil B. Bd. 67:438—454, 20 pls.

Potonié R, Klaus W. 1954. Einige Sporengattungen des alpinen Salzgebirges. Geol. Jb. (Hannover), 68: 517—546.

Potonié R, Kremp G. 1954. Die Gattungen der palöozoischen Sporae dispersae und ihre Stratigraphie. Geol. Jahrb. (Hannover), 69: 111—194, 17 pls.

Potonié R, Kremp G. 1955—1956. Die Sporae dispersae des Ruhrkarbons, ihre Morphographie und Stratigraphie mit ausblicken auf Arten anderer Gebiete und Zeitabschnitte. Teil I and II. Palaeontographica B, 98(1—3): 1—136, 16 pls. ; 99(4—6): 85—191, 6 pls.

Potonié R, Lele K M. 1959. Studies in the Talchir flora of India(1). Sporae dispersae from the Talchir beds of South Rewa, Gondwana Basin. Palaeobotanist, 8: 22—37.

Potonié R, Schweitzer H J. 1960. Der Pollen von *Ullmannia frumentaria*. Palaeontol. Z. , 34(1): 27—39, 2 pls.

Punt W, Hoen P P, Blackmore S, et al. Glossary of pollen and spore terminology. Rev. Palaeobot. Palynol. , 143: 1—81.

Remy W, Remy R. 1957. Durch Mazeration fertiler Farne des Palaozoikums gewonnene Sporen. Palaont. Z. , 31: 55—65, pls. 2—4.

Richardson J B. 1960. Spores from the Middle Old Red Sandstone of Cromarty, Scotland. Palaeontology, 3: 45—63, 1 pl.

Richardson J B. 1965. Middle Old Red Sandstone spore assemblages from the Orcadian Basin, North-East Scotland. Palaeontology, 7 (4): 559—605, 6 pls.

Richardson J B, Lister T R. 1969. Upper Silurian and Lower Devonian spore assemblages from the Welsh Borderland and South Wales. Palaeontology, 12:
    201—252.

Richardson J B, McGregor D C. 1986. Silurian and Devonian spore zones of the Old Red Sandstone Continent and adjacent regions. Geol. Surv. Canada
    Bull. , 364: 1—79.

Riegel W. 1973. Sporenformen aus den Heisdorf-, Lauch- und Nohn- Schichten (Emsium und Eifelium) der Eifel, Rheinland. Palaeontogr. B, 142 (1—
    3):78—104.

Rogalska M. 1956. Analiza sporovo-pyokowa liasowych osdow obszaru Mroozkow-Roz wady powiecie Opocynckim. Biul. Inst. Geol. , Warsawa, 104:
    1—89.

Rui L, Ross C A, Nassichuk W W. 1991. Upper Moscovian(Desmoinesen) fusulinaceans from the type section of the Nansen Formation, Ellesmere Island,
    Arctic Archipelago. Geol. Surv. Can. Bull. ,418: 1—121.

Sabry H, Neves R. 1967. Palynological evidence concerning the unconformable Carboniferous Basal Measures in the Sanquhar Coalfield, Dumfriesshire,
    Scotland. 6th Internatl. Congr. Carbon. Stratigr. (Sheffield, 1967), 4: 1441—1458, 3 pls.

Samoilovich S R. 1953. Pollen and spores from the Permian deposits of the Cherdny' and Akt' ubinsk Area. Cis-Urals. Ves Nauchno-issled. Geology
    Razve. Institute (VSEGEI), N. S. , 75, Palaeobotany SB. : 5—57, 17 pls. [Translation by M. K. Elias, 1961: University of Oklahoma (Norman)].

Schemel M P. 1950. Carboniferous plant spores from Daggett County, Ulah. J. Palaeont. , 24: 232—242, 2 pls.

Schemel M P. 1951. Small spores of the Mystic Coal of Iowa. American Midland Naturalist, 46: 743—750.

Scheuring B W. 1970. Palynologishe und palynostratigraphische Unterschungen des Keupers im Bolchentunnel (Solothurner Jura). Schweitz. Palaeotol. Abh. ,
    88: 1—119, 43 pls.

Scheuring B W. 1974. *Kraeuselisparites* Leschik and *Thomsonisporites* Leschik - a revision of the type material of two disputed genera. Rev. Palaeobot. Palynol. ,
    17 (1—2): 187—203, pls. 1—4.

Schopf J M. 1938. Spores from the Herrin. Illinois State Geol. Surv. , Report of Investigation, 50: 5—73.

Schopf J M, Wilson L R, Bentall R. 1944. An annotated synopsis of Palaeozoic fossil spores and the definition of generic groups. Illinois State Geol. Surv. ,
    Report of Investigations, 91: 1—72.

Schulz E. 1962. Sporenpalaontologische Untersuchungen zur Rhat/Lias-Grenzein Thuringen und der Altmark. Geologie, 11(3): 308—319.

Schulz E. 1967. Sporenpalaeontologische Untersuchungen ratoliassischer Schichten im Zentralteil des germanischen Beckens. Palaeontol. Abhandl. (B),
    2(3): 543—644, 26 pls.

Schuurman W M L. 1976. Aspect of Late Triassic palynology(1): On the morphology, taxonomy and stratigraphical/geographical distribution of the form
    genus *Ovalipollis*. Rev. Palaeobot. Palynol. , 21: 241—266.

Schurmann H M E, Burger D, Dijkstra S J. 1963. Permian near Wadi Araba, eastern desert of Egypt. Geol. en Mijnboura, 42: 329—336, 3 pls.

Sedova M A. 1956. The definition of four genera of disaccate Striatiti. Tr. Vses Nauchno-issled. Geol. Inst. , N. S. , Palaeont. Vyp. , 12: 246—249 (in
    Russian).

Segroves K L. 1970. Permian spores and pollen grains from the Perth Basin, Western Australia. Grana, 10 (1):43—73, pls. 1—10.

Selling O H. 1944. Studies on the recent and fossil species of *Schizaea*, with particular reference to other spore characters. Medd. Goteborgs Bot. Tr. , 16:
    1—112, pls. 1—5.

Simoncsicus H, Kedves T. 1961. Plant microfossils from the Upper Bunter of Hengelo, the Netherlands. Acta Miner. Peter. Szeged. , 14: 34.

Singh H P. 1964. A miospore assemblage from the Permian of Iraq. Palaeontology, 7:240—265, pls. 44—46.

Singh H P, Srivastava S K, Roy S K. 1964. Studies on the Upper Gondwana of Cutch 1. Mio- and Macrospores. Palaeobotanist, 12(3): 282—306.

Smith A H V. 1962. The palaeoecology of Carboniferous peats based on the miospores and petrography of bituminous coals. Proc. , Yorkshire Geol. Soc. ,
    33/4(19): 423—474, 5 pls.

Smith A H V. 1963. *Verrucosisporites* (Ibrahim) emend. Report, 5eme Reunion, CIMP: 9 pp.

Smith A H V. 1964. Genus *Verrucosisporites* (Ibrahim) Smith and Butterworth. Report, Group 6 (B. Alpern, ed.), 5eme Reunion, CIMP (Paris,
    1963): 25 pp.

Smith A H V. 1971. 2. Le genre *Verrucosisporites* //CIMP. , Microfossiles organiques du Paleozoique(4): Les Spores (eds. by Alpern B and Neves R). Editions du
    Centre national de la Recherche scientifique 15, Paris. : 35—87, 24 pls.

Smith A H V, Butterworth M A. 1967. Miospores in coal seams of the Great Britain. Special Papers in Palaeontology, 1: 1—321, 27 pls.

Somers G. 1952. A preliminary study of the spores from the Phalen Seam in the New Waterford District, Sydney Coalfield, Nova Scotia. Proceedings, 2nd

Congress Origin and Constitution of Coal (Crystal Cliffs): 219—241.

Somers G. 1972. Révision du genre *Lycospora* Schopf, Wilson and Bentall // Alpern B, Streel M. (eds.). Microfossiles organiques du Paleozoique, 5, Les spores. Editions, CIMP, Centre nat'l de la Recherche scientifique, Paris: 1—107.

Staplin F L. 1960. Upper Mississippian plant spores from the Golata Formation, Alberta, Canada. Palaeontogr. B, 107: 1—40, 8 pls.

Staplin F L, Jansonius J. 1964. Elucidation of some Paleozoic *Densospores*. Palaeontogr. B, 114: 95—117, pls. 18—22.

Streel M. 1964. Une association de spores du Givetien inferieur de la Vesdre, a Goé (Belgique), Ann. Soc. Géol. Belg., 87 (7): 1—30.

Streel M. 1966. Palynological criteria for a detailed stratigraphy of the Tn1a in the Ardenno-Rhenish Basins. Ann. Soc. Géol. Belg., 89(3): 65—96, 2 pls.

Streel M. 1967. Associations de spores du Devonien inferieur Belge et leur signification stratigraphique. Ann. Soc. Géol. Belg., 90 (1): 11—54.

Streel M. 1973. Correlations palynologiques dans le Tournaisian du Synclinorium de Namur. Bull. Soc. Belg. Geol., 82: 397—415.

Streel M. 1974. Similitudes des assemblages de spores d'Europe, d'Afrique du Nord et d'Amerique du Nord au Devonien terminal. Bull. Sci. Geol., 27: 25—38.

Streel M. 1977. Correlations palynologiques dans le Tournaisien du Synclinorium de Namur. Bull. Soc. Belg. Geol., 82: 397—415.

Streel M. 1986. Miospore contribution to the upper Famennian-Strunian event stratigraphy // Bless M J M, Streel M. (eds.). Late Devonian events around the Old Red Continent. Ann. Soc. Geol. Belg., 109:75—92.

Streel M, Loboziak S. 1996. Chapter 18B. Middle and Upper Devonian miospores // Jansonius J, McGregor D C(eds.). Palynology: principles and applications(volume 2). Publishers Press, Salt Lake City, Utah;575—587.

Streel M, Traverse A. 1978. Spores from the Devonian/Mississippian transition near the Horseshoe Curve section, Pennsylvania, USA. Rev. Palaeobot. Palynol., 26: 21—39, 2 pls.

Sullivan H J. 1964a. Miospores from the Drybrook Sandstone and associated measures in the Forest of Dean Basin, Gloucestershire. Palaeontology, 7: 351—392, 5 pls.

Sullivan H J. 1964b. Miospores from the Lower Limestone Shales (Tournaisian) of the Forest of Dean Basin, Gloucestershire. C. R. 5th Cong. Int. Carb., Paris, 1963(3): 1249—1259.

Sullivan H J. 1965. Palynological evidence concerning the regional differentiation of Upper Mississippian floras. Pollen et Spores, 7:539—563, 2 pls.

Sullivan H J. 1967. Regional differences in Mississippian spore assemblages. Rev. Palaeobot. Palynol., 1:185—192.

Sullivan H J. 1968. A Tournaisian spore flora from the Cementstone Group of Ayrshire, Scotland. Palaeontology, 11 (1):116—131, 3 pls.

Sullivan H J, Marshall A E. 1966. Visean spores from Scotland. Micropaleontology, 12: 265—285, 4 pls.

Surange K R, Chandra S. 1974. Some male fructifications of Glossopteridales. Palaeobotanist, 21(2): 255—266.

Taugourdeau-Lantz J. 1960. Sur la microflore du Frasnian inferieur de Beaulieu (Boulonnais). Rev. Micropaleontol., 3: 144—154.

Thomson P W, Pflug H. 1953. Pollen und Sporen des mitteleuropaischen Tertiars. Palaeontographica B, 94: 1—38.

Tiwari R S. 1964. New miospore genera in the coals of Barakar Stage (Lower Gondwana) of India. Palaeobotanist, 12(3): 250—259, 1 pl.

Tiwari R S. 1965. Miospore assemblage in some coals of Barakar Stage(Lower Gondwana) of India. Palaeobotanist, 13(2): 168—214.

Tiwari R S. 1973. *Scheuringipollenites*, a new name for the Gondwana sporomorphs assigned to *Sulcatisporites* Leschik,1955. Senckenbergiana Lethaea, 54(1): 105—117, 2 pls.

Tiwari R S, Schaarschmidt F. 1975. Palynological studies in the Lower and Middle Devonian of the Prum Syncline, Eifel (Germany). Abh. Senckenb. Naturforsch. Ges., 534: 1—129.

Tiwari R S, Singh V. 1984. Morphologic Study of *Jugasporites*-Complex. Proceeding of 5th Indian Geophytology Conference, Lucknow, Special Publication: 169—206.

Traverse A. 1988. Paleopalynology. UNWIN HYMAN, Boston, London, Sedney, Wellington: 600 pp.

Tschibrikova (Chibrikova) E V. 1962. Spores of Devonian terrestrial strata in Western Bashkiriya and western slope of the Urals // Tiayeva A P, Roredestvenskjaya A A, Tschibrikova E V. (eds.). Brachiopods, Ostracods and Spores of Middle and Upper Devonian of Bashikiriya. Izd. -vop AN USSR, Moscow: 351—476 (in Russian).

Tschudy R H, Kosanke R M. 1966. Early Permian vesiculate pollen from Texas, USA. Palaeobotanist, 15(1—2): 59—71, 2 pls. .

Turnau E. 1970. Microflora and palaeogeography of the Carboniferous coal measures in Polish Carpathians. Inst. Geol. Bull., 235: 163—244.

Turnau E. 1975. Microflora of the Famennain and Tournaisian deposits from boreholes of northern Poland. Acta Geol. Pol., 25: 505—528, 8 pls.

Turnau E. 1978. Spore zonation of uppermost Devonian and Lower Carboniferous deposits of western Pomerania (N Poland). Meded. Rijks. Geol. Dienst., 30: 1—35, pls. 1—5.

Tuzhikova V I. 1985. Miospores and stratigraphy of reference section of Triassic age from the Upper Permian-Lower Triassic boundary beds of the Urals. Akad. Nauk. USSR Ural Sci. Cent. Sverdlovsky: 232 pp. (in Russian).

Upshaw G F, Creath W B. 1965. Pennsylvanian miospores from a cave deposit in Devonian Limestone, Callaway County, Missouri. Micropaleontology, 11: 43—148.

Urban J B. 1971. Palynology and Independence Shale of Iowa. Bull. Amer. Paleont. , 60(166): 103—189, pls. 21— 45.

Utting J. 1994. Palynostratigraphy of Permian and Lower Triassic rocks, Sverdrup Basin, Canadian Arctic Archipelago. Geol. Surv. Can. Bull. , 478:107 pp, 10 pls.

Utting J, Neves R. 1970. Palynology of the Lower Limestone Shale Group (Basal Carboniferous Limestone Series) and Portished Beds (Upper Old Red Sandstone) of the Avon Gorge, Bristol, England. Colloque, Stratigraphie du Carbonifere. (Univ. Liege), 55: 411—412, 2 pls.

Varjukhina L M. 1971. Spores and pollen of red-coloured and coal-bearing deposits of the Permian and Triassic in the northeast European part of USSR Akad. Nauk. USSR Komi Fil. Inst. Geol. Izd. Nauka, Leningrad: 1—158 (in Russian).

van Veen P M. 1981b. Aspects of Late Devonian and Early Carboniferous palynology of Southern Ireland(Ⅳ):Morphological variation within *Diducites*, a new form-genus to accomodate camerate spores with two-layered outer wall. Rev. Palaeobot. Palynol. , 31: 261—287.

Venkatachala B S, Bharadwaj D C. 1964. Sporological study of the coals from Falkenburg (Faulquemont) Colliery, Lothringen (Lorrain), France. Palaeobotanist, 11: 159—207.

Venkatachala B S, Goubin N, Kar R K. 1967. Morphological study of *Guttulapollenites* Goubin. Pollen et Spores, 9(2): 357—362.

Venkatachala B S, Kar R K. 1966. *Corisaccites* gen. nov. , a new saccate pollen genus from the Permian, Salt Range, West Pakistan. Palaeobotanist, 15 (1—2): 107—109.

Vijaya, Tiwari R S. 1991. Impact of Gondwanan palynofloras on the East Tethyan Realm during Permian and Triassic times // Proc. Shallow Tethys(3): Sendai. Saito Hoon Kai Spec. Publ. , 3: 101—122, 2 pls.

Visscher H. 1966. Plant microfossils from the Upper Bunter of Hengelo, the Netherlands. Acta Botanica Neerlandica, 15: 316—375.

Visscher H. 1971. The Permian and Triassic of the Kingscourt Outlier, Ireland:A palynological investigation related to regional stratigraphical problems in the Permian and Triassic of western Europe. Geol. Surv. Ir. Spec. Pap. , 1: 114 pp.

Wang Cheng-Yuan. 2000. The base of the Permian System in China defined by *Streptognathodus isolatus*. Permophiles, 36: 14—15.

Wang Chu-chuan. 1922. Stratigraphy of Pao-te-chou (Baode county). N. W. Schansi. Bull. Geol. Surv. China, 4: 107—118.

Wang Yi, Li Jun. 2000. Late Silurian trilete spores from northern Jiangsu, China. Rev. Palaeobot. Palynol. , 111:111—125, 2 pls. .

Wang Yi, Edwards D, Bassett M G,et al. 2013. Enigmatic occurrence of Permian plant roots in Lower Silurian rocks, Guizhou Province. Palaeontology, 54(4):679—683.

Wang Yi, Ouyang Shu, Cai Chong-yang. 1996. Early Silurian microfossil plants from the Xiushan Formation in Guizhou Province, China and their palaeobotanical significance. Palaeobotanist, 45: 181—237.

Wang Yong-dong. 1995a. Palynological zonations and paleoecology of Carboniferous sequence from Zhongwei of Ningxia, Northwest China. Palaeobotanist, 44: 48—61.

Wang Yong-dong. 1995b. *Simozonotriletes benxiensis* Liao, a synonym name of *Simozonotriletes labellatus* Wang. Journal of Northwest University (Natural Science), 25(6): 709—710.

Wang Yong-dong. 1996. Micro- and megafloral remains of Namurian H-G1 zones from Zhongwei, Ningxia. Palaeobotanist, 45:224—232, 2 pls.

Wang Zhi, Zhan Jia-zhen. 1987. Carboniferous and Permian palynological assemblages in Junggar Basin, Xinjiang. Abstracts of papers (Ⅱ) for the 11th Int. Congr. Carb. Strat. Geol. , Beijing (1987), China: 387.

Wang Zi-qiang. 1985. Palaeovegetation and plate tectonics: Palaeophytogeography of North China during Permian and Triassic times. Rev. Palaeobot. Palynol. , 49:25—45.

Wang Zi-qiang. 2001. Traces of arborescent lycopods and dieback of the forest vegetation in relation to the terminal Permian mass extinction in North China. Rev. Palaeobot. Palynol. , 117: 217—243.

Warrington G. 1996. Chapter 18E. Permian spores and pollen // Jansonius J, McGregor D C (eds.). Palynology: principles and applications (volume 2). Publishers Press, Salt Lake City, Utah: 607—619, 2 pls.

Wicander R. 1974. Upper Devonian-Lower Mississippian acritarchs and prasinophycean algae from Ohio, USA. Palaeontographica B, 148: 9—43, 15 pls.

Wicher C A. 1934. Sporenformen der Flammkohle des Ruhrgebietes. Arbeit Institute Paläobotany, 4: 165—212.

Williams R W. 1955. *Pityosporites westphalensis* sp. nov. , an abietineous type pollen grain from the Coal Measures of Britain. Ann. Mag. Nat. Hist. 8: 465—473.

Wilson L R. 1962a. A Permian fungus spore type from the Flowerpot Formation of Oklahoma. Oklah. Geol. Notes, 22: 91—96.

Wilson L R. 1962b. Permian plant microfossils from the Flowerpot Formation, Greer County, Oklahoma. Oklah. Geol. Surv. Circular, 49: 1—50, 3 pls.

Wilson L R, Coe E A. 1940. Descriptions of some unassigned plant microfossils from the Des Moines Series of Iowa. American Midland Naturalist, 23: 182—186.

Wilson L R, Hoffmeister W S. 1956. Plant microfossils of the Croweburg Coal. Oklah. Geol. Surv. Circular, 32: 1—57.

Wilson L R, Kosanke R M. 1944. Seven new species of unassigned plant microfossils from the Des Moines Series of Iowa. Proc. Iowa Acad. Sci. , 51: 329—333.

Wilson L R, Webster R M. 1946. Plant microfossils from a Fort Union coal of Montana. Amer. J. Bot. , 33(4): 271—278.

Wilson L R, Venkatachala B S. 1963. A morphologic study and emendation of *Vesicaspora* Schemel, 1951. Okla. Geol. Surv. Circular, 23: 142—149.

Winslow M R. 1962. Plant spores and other microfossils from Upper Devonian and Lower Mississippian rocks of Ohio. US Geol. Surv, Prof. Pap. , 364: 1—93, 27 pls.

Wodehouse R P. 1935. Pollen Grains. Hafner, New York: 574 pp.

Wood G D, Elsik W C. 1999. Paleoecologic and stratigraphic importance of the fungus *Reduviasporonites stoschianus* from the"Early – Middle" Pennsylvanian of the Copacabana Formation, Peru. Palynology, 23: 43—53.

Wood G D, Gabriel A M, Lawson J C. 1996. Palynological techniques processing and microscopy // Jansonius J, McGregor D C(eds.). Palynology: principles and applications(vol. 1). Publishers Press, Salt Lake City, Utah: 29—50.

Yang Wei-ping. 1993 (Ph. D thesis; MS). An investigation of Upper Palaeozoic palynology in the suture zone area (W Yunnan, SW China) between Gondwana and Laurasia plates and its geological significance. Centre for Palynological Studies, Sheffield University, UK.

Yang Wei-ping. 1999. Stratigraphic and phytogeographic palynology of Late Paleozoic sediments in western Yunnan, China. Science Reports of Niigata University, Ser. E (Geology), 14: 15—99, 8 pls.

Yang Wei-ping, Liu Ben-pei. 1996. The finding of Lower Permian Gondwana-type spores and pollen in western Yunnan // Devonian to Triassic Tethys in Western Yunnan, China. Sedimentary, stratigraphic and micropalaeontologic studies on Changning-Menglian Orogenic Belt. China Univ. of Geos. Press: 128—135, 1 pl.

Yang Wei-ping, Neves R. 1997. Palynological study of the Devonian-Carboniferous boundary in the vicinity of the international auxiliary stratotype section, Guilin, China. Proc. 30th Inter. Geol. Congr. , 12: 95—107, Utrecht.

Yang Wei-ping, Neves R, Liu Ben-pei. 1997. Lower Carboniferous miospore assemblages from the Longba Formation in Gengma, West Yunnan, China and their phytogeographic significance. Palaeoworld, 7: 1—17, 2 pls.

Yao Zhao-qi, Ouyang Shu. 1980. On the Paleophyte-Mesophyte boundary // Paper for the 5th International Palynological Conference. Nanjing Institute of Geology and Palaeontology, Chinese Academy of Sciences, Nanjing: 1—9.

Zaklinskaya E D. 1957. Stratigraphical significance of gymnospermous pollen from Cenozoic deposits of Pavlodarsky Priirteishi and northern Priurals. Tr. Geol. Inst. Acad. Sci. , USSR, 6: 3—61.

Zhang Lu-jin. 1983. On the characters of Permian microflora in the Junggar Basin of Xinjiang. Palaeontologia Cathayana, 1: 327—344, 10 pls.

Zhang Lu-jin. 1990. Permian spores and pollen from Karamay region of Xinjiang, China. Palaeontologia Cathayana, 5: 181—204,8 pls.

Zhou Yu-xing. 1994. Earliest pollen dominated microfloras from the early Late Carboniferous of the Tianshan Mountains, NW China: Their significance for the origin of conifers and palaeophytogeography. Rev. Palaeobot. Palynol. , 81(2): 193—211.

Zhu Huai-cheng. 1989. Palynology and biostratigraphy of Namurian A in Jingyuan of Gansu // C. R. 11th Int. Congr. Carb. Stratigr. Geol. (Beijing, 1987), 3: 211—227, 4 pls.

Zhu Huai-cheng. 1993. A revised palynological sub-division of the Namurian of Jingyuan, northwest China. Rev. Palaeobot. Palynol. , 77(2):273—300, 8 pls. .

Zhu Huai-cheng. 1995. Namurian miospores from China and their correlation with Europe and North America. Rev. Palaeobot. Palynol. , 89: 335—357, 4 pls.

Zhu Huai-cheng. 1996. Discovery of the earliest Triassic spores and pollen from Southwest Tarim and Permian-Triassic Boundary. China. Sci. Bull. , 41(24): 2066—2069.

Zhu Huai-cheng. 2000. On the dynamics of Permian phytoprovincial succession of the Tarim Basin // Song Zhi-chen (ed.). Palynofloras and palynomorphs of China. University of Science and Technology of China Press, Hefei: 27—40.

Zhu Huai-cheng, Ouyang Shu, Zhan Jia-zhen, et al. 2005. Comparison of Permian palynological assemblages from the Junggar and Tarim Basins and their phytoprovincial significance. Rev. Palaeobot. Palynol. , 136: 181—207, 4 pls.

van der Zwan C J. 1979. Aspects of Late Devonian and Early Carboniferous palynology of southern Ireland: Ⅰ. The *Cyrtospora cristifer* morphon. Rev. Palaeobot. Palynol. , 28: 1—20, 5 pls. ; Ⅱ. The *Auroraspora macra* morphon. Rev. Palaeobot. Palynol. , 30:1—20.

van der Zwan C J. 1980a. Aspects of Late Devonian and Early Carboniferous palynology of southern Ireland: Ⅱ. The *Auroraspora macra* morphon. Rev. Palaeobot. Palynol. , 30:133—155.

van der Zwan C J. 1980b. Aspects of Late Devonian and Early Carboniferous palynology of southern Ireland: Ⅲ. Palynology of Devonian-Carboniferous transition sequences with special reference to the Bantry Bay area, Co. Cork. Rev. Palaeobot. Palynol. , 30: 165—286, 30 pls.

van der Zwan C J. 1981. Palynology, phytogeography and climate of the Lower Carboniferous. Palaeogeogr. , Palaeoclimat. , Palaeoecol. , 33:279—310, 3 pls.

索　引

A

B

C

· 912 ·

G

H

I

L

M

N

O

P

T

U

W

Y

英 文 摘 要

The Late Paleozoic Spores and Pollen of China

Ouyang Shu   Lu Li-chang   Zhu Huai-cheng   Liu Feng

Nanjing Institute of Geology and Palaeontology, Chinese Academy of Sciences

Contents

Preface

The palynological study of Paleozoic strata in China dates back to the forties of the twentieth century when paleo-botanist Hsü Jen (Xu Ren) as a visiting scholar in India, he published two abstracts on Devonian spores and cuticles of Yunnan, SW China (1944, 1950). After his return to China from India, Professor Hsü sponsored a training class with more than 30 students majoring in palynology and coal petrology during the Summer-Autumn of 1954 under the auspice of the former Geological Ministry of China, and this event remarkably promoted the development of palynology in this country. During the period 1954 to 1956, pioneer studies had been carried out for different geological periods, especially for the Tertiary and Quaternary, while only two papers dealing with the Upper Paleozoic miospores first appeared in the early sixties (Imgrund, 1960; Ouyang, 1962). Since then, from the middle seventies onward in particular, quite a number of papers (about 250) and several monographs in this regard have been published.

Compared with numerous colleagues involving in Cenozoic palynology, palynologists mainly working on Late Paleozoic are relatively fewer. To representatives of the old generation (less than 20 persons) in this field, we should express our special and cordial thanks, because without their efforts and important contributions, the present summarization could not be carried out: They are Gao Lian-da, Zhou He-yi, Wang Hui, Liao Ke-guang, Hou Jing-peng, Wang Zhi, Zhan Jia-zhen, Chen Jian-guo, Jiang Quan-mei, Chen Yong-xiang and others. We are also indebted to several foreign colleagues for their palynological contribution on rock matrices from China, such as Imgrund R. (1960) and Kaiser H. (1976) of Germany, Piérart P. (1961) of Belgium, Utting J. (1990) and Norris G. (1988, 1999) of Canada as co-authors of the senior editor of this book, and Bharadwaj D. C. et al. (1971) of India; and to Playford D. of Australia as well as Oshurkova M. V. of Russia for their giving us valuable information during the preparation of this volume. We also acknowledge other palynologists of China and abroad for sending us professional reprints as mostly listed in the references. We should express our deep gratitude to Professor Song Zhi-chen who as the initiator to compile these comprehensive serial volumes consistently encouraged us till his retirement, and also to Professor Zhou Zhi-yan for his careful reading a part of the manuscript and some valuable suggestions.

Following the preceding editing-style for Volume I (Cenozoic) and II (Mesozoic) of《Fossil Spores and Pollen of China》(Song Zhi-chen et al. , 1999, 2000). As Volume III, this book also aims at summarizing the published data (mainly 1960—2006) of dispersed fossil spores and pollen recorded from the Silurian, Devonian, Carboniferous and Permian of China. The known data of megaspores and acritarchs are usually not included due to the limited space of this volume. Likewise, most species in the monograph《Palynology of the Carboniferous and Permian of Northern Xinjiang, Northwestern China》(Ouyang Shu, Wang Zhi et al. , 2003) in which 566 spore-pollen species were described and illustrated (with 103 plates and detailed English summary) are not included herein. For this reason, that book can be regarded as a preceding and consistent part of this volume. Besides, some species identified in certain papers but without description have not been adopted in the present volume, partly because of their poor illustrations.

Chapter I Morphographical classification system of fossil spores and pollen

Chapter I contains Anteturma Sporites H. Potonié 1893 [totally 218 genera: among them, Triletes 186 genera (Laevigati 21, Granulai 2, Verrucati 7, Nodati 17, Biornati 8, Baculati 3, Muronati 19, Auriculati 8, Cingulati 40, Crassitude 5, Zonati 21, Patinati 8, Camerati 18, Perinornati and Pseudosacciti 9), Monoletes 30 genera and Aletes 2 genera]; Anteturma Pollenites R. Potonié 1931 [totally 75 genera: among them, Monosaccites 25 genera (Aletesacciti 4, Vesiculatomonosacciti 5, Triletesacciti 15 and Sulcatisacciti 1), Disaccites 25 genera (Disaccitrileti 8, Disacciatrileti 10, Disaccisulcati 6 and Disaccichordati 1), Polysaccites 3 genera, Striatiti 15 genera and Plicates 8 genera]. In this chapter, totally 851 species assigned to 111 genera of Devonian and Silurian and 700 species assigned to 118 genera of Carboniferous as well as 760 species assigned to 119 genera of Permian have been described. Among them, 30 newly proposed species are described in English as follows.

Description of New Species

Retusotriletes macrotriangulatus Lu sp. nov.
(pl. 28, figs. 6—8)

Holotype   pl. 28, fig. 6.

Description   Mostly circular in equatorial contour, 51—93 μm in diameter, holotype 60 μm; proximal surface lowly conic, distally nearly sub-semicircular; trilete mark distinct, straight, simple or with narrow labra (1.0—1.5 μm broad), sometimes slightly open, 7/10—3/4R in length, ends connected with arcuate ridges in a hen-beak manner; arcuate ridges distinct, perfect and quite typical; contact areas very distinct, centrally with a relatively large triangular thickened area (dark in colour) or the triangular area consisting of two parts, centrally transparent and outer darkened; surface of exine smooth, wall homogeneous or with intrapunctate texture, 1.5—2.5 μm in thickness, occasionally secondary folds present, light brown-brown in colour.

Comparison   The present new species differs from others (such as *R. triangulatus* and *R. rotundus*) of the genus in having proximally a larger thickened triangular area and perfectly developed and distinct arcuate ridges.

Locality and Horizon   Dushan in Guizhou Province, Longdongshui Formation; Damaidi in Sichuan Province, Upper Devonian; Luquan and Zhanyi in Yunnan Province, Pojiao—Haikou Formation.

Retusotriletes zonetriangulatus Lu sp. nov.
(pl. 28, figs. 9—11)

Synonyms   See in the Chinese text.

Holotype   pl. 28, fig. 9.

Description   Irregularly circular in equator contour due to secondary folds, 61—85 μm, holotype 75 μm in diameter; trilete mark in the apical thickened area distinct, but obscure or slender outside the area, ca. 4/5—5/6R in length, ends of tecta connected with arcuate ridges which being delicate, imperfect or indistinct; the prominently thickened triangular apical area consisting of banded and broad sides, 25—36 μm in length, 7—10 μm in breadth, with obtuse and closed angles, ca. 1/2—3/5R in diameter, centrally a small triangular transparent triangle visible; exine thin, ca. 1 μm in thickness, 1—2 large and arcuate secondary folds often seen along equator or subequator, surface smooth, scabrate or with granulate texture; brown to dark brown in colour.

Comparison   The present species differs from similar ones (such as *Retusotriletes triangulatus* and *R. rotundus*) in having a distinctly thickened triangular area with thick banded sides and a small apical transparent triangle within its center, and 1—2 large arcuate folds alongside the equator.

Locality and Horizon   Liujing in Guangxi Province, Nagaolin Formation; Zhanyi in Yunnan, Xujiachong Formation; Fenggang in Guizhou Province, Lower Silurian.

Apiculiretusispora combinata Lu sp. nov.
(pl. 31, fig. 26)

Holotype   pl. 31, fig. 6.

Description   Miospore-megaspores radial and trilete, amb circular, 163—255 μm in size, holotype 163 μm in diameter; trilete pronounced, with robust labra and scabrate surface, 8 μm in width at the extremity, average 5—

$6\,\mu m$ in width, ca. $5/7R$ in length, connected with arcuate ridges at the end; arcuate ridges perfectly developed, broad and thick, concave at the end of trilete, $10\,\mu m$ in widest point; small contact area fan-shaped, with thin exine, ornamented with tubercles; exine 4.5—$6.0.\,\mu m$ in thickness, ornamented with dense or sparse coni or spines having fused base ocassionally; coni or spines usually not more than $2\,\mu m$ in height, but can reach up to 3—$4\,\mu m$ on the arcuate ridges; light to dark brown in colour.

Comparison　The present species differs from *Apiculiretusispora* sp. A (Owen, 1971) in having smaller size.

Locality and Horizon　Hebuksair in Xinjiang, Heishantou Formation.

Converrucosisporites szei Ouyang sp. nov.
(pl. 98, figs. 17, 34)

1964 *Converrucosisporites* sp. a, Ouyang S. , 1964, p. 493, pl. 3, figs. 3, 4 (Holotype: pl. 98, fig. 17).

1964 *Converrucosisporites* sp. b, Ibid, pl. 3, fig. 5.

Description　Triangular in equatorial contour with convex sides and somewhat rounded angles, size 69—$80\,\mu m$, holotype $69\,\mu m$; proximal surface relatively low and planar, distally strongly convex; trilete rays distinct, with narrow labra, slightly flexuous due to sculpture, ca. $2/3R$ in length; exine ca. $4\,\mu m$ thick (ornament included), with irregular and not uniformly sized verrucae, 1—$5\,\mu m$ broad, 1—$4\,\mu m$ high, generally becoming smaller towards ends, with round-slightly pointed apices, occasionally truncate, verrucae closely spaced, ca. 1.0—$1.5\,\mu m$ apart, rarely up to $5\,\mu m$ in distance, sometimes shallow fovea or funnel shaped fovea visible, waved or toothed along periphery; brownish yellow in colour.

Comparison　The present species differs from other known species, e. g. *C. hunanensis* sp. nov. described below, in having somewhat different outline, thinner exine, and particularly characteristic sculpture consisting of closely spaced verrucae much variable in shape and size with waved periphery.

Remarks　The new species is proposed in honor of late Professor Sze Hsien-chien, former director of NIGPAS for his kindness of permission of taking rock matrixes outside of fossil plants of the Lower Shihhetze Formation, Hequ, for the palynological study.

Locality and Horizon　Hequ in Shanxi, Lower Shihhetze Formation.

Converrucosisporites hunanensis Ouyang and Jiang sp. nov.
(pl. 98, figs. 18, 31)

1982 *Verrucosisporites* sp. , in Jiang Q. M. et al. ,p. 602, pl. 402, figs. 13,14(Holotype here designated: pl. 98, fig. 31).

Description　Triangular in equatorial contour with slightly or somewhat concave sides and broadly rounded angles, size 80—$85\,\mu m$, holotype $85\,\mu m$; trilete rays distinct, occasionally with narrow labra and regularly open fissures, with quite acute extremities, ca. $3/4R$ to nearly $1R$ in length; exine evenly thick (2—$3\,\mu m$), surface particularly distal surface with low and closely spaced (usually $<1\,\mu m$ apart, foveolate-narrow trench-like) verrucae, irregular in form, diameter of bases 2—$4\,\mu m$; indistinct or nearly smooth along periphery; brownish yellow in colour.

Comparison　The new species differs from other known ones under the genus in having relatively large-sized spores, and characteristic closely spaced and low verrucate sculpture.

Locality and Horizon　Changsha in Hunan, Longtan Formation.

Verrucosisporites hsui Ouyang sp. nov.
(pl. 100, figs. 16, 22)

Holotype　*Verrucosisporites setulosus* (Kosanke) Gao, 1984, p. 401, pl. 151, fig. 14.

Description　Circular in equatorial contour, diameter 70—$85\,\mu m$, holotype $70\,\mu m$; trilete rays distinct, straight, with developed labra, 4—6μm in breadth, nearly extending to equator; exine not very thick and indistinct, occasionally with few secondary folds, surface with verrucae in moderate density, mostly irregular shaped in holotype, a few subcircular-elliptical in outline, some strictly elongated due to coalescence of verruca-bases, low, usually 2—4μm in size and 1—2μm in height, about 50 processes but not distinct along periphery; brown in colour.

Comparison *Punctatisporites setulosus* Kosanke, 1950 (p. 15, pl. 2, fig. 1) is characterized by the presence of "numerous short setae" which reach more than 3μm in length and 1.5—2.5μm in width, and relatively sparser but distinctly spinate-baculate along spore outline, thus obviously different from the Chinese specimens. We therefore propose a new species for the latter.

Remarks The new species is proposed in honor of late Professor Hsü Jen who is a paleobotanist and the founder of palynology in China.

Locality and Horizon Ningwu in Shanxi, Upper Shihhetze Formation.

Verrucosisporites shanxiensis Ouyang sp. nov.
(pl. 101, fig. 24)

Holotype *Verrucosisporites* sp. b (sp. nov.), pl. 3, fig. 17 in Ouyang S. (1964), here designated.

Description Circular in equatorial contour, 172—183μm in diameter, holotype 172μm; trilete rays distinct with very strong labra, 10—13μm in breadth, with bifurcate ends, between 1/2—2/3R in length; exine 5—8μm in thickness, easily broken, surface with scattered circular tubercles, generally 4μm in diameter, occasionally 3—6μm, with broad bases, low, ca. 2μm in height, with planar-rounded extremities, small tubercles present as well, ca. 1μm in diameter and height; only ca. 10 large tubercles along periphery, and small tubercles hard perceivable; dark brown in colour.

Comparison The new species differs from others under the genus in having larger spore size and thick exine as well as scattered tubercles.

Locality and Horizon Hequ in Shanxi, Lower Shihhetze Formation.

Verrucosisporites shaodongensis Ouyang and Chen sp. nov.
(pl. 100, figs. 10, 11)

Synonyms See p. 421 in the Chinese text.

Holotype Chen J. G., 1978, p. 400, pl. 117, fig. 17(pl. 100, fig. 10).

Paratype Chen J. G., Ibid., pl. 117, fig. 18(pl. 100, fig. 11).

Description ± Circular in equatorial contour, size 52—62μm, holotype 52μm; trilete rays visible, ca. 1/2—2/3R in length with thin labra that possibly expanded at tecta ends; exine 2—4μm in thickness, equatorially and locally thickened may be up to 7μm broad; surface with big and solid verrucae, roundly ovoid in shape, size 6—10μm, height less than breadth, individually up to 4μm high, generally less than breadth, with round or slightly conic extremities, a few tubercles coalescing one another resulted into a sausage-like manner, canaliculated among verrucae, slightly waved along periphery, or with <10 big and strong processes; ornaments strongly reduced on contact areas; brown in colour.

Comparison The present new species is somewhat similar to *V. perverrucosus* (Loose) Potonié and Kremp, 1955 (p. 68, pl. 13, fig. 194), however, the tubercles of the latter are mostly subcircular in shape and loosen in texture, and basically even in size, and the trilete rays are hardly visible.

Locality and Horizon Shaodong in Hunan, Longtan Formation.

Hadrohercos? *gaoi* Ouyang and Zhu sp. nov.

(pl. 98, figs. 32, 33)

1983 *Hadrohercos stereon* Felix and Burbridge,1967, identified by Gao L. D., p. 370, pl. 142, figs. 1,2, 6 (Holotype: fig. 2; Paratype: fig. 1; pl. 98, fig. 32,33. here designated) respectively.

Description Broadly triangular in equatorial contour, size $100-130\mu m$, holotype ca. $130\mu m$, paratype $125\mu m$; trilete rays distinct, more or less with labra on both sides, nearly extending to inner margin of cingulum(?); exine composed of two layers, endexine compact in density and darker in colour, and exoexine relatively loose, generally thicker than the endexine.

Remarks Judging from the pl. 142, fig. 6 of Gao Lian-da, the present species is possibly a patinate spore, i. e. the exine is the thickest distally ($\leqslant 20\mu m$) and equatorially ($8-16\mu m$), and thinner proximally. As a characteristic feature of the species, the whole exine appears composed of a closely spaced and radiate "interpalisade" structure (Gao Lian-da's pl. 142, fig. 2) comparable to that of *Schopfipollenites shansiensis* Ouyang,1964, thus punctuate - microgranulate in appearance in polar view. The new species is proposed in honor of Prof. Gao Lian-da who has published many papers dealing with palynostratigraphy of Upper Paleozoic in China.

Comparison In establishing the genus *Hadrohercos*, Felix and Burbridge (1967) definitely ascribed the type species *H. stereon* to Azonotrilete spores, which is characterized by low-flat verrucae that is covered by a sheath-like layer, and without any closely radiate intertexture. Thus the present Chinese specimens are obviously different from *H. stereon*, and the original generic identification is also doubtful.

Locality and Horizon Ningwu in Shanxi, Benchi Formation.

Apiculatasporites shanxiensis Ouyang sp. nov.

(pl. 103, fig. 58)

Holotype *Planisporites* sp., Ouyang S., 1964, p. 495, pl. 3, fig. 13.

Description Circular in equatorial contour, holotype $74\mu m$; trilete rays distinct, simple, straight, with acute ends, 1/3—1/2R in length, not equally long on the same specimen; exine $3-4\mu m$ thick, surface with closely spaced very small spinae-grana, $<1\mu m$ in base diameter and height, the spines relatively obvious under high magnification; slightly toothed along periphery; yellow in colour.

Comparison The present species differs from those known in having distinctly differentiated exine, short trilete rays, and in particular extremely small and even spinules - grana.

Locality and Horizon Hequ district in Shanxi, Lower Shihhetze Formation.

Planisporites tarimensis Ouyang and Hou sp. nov.

(pl. 102, figs. 32, 33)

Holotype *Planisporites* sp. 1, Hou J. P. and Shen B. H., 1989 p. 105, pl. 16, figs. 10(here designated)—12.

Description Triangular - roundly triangular in equatorial contour, $43-46\mu m$ in size, holotype $43\mu m$; trilete rays distinct, with labra, apices slightly elevated, extending nearly to equator; exine thin, with small folds, surface with quite small and closely spaced coni, $1.0-1.2\mu m$ in base diameter and height, toothed along periphery.

Comparison The present new species differs from other known ones under the genus in having small spore size, labra and in particular small and closely spaced coni. *Azonotriletes tenuispinosus* Waltz (see Andreyeva, 1956, p. 23, pl. 46, fig. 31a,b) included spores ($30-50\mu m$) with a wide range of variation in outline, trilete rays and long or short spines (20 drawing figures listed). Among them, only that figured in the left-lower one is comparable to the Xinjiang specimens, however, it has slender spinules and has not distinct labra along trilete rays.

Locality and Horizon   Kuqie in Tarim, the Biyoulebaozi Group.

Apiculatisporis shaoshanensis Ouyang and Chen sp. nov.
(pl. 104, figs. 4, 19)

Synonyms   See p. 185 in Chinese text.

Holotype   Chen J. G. , 1978, p. 402, pl. 118, fig. 8.

Description   Circular-subcircular in equatorial contour, 42—50μm in diameter, holotype 50μm; trilete rays visible, ca. 2/3R in length; exine 1. 5—2. 0μm thick, surface with coni in moderate density, basis breadth ≤ height, ca. 2. 5—3. 0μm in height; exine surface scabrate-punctate; ornaments becoming scattered towards proximal surface, ca. 35—40μm along periphery; brownish in colour.

Comparison   The present holotype was originally attributed to *Ibrahimspores* sp. , however, the latter is characterized by special ornamentation ("rose-thorn shaped elements, that are curved and pointed and much longer than wide"), and the type is from the Namurian of Turkey.

Locality and Horizon   Shaoshan in Hunan, Longtan Formation.

Raistrickia major Ouyang and Chen sp. nov.
(pl. 106, fig. 41)

Holotype   *Raistrickia* sp. 2, Chen J. G. , 1978, p. 404, pl. 118, fig. 18 (here designated as shown in pl. 106, fig. 41).

Description   Nearly circular in equatorial contour, 118—129μm in size, holotype 118μm; trilete rays slender and straight, somewhat shorter than the radius in length; exine ca. 6μm thick, surface provided with irregular bacula - conate ornaments, bacula 2. 5—8. 5μm in basal diameter, 7—12μm in length, mostly with rounded ends or swollen extremities up to 12μm in diameter, while the coni ca. 4—8μm in basal breadth, with obtuse or acute apices, altogether about 15 in number along periphery; dark brown in colour.

Comparison   The present species differs from those known under the genus in having larger spore size, thick exine and not evenly distributed ornaments.

Locality and Horizon   Baohetang in Shaodong County, Hunan; Longtan Formation.

Hystricosporites navicularis Lu sp. nov.
(pl. 50, figs. 4, 12)

Synonyms   In the Chinese text.

Holotype   pl. 50, figs. 4, 12.

Description   Nearly circular in equator contour, 54. 6—84. 0μm in diameter (ornaments excluded), sailing-boat shaped or highly conical in meridian contour, 72—97μm in polar axis, holotype 72μm in diameter, 86μm in polar axis; proximally exine along with trilete labra strongly raised, up to 41. 5—52. 0μm in height, apex obtusely concave or truncate, surface punctuate; distal surface and equatorial edge with ornamentation of anchor-shaped spines with somewhat swollen base, 5—12μm in breadth, two sides of stem of spine nearly parallel, 2. 5—4. 0μm broad, 18—29μm long, surface slightly scabrous, apical part distinctly dichotomous, 3—5μm in length, decurved and 4. 0—8. 5μm spaced apart; 12—28 processes along equator; distal exine thick, surface smooth to slightly scabrate, dark brown in colour.

Comparison   The present species differs from other known species of the genus in having a sail-boat shaped apical part in meridian contour; *H. corystus* Richardson has similar configuration, however, it differs in having much larger spore body (129—213μm) and longer (26—66μm) anchor-shaped spines.

Locality and Horizon Zhanyi in Yunnan Province, Haikou Formation; Diebu in Gansu Province, Dangduo Formation.

Hystricosporites varius Lu sp. nov.
(pl. 50, fig. 9)

Holotype *Hystricosporites* sp. 4, Lu, 1988, p. 187, pl. 23, fig. 4.

Description Trilete megaspores; subcircular in equatorial contour, 224.6—291.2μm in diameter, holotype 224.6μm (pl. 50, fig. 9); trilete labra quite developed and strongly raised resulted in a super-semispherical manner (56.0—85.8μm in height), and their base almost occupying the whole proximal face, surface nearly smooth, coarse granulate to tuberculate texture distinct; distal face convex, equatorially and distally the exine surface covered with irregular anchor-shaped spines; coarse spines relatively rare, suona-like, 37—42μm in basal breadth, and progressively becoming narrow at 1/3 position, and upwards in middle-upper portion both sides nearly parallel, 14.0—17.5μm in breadth, apical part slightly swollen, thickened and bifurcated, forks 9.5—13.5μm long, whole length of anchor-spines 85—115μm, surface smooth to slightly scabrate, the upper portion intrapunctate, translucent to transparent; smaller spines rather numerous, 50.2—87.5μm long, with bifurcated ends 7.5μm in length; distal exine rather thick and opaque.

Comparison The present new species differs from other known species of the genus in having a considerable variation in size and morphology of the anchor-like spines. *H.* sp. A described by Owens (1971) from the Middle Devonian of Melville Island, Arctic Canada, is comparable, however, it is much smaller (116.2μm).

Locality and Horizon Zhanyi in Yunnan, Haikou Formation.

Convolutispora shanxiensis Ouyang sp. nov.
(pl. 110, fig. 48)

Holotype *Convolutispora* sp. a (sp. nov.), Ouyang S., 1964, p. 496, pl. 5, fig. 1.

Description Circular in equatorial contour, 70—81μm in size, holotype 81μm (pl. 110, fig. 48); trilete rays often obscure or difficult seen, possibly slender; exine thin, the whole surface with convolute ornamentation, with ridges 3—5μm in breadth, ca. 4μm in height, having rounded or truncate ends, and strongly flexuous resulted in a convolute ridges – imperfect reticulation, enclosing narrow canals or irregular fovea, 5—8μm in larger diameter; broad or narrowly vaulted along periphery; brownish yellow in colour.

Comparison The present species quite resembles *C. flexuosa* forma *major* Hacquebard,1957 (p. 311, pl. 2, figs. 8,9), however, the latter differs in having larger spore size (124—255μm), and *C. flexuosa* forma *minor* Hacquebard,1957 (p. 312, pl. 2, fig. 10) is comparable in size (72μm), but differs in having scattered and broader ridges (4—6μm) with larger fovea (4—8μm).

Locality and Horizon Hequ district in Shanxi, Lower Shihhetze Formation.

Brochotriletes shanxiensis Ouyang sp. nov.
(pl. 110, fig. 26)

Holotype *Brochotriletes* sp., Ouyang S., 1964, p. 498, pl. 5, fig. 9, i. e. here shown in pl. 110, fig. 26.

Description Subcircular in equatorial contour, holotype 51μm; trilete rays distinct, short, ca. 1/3—1/4R in length, possibly obscured by sculpture; exine moderately thick, ca. 3μm, surface with irregular fovea (1.0—

2.5μm in depth and 1.5—5.0μm in diameter) enclosed by anastomosing ridges composed of low verrucae; equatorial rim concave or gently waved; brownish yellow in colour.

Comparison　The sculpture pattern of the present species is transitional between *Brochotriletes* and *Verrucosisporites*, and can be easily distinguished from those known ones under the two genera.

Locality and Horizon　Hequ district in Shanxi, Lower Shihhetze Formation.

Pseudoreticulatispora shanxiensis Ouyang sp. nov.

(pl. 107, fig. 37)

1964 *Foveolatisporites* sp. , Ibid, pl. 5, fig. 5.

Holotype　*Foveolatisporites* cf. *fenestratus* (Kosanke and Brokaw) Bharadwaj, 1955 identified by Ouyang S. , 1964, p. 497, pl. 5, fig. 6.

Description　Circular in equatorial contour, (58) 83—94μm, holotype 94μm; trilete rays distinct, ca. between 1/2—2/3R in length, with acute ends; exine ca. 1—2μm in thickness, surface with small and closely spaced "reticulate" ornamentation enclosing fovea which being 1—2μm in diameter, occasionally up to 3—4μm, centrally a foveolet sometimes present, circular or oblate in form; muri low and planar, 1—2μm high, 2—3(4) μm broad, occasionally becoming narrow upwards, slightly convex in optical section, more or less waved along periphery; light yellow -yellow in colour.

Comparison　Because of the presence of an operculum, *Foveolatisporites fenestratus* (Kosanke and Brokaw) has been transferred to *Vestispora*, the present specimens without an operculum are here proposed as a new species and ascribed to the genus *Pseudoreticulatispora*.

Locality and Horizon　Hequ district in Shanxi, the Lower Shihhetze Formation.

Cingulatisporites shaodongensis Ouyang and Chen sp. nov.

(pl. 123, fig. 38)

Holotype　*Cingulatisporites* sp. 1, Chen J. G. , 1982, p. 412, pl. 119, fig. 29 (here designated).

Synonym　*Cingulatisporites* sp. 1, in Jiang Q. M. , 1982, p. 611, pl. 404, fig. 23.

Description　Triangular in equatorial contour, with straight and planar sides and slightly acute angles; holotype 60μm; trilete rays distinct, with quite robust labra, equal to the radius of spore in length; cingulum solid and thick, brown in colour, inner layer 5—7μm in breadth but became narrow at the end of each ray, outer layer constantly 4.7μm thick, wall of central body not thick; yellow in colour; no sculpture developed on central body and cingulum.

Comparison　The present species differs from others known under the genus *Cingulatisporites*; however, it seems better to assign the present specimen to the genus *Cuneisporites*.

Locality and Horizon　Baohetang in Shaodong, Hunan, the Longtan Formation.

Spinozonotriletes kaiserii Ouyang sp. nov.

(pl. 126, figs. 5, 19)

Holotype　*Spinozonotriletes* sp. B, Kaiser, p. 128, pl. 12, figs. 1 (holotype, here designated as shown in pl. 126, fig. 19)—2.

Description　Subtriangular in equatorial contour, size 40—45μm, holotype 45μm; membranous trilete rays ca. 5μm in height, slightly flexuous, nearly extending to equator; cingulated spores consisting of two layers of exine; exine ca. 1.5μm in thickness, the whole surface provided with robust and strong spines, coni or bacula, 3—

4 μm in basal breadth, 5—8 μm in height, round—elongated ovoid in cross section; bases of spinae often connected and constituting a cingulum in various breadth; small coni present among these large ornaments, ca. 1. 0—1. 5 μm in basal breadth and height; endexine quite thin, ca. 1 μm, laevigate, closely enclosed by exoexine which constitute a cingulum in variable breadth along equator, at most up to 5—7 μm broad; yellowish brown in colour.

Comparison   The present species differs from others known under the genus in having a characteristic cingulum, robust coni or bacula and membranous trilete rays.

Remarks   The new species is in honor of Dr. Kaiser H. who is the first to study the Permian palynology of Baode in Shanxi.

Locality and Horizon   Baode in Shanxi, Upper Shihhetze Formation (Layer K).

Spinozonotriletes songii Ouyang sp. nov.
(pl. 127, figs. 1, 2)

Holotype   *Spinozonotriletes pilosa* (Kosanke) identified by Kaiser, 1976, p. 128,129, pl. 11, fig. 12.

Synonym   *Spinozonotriletes* sp. A, Kaiser, Ibid., p. 128, pl. 11, figs. 13,14.

Description   Circular to subcircular in equatorial contour, 30—40 μm in diameter, holotype 40 μm (here designated as shown in pl. 127, fig. 1), paratype (Kaiser, pl. 11, fig. 12) 40 μm; trilete rays slender or with labra, extending to 2/3 R or nearly to equator; exine composed of two layers, exoexine thin, ca. 1. 0—1. 5 μm, equatorially consisting a zona, becoming thin towards periphery, easily peeled off; surface, particularly distal and equatorial ones, provided with long spines, 1. 5—5. 0 μm in basal breadth, 5—8 μm in height, whole number ca. 40, individually existing, not solid, mostly with acute ends, but sometimes blunt or broken apart; among big spines, especially proximal surface with small spinules, 0. 5—1. 0 μm in basal diameter and height; endexine thin, 0. 5—0. 7 μm in thickness, laevigate, mostly sticked with exoexine, but occasionally isolated and resulted into a "Mesosporoid"; brownish yellow in colour.

Comparison   As a homonym of *Raistrickia pilosa* Kosanke,1950 (p. 48, pl. 11, fig. 4), the present species is similar to *S. kaiserii* sp. nov., but differs from the latter in having slender spinae and thinner (membranous) zona.

Remarks   The new species is proposed in honor of Professor Song Zhi-chen who is the leading palynologist in China and the promoter of compiling the serial books *Fossil Spores and Pollen of China*.

Locality and Horizon   Baode in Shanxi, Upper Shihhetze Formation (Layers J, K).

Spelaeotriletes pretiosus (Playford) Neves and Belt var. *minor* Lu var. nov.
(pl. 64, figs. 30, 31)

Remarks   Spores 37. 5—48. 0 μm in size, holotype 48 μm; the size range is about 1/3 of the species (98—195 μm) given by Playford (1964); other features are closely similar to *S. pretiosus* Playford.

Locality and Horizon   Longtan, suburb of Nanjing, Leigutai Formation of Wutong Group.

Grandispora multirugosa Lu sp. nov.
(pl. 61, figs. 16, 17)

Synonym   *Spelaeotriletes obtusus* Higgs identified by Lu L. C. in 1999, p. 79, pl. 17, figs. 3, 4, 8, 9.

Holotype   pl. 61, fig. 16 (= p. 79, pl. 17,fig. 8 in Lu L. C., 1999).

Description   Triangular in equatorial contour with obtuse to broadly rounded apices and convex sides, 78. 0—95. 7 μm in diameter, inner body 53—67 μm, holotype 84 μm; trilete mark indistinct or just discernible, about equal to the radius of inner body in length, endexine discernible to distinct, quite thin (<1 μm thick) and often with folds, outline of inner body consisting of endexine roughly coincides with that of the equatorial contour, isolated from the exoexine in polar view with a narrow cavity less than 10 μm in breadth; distally and equatorially the exine with closely spaced small coni or tubercles, coni low with almost equal basal diameter and height, ca. 1.0—1.5 μm, tubercles ca. 1 μm broad and 1—2 μm long, apices round or slightly swollen, distance usually not larger than basal breadth, occasionally and locally contacted one another; arcuate ridges imperfect, contact areas almost equal to the proximal surface and within them no sculpture developed; equatorially exine quite thick (dark brown) and somewhat cingulum-like, up to 3—6 μm thick, rest of the exine quite thin, often with irregular band-like folds that makes the spores irregular in outline; light brown to dark brown in colour.

Comparison The present new species differs from known ones of the genus in having thick equatorial cingulum-like exoexine, and otherwise thin exoexine as well as endexine, both often secondarily folded and with small and closely spaced ornaments.

Locality and Horizon Hobuksar in Xinjiang, the fourth layer of Heishantou Formation.

Bascaudaspora microreticularis Lu sp. nov.
(pl. 43, figs. 28—30)

Basionym *Bascaudaspora* sp. 2 of Wen and Lu, 1993, pl. 3, figs. 7, 8.

Holotype pl. 43, figs. 28, 29.

Description Triangular spores with obtuse angles and convex sides, holotype 54 μm; trilete mark distinct, straight, with narrow labra ca. 3 μm in breadth with slightly uneven margin, = R of inner body in length, apically three circular tubercles quite prominent, 5—7 μm in diameter; inner body (endexine) discernible to distinct, outline coincides with that of the equator, somewhat separated from exoexine in polar view, with a narrow cavity; reticulate ornamentation confined to distal surface and equatorial rim, proximal surface (including cingulum) smooth; reticulation regular with muri 1.5—2.5 μm (or even ca. 3 μm) in basal breadth, and 1.5—2.5 μm in height along equatorial contour and narrowed up to end with obtuse or acute apices, lacuna mostly subcircular in form with 1.5—2 (3.0) μm in diameter; cingulum thick with even breadth (4—6 μm, muri height not included); 4—6 μm in breadth (muri height not included), light to dark yellow brown in colour.

Comparison The present new species differs from other known ones of the genus in having microreticulate ornamentation, thick and solid cingulum and prominent three apical circular tubercles.

Locality and Horizon Quannan in Jiangxi, Sanmengtan Formation.

Densosporites convolutus Lu sp. nov.
(pl. 75, figs. 7, 28, 29)

1997a *Tumulispora* sp., Lu L. C., pl. 4, figs. 20, 21.

Synonyms *Densosporites* sp., Lu L. C., 1997a, pl. 4, fig. 19.

Holotype pl. 75, fig. 7.

Description Subtriangular in equatorial contour with obtuse angles and straight to slightly convex sides; trilete mark discernible, more or less flexuous, labra narrow, broadened towards ends (<2 μm), extending to or somewhat beyond the inner margin of cingulum; distally exine around the polar area with irregular convolute ridges, muri 6—10 μm broad and 3.0—4.5 μm high with broad rounded apices, surface punctate to extremely small spines to grana (<0.5 μm); distal exine within the polar area with scattered tubercles, 2.0—3.5 μm in basal diameter, height distinctly less than breadth; distal surface of cingulum, especially its inner part occupied with convolute ridges or covered by low and isolated tubercles, while its outer part without distinct process ornamentation, smooth along spore margin; cingulum 8. 5—10. 0μm in breadth; proximal surface without ornamentation, central part somewhat concave.

Comparison　The present species differs from other known species of *Densosporites* and *Tumulispora* in having characteristic convolute ridges around the distal central part.

Locality and Horizon　Jieling in Hunan, Shaodong Member.

Elenisporis indistinctus Lu sp. nov.
(pl. 77, fig. 4)

Holotype　*Elenisporis biformis* Lu, 1997b, pl. 2, fig. 12(here designated).

Description　Subtriangular in equatorial contour with obtuse angles and slightly convex sides, size 45—51μm; trilete rays distinct, straight, extending to the inner margin of cingulum or a little short; equatorial cingulum 2—3μm in breadth, smooth along margin; proximal surface provided with rib-like ridges, 6—8 ridges in each area between two rays, each ridge 2—3μm broad, distance of ridges always less than 2—3μm; distal surface of exine smooth; light yellow in colour.

Comparison　The present species differs from *Elenisporis biformis* in having larger size (64—120μm), distal exine with small punctuate or closely spaced granulate ornamentation, and outer margin of cingulum with closely spaced small toothed ornaments.

Locality and Horizon　Junggar Basin in Xinjiang, Hujiersite Formation.

Vallatisporites? *semireticulatus* Ouyang sp. nov.
(pl. 127, figs. 3, 4)

Holotype　*Vallatisporites* sp. , Kaiser, p. 129, pl. 12, figs. 3,4, text-fig. 3a,b,c(here designated).

Description　Zonotrilete spores, circular to subcircular in equatorial contour, holotype 50μm; a circle of large and radiately extending vacuoles present within the zona, 3—5μm in diameter, and the inner side is a cingulum, ca. 3μm broad, its inner boundary distinct, enclosing the spore cavity; endexine in the central part thin, ca. 1μm thick, closely enclosed by exoexine ca. 2μm thick; distally the exine with characteristic reticulate ornamentation, on the muri (1. 5—3. 0μm in breadth and height) being papillate processes (3. 5μm high including muri); trilete rays with narrow labra, slightly flexuous, extending to the inner margin of cingulum or entering into zona near equatorial margin, or with arcuate ridges; yellowish brown in colour.

Comparison　Under *Cirratriradites*, Kosanke (1950) described two species, i. e. *C. diformis* and *C. rotatus*, both being characterized by having vacuoles within the zona (as seen from his photographs), however, the zona of them is much broader than that of the Shanxi specimens and is different in having irregular vacuoles within it.

Locality and Horizon　Baode District in Shanxi, Upper Shihhetze Formation.

Procoronaspora labiata Zhu sp. nov.
(pl. 128, figs. 2, 3)

Holotype　*Procoronaspora* sp. , Zhu H. C. , 1993, p. 248, pl. 59, figs. 34a, b, 35.

Synonym　*Proconaspora odontopetala* Zhu, Ibid, pl. 60, fig. 4.

Description　Triangular to rounded triangular in equatorial contour, with convex sides and obtusely round angles; size 35—37μm; trilete rays distinct, simple, straight, with labra 1—2μm in breadth, almost extending to equator; exine 1. 0—1. 5μm in thickness, distally and equatorially ornamented with coni-conate tubercles, nearly circular in basal outline, 0. 5—2. 0μm in basal diameter and height, with obtuse or acute ends, 0. 5—2. 5μm spaced apart; proximal surface and equatorial angles smooth.

Comparison The present species differs from *Proconaspora odontopetala* Zhu,1993 emend. nov. and other known species under the genus in having developed labra accompanied with trilete rays.

Locality and Horizon Jingyuan in Gansu, the middle part of Yanghugou Formation.

Latosporites leei Ouyang sp. nov.
(pl. 135, fig. 5)

Holotype *Latosporites* sp. (sp. nov.), Ouyang S., 1962, p. 95, pl. 5, figs. 12,13; pl. 10, fig. 11 (Holotype here designated).

Description Somewhat ovoid or rectangular but not well-symmetrical in equatorial contour, size 40—55×50—$60 \mu m$, holotype $54 \times 45 \mu m$; monolete fissure distinct, slender, perpendicular to the long axis of spore, and positioned near one extremity, ca. 1/2 long axis in length; exine thin, $< 1 \mu m$ in thickness, surface smooth without ornamentation, with extremely small intragranulate structure; yellow in colour.

Comparison The new species differs from those known under *Latosporites* or *Laevigatosporites* in having peculiar direction of the monolete mark which runs perpendicular to the long axis of spore.

Remarks The new species is proposed in honor of late Professor Li Xing-xue, a famous paleobotanist of China, for his long-term encouragement to the senior author of this book.

Locality and Horizon Changxing in Zhejiang, Longtan Formation.

Speciososporites chenii Ouyang sp. nov.
(pl. 139, fig. 17)

Holotype *Speciososporites* sp., 1978, Chen J. G., p. 427, pl. 124, fig. 6.

Synonym *Speciososporites* sp., in Jiang Q. M., 1982, p. 626, pl. 412, fig. 16.

Description Elliptical in equatorial contour, holotype 110×85 μm; monolete mark almost reaching to the inner margin of cingulum; cingulum broad and solid, reaching 8.2 μm in breadth (ca. 1/5 length of radius of the short axis); exine thick, longitudinal folds may be present, surface with grana and distally mixed with low and flat verrucae(?), uneven along spore margin; brown in colour.

Comparison The present species distinguishes from others known under the genera *Speciososporites*, *Thymospora* and *Punctatosporites* in having a distinct cingulum, larger size of spore and longer monolete mark.

Remarks The new species is proposed in honor of our colleague and one of Chinese pioneers of Paleozoic palynology, Chen Jian-guo who firstly described the form as an indeterminable species more than 30 years ago.

Locality and Horizon Baohetang in Shaodong, Hunan; Longtabn Formation.

Chapter II Devonian spore assemblage sequence, and Discussion about the palynological boundary between the Devonian and Carboniferous in China

II -1. Devonian spore assemblage sequence

II -1a. Early Devonian assemblage sequence

1. North China

A. The *Streelispora newportensis-Ambitisporites dilutus* (ND) assemblage zone, ranging from the Late Silurian (?) to the earliest Devonian, obtained from the Yanglugou and Putonggou sections, N. Sichuan and the Xiawuna section, Gansu in W Qinling Mts. This zone is composed of two assemblages in ascending order (Gao L. D. and Ye X. R., 1987; Gao L. D., 1993): ①The *Apiculiretusispora minor-Leiotriletes parvus-Retusotriletes* spp. assemblage from the Yanglugou Formation; ②The *Streelispora newportensis-Ambitisporites dilutus* assemblage from the lower and middle parts of the Lower Putonggou Formation, it is more diverse in composition.

B. The *Emphanisporites micrornatus-Streelispora newportensis* (MN) assemblage from the Lower Devonian Wutubulak Formation in the Shaerbuti Mts., W Junggar (Gao L. D., 1993), in associated with a few acritarchs and chitinozoans. The assemblage may be roughly correlated with those of the above-mentioned ND assemblage, and dated Gedinnian.

C. The *Reticulatisporites emsiensis-Clivosispora verrucata* (EV) assemblage from the mid-upper parts of the Dangduo Formation in the Dangduogou section of Dewu, Gansu. The disappearance of *R. emsiensis* and *Dibolisporites wetteldofensis*, etc. marks the top boundary of the zone. Age: late Early Devonian, i. e. Emsian (Gao L. D. and Ye X. R., 1987).

2. South China

A. The *Streelispora newportensis-Chelinospora cassicula* (NC) assemblage from the Xiaxishancun Formation in the Silurian-Devonian section outcropped in Qujing, Yunnan. The assemblage is composed of spores assigned to 21 species of 12 genera, and correlated with the *Emphanisporites micronatus-Streelispora newportensis* (MN) assemblage of Richardson and McGregor (1986), and both are dominated by *S. newportensis* and belong to the same age: Gedinnian (Fang Z. J. et al., 1994). Similar assemblages have been obtained from the Xitun Formation, Cuifengshan in Qujing and named the *Streelispora granulata-Archaeozonotriletes chulus* (GC) assemblage (Gao L. D., 1981), which is somewhat similar to the VN assemblage from the Xiaxicun Formation. Later on, Gao L. D. (1988) considered the two assemblages to be Gedinnian in age.

B. Spores of the Nagaoling Stage of Lower Devonian in Liujing, Guangsi. In ascending order, three assemblages have been obtained: ①The *Leiotriletes-Punctatisporites* assemblage, from the lower member (layers 1—2) of the Nagaoling Formation; ②The *Retusotriletes- Acanthotriletes-Stenozontriletes* assemblage from the upper member (layers 3—4), both being Early Devonian, possibly Gedinnian to Siegenian; and ③The acritarchs-dominated (91% in content) assemblage with a few spores, such as *Retusotriletes* and *Leiotriletes*. from deposits of different environments.

C. Spore assemblages of the Longmenshan region, Sichuan (Gao L. D., 1988). Two spore assemblages have been obtained from the Lower Devonian in this region, viz. the *Streelispora newportensis-Synorisporites verrucatus* (NV) and *Brochotriletes* spp. *-Synorisporites downtonensis* (SD); the former obtained from Guixi Formation, Muerchang Formation, and Guangyingmiao Formation. The latter from the Guangshanpuo Formation, and Bailiuping Formation., being Gedinnian – Siegenian and late Siegenian in age respectively (Wang S. T. et al., 1988).

D. The *Retusotriletes triangulatus-Apiculiretusispora minuta* (TM) assemblage of the Xujiachong Formation in Xujiachong of Qujing, Yunnan (Lu and Ouyang, 1976). It is composed of 32 species of 13 genera, and dominated by *Retusotriletes*, *Apiculiretusispora*, *Verruciretusispora* and zonate spores. The presence of *Drepanophycus spinaeformis* and *Zosterophyllum yunnanensis*, etc. in the same strata also demonstrates that the present assemblage should be Early Devonian age.

The most comparable assemblage has also been found from the Longhuashan Formation in Zhangyi, Yunnan. It is also dominated by *Retusisporites*, *Apiculiretuisispora*, *Verruciretusispora* and *Tholisporites*, altogether amounting to 78. 7%—86. 3% in content. They are roughly of the same age, i. e. late Early Devonian (Emsian). The assemblage from the Longhuashan Formation(= Xujiachong Formation) in Qujing (Gao L. D., 1981) is basically the same, however, the author suggested an age of late Siegenian —early Emsian.

E. Two assemblages have been obtained from the Danling Formation in Dushan and Duyun, Guizhou (Gao L. D. and Hou J. P., 1975): The lower one (layers 2—12) is here named *Retusotriletes triangulatus-*

Emphanisporites annulatus (TA) assemblage, and the upper one (layers 13—17) named *Retusotriletes triangulatus- Ancyrospora breviradius* (TB) assemblage. Both together are possibly Siegenian—early Emsian in age.

Ⅱ-1b. Early Middle Devonian assemblage sequence

1. North China

A. The *Rhabdosporites langii-Grandispora velata* (LV) assemblage (Gao L. D. and Ye X. R. , 1987): Obtained from the upper part of the Middle Devonian Dangduo Formation and the lower part of the Lure Formation in Luqu-Diebu region, Western Qingling Ranges, and the first appearance of the two leading species is characteristic. The first appearance and sometimes abundance (10%—15% in content) of *Archaeoperisaccus* spp. in the Lure Formation deserves special attention. This assemblage may be correlated with the *R. langii-Acinosporites acanthomammillatus* assemblage (Richardson, 1974; McGregor and Camfield, 1976), and Eifelian in age.

B. The *Densosporites devonicus* assemblage (Ibid, 1987): Obtained from the upper part of the Lure Formation and the lower part of the Wuna Formation in the same region. In addition to a few marine acritarchs and abundant presence of *D. devonicus*, small spores dominate. Important species include *Retusotriletes pychovii*, *Apiculiretusispora* spp. , *Densosporites concinnus*, *Cymbosporites pusillus*, *Geminospora compacta*, *Aneurospora goensis* and *Hystricosporites grandis*, etc. Possible age: Late Eifelian to early Givetian, Middle Devonian.

2. South China

A. The *Retusotriletes rugulatus-Hystricosporites corystus* (RC) assemblage: Obtained from the Middle Devonian Longdongshui Formation in Dushan region, Guizhou (Gao L. D. and Hou J. P. , 1975). Age: Eifelian.

B. The *Calyptosporites velatus-Rhabdosporites langii* (VL) assemblage: From the Chuandong Formation in Qujing, Yunnan. It is comparable to the above-mentioned RC assemblage and belongs to the same age: Eifelian.

Ⅱ-1c. Late Middle Devonian assemblage sequence

1. North China

A. The *Cymbosporites* assemblage: Obtained from the Hujiersite Formation in the Junggar Basin, Northern Xinjiang (Lu L. C. , 1997b) and dominated by *Cymbosporites* (36. 3% in content) and *Emphanisporites* (8. 7%). It is highly diversified and the presence of *C. magnificus* var. *magnificus* is of special significance. Co-existence of fossil plants and brachiopods also supports the dating of late Middle Devonian, i. e. Gevitian.

B. The assemblage dominated (ca. 50% in content) by *Dibolisporites*, *Apiculiretusispora*, *Grandispora* and *Biornatispora* in association with a few acritarchs, chitinozoans, woody fragments and algal filaments in the upper part of the Heitai Formation of shallow marine facies, in Mishan, Heilongjiang Province (Ouyang, 1984). The microfossils, mainly miospores of 34 species referred to 22 genera (including doubtful *Archaeoperisaccus*) have been recorded by sectioning and maceration methods. The assemblage is roughly comparable with those from the Pantter Mountain Formation (mid-late Gevitian, yielding plant *Leclercqia complexa*) in New York, USA (Banks et al. , 1972), and the Goé bed of Belgium (Streel, 1964), and dated Gevitian. While the lower part of the Heitai Formation, which yields tabulate corals and brachiopods etc. may be Eifelian in age.

C. The *Convolutispora crenata* assemblage, obtained from the Pulai Formation in Luqu- Diebu area of Western Qinling Mts. (Gao L. D. and Ye X. R. , 1987). Other main genera include *Archaeozonotriletes*, *Geminospora*, *Aneurospora*, *Tholisporites*, *Dictyotriletes*, *Hymenozonotriletes*, *Grandispora* and *Ancyrospora*. The assemblage may roughly be correlated with the *Samarisporites triangulatus-Contagisporites optivus* assemblage (Richardson, 1974), and late Gevitian - early Frasnian in age.

2. South China

A. The *Retusotriletes-Cymbosporites-Ancyrospora* assemblage obtained from the Haikou Formation in Shijiapo, Zhanyi, Yunnan. It is highly diversified and composed of 173 species of 57 genera miospores and megaspores as well as a few acritarchs (Lu L. C. , 1988) in mainly continental/marine alternative deposits. The main genera include *Retusotriletes* (13 spp.), *Archaeozonotriletes* (7), *Chelinospora* (8), *Peltosporites* (4), *Tholisporites* (4), *Hystricosporites* (4), *Ancyrospora* (18) and *Nikitinsporites* (2): These 60 species of 8 genera amounting to 75% in content. Others are *Lophozonotriletes* (7 spp.) and *Crassispora* (4), amounting to 5.5%, etc. Through the analysis of vertical distribution of 55 known species, including such index species as *Archaeoperisaccus scabratus* and *A. indistinctus*, the assemblage should be late Middle Devonian (Gevitian) in age. The co-existence of plant *Protolepidodendron scharyanum* and brachiopod *Stringocephalus burtini* lend support to this dating. An isochronous and similar assemblage has also been known from the upper part (layers 15—17) of the Middle Devonian section in Longhuashan, Zhanyi (Lu L. C. , 1980b).

B. The *Cymbosporites-Poshisporites* assemblage from Poshi, Yunnan (Bharadwaj et al. , 1971). In addition to a few Chitinozoans, the assemblage is composed of miospores 28 species of 13 genera, and *Cymbosporites* reaches 48.8%, other genera include *Ancyrospora*, *Radiatispinospora*, *Cincturasporites* and *Poshisporites*, etc. The original authors are inclined to believe the assemblage to be Emsian—Givetian in age due to the presence of *Dibolisporites* and *Ancyrospora*, however, they concluded that the spores-bearing strata should be Middle Devonian (Eifelian—Givetian).

II -1d. Early Late Devonian spore assemblage sequence(South China)

A. The *Cyclogranisporites dukouensis-Archaeoperisaccus microancyrus* (DM) assemblage: Obtained from an oil shale sample in Dukou, Sichuan (Lu L. C. , 1981), it is dominated by trilete spores (68 species of 33 genera) in addition to monolete spores (3 species of 2 genera). Main genera include *Retusotriletes* (5 spp.), *Apiculiretusispora* (3), *Verruciretusispora* (3), *Archaeozonotriletes* (2), *Cymbosporites* (2), *Tholisporites* (3), *Rotaspora* (1 sp.), *Camarozonotriletes* (2), *Lophozonotriletes* (3), *Hystricosporites* (2) and *Ancyrospora* (4). Regional correlation of biostratigraphy demonstrates that the spores-bearing bed should be early Late Devonian (Frasnian) in age.

B. The *Samarisporites concinnus-Hystricosporites devonicus* (CD) assemblage of the Huangjiadeng Formation in Changyang, Hubei (Liu F. W. and Gao L. D. , 1985), obtained from the surrounding shale yielding plant *Leptophloeum rhombicum*. Other forms include *Apiculiretusispora*, *Verruciretusispora*, *Cymbosporites*, *Geminospora*, *Grandispora* (4 spp.), *Discernisporites*, *Hymenozonotriletes*, *Perotrilites* and *Ancyrospora*, etc. Age: Frasnian.

C. The *Archaeoperisaccus ovalis-Lagenicula bullosum* (OB) assemblage obtained from the Yidadei Formation in Panxi region, Huaning, Eastern Yunnan (Hsü J. and Gao L. D. , 1991). The spores are composed of two groups: the older ones are extended up from Middle Devonian, such as *Cristatisporites triangulatus*, *Geminospora lemurata*, *Aneurospora greggsii* and *Camarozonotriletes devonicus* and the new elements such as *Apiculiretusispora granulata*, *Hystricosporites multifurcatus*, *Ancyrospora ancyrea* and especially *Archaeoperisaccus ovalis*. Possible age: Frasnian.

II -1e. Late Late Devonian—Devonian/Carboniferous spore assemblage sequence

1. Northwest and North China

(1)Junggar Basin

A. The *Ammonidium grosjeani-Apiculiretusispora plicata* (GP) assemblage from the Honguleleng Formation in Hefeng, Xinjiang (Lu L. C. and Wicander R. , 1988). Dominated by acritarchs (37 spp. of 17 genera), the assemblage also contains miospores *Ancyrospora* (2 spp.), *Apiculiretusispora* (2), *Asperispora* (1), *Calamospora* (1), *Camptotriletes* (1), *Crassispora* (2), *Cymbosporites* (1), *Densosporites* (1), *Discernisporites* (1), *Grandispora* (2) and *Kraeuselisporites* (1). The vertical distribution of the known acritarch and spore taxa indicates that the microfossils-bearing strata should be Frasnian-Famennian, yet more possibly Famennian in age.

B. The *Vallatisporites* spp. (Vs) assemblage from the lower part (layers 3,4) of the Heishantou Formation, Hebuksair, NW Xinjiang (Lu L. C. , 1999). It is highly diversified and composed of miospores assigned 118 species of 50 genera in addition to a few acritarchs. Dominant genera include *Vallatisporites* (62.1% in content, and up to 12 species), *Discernisporites* (21.7%) and *Cristatisporites* (6.7%). Among *Vallasporites pusillites*, *V. verrucosus* and *V. vallatus*, the first is an index taxon of top Devonian, while the last one is often seen in the basal Carboniferous, and *V. verrucosus* occurs often in D/C transitional beds. Thus the author suggests the assemblage should be D/C transitional in age.

C. The *Hefengitosporites* spp. (Hs) assemblage from the upper part (layers 5, 6) of the Heishantou Formation, Hebuksair, NW Xinjiang (Lu L. C., 1999). Miospores identified include 119 species of 51 genera in association with acritarchs 9 species of 5 genera. The assemblage is characterized by the dominance of *Leiotriletes-Punctatisporites* (31.5% in content) and *Retusotriletes* (10.8%) as well as *Hefengitosporites* (13.5%) and *Verrucosisporites* (3.8%), totally these genera occupy nearly 60% of the whole assemblage. The Hs assemblage is somewhat younger than the former (Vs) one and should belong to Tournaisian, i. e. Early Carboniferous in age.

(2)Tarim Basin

A. The *Leiotriletes microthelis-Punctatisporites irrasus* (MI) assemblage zone: Obtained from the lower part of the Qizilafu Formation in Shache, S Xinjiang (Zhu H. C., 1999) and characterized by dominance of *Leiotriletes*, *Punctatisporites*, *Retusotriletes* and *Aneurospora* (totally 43%—61% in content). It is dated as Fa2c—2d, and roughly correlated with the top of Vu zone to the upper part of LL zone in W Europe (Clayton et al., 1977).

B. The *Apiculiretusispora rarissima-Retispora lepidophyta* (RL) assemblage zone: Stratigraphically corresponding to the upper part of the Qizilafu Formation The basal part is marked by the first appearance of *R. lepidophyta*. This zone may be subdivided into two subzones, viz. the lower *R. lepidophyta-Ancyrospora furcula* (LF) subzone and the upper *Retispora lepidophyta-Spelaeotriletes papillatus* (LP) subzone.

C. The *Apiculiretusispora hunanensis-Ancyrospora furcula* (HF) assemblage zone: Obtained from the Donghetang Formation in the subsurface Cao 2-well (5974.0—6021.2m), Northern Tarim Basin. The assemblage is composed of 73 species assigned to 37 genera. Dominant forms (10% in content) include *Apiculiretusispora hunanensis*, *A. rarisima* and *Spelaeotriletes radiatus*; other main elements (3%—10%) are *Aneurospora tarimuensis*, *Apiculiretusispora fructicosa*, *Auroraspora conica* and *A. corporgia*, etc. and some rarely present (1%—3%) species such as *Ancyrospora langii*, *Apiculiretusispora nitida* and *Geminospora spongia* as well as *Retispora cassicula*. Because of the spore-bearing strata being oil-productive, this assemblage is of particular significance. The most similar one is the above-mentioned RL assemblage from the upper Qizilafu Formation, both share high-percent *Apiculiretusispora rarisima* (67% vs 54.4%) and 27 identical species, indicating an age of Famennian.

(3)West Qinling Ranges

The *Archaeozonotriletes* spp. assemblage from the Upper Devonian Cakuohe Formation (Gao L. D. and Ye X. R., 1987). Its base is marked by the appearance *Archaeozonotriletes triquetrus*, *A. antiquus*, *A. basilaris*, and *Hystricosporites grandis*, etc. It may be roughly correlated with the *Lophozonotriletes cristifer* assemblage proposed by Richardson (1974).

2. South China

2a. The spore assemblage sequence of the Wutong Formation(or Group)in Longtan, suburb of Nanjing. Here a practical standard Upper Devonian—Lower Carboniferous profile is composed of the Leigutai and Guangshan Members(or Formations in two sections), which yields 4 spore assemblages (Lu L. C., 1994): They are simply introduced in ascending order as follows.

A. The *Aneurospora asthenolabrata-Radiizonates longtanensis* (AL) assemblage from the Guangshan Member of the Wutong Formation in the Guangshan section. It is composed of spores 25 species assigned to 17 genera, and the two indices among them occupy a dominant position, viz. *Aneuropora asthenolabrata* (54.2%) and *Radiizonates* longtanensis (30. 2%) amount to 84. 4% in content. Of them 6 species show an older (Mid-Late Devonian) color, e. g. *Cymbosporites canatus*, *C. magnificus* and *Apiculiretusispora conica*, etc. While 5 species are mainly late Late Devonian, such as *Retusotriletes minor*, *Cyclogranisporites baoyingensis*, *Apiculiretusispora gannanensis*, and *Acanthotriletes denticulatus* which reaches 25% in the DR assemblage of S Jiangsi and exists in association with *?Retispora* cf. *lepidophyta*. Besides, there are 2 species showing a transitional color between D and C. Thus, this assemblage is dated as late Late Devonian, i. e. Famennian. This conclusion has been supported by the known spore assemblages both from Jiangsi (Wen Z. C. and Lu L. C. , 1993) and central Hunan (Hou J. P. , 1982).

B. The *Retusotriletes-Cymbosporites* (RC) assemblage from the lower-middle parts of the Leigutai Member of the Wutong Formation in two sections above-mentioned. It is composed of miospores 43 species assigned to 22 genera and characterized by the first appearance of ? *Retispora* cf. *lepidophyta* [= *Spelaeotriletes hunanensis* (Fan et al.) Lu, 1994b], the high quantity of *Cymbosporites* (7 spp. ,26. 8%), *Punctatisporites* (4 spp. ,10. 4%) and *Retusotriletes* (3 spp. ,6. 1%).

C. The *Knoxisporites-Densosporites* (KD) assemblage from the mid-upper parts of the Wutong Formation. It is composed of miospores 59 species/28 genera. Main genera include *Knoxisporites* (5 spp. , 15. 2%), *Spelaeotriletes* (6 spp. , 8. 6%), *Aneurospora asthenolabrata* (17. 1%) and *Hymenozonotriletes rarispinosus* (14. 4%): These taxa amount to 53. 3% in content. The first appearance of *Densosporites* and the rapid increase of *Knoxisporites-Dictyotriletes-Reticulatisporites* and the disappearance of ? *Retispora* cf. *lepidophyta* are characteristic. The vertical distribution of 39 known species indicates that there are 26 species showing D/C transitional or Early Carboniferous color, while only 13 species with an aspect of Mid-Late Devonian. Therefore, the present assemblage is obviously inclined to be early Early Carboniferous in age, and the C/D boundary should be drawn between the basal sandyshale of the middle part of Wutong Formation yielding the KD assemblage and the top quartz sandstone of the underlain strata containing the RC assemblage.

D. *Leiotriletes crassus- Laevigatosporites longtanensis* (CL) assemblage: Obtained from the upper part of the Leigutai Member of the Wutung Formation. It is mainly composed of *Leiotriletes-Punctatisporites* (10 spp. , 17. 9%), *Dictyotriletes-Reticulatisporites* (7 spp. , 12. 5%), *Spelaeotriletes* (8 spp. , 6. 1%) and *Radiizonates longtanensis* (11. 5%), totally reaching 48% of the whole assemblage. Although some forms such as a part of *Spelaeotriletes* show a transition color of D/C, the majority of taxa are confined to Early Carboniferous, such as some reticulate species. So the possibility of the CL assemblage belonging to Famennian can be excluded, and it should be early Tournaisian in age.

2b. The spore assemblage sequence in Xiaomu of Quannan County, Jiangsi. The Xiaomu profile consists of Upper Devonian Sanmentan and Fangxia formations and Lower Carboniferous Huangtang and Liujiatang formations. The miospores from these strata are composed of 57 species assigned to 30 genera and 3 assemblages have been recognized. They are as follows in ascending order (Wen Z. C. and Lu L. C. , 1993):

A. The *Acanthotriletes denticulatus-Apiculiretusispora rarissima* (DR) assemblage from the Sanmentan Formation dominated by *Acanthotriletes denticulatus* (25%), *A. rarissima* (20%), *Spelaeotriletes resolutus* (16. 7%) and ? *R.* cf. *lepidophyta* (8. 3%), totally ca. 85% in content, the assemblage is dated as Famennian, i. e. late Late Devonian in age.

B. The *Leiotriletes macrothelis-Grandispora xiaomuensis* (MX) assemblage from the Fanxia Formation, other important species include *Aneurospora asthenolabrata*, *Grandispora xiaomuensis* and those of *Asperispora*, *Densosporites* and *Tumulispora*, etc. The assemblage is dated as the latest Famennian.

C. The *Apiculiretusispora tenera-Lycospora* cf. *tenuispinosa* (TT) assemblage from the Huangtang and Liujiatang Formations. Two indices amount to 70% of the whole assemblage, and the second species was known in the Early

Carboniferous Gaolishan Formation of Jiangsu. Thus the assemblage indicates an age of Tournaisian. Besides, the plant *Sublepidodendron* sp. found in the Liujiatang Formation and brachiopod *Eochotites neipentaiensis* in the basal Huangtang Formation also lend support to this dating.

2c. The "*Spelaeotriletes*" *hunanensis* (Sh) assemblage in Jieling, Shaodong County, Hunan (Lu L. C. , 1994, 1995, 1997). It is obtained from the upper part of the latest Devonian sequence in central Hunan, while its lower part named the Oujiachong Member (Hou J. P. , 1982). The assemblage is diverse and composed of spores 145 species of 56 genera in addition to acritarchs 3 species of 2 genera. Main elements include *Spelaeotriletes* (13 spp. , 36. 4%), *Densosporites* (9, 5. 3%), *Leiotriletes* (8, 3. 6%), *Grandispora* (7, 3. 9%), *Discernisporites* (7, 4. 7%), *Geminospora* (6, 4. 0%), *Apiculiretusispora* (5, 2. 6%), *Tumulispora* (8. 7%), *Camptozonotriletes* (3. 2%), *Cristatsporites* (2. 6%), *Gulisporites* (2,1%) and *Laevigatosporites* (<1%), and *Retispora crassicula* is also present. Age: Famennian, late Late Devonian.

3. Southwest China

Two assemblages have been obtained from the Zhangdong Formation in Nyalam, Xizang (Tibet), dated to be late Famennian, they are as follows in ascending order (Gao L. D. , 1983, 1988):

A. The *Retispora lepidophyta-Hymenozonotriletes explanatus* (LE) assemblage from the lower part of the Zhangdong Formation. The main elements are: *Cymbosporites formosus* (usually 20%—30%, even up to 35%), *Grandispora cornata* (13%), *Hymenozonotriletes* (0—3%), ··· and *Grandispora macroseta*, *Dictyotriletes devonicus* var. *minor*, *Grandispora microspinosa*···.

B. The *Retispora lepidophyta-Verrucosisporites nitidus* (LN) assemblage from the upper part of the Zhangdong Formation. The dominance of *R. lepidophyta* (the highest reaching to 50%—60% of the whole assemblage) is characteristic, other components include *Cymbosporites formosus*, *C. decorus*, *C. pustulatus*, as well as *Hymenozonotriletes*, *Vallatisporites*, *Calyptosporites*, *Rhabdosporites*, *Spelaeotriletes*, *Discernisporites* and *Samarisporites*, altogether reaching 15%—20%. The first appearance of *Verrucosisporites nitidus*, *Aneurospora incohata* and *Knoxisporites literatus* deserves attention.

C. The *Retispora lepidophyta* (Rl) assemblage from the Sipaishan section in Gengma, W Yunnan (Yang W. P. , 1999). The dominance (30%—40%) of *R. lepidophyta* is similar to those above-mentioned in Tibet, and also dated as the latest Devonian. However, the other components are mainly of azonotrilete spores, such as *Leiotriletes*, *Punctatisporites*, *Calamospora*, *Retusotriletes*, *Apiculatisporis*, *Apiculiretusispora* and *Microreticulatisporites*. The presence of some other camerate spores, such as *Grandispora* and *Auroraspora*, also deserves attention.

D. The *Vallatisporites pusillites* (Vp) assemblage from the basal (No. 678-1) Donggeguang Bed in Muhua section, Guizhou (Gao L. D. , 1985). It is quite diverse in composition, other important species include *Retusotriletes dubius*, *Emphanisporites rotatus*, *Diducites poljessicus*, *Aneurospora incohatus*, *Hymenozonotriletes explanatus*, *Grandispora echinata*, *Cristatisporites echinatus*, *Samarisporites concinnus*, *Tumulispora dentata*, *T. rarituberculata*, *Archaeozonotriletes variabilis*, *Cymbosporites basilaris* and *Vallatisporites verrucosus*, etc. Among these, *Tumulispora* is the richest (20%—30%) and the index species *Vallatisporites pusillites* reaches 2%—3%. Age: Famennian.

II -2. Discussion about the palynological boundary between the Devonian-Carboniferous in China

In this regard much progress has also been made in China during the last 30 years since the internationally accepted criterion that the first appearance of the conodont species *Siphonodella sulcata* as the marker of the basal boundary of the Carboniferous. This boundary is roughly correspondent with that defined by the latest appearance of spore species *Retispora lepidophyta* at the end of Devonian. However, some disputes and problems still exist. For instance, how to recognize and identify the index species *Retispora lepidophyta* .

In 1993, Fang X. S. , Steemans P. H. and Streel M. published a paper dealing with the delineation of the Devonian- Carboniferous boundary in central Hunan. Their main point is that the so-called "*Retispora lepidophyta*" obtained and identified by Chinese palynologists from the Oujiachong and Shaodong formations "is actually not true *R. lepidophyta*", rather than a new type of monolete spores, for which they thus proposed *Retimonoletetes hunanensis* gen. and sp. nov.

After a careful observation, Lu L. C. (1994) demonstrated that the above-mentioned new genus and species is actually a kind of trilete spores and the new genus can not be tenable. However, he considered that excepting that identified by Gao L. D. (1983) from Tibet, most other records of *R. lepidophya* in China are actually not the European species (i. e. *R. lepidophyta*) rather than another taxon, he thus suggested to use *Spelaeotriletes hunanensis* (Fang X. S. et al.) Lu comb. nov. instead ("*R. lepidophyta*" mainly based on SEM photos). While Ouyang S. , on the other hand, considered that Lu's rejection of the existence of "true *R. lepidophyta*" in S and NW China is exaggerated if not irrational. For instance, those specimens identified as *R. lepidophyta* have been recorded from about 10 localities in China, viz. , from the Leigutai Formation-equivalent strata in Baoying, Jiangsu (Ouyang S. and Chen Y. X. , 1987b, pl. Ⅲ, figs. 36,37), the Xihu Formation in Zhejiang (He S. C. and Ouyang S. , 1993, pl. 10, fig. 14), the Hebuk'he Formation (= Lu's lower part of the Heishantou Formation in this book) in N Xinjiang (in a MS of Master's thesis of Zhou Y. X. , 1988; see Ouyang S. , Wang et al. , 2003, fig. 14 on pl. 10), the top Menggongao Formation in central Hunan (Fang et al. , figs. 1—4 and 5; Wang Y. , 1988, pl. Ⅲ, figs. 13,15), and the Longba Formation in W Yunnan (Yang W. P. , 1999, pl. 7, figs. 4, 5, especially fig. 7), etc. These identifications are hard to be denied even if we comprehend the species in a strict sense. The specimens from Tibet identified as *R. lepidophyta* (Gao L. D. , 1988, pl. 5, figs. 19—21) or *R. lepidophyta* var. *tenera* Kedo (Gao L. D. ,1985, p. 223, pl. 5, fig. 18) also display slight difference from those firstly recorded specimens under the name *Hymenozonotriletes lepidophya* Kedo, 1957 (p. 24, pl. 2, figs. 19—21, 35—90μm); or *R. lepidphyta* by Avchimovitch, 1992 (pl. 1, fig. 1, or his *R. lepidophyta* var. *tenera*, e. g. pl. 2, fig. 1 from the same basin). Actually, there are 19 pictures of *R. lepidophyta* (including 3 varieties, var. *tenera*, var. *minor*, and var. *minima*) on pl. 1—8 of Avichimovitch 1992 which also display some morphological variance, as such in shape (triangular-subcircular), size (40—90μm), dimension of central body (proportion occupying the whole space), whether the trilete mark or arcuate ridges distinct or not, dimension of lacuna, and development degree of spinate process at the reticulate juncture, etc. Even if we recognize that the Chinese specimens identified as *Spelaeotriletes hunanensis* are different from those European ones under the name *R. lepidophyta* for the former ones often show much broad varying range in lacuna size on the same specimen, this does not mean that the relevant Chinese specimens represent a distinct separate species. At most they could be identified as *R. lepidophyta* var. *hunanensis* emend. and comb. nov. However, in Description of Species of the present book, *Spelaeotriletes hunanensis* (Fang X. S. et al.) Lu, 1994 is still included.

In connection with *R. lepidophyta*, a palynological correlation table of Devonian-Carboniferous transition in Europe is introduced in table 2. 2.

Ⅱ-2a. About the D/C boundary in S China and geological ages of the relevant strata

1. Central Hunan area

More than 10 papers with palynological content have been published since that first professional one by Hou J. P. in 1982. These strata yield some groups of fossil animals (corals, brachiopods, foraminifera, and occasionally present conodonts but *Siphonodella sulcata*) in addition to fossil spores. The relevant stratigraphical sequence through Devinan-Carboniferous is simply introduced below in descending ordes:

The Malanbian Formation;

The Menggongao Formation;

The Shaodong Formation (Member);

The Oujiachong Formation (Member);

The Magunao Formation (Member).

Three boundary lines between the Devonian and Carboniferous have been proposed mainly based on palynological data:

A. One line drawn between the Oujiachong Formation and Shaodong Formation (Hou J. P. , 1982), however, she considered that her second assemblage (The *Lophozonotriletes rarituberculatus-Vallatisporites batiambes* zone) roughly to be a correlative of Tn1a in Europe. While the Tn1a (and the lower Tn1b) had already been ascribed to Devonian (Clayton et al. , 1977), this means she objectively drawn the D/C boundary at the top of the Shaodong Formation or a little above.

B. That placed at the top of the Menggongao Formation, i. e. between the Menggengao Formation and Malanbian Formation (Tan Z. X. et al. , 1996) based on a detailed biostratigraphical research, including the disappearance of *Cystophrentis*, and overlying this LA being a suite of sandstones and shale reaching 2—10m thick that, as advocated by some foreign geologists there was a short-duration regression event in a global scale during the D-C transition, can be correlated with the Hangenberg Shale in Germany: Therefore, the D-C boundary line was drawn at the top of the layer 36, and in which the presence of "true *R. lepidophyta*" had been confirmed by Yang et al. (1997). In other words, the index species *R. lepidophyta* extends up from the upper Oujiachong Formation through the Shaodong Formation to the top of the Menggongao Formation.

C. That placed at a level through the middle part of the Menggongao Formation for a KD (*Crassispora* cf. *kosankei-Lycospora denticulatus*) assemblage dated as late Tn1b to Tn2 had been obtained from its upper part, while "*Retispora lepidophyta* and *Vallatisporites pusillites* already disappeared" (Wang Y. , 1996). The opinion by Wang C. Y. and Ziegler (1982) seems to lend support to this conclusion for in a paper dealing with conodonts from central Hunan they considered that the major part of the *Cystophrentis* zone should belong to Late Devonian, and the D/C boundary possibly existing within the middle Menggongao Formation or its upper part. Among the three boundary line-schemes, the present volume tentatively adopted the second one.

2. Lower Yangtse River Area

The D/C transitional strata is typically represented by the widely developed Wutung Group (Formation) and its equivalents, as regards the outcropped biostratigraphical research history, stratigraphical correlation and its age disputes one can see relevant references (Li X. X. , 1963,1965). The discovery of spores from the outcropped paratype sections in the suburb of Nanjing dates back more than 40 years ago (Pan J. et al. , 1978). However, much progress acquired in palynology was after the eighties of the last century (Li X. X. et al. , 1984; Chen and Ouyang, 1985, 1987; Ouyang and Chen, 1987a, b; Cai et al. , 1987; Yan Y. Y. , Cai et al. , 1988; Gao L. D. , 1991; Lu L. C. , 1994, 1999; Ouyang, 2000; Yang X. Q. , 2003; an English paper see Ouyang and Chen, 1989). A comprehensive stratigraphic succession related to the Wutung Group in Longtan and neighboring areas is briefly listed in descending order as follows:

Lower Carboniferous

    7. The Laohudong Formation;

    6. The Hechong Formation;

    5. The Gaolishan Formation (DP spore zone);

    4. The Kinling Formation;

    3c. The uppermost part of the Leigutai Formation, Wutung Group (MD spore zone).

Upper Devonian

    3b. The upper lower-upper part of the Leigutai Formation, Wutung Group (LC spore zone);

3a. The lower part of the Leigutai Formation, Wutung Group (LH spore zone);

2. The Guanshan Formation of the Wutung Group (AL spore zone).

------ Disconformity------

Middle Silurian

1. Fentou Formation(S_2)

Abbreviations in the above brackets denoting (with presumed age here added): MD zone = *Auroraspora macra-Dibolisporites distinctus* assemblage (late Tn1b to Tn2), LC zone = *Knoxisporites literatus-Reticulatisporites cancellatus* assemblage (Tn1a to early Tn1b), LH zone = *Retispora lepidophyta-Apiculiretusispora hunanensis* assemblage (Fa2d); AL zone = *Aneurospora athenolabrata-Radiizonates longtanensis* assemblage (Famminian, after Lu L. C., 1994, p. 163).

Although *Retispora lepidophyta* is absent in the above mentioned LC assemblage which is roughly equivalent to the *Knoxisporites-Densosporites* (KD) assemblage of Lu in stratigraphic level, however, Ouyang and Chen (1989) still dated their LC assemblage as Strunian (Tn1a + lower Tn1b) of the latest Devonian, while Lu (1994) dated as "early Tournaisian". The age problem has been discussed in some detail in both papers, however, as we once said: "unless it has been proved that ···the characteristic plants (*Archaeopteris mutatoformis* and *Cyclostigma koiltorkense*) could persist into the Early Carboniferous, assignment of the upper part of the Leigutai Formation to an early Carboniferopus age will be challenging."

3. Southwest China

(1) Guiping section in Guilin, Guangxi

Yang W. P. and Neves (1997) discovered from a suite of marine-basinal deposits yielding conodonts, ostracods and cephalopods, etc., and two spore assemblages: The lower named the *Vallatisporites pusillites-Tumulispora malevkensis-Vallatisporites robustospinosus* (Pmr) assemblage in association with quite diverse other spore taxa, and the upper one named the Pml assemblage because of the presence of *Retispora lepidophyta*, and immediately above this level appeared C_1 *Siphonodella duplicata*. The authors correlate their two assemblages with the LN zone of W Europe.

(2) Gengma and Sipaishan sections in W Yunnan (mainly after Yang W. P., 1999)

Three spore assemblages have been recognized, in ascending(?) order they are: ①The *R. lepidophyta* (reaching 30%—40% in content) assemblage from the lower part of the Longba Formation, dated as Late Devonian or Tn1a-b; ②The *Grandispora spiculifera* assemblage derived also from the Longba Formation but below(?) the above-mentioned *R. lepidophyta* assemblage bearing strata (both being separated by strata ca. 600m in thickness), dated as Tournaisian. It contains a lot of taxa with an aspect of Early Carboniferous, however, they are in association with many taxa of late Devonian, such as *R. lepidophyta* 6%—8% (the author interpreted it to be "a result of reworking"); ③The *Lycospora pusilla* (Pu) assemblage dated as Visean. Difficulty in interpreting the second assemblage possibly comes from the discontinuous palynological record and geotectonic complexity as well as rock metamorphism in different degree.

(3) D-C transitional sections in Wudang and Dushan of Guiyang, Guizhou Province

In several localities of this area, 6 palynological assemblages (Gao L. D., 1991) were proposed from the Zhewang Formation upward to the Shangsi Formation mainly of fresh water/carbonate facies. The preservation state of obtained spores is rather poor. There are two assemblages related to D/C boundary, viz. ①The *Vallatisporites pusillites- Verrucosisporites nitidus* (PN) zone from the Zhewang Formation and lower Gelaohe Formation and ②the *Vallatisporites verrucosus-Retusotrileres incohatus* (VI) zone from the upper Gelaohe Formation, both are correlatable with those of W Europe.

(4)D-C transitional sections in Nylam County, Tibet

Gao L. D. (1983a, 1988) established 5 palynological assemblage zones from the Boqu Group (D_2-D_3, 256m in thickness) and its overlying Zhangdong Formation(>18m), Yali Formation(67.3m) and the lower part of Naxing Formation in ascending order, and totally more than 200 species recorded. The *Retispora lepidophyta* – *Verrucosisporites nitidus* (NL) assemblage from the lower part of Zhangdong Formation and the *Vallatisporites vallatus - incohatus* (VI) assemblage from lower part of Yali Formation were proposed. However, in addition to the presence of *Retispora lepidophyta* and *Vallatisporites pusillites* in the "VI assemblage", among other four "Carboniferous" species, as the author emphasized, *Vallatisporites verrucosus*, *Verrucosisporites nitidus*, *Tumulispora malevkensis* s. l. and *Dictyotriletes submarginatus*, in our opinian, neither any one can be taken as the index, e. g. *D. submarginatus* has been recorded in the Qubu Formation. Consequently, the D/C boundary should be a litter higher than Gao L. D. suggested.

4. Xinjiang, Northwest China

(1)Junggar Basin - D/C Transitional sequences

The sequences are well exposed in the area as typically represented by the Heishantou Formation (or the Hebuk'he Formation) in Omha, Hebuksair County of mainly transitional facies yielding conodonts (e. g. *S. sulcata*), cephalopods (e. g. *Gattendorfia*), brachiopods, bivalves, and corals in addition to abundant spores. Which were successive studied in some detail by Zhou Y. X. (1988, MS) and Lu L. C. (1999).

Zhou Y. X. (1988) distinguished two spore assemblages, the lower one named the *Retispora lepidophyta- Discernisporites micromanifestus* (LM) zone, other diagnostic taxa include *Vallatisporites vallatus*, *V. verrucosus* and *Cristatisporites minisculus*, etc. The assemblage is characterized by high content of *Vallatisporites* (15%—20%), *Discernisporites* (12.5%)and *Cristatisporites* (13.7%). The upper one named the *Verrucosisporites nitidus* (Vn) zone. It is characterized by many elements with an aspect of Carboniferous, and the absence of *Retispora lepidophyta* and *Vallatipsporites pusillites*. Zhou suggested that the LM zone is roughly correlatable to LN zone, and the Vn zone to VI zone of W Europe. The age ranges from Fa2d to Tn2, and the D/C boundary was drawn between sample J2 and AEM 206, while in AEM 206 *Siphonodella sulcata* first appeared and this conclusion is not in contradiction with other evidence (*Gattendorfia*, brachiopods and corals).

Lu L. C. (1999) discovered more abundant spores from the Heishantou Formation at the same locality, reaching some 180 species. He also distinguished two assemblages, the lower one (from bed 5 to bed 6) named the *Vallatisporites* spp. (Vs) assemblage, main genera also include *Vallatisporites* (33.7%), *Discernisporites* (21.7%), and *Cristatisporites* (6.7%). It contains some Devonian taxa, such as *Vallatisporites pusillites*, *Retusotriletes simplex* and *Apiculiretusispora granulata*, and some D/C transitional elements, such as *Auroraspora macra*, *Cyrtospora cristifer*, *Verrucosisporites nitidus* and *Hymenozonotriletes explanatus*, etc., and some Carboniferous taxa, such as *Raistrickia condylosa*, *Grandispora spinosa* and *Spelaeotriletes obtusus*. The author dated the assemblage to be D/C transitional. The upper one (beds 2—4) named the *Hefengitosporites* (Hs) assemblage, there are quite a number of D/C transitional elements, but typical Carboniferous taxa such as *Lycospora pusilla*, *Raistrickia clavata* and *Densosporites anulatus* appeared. It can be correlated with that of the Qianheishan Fm. in Gansu, suggesting an age of Tournaisian.

Although both results from the same section with the underlain Hongguleleng Formation yielding *Leptophloeum rhombicum*, the information provided by the two authors are somewhat different in several aspects, including thickness of the Heishantou Formation, spore diversity and composition of the assemblages and exact or obscure horizon for D/C boundary, etc. However, the similarity is still obvious, such as both composed of two assemblages with a few spinate acritarchs, the lower assemblages showing high percentages of *Vallatisporites*, *Discernisporites* and *Cristatisporites*, and having *Retispora lepidophyta* or *Vallatisporites pusillites* respectively. We thus consider that the boundary should be drawn between the bed 4 and bed 5 given by Lu.

(2) Tarim Basin

A. Subsurface D/C Sequence. A sequential zonation of spore assemblages and biostratigraphy for the subsurface strata in Tarim was made by Zhu H. C. (1996). Seven assemblages recognized ranges from the Late Devonian to the Late Carboniferous in ascending order. Two of these are in connection with the D/C boundary.

① The *Cymbosporites-Auroraspora* (CA) assemblage obtained from the well-depth 3 648. 9m to 3 654. 0m in Tazhong Well 401 (stratigraphically corresponding to the Ganmulike Formation). Main genera include *Cyclogranisporites*, *Cymbosporites*, *Auroraspora*, *Grandispora* and *Geminospora* and the assemblage is quite similar to the previous Donghetang Formation although has not any typical Devonian component, and considering that the overlying bioclastic limestone yields conodonts of Tournaisian, thus we prefer to date the CA assemblage as late Famennian.

② *Spelaeotriletes balteatus-Rugospora polyptycha* (BP) spore assemblage obtained from the mid-upper parts of the subsurface Bachu Formation. It is characterized by the abundance of the nominative taxa, for example, *Rugospora polyptycha* may reach up to 19. 2%—40. 0%. Other main elements include *Punctatisporites minutus*, *Retusotriletes* sp. , *Auroraspora macra*, *Hymenozonotriletes elegans* and *Spelaeotriletes crenulatus*, etc. The assemblage can be well correlated with the BP zone of Ireland indicating Tn2 age (Higgs et al. , 1988).

B. Outcropped D/C Sequence. A nice sequence of Fammenian age is well exposed in Aitegou (Aite Valley), Damusi, Sache County in SW corner of the Tarim Basin. Three spore assemblages have been obtained, ranging from Fa2C to Tn1 (Zhu H. C. , 1999). The lowest one named the *Leiotriletes microthelis-Punctatisporites irrasis* (MI) assemblage, dominated by *Leiotriletes*, *Punctatisporites*, *Retusispora*, *Aneurospora* (combined reaching 43%—61% in content), *Apiculiretuisispora* (<20%) and *Auroraspora* (14%—18%).

The second named the *Retispora lepidophyta- Ancyrospora furcula* (LF) assemblage is characterized by abundance of *Retispora lepidophyta* (at most reaching 35. 5%), other important species include *Anapiculatisporites hystricosus*, *Auroraspora microrugosa* Zhu, *Vallatisporites* sp. , *Geminospora tarimensis* Zhu and *Ancyrospora furcula*, etc.

The third one named the *Retispora lepidophyta-Spelaeotriletes pallidus* (LP) assemblage is characterized by high content of *Apiculiretusispora rarissima* (35%—67%) and rare presence of *Retispora lepidophyta* (1%—1. 5%), other dominant species include *Auroraspora corporiga*, *Apiculiretusispora fructiosa*, *Aneurospora asthenolabrata* and *Retusotriletes incohatus*, etc.

Chapter Ⅲ   Carboniferous spore-pollen assemblage sequence, and discussion about the palynological boundaries between the Lower/Upper Carboniferous in China

1. South China

Four assemblages ranging from the earliest Early Carboniferous (latest Tn1a? —Tn1b) to late Early Carboniferous (Visean—Namurian A) are summarized, viz.

A. The earliest Early Carboniferous one named the *Knoxisporites literatus-Reticulatisporites cancellatus* (LC) assemblage (Ouyang and Chen, 1989) known from the upper part of the Wutong Formation, in Jurong, Longtan and Kongshan, suburb of Nanjing, represented by outcropped sections or core-boring profile (Jurong). The assemblage-bearing strata is 30m above the *Sinolepis* bearing beds which is generally accepted to be Late Devonian in age.

B. The Early Carboniferous (late Tn1b—early Tn2): The *Auroraspora macra-Dibolisporites distinctus* (MD) assemblage discovered from the uppermost part of the Wutong Formation, typically represented by the boring cores in Baoying of central Jiangsu (Ouyang and Chen, 1987), and similar assemblages are also known from Longtan, Kongshan and Chengjiabian, Nanjing, and one of them was named the *Leiotriletes crassus-Laevigatosporites vulgaris* (CV) assemblage from Longtan (Lu, 1994). The feature of these data demonstrates that the uppermost part of the

Wutong Formation is undoubtedly Carboniferous in age rather than Devonian.

C. The late Early Carboniferous-Early Visean (Tn3-V1 + 2). Represented by the *Lycospora denticulata-Apiculatisporis pineatus* (DP) assemblage known from boring cores of the Gaolishan Formation typically overlying the Wutong Foramtion and the Jinling Lemestene in suburb of Nanijng. *Lycospora* dominated (70% on average) the assemblage which may be correlated with the Pu Zone of W Europe, although nearly a half of the species are extended from the underlain Leigutai Member of the Wutong Formation, especially its uppermost part.

D. The late Early Carboniferous (Visean—Namurian A) represented by the *Lycospora* (41%)- *Triquitrites* (18%)- *Changtingispora* (5.1%) assemblage found from the lower part of the Zishan Formation in Changting, Fujian Province (Huang X. Y., 1982). The author suggests that this assemblage can be correlated with the "*Aurita*" assemblage of Visean-Namurian A known from the Svalbard/Spitsbergen Islands, Norway (Playford, 1962). Another possibly a little older *Murospora aurita-Anapiculatisporites concinnus* (AC) assemblage known from the Ceshui Formation in central Hunan (Tang S. Y., 1986), also rich in *Lycospora*, was originally dated as middle-late Visean age (corresponding to NM-VF-NC assemblages of W Europe).

2. Southwest China

A. The *Cingulizonates bialatus-Auroraspora macra* (BM) assemblage from the middle-upper parts of the Yali Formation in Nyalam of S Tibet (Gao L. D., 1988). The author originally correlates it with PC-CM zones of W Europe (Clayton et al., 1977). However, we consider it might be somewhat older, probably correspondent to VI [mid-upper part(?)]—PC zones for the presence of some elements with a Devonian aspect, and of VI zone markers *Vallatisporites vallatus-Retusotriletes incohatus* as well as a higher diversity of *Vallatisporites*, and the absence of *Schopfites claviger*. That is to say, it should be Early Tournaisian (late Tn1b— Tn2) in age.

B. The latest Devonian *Vallatisporites pusillites-Tumulispora* spp. assemblage from the basal Donggeguan Horizon (only 4.5—40.0cm in thickness) is correlated with the upper PL zone (LN subzone) (Hou H. F. et al., 1985). Upwards to the basal Dawuba Formation, interrupted by the lowerlain Wangyou Formation and Muhua Formation, an assemblage represented by *Verrucosisporites nitidus* and *Tumulispora rarituberculata*, etc. was dated (Gao L. D., see Hou H. F. et al., 1985) to be late Tournaisian and correlatable with the CM zone of W Europe. In other words, continuous and D/C transitional palynological assemblages have not been known.

C. An assemblage of Visean age with a high diversity was known from the Jiusi Formation in Guiyang, Guizhou Province (Gao L. D., 1983). The composition of genera and species are listed in Chinese.

3. North China

A. Early Tournaisian (late Tn1b—Tn3) spores from the basal Gushi Formation (Wang R. N. et al., 1994), outcropped in the Shangcheng-Gushi and Jinzhai area between the southern margin of North China Plate and the northern margin of the Qinling-Dabie Mountain Ranges, have been successively reported. Totally ca. 23 species assigned 19 genera of spores are collectively named the *Dibolisporites distinctus-Aurospora macra* assemblage.

B. In Tianshifu of Benxi City, NW China. Brachiopods and corals found from the lower part of the Benxi Formation indicate an age of Namurian or late Early to Middle Carboniferous, however, the fossils-bearing strata is named the Tianshifu Formation or the Mumengzi Formation, from which fossil plants are mainly represented by *Sublepidodendron* in association with *Lepidodendron* and *Neuropteris gigantea*, etc. (Mi J. R., 1990). A spore assemblage represented by *Lycospora* sp., *Mooreisporites tessellata*, *Reticulatisporites cancellata*, *Vestispora fenestrata*, *Tripartites vetustus*, *Laevigatosporites* sp., and *Florinites* sp. etc. has also been reported from the Mumengzi Formation-equivalent bed but not illustrated (Gao L. D., 1995).

C. The *Lophozonotriletes-Auroraspora* assemblage (Gao L. D., 1980, 1984; Zhu H. C., 2001) from the Qianheishan Formation in Jingyuan, Gansu Province, may roughly be correlated with the *Schopfites claviger-Auroraspora macra* (CM) zone (Neves et al. , 1972).

D. The spores of Chouniugou Formation in Jingyuan, Gansu, are known to be composed of 4 assemblage zones. Marked by the first appearance of *Schulzospora* spp. and *Lycospora pusilla*, the lower member of the Chouniugou Formation is roughly equivalent to the Pu zone of early-middle Visean in W Europe. In ascending order (Gao L. D. , 1984, 1988): They are ①*Lycospora pusilla* (Pu) assemblage zone (layers 22—26), latest Tournaisian—eary Late-middle Visean (top of Tn3- V1-basal V_3); ②*Perotriletes tesselatus-Schulzospora campyloptera* (TC) zone (layers 27-29), early V_3; ③*Raistrickia nigra-Triquitrites marginatus* (NM) zone (layers 29—33) middle V_3; and ④*Tripartites vetustus-Rotaspora fracta* (VF) zone (layers 34—36), end Visean . The author correlates these assemblage zones wit the same Pu-, TC-, NM- and VF- zones of W Europe respectively, i. e. basically covers the entire Visean strata.

E. The *Tripartites trilinguis-Simozonotriletes arcuatus* (TA) assemblage zone, obtained from the lower part of the Jingyuan Formation in Gansu (Zhu H. C. , 1987, 1989, 1993), the two zone-nominated species dominate the assemblage (generally 15%, the highest reaches to 81. 5%) in content. This zone may be roughly correlated with the *Bellisporites nitidus-Reticulatisporites carnosus* (NC) zone of UK (Owens et al. , 1977; Clayton et al. , 1977), i. e. latest V_3 to late Namurian A in age.

F. The *Simozonotriletes verrucosus-Stenozonotrilletes rotundus* (VR) assemblage zone yielded in the upper part of the Jingyuan Formation, and marked by the first appearance of the two indices in the basal horizon. This zone may be roughly correlated with the *Stenozonotriletes trilinguis-Rotaspora knoxi* (TK) zone in UK. In the lower part of this zone, gastroceras *Eumorphoceras bisulcatum*, *Cravenoceras arcticum* and *Anthracoceras glabrum* belonging to E2 are known.

G. The *Densosporites sphaerotriangularis-Dictyotriletes bireticulatus* (SB) assemblage zone, the spore-bearing horizon is stratigraphically equivalent to the lower part of the Hongtuwa Formation in Jingyuan, Gansu. Both in abundance and in diversity, the assemblage is lower than the above-mentioned TA zone and VR zone, and non-striate bisaccate pollen are only sporadically present. Based on conodont evidence, the SB assemblage zone is dated as early Late Carboniferous (Zhu H. C. , 1993b).

H. The *Crassisporea kosankei-Rugospora minuta* (KM) assemblage zone, the spore-bearing horizon is stratigraphically equivalent to the middle part of the Hongtuwa Formation in Jingyuan, Gansu, and its basal boundary is defined by the remarkable increase of the two indices. Non-striate bisaccate pollen markedly increased compared with the former assemblage, reaches to 3%—4% in content. This zone may be well correlated with the *Crassispora kosankei-Grumosisporites varioreticulatus* (KV) zone of UK, and corresponding to Namurian B in age (Owens et al. , 1977; Clayton et al. , 1977), equivalent to R1 zone of gastroceras.

I. The *Triquitrites bransonii-Lycospora pellucida* (BP) assemblage zone: Stratigraphically equivalent to the upper part of the Hongtuwa Formation in Jingyuan, Gansu, and the basal boundary is characterized by the markedly increase of non-striate bisaccites (2. 4%—16. 6%, 7. 4% on average) and monolete spores (3. 8%—18. 4%, 8. 0 % on average) (Zhu H. C. ,1993b). This zone is roughly correspondent to the *Raistrickia fulva-Reticulatisporites reticulatus* (FR) zone of UK, with associated gastropods belonging to the R2—G1 zone of Namurian C (Lian X. L. , 1993; Zhu H. C. , 1995).

The above-listed 7—9 assemblage zones covers the whole Hongtuwa Formation, and roughly correspond to the comprehensively named *Tripartites trilinguis-Crassispora kosankei-Triquitrites bransonii* assemblage in N China proper, which is an early representative, i. e. the A1-late Namurian of the Cathaysian palynoflora (Ouyang and Hou, 1999).

J. The *Apiculatisporis abditus-Radiizonates striatus* (AS) assemblage zone: Equivalent to the lower part of the

Yanghugou Formation in Jingyuan, Gansu, the basal boundary is marked by the first appearance of *R. striatus* and distinct increase of *Apiculatisporis abditus* (Zhu, 1993b). This zone is roughly correlatable to the lower SS (*Triquitrites sinani-Cirratriradites saturni*) zone of W Europe (Clayton et al., 1977).

K. The *Triquitrites tribullatus-Ahrenisporites guerickei* (TG) assemblage zone: Equivalent to the upper part of the Yanghugou Formation, and the lower boundary is marked by the significantly increase of the two indices in content (Zhu H. C., 1993b). Monolete spores *Laevigatosporites* and *Latosporites* occupy a higher percentage in content (maximum: 23.0%). It may also be correlated with the SS zone of W Europe. The associated fossils of gastropods and fusulinids also indicate an age of late Bashikirian.

L. The *Torispora securis-Endosporites globiformis* (SG) assemblage zone (Wu X. Y. and Zhu H. C., 2000) or *Torispora securis-Torispora laevigata* (SL) assemblage zone (Liu F. et al., 2008), obtained from the Benxi Formation in different localities of N China (Ouyang and Li, 1980; Gao L. D., 1984; Liao K. G., 1987a, b, c). The intercalated fossils of fusulinids and scolecodonts indicate an age of Moscovian or Westphalian C-D.

M. The *Florinites junior-Laevigatosporites vulgaris* (JV) assemblage zone, yielded from the Jinci and Xishan members of the Taiyuan Formation in Shanxi, or the *Torispora verrucosa-Pachetisporites kaipingensis* (VK) assemblage zone from the lower part of the Taiyuan Formation in Baode, Shanxi. The intercalated beds of limestone yield fusulinids and conodonts, indicating an age of Kasimovian-Gzelian for the lower part of the Taiyuan Formation, while its upper part to be Permian.

4. Tarim Basin

The palynological succession is made on subsurface material from 10 boring profiles in the basin, especially the well 40 which yields 7 spore-pollen assemblages in central Tarim (Zhu H. C. et al., 1998; Zhu and Zhao Z. X., 1999; Zhu and Zhan J. Z., 1999, 2001). In ascending order, the assemblages are as follows:

A. The *Cymbosporites* spp. -*Retusotriletes incohatus* (SI) assemblage from the well 401 (depth 3,649.77—3654.05m), showing a D/C transitional aspect, seems to be equivalent to the VI zone of W Europe.

B. The *Verrucosisporites nitidus-Dibolisporites distinctus* (ND) assemblage (depth 3622.67—3649.28m) very similar to the former one, however, *D. distinctus* first appears in the basal part, and may be correlated with the HD assemblage zone, assigned an age of late Tn2.

C. The *Spelaeotriletes balteatus-Rugosaspora polyptycha* (BP) assemblage, mainly based material from 4 wells in Lunnan of the basal part of the Kalashayi Formation (Zhu and Zhan, 1996), is characterized by the abundance of the two indices. This assemblage well corresponds with the BP zone of Lower Carboniferous in Ireland, with an age of late Tn2.

D. The *Lycospora-Grumosisporites* (LG) assemblage, mainly seen in the upper-marl member of the well Lunnan 16, well Manxi-1 and Tazhong-1(Zhu and Zhan, 1996): Zonotrilete spores occupy 41.8% (*Lycospora* up to 34.8%) of the assemblage in content. Considering the fact that the two genera play prominent roles begun in Visean, the present assemblage is correlated with Pu + Tc zone of W Europe (Clayton et al., 1977), indicating an age of early Visean.

E. The *Cyclogranisporites pressoides-Florinites* spp. (PS) assemblage: Based on material from the Tazhong well 1(depth 3429.43—3444.91m), and marked by the first appearance of *Florinites* spp. and *Schulzospora* spp. as well as the highest content of *Cyclogranisporites pressoides* (≤55%), the assemblage is dated as late Visean 3 and roughly equivalent to the VF zone of W Europe (Clayton et al., 1977).

F. The *Schulzospora campyloptera-Schulzospora ocellata* (CO) assemblage: Obtained from the same well (depth 3428.96m) and characterized by the absolutely dominant content of *Schulzospora* (≤51%). It may be roughly correlated to the NC zone of W Europe (Owens, 1982; Clayton et al., 1977) and dated the latest Visean to early Namurian A (P2-E1).

G. The *Punctatisporites-Cyclogranisporites* (PC) assemblage: Obtained from the well Lunnan 16 (depth 1648.51m) and marked by the dominance of azonotrilete spores, especially *Punctatisporites* (60.0%) and *Cyclogranisporites* (14.0%), and very rare *Florinites*. It is presumed to be the middle Namurian A in age (E2).

H. The *Potonieisporites - Punctatisporites* (PP) assemblage: Obtained from the Tazhong well-401 (depth 3338.68—3340.30m, Sandstone Member of the middle-upper portion of the Karasayi Formation) and characterized by high content of the two indices. Age: Early Late Carboniferous (late Namurian A).

I. The *Limitisporites-Cordaitina* (LC) assemblage: From the same well as above (depth 3292.50—3337.41m, upper part of the Karasayi Formation), but somewhat different from the preceding assemblage in having non-striate bisaccate *Limitisporites* and *Vestigisporites* and monosacate *Cordaitina*, etc. in association with *Trinidulus diamphidios* and *Potonieisporites elegans*, etc. Presumed age: Namurian B (Zhu H. C. , 1993, 1995).

J. The *Lycospora orbicula-Rugospora minuta* (OM) assemblage: Based on material from a member containing limestone of well Manxi-1 and well Tazhong-4 may be correlated with the Late Carboniferous assemblage in Jingyuan of Gansu (Zhu, 1996; Zhu, 1993, 1995). Age: Namurian B to Namurian C.

K. The *Calamospora-Laevigatosporites* (CL) assemblage: Based on material from the Limestone Member of the Xiaohaize Formation in well Tazhong-401 and characterized by a high content (≤79%) of *Lycospora* spp. (mainly *L. pusilla*). Age: Latest Namurian to early Westphalian. The top limestone member of well Tazhong-1 yields *Fusulinella*, and the basal portion of the Xiaohaizi Formation in Bachu is absent, so the age is possibly confined to Moscovian.

Up to now, late Upper Carboniferous (equivalent to Stephanian of Europe) spores have not been found in the Tarim Basin.

As regards the Carboniferous spore assemblage sequence in N Xinjiang one can see details narrated in the relevant monograph and a correlation table between North Xinjiang and Tarim(Ouyang,Wang et al. ,2003).

About the palynological boundaries between the Lower and Upper Carboniferous, and the lower/upper Namurian as well as the Stephanian/Permian. With the exception of the last one, the others are discussed in Chinese. One relevant figure and one table are given in table 3.1 and 3.2.

Chapter IV   Permian spore-pollen assemblage sequence, and discussion about the palynological boundaries between the Carboniferous and Permian as well as the Permian and Triassic in China

1. Palynological spore-pollen assemblage sequence in North China proper

The C/P boundary has been defined by the first appearance of conodont *Streptognathodus isolatus*, however, this species is sometimes difficult to discover in China, so practically it is more often to use the FAD of fusulinid *Pseudoschwagerina* as the marker.

The Permian palynological succession in China was preliminarily summarized by Ouyang S. and Hou J. P. (1999) entitled "On characteristics of the Cathaysian palynoflora" with an English summary in some detail. In recent years, a more precisely aged palynological succession with interbedded fusulinids and conodonts has been established by Liu Feng (2009, unpublished Ph-D thesis) and his supervisors (Liu et al. , 2008) from two beautifully outcropped sections in Baode, Shanxi, attaining a total thickness of ca. 604—804m. A succession composed of 8 palynological assemblages ranging from the Benxi Formation up to the Sunjiagou Formation. In ascending order, the assemblage zones are briefly listed below:

A. The *Torispora secures-Torispora laevigata* (SL) assemblage zone: Obtained from the lower part of the Benxi Formation (layers 9—15), Moscovian in age as evidenced by fusulinids and conodonts. It may be correlated with the same nominated SL assemblage zone in W Europe (Clayton et al. , 1977).

B. The *Reticulatisporites polygonalis-Endosporites globiformis* (PG) assemblage zone: From the layer 16 of Benxi Formation up to the lowermost part of the lower member of Taiyuan Formation. It is named based on the FAD of the two nominative indices. The age of this zone is roughly equivalent to Westphalian D-Stephanian A of Europe.

C. The *Torispora verrucosa-Pachetisporites kaipingensis* (VK) assemblage zone: Extending from the middle part of the layer 32 of the Taiyuan Formation to the basal portion of the layer 58 of the same formation in the Palougou section, in the higher portion(above the bed 58) occurs *Streptognathus isolatus*. Combined with evidence of fusulinids, this zone should be Kasimovian-Asselian in age, roughly equivalent to Gzhelian as well as Stephanian B—D. The first appearance of *Torispora verrucosa* marks the basal boundary, and *Pachetisporites kaipingensis* appears a little higher in the basal part of the layer 35. Other two indices include *Pseudolycospora inopsa* which appears nearly at the top of this zone, and *Indospora inopsa* (together with *Striatosporites major*) first appears within this zone.

D. The *Thymospora thiessenii-Striatosporites heyleri* (TH) assemblage zone: The FAD of the two indices marks the basal boundary, and this zone extends from the layer 58 to the lowest part of the layer 77 of the Taiyuan Formation in the Palougou section. This zone is roughly correspondent to Sakmarian(lower-middle Sakmarian).

E. The *Radiizonates solaris-Platysaccus minor* (SM) assemblage zone: Extending from the basal part of the layer 77 of the upper member of the Taiyuan Formation through the Shanxi Formation up to the lowest part (layers 96—98) of the Lower Shihhotze Formation The basal boundary of the zone is marked by the FAD of *Radiizonates solaris*. This zone is roughly dated as Artinskian for it could be correlated with the plant *Emplectopteris triangularis-Emplectopteridium alatum- Lobatannularia sinensis* assemblage zone, and in the strata bearing these plants in Henan is observed conodont *Sweetognathus whitei*.

F. The *Cuneisporites* sp. -*Sinulatisporites shansiensis* (CS) assemblage zone: The basal boundary is defined by the FAD of *Cuneisporites* sp. and a little later appearance of *Sinulatisporites shansiensis*. It covers the lower part (layers 96—98) of the Lower Shihhetze Formation to the lower upper part (layers 111—113) of the same formation. Probable age: Kungurian – Roadian.

G. The *Playfordispora crenulata-Schopfites convolutus* (CC) assemblage zone: Extending from the upper portion (layers 111—113) of the Lower Shihhetze Formation upward to the basal layer 121 of the Upper Shihhetze Fm. The basal boundary is marked by the FAD of the two nominative indices. Probable age: Middle Permian -Guadlappian (Wordian).

H. The *Patellisporites meishanensis-Brialatisporites iucundus*(MI) assemblage: Marked by the FAD of the two species and it covers the strata extending from the basal part (layer 123) of the Upper Shihhetze Formation to the lower part (middle of layer 140) of the Sunjiagou Formation (= Shihchienfeng Fm. s. s.). Probable age: late Middle Permian (Capitanian) to early Late Permian (Wujiapingian).

I. The *Lueckisporites virkkiae-Jugasporites schaubergeroides* assemblage zone, widely known in N China proper from the Sunjiagou Formation, such as in Lishi (Qu L. F. , 1982) and Liulin (Hou J. P. and Ouyang S. , 2000) of Shanxi, Pingdingshan of Henan (Ouyang and Wang, 1983; Tang J. X. , 1994), Jieshou of Anhui (Wang R. , 1987), and in Tianjin (Zhu H. C. , Ouyang S. et al. , 2002). However, it has not been found from the Baode section in Shanxi. Age: Late Late Permian, roughly equivalent to the Changhsingian in South China.

Because of the absence of continuous continental Permian strata in South China, palynological records of this period are relatively rare and scattered, as summarized in a paper given by Ouyang and Hou (1999).

2. Palynological boundary between the Carboniferous and Permian in North China proper

Wang C. Y. and Wang Z. H. (1981) first proposed to take the conodont *Neogondlella bisseli-Sweetognathus whitei* as the marker of the Permian basal boundary. Later on, Wang Z. H. (1991) suggested the last species within the evolutionary lineage *Streptognathodus gracilis-S. wabaunensis-S. barshkovi* to be an index of the basal boundary. Subsequently, Wang C. Y. (2000), following the international criterion established in the Aidaralash section in Kazakhstan, also proposed to use *Streptognathodus isolatus* as the marker, because he considered that some specimens identified by Wang Z. H. et al. (1984, 1985, 1987) under the name *S. gracilis* and *S. wabaunensis* are actually *S. isolatus* which is also widely distributed in S and N China. However, this point of view has to be demonstrated among the known conodont data from published papers related to both geographical and geological distribution in China.

The Palougou section in Shanxi is dominated by continental deposits intercalated with several limestone beds. The palynological *Thymospora thiessenii-Striatosporites heyleri* (TH) zone covers the strata (layer 58-basal 77) representing the lower part of the Taiyuan Formation, and the intercalated bed 66 (limestone) yields fusulinids, roughly corresponding to the *Pseudoschwagerina* assemblage zone in Taiyuan, and the intercalated limestone from the top of TH zone yields the *Streptognathodus elegantus-S. elongatus* assemblage, while partial specimens under the latter species were considered to be *Streptognathus isolatus* by some authors.

The above-mentioned *Thymospora thiessenii-Striatosporites heyleri* (TH) assemblage zone suggested by Liu F., is basically a synonym of the *Perocanoidospora clatratus-Thymospora thiessenii* (CT) assemblage by Ouyang and Hou (1999), because *Perocanoidospora clatratus* (with "wider" perine layer) has been treated as a synonym of *Striatosporites heyleri*.

The latest Carboniferous (Gzelian or Stephanian B—D) *Torispora verrucata-Pachetisporites kaipingensis* (VK) assemblage zone is roughly correspondent to the *Laevigatosporites vulgaris-Lycospora granulata* assemblage of the B Stage of the Early Cathaysian flora (Ouyang S. and Hou J. P., 1999).

In other words, on the basis of palynological study, the C/P boundary should be placed somewhere within the middle part of the Taiyuan Formation, i. e. between the beds BD57 and BD58, or broadly speaking, between the VK zone and the TH zone in the Baode section.

3. On the palynological boundary between the Permian and Triassic in China

Based on paleobotanical and palynological material, the vegetation of China during the Triassic was differentiated into three provinces, viz. ①The Subangara/Angara; ②The Euramerica, including two subprovinces in China, i. e. the North China and South China; and ③The Gondwana. But as to the last province, the known palynological knowledge is still too poor to give even an outline.

Three types of sedimentary facies containing rather continuous palynological records through the P/T boundary are well developed in China, as typically known in three localities: ①Marine, such as the Qinglong Formation/ Changhsing Formation in Changsing, Zhejiang, S China (Ouyang and Utting, 1990); ②Continental, such as the Jiucaiyuanzi Formation/ Guodikeng Formation in Dalongkou, Jimsar in Xinjiang (Hou and Wang, 1986, 1990; Ouyang S., Wang Z. et al., 2003; Hou J. P., 2004), NW China (Subangara), and the Liujiagou Formation/ Sunjiagou Formation in N China proper, although quite a number of assemblages are obtained separatively in locus/ stratum; and ③None-marine or continental/marine transitional, such as the Kayitou Formation/Xuanwei Formation in Fuyuan, E Yunnan, SW China (Ouyang S. and Li, 1980; Ouyang S., 1982, 1986).

The Early Triassic *Aratrisporites-Lundbladispora* assemblage from above-mentioned three facies were firstly found from the Kayitou Formation in Yunnan which deserves special attention because it bridges the other two contemporaneous assemblages. One from marine facies, named the *Vittatina-Protohaploxypinus* assemblage (also with a few *Lundbladispora* and *Aratrisporites*) from the Qinglong Formation overlying the Changhsing Formation in Zhejiang, and the other, from continental facies yielding the *Lundbladispora-Lunatisporites-Aratrisporites* (or the *Limatulasporites-Lundbladispora-Taeniaesporites*) assemblage from the upper part of the Guodikeng Formation –

Jiucaiyuan Formation in N Xinjiang.

The spores and pollen from the lower part of the Kayitou Formation are very diverse, including quite a number of Carboniferous-Permian relics, such as *Waltzispora*, *Stellisporites*, *Triquitrites*, *Patellisporites*, *Crassispora*, individual *Lycospora*, *Tripartites*, *Torispora*, *Thymospora*, *Cordatina* as well as *Lueckisporites?*, *Taeniaesporites?*, *Protohaploxypinus*, *Striatopodocarpites* and *Florinites*. On the other hand, many forms with an aspect of Mesozoic also occur, such as *Dictyophyllidites*, *Obtusisporis*, *Osmundacidites*, *Neoraistrickia*, *Lunzisporites*, *Multinodisporites*, *Polycingulatisporites*, *Wilsonisporites*, *Polypodiites*, *Angustisulcites*, *Protopinus*, *Cedripites*, *Classpollis?*, and *Lundbladispora* spp. as well as *Aratrisporites* in particular. As regards the age of the Kayitou Formation, several authors supposed it to be Permian (e. g. Wang S. Y. , 2001). However, in addition to the faunal and palynological evidence in favor of an Early Triassic dating, recently, rich remains of *Annalepis* have been found therein (Wang J. X. , 2008), that also matches our discovery of a high content (10%—15%) of *Aratrisporites* in the basal portion of the Formation.

The presence of so many spore-pollen genera with an aspect of Carboniferous-Permian, the possibility of reworking of course should be considered seriously. However, the associated existence of some Permian macrofossil plants, viz. *Annularia shirakii*, *Lobatannularia multifolia* sp. , *Pecopteris* sp. , *Cladophlebis* sp. and *Taeniopteris* sp. in the basal portion of the Kayitou Fm. , demonstrates that the sedimentary site was a refuge for some Paleozoic plants, while those (viz. *Aratrisporites* - *Lundbladispora's*) parent plants with a Mesozoic color were not found probably due to their herbaceous nature. However, fossil remeins of *Annalepis* which also producing *Aratrisporites*-type spores have been found from the lower part of the Kayitou Formation in W Guizhou and E Yannan (Yu J. X. et al. ,2008). The "mixed" Early Triassic palynoflora may thus be reasonably explained by their "transitional" nature rather than "reworked" product / mass extinction assumption.

In short, in China, even in the North Hemisphere (Euramerica, Cathaysia, Subangara and N Gondwana provinces) of the globe, the palynological boundary between Permian and Triassic is often not very difficult to delineate. Generally speaking, the Late Permian assemblages are dominated by gymnospermous pollen, and its later period (late P_3) is characterized by the presence of some important index species such as *Lueckisporites virkkiae*, *Jugasporites schaubergeroides*, *J. delasaucei*, *Klausipollenites schaubergeri*, *Falcisporites zapfei*, *Scutasporites unicus*, *S.* cf. *unicus* (= *S. xinjiangensis*), richer smaller bisaccate pollen (e. g. *Vitreisporites*) and pteridophytic spores with an aspect of Mesozoic and a few relic forms with an aspect of Paleophytic as well as some acritarchs (particularly in marine facies). While the Early Triassic palynofloras are usually characterized by the presence of widespread *Lundbladispora*, *Aratrisporites*, *Taeniaesporites* (= *Lunatisporites*), and sometimes locally rich *Limatulasporites* and spinate acritarchs (*Veryhachium*, *Micrhystridium*, *Baltisphaeridium* etc.) as we as algal cysts (*Chordecystia chalasta* Foster, 1979 = *Tympanicysta stoschiana* Balme, 1980 which ranges from nearly the end of Late Permian to the early Early Triassic). In addition to the presence of few Paleophytic forms, the decline of some Mesophytic pollen (bisaccate Stratiti) or progressive development of bisaccate pollen (rib-less or rare ribs) and *Cycadopites* as well as more pioneers (e. g. , *Classopollis*, *Quadraeculina* and some fern spores) of Mesozoic plants.

Chapter V   Discussion about several theoretical problems.

1. Spore evidence in connection with vascular plant origin in the Early Silurian strata, SW China

Pinnatriramosus qianensis Geng,1986, an enigmatic plant found from the Early Silurian (late Llandovery) strata in Guizhou, SW China and interpreted as a vascular plant (Cai C. Y. et al. , 1993; Li X. X. et al. , 1995), has been interpreted as a Permian plant with roots penetrated into the Lower Silurian ground (Edwards, 1990; Edwards et al. , 2007; Wang Y. et al. , 2003, 2013). In this book, we are not going repeatedly to discuss this problem, partly because Edwards et al. have not denied the spore record "coexisted" with the fossil plant. The trilete spores, especial those with semi-retusoid and retusoid ridges, are interpreted as product of vascular plants.

The spores obtained from the Dongkala profile was named the *Apiculiretusospora spicula-Emphanisporites neglectus* assemblage (Cai C. Y. , Ouyang S. , Wang Y. et al. , 1995; Wang Y. , Ouyang S. and Cai C. Y. , 1996; Wang and Ouyang, 1997), consisting of 12 species (types) referred to 5 genera: *Ambitisporites aviatus*, *A. dilutus*, *A.* cf. *dilutus*, *Retusotriletes warringtonii*, *R.* cf. *warringtonii*, *R.* cf. *triangulatus*, *R. minor*, *R.* cf. *abundo*, *Apiculiretusispora spicula*, *Ap. sparsa*, *Leiotriletes* sp. and *Punctatisporites* sp. in addition to some acritarchs (fig. 5. 1).

The significance of the above-mentioned spores was already discussed elsewhere in some detail (Li X. X. et al. , 1996, English version, p. 14—16; Wang Y. and Ouyang S. , 1997).

It is interesting to note here that several years ago we identified a rock example collected from strata of unknown age at locality Luchun in Yunnan (sent by the Yunnan University of Science and Engineering), and found abundant plant microfossils tentatively named the *Retusotriletes - Ambitisporites/Filisphaeridium-Dactylofusa* assemblage. It is rich in having quite diverse pro-vascular/vascular plant spores, such as *Retusotriletes*, *Ambitisporites*, *Leiotriletes*, *Punctatisporites*, *Apiculiretusispora* cf. *sparsa*, and a few bryophytic spores such as *Sphagnumsporites* in association with quite a number of acritarchs, viz. *Leiosphaeridia*, *Trachysphaeridium*, *Favososphaeridium*, *Retisphaeridium*, *Filisphaeridium* and *Dactylofusa* as well as tracheid (?) fragemts and scolecodonts. Two points deserve particular attention, one is the similarity with the above-mentioned Guizhou spore assemblage, both having *Amibitisporites*, *Retusotriletes*, *Apiculiretusispora*, etc. , and the other is the occurrence of *Dactylofusa*, that is a peculiar acritarch genus ranging from Middle Ordovician to Silurian and easily to be identified. Therefore, in spite of the absence of diagnostic animal fossils, we still date the fossil-bearing strata to be early Middle Silurian, i. e. a little younger than the Dongkala assemblage. However, the formal manuscript prepared by Liu Feng et al. is waiting for publication.

2. Phytogeographical differentiation of Carboniferous/Permian in China based on data of plants and spores

In this regard, the senior paleobotanists of China have laid down a good foundation although minor improvements are necessary. For example, North Xinjiang should belong to the Subangara rather than Angara regime based on the known palynological data.

The phytogeographical differentiation during Permian in China shown in fig. 3. 1 basically follows that outlined by Sheng G. L. (see Li X. X. et al. eds. , 1995). In which, about 80 known palyniferous localities are indicated, mainly distributed in N China block, while in S China, SW China, Subangara and Tarim basin, especially in the former two areas, palynological records are rare and discontinuous both in time and space. Consequently, the sequential different phytogeographical areas by stages (e. g. the Early, Middle and Late Permian) cannot be given for the present.

Four phytogeographical areas have been outlined and the progressive palynological features are given:

A. The Cathaysian Area with three subareas, viz. the North China, South China and SW China. The research history as well as palynological succession and main features of this area had been summarized by Ouyang and Hou (1999) (as cited in table 4. 2).

B. The Subangara Area. It belongs to the Tianshan-Hinggan (Xing'an) Mts. Stratigraphic Regime, and typically represented by North Xinjiang where the Carboniferous-Permian palynological succession and its bearing on paleobotany and stratigraphy, etc. have been given in detail (Ouyang, S. , Wang Z. et al. , 2003). It should be emphasized here that as the famous late paleobotanist Meyen (1987) proposed, the Subangara area (fig. 5. 3) might be a cradle of some conifers and pteridosperms (e. g. Peltaspermales) although the earliest records of their pollen are in fact somewhat earlier than he suggested.

C. The Tarim Bain: Carboniferous-Permian palynological study begun with the publications by Wang Hui in the eighties(1985,1989)of the last century. Subsequently, Zhu Huai-cheng published a series of papers (Zhu H. L. and Zhan J. J. , 1996; Zhu H. C. , 1997a—d, 1999, 2000) and prelimenarily established the spore-pollen assemblage sequence of Carboniferous-Permian in some detail. The correlation of the Permian palynological data between the Tarim and Junggar basins indicates that the Tarim area belonged to the Euramerican Regime during the Early Permian (Asselian-Sakmarian) , and the major turnover from the Euramerican to the Subangara did not happen until the Middle Permian or somewhat earlier (Artinskian) as shown in fig. 5 (Zhu H. C. , Ouyang S. et al. , 2005). However, the known data are essentially from vegetation grown in wetland or swamps, it is not impossible that xerophytic assemblage dominanted by gymnosperm-pollen derived from upland environment in the earliest Permian.

D. The Gondwana Area: The southern Tibet and western Yunnan might belong to this area during Permian based on paleobotanical and palynological studies. Fig. 5. 2 shows part of the miospore taxa with an aspect of Gondwana. Photos 15—25 are discovered from the Qubu Formation (palynologically dated to be late Artinskian-Kungurian and corresponding to the lower-middle Barakar Formation in Indian) in S Tibet (Hou and Ouyang, 1999) , and 1—14 obtained from the Kongshuhe Formation in Tengchong, W Yunnan (Yang W. P. , 1996, 1999). It should be mentioned that both the plant microfossils and macrofossils are actually of Cathaysian/Gondwana mixed nature. The Gondwana floral aspect is hard to be interpreted at the time being, for the problem is too complicated. For example, quite a number of specimens assigned to *Plicatipollenites*, *Virkkipollenites* and *Parasaccites* have been known in the Carboniferous of N Xinjiang, appeared earlier (Bashikirian-Moscovian) than their record in India.

3. Evolutionary events of some gymnospermous pollen and sequential distribution of GSPD/GPD assemblages in China during Late Paleozoic

As shown in table 5. 1, the first appearance of GSPD (to a lesser degree, GPD) in Subangara, Eurmerican and Cathaysian happened in different ages, viz. that in the Bashikirian-Moscovian in Subangara, the basal Autunian in W Europe or Upper Wolfcampian in W Interior of USA, the Artinskian or earlier in Tarim, the Kungurian-Kazanian in N China, the Changhsingian (late Upper Permian) in S China, and the Indian (Early Triassic) in SW China respectively. This phenomenon is obviously in connection with paleolatitudinal situation, northward drift and collision of relevant blocks and climate changes (e. g. becoming arid) leading to southward migration of some gymnosperms.

Meyen (1987, p. 257) first listed FA sequence of certain pollen groups of gymnosperms in terms of three-fold division of Carboniferous: Monosaccate pollen—roughly at the end of Early Carboniferous; bi-quasisaccate pollen—in the early half of the Middle Carboniferous; quisisaccate striate pollen—in the late half of Middle Carboniferous; while assacate *Vittatina*—at the end of Middle Carboniferous. However, later discoveries of such pollen groups mainly in the Subangara area demonstrate that almost all groups do have an earlier history, as typically seen in N Xinjiang where the FA of Monosaccites, monolete and probably alete bisaccate pollen at the end (E or E + H zones) of Early Carboniferous; Monosaccate and bisaccate Striatitii in the early Bashikirian (R zone) ; *Tiwariasporis* (*Vittatina* group) in the Early Carboniferous (R + G zones). [For details see Ouyang, Wang et al. , 2003, p. 109, 110, 464—467 in English; also see Ouyang and Zhu, 1998]

4. Main characteristics of the Cathaysian palynofloras, assemblage sequences and first appearance of some spores-pollen genera

Table 5. 2 shows the Cathaysian spore/pollen assemblge sequences of Late Carboniferous – Permian both in N and S China, and table 5. 3 indicates the first appearance of some spore/pollen genera or development acme/obvious increase/decrease of several morphological groups (e. g. Cathaysian monolete genera, Zonotrilete spores, bisaccate striate/non striate pollen) with the following abbreviations: FA = first appearance, FDI = first distinct increase, AC = development acme. For the main features of the Cathaysian palynofloras see Ouyang S. and Hou J. P. (1979).

Because of the above-cited content and table 5. 2 and 5. 3 published more than 16 years ago, some genera proposed based on Chinese material have been proved to be synonyms of earlier legitimate genera. They are listed in table 5. 4.

图版说明及图版

（除特别标注，所有图片均放大 500 倍）

图 版 1

1，2. *Calamospora* cf. *pannucea* Richardson, 1965
  云南曲靖翠峰山，徐家冲组。

3. *Calamospora mitosobuobuta* Gao and Hou, 1975
  全模标本，贵州独山，舒家坪组。

4，5. *Calamospora* cf. *mutabilis*（Loose）Schopf, Wilson and Bentall, 1944
  四川渡口，上泥盆统下部。

6，7. *Calamospora plana* Gao and Hou, 1975
  贵州独山，舒家坪组；7. 全模标本。

8，9. *Calamospora nigrata*（Naumova）Allen, 1965
  8. 云南曲靖，西下村组；9. 西藏聂拉木，波曲组。

10—12. *Calamospora intropunctata* Lu, 1988
  云南沾益史家坡，海口组；10. 全模标本。

13，14. *Calamospora divisa* Gao and Hou, 1975
  13. 湖南锡矿山，邵东组；×800；14. 云南曲靖，徐家冲组。

15—17. *Calamospora normalis* Lu, 1988
  15，16. 云南沾益史家坡，海口组；×200；15. 全模标本。

18，19. *Punctatisporites anisoletus* Ouyang and Chen, 1987
  18. 全模标本，江苏句容，五通群擂鼓台组下部；19. 江苏句容，高骊山组。

20，23. *Calamospora atava*（Naumova）McGregor, 1964
  20. 甘肃迭部，中泥盆统下吾那组；23. 甘肃迭部，下、中泥盆统当多组；×1020。

21，22. *Calamospora pannucea* Richardson, 1965
  四川渡口，上泥盆统下部。

图 版 2

1—3. *Leiotriletes labiatus* Ouyang and Chen, 1987
  江苏句容，五通群擂鼓台组下部；3. 全模标本。

4，5. *Leiotriletes laevis* Naumova, 1953
  江苏句容，五通群擂鼓台组下部。

6—8. *Leiotriletes densus* Lu, 1999
  6. 新疆和布克赛尔，黑山头组5层；7,8. 副模标本，新疆和布克赛尔，黑山头组6层。

9—13. *Leiotriletes macrothelis* Wen and Lu, 1993
  9，11. 全模标本，江西全南，翻下组；分别×500与×1000；10, 12. 江西全南，翻下组；分别×500与×1000；13. 湖南界岭，邵东组；×650。

14—17. *Leiotriletes microthelis* Wen and Lu, 1993
  14—16. 江西全南，翻下组；14. 全模标本；17. 湖南界岭，邵东组；×665。

18. *Leiotriletes confertus* McGregor, 1960
  湖南锡矿山，邵东组；×800。

19，20. *Leiotriletes plicatus*（Waltz）Naumova, 1953
  19. 新疆准噶尔盆地，呼吉尔斯特组；×450。

21，22. *Leiotriletes involutus* Ouyang and Chen, 1987
  21. 全模标本，江苏句容，五通群擂鼓台组下部；22. 江苏南京龙潭，五通群擂鼓台组上部。

23. *Leiotriletes flexuosus* Lu, 1980

全模标本,云南沾益龙华山,徐家冲组。

24. *Leiotriletes devonicus* Naumova, 1953

云南禄劝,坡脚组。

25. *Leiotriletes pyramidalis* (Luber) Allen, 1965

新疆准噶尔盆地,呼吉尔斯特组;×450。

26—28. *Leiotriletes crassus* Lu, 1994

江苏南京龙潭,五通群擂鼓台组上部;26. 全模标本。

29, 30. *Leiotriletes pyramidatus* Sullivan, 1964

29. 湖南界岭,邵东组;30. 新疆准噶尔盆地,呼吉尔斯特组;×450。

31. *Leiotriletes pullatus* Naumova, 1953

云南禄劝,坡脚组。

32. *Leiotriletes furcatus* Naumova, 1953

云南曲靖,翠峰山组西山村段。

33. *Leiotriletes notatus* Hacquebard, 1957

江苏南京龙潭,五通群擂鼓台组上部。

34, 35. *Leiotriletes ornatus* Ischenko, 1956

新疆和布克赛尔,黑山头组5层。

36—38. *Leiotriletes dissimilis* McGregor, 1960

云南沾益史家坡,海口组。

图 版 3

1—3. *Leiotriletes scabratus* Ouyang and Chen, 1987

江苏句容,五通群擂鼓台组下部;1. 全模标本。

4. *Punctatisporites glaber* (Naumova) Playford, 1962

湖南锡矿山,邵东组顶部;×800。

5, 6. *Punctatisporites putaminis* McGregor, 1960

云南沾益史家坡,海口组。

7. *Leiotriletes marginalis* McGregor, 1960

甘肃迭部当多沟,下、中泥盆统当多组。

8, 9. *Peltosporites rotundus* Lu, 1988

云南沾益史家坡,海口组;9. 全模标本。

10, 11. *Peltosporites imparilis* Lu, 1988

云南沾益史家坡,海口组;10. 全模标本。

12, 13. *Peltosporites rugulosus* Lu, 1988

云南沾益史家坡,海口组;13. 全模标本。

14, 15. *Spelaeotriletes spissus* Lu, 1988

新疆和布克赛尔,黑山头组5层;15. 全模标本。

16, 17. *Convolutispora crassa* Playford, 1962

湖南界岭,邵东组。

18. *Grandispora spinosa* Hoffmeister, Staplin and Malloy, 1955

湖南界岭,邵东组。

19. *Spelaeotriletes triangulatus* Neves and Owens, 1966

湖南界岭,邵东组。

图 版 4

1—3. *Punctatisporites jiangsuensis* Ouyang and Chen, 1987

江苏句容,五通群擂鼓台组下部;2. 全模标本。

4, 5. *Punctatisporites recavus* Ouyang and Chen, 1987

江苏句容,五通群擂鼓台组下部;4. 全模标本。

6,7. *Punctatisporites camaratus* Ouyang and Chen, 1987

　　江苏南京龙潭,五通群擂鼓台组下部;7. 全模标本。

8,14. *Punctatisporites debilis* Hacquebard, 1957

　　　8. 江苏南京龙潭,五通群擂鼓台组中部;14. 湖南界岭,邵东组。

9,10. *Punctatisporites parapalmipedites* Zhou, 1980

　　江苏句容,五通群擂鼓台组下部。

11—13. *Punctatisporites perforatus* Lu, 1980

　　云南沾益龙华山,海口组;11. 全模标本。

15,16. *Punctatisporites glabrimarginatus* Owens, 1971

　　云南沾益史家坡,海口组。

17. *Punctatisporites solidus* Hacquebard, 1957

　　新疆准噶尔盆地,呼吉尔斯特组;×450。

18. *Punctatisporites inspirratus* (Owens) McGregor and Camfield, 1982

　　新疆准噶尔盆地,呼吉尔斯特组;×450。

19. *Leiotriletes* cf. *pagius* Allen, 1965

　　甘肃迭部,下、中泥盆统当多组。

20,21. *Punctatisporites varius* Lu, 1994

　　江苏南京龙潭,五通群擂鼓台组上部;20. 全模标本。

22,23. *Punctatisporites laevigatus* (Naumova) Lu, 1980

　　云南沾益龙华山,海口组。

24. *Punctatisporites separatus* Lu, 1981

　　全模标本,四川渡口,上泥盆统下部。

25,26. *Punctatisporites densipunctatus* Ouyang and Chen, 1987

　　江苏句容,五通群擂鼓台组上部;26. 全模标本。

27. *Punctatisporites lasius* (Waltz) Gao, 1980

　　贵州睦化,王佑组格董关层底部。

28,29. *Punctatisporites limbatus* Hacquebard, 1957

　　湖南界岭,邵东组。

30,31. *Punctatisporites subtritus* Playford and Helby, 1968

　　30. 新疆和布克赛尔,黑山头组6层;31. 新疆和布克赛尔,黑山头组5层;×650。

图　版　5

1,2. *Triquitrites leiolitus* Bharadwaj, 1957

　　江苏南京龙潭,五通群擂鼓台段下部。

3,9. *Gulisporites torpidus* Playford, 1963

　　　3. 江西全南,翻下组;×750;9. 云南沾益翠峰山,徐家冲组。

4. *Gulisporites* sp.

　　云南沾益史家坡,海口组。

5. *Gulisporites intropunctatus* Lu, 1981

　　全模标本,四川渡口,上泥盆统下部。

6—8. *Gulisporites hiatus* Lu, 1997

　　湖南界岭,邵东组;7. 全模标本。

10,11. *Trirhiospora furva* Ouyang and Chen, 1987

　　江苏句容,五通群擂鼓台组下部;10. 全模标本。

12. *Trirhiospora strigata* Ouyang and Chen, 1987

　　全模标本,江苏句容,五通群擂鼓台组下部。

13,17. *Trirhiospora plicata* Ouyang and Chen, 1987

　　江苏句容,五通群擂鼓台组下部;17. 全模标本。

14, 15. *Trirhiospora subracemis* Ouyang and Chen, 1987

江苏句容,五通群擂鼓台组下部;15. 全模标本。

16. *Punctatisporites coronatus* Butterworth and Williams, 1958

湖南界岭,邵东组。

18, 19. *Punctatisporites ciniae* Turnau, 1978

新疆和布克赛尔,黑山头组5层。

20. *Punctatisporites irrasus* Hacquebard, 1957

新疆和布克赛尔,黑山头组5层。

图 版 6

1. *Acanthotriletes liratus* Ouyang and Chen, 1987

全模标本,江苏句容,五通群擂鼓台组下部。

2, 3. *Lophotriletes erinaceus* (Waltz ex Naumova) Zhou, 2003

湖南锡矿山,邵东组;×800。

4. *Acanthotriletes crenatus* Naumova, 1953

新疆准噶尔盆地,呼吉尔斯特组;×450。

5. *Acanthotriletes dentatus* Naumova, 1953

新疆准噶尔盆地,呼吉尔斯特组;×450 。

6, 7. *Dibolisporites wetteldofensis* Lanninger, 1968

贵州独山,丹林组上段。

8. *Acanthotriletes hirtus* Naumova, 1953

湖南界岭,邵东组。

9, 10. *Acanthotriletes denticulatus* Naumova, 1953

江西全南,三门滩组;×1000。

11, 12. *Acanthotriletes fastuosus* (Naumova) Lu, 1995

湖南界岭,邵东组。

13—15. *Acanthotriletes mirus* var. *trigonalis* Ischenko, 1958

江苏句容,五通群擂鼓台组下部。

16. *Acanthotriletes pyriformis* Gao and Hou, 1975

全模标本,贵州独山,丹林组上段。

17. *Acanthotriletes* cf. *ignotus* Kedo, 1957

浙江富阳,西湖组;×600。

18, 19. *Apiculiretusispora hunanensis* (Hou) Ouyang and Chen,1987

湖南锡矿山马牯脑段—邵东组;×800。

20. *Camptozonotriletes* sp.

新疆准噶尔盆地,呼吉尔斯特组;×450。

21. *Acanthotriletes sunanensis* Ouyang and Chen, 1987

全模标本,江苏句容,五通群擂鼓台组下部。

22, 23. *Dibolisporites diaphanus* Lu, 1988

云南沾益史家坡,海口组;22. 全模标本。

24. *Acanthotriletes impolitus* Naumova, 1953

湖南界岭,邵东组。

25. *Acanthotriletes rarus* Ouyang and Chen, 1987

全模标本,江苏句容,五通群擂鼓台组下部。

26. *Acanthotriletes loratus* Gao, 1983

全模标本,云南禄劝,坡脚组。

27, 28. *Acanthotriletes stiphros* Ouyang and Chen, 1987

江苏句容,五通群擂鼓台组下部;27. 全模标本。

29. *Acanthotriletes edurus* Ouyang and Chen, 1987

全模标本,江苏句容,五通群擂鼓台组下部。

30. *Acanthotriletes tenuispinosus* Naumova, 1953

湖南锡矿山,邵东组;×800。

图 版 7

1, 19. *Acinosporites? dentatus* Gao and Ye, 1987

甘肃迭部,当多组;1. 全模标本;19. ×1200。

2, 7. *Acinosporites? shujiapingensis* Gao and Hou, 1975

贵州独山,丹林组上段;7. 全模标本。

3. *Dibolisporites* sp.

新疆准噶尔盆地,呼吉尔斯特组;×450。

4, 5. *Acinosporites recens* Gao and Ye, 1987

甘肃迭部当多沟,当多组;5. 全模标本。

6. *Acinosporites acanthomammillatus* Richardson, 1965

贵州独山,舒家坪组。

8. *Acinosporites lindlarensis* Riegel var. *lindlarensis* McGregor and Camfield, 1976

甘肃迭部,当多组。

9. *Cyclogranisporites semilucensis* (Naumova) Oshurkova,2003

西藏聂拉木,中上泥盆统波曲组。

10. *Verrucosisporites tumulentis* Clayton and Graham, 1974

甘肃迭部当多沟,当多组;×450。

11. *Acinosporites hirsutus* (Brideaux and Radforth) McGregor and Camfield, 1982

甘肃迭部,擦阔合组。

12. *Spelaeotriletes crustatus* Higgs,1975

湖南界岭,邵东组。

13. *Raistrickia? macrura* (Luber) Dolby and Neves, 1970

西藏聂拉木,章东组。

14. *Corystisporites multispinosus*(Richardson) var. *multispinosus* McGregor and Camfield,1982

云南东部,穿洞组—海口组下部。

15—18. *Acinosporites pyramidatus* Lu, 1981

15,16. 云南沾益史家坡,海口组;17,18. 四川渡口,上泥盆统下部;17. 副模标本;18. 全模标本。

20. *Granulatisporites humerus* Staplin, 1960

湖南界岭,邵东组。

21. *Granulatisporites magnus* (Naumova) Gao and Hou, 1975

甘肃迭部,当多组。

图 版 8

1, 2. *Anaplanisporites atheticus* Neves and Ioannides, 1974

江苏宜兴丁山,五通群上部。

3—5. *Anapiculatisporites minutus* Lu and Ouyang, 1976

云南沾益史家坡,海口组。

6, 7. *Apiculatisporis communis* (Naumova) Lu, 1999

新疆和布克赛尔,黑山头组5层。

8. *Anapiculatisporites famenensis* (Naumova) Ouyang and Chen, 1987

江苏宝应,五通群擂鼓台组下部。

9. *Apiculatasporites perpusillus* (Naumova ex Tschibrikova) McGregor, 1973

云南东部,穿洞组。

10—12. *Anapiculatisporites dilutus* Lu, 1980

云南沾益史家坡,海口组。

13—16. *Anaplanisporites denticulatus* Sullivan, 1964

新疆和布克赛尔, 黑山头组 5 层。

17, 18. *Anapiculatisporites hystricosus* Playford, 1964

湖南界岭, 邵东组。

19, 20. *Planisporites magnus* (Naumova) Lu, 1994

湖南界岭, 邵东组。

21. *Anaplanisporites globulus* (Butterworth and Williams) Smith and Butterworth, 1967

湖南界岭, 邵东组。

22, 23. *Anapiculatisporites mucronatus* Ouyang and Chen, 1987

江苏句容, 五通群擂鼓台组下部; 22. 全模标本。

24. *Anapiculatisporites ampullaceus* (Hacquebard) Playford, 1964

新疆和布克赛尔, 黑山头组 4 层。

25, 26. *Apiculatisporis aculeatus* (Ibrahim) Smith and Butterworth, 1967

25. 新疆和布克赛尔, 黑山头组 5 层; 26. 新疆和布克赛尔, 黑山头组 4 层; ×400。

27. *Apiculatisporis longispinosus* Gao, 1983

全模标本, 云南禄劝, 西冲组 (D$_1$)。

28, 29. *Anapiculatisporites acanthaceus* (Naumova) Lu, 1999

新疆和布克赛尔, 黑山头组 6 层。

30—32. *Anapiculatisporites* sp.

新疆和布克赛尔, 黑山头组 4 层。

33, 34. *Apiculatisporis variabilis* Lu, 1981

四川渡口, 上泥盆统下部; 33. 全模标本。

图 版 9

1, 2. *Apiculatasporites delicatus* Lu, 1981

四川渡口, 上泥盆统下部; 1. 全模标本。

3, 4. *Apiculatisporis regularis* Lu, 1988

云南沾益史家坡, 海口组; 3. 全模标本。

5, 6. *Converrucosisporites imperfectus* Lu, 1999

5. 全模标本, 新疆和布克赛尔, 黑山头组 6 层; 6. 新疆和布克赛尔, 黑山头组 5 层。

7, 8. *Apiculatisporis abditus* (Loose) Potonié and Kremp, 1955

云南沾益史家坡, 海口组。

9, 10. *Galeatisporites laevigatus* Lu, 1981

四川渡口, 上泥盆统下部; 10. 全模标本。

11, 12. *Dibolisporites bifurcatus* Lu, 1988

云南沾益史家坡, 海口组; 12. 全模标本。

13, 14. *Apiculatisporis morbosus* Balme and Hassell, 1962

湖南界岭, 邵东组。

15, 16. *Dibolisporites bilamellatus* Lu, 1999

新疆和布克赛尔, 黑山头组 4 层; 15. 全模标本; 16. ×650。

17, 18. *Dibolisporites conoideus* Lu, 1981

四川渡口, 上泥盆统; 17. 全模标本。

19. *Dibolisporites orientalis* Ouyang and Chen, 1987

全模标本, 江苏句容, 五通群擂鼓台组下部。

20, 21. *Apiculatisporis xizangensis* Gao, 1983

20. 西藏聂拉木, 波曲组上部; ×1140; 21. 纹饰为图20的局部放大 (×3300)。

图 版 10

1, 2. *Cyclogranisporites baoyingensis* Ouyang and Chen, 1987

1. 江苏宝应,下石炭统(Tn1b—Tn2);2. 湖南界岭,邵东组。

3,4. *Cyclogranisporites delicatus* Lu, 1980

　　云南沾益龙华山,海口组;3. 全模标本。

5. *Cyclogranisporites aureus*（Loose）Potonié and Kremp, 1955

　　新疆和布克赛尔,黑山头组4层。

6. *Cyclogranisporites rugosus*（Naumova）Gao and Hou, 1975

　　贵州独山,丹林组上段。

7. *Cyclogranisporites retisimilis* Riegel, 1963

　　贵州独山,舒家坪组。

8. *Cyclogranisporites pisticus* Playford, 1978

　　湖南界岭,邵东组。

9,10. *Cyclogranisporites microgranus* Bharadwaj, 1957

　　江苏句容,五通群擂鼓台组下部。

11,12. *Cyclogranisporites pseudozonatus* Ouyang, 1986

　　江苏宝应,五通群擂鼓台组上部;12. 全模标本。

13. *Granulatisporites triangularis* Gao, 1983

　　全模标本,云南禄劝,海口组。

14,15. *Granulatisporites frustulentus*（Balme and Hassell）Playford, 1971

　　新疆和布克赛尔,黑山头组4层。

16. *Granulatisporites atratus*（Naumova）Lu, 1995

　　湖南界岭,邵东组。

17,18. *Granulatisporites planiusculus*（Luber）Playford, 1962

　　云南沾益龙华山,徐家冲组。

19. *Granulatisporites crassus* Ouyang and Chen, 1987

　　全模标本,江苏句容,五通群擂鼓台组下部。

20—22. *Raistrickia radiosa* Playford and Helby, 1967

　　20. 新疆和布克赛尔,黑山头组6层;21, 22. 新疆和布克赛尔,黑山头组5层。

23. *Videospora glabrimarginata*（Owens）Higgs and Russell, 1981

　　湖南界岭,邵东组。

24,25. *Baculatisporites fusticulus* Sullivan, 1968

　　湖南界岭,邵东组。

26,27. *Cyclogranisporites dukouensis* Lu, 1981

　　26. 全模标本,四川渡口,上泥盆统下部;27. 新疆和布克赛尔,黑山头组5层。

28. *Verrucosisporites paremecus* Gao, 1983

　　全模标本,云南禄劝,坡脚组。

图　版　11

1,2. *Verrucosisporites aspratilis* Playford and Helby, 1968

　　新疆和布克赛尔,黑山头组4层。

3,4. *Verrucosisporites chilus* Lu, 1988

　　新疆和布克赛尔,黑山头组5层。

5,6,20—23. *Verrucosisporites nitidus*（Naumova）Playford, 1963

　　新疆和布克赛尔,黑山头组5层;20,23. 同一标本;23. ×800。

7,8. *Verrucosisporites difficilis* Potonié and Kremp, 1955

　　7. 新疆和布克赛尔,黑山头组4层;8. 新疆和布克赛尔,黑山头组5层。

9. *Verrucosisporites moniliformis* Gao and Hou, 1975

　　贵州独山,丹林组上段。

10—12. *Verrucosisporites morulatus*（Knox）Smith and Butterworth, 1967

　　新疆和布克赛尔,黑山头组4层。

13,14. *Verrucosisporites mesogrumosus*（Kedo）Byvscheva, 1985

    13. 新疆准噶尔盆地,呼吉尔斯特组;×450;14. 湖南界岭,邵东组。

15,16. *Verrucosisporites atratus*（Naumova）Byvscheva, 1985

    15. 湖南界岭,邵东组;16. 西藏聂拉木,波曲组。

17,18. *Verrucosisporites papulosus* Hacquebard, 1957

    新疆和布克赛尔,黑山头组5层。

19. *Verrucosisporites? polygonalis* Lanninger, 1968

    新疆准噶尔盆地,呼吉尔斯特组;×450。

24,25. *Verruciretusispora papillosa*（Gao and Hou）Lu comb. nov.

    贵州独山,舒家坪组;24. 全模标本。

26,28,29. *Converrucosisporites humilis* Lu, 1997

    新疆准噶尔盆地,呼吉尔斯特组;×450;28,29. 全模标本。

27. *Verrucosisporites depressus* Winslow, 1962

    贵州睦化,王佑组格董关层底部。

30. *Verrucosisporites marginatus* Gao, 1988

    全模标本,×1000;西藏聂拉木,章东组。

图 版 12

1a,b. *Verrucosisporites informis* Gao, 1988

    1a. 新疆准噶尔盆地,呼吉尔斯特组;×450;1b. 西藏聂拉木,章东组。

2. *Ambitisporites dilutus*（Hoffmeister）Richardson and Lister, 1969

    贵州凤冈,下志留统韩家店组;×800。

3,4. *Ambitisporites* cf. *dilutus*（Hoffmeister）Richardson and Lister, 1969

    贵州凤冈,下志留统韩家店组;×800。

5. *Ambitisporites avitus* Hoffmeister, 1959

    贵州凤冈,下志留统韩家店组;×800。

6. *?Apiculiretusispora synorea* Richardson and Lister, 1969

    四川若尔盖普通沟,下泥盆统下普通沟组;×800。

7. *Apiculiretusispora nagaolingensis* Gao, 1983

    甘肃迭部当多沟,鲁热组。

8,15. Cf. : *Verruciretusispora papillosa*（Gao and Hou）Lu comb. nov.

    8. 贵州独山,舒家坪组;15. 贵州独山,丹林组下段。

9. *Apiculiretusispora qujingensis* Gao, 1983

    全模标本,×800;云南曲靖,翠峰山组西山村段。

10. *Apiculiretusispora spicula* Richardson and Lister, 1969

    贵州凤岗,下志留统;×800。

11. *Verrucosisporites evlanensis*（Naumova）Gao and Hou, 1975

    贵州独山,丹林组上段。

12. *Verrucosisporites confertus* Owens, 1971

    云南沾益龙华山,海口组。

13. *Retusotriletes* cf. *communis major* Schultz, 1968

    云南禄劝,坡脚组。

14. *Apiculiretusispora subgibberosa* Naumova var. *capitellata*（Tschibrikova）Gao and Hou, 1975

    贵州独山、都匀,丹林组上段。

16,17. *Verrucosisporites* sp.

    新疆和布克赛尔,黑山头组5层。

18,19. *Chomotriletes rarivittatus* Ouyang and Chen, 1987

    江苏句容,五通群擂鼓台组;18. 全模标本。

图 版 13

1—3. *Dibolisporites mucronatus* Ouyang and Chen, 1987

江苏句容,五通群擂鼓台组下部;3. 全模标本。

4—6. *Dibolisporites upensis*（Jushko in Kedo）Ouyang and Chen, 1987

江苏句容,五通群擂鼓台组下部。

7. *Dibolisporites bulbiformis* Zhu, 1999

全模标本,新疆塔里木盆地,东河塘组。

8. *Dibolisporites echinaceus*（Eisenack）Richardson, 1965

云南文山,坡松冲组顶部。

9, 10. *Dibolisporites coalitus* Ouyang and Chen, 1987

江苏句容,五通群擂鼓台组下部;10. 全模标本。

11, 12. *Apiculatisporis rigidispinus* Gao and Hou, 1975

11. 全模标本,贵州独山,舒家坪组;12. 为图 11 局部放大（×1000）。

13, 14. *Dibolisporites heitaiensis* Ouyang, 1984

黑龙江密山,黑台组;13. 全模标本。

15, 16. *Dibolisporites eifeliensis*（Lanninger）McGregor, 1973

15. 云南文山,坡脚组;×800;16. 云南文山,坡松冲组顶部;×800。

17, 18. *Dibolisporites spiculatus* Ouyang and Chen, 1987

江苏句容,五通群擂鼓台组下部;18. 全模标本。

19. *Dibolisporites mishanensis* Ouyang, 1984

全模标本;黑龙江密山,黑台组。

20. *Apiculatisporis eximius*（Naumova）Gao and Hou, 1975

贵州独山,丹林组。

21. *Dibolisporites coniculus* Gao and Hou, 1975

全模标本,贵州独山,丹林组上段。

22, 23. *Dibolisporites giganteus* Gao and Hou, 1975

贵州独山,丹林组上段;23. 全模标本。

图 版 14

1, 2. *Lophotriletes minor* Naumova, 1953

云南沾益史家坡,海口组。

3. *Lophotriletes insignitus*（Ibrahim）Potonié and Kremp,1955

新疆和布克赛尔,黑山头组 5 层。

4. *Lophotriletes* cf. *communis* Naumova, 1953

江苏南京龙潭,五通群擂鼓台组上部。

5. *Lophotriletes perpusillus* Naumova, 1953

江苏南京龙潭,五通群擂鼓台组上部。

6. *Lophotriletes uncatus*（Naumova）Kedo, 1963

新疆和布克赛尔,黑山头组 4 层。

7. *Lophotriletes devonicus*（Naumova ex Tschibrikova）McGregor and Camfield, 1982

新疆准噶尔盆地,呼吉尔斯特组;×450。

8. *Lophotriletes salebrosus* Naumova var. *famenensis* Naumova, 1953

新疆准噶尔盆地,呼吉尔斯特组;×450。

9. *Lophotriletes trivialis* Naumova, 1953

新疆准噶尔盆地,呼吉尔斯特组;×450。

10—12. *Lophotriletes rarus* Lu, 1999

10. 全模标本;10,11. 新疆和布克赛尔,黑山头组 4 层;12. 新疆和布克赛尔,黑山头组 5 层。

13, 14. *Pustulatisporites williamsii* Butterworth and Mahdi, 1982

新疆和布克赛尔,黑山头组 5 层。

15—17. *Pustulatisporites paucispinus* Lu，1988

　　云南沾益史家坡，海口组；16，17. 全模标本。

18，19. *Lophotriletes incompletus* Lu，1988

　　云南沾益，海口组；19. 全模标本。

20. *Pulvinispora* cf. *depressa* Balme and Hassell，1962

　　西藏聂拉木，波曲组。

21. *Pustulatisporites gibberosus*（Hacquebard）Playford，1964

　　新疆和布克赛尔，黑山头组6层。

22，23. *Cordylosporites papillatus*（Naumova）Playford and Satterthwait，1985

　　22. 江苏南京龙潭，五通群擂鼓台组中部；23. 湖南界岭，邵东组。

24，25. *Pulvinispora imparilis*（Lu）Lu comb. nov.

　　四川渡口，上泥盆统下部；24. 全模标本。

26. *Dibolisporites parvispinosus* Gao，1983

　　全模标本，云南禄劝，下泥盆统坡脚组。

27，28. *Pulvinispora*? *spinulosa* Ouyang and Chen，1987

　　江苏句容，五通群擂鼓台组下部；27. 全模标本。

图　版　15

1. *Corystisporites longispinosus* Lu，1981

　　全模标本，四川渡口，上泥盆统下部。

2. *Acinosporites*? *macrospinosus* Richardson，1965

　　西藏聂拉木，波曲组。

3. *Corystisporites mucronatus* Ouyang，1984

　　全模标本，黑龙江密山，黑台组；×180。

4，5. *Granulatisporites minimus* Wen and Lu，1993

　　4. 全模标本，江西全南，三门滩组；×1000；5. 江西全南，刘家塘组；×1000。

6—8. *Acinosporites acanthomammillatus* Richardson，1965

　　6. 云南沾益，海口组；×600；7，8. 四川渡口，上泥盆统下部。

9，10. *Corystisporites conoideus* Lu，1988

　　云南沾益史家坡，海口组；9. 全模标本。

11，12. *Corystisporites conicus* Lu，1981

　　11. 全模标本；四川渡口，上泥盆统下部；12. 云南沾益史家坡，海口组。

13，14. *Corystisporites*? *minutus* Gao，1988

　　13. 全模标本，西藏聂拉木，波曲组；×1920；14. 为图13的局部放大（×3840）。

图　版　16

1，12. *Baculatisporites villosus* Higgs and Russell，1981

　　湖南界岭，邵东组；12. ×650。

2—5. *Baculatisporites atratus*（Naumova）Lu，1999

　　2—4. 新疆和布克赛尔，黑山头组4层；5. 新疆和布克赛尔，黑山头组5层。

6. *Bullatisporites bullatus* Allen，1965

　　云南东部，穿洞组。

7，8. *Pustulatisporites triangulatus* Lu，1981

　　四川渡口，上泥盆统下部；7. 全模标本，×300；8. ×300。

9—11. *Pustulatisporites distalis* Lu，1981

　　四川渡口，上泥盆统下部；8，9. ×300；10. 副模标本，×250；11. 全模标本，×300。

13. *Apiculatisporis microechinatus* Owens，1971

　　甘肃迭部，当多组。

14，15. *Raistrickia corynoges* Sullivan，1968

同一标本,新疆和布克赛尔,黑山头组 4 层。

16,17. *Raistrickia condylosa* Higgs, 1975

　　同一标本,新疆和布克赛尔,黑山头组 4 层。

18—20. *Raistrickia pinguis* Playford, 1971

　　18,19. 新疆和布克赛尔,黑山头组 5 层;20. 新疆和布克赛尔,黑山头组 4 层。

图　版　17

1,2. *Raistrickia retiformis* Zhu, 1999

　　新疆塔里木盆地北部,东河塘组。

3. *Raistrickia acoincta* Playford and Helby, 1967

　　新疆和布克赛尔,黑山头组 6 层。

4,5. *Raistrickia ponderosa* Playford, 1964

　　4. 新疆和布克赛尔,黑山头组 5 层;5. 新疆和布克赛尔,黑山头组 4 层。

6,7. *Raistrickia grovensis* Schopf, 1944

　　新疆和布克赛尔,黑山头组 5 层。

8,9. *Raistrickia levis* Lu, 1981

　　四川渡口,上泥盆统下部;9. 全模标本。

10—12. *Raistrickia platyraphis* Zhu, 1999

　　新疆塔里木盆地北部,东河塘组;11. 全模标本。

13. *Raistrickia clavata* (Haquebard) Playford, 1964

　　新疆和布克赛尔,黑山头组 5 层。

14,15. *Raistrickia incompleta* Lu, 1981

　　四川渡口,上泥盆统下部;15. 全模标本。

16,17. *Raistrickia crassa* Lu, 1988

　　16. 全模标本,云南沾益史家坡,海口组;17. 四川渡口,上泥盆统下部。

18,19. *Raistrickia famenensis* (Naumova) Lu, 1999

　　18. 新疆和布克赛尔,黑山头组 5 层;19. 新疆和布克赛尔,黑山头组 4 层。

20. *Raistrickia baculata* Gao, 1983

　　全模标本,云南禄劝,坡脚组。

21. *Raistrickia atrata* (Naumova) Gao, 1988

　　西藏聂拉木,章东组;×1500。

图　版　18

1,2,12. *Convolutispora fromensis* Balme and Hassell, 1962

　　1,2. 新疆和布克赛尔,黑山头组 5 层;12. 江苏南京龙潭,五通群播鼓台组上部;×1000。

3,4. *Convolutispora florida* Hoffmeister, Staplin and Malloy, 1955

　　云南沾益史家坡,海口组。

5,21,22. *Convolutispora disparalis* Allen, 1965

　　新疆和布克赛尔,黑山头组 5 层;21,22. ×1200。

6. *Camptotriletes corrugatus* (Ibrahim) Potonié and Kremp, 1955

　　新疆和布克赛尔,黑山头组 5 层。

7,8. *Camptotriletes bucculentus* (Loose) Potonié and Kremp, 1955

　　7. 新疆和布克赛尔,黑山头组 4 层;8. 新疆准噶尔盆地,呼吉尔斯特组;×450。

9. *Convolutispora ampla* Hoffmeister, Staplin and Malloy, 1955

　　湖南界岭,邵东组。

10,11. *Convolutispora mimerensis* (Vigran) Allen, 1965

　　江苏南京龙潭,五通群播鼓台组上部。

13,14. *Convolutispora labiata* Playford, 1962

　　湖南界岭,邵东组。

15，16. *Convolutispora composita* Ouyang and Chen, 1987

江苏句容，五通群擂鼓台组下部;15. 全模标本。

17. *Convolutispora amplecta*（Naumova）Gao, 1983

西藏聂拉木，波曲组上部

18. *Convolutispora major*（Kedo）Turnau, 1978

湖南界岭，邵东组。

19. *Camptotriletes triangulatus* Lu, 1997

全模标本，湖南界岭，邵东组。

20. *Camptotriletes rarus* Lu, 1988

全模标本，云南沾益史家坡，海口组。

23. *Convolutispora plicata* Gao, 1988

全模标本，西藏聂拉木，章东组。

图 版 19

1，2. *Convolutispora tessellata* Hoffmeister, Staplin and Malloy, 1955

1. 湖南锡矿山，邵东组;×800。

3—5. *Brochotriletes foveolatus* Naumova, 1953

3. 贵州独山，龙洞水组;4. 云南文山，坡脚组;×800;5. 湖南界岭，邵东组。

6—8. *Convolutispora subtilis* Owens, 1971

6. 新疆准噶尔盆地，呼吉尔斯特组;×450;7. 新疆和布克赛尔，黑山头组4层;×1200;8. ×1200。

9，10. *Convolutispora vermiformis* Hughes and Playford, 1961

湖南界岭，邵东组。

11，12. *Convolutispora tuberosa* Winslow, 1962

云南沾益史家坡，海口组。

13，14. *Convolutispora distincta* Lu, 1981

全模标本，四川渡口，上泥盆统下部。

15—18. *Convolutispora robusta* Lu, 1999

15. 全模标本，新疆和布克赛尔，黑山头组5层;16—18. 新疆和布克赛尔，黑山头组4层;17, 18. 副模标本，×650。

图 版 20

1—5. *Foveosporites vadosus* Lu, 1999

新疆和布克赛尔，黑山头组4层;4, 5. 全模标本。

6，7. *Biornatispora compactilis* Ouyang and Chen, 1987

江苏句容，五通群擂鼓台组下部;7. 全模标本。

8—12. *Crissisporites guangxiensis*（Gao）Wang, 1996

8. 西藏聂拉木，波曲组上部;9. 湖南锡矿山，邵东组;×800;10. 广西六景，下泥盆统那高岭段;11, 12. 湖南锡矿山，邵东组;×900。

13，14. *Acritosporites bilamellatus* Lu, 1988

云南沾益史家坡，海口组;13. 全模标本。

15—19. *Acritosporites singularis* Lu, 1988

云南沾益史家坡，海口组;18,19. 全模标本。

20，21. *Acritosporites* sp.

云南沾益史家坡，海口组。

22，23. *Foveosporites distinctus* Zhu, 1999

新疆塔里木盆地，东河塘组;23. 全模标本。

24. *Foveosporites appositus* Playford, 1971

新疆和布克赛尔，黑山头组5层;×1000。

图 版 21

1，2. *Dictyotriletes?* *gorgoneus* Cramer, 1966

1. 贵州独山,丹林组下段;2. 云南东部,海口组(?)。

3. *Dictyotriletes microreticulatus* Gao, 1983

全模标本,贵州独山,丹林组下段。

4,5. *Dictyotriletes subgranifer* McGregor, 1973

云南东部,穿洞组—海口组下部。

6,7. *Dictyotriletes destudineus* Lu, 1980

云南沾益龙华山,海口组;6. 全模标本。

8,9. *Dictyotriletes famenensis* Naumova, 1953

8. 贵州独山,丹林组上段;9. 湖南界岭,邵东组。

10—12. *Dictyotriletes varius* Naumova, 1953

10,11. 新疆和布克赛尔,黑山头组4层;12. 云南沾益史家坡,海口组4层。

13. *Reticulatisporites trivialis* (Kedo) Oshurkova, 2003

江苏南京龙潭,五通群擂鼓台组中部。

14—16. *Dictyoltriletes canalis* Lu, 1994

江苏南京龙潭,五通群擂鼓台组上部;15. 全模标本。

17—19. *Reticulatisporites serratus* Gao and Hou, 1975

贵州独山,丹林组上段;17. 全模标本。

20,21. *Microreticulatisporites reticuloides* (Kosanke) Potonié and Kremp, 1955

20. 江西全南,翻下组;×750;21. 湖南界岭,邵东组。

22. *Dictyotriletes devonicus* Naumova, 1953

江苏南京龙潭,五通群擂鼓台组中部。

23. *Dictyotriletes subamplectus* Kedo, 1963

江苏南京龙潭,五通群擂鼓台组中部。

24—26. *Reticulatisporites cancellatus* (Waltz) Playford, 1962

24. 江苏南京龙潭,五通群擂鼓台组上部;25. 江苏句容,五通群擂鼓台组上部;26. 湖南锡矿山,邵东组;×800。

27. *Reticulatisporites emsiensis* Allen, 1965

贵州独山,丹林组上段。

28. *Dictyotriletes distinctus* Naumova in Kedo, 1963

江苏句容,五通群擂鼓台组上部;×800。

29. *Microreticulatisporites regulatus* Wang, 1996

全模标本,×800;湖南锡矿山,邵东组。

30,31. *Dictyotriletes cancellothyris* (Waltz) Zhu, 1999

新疆塔里木盆地北部,东河塘组。

图 版 22

1—5. *Reticulatisporites discoides* Lu, 1999

新疆和布克赛尔,黑山头组4层;3—5. 全模标本。

6—8. *Reticulatisporites baculiformis* Lu, 1999

6—8. 全模标本,新疆和布克赛尔,黑山头组4层。

9—13. *Reticulatisporites distinctus* Lu, 1999

新疆和布克赛尔,黑山头组5层;9. 全模标本;12,13. ×650。

14—17. *Reticulatisporites magnidictyus* Playford and Helby, 1968

新疆和布克赛尔,黑山头组4层;14. ×800。

图 版 23

1—4. *Reticulatisporites varius* Lu, 1999

新疆和布克赛尔,黑山头组5层;1,3. 全模标本,为同一标本,分别为赤道轮廓与射线焦距。

5—7. *Reticulatisporites separatus* Lu, 1999

新疆和布克赛尔,黑山头组4层;5,6分别为赤道轮廓与中央区焦距;7. 全模标本。

8—10. *Reticulatisporites translatus* Lu, 1988

云南沾益史家坡,海口组;8, 9. 全模标本。

11. *Periplecotriletes amplectus* Naumova, 1938

湖南界岭,邵东组;×1200。

12. *Reticulatisporites verrucilabiatus* Ouyang and Chen, 1987

全模标本,江苏句容,五通群擂鼓台组上部。

13—15. *Reticulatisporites minor* (Naumova) Lu, 1994

13, 14. 江苏南京龙潭,五通群擂鼓台组上部;15. 湖南界岭,邵东组。

图 版 24

1, 2. *Emphanisporites euryzonatus* Ouyang and Chen, 1987

江苏宝应,五通群擂鼓台组;1. 全模标本。

3, 14. *Emphanisporites annulatus* McGregor, 1961

3. 新疆准噶尔盆地,呼吉尔斯特组;×450;14. 西藏聂拉木,波曲组上部。

4. *Emphanisporites decoratus* Allen, 1965

新疆准噶尔盆地,乌吐布拉克组。

5, 6. *Emphanisporites neglectus* Vigran, 1964

5. 新疆准噶尔盆地,克克雄库都克组;6. 贵州独山,丹林组下段。

7. *Emphanisporites patagiatus* Allen, 1965

新疆准噶尔盆地,呼吉尔斯特组;×450。

8—10. *Emphanisporites epicautus* Richardson and Lister, 1969

8, 9. 云南沾益,徐家冲组;10. 云南禄劝,坡脚组。

11—13. *Emphanisporites rotatus* (McGregor) McGregor, 1973

11. 贵州睦化,王佑组格董关层底部;12. 新疆和布克赛尔,黑山头组3层;13. 新疆和布克赛尔,黑山头组6层。

15—18. *Emphanisporites hoboksarensis* Lu, 1997

新疆和布克赛尔,黑山头组3—6层;15, 16. ×500;17, 18. ×550。

19, 20. *Emphanisporites subzonalis* Lu, 1999

新疆和布克赛尔,黑山头组5层;19. 全模标本。

21, 22. *Emphanisporites nyalamensis* Gao, 1988

西藏聂拉木,章东组;21. 全模标本。

23, 24. *Emphanisporites obscurus* McGregor, 1961

23. 新疆和布克赛尔,黑山头组5层;24. 新疆和布克赛尔,黑山头组4层;×650。

25. *Acanthotriletes denticulatus* Naumova, 1953

湖南界岭,邵东组。

26. *Camptozonotriletes* sp.

新疆准噶尔盆地,呼吉尔斯特组;×450。

27. *Bascaudaspora submarginata* (Playford) Higgs, Clayton and Keegan, 1988

湖南锡矿山,邵东组;×800。

图 版 25

1, 2, 10. *Retusotriletes avonensis* Playford, 1963

湖南界岭,邵东组;10. ×1800。

3, 4. *Retusotriletes crassus* Clayton, Johnston, Sevastopulo and Smith, 1980

3. 江苏南京龙潭,五通群擂鼓台组下部;4. 湖南界岭,邵东组;×665。

5, 9. *Retusotriletes simplex* Naumova, 1953

5. 云南沾益龙华山,海口组;9. 四川渡口,上泥盆统下部。

6, 7. *Retusotriletes confossus* (Richardson) Streel, 1967

云南沾益龙华山,海口组。

8. *Retusotriletes* cf. *abundo* Rodriguoz, 1978

贵州凤冈,下志留统;×800。

11. *Retusotriletes communis* Naumova var. *modestus* Tschibrikova, 1962

贵州独山、都匀,丹林组上段。

12. *Retusotriletes digzessus* Playford, 1976

湖南锡矿山,邵东组;×800。

13,14. *Retusotriletes dubiosus* McGregor, 1973

云南沾益史家坡,海口组。

15,16. *Retusotriletes communis* Naumova, 1953

湖南界岭,邵东组。

17,18. *Retusotriletes distinctus* Richardson, 1965

云南沾益史家坡,海口组。

19,20. *Punctatisporites lancis* Lu, 1999

新疆和布克赛尔,黑山头组5层;19. 全模标本。

21,22. *Punctatisporites involutus* Lu, 1994

江苏南京龙潭,五通群擂鼓台组下部;21. 全模标本。

图 版 26

1,2. *Retusotriletes incohatus* Sullivan, 1964

新疆和布克赛尔,黑山头组5层。

3,4. *Retusotriletes* cf. *inimitabilis* Tschibrikova, 1962

3. 贵州独山,丹林组;4. 甘肃迭部,当多组。

5. *Retusotriletes planus* Dolby and Neves, 1970

新疆塔里木盆地莎车,奇自拉夫组。

6,7. *Retusotriletes intergranulatus* Lu and Ouyang, 1976

云南曲靖翠峰山,徐家冲组;6. 全模标本。

8,9. *Retusotriletes glossatus* Lu, 1980

云南沾益龙华山,海口组;8. 全模标本。

10,11. *Retusotriletes densus* Lu, 1988

云南沾益史家坡,海口组;11. 全模标本。

12. *Retusotriletes impressus* Lu, 1980

a与b分别为全模标本与侧压标本,云南沾益龙华山,海口组。

13. *Retusotriletes furcatus* Gao and Hou, 1975

贵州独山,丹林组上段。

14—16. *Retusotriletes levidensus* Lu, 1980

14. 四川渡口,上泥盆统下部;15,16. 云南沾益龙华山,海口组;15. 全模标本。

17. *Retusotriletes trilobatus* Gao and Hou, 1975

全模标本,贵州独山,丹林组上段。

18. *Retusotriletes delicatus* Gao, 1978

广西六景,那高岭段。

19. *Retusotriletes nitidus* Gao, 1983

云南禄劝,坡脚组。

图 版 27

1,2. *Retusotriletes semizonalis* McGregor, 1964

云南沾益龙华山,海口组。

3—5. *Retusotriletes ypsiliformis* Lu sp. nov.

云南沾益龙华山,海口组;3. 全模标本。

6—8. *Retusotriletes stratus* Lu, 1980

云南沾益龙华山,海口组;6. 全模标本。

9—11. *Retusotriletes spissus* Lu, 1988

9. 全模标本,云南沾益史家坡,海口组;10,11. 云南沾益西冲,海口组;10. 副模标本。

12,13. *Retusotriletes linearis* Lu, 1988

云南沾益史家坡,海口组;13. 全模标本。

14,15. *Retusotriletes reculitus* Lu and Ouyang, 1976

云南曲靖翠峰山,徐家冲组;14. 全模标本。

16,17. *Retusotriletes warringtonii* Richardson and Lister, 1969

云南文山,坡松冲组;×800。

18,19. *Retusotriletes ypsiliformis* Lu sp. nov. var. *major* Lu var. nov.

新疆和布克赛尔,黑山头组4层;18,19. 全模标本(分别×350与×400)。

20,21. *Punctatisporites rotundus* (Naumova) Pashkevich, 1971

江苏句容,五通群擂鼓台组下部。

图 版 28

1,2. *Retusotriletes triangulatus* (Streel) Streel var. *major* Lu and Ouyang, 1976

1. 全模标本,云南曲靖翠峰山,徐家冲组;2. 云南沾益龙华山,海口组。

3,21. *Retusotriletes medialis* Lu sp. nov.

云南沾益龙华山,海口组;3. 全模标本。

4,5. *Retusotriletes rotundus* (Streel) Lele and Streel, 1969

4. 江苏句容,五通群擂鼓台组下段;5. 湖南界岭,邵东组。

6—8. *Retusotriletes macrotriangulatus* Lu sp. nov.

云南沾益史家坡,海口组;7. 全模标本。

9—11. *Retusotriletes zonetriangulatus* Lu sp. nov.

9,10. 云南沾益翠峰山,徐家冲组;9. 全模标本;11. 贵州凤冈,下志留统;×800。

12. *Retusotriletes pychovii* Naumova, 1953

云南曲靖翠峰山,徐家冲组。

13,20. *Retusotriletes triangulatus* (Streel) Streel, 1967

江苏南京龙潭、江苏句容,五通群擂鼓台组下部。

14. *Retusotriletes pychovii* Naumova var. *major* Naumova, 1953

云南沾益龙华山,海口组。

15. *Retusotriletes rugulatus* Riegel, 1973

云南沾益史家坡、龙华山,海口组。

16,17. *Retusotriletes scabratus* Lu, 1980

云南沾益龙华山,海口组;17. 全模标本。

18. *Retusotriletes luquanensis* Gao, 1983

云南禄劝,坡脚组。

19. *Retusotriletes triangulatus* (Streel) Streel var. *minor* Lu var. nov.

云南曲靖翠峰山,徐家冲组。

图 版 29

1,2. *Aneurospora scabela* (Naumova in Kedo) Lu, 1994

1. 江苏南京龙潭,五通群擂鼓台组下部;2. 江苏南京龙潭,五通群擂鼓台组上部。

3,4. *Aneurospora goensis* Streel, 1964

3. 甘肃迭部,蒲莱组;4. 甘肃迭部,下吾那组—蒲莱组。

5,6. *Aneurospora* cf. *semizonalis* (McGregor) Lele and Streel, 1969

江苏宝应,(相当于)擂鼓台组下部或底部。

7,19. *Aneurospora rarispinosa* Wen and Lu, 1993

江西全南,三门滩组;7. ×850;19. 全模标本,×1000。

8—10. *Aneurospora jiangsuensis* Ouyang and Chen, 1987

江苏宝应,法门阶顶部;8. 全模标本。

11—13,33. *Aneurospora greggsii*（McGregor）Streel，1974

    11—13. 江苏句容,五通群擂鼓台组上部;33. 湖南涟源,邵东组;×1020。

14—18. *Aneurospora spinulifer* Wen and Lu，1993

    14—17. 江西全南,翻下组;14,16. 全模标本,同一标本;16. ×1000;15,17. 同一标本;17. ×1000;18. 湖南界岭,邵东组。

20,21. *Aneurospora tarimensis* Zhu，1996

    新疆塔里木盆地莎东,奇自拉夫组;21. 全模标本。

22,23. *Aneurospora erinacesis* Wang，1996

    湖南锡矿山,邵东组底部;×800;22. 全模标本。

24,25. *Aneurospora chinensis*（Ouyang and Chen）Wen and Lu，1993

    江西全南,荒塘组;×1000。

26—32. *Aneurospora asthenolabrata*（Hou）Lu，1994

    江苏南京龙潭,五通群擂鼓台组上部;26,30. 同一标本,×650;27,31. 同一标本;31. ×650;28,32. 同一标本;32. ×750。

34,35. *Camarozonotriletes* cf. *parvus* Owens，1971

    云南曲靖翠峰山,徐家冲组。

36—38. *Synorisporites minor* Ouyang and Chen，1987

    36,38. 江苏南京龙潭,五通群擂鼓台组下部;37. 全模标本,江苏句容,五通群擂鼓台组下部。

39—41. *Biornatispora pusilla* Ouyang，1984

    黑龙江密山,黑台组;39. 全模标本。

图　版　30

1—4. *Apiculiretusispora commixta* Lu，1994

    江苏南京龙潭,五通群擂鼓台组上部;3. 全模标本。

5—7. *Apiculiretusispora conica* Lu and Ouyang，1976

    云南曲靖翠峰山,徐家冲组;5. 全模标本。

8—10. *Apiculiretusispora flexuosa* Hou，1982

    8. 湖南界岭,邵东组;9. 江苏南京龙潭,五通群擂鼓台组下部;10. 江苏南京龙潭,擂鼓台组上部。

11—13,33. *Apiculiretusispora densa* Lu，1988

    云南沾益史家坡,海口组;11. 全模标本。

14—16. *Apiculiretusispora rarissima* Wen and Lu，1993

    江西全南,三门滩组;14. 全模标本。

17—20. *Apiculiretusispora tenera* Wen and Lu，1993

    江西全南,三门滩组、荒塘组;17,19. 全模标本,为同一标本;17. ×1000;18,20. 同一标本;18. ×1000。

21. *Apiculiretusispora acuminata* Gao，1984

    云南曲靖,桂家屯组。

22. *Apiculiretusispora aculeolata*（Tschibrikova）Gao and Ye，1987

    甘肃迭部当多沟,当多组。

23. *Apiculiretusispora brevidenticulata*（Tschibrikova）Gao and Ye，1987

    甘肃迭部当多沟,当多组。

24. *Apiculiretusispora divulgata*（Tschibrikova）Gao and Ye，1987

    甘肃迭部当多沟,当多组。

25,26. *Apiculiretusispora* cf. *brandtii* Streel，1964

    25. 黑龙江密山,黑台组;26. 贵州独山,龙洞水组。

27—29. *Apiculiretusispora granulata* Owens，1971

    云南沾益龙华山,海口组。

30,31. *Apiculiretusispora fructicosa* Higgs，1975

    新疆和布克赛尔,黑山头组4层。

32. *Apiculiretusispora conflecta* Ouyang and Chen，1987

    全模标本,江苏句容,五通群擂鼓台组下部。

图 版 31

1—4. *Apiculiretusispora hunanensis*（Hou）Ouyang and Chen, 1987

　　江苏句容,五通群擂鼓台组下部。

5—7. *Apiculiretusispora golatensis*（Staplin）Lu and Ouyang, 1976

　　云南曲靖,徐家冲组。

8—12. *Apiculiretusispora gannanensis* Wen and Lu, 1993

　　江西全南,三门滩组;8, 12. 全模标本, ×1000;10, 11. ×1000。

13. *Apiculiretusispora oujiachongensis* Hou, 1982

　　湖南锡矿山,邵东组。

14, 15. *Apiculiretusispora kurta* Gao, 1983

　　西藏聂拉木,波曲群。

16. *Apiculiretusispora pygmaea* McGregor, 1973

　　云南文山,坡松冲组。

17—19. *Apiculiretusispora pseudozonalis* Lu, 1980

　　云南沾益龙华山,海口组;17. 全模标本。

20, 21. *Apiculiretusispora microrugosa* Zhu, 1999

　　新疆塔里木盆地莎东,奇自拉夫组;21. 全模标本。

22, 23. *Apiculiretusispora nitida* Owens, 1971

　　云南沾益史家坡,海口组。

24, 25. *Apiculiretusispora plicata*（Allen）Streel, 1967

　　24. 云南曲靖,徐家冲组;25. 湖南界岭,邵东组。

26. *Apiculiretusispora combinata* Lu sp. nov.

　　全模标本, ×250,新疆和布克赛尔,黑山头组6层。

27. *Apiculiretusispora raria* Zhu, 1999

　　全模标本,新疆塔里木盆地莎车,奇自拉夫组。

28, 29. *Apiculiretusispora crassa* Lu, 1980

　　云南沾益龙华山,海口组;29. 全模标本。

30. *Apiculiretusispora colliculosa*（Tschibrikova）Gao, 1983

　　云南禄劝,坡脚组。

图 版 32

1—3. *Apiculiretusispora wenshanensis* Wang, 1994

　　云南文山古木,坡松冲组—坡脚组（Siegenian—Emsian）; ×800。

4, 5. *Apiculiretusispora idimorphusa*（Tschibrikova）Gao, 1983

　　4. 云南禄劝,坡脚组;5. 贵州独山,丹林组。

6, 7. *Verruciretusispora platyverruca* Lu and Ouyang, 1976

　　云南曲靖翠峰山,徐家冲组;6. 全模标本。

8, 9. *Verruciretusispora grandis*（McGregor）Owens, 1971

　　新疆准噶尔盆地,呼吉尔斯特组; ×450。

10. *Apiculiretusispora sparsa* Wang and Ouyang, 1997

　　全模标本, ×800;贵州凤冈,韩家店组上段。

11. *Apiculiretusispora septalis*（Jushko）Gao, 1983

　　西藏聂拉木,波曲组上部。

12—15. *Verruciretusispora cymbiformis* Lu, 1997

　　新疆准噶尔盆地,呼吉尔斯特组; ×450。

16. *Verruciretusispora primus* Chi and Hills, 1976

　　云南沾益,海口组; ×125。

17—19. *Verruciretusispora megaplatyverruca* Lu and Ouyang, 1976

　　17. 云南曲靖翠峰山,徐家冲组;18. 全模标本,云南沾益龙华山,徐家冲组;19. 湖南界岭,邵东组; ×300。

20. *Verruciretusispora verrucosa* Gao, 1983

云南禄劝, 坡脚组。

21, 22. *Punctatisporites minor* (Ouyang and Chen) Ouyang comb. nov.

21. 全模标本, 江苏句容, 五通群擂鼓台组下部;22. 江苏南京龙潭, 五通群擂鼓台组下部。

图 版 33

1—5. *Asperispora acuta* (Kedo) van der Zwan, 1980

1—3. 江西全南, 翠下组;4, 5. 江苏南京龙潭, 五通群擂鼓台组下部。

6. *Asperispora macrospinosa* (Jushko) var. *punctata* (Jushko in Kedo, 1963) Lu comb. nov.

西藏聂拉木, 章东组。

7, 8. *Asperispora scabra* Lu, 1981

四川渡口, 上泥盆统下部;7. 全模标本。

9, 10. *Lophozonotriletes timanicus* (Naumova) Lu, 1988

云南沾益史家坡, 海口组。

11, 12. *Asperispora cornuta* Lu, 1999

全模标本, 新疆和布克赛尔, 黑山头组4层。

13, 14. *Asperispora decumana* (Naumova) Lu, 1997

新疆准噶尔盆地, 呼吉尔斯特组;×450。

15—17. *Asperispora mucronata* Lu, 1999

新疆和布克赛尔, 黑山头组4层;15, 16. 全模标本。

18—20. *Asperispora undulata* Lu, 1999

18. 新疆和布克赛尔, 黑山头组6层;19, 20. 全模标本, 新疆和布克赛尔, 黑山头组4层。

图 版 34

1—3, 13. *Knoxisporites dedaleus* (Naumova) Lu, 1994

1,13. 江苏南京龙潭, 五通群擂鼓台组上部;2. 江苏南京龙潭, 五通群擂鼓台组中部;3. 湖南界岭, 邵东组;×800。

4, 5. *Knoxisporites literatus* (Waltz) Playford, 1963

4. 浙江富阳, 西湖组;5. 江苏南京龙潭, 五通群擂鼓台组上部。

6, 18. *Knoxisporites triradiatus* Hoffmeister, Staplin and Malloy, 1955

新疆和布克赛尔, 黑山头组5层;18. ×650。

7—9. *Knoxisporites imperfectus* Lu, 1994

7,8. 江苏南京龙潭, 五通群擂鼓台组中部;9. 江苏南京龙潭, 五通群擂鼓台组上部。

10. *Lophozonotriletes concentricus* (Byvscheva) Higgs, Clayton and Keegan, 1988

江苏南京龙潭, 五通群擂鼓台组上部。

11, 12. *Lophozonotriletes polymorphus* (Naumova) Lu, 1988

云南沾益史家坡, 海口组。

14, 15. *Knoxisporites pristinus* Sullivan, 1968

新疆和布克赛尔, 黑山头组4层;×250。

16, 17, 19. *Lophozonotriletes baculiformis* Lu, 1981

16, 17. 云南沾益史家坡, 海口组;19. 全模标本, 四川渡口, 上泥盆统下部。

20. *Knoxisporites seniradiatus* Neves, 1961

新疆和布克赛尔, 黑山头组5层。

图 版 35

1, 2. *Bascaudaspora collicula* (Playford) Higgs, Clayton and Keegan, 1988

1. 江苏南京龙潭, 五通群擂鼓台组中部;2. 江苏南京龙潭, 五通群擂鼓台组上部。

3. *Bascaudaspora* sp. 1.

江西全南, 三门滩组;×850。

4. *Bascaudaspora triangularis* (Gao and Hou) Lu, 1994

江苏南京龙潭,五通群擂鼓台组上部。

5. *Densosporites cricorugosus*（Gao and Hou）Lu comb. nov.

贵州独山、都匀,丹林组上段。

6,7. *Densosporites simplex* Staplin,1960

6. 新疆和布克赛尔,黑山头组4层;7. 新疆和布克赛尔,黑山头组5层。

8. *Densosporites anulatus*（Loose）Smith and Butterworth,1967

新疆和布克赛尔,黑山头组4层。

9,10. *Densosporites spinifer* Hoffmeister,Staplin and Malloy,1955

湖南界岭,邵东组。

11,12,15. *Verrucizonotriletes triangulatus* Lu,1988

云南沾益史家坡,海口组;11. 全模标本;15. 副模标本,远极面观。

13,14. *Lophozonotriletes* cf. *concentricus*（Byvscheva）Higgs,Clayton and Keegan,1988

江苏南京龙潭,五通群擂鼓台组上部。

16—18. *Verrucizonotriletes distalis* Lu,1988

云南沾益史家坡,海口组;16,17. 副模标本,同一标本,分别为近极与远极面观;18. 全模标本。

19. *Microreticulatisporites distinctus*（Naumova in Kedo）Lu,1997

湖南界岭,邵东组;×960。

20. *Spelaeotriletes*? *cumulum* Higgs and Streel,1984

湖南界岭,邵东组。

图 版 36

1—4. *Camarozonotriletes convexus* Lu,1988

云南沾益史家坡,海口组;1. 全模标本。

5. *Camarozonotriletes obtusus* Naumova,1953

贵州独山,丹林组下段。

6—8. *Camarozonotriletes microgranulatus* Lu,1981

6. 全模标本,四川渡口,上泥盆统下部;7,8. 云南沾益史家坡,海口组。

9,10. *Camarozonotriletes triangulatus* Lu,1988

云南沾益史家坡,海口组;10. 全模标本。

11—13. *Camarozonotriletes parvus* Owens,1971

四川渡口,上泥盆统下部。

14,15. *Cingulizonates loricatus*（Loose）Butterworth and Smith,1964

14. 新疆和布克赛尔,黑山头组4层;15. 新疆和布克赛尔,黑山头组5层。

16—18. *Cingulizonates* cf. *loricatus*（Loose）Butterworth and Smith,1964

16,17. 新疆和布克赛尔,黑山头组5层;18. 新疆和布克赛尔,黑山头组6层。

19. *Camarozonotriletes sextantii* McGregor and Camfield,1976

云南文山,坡脚组;×800。

20—22. *Camptozonotriletes proximalis* Lu,1997

湖南界岭,邵东组;21. 全模标本。

23,24. *Cingulizonates bialatus*（Waltz）Smith and Butterworth,1967

江西全南,翻下组;×650。

25,26. *Cirratriradites difformis* Kosanke,1950

同一标本,分别为远极与近极面观;新疆和布克赛尔,黑山头组5层。

27. *Cristatisporites* cf. *baculiformis* Lu,1999

新疆和布克赛尔,黑山头组5层。

28—31. *Cingulizonates triangulatus* Lu,1999

新疆和布克赛尔,黑山头组4层;28,29. 全模标本,分别为近极与远极面观。

1，2. *Simozonotriletes duploides* Ouyang and Chen，1987

　　江苏句容，五通群擂鼓台组下部;1. 全模标本。

3. *Calyptosporites minor* Wang，1996

　　全模标本,湖南锡矿山,孟公坳组;×800。

4，5. *Colatisporites spiculifer* Ouyang and Chen，1987

　　江苏句容,五通群擂鼓台组下部;4. 全模标本。

6，7. *Colatisporites reticuloides* Ouyang and Chen，1987

　　江苏句容,五通群擂鼓台组下部;7. 全模标本。

8. *Bascaudaspora submarginata*（Playford）Higgs,Clayton and Keegan,1988

　　江苏南京龙潭,五通群擂鼓台组中部;×400。

9，10. *Spinozonotriletes saurotus* Higgs，Clayton and Keegan，1988

　　湖南锡矿山,邵东组;×800。

11. *Clivosispora verrucata* McGregor，1973

　　湘南界岭,邵东组。

12. *Neoraistrickia cymosa* Higgs，Clayton and Keegan，1988

　　新疆和布克赛尔,黑山头组3层;×650。

13. *Colatisporites expansus* Ouyang and Chen，1987

　　江苏句容,五通群擂鼓台组下部。

14. *Spinozonotriletes tenuispinus* Hacquebard，1957

　　新疆和布克赛尔,黑山头组5层。

15，16. *Crassispora spitsbergense* Bharadwaj and Venkatachala，1962

　　江苏南京龙潭,五通群擂鼓台组上部。

17. *Spinozonotriletes maximus* Lanniger，1968

　　贵州独山,舒家坪组。

18. *Calyptosporites velatus*（Eisenack）Richardson，1962

　　云南禄劝,坡脚组;×380。

19，20. *Apiculiretusispora* sp.（Cf. *Retusotriletes attenuatus* Tschibrikova，1962）

　　云南沾益龙华山,海口组。

21. *Apiculiretusispora minor* McGregor，1973

　　四川若尔盖羊路沟,上志留统羊路沟组。

1—5. *Stenozonotriletes pumilus*（Waltz）Ischenko，1952

　　1—3. 江苏句容,五通群擂鼓台组下部;4，5. 新疆和布克赛尔,黑山头组5层。

6. *Stenozonotriletes robustus* Zhu，1999

　　全模标本,新疆塔里木盆地北部,东河塘组。

7. *Stenozonotriletes clarus* Ischenko，1958

　　云南沾益史家坡,海口组。

8，9. *Stenozonotriletes conformis* Naumova，1953

　　江苏句容,五通群擂鼓台组下部。

10，11. *Stenozonotriletes rasilis* Kedo，1963

　　江苏宝应,五通群擂鼓台组下部。

12，13. *Stenozonotriletes extensus* var. *medius* Naumova，1953

　　云南曲靖翠峰山,徐家冲组。

14. *Stenozonotriletes spetcandus* Naumova，1953

　　西藏聂拉木,上泥盆统章东组。

15. *Stenozonotriletes millegranus* Naumova，1953

　　西藏聂拉木,上泥盆统章东组。

16. *Stenozonotriletes zonalis* Naumova, 1953

　　贵州独山,丹林组上段。

17. *Stenozonotriletes ornatus* Naumova, 1953

　　新疆准噶尔盆地,呼吉尔特组;×450。

18. *Stenozonotriletes? excurreus* Gao and Hou, 1975

　　全模标本,贵州睦化,丹林组下段。

19. *Stenozonotriletes angulatus* Gao, 1978

　　广西六景,下泥盆统那高岭段。

20, 30. *Stenozonotriletes interbaculus* Lu, 1980

　　云南沾益龙华山,海口组;20. 全模标本。

21. *Stenozonotriletes laevigatus* Naumova, 1953

　　云南禄劝,坡脚组。

22. *Stenozonotriletes extensus* var. *major* Naumova, 1953

　　云南曲靖翠峰山,徐家冲组。

23, 24. *Stenozonotriletes? labratus* Gao and Hou, 1975

　　贵州独山,舒家坪组;23. 全模标本。

25. *Stenozonotriletes simplex* Naumova, 1953

　　新疆准噶尔盆地,呼吉尔特组;×450。

26, 27. *Stenozonotriletes inspissatus* Owens, 1971

　　云南沾益龙华山,海口组。

28, 29. *Stenozonotriletes solidus* Ouyang and Chen, 1987

　　江苏句容,五通群擂鼓台组下部;28. 全模标本。

图 版 39

1—3. *Tumulispora rarituberculata* (Luber) Potonié, 1966

　　1. 江西全南,三门滩组;×800;2. 湖南锡矿山,邵东组上部;×600;3. 浙江富阳,西湖组;×600。

4—7. *Tumulispora ordinaria* Staplin and Jansonius, 1964

　　湖南界岭,邵东组;5. 偏极面观;6. ×700。

8, 9. *Tumulispora zhushanensis* (Hou) Wen and Lu, 1993

　　8. 江西全南,翻下组;×800;9. 全模标本,×600,湖南锡矿山,邵东组上部。

10. *Tumulispora cyclophymata* (Hou) Lu comb. nov.

　　全模标本,湖南锡矿山,邵东组上部。

11, 12. *Lophozonotriletes vesiculosus* Lu, 1999

　　新疆和布克赛尔,黑山头组5层;12. 全模标本。

13—16. *Tumulispora rotunda* Lu, 1999

　　新疆和布克赛尔,黑山头组5层;13, 14. 全模标本;15, 16. 分别为远极与近极面观,×650。

17. *Cristatisporites* sp.

　　新疆和布克赛尔,黑山头组5层。

18, 19. *Cristatisporites baculiformis* Lu, 1999

　　新疆和布克赛尔,黑山头组5层;18. 全模标本;19. 副模标本,×520。

图 版 40

1, 2. *Crassispora remota* Lu, 1988

　　云南沾益史家坡,海口组;1. 全模标本。

3, 4. *Crassispora parva* Butterworth and Mahdi, 1982

　　江西全南,刘家塘组;×1000。

5—7. *Crassispora spinogranulata* Wang, 1996

　　湖南锡矿山,邵东组;×800;5. 全模标本。

8. *Crassispora trychera* Neves and Ioannides, 1974

江苏南京龙潭,五通群擂鼓台组上部。

9,10. *Crassispora kosankei* (Potonié and Kremp) Bharadwaj emend. Smith and Butterworth, 1967
新疆和布克赛尔,黑山头组4层。

11. *Raistrickia cf. minor* (Kedo) Neves and Dolby, 1967
江苏南京龙潭,五通群擂鼓台组上部。

12. *Acanthotriletes minus* Gao and Hou, 1975
全模标本,贵州独山,龙洞水组。

13,14. *Crassispora imperfecta* Lu, 1988
13. 全模标本,×600,云南沾益史家坡,海口组;14. 湖南界岭,邵东组。

15—18. *Chelinospora multireticulata* Lu, 1980
15,16. 云南沾益史家坡,海口组;17,18. 云南沾益龙华山,海口组;18. 全模标本。

19,20. *Crassispora variabilis* Lu, 1999
新疆和布克赛尔,黑山头组5层;19. 全模标本。

21. *Crassispora cf. imperfecta* Lu, 1988
云南沾益史家坡,海口组。

图 版 41

1,2. *Archaeozonotriletes variabilis* (Naumova) Allen, 1965
云南沾益史家坡,海口组。

3. *Densosporites fredericii* (Potonié and Kremp) Lu, 1999
新疆和布克赛尔,黑山头组5层。

4—6. *Archaeozonotriletes auritus* Lu, 1980
4,5. 云南沾益龙华山,海口组;4. 全模标本;6. 云南沾益史家坡,海口组。

7. *Lophozonotriletes media* Tougourdeau-Lantz, 1967
新疆准噶尔盆地,呼吉尔斯特组;×450。

8—10. *Chelinospora rarireticulata* Lu, 1980
8. 云南沾益史家坡,海口组;9,10. 云南沾益龙华山,海口组;10. 全模标本。

11,12. *Lophozonotriletes curvatus* Naumova, 1953
新疆准噶尔盆地,呼吉尔斯特组;×450。

13. *Lophozonotriletes torosus* Naumova, 1953
四川渡口,上泥盆统下部。

14,15. *Lophozonotriletes mamillatus* Lu, 1988
14. 云南沾益西冲,海口组;15. 全模标本,云南沾益史家坡,海口组。

16,17. *Archaeozonotriletes incompletus* Lu, 1988
云南沾益史家坡,海口组;17. 全模标本。

18,19. *Archaeozonotriletes distinctus* Lu, 1988
云南沾益史家坡,海口组;18. 全模标本。

20,21. *Archaeozonotriletes dissectus* Lu, 1988
云南沾益史家坡,海口组;20. 全模标本。

图 版 42

1—3. *Chelinospora irregulata* Lu, 1980
1. 全模标本,云南沾益龙华山,海口组;2,3. 云南沾益史家坡,海口组。

4. *Lophozonotriletes excisus* Naumova, 1953
湖南锡矿山,邵东组;×800。

5. *Chelinospora houershanensis* (Gao and Hou) Lu comb. nov.
全模标本,贵州独山,丹林组上段。

6,7. *Archaeozonotriletes timanicus* Naumova, 1953
6,7. 新疆准噶尔盆地,呼吉尔斯特组;×450。

8,9. *Archaeozonotriletes acutus* Kedo, 1963

湖南界岭,邵东组。

10. *Chelinospora ligulata* Allen, 1965

云南沾益史家坡,海口组。

11,12. *Archaeozonotriletes orbiculatus* Lu, 1988

云南沾益史家坡,海口组;12. 全模标本。

13,14. *Archaeozonotriletes irregularis*（Lu）Lu comb. nov.

云南沾益史家坡,海口组;14. 全模标本。

15—17. *Chelinospora larga* Lu, 1988

云南沾益史家坡,海口组;15. 全模标本;17. 副模标本。

18,19. *Chelinospora ochyrosa* Lu, 1980

云南沾益龙华山,海口组;18. 全模标本。

20—23. *Archaeozonotriletes splendidus* Lu, 1981

20—22. 四川渡口,上泥盆统下部;20. 全模标本;23. 云南沾益史家坡,海口组。

图 版 43

1—3. *Cymbosporites cordylatus* Ouyang and Chen, 1987

江苏句容,五通群擂鼓台组下部;3. 全模标本。

4—7. *Cymbosporites chinensis* Ouyang and Chen, 1987

江苏句容,五通群擂鼓台组下部;6. 全模标本。

8—10. *Cymbosporites bellus* Zhu, 1999

新疆塔里木盆地,东河塘组;10. 全模标本。

11—13. *Cymbosporites bacillaris* Lu, 1994

江苏南京龙潭,五通群擂鼓台组上部;11, 12. 全模标本。

14,15. *Cingulizonates* sp.

14. 江苏南京龙潭,五通群擂鼓台组中部;15. 江苏南京龙潭,五通群擂鼓台组下部。

16—18. *Cymbosporites conatus* Bharadwaj, Tiwari and Venkatachala,1971

云南沾益史家坡,海口组。

19—21. *Cymbosporites circinatus* Ouyang and Chen, 1987

19. 全模标本,江苏句容,五通群擂鼓台组下部;20. 江苏句容,五通群擂鼓台组下部;21. 江西全南,三门滩组。

22—24. *Cymbosporites arcuatus* Bharadwaj, Tiwari and Venkatachala,1971

22, 23. 云南沾益史家坡,海口组;24. 新疆准噶尔盆地,呼吉尔斯特组;×450。

25—27. *Cymbosporites catillus* Allen, 1965

25, 26. 新疆和布克赛尔,下石炭统黑山头组(底部);27. 四川渡口,上泥盆统下部。

28—30. *Bascaudaspora microreticularis* Lu sp. nov

江西全南,三门滩组;28, 29. 全模标本(同一标本),分别为近极与远极面观。

31,32. *Cymbosporites cyathus* Allen, 1965

31. 云南沾益史家坡,海口组;32. 新疆和布克赛尔,黑山头组4层。

33—35. *Cymbosporites coniformis* Lu, 1997

全模标本,新疆准噶尔盆地,呼吉尔斯特组;×450。

图 版 44

1. *Cymbosporites decorus*（Naumova）Gao, 1988

西藏聂拉木,章东组。

2—4. *Cymbosporites dentatus* Lu, 1980

云南沾益龙华山,海口组;2, 3. 全模标本。

5—8. *Cymbosporites dimerus* Ouyang and Chen, 1987

江苏句容,五通群擂鼓台组下部;5. 全模标本。

9,10. *Cymbosporites famenensis*（Naumova）Lu, 1994

江苏南京龙潭,五通群擂鼓台组下一中部。

11. *Streelispora newportensis* (Chaloner and Steel) Richardson and Lister, 1969

甘肃迭部,下普通沟组。

12. *Streelispora zhanyiensis* Lu, 1980

全模标本,云南沾益龙华山,海口组。

13—15. *Cymbosporites dittonensis* Richardson and Lister, 1969

云南曲靖翠峰山,徐家冲组。

16, 17. *Asperispora naumovae* Staplin and Jansonius, 1964

新疆准噶尔盆地,呼吉尔斯特组;×450。

18—21. *Cymbosporites dimorphus* Lu, 1999

新疆和布克赛尔,黑山头组4层。

22—24. *Cristatisporites digitatus* Lu, 1997

湖南界岭,邵东组;22, 23. 全模标本(同一标本),分别为远极环面与远极中央区焦距。

25. *Cymbosporites echinatus* Richardson and Lister, 1969

云南文山,坡松冲组。

26—29. *Cristatisporites denticulatus* Lu, 1999

新疆和布克赛尔,黑山头组4层;28, 29. 全模标本。

图 版 45

1, 2, 24. *Cymbosporites formosus* (Naumova) Gao, 1983

西藏聂拉木,波曲组上部;24. ×1500。

3, 23. *Apiculiretusispora hunanensis* (Hou) Ouyang and Chen, 1987

西藏聂拉木,波曲组上部;23. ×1500。

4—8. *Cymbosporites microverrucosus* Bharadwaj, Tiwari and Venkatachala, 1971

云南沾益史家坡,海口组;7, 8. ×2000。

9—11. *Cymbosporites magnificus* var. *endoformis* (Owens) Lu, 1988

9. 四川渡口,上泥盆统下部;10. 新疆和布克赛尔,黑山头组5层;11. 云南沾益史家坡,海口组。

12, 13. *Cymbosporites magnificus* var. *magnificus* (Owens) Lu, 1988

云南沾益龙华山,海口组。

14, 15. *Chelinospora robusta* Lu, 1988

云南沾益史家坡,海口组;15. 全模标本。

16, 17. *Cymbosporites obtusangulus* Lu, 1997

新疆准噶尔盆地,呼吉尔斯特组;×450;16. 全模标本。

18—22. *Cymbosporites microgranulatus* Lu, 1997

湖南邵东,邵东组;18. 全模标本;20. 副模标本,×960;21. 远极面观,×960;22. 为图20的局部放大,×3100。

图 版 46

1—5. *Cymbosporites minutus* Ouyang and Chen, 1987

1,2. 江苏句容,五通群擂鼓台组下部;1. 全模标本;3—5. 江苏南京龙潭,五通群擂鼓台组下部。

6—8. *Cymbosporites promiscuus* Ouyang and Chen, 1987

江苏句容,五通群擂鼓台组下部;6. 全模标本。

9—11. *Cymbosporites pallida* (McGregor) Lu, 1997

9, 11. 云南沾益龙华山,海口组;10. 新疆准噶尔盆地,呼吉尔斯特组;×450。

12. *Cymbosporites pustulatus* (Naumova) Gao, 1988

西藏聂拉木,章东组。

13—15. *Cymbosporites tarimense* Zhu, 1999

新疆塔里木盆地北部,东河塘组;13. 全模标本。

16. *Cymbosporites truncatus* (Naumova) Gao, 1988

贵州睦化,上泥盆统王佑组格董关层底部。

17，18. *Chelinospora nigrata*（Naumova）Lu comb. nov.

    17. 贵州独山，丹林组;18. 湖北长阳，黄家磴组。

19，20. *Retizonospora punicoida* Lu，1980

    云南沾益龙华山，海口组;19. 全模标本,20. 副模标本(侧面观)。

21，22，28. *Cymbosporites rhytideus* Lu，1988

    云南沾益史家坡，海口组;21. 全模标本;22,28. 副模标本(同一标本,分别为近极与远极面观)。

23—27. *Cymbosporites spinulifer* Lu，1999

    新疆和布克赛尔，黑山头组5层;23,24. 全模标本;27. ×800。

29. *Cymbosporites serratus* Gao，1988

    西藏聂拉木，章东组;×2220。

图　版　47

1—4. *Cymbosporites zonalis* Lu，1994

    江苏南京龙潭，五通群擂鼓台组下—中部;1,2. 全模标本(分别为近极远极面观)。

5—7. *Tholisporites chulus*（Cramer）McGregor var. *chulus*（Richardson and Lister）McGregor，1973

    云南曲靖翠峰山，徐家冲组。

8—10. *Tholisporites minutus* Lu，1999

    新疆和布克赛尔，黑山头组5层;8. 全模标本。

11，12. *Tholisporites densus* McGregor，1960

    云南沾益龙华山，海口组。

13，14. *Tholisporites interopunctatus* Lu，1988

    云南沾益史家坡，海口组;14. 全模标本。

15—17. *Cornispora lageniformis*（Lu）Lu，1988

    云南沾益史家坡，海口组;17. 全模标本。

18—20. *Cyrtospora cristifer*（Luber）van der Zwan，1979

    18,19. 新疆和布克赛尔，黑山头组4层;20. 云南沾益史家坡，海口组。

21，25. *Tholisporites distalis* Lu，1981

    四川渡口，上泥盆统下部;25. 全模标本。

22—24. *Chelinospora regularis* Lu，1988

    22,23. 云南沾益龙华山，海口组;22. 全模标本;24. 副模标本,云南沾益史家坡，海口组。

26，27. *Tholisporites separatus* Lu，1981

    四川渡口，上泥盆统下部;26. 全模标本。

图　版　48

1. *Perotrilites ?aculeatus* Owens，1971

    甘肃迭部，当多组。

2. *Velamisporites xizangensis*（Gao）Lu comb. nov.

    西藏聂拉木，波曲组。

3. *Archaeozonotriletes semilucensis* Naumova，1953

    贵州独山，下泥盆统丹林组。

4. *Archaeozonotriletes dilatatus* Gao，1983

    西藏聂拉木，波曲组。

5. *Chelinospora concinna* Allen，1965

    云南沾益，海口组。

6，7. *Archaeozonotriletes antiquus* Naumova，1953

    甘肃迭部，中、上泥盆统蒲莱组—上泥盆统擦阔合组。

8，9. *Tumulispora dentata*（Hughes and Playford）Turnau，1975

    贵州睦化，王佑组格董关层底部。

10. *Crassispora? inspissata*（Gao）Lu comb. nov.

广西六景,下泥盆统那高岭组;×800。

11. *Lophozonotriletes mucronatus* Gao,1983

全模标本,云南禄劝,海口组。

12. *Lophozonotriletes contextus* Gao,1983

全模标本,云南禄劝,坡脚组。

13,14. *Rhabdosporites micropaxillus* Owens,1971

云南沾益史家坡,海口组。

15. *Rhabdosporites langii*(Eienack)Richardson,1960

云南禄劝,坡脚组;×380。

16. *Spinozonotriletes? unguisus*(Tschibrikova)Gao,1983

云南禄劝,坡脚组。

17,18. *Tumulispora turgiduta* Gao,1985

贵州睦化,王佑组格董关层底部;17. 全模标本。

图 版 49

1,2. *Hystricosporites corystus* Richardson,1962

云南沾益新高路,海口组(未刊资料)。

3. *Hystricosporites devonicus*(Naumova)Gao,1985

湖北长阳,黄家磴组;×560。

4. *Ancyrospora* sp.

新疆和布克赛尔,黑山头组4层。

5. *Hystricosporites furcatus* Owons,1971

云南沾益,海口组;×250。

6. *Hystricosporites grandis* Owens,1971

云南禄劝,中泥盆统穿洞组;×125。

7—10. *Hystricosporites microancyreus* Riegel,1973

7. 四川渡口,上泥盆统下部;8,10. 云南沾益史家坡,海口组;9. 云南沾益龙华山,海口组。

11,12. *Hystricosporites triangulatus* Tiwari and Schaarschmidt,1975

云南沾益史家坡,海口组。

图 版 50

1—3. *Hystricosporites germinis* Lu,1981

1. 副模标本,云南沾益史家坡,海口组;2,3. 四川渡口,上泥盆统下部;×300;3. 全模标本。

4,12. *Hystricosporites navicularis* Lu sp. nov.

云南沾益史家坡,海口组;4. 全模标本。

5—7. *Hystricosporites* cf. *navicularis* Lu sp. nov.

云南沾益史家坡,海口组。

8. *Hystricosporites reflexus* Owens,1971

四川渡口,上泥盆统下部。

9. *Hystricosporites varius* Lu sp. nov.

全模标本,×150,云南沾益史家坡,海口组。

10. *Hystricosporites* cf. *gravis* Owens,1971

云南沾益史家坡,海口组。

11. *Hystricosporites* sp.

云南沾益龙华山,海口组。

图 版 51

1—4. *Ancyrospora acuminata* Lu,1980

1,2,4. 云南沾益龙华山,海口组;1. 全模标本;4. 副模标本;3. 云南沾益史家坡,海口组。

5. *Ancyrospora ?ampulla* Owens, 1971

　　甘肃迭部,中泥盆统鲁热组。

6. *Ancyrospora angulata* (Tiwari and Schaarschmidt) McGregor and Camfield, 1982

　　云南沾益,海口组;×250。

7. *Ancyrospora ancyrea* var. *ancyrea* Richardson, 1962

　　云南禄劝,西冲组。

8,9. *Ancyrospora arguta* (Naumova) Lu, 1980

　　云南沾益龙华山,海口组。

10,11. *Ancyrospora baccillaris* Lu, 1988

　　云南沾益史家坡,海口组;11. 全模标本。

12—14. *Camptotriletes robustus* Lu, 1999

　　新疆和布克赛尔,黑山头组5层;12,13. 全模标本,分别为近极与远极面观。

15. *Nikitinsporites? simplex* Chi and Hills, 1976

　　云南沾益,海口组;×125。

图　版　52

1,15. *Ancyrospora furcula* Owens, 1971

　　1. 甘肃迭部,下、中泥盆统当多组—中泥盆统鲁热组;×360;15. 新疆塔里木盆地莎车,东河塘组。

2,3. *Ancyrospora incisa* (Naumova) Lu, 1988

　　云南沾益史家坡,海口组。

4—6. *Ancyrospora dentata* (Naumova) Lu, 1980

　　云南沾益龙华山,海口组。

7. *Ancyrospora* cf. *furcula* Owens, 1971

　　湖南界岭,邵东组。

8. *Ancyrospora melvillensis* Owens, 1971

　　四川渡口,上泥盆统下部。

9,10. *Ancyrospora involucra* Owens, 1971

　　9. 新疆塔里木盆地,东河塘组;10. 云南禄劝,海口组。

11. *Ancyrospora bida* (Naumova) Obukhovskaya et al., 1993

　　四川渡口,上泥盆统下部。

12—14. *Ancyrospora* aff. *incisa* (Naumova) Lu, 1980

　　云南沾益龙华山,海口组。

图　版　53

1,2. *Ancyrospora distincta* Lu, 1988

　　1. 全模标本,云南沾益西冲,海口组;×200;2. 副模标本,云南沾益史家坡,海口组。

3—6. *Ancyrospora conjunctiva* Lu, 1988

　　云南沾益史家坡,海口组;4—6. 全模标本;4. 纹饰,为图6的局部放大;5,6. 同一标本,分别为近极与远极面观。

7—11. *Ancyrospora dissecta* Lu, 1988

　　同一标本,云南沾益史家坡,海口组;7,10. 分别为近极与远极面观;8. 纹饰,为图7的局部放大;9. ×100;11. ×200。

12,13. *Camptotriletes robustus* Lu, 1999

　　12. 新疆和布克赛尔,黑山头组6层;13. 新疆和布克赛尔,黑山头组5层。

图　版　54

1,2. *Ancyrospora simplex* (Guennel) Urban, 1969

　　1. 云南沾益西冲,海口组;2. 云南沾益史家坡,海口组。

3,4. *Ancyrospora striata* Lu, 1988

　　3. 全模标本,云南沾益史家坡,海口组;4. 云南沾益西冲,海口组。

5,6. *Ancyrospora robusta* Lu, 1981

四川渡口,上泥盆统下部;6. 全模标本。

7,8. *Foveosporites vadosus* Lu, 1999

新疆和布克赛尔,黑山头组4层。

9,10. *Lycospora rugosa* Schemel, 1951

新疆和布克赛尔,黑山头组6层。

11. *Lycospora pusilla* (Ibrahim) Schopf, Wilson and Bentall, 1944

新疆和布克赛尔,黑山头组5层。

12—14. *Apiculiretusispora minuta* Lu and Ouyang, 1976

12,13. 云南曲靖翠峰山,徐家冲组;12. 全模标本;14. 云南沾益龙华山,海口组。

图　版　55

1, 2. *Ancyrospora stellizonalis* Lu, 1988

云南沾益史家坡,海口组;1. 全模标本;2. 副模标本,侧面观。

3—5. *Ancyrospora tenuicaulis* Lu, 1988

云南沾益史家坡,海口组;4. 全模标本。

6. *Ancyrospora simplex* (Guennel) Urban, 1969

云南沾益史家坡,海口组。

7. *Ancyrospora langii* (Taugourdeau-Lantz) Allen, 1965

新疆塔里木盆地,东河塘组。

8—10. *Ancyrospora subcircularis* Lu, 1980

云南沾益龙华山,海口组;8, 9. 全模标本,分别为近极与远极面观。

11. *Ancyrospora* aff. *incosa* (Naumova) Lu, 1980

四川渡口,上泥盆统下部。

12. *Ancyrospora arguta* (Naumova) Lu, 1980

云南沾益西冲,海口组。

图　版　56

1—4. *Ancyrospora penicillata* Lu, 1988

云南沾益史家坡,海口组;1. 全模标本,×200;2. 纹饰,为图1局部放大, ×100;3. ×200;4. ×150。

5, 6. *Ancyrospora pulchra* Owens, 1971

云南沾益史家坡,海口组。

7, 8. *Ancyrospora*? *majuscula* Lu, 1988

云南沾益史家坡,海口组;7. 全模标本,×200。

9, 10. *Synorisporites varius* Ouyang and Chen, 1987

江苏句容,五通群擂鼓台组下部;10. 全模标本。

11—13. *Synorisporites verrucatus* Richardson and Lister, 1969

云南沾益龙华山,海口组。

图　版　57

1, 8. *Nikitinsporites cathayensis* Lu and Ouyang, 1978

云南沾益龙华山,海口组;1. 全模标本,×150;8. ×190。

2—6. *Nikitinsporites brevicornis* Lu, 1988

2. 全模标本,×200;云南沾益西冲,海口组;3,4,6. 云南沾益史家坡,海口组;4. ×250;5. 副模标本,云南沾益西冲,海口组。

7. *Nikitinsporites maximus* Xu and Gao, 1994

云南沾益,海口组。

9, 10. *Nikitinsporites pseudozonatus* Lu and Ouyang, 1978

云南沾益龙华山,海口组; ×150;10. 全模标本。

图 版 58

1—3. *Nikitinsporites striatus* Lu and Ouyang, 1978

云南沾益龙华山,海口组;1. 全模标本,×150;2. ×150;3. 纹饰为图1局部放大(×500)。

4—8. *Nikitinsporites rhabdocladus* Lu, 1988

4. 全模标本,×200,云南沾益史家坡,海口组;5. 云南沾益龙华山,海口组;6,7. 分别为近极与远极面观;8. 纹饰为图7局部放大。

9,10. *Cingulizonates bialatus*(Waltz)Smith and Butterworth, 1967

江苏南京龙潭,五通群擂鼓台组上部。

图 版 59

1. *Auroraspora asperella*(Kedo)van der Zwan, 1980

湖南界岭,邵东组;×665。

2,7. *Diaphanospora depressa*(Balme and Hassell)Evans, 1970

湖南界岭,邵东组。

3—5. *Rugospora minuta* Neves and Ioannides, 1974

3. 新疆准噶尔盆地,呼吉尔斯特组;×450;4,5. 新疆和布克赛尔,黑山头组4层。

6. *Auroraspora macra* Sullivan, 1968

新疆和布克赛尔,黑山头组4层。

8,9. *Auroraspora xinjiangensis* Zhu, 1999

新疆塔里木盆地莎车,奇自拉夫组;9. 全模标本。

10,11. *Auroraspora corporiga* Higgs, Clayton and Keegan, 1988

新疆塔里木盆地莎车,奇自拉夫组。

12. *Auroraspora hyalina*(Naumova)Streel in Becker et al. , 1974

新疆塔里木盆地莎车,奇自拉夫组。

13. *Auroraspora conica* Zhu, 1999

全模标本,新疆塔里木盆地莎车,奇自拉夫组。

14,15. *Auroraspora epicharis* Zhu, 1999

新疆塔里木盆地莎车,奇自拉夫组;15. 全模标本。

16,17. *Rugospora acutiplicata* Ouyang and Chen, 1987

江苏句容,五通群擂鼓台组上部;17. 全模标本。

18. *Velamisporites? segregus* Ouyang and Chen, 1987

全模标本,江苏句容,五通群擂鼓台组下部。

19. *Rugospora flexuosa*(Jushko)Streel in Becker et al. , 1974

新疆准噶尔盆地,呼吉尔斯特组;×450。

20. *Dictyotriletes* sp.

云南曲靖翠峰山,徐家冲组。

21,22. *Rugospora* cf. *cymatilus* Allen, 1965

云南沾益龙华山,海口组。

23,24. *Cycloverrutriletes* sp.

湖南界岭,邵东组;24. ×1500。

25,26. *Diaphanospora crassa* Lu, 1981

四川渡口,上泥盆统下部;25. 全模标本。

图 版 60

1,2. *Grandispora comitalia* Gao, 1988

西藏聂拉木,章东组;2. 全模标本。

3. *Grandispora dilecta*(Naumova)Gao, 1983

西藏聂拉木,波曲组。

4. *Grandispora brachyodonta*(Naumova)Gao, 1988

西藏聂拉木,章东组。

5,6. *Grandispora uncinula*（Ouyang and Chen）Lu comb. nov.

　　　5. 全模标本,江苏句容,五通群擂鼓台组下部;6. 西藏聂拉木,章东组;×900。

7,8. *Grandispora apicilaris* Ouyang and Chen, 1987

　　　江苏句容,五通群擂鼓台组下部;8. 全模标本。

9. *Velamisporites? segregus* Ouyang and Chen, 1987

　　　全模标本,江苏句容,五通群擂鼓台组下部。

10,11. *Grandispora cornuta* Higgs, 1975

　　　湖南界岭,邵东组;10. ×1200。

12a,b. *Grandispora echinata* Hacquebard, 1957

　　　江苏南京龙潭,五通群擂鼓台组下部。

13,14. *Grandispora? distincta* Lu, 1988

　　　云南沾益史家坡,海口组;13. 全模标本。

15,16. *Velamisporites conicus*（Lu）Lu comb. nov.

　　　云南沾益龙华山,海口组;15. 全模标本;16. 副模标本。

17—20. *Grandispora dissoluta* Lu, 1999

　　　新疆和布克赛尔,黑山头组4层;18,19. 全模标本;分别为近极与远极面观。

图　版　61

1. *Grandispora famenensis*（Naumova）Streel, 1974

　　　西藏聂拉木,波曲组上部;×500。

2. *Grandispora eximius*（Naumova）Gao, 1985

　　　湖北长阳,黄家磴组;×560。

3. *Grandispora facilisa*（Kedo）Gao, 1988

　　　西藏聂拉木,章东组。

4—6. *Grandispora gracilis*（Kedo）Streel, 1974

　　　江苏句容,五通擂鼓台组下部。

7,8. *Grandispora furcata* Lu, 1997

　　　湖南界岭,邵东组;7. 全模标本。

9,11. *Grandispora multispinosa* Gao, 1983

　　　西藏聂拉木,波曲组上部;11. ×1080。

10. *Hymenozonotriletes rectiformis* Naumova, 1953

　　　云南禄劝,下泥盆统坡脚组。

12. *Grandispora krestovnikovii*（Naumova）Gao, 1985

　　　湖北长阳,黄家磴组;×560。

13,14. *Grandispora serenusa*（Kedo）Gao, 1983

　　　湖南界岭,邵东组。

15,18. *Grandispora echinata* Hacquebard, 1957

　　　同一标本,新疆和布克赛尔,黑山头组4层;×520。

16,17. *Grandispora multirugosa* Lu sp. nov.

　　　16. 全模标本,新疆和布克赛尔,黑山头组4层。

19,20. *Grandispora vera*（Naumova）Gao, 1981

　　　云南禄劝,坡脚组。

图　版　62

1. *Grandispora notabilis* Zhu nom. nov.

　　　全模标本,新疆塔里木盆地北部,东河塘组。

2. *Grandispora macrospinosa*（Jushko）Wen and Lu var. *punctata*（Jushko）Wen and Lu, 1993

　　　江西全南,三门滩组。

3. *Grandispora gracilis*（Kedo）Streel, 1974

湖南锡矿山,邵东组;×800。

4. *Grandispora meonacantha* (Naumova) Gao, 1983

西藏聂拉木,波曲组。

5,6. *Grandispora uniformis* Hou, 1982

湖南锡矿山欧家冲,邵东组上部;5. ×800;6. 全模标本,×800。

7,8. *Velamisporites laevigatus* (Lu) Lu, 1994

云南沾益龙华山,海口组;7. 全模标本。

9—11,18. *Grandispora psilata* Lu, 1999

新疆和布克赛尔,黑山头组4层;9. 全模标本;11. 副模标本,×1000。

12,13. *Spelaeotriletes crenulatus* (Playford) Higgs, Clayton and Keegan, 1988

新疆和布克赛尔,黑山头组4层。

14—16. *Grandispora promiscua* Playford, 1978

新疆和布克赛尔,黑山头组4层。

17. *Grandispora douglastownense* McGregor, 1973

云南东部,穿洞组。

19. *Grandispora mesodevonica* (Naumova) Gao, 1985

湖北长阳,黄家磴组;×560。

20. *Grandispora protea* (Naumova) Moreau-Benoit, 1980

云南禄劝,西冲组。

21. *Grandispora echinata* Hacquebard, 1957

新疆和布克赛尔,黑山头组4层。

22. *Leiotriletes trivialis* Naumova, 1953

江苏句容,五通群擂鼓台组下部。

23,24. *Leiotriletes simplex* Naumova, 1953

江苏句容,五通群擂鼓台组下部。

图 版 63

1—4. *Grandispora subulata* (Ouyang and Chen) Lu comb. nov.

1,2. 江苏宝应,相当于南京擂鼓台组下部;1. 全模标本;3,4. 江苏南京龙潭,五通群擂鼓台组下部。

5. *Grandispora* sp. 2

西藏聂拉木,章东组。

6. *Grandispora medius* (Naumova) Gao, 1985

湖北长阳,黄家磴组。

7. *Grandispora* cf. *dentata* (Naumova) Gao, 1983

西藏聂拉木,章东组。

8. *Grandispora vulgaris* (Naumova) Gao, 1988

西藏聂拉木,章东组。

9—11. *Grandispora xiaomuensis* Wen and Lu, 1993

江西全南,翻下组;9. 全模标本,×1000。

12,13. *Grandispora* cf. *spinosa* Hoffmeister, Staplin and Malloy, 1955

新疆和布克赛尔,黑山头组4层。

14. *Grandispora spinulosa* (Naumova) Gao, 1983

西藏聂拉木,章东组。

15. *Grandispora saurota* (Higgs, Clayton and Keegan) Playford and McGregor, 1993

湖南界岭,邵东组;×650。

16. *Grandispora sparsa* Ouyang, 1984

全模标本,黑龙江密山,黑台组。

17. *Grandispora* sp. 1

云南沾益史家坡,海口组。

18. *Grandispora velata* (Richardson) McGregor, 1973

   甘肃迭部,鲁热组。

19, 20. *Grandispora wutongiana* Ouyang and Chen, 1987

   江苏句容,五通群擂鼓台组下部;19. 全模标本。

图　版　64

1—3. *Spelaeotriletes microspinosus* Neves and Ioannides, 1974

   1. 新疆塔里木盆地莎车,奇自拉夫组;2, 3. 湖南界岭,邵东组。

4—6. *Spelaeotriletes granulatus* Lu, 1994

   江苏南京龙潭,五通群擂鼓台组下部;5. 全模标本。

7, 8. *Spelaeotriletes fanxiaensis* Lu, 1997

   湖南界岭,邵东组;7. 全模标本。

9—11. *Spelaeotriletes resolutus* Higgs, 1975

   湖南界岭,邵东组;10, 11. 江西全南,三门滩组。

12—14. *Spelaeotriletes setosus* (Kedo) Lu, 1994

   12, 13. 江苏南京龙潭,五通群擂鼓台组下—中部;14. 湖南界岭,邵东组。

15, 16. *Spelaeotriletes radiatus* Zhu, 1999

   新疆塔里木盆地北部,东河塘组;16. 全模标本。

17, 18. *Spelaeotriletes pallidus* Zhu, 1999

   新疆塔里木盆地莎车,奇自拉夫组;18. 全模标本。

19, 20. *Spelaeotriletes echinatus* (Luber in Kedo) Ouyang and Chen, 1987

   江苏南京龙潭,五通群擂鼓台组上部。

21, 22. *Spelaeotriletes orientalis* Zhu, 1999

   新疆塔里木盆地莎车,奇自拉夫组;21. 全模标本。

23—25. *Spelaeotriletes inaequiformis* Lu, 1994

   江苏南京龙潭,五通群擂鼓台组上部;23. 全模标本。

26—29. *Spelaeotriletes heteromorphus* Lu, 1997

   湖南界岭,邵东组;27. 全模标本;29. ×700。

30, 31. *Spelaeotriletes pretiosus* (Playford) Neves and Belt var. *minor* Lu var. nov.

   30, 31. 全模标本,江苏南京龙潭,五通群擂鼓台组中部。

32. *Spelaeotriletes pretiosus* (Playford) Neves and Belt, 1970

   湖南界岭,邵东组。

33. *Spelaeotriletes obtusus* Higgs, 1975

   湖南界岭,邵东组。

34, 35. *Granulatisporites frustulentus* (Balme and Hassell) Playford, 1971

   新疆和布克赛尔,黑山头组4层;×800。

图　版　65

1—6,11. *Spelaeotriletes hunanensis* (Fang et al.) Lu, 1994

   湖南界岭,邵东组上部;1, 2. 同一标本,分别×1500与×800;3, 4. 同一标本,分别×600与×1000;5. ×1200;6. 纹饰,为图5的局部放大,×4000;11. 侧面观;×800

7, 12, 13. *Retispora lepidophyta* (Kedo) Playford, 1976

   7. 江苏宜兴丁山,擂鼓台组;12. 云南西部,龙坝组;13. 西藏聂拉木,波曲组;×900。

8. *Retispora lepidophyta* (Kedo) Playford var. *minor* Kedo and Golubtsov, 1971

   江苏句容,五通群擂鼓台组下部。

9. *Retispora* sp.

   新疆和布克赛尔,黑山头组6层。

10, 14. *Retispora cassicula* (Higgs) Higgs and Russell, 1981

   湖南界岭,邵东组,同一标本,分别×665和×1000。

15,16. *Rhabdosporites zonofossulatus* Lu,1981

　　四川渡口,上泥盆统下部;15. 全模标本。

17,18. *Spelaeotriletes crustatus* Higgs,1975

　　江苏宜兴丁山,五通群擂鼓台组中部。

图　版　66

1,2. *Peritrirhiospora* sp.

　　湖南邵东,邵东组;分别×750 和×1500。

3,4. *Peritrirhiospora punctata* Ouyang and Chen,1987

　　江苏句容,五通群擂鼓台组下部;4. 全模标本。

5,6. *Peroretisporites distalis* Lu,1980

　　云南沾益龙华山,海口组;全模标本,为同一标本;6. ×260。

7,8. *Proprisporites reticulatus* Lu,1981

　　四川渡口,上泥盆统下部;7. 全模标本。

9,14. *Velamisporites pulchellus* Ouyang and Chen,1987

　　江苏句容,五通群擂鼓台组下部;9. 全模标本。

10. *Peritrirhiospora laevigata* Ouyang and Chen,1987

　　10. 全模标本,江苏句容,五通群擂鼓台组下部。

11,12. *Velamisporites perinatus*(Hughes and Playford)Playford,1971

　　新疆和布克赛尔,黑山头组4层。

13,15. *Peritrirhiospora magna* Ouyang and Chen,1987

　　江苏句容,五通群擂鼓台组下部;15. 全模标本。

图　版　67

1,2. *Discernisporites deminutus* Lu,1997

　　湖南界岭,邵东组;1. 全模标本。

3—7. *Discernisporites micromanifestus*(Hacquebard)Sabry and Neves,1971

　　3. 新疆和布克赛尔,黑山头组4层;4,6. 江苏南京龙潭,五通群观山段;5,7. 湖南界岭,邵东组;×650。

8,9. *Discernisporites usitatus* Lu,1997

　　湖南界岭,邵东组;8. 全模标本。

10,14. *Asperispora verrucosa* Lu,1981

　　四川渡口,上泥盆统下部;14. 全模标本。

11,12. *Discernisporites suspectus* Lu,1997

　　湖南界岭,邵东组;11. ×250;12. 全模标本。

13. *Discernisporites macromanifestus*(Hacquebard)Higgs,Clayton and Keegan,1988

　　湖南界岭,邵东组。

15—19. *Discernisporites papillatus* Lu,1999

　　新疆和布克赛尔,黑山头组3,4层;15. ×800;16,17. 全模标本。

20,21. *Discernisporites varius* Lu,1999

　　20. 新疆和布克赛尔,黑山头组4层;21. 湖南界岭,邵东组。

22. *Velamisporites simplex* Ouyang and Chen,1987

　　全模标本,江苏句容,五通群擂鼓台组下部。

图　版　68

1—4. *Discernisporites varius* Lu,1999

　　新疆和布克赛尔,黑山头组3,4层;1,3. 副模标本,×665,同一标本,分别为近极与远极面观;2. 为图1 的局部放大(×5200);4. 全模标本。

5—7. *Endosporites perfectus* Lu,1999

　　新疆和布克赛尔,黑山头组4,5层;5,6. 全模标本,分别为近极和远极焦距;7. ×800。

8—11. *Endosporites medius* Lu，1999

　　新疆和布克赛尔,黑山头组5层;8—10. 全模标本,为同一标本;8,9. 分别为近极与远极面观,×800。

12，13. *Velamisporites irrugatus* Playford，1978

　　湖南界岭,邵东组。

14，16. *Endosporites rugosus* Lu，1999

　　新疆和布克赛尔,黑山头组4层;14. 全模标本。

15. *Geminospora spongiata* Higgs，Clayton and Keegan，1988

　　湖南界岭,邵东组。

图 版 69

1—4. *Radiizonates longtanensis* Lu，1994

　　江苏南京龙潭,五通群擂鼓台组上部;4. 全模标本。

5. *Endosporites elegans* Ouyang and Chen，1987

　　全模标本,江苏句容,五通群擂鼓台组下部。

6. *Diducites versabilis*（Kedo）van Veen，1981

　　新疆塔里木盆地莎车,奇自拉夫组。

7，8. *Endosporites solidus*（Gao）Lu comb. nov.

　　　7. 新疆和布克赛尔,黑山头组5层;8. 全模标本,湖北长阳,黄家磴组。

9. *Craspedispora arctica* McGregor and Camfield，1982

　　甘肃迭部当多沟,当多组。

10，11. *Geminospora punctata* Owens，1971

　　云南沾益史家坡,海口组。

12. *Geminospora? micropaxilla*（Owens）McGregor and Camfield，1982

　　湖南界岭,邵东组。

13. *Camptozonotriletes* cf. *vermiculatus* Staplin，1960

　　江西全南,三门滩组;×600。

14. *Diducites poljessicus*（Kedo）emend. van Veen，1981

　　新疆塔里木盆地莎车,奇自拉夫组。

15. *Endosporites velatus*（Naumova）Wang，1996

　　湖南锡矿山,邵东组下部;×800。

16—18. *Radiizonates irregulatus* Wang，1996

　　湖南锡矿山,邵东组下部;16. 全模标本,×800;17. ×800。

19. *Radiizonates radianus* Wang，1996

　　全模标本,×800,湖南锡矿山,邵东组下部。

20. *Velamisporites submirabilis*（Jusheko）Lu，1994

　　江苏句容,五通群擂鼓台组上部。

21. *Endosporites xinjiangensis*（Gao）Lu comb. nov.

　　新疆准噶尔盆地,下泥盆统乌吐布拉克组。

22. *Velamisporites vincinus* Ouyang and Chen，1987

　　江苏句容,五通群擂鼓台组下部。

图 版 70

1，27. *Geminospora gansuensis* Gao and Ye，1987

　　1. 全模标本,甘肃迭部,蒲莱组;27. 甘肃迭部,当多组;×1500。

2—4. *Geminospora microdenta* Lu，1988

　　云南沾益史家坡,海口组;2. 全模标本。

5. *Geminospora svalbardiae*（Vigran）Allen，1965

　　新疆准噶尔盆地,呼吉尔斯特组;×450。

6. *Geminospora micromanifestus* var. *minor*（Naumova）McGregor and Camfield，1982

湖北长阳,黄家磴组。

7,8. *Geminospora lemurata*（Balme）Playford, 1983

湖南界岭,邵东组。

9,10. *Geminospora venusta*（Naumova）McGregor and Camfield, 1982

新疆准噶尔盆地,呼吉尔斯特组;×450。

11. *Geminospora tuberculata*（Kedo）Allen, 1965

云南东部,海口组。

12,13. *Geminospora tarimensis* Zhu, 1999

新疆塔里木盆地莎车,奇自拉夫组;12. 全模标本。

14,15. *Geminospora* sp.

新疆和布克赛尔,黑山头组 5 层。

16,20. *Geminospora verrucosa* Owens, 1971

云南沾益龙华山,海口组。

17. *Geminospora lasius*（Naumova）var. *minor*（Naumova）Lu, 1995

湖南界岭,邵东组。

18,19,25,26. *Geminospora multiramis* Lu, 1997

湖南界岭,邵东组;18,19. 全模标本;25. 副模标本,×1100;26. ×1450。

21—24. *Neogemina*? *hispida* Lu, 1999

新疆和布克赛尔,黑山头组 4 层;23,24. 全模标本,同一标本,分别为近极与远极中央区焦距。

图 版 71

1—6. *Angulisporites inaequalis* Lu, 1999

新疆和布克赛尔,黑山头组 4 层;1—4. 全模标本,为同一标本;1,2. ×665。

7,8. *Angulisporites* cf. *inaequalis* Lu, 1999

新疆和布克赛尔,黑山头组 4 层。

9,10. *Canthospora patula* Winslow, 1962

9. 江苏南京龙潭,五通群擂鼓台组上部;10. 四川渡口,上泥盆统下部。

11—13. *Cingulizonates spongiformis* Lu, 1988

云南沾益史家坡,海口组;11. 全模标本;13. 副模标本,偏侧面观。

图 版 72

1—3. *Cristatisporites* cf. *alpernii* Staplin and Jansonius, 1964

新疆和布克赛尔,黑山头组 4 层;同一标本;2,3. ×520。

4. *Ambitisporites avitus* Hoffmeister, 1959

贵州凤冈,下志留统;×800。

5,6. *Gorgonispora convoluta*（Butterworth and Spinner）Playford, 1976

新疆和布克赛尔,黑山头组 5 层。

7,8. *Cristatisporites rarus* Lu, 1999

新疆和布克赛尔,黑山头组 4 层;7. 为 8 的局部放大,×500;8. 全模标本,×400。

9,10. *Cristatisporites conicus* Lu, 1999

新疆和布克赛尔,黑山头组 4 层。

11,12. *Cristatisporites spiculiformis* Lu, 1999

新疆和布克赛尔,黑山头组 4 层;11. 全模标本。

图 版 73

1. *Cristatisporites connexus* Potonié and Kremp, 1955

湖南界岭,邵东组。

2—4. *Cristatisporites mitratus*（Higgs）Ouyang and Chen, 1987

2,3. 江苏宝应,五通群擂鼓台组下部;4. 湖南锡矿山,邵东组下部。

5—7. *Cristatisporites firmus* Lu，1997

　　5. 湖南锡矿山,邵东组;×800;6,7. 全模标本,×450,新疆准噶尔盆地,呼吉尔斯特组。

8，9. *Cristatisporites limitatus* Ouyang and Chen，1987

　　8. 全模标本,江苏句容,五通群擂鼓台组下部;9. 湖南锡矿山,邵东组;×800。

10，11. *Cristatisporites echinatus* Playford，1963

　　新疆和布克赛尔,黑山头组4层。

12—15. *Cristatisporites simplex* Lu，1999

　　新疆和布克赛尔,黑山头组4层;12, 13. 全模标本;15. ×600。

16—19. *Cristatisporites varius* Lu，1999

　　新疆和布克赛尔,黑山头组4层;16, 17. 全模标本;18, 19. 副模标本,×800,同一标本的近极和远极面观。

20. *Spelaeotriletes balteatus*（Playford）Higgs，1975

　　新疆和布克赛尔,黑山头组4层。

图　版　74

1，2，14. *Lophozonotriletes torosus* Naumova var. *famenensis* Naumova，1953

　　1, 2. 湖南界岭,邵东组;14. 云南东部,海口组。

3，4. *Lophozonotriletes rarituberculatus*（Luber）Kedo，1957

　　江苏南京龙潭,五通群擂鼓台组上部。

5. *Lophozonotriletes excisus* Naumova，1953

　　湖南锡矿山,邵东组上部;×800。

6，7. *Lophozonotriletes concessus* Naumova，1953

　　新疆准噶尔盆地,呼吉尔斯特组;×450。

8. *Lophozonotriletes grumosus* Naumova，1953

　　新疆准噶尔盆地,呼吉尔斯特组;×450。

9，10. *Lophozonotriletes verrucosus* Lu，1988

　　云南沾益史家坡,海口组;10. 全模标本。

11—13. *Costazonotriletes latidentatus* Lu，1988

　　云南沾益史家坡,海口组;13. 全模标本。

15—17. *Costazonotriletes navicularis* Lu，1988

　　云南沾益史家坡,海口组;15. 全模标本(侧面观)。

18—20. *Costazonotriletes verrucosus* Lu，1988

　　云南沾益史家坡,海口组;19. 全模标本;20. 副模标本。

图　版　75

1—3. *Densosporites conicus* Lu，1988

　　云南沾益史家坡,海口组;2. 副模标本;3. 全模标本。

4，5，15，16. *Densosporites gracilis* Smith and Butterworth，1967

　　4, 5. 江苏南京龙潭,五通群擂鼓台组上部;15, 16. 新疆和布克赛尔,黑山头组5层。

6. *Densosporites pseudoannulatus* Butterworth and Williams，1958

　　江苏南京龙潭,五通群擂鼓台组上部。

7，28，29. *Densosporites convolutus* Lu sp. nov.

　　湖南界岭,邵东组;7. 全模标本;28. ×960;29a, b. ×700。

8，9. *Densosporites liukongqiaoensis*（Gao）Lu comb. nov.

　　云南禄劝,坡脚组;8. 全模标本。

10，11. *Densosporites crassus* McGregor，1960

　　10. 湖南界岭,邵东组;11. 四川渡口,上泥盆统下部。

12—14. *Densosporites penitus* Ouyang and Chen，1987

　　江苏宝应,五通群擂台组;14. 全模标本。

17，18. *Densosporites rotundus* Lu，1981

四川渡口,上泥盆统下部;18. 全模标本。

19—22. *Densosporites pius* Lu, 1999

新疆和布克赛尔,黑山头组 5 层;21,22. 全模标本。

23,27. *Densosporites cordatus* Lu, 1981

四川渡口,上泥盆统下部;27. 全模标本。

24. *Densosporites concinnus*（Owens）McGregor and Camfield, 1982

甘肃迭部,下吾那组。

25,26. *Densosporites variabilis*（Waltz）Potonié and Kremp, 1955

江西全南,翻下组。

图 版 76

1,2,6,7. *Densosporites tenuis* Hoffmeister, Staplin and Malloy, 1955

1,2. 湖南界岭,邵东组;6,7. 湖南锡矿山,邵东组中部;×800。

3,4. *Densosporites xinhuaensis* Hou, 1982

湖南界岭,邵东组。

5. *Densosporites spitsbergensis* Playford, 1963

新疆和布克赛尔,黑山头组 5 层。

8,17,18. *Densosporites rarispinosus* Playford, 1963

8. 湖南锡矿山,邵东组中部;×800;17,18. 湖南界岭,邵东组;×1200。

9. *Densosporites variabilis*（Waltz）Potonié and Kremp, 1956

湖南界岭,邵东组。

10,11. *Densosporites trilamellatus* Lu, 1981

四川渡口,上泥盆统下部;11. 全模标本。

12. *Densosporites* cf. *tripapillatus* Staplin, 1960

甘肃迭部当多沟,当多组。

13. *Densosporites tripapillatus* Staplin, 1960

湖南锡矿山,邵东组中部;×800。

14,15. *Densosporites granulosus* Kosanke, 1950

新疆和布克赛尔,黑山头组 5 层。

16. *Densosporites secundus* Playford and Satterthwait, 1988

湖南界岭,邵东组。

19. *Densosporites variomarginatus* Playford, 1963

湖南界岭,邵东组;×900。

20. *Densosporites parvus* Hoffmeister, Staplin and Malloy, 1955

新疆和布克赛尔,黑山头组 5 层。

21. *Densosporites* cf. *spinifer* Hoffmeister, Staplin and Malloy, 1955

新疆和布克赛尔,黑山头组 5 层。

22,23. *Cymbosporites densus* Ouyang and Chen, 1987

江苏句容,五通群擂鼓台组下部;22. 全模标本。

图 版 77

1—3. *Hymenozonotriletes rarispinosus* Lu, 1994

1. 全模标本,江苏南京龙潭,五通群擂鼓台组上部;2. 江苏南京龙潭,五通群擂鼓台组下部;3. 江苏南京龙潭,五通群擂鼓台组中部。

4. *Elenisporis indistinctus* Lu sp. nov.

全模标本,×450,新疆准噶尔盆地,呼吉尔斯特组。

5. *Hymenozonotriletes angulatus* Naumova, 1953

湖南界岭,邵东组。

6. *Hymenozonotriletes*? *antiquus* Gao, 1978

广西六景,下泥盆统那高岭组。

7. *Hymenozonotriletes deltoideus* Gao, 1978

广西六景,下泥盆统那高岭组。

8. *Auroraspora macra* Sullivan, 1968

湖南界岭,邵东组。

9,10. *Hymenozonotriletes brevimammus* Naumova, 1953

湖南界岭,邵东组。

11. *Hymenozonotriletes tenellus* Naumova, 1953

湖南锡矿山,邵东组。

12. *Hymenozonotriletes rarus* Naumova, 1953

贵州独山,下泥盆统舒家坪组。

13,14. *Hymenozonotriletes scorpius* (Balme and Hassell) Playford, 1967

新疆和布克赛尔,黑山头组5层。

15. *Dissizonotriletes stenodes* Lu, 1981

全模标本,四川渡口,上泥盆统下部。

16,17. *Dissizonotriletes acutangulatus* Lu, 1981

四川渡口,上泥盆统下部;16. 副模标本,赤道面观;17. 全模标本。

18—20. *Hymenozonotriletes longispinus* Lu, 1999

新疆和布克赛尔,黑山头组5层;18. 全模标本;20. ×1000。

21,22. *Hymenozonotriletes major* Lu, 1999

新疆和布克赛尔,黑山头组4层;22. 全模标本。

图　版　78

1. *Hymenozonotriletes verrucosus* Gao, 1983

云南禄劝,海口组。

2. *Hymenozonotriletes spinulosus* Naumova, 1953

贵州独山,舒家坪组。

3. *Hymenozonotriletes proteus* Naumova, 1953

云南东部,海口组。

4. *Hymenozonotriletes striphnos* Gao, 1983

云南禄劝,海口组。

5. *Samarisporites plicatus* Gao, 1983

西藏聂拉木,波曲组上部。

6,7. *Vallatisporites elegans* Zhu, 1999

新疆塔里木盆地,东河塘组。

8. *Vallatisporites solidus* Zhu, 1999

全模标本,新疆塔里木盆地,东河塘组。

9. *Hymenozonotriletes polyacanthus* Naumova, 1953

贵州睦化,王佑组格董关层底部。

10. *Hymenozonotriletes maoshanensis* Gao, 1983

全模标本,云南禄劝,下泥盆统坡脚组;×380。

11. *Hymenozonotriletes caveatus* Ouyang and Chen, 1987

全模标本,江苏句容,五通群播鼓台组下部。

12. *Cristatisporites*? *minutus* Gao and Ye, 1987

全模标本,甘肃迭部,当多组;×1020。

13. *Hymenozonotriletes variabilis* Naumova, 1953

贵州独山,丹林组上段。

图 版 79

1—4. *Kraeuselisporites subtriangulatus* Lu, 1999

    1—3. 同一标本;2,3. ×520;4. 全模标本。

5,6. *Kraeuselisporites incrassatus* Lu, 1999

    全模标本。

7—9. *Vallatisporites pustulatus* Lu, 1991

    7,8. 全模标本,分别为近极与远极中央区焦距。

10,11. *Kraeuselisporites amplus* Lu, 1999

    10. 全模标本。

12—14. *Grandispora minuta* Lu, 1999

    12,13. 全模标本。

图 版 80

1—4. *Rotaspora interonata* Lu, 1981

    四川渡口,上泥盆统下部;1. 全模标本。

5. *Samarisporites concinnus* Owens, 1971

    云南沾益龙华山,海口组。

6. *Samarisporites spiculatus* Ouyang and Chen, 1987

    全模标本,江苏句容,五通群擂鼓台组下部。

7,8. *Samarisporites* sp.

    新疆和布克赛尔,黑山头组5层。

9,17. *Vallatisporites interruptus*（Kedo）Lu, 1999

    同一标本,分别为近极与远极面观;新疆和布克赛尔,黑山头组4层。

10,22. *Samarisporites heteroverrucosus* Lu, 1980

    10. 全模标本,云南沾益龙华山,海口组;22. 云南沾益史家坡,海口组。

11—13. *Samarisporites triangulatus* Allen, 1965

    新疆和布克赛尔,黑山头组5层;11. ×800。

14. *Hymenozonotriletes varius* Naumova, 1953

    贵州睦化,王佑组格董关层底部。

15,16. *Kraeuselisporites mitratus* Higgs, 1975

    同一标本,分别为近极与远极面观,新疆和布克赛尔黑山头组4层。

18,19. *Hymenozonotriletes explanatus*（Luber）Kedo, 1963

    新疆和布克赛尔,黑山头组5层。

20. *Samarisporites*? *microspinosus* Ouyang and Chen, 1987

    全模标本,江苏句容,五通群擂鼓台组下部。

21. *Ancyrospora melvillensis* Owens, 1971

    新疆和布克赛尔,黑山头组4层;×665。

图 版 81

1,2. *Vallatisporites ciliaris*（Luber）Sullivan, 1964

    新疆和布克赛尔,黑山头组4层。

3,4,11,12. *Vallatisporites convolutus* Lu, 1999

    全模标本,新疆和布克赛尔,黑山头组5层;3,4. ×665;11,12. ×650。

5,6,13. *Vallatisporites vallatus* Hacquebard, 1957

    新疆和布克赛尔,黑山头组4层;13. ×800。

7,10. *Hymenozonotriletes praetervisus* Naumova, 1953

    新疆和布克赛尔,黑山头组4层。

8，9. *Vallatisporites cornutus* Lu，1999

　　全模标本,分别为近极与远极,中央区焦距；新疆和布克赛尔,黑山头组4层。

图　版　82

1，2. *Vallatisporites pusillites*（Kedo）Dolby and Neves，1979

　　新疆和布克赛尔,黑山头组3层；×650。

3—6. *Vallatisporites cristatus* Lu，1999

　　全模标本,为同一标本,新疆和布克赛尔,黑山头组4层;5，6. ×665。

7—10. *Vallatisporites hefengensis* Lu，1999

　　新疆和布克赛尔,黑山头组3，4层;7，8. ×400;9，10. 全模标本,×460。

11—13. *Vallatisporites* cf. *pusillites*（Kedo）Dolby and Neves，1970

　　同一标本,新疆和布克赛尔,黑山头组4层;12,13. ×665。

图　版　83

1，2. *Vallatisporites spinulosus* Lu，1999

　　1，2. 全模标本,新疆和布克赛尔,黑山头组4层。

3，4. *Cristatisporites conicus* Lu，1999

　　全模标本,新疆和布克赛尔,黑山头组4层。

5，6. *Vallatisporites convolutus* Lu，1999

　　新疆和布克赛尔,黑山头组4层。

7—10. *Vallatisporites verrucosus* Hacquebard，1957

　　7，8. 新疆和布克赛尔,黑山头组4层;9，10. 新疆和布克赛尔,黑山头组3，4层; ×800。

11，12. *Cristatisporites* cf. *alpernii* Staplin and Jansonius，1964

　　同一标本,新疆和布克赛尔,黑山头组4层;12. ×520。

图　版　84

1，2. *Archaeoperisaccus cerceris* Gao and Ye，1987

　　甘肃迭部,鲁热组;1. 全模标本。

3. *Archaeoperisaccus elongatus* Naumova，1953

　　云南东部,海口组(下段)。

4，5. *Archaeoperisaccus guangxiensis* Gao，1989

　　4. 全模标本,广西融安,东岗岭组;5. 广西象州,应堂组。

6. *Archaeoperisaccus* sp. 1

　　云南沾益龙华山,海口组。

7. *Archaeoperisaccus spinellosus* Gao and Ye，1987

　　全模标本,甘肃迭部,当多组。

8. *Archaeoperisaccus rugosus* Gao and Ye，1987

　　全模标本,甘肃迭部,当多组。

9，10. *Archaeoperisaccus microancyrus* Lu，1981

　　9. 全模标本,四川渡口,上泥盆统下部;10. 纹饰为图9的局部放大(×800)。

11，12. *Archaeoperisaccus microspinosus* Gao and Ye，1987

　　甘肃迭部,当多组;12. 全模标本。

13—16. *Archaeoperisaccus oviformis* Lu，1980

　　云南沾益西冲,海口组;13. 全模标本。

图　版　85

1，2. *Archaeoperisaccus scabratus* Owens，1971

　　云南沾益史家坡,海口组。

3，4,12. *Archaeoperisaccus xichongensis* Lu，1980

云南沾益西冲,海口组;3. 全模标本。

5—8. *Reticulatamonoletes angustus* Lu, 1988

　　云南沾益史家坡,海口组;5、6. 全模标本。

9—11. *Archaeoperisaccus indistinctus* Lu, 1988

　　云南沾益史家坡,海口组;9. 全模标本。

13—16. *Reticulatamonoletes robustus* Lu, 1988

　　云南沾益史家坡,海口组;14. 全模标本。

图　版　86

1, 2,8. *Hefengitosporites adppressus* Lu, 1999

　　新疆和布克赛尔,黑山头组5层;1. 全模标本。

3, 4. *Hefengitosporites hemisphaericus* Lu, 1999

　　新疆和布克赛尔,黑山头组5层;4. 全模标本。

5, 6. *Punctatosporites magnificus* Lu, 1999

　　新疆和布克赛尔,黑山头组4层;6. 全模标本。

7. *Tuberculatosporites xinjiangensis* Lu nom. nov.

　　全模标本,新疆和布克赛尔,黑山头组5层。

9—12. *Hefengitosporites separatus* Lu, 1999

　　新疆和布克赛尔,黑山头组5层;9. 全模标本;11、12. ×650。

13, 14. *Tuberculatosporites macrocephalus* Lu, 1999

　　新疆和布克赛尔,黑山头组4层;13. 全模标本。

图　版　87

1, 2. *Leiotriletes adnatus* (Kosanke) Potonié and Kremp, 1955

　　云南富源,宣威组。

3, 4. *Dictyophyllidites bullus* (Jiang) Ouyang comb. nov.

　　湖南长沙,龙潭组。

5, 6. *Leiotriletes cibotiidites* Liao, 1987

　　山西宁武,太原组、下石盒子组。

7, 13. *Leiotriletes gulaferus* Potonié and Kremp, 1955

　　山西保德,太原组。

8, 9. *Leiotriletes gracilis* (Imgrund,1952) Imgrund, 1960

　　河北开平,唐家庄组—唐山组。

10, 11. *Leiotriletes* cf. *gracilis* Imgrund, 1960

　　甘肃靖远,红土洼组。

12. *Leiotriletes divaricatus* (Felix and Burbridge) Ouyang comb. nov.

　　山西宁武,上石盒子组。

14, 15. *Leiotriletes exiguus* Ouyang and Li, 1980

　　云南富源,宣威组—卡以头组。

16, 17. *Leiotriletes inermis* (Waltz) Ischenko, 1952

　　甘肃靖远,臭牛沟组、红土洼组。

18. *Leiotriletes kyrtomis* Du, 1986

　　甘肃平凉,山西组。

19, 22. *Leiotriletes levis* (Kosanke) Potonié and Kremp, 1955

　　19. 山西保德,山西组;22. 云南富源,宣威组。

20, 21. *Leiotriletes minor* Jiang, 1982

　　湖南长沙,龙潭组。

23, 24. *Leiotriletes nyalumensis* Hou, 1999

　　西藏聂拉木色龙村,曲布组。

25，26. *Leiotriletes ornatus* Ischenko，1956

　　山西宁武，本溪组—石盒子群。

27，28. *Leiotriletes parvus* Guennel，1958

　　甘肃靖远，红土洼组—羊虎沟组中段。

29，30. *Leiotriletes prominulus* Ouyang and Chen，1987

　　江苏句容，高骊山组。

31，32. *Leiotriletes pulvinulus* Ouyang，1986

　　31. 云南富源，宣威组；32. 山西宁武，上石盒子组。

33，34. *Leiotriletes punctatus* Zhu，1993

　　甘肃靖远，红土洼组。

35. *Leiotriletes pyramidatus* Sullivan，1964

　　宁夏横山堡，羊虎沟组。

36，37. *Leiotriletes sphaerotriangulus*（Loose）Potonié and Kremp，1954

　　甘肃靖远，红土洼组—羊虎沟组。

38，39. *Leiotriletes concavus*（Kosanke）Potonié and Kremp，1955

　　38. 云南富源，宣威组；39. 山西保德，下石盒子组。

40，41. *Leiotriletes radiastriatus* Kaiser，1976

　　山西保德，石盒子组。

42，43. *Leiotriletes cyathidites* Zhou，1980

　　42. 湖南邵东保和堂，龙潭组；43. 山东沾化，石盒子组。

图　版　88

1，2. *Leiotriletes tumidus* Butterworth and Williams，1958

　　甘肃靖远，红土洼组—羊虎沟组中段。

3. *Leiotriletes subintortus*（Waltz）Ischenko，1952 var. *rotundatus* Waltz，1941

　　福建陂角，梓山组。

4，5. *Gulisporites* cf. *arcuatus* Gupta，1969

　　山西保德，山西组—下石盒子组。

6，7. *Gulisporites cereris* Gao，1984

　　山西宁武，太原组。

8，9，14，15. *Gulisporites cochlearius*（Imgrund）Imgrund，1960

　　8. 河北开平，赵各庄组；9. 山西保德，下石盒子组；14，15. 山东沾化，龙潭组。

10. *Leiotriletes notus* lschenko，1952

　　贵州睦化，打屋坝组底部。

11，16. *Gulisporites curvatus* Gao，1984

　　11. 山西宁武，太原组；16. 山西左云，太原组。

12，13. *Gulisporites convolvulus* Geng，1987

　　甘肃环县、华池，宁夏盐池、灵武，陕西米脂，山西组—下石盒子组。

17，18. *Gulisporites graneus*（Ischenko）Zhu，1993

　　甘肃靖远，红土洼组—羊虎沟组中段。

19，20. *Gulisporites incomptus* Felix and Burbridge，1967

　　甘肃靖远，红土洼组。

21，26. *Gulisporites squareoides* Zhang，1990

　　内蒙古准格尔旗房塔沟，太原组。

22，23. *Gulisporites divisus* Zhou，1980

　　山东沾化，下石盒子组。

24，25. *Waltzispora granularis* Zhu，1989

　　甘肃靖远，红土洼组。

27，28. *Gulisporites torpidus* Playford，1963

湖南邵东、石门,龙潭组。

29,30. *Waltzispora albertensis* Staplin, 1960

福建长汀陂角,梓山组。

31,36. *Waltzispora granulata* Wu, 1995

河南临颍、安徽太和,上石盒子组。

32,37. *Waltzispora* cf. *lobophora* (Waltz) Staplin, 1960

甘肃靖远,红土洼组。

33,34. *Waltzispora sagittata* Playford, 1962

33. 福建长汀陂角,梓山组;34. 甘肃平凉,山西组。

35. *Leiotriletes shuoxianensis* Ouyang and Li, 1980

山西朔县,本溪组。

图　版　89

1,2. *Gleicheniidites* cf. *laetus* (Bolkhovitina) Bolkhovitina, 1968

云南富源,宣威组上段。

3. *Waltzispora taiheensis* Wu, 1995

安徽太和,上石盒子组。

4,5. *Waltzispora yunnanensis* Ouyang and Li, 1980

云南富源,宣威组下段—卡以头组。

6,7. *Gleicheniidites* cf. *circinidites* (Cookson) Dettmann, 1963

云南富源,宣威组下段。

8,9. *Dictyophyllidites arcuatus* Zhou, 1980

山东沾化,太原组。

10,11. *Dictyophyllidites discretus* Ouyang, 1986

云南富源,宣威组上段。

12,13. *Dictyophyllidites intercrassus* Ouyang and Li, 1980

云南富源,宣威组—卡以头组。

14,16. *Dictyophyllidites mortoni* (de Jersey) Playford and Dettmann, 1965

云南富源,宣威组。

15,26. *Waltzispora strictura* Ouyang and Li, 1980

云南宣威,宣威组下段—卡以头组。

17. *Iraqispora*? *triangulata* Geng, 1985

宁夏灵武,羊虎沟组。

18. *Auritulinasporites ningxiaensis* Geng, 1983

陕西吴堡、宁夏石嘴山,太原组。

19,27. *Concavisporites densus* (Alpern) Kaiser, 1976

山西保德,下石盒子组。

20,21. *Calamospora exigua* Staplin, 1960

江苏句容,高骊山组。

22,31. *Calamospora cavumis* Ouyang, 1964

山西河曲,下石盒子组。

23. *Calamospora densirugosa* Hou and Wang, 1986

新疆吉木萨尔大龙口,梧桐沟组。

24,25. *Cibotiumspora scabrata* (Geng) Zhu and Ouyang comb. nov.

陕西、宁夏,太原组。

28,29. *Cuneisporites tianjinensis* Zhu and Ouyang, 2002

天津,张贵庄组。

30,36. *Calamospora flava* Kosanke, 1950

湖南长沙、邵东,龙潭组。

32,33. *Calamospora breviradiata* Kosanke,1950

山西保德,太原组。

34. *Calamospora junggarensis*（Hou and Shen）Ouyang comb. nov.

新疆乌鲁木齐芦草沟,锅底坑组。

35,38. *Calamospora flexilis* Kosanke,1950

35. 山西保德,下石盒子组;38. 湖南韶山,龙潭组。

37. *Calamospora hatungiana* Schopf,1944

内蒙古清水河煤田,太原组。

图 版 90

1. *Calamospora membrana* Bharadwaj,1957

甘肃平凉,山西组。

2,3. *Calamospora* cf. *membrana* Bharadwaj,1957

江苏句容,高骊山组。

4,9. *Calamospora minuta* Bharadwaj,1957

4. 山西保德,太原组;9. 河北开平煤田,大苗庄组。

5. *Calamospora neglecta*（Imgrund）Imgrund,1960

河北开平煤田,赵各庄组。

6. *Calamospora mollita* Gao,1984

山西宁武,山西组。

7,8. *Calamospora mutabilis*（Loose）Schopf,Wilson and Bentall,1944

甘肃靖远,红土洼组—羊虎沟组。

10,11. *Calamospora microrugosa*（Ibrahim）Schopf,Wilson and Bentall,1944

10. 山西宁武,上石盒子组;11. 湖南韶山,龙潭组。

12,13. *Calamospora longtaniana* Chen,1978

12. 湖南邵山,龙潭组;13. 山西保德,下石盒子组。

14,15. *Calamospora laevis* Zhu,1993

甘肃靖远,红土洼组—羊虎沟组下段。

16. *Calamospora lingulata*（Yao and Lü）emend. Zhu and Ouyang,2002

天津张贵庄,上石盒子组—孙家沟组。

17. *Calamospora hatungiana* Schopf,1944

河北开平煤田,赵各庄组—开平组。

18,19. *Calamospora liquida* Kosanke,1950

山西宁武,本溪组。

图 版 91

1,2. *Calamospora parva* Guennel,1958

江苏句容,高骊山组、五通群擂鼓台组下部。

3,4. *Calamospora pusilla* Peppers,1964

3. 云南富源,宣威组;6. 安徽太和,上石盒子组。

5,9. *Calamospora pallida*（Loose）Schopf,Wilson and Bentall,1944

5. 湖南邵东,龙潭组;9. 江苏句容,高骊山组。

6. *Calamospora nigrata*（Naumova）Allen,1965

贵州睦化,打屋坝组底部。

7,8. *Calamospora saariana* Bharadwaj,1957

甘肃靖远,红土洼组—羊虎沟组。

10. *Calamospora tritrochalosa* Gao,1989

贵州凯里,梁山组。

11. *Calamospora trabecula* Gao,1984

山西宁武,山西组。

12、13. *Calamospora straminea* Wilson and Kosanke, 1944

甘肃靖远磁窑,红土洼组—羊虎沟组中段。

14. *Calamospora selectiformis* Gao, 1984

山西宁武,本溪组。

15、18. *Calamospora unisofissus* Ouyang and Chen, 1987

江苏句容,高骊山组、五通群擂鼓台组下部。

16. *Punctatisporites fimbriatus* Liao, 1987

山西宁武,上石盒子组。

17、21. *Calamospora pedata* Kosanke, 1950

甘肃靖远磁窑,红土洼组—羊虎沟组。

19. *Calamospora vulnerata* Gao, 1984

山西宁武,上石盒子组。

20、23. *Punctatisporites aerarius* Butterworth and Williams, 1958

甘肃靖远磁窑,红土洼组—羊虎沟组。

22. *Calamospora perrugosa*（Loose）Schopf, Wilson and Bentall, 1944

山西宁武,本溪组—太原组。

24. *Calamospora sterrosa* Chen, 1978

湖南邵东,龙潭组。

图　版　92

1、2. *Punctatisporites cochlearoides* Zhou, 1980

河南范县,上石盒子组。

3、4. *Punctatisporites crassus* Zhu, 1993

甘肃靖远,红土洼组。

5、22. *Punctatisporites densus* Geng, 1985

内蒙古鄂托克旗、甘肃环县、宁夏盐池,羊虎沟组。

6、10. *Punctatisporites anisoletus* Ouyang and Chen, 1987

江苏句容,高骊山组、五通群擂鼓台组下部。

7、12. *Punctatisporites brevivenosus* Kaiser, 1976

7. 山西保德,石盒子组;12. 山西左云,山西组。

8. *Punctatisporites breviradiatus* Geng, 1985

内蒙古鄂托克旗,羊虎沟组。

9. *Punctatisporites cathayensis* Ouyang, 1962

湖南长沙、邵东、宁乡、韶山、浏阳,龙潭组。

11、13. *Punctatisporites callosus* Hoffmeister, Staplin and Malloy, 1955

甘肃靖远,红土洼组—羊虎沟组。

14、15. *Punctatisporites dejerseyi* Foster, 1979

甘肃平凉,山西组。

16、20. *Punctatisporites flavus*（Kosanke）Potonié and Kremp, 1955

甘肃靖远,红土洼组—羊虎沟组。

17. *Punctatisporites distalis* Ouyang, 1986

云南富源,宣威组上段。

18. *Punctatisporites debilis* Hacquebard, 1957

江苏宝应,五通群擂鼓台组最上部。

19. *Leiotriletes inermis*（Waltz）Ischenko, 1952

甘肃靖远,臭牛沟组。

21、24. *Punctatisporites divisus* Jiang, 1982

湖南湘潭韶山、长沙跳马涧,龙潭组。

23. *Punctatisporites elegans* Ouyang, 1986

　　云南富源,宣威组。

图　版　93

1. *Punctatisporites* cf. *flexuosus* Felix and Burbridge, 1967

　　甘肃平凉,山西组。

2, 3. *Punctatisporites lasius* (Waltz) Gao, 1980

　　甘肃靖远,前黑山组。

4, 16. *Punctatisporites glaber* (Naumova) Playford, 1962

　　山西保德,本溪组—山西组。

5. *Punctatisporites gracilirugosus* Staplin, 1960

　　山西宁武,太原组。

6, 9. *Punctatisporites incomptus* Felix and Burbridge, 1967

　　6. 河南范县、项城,石盒子组;9. 甘肃平凉,山西组。

7. *Punctatisporites hadrosus* Gao, 1984

　　山西宁武,上石盒子组。

8, 17. *Punctatisporites irrasus* Hacquebard, 1957

　　8. 山西朔县,本溪组;17. 甘肃靖远,红土洼组—羊虎沟组。

10, 11. *Punctatisporites hongtugouensis* Gao, 1980

　　甘肃靖远,前黑山组。

12. *Punctatisporites cathayensis* Ouyang, 1962

　　浙江长兴,龙潭组。

13. *Punctatisporites labiatus* Playford, 1962

　　甘肃靖远,红土洼组。

14. *Punctatisporites elegans* Ouyang, 1986

　　云南富源,宣威组。

15, 21. *Punctatisporites grossus* (Wang) Ouyang and Zhu comb. nov.

　　宁夏横山堡,上石炭统。

18, 22. *Punctatisporites gansuensis* Geng, 1985

　　甘肃环县,太原组。

19, 24. *Punctatisporites lacunosus* (Ischenko) *maximus* Gao, 1983

　　贵州贵阳乌当,旧司组。

20. *Punctatisporites fimbriatus* Liao, 1987

　　山西宁武,上石盒子组。

23. *Punctatisporites curviradiatus* Staplin, 1960

　　甘肃靖远,红土洼组。

图　版　94

1. *Punctatisporites hians* Wang, 1984

　　宁夏横山堡,羊虎沟组—太原组。

2, 3. *Punctatisporites minutus* Kosanke, 1950

　　湖南邵东,龙潭组。

4, 5. *Punctatisporites micipalmipedites* Zhou, 1980

　　河南范县,上石盒子组。

6, 7. *Punctatisporites nitidus* Hoffmeister, Staplin and Malloy, 1955

　　甘肃靖远磁窑,红土洼组—羊虎沟组。

8, 13. *Punctatisporites ningxiaensis* (Wang) Geng, 1987

　　甘肃环县、山西宁武,山西组。

9. *Punctatisporites macropetalus* (Wang) Ouyang and Zhu comb. nov.

宁夏横山堡,上石炭统。

10,20. *Punctatisporites manifestus* (Wang) Ouyang and Zhu comb. nov.

宁夏横山堡,上石炭统。

11,12. *Punctatisporites latilus* Ouyang, 1986

云南富源,宣威组。

14. *Punctatisporites latus* (Wang) Ouyang and Zhu comb. nov.

宁夏横山堡,上石炭统。

15,16. *Punctatisporites obliquoides* Zhou, 1980

15. 河南范县、临颖,上石盒子组;16. 山西保德,上石盒子组。

17,21. *Punctatisporites obliquus* Kosanke, 1950

17. 甘肃平凉,山西组;21. 山西宁武,上石盒子组。

18,27. *Punctatisporites obesus* (Loose) Potonié and Kremp, 1955

18. 甘肃靖远磁窑,红土洼组—羊虎沟组;27. 山西宁武,太原组。

19,33. *Punctatisporites palmipedites* Ouyang, 1962

19. 山西保德,下石盒子组;33. 浙江长兴,龙潭组。

22. *Punctatisporites parvivermiculatus* Playford, 1962

甘肃靖远,红土洼组、臭牛沟组。

23,24. *Punctatisporites parapalmipedites* Zhou, 1980

河南范县,上石盒子组。

25,26. *Punctatisporites paralabiatus* (Gao) Ouyang nom. nov. comb. nov.

25. 山西宁武,上石盒子组;26. 甘肃平凉,山西组。

28. *Punctatisporites pistilus* Ouyang, 1986

云南富源,宣威组上段。

29,30. *Punctatisporites parasolidus* Ouyang, 1964

山西河曲,下石盒子组。

31,32. *Punctatisporites paragiganteus* Ouyang and Jiang nom. nov.

湖南邵东、长沙,龙潭组。

图　版　95

1. *Punctatisporites parvivermiculatus* Playford, 1962

甘肃靖远,红土洼组。

2,19. *Punctatisporites planus* Hacquebard, 1957

2. 山西河曲,下石盒子组;19. 甘肃平凉,山西组。

3,5. *Punctatisporites punctatus* Ibrahim, 1933

甘肃靖远,红土洼组—羊虎沟组。

4. *Punctatisporites pistilus* Ouyang, 1986

云南富源,宣威组上段。

6. *Punctatisporites pseudolevatus* Hoffmeister, Staplin and Malloy, 1955

贵州睦化,打屋坝组底部。

7. *Punctatisporites punctulus* (Kedo) Gao, 1983

贵州贵阳乌当,旧司组。

8,16. *Punctatisporites scitulus* Jiang, 1982

湖南长沙跳马涧,龙潭组。

9,10. *Punctatisporites sinuatus* (Artüz) Neves, 1961

甘肃靖远,红土洼组。

11. *Punctatisporites trifidus* Felix and Burbridge, 1967

山西保德,下石盒子组。

12. *Punctatisporites vastus* (Imgrund) Imgrund, 1960

山西保德,下石盒子组。

13. *Punctatisporites stibarosus* Ouyang, 1986

　　云南富源,宣威组上段。

14,15. *Punctatisporites pseudopunctatus* Neves, 1961

　　甘肃靖远,红土洼组—羊虎沟组中段。

17,21. *Punctatisporites pseudogiganteus* (Zhou) Ouyang nom. nov.

　　山东沾化,太原组。

18. *Punctatisporites subminor* (Naumova) Gao and Hou, 1975

　　贵州睦化,王佑组格董关层底部。

20. *Punctatisporites solidus* Hacquebard, 1957

　　山西保德,下石盒子组。

图 版 96

1,2. *Granulatisporites* cf. *absonus* Foster, 1979

　　新疆北部,百口泉组、上芨芨槽群芦草沟组。

3,9. *Granulatisporites granulatus* Ibrahim, 1933

　　3. 云南富源,宣威组上段;9. 新疆吉木萨尔大龙口,锅底坑组。

4,20. *Granulatisporites adnatoides* (Potonié and Kremp) Smith and Butterworth, 1967

　　湖南邵东、湘潭、长沙,龙潭组。

5,6. *Granulatisporites brachytus* Zhou, 1980

　　山东堂邑,河南范县、临颖,上石盒子组。

7,8. *Trimontisporites punctatus* Gao, 1984

　　山西宁武,上石盒子组。

10,11. *Granulatisporites incomodus* Kaiser, 1976

　　山西保德,石盒子群。

12,14. *Granulatisporites microgranifer* Ibrahim, 1933

　　12. 贵州代化,打屋坝组底部;14. 宁夏横山堡,上石炭统。

13,15. *Granulatisporites minutus* Potonié and Kremp, 1955

　　13. 甘肃靖远,红土洼组—羊虎沟组;15. 内蒙古准格尔旗龙王沟,本溪组。

16,17. *Trinidulus tribulus* (Tang) emend. Ouyang and Zhu comb. nov.

　　湖南双峰测水,测水组。

18,19. *Trinidulus schismatosus* Gao, 1988

　　甘肃靖远,臭牛沟组。

21,37. *Trinidulus diamphidios* Felix and Paden, 1964

　　山西保德,太原组。

22. *Trinidulus labiatus* Geng, 1985

　　宁夏盐池,羊虎沟组。

23,30. *Leschikisporites callosus* Jiang, 1982

　　湖南长沙跳马涧,龙潭组。

24,29. *Phyllothecotriletes rigidus* Playford, 1962

　　江苏句容,高骊山组。

25. *Punctatisporites solidus* Hacquebard, 1957

　　新疆塔里木盆地,巴楚组。

26. *Punctatisporites vernicosus* Chen, 1978

　　湖南邵东保和堂,龙潭组。

27,28. *Trimontisporites microreticulatus* (Geng) Ouyang comb. nov.

　　甘肃环县,下石盒子组。

31,32. *Leschikisporites stabilis* Ouyang and Li, 1980

　　云南宣威,宣威组下段—卡以头组。

33. *Punctatisporites triangularis* Ouyang, 1964

山西河曲,下石盒子组。

34. *Granulatisporites mirus* Ouyang, 1986

云南富源,宣威组上段。

35. *Trimontisporites rugatus* (Gao) Ouyang and Zhu comb. nov.

内蒙古清水河煤田,山西组。

36. *Granulatisporites* cf. *convexus* Kosanke, 1950

内蒙古准格尔旗黑岱沟,山西组6煤上部。

38. *Punctatisporites vastus* (Imgrund) Imgrund, 1960

河北开平煤田,唐家庄组—赵各庄组。

39. *Punctatisporites trifidus* Felix and Burbridge, 1967

山西保德,下石盒子组。

40. *Trimontisporites granulatus* Urban, 1971

甘肃平凉,山西组。

41,42. *Trinidulus guizhouensis* (Gao) Ouyang and Zhu comb. nov.

贵州贵阳乌当,旧司组。

43. *Retusotriletes mirabilis* (Neville) Playford, 1978

新疆塔里木盆地,巴楚组。

图 版 97

1,2. *Granulatisporites ningyuanensis* Jiang and Hu, 1982

湖南宁远,测水组。

3. *Granulatisporites normalis* (Naumova) Gao, 1983

贵州贵阳乌当,旧司组。

4,10. *Granulatisporites parvus* (Ibrahim) Potonié and Kremp, 1955

甘肃靖远,红土洼组—羊虎沟组。

5,6. *Granulatisporites piroformis* Loose, 1934

5. 河北开平,赵各庄组;6. 山西宁武,太原组。

7,8. *Cyclogranisporites leopoldii* (Kremp) Potonié and Kremp, 1954

河北开平,开平组。

9,26. *Cyclogranisporites microtriangulus* (Akyol) Geng, 1985

9. 甘肃环县、宁夏灵武、陕西吴堡,太原组;26. 内蒙古准格尔旗黑岱沟,太原组。

11,12. *Granulatisporites* cf. *parvus* (Ibrahim) Potonié and Kremp, 1955

11. 湖南邵东、长沙、宁乡,龙潭组;12. 山西宁武,上石盒子组。

13,20. *Cyclogranisporites labiatus* Wang, 1985

13. 云南富源,宣威组下段;20. 新疆塔里木盆地叶城,棋盘组。

14. *Cyclogranisporites lasius* (Waltz) Playford, 1962

贵州贵阳乌当,旧司组。

15,18. *Cyclogranisporites aureus* (Loose) Potonié and Kremp, 1955

山西保德,太原组。

16,17. *Cyclogranisporites areolatus* Ouyang and Chen, 1987

江苏句容,五通群擂鼓台组上部—高骊山组。

19,23. *Cyclogranisporites* cf. *microgranus* Bharadwaj, 1957

19. 河北开平,赵各庄组(煤9);23. 湖南长沙、邵东,龙潭组。

21. *Cyclogranisporites densus* Bharadwaj, 1957

山西宁武,本溪组。

22,33. *Cyclogranisporites micaceus* (Imgrund) Potonié and Kremp, 1955

22. 云南富源,宣威组下段—卡以头组;33. 河北开平,开平组(煤14)和赵各庄组。

24,25. *Cyclogranisporites minutus* Bharadwaj, 1957

山西宁武,太原组—山西组。

27. *Cyclogranisporites orbicularis*（Kosanke）Potonié and Kremp, 1955
新疆乌鲁木齐芦草沟,锅底坑组。

28, 34. *Cyclogranisporites multigranus* Smith and Butterworth, 1967
甘肃靖远,红土洼组—羊虎沟组。

29, 30. *Cyclogranisporites maximus* Gao, 1984
山西宁武,本溪组、上石盒子组。

31, 32. *Scutulispora gibberosa* Ouyang and Lu, 1979
河北开平,赵各庄组(煤12)。

图 版 98

1, 2. *Cyclogranisporites plurigranus*（Imgrund）Imgrund, 1960
河北开平,赵各庄组。

3, 4. *Cyclogranisporites pressus*（Imgrund）Potonié and Kremp, 1955
3. 山西宁武,太原组—山西组;4. 甘肃平凉,山西组。

5, 6. *Cyclogranisporites pseudozonatus* Ouyang, 1986
云南富源,宣威组下段。

7. *Converrucosisporites triquetrus*（Ibrahim）Potonié and Kremp, 1954
河北开平,赵各庄组。

8. *Converrucosisporites capitatus* Ouyang, 1986
云南富源,宣威组上段。

9. *Converrucosisporites armatus*（Dybova and Jachowicz）Gao, 1984
山西轩岗,太原组。

10. *Cyclogranisporites orbicularis*（Kosanke）Potonié and Kremp, 1955
山西宁武,上石盒子组。

11, 12. *Cyclogranisporites palaeophytus* Neves and Ioannides, 1974
11. 新疆塔里木盆地,巴楚组;12. 贵州睦化,打屋坝组底部。

13. *Cyclogranisporites rugosus*（Naumova）Gao and Hou, 1975
贵州睦化,王佑组格董关层底部。

14. *Hadrohercos minutus* Gao, 1983
贵州贵阳乌当,旧司组。

15. *Hadrohercos shanxiensis* Gao, 1984
山西宁武,本溪组。

16. *Converrucosisporites concavus* Zhou, 1980
山东沾化,石盒子群。

17, 34. *Converrucosisporites szei* Ouyang sp. nov.
山西河曲,下石盒子组。

18, 31. *Converrucosisporites hunanensis* Ouyang and Jiang sp. nov.
湖南长沙,龙潭组。

19, 30. *Converrucosisporites confractus* Ouyang, 1986
云南富源,宣威组上段。

20. *Cyclogranisporites provectus*（Kosanke）Potonié and Kremp, 1955
湖南邵东,龙潭组。

21. *Cyclogranisporites vagus*（Kosanke）Potonié and Kremp, 1955
山西宁武,山西组。

22, 23, 29. *Cyclogranisporites sinensis*（Imgrund）Zhu, 1993
22. 新疆吉木萨尔大龙口,锅底坑组;23, 29. 甘肃靖远,红土组—羊虎沟组上段。

24, 26. *Converrucosisporites microgibbosus*（Imgrund）Potonié and Kremp, 1955
24. 山西宁武,本溪组;26. 河北开平,赵各庄组。

25. *Converrucosisporites minutus* Gao, 1984

山西宁武,太原组。

27,28. *Hadrohercos ningwuensis* Gao, 1984

山西宁武,本溪组。

32,33. *Hadrohercos*? *gaoi* Ouyang and Zhu sp. nov.

山西宁武,本溪组。

图 版 99

1,11. *Converrucosisporites varietus*（Imgrund）Potonié and Kremp, 1955

河北开平,赵各庄组。

2,3. *Converrucosisporites variolaris*（Imgrund）Potonié and Kremp, 1955

河北开平,赵各庄组。

4,5. *Verrucosisporites difficilis* Potonié and Kremp, 1955

甘肃靖远,红土洼组—羊虎沟组。

6,7. *Verrucosisporites jonkerii*（Jansonius）Ouyang and Norris, 1999

新疆吉木萨尔大龙口,锅底坑组、韭菜园组、烧房沟组。

8. *Verrucosisporites minor* Jiang, 1982

湖南长沙,龙潭组。

9. *Converrucosisporites mictus* Ouyang, 1986

云南富源,宣威组上段。

10. *Converrucosisporites pseudocommunis* Hou and Song, 1995

浙江长兴,堰桥组。

12,21. *Verrucosisporites annulatus* Zhang, 1990

内蒙古准格尔旗龙王沟,本溪组。

13,14. *Verrucosisporites cerosus*（Hoffmeister, Staplin and Malloy）Butterworth and Williams, 1958

山西保德,下石盒子组。

15. *Verrucosisporites cylindrosus* Gao, 1984

山西宁武,上石盒子组。

16,17. *Verrucosisporites firmus* Loose, 1934

湖南长沙,龙潭组。

18,31. *Verrucosisporites* cf. *microverrucosus* Ibrahim, 1933

18. 山西宁武,太原组;31. 甘肃平凉,山西组。

19,25. *Verrucosisporites morulatus*（Knox）Smith and Butterworth, 1967

山西保德,上石盒子组。

20,24. *Verrucosisporites crassoides*（Chen）Ouyang, 1982

20. 湖南邵东、浏阳,龙潭组;24. 云南富源,宣威组上段。

22. *Verrucosisporites conflectus* Gao, 1984

山西宁武,上石盒子组。

23. *Verrucosisporites conulus* Gao, 1984

山西宁武,上石盒子组。

26,29. *Verrucosisporites circinatus* Gao, 1984

山西宁武,上石盒子组。

27. *Verrucosisporites grandiverrucosus*（Kosanke）Smith et al. , 1964

山西宁武,太原组。

28. *Verrucosisporites convolutus* Gao, 1984

山西宁武,上石盒子组。

30,37. *Verrucosisporites kaipingensis*（Imgrund）Imgrund, 1960

30. 山西宁武,太原组;37. 河北开平,赵各庄组。

32. *Verrucosisporites baccatus* Staplin, 1960

山西宁武,太原组。

33，34. *Verrucosisporites donarii* Potonié and Kremp，1955

山西保德，山西组—石盒子群。

35，36. *Verrucosisporites mosaicus* Zhu，1993

甘肃靖远，红土洼组—羊虎沟组。

图 版 100

1. *Converrucosisporites triquetrus*（Ibrahim）Potonié and Kremp，1954

河北开平，赵各庄组。

2，15. *Verrucosisporites nitidus*（Naumova）Playford，1963

贵州睦化，王佑组格董关层底部、打屋坝组底部。

3，17. *Verrucosisporites papillosus* Ibrahim，1933

山西保德，石盒子群。

4，5. *Verrucosisporites perverrucosus*（Loose）Potonié and Kremp，1955

山西保德，石盒子群。

6，7. *Verrucosisporites racemus*（Peppers）Smith，1971

6. 甘肃靖远，靖远组；7. 山西保德，下石盒子组。

8，9. *Verrucosisporites schweitzerii* Kaiser，1976

山西保德，下石盒子组。

10，11. *Verrucosisporites shaodongensis* Ouyang and Chen sp. nov.

湖南邵东，龙潭组。

12，13. *Verrucosisporites similis* Gao，1980

甘肃靖远，前黑山组。

14，19. *Verrucosisporites verrucosus*（Ibrahim）Ibrahim，1933

山西保德，下石盒子组。

16，22. *Verrucosisporites hsui* Ouyang sp. nov.

16. 湖南韶山、邵东，龙潭组；22. 山西宁武，上石盒子组。

18，27. *Verrucosisporites sifati*（Ibrahim）Smith and Butterworth，1967

山西保德，太原组。

20，21. *Verrucosisporites papulosus* Hacquebard，1957

山西保德，太原组。

23，24. *Verrucosisporites pergranulus*（Alpern）Smith and Alpern，1971

山西宁武，本溪组。

25，28. *Verrucosisporites microtuberosus*（Loose）Smith and Butterworth，1967

山西保德，下石盒子组。

26，30. *Verrucosisporites ovimammus* Imgrund，1952

26. 湖南邵东、长沙，龙潭组；30. 河北开平，赵各庄组。

29. *Verrucosisporites maximus* Gao，1984

山西宁武，本溪组。

31. *Verrucosisporites planiverrucatus*（Imgrund，1952）Imgrund，1960

河北开平，赵各庄组。

32. *Acanthotriletes* cf. *aculeolatus*（Kosanke）Potonié and Kremp，1955

山西宁武，山西组。

33. *Acanthotriletes asperatus*（Imgrund）Potonié and Kremp，1955

河北开平煤田，唐家庄组。

34. *Acanthotriletes castanea* Butterworth and Williams，1958

山西宁武，本溪组中段。

图 版 101

1. *Acanthotriletes liuyangensis* Chen，1978

湖南浏阳,龙潭组。

2. *Verrucosisporites wenanensis* Zheng, 2000

　　河北文安,山西组。

3,4. *Grumosisporites reticuloides* Zhu, 1993

　　甘肃靖远,羊虎沟组中段。

5,22. *Grumosisporites rufus* (Butterworth and Williams) Smith and Butterworth, 1967

　　5. 甘肃靖远,红土洼组—羊虎沟组;22. 山西宁武,山西组。

6,7. *Cyclogranisporites sinensis* (Imgrund) Zhu, 1993

　　6. 山西宁武,本溪组;7. 河北开平,赵各庄组。

8,10. *Verrucosisporites verus* (Potonié and Kremp) Smith et al. , 1964

　　山西保德,下石盒子组。

9,11. *Grumosisporites cereris* (Wu) Ouyang comb. nov.

　　河南项城,上石盒子组。

12,13. *Grumosisporites papillosus* (Ibrahim) Smith and Butterworth, 1967

　　甘肃靖远,红土洼组—羊虎沟组中段。

14. *Acanthotriletes castanea* Butterworth and Williams, 1958

　　甘肃靖远,红土洼组—羊虎沟组。

15. *Acanthotriletes* cf. *ciliatus* (Knox) Potonié and Kremp, 1955

　　云南富源,宣威组下段—上段。

16. *Schopfites* cf. *dimorphus* Kosanke, 1950

　　山西朔县,本溪组。

17. *Grumosisporites granifer* Gao, 1987

　　甘肃靖远,靖远组。

18. *Grumosisporites reticulatus* Gao, 1987

　　甘肃靖远,红土洼组、靖远组上段。

19,21. *Grumosisporites varioreticulatus* (Neves) Smith and Butterworth, 1967

　　甘肃靖远,红土洼组下段—羊虎沟组中段。

20,23. *Grumosisporites inaequalis* (Butterworth and Williams) Smith and Butterworth, 1967

　　20. 甘肃靖远,羊虎沟组;23. 山西宁武,本溪组。

24. *Verrucosisporites shanxiensis* Ouyang sp. nov.

　　山西河曲,下石盒子组。

图　版　102

1,54. *Acanthotriletes echinatoides* Artüz, 1957

　　1. 福建长汀陂角,梓山组;54. 甘肃平凉,山西组。

2,3. *Acanthotriletes falcatus* (Knox) Potonié and Kremp, 1955

　　山西保德,太原组。

4,5. *Acanthotriletes filiformis* (Balme and Hennelly) Tiwari, 1965

　　新疆准噶尔盆地,百口泉组、芦草沟组。

6. *Acanthotriletes horridus* Gao, 1987

　　甘肃靖远,榆树梁组。

7. *Lunzisporites pingliangensis* Du, 1986

　　甘肃平凉,山西组。

8,21. *Acanthotriletes triquetrus* Smith and Butterworth, 1967

　　8. 宁夏横山堡,上石炭统;21. 甘肃平凉,山西组。

9. *Lophotriletes flexus* Gao, 1984

　　山西宁武,上石盒子组。

10. *Acanthotriletes heterochaetus* (Andreyeva) Hart, 1965

　　山西宁武,本溪组。

11，12. *Acanthotriletes microspinosus*（Ibrahim）Potonié and Kremp, 1955

山西保德，下石盒子组。

13，29. *Lophotriletes gibbosus*（Ibrahim）Potonié and Kremp, 1955

13. 甘肃靖远，羊虎沟组；29. 山西宁武，本溪组。

14. *Acanthotriletes parvispinosus*（Luber）Jushko in Kedo, 1963

贵州睦化，打屋坝组底部。

15，19. *Acanthotriletes piruliformis*（Kara-Murza）Chen, 1978

15. 湖南韶山区韶山、浏阳官渡桥，龙潭组；19. 新疆吉木萨尔大龙口，梧桐沟组。

16，18. *Acanthotriletes thalassicus*（Imgrund）Potonié and Kremp, 1955

河北开平煤田，赵各庄组。

17. *Acanthotriletes socraticus* Neves and Ioannides, 1974

贵州睦化，打屋坝组底部。

20. *Acanthotriletes serratus* Naumova, 1953

贵州睦化，王佑组格董关层底部。

22. *Horriditriletes acuminatus* Gao, 1984

山西宁武，上石盒子组。

23，40. *Lophotriletes corrugatus* Ouyang and Li, 1980

云南富源，宣威组上段—卡以头组。

24. *Lophotriletes confertus* Ouyang, 1986

云南富源，宣威组上段。

25. *Lunzisporites yunnanensis* Ouyang, 1986

云南富源，宣威组上段。

26，27. *Lophotriletes commisuralis*（Kosanke）Potonié and Kremp, 1955

26. 新疆乌鲁木齐，梧桐沟组；27. 山西保德，太原组。

28，55. *Lophotriletes mosaicus* Potonié and Kremp, 1955

山西保德，本溪组—下石盒子组。

30. *Acanthotriletes* cf. *multisetus*（Luber）Naumova ex Medvedeva, 1960

新疆吉木萨尔大龙口，梧桐沟组。

31，49. *Lophotriletes humilus* Hou and Wang, 1986

新疆吉木萨尔大龙口，梧桐沟组；49. ×1020。

32，33. *Planisporites tarimensis* Ouyang and Hou sp. nov.

新疆塔里木盆地库车，比尤勒包谷孜群。

34，35. *Lophotriletes cursus* Upshaw and Creath, 1965

山西保德，下石盒子组。

36，37. *Lophotriletes ibrahimii*（Peppers）Pi-Radony and Doubinger, 1968

山西保德，下石盒子组。

38，50. *Lophotriletes labiatus* Sullivan, 1964

甘肃靖远，红土洼组—羊虎沟组。

39，43. *Horriditriletes elegans* Bharadwaj and Salujha, 1964

39. 山西保德，山西组—石盒子群(层 F, I, K)；43. 山西宁武，上石盒子组。

41，46. *Planisporites granifer*（Ibrahim）Knox, 1950

甘肃靖远，羊虎沟组。

42. *Lophotriletes copiosus* Peppers, 1970

甘肃靖远，红土洼组—羊虎沟组。

44，45. *Lophotriletes microsaetosus*（Loose）Potonié and Kremp, 1955

44. 甘肃平凉，山西组；45. 甘肃靖远，红土洼组—羊虎沟组、靖远组。

47. *Acanthotriletes spiculus* Zhou, 1980

山东沾化，山西组。

48. *Horriditriletes concavus* Maheshwari, 1967

山西宁武，上石盒子组。

51，52. *Schopfites phalacrosis* Ouyang, 1986

  云南富源,宣威组。

53. *Lophotriletes microthelis* Wang, 1984

  宁夏横山堡,上石炭统。

56. *Lophotriletes mictus* Ouyang, 1986

  云南富源,宣威组上段。

图　版　103

1. *Indospora minuta* (Gao) Ouyang and Liu comb. nov.

  河北开平煤田,赵各庄组。

2，3. *Nixispora sinica* Ouyang, 1979

  云南富源,宣威组下段—卡以头组。

4，18. *Apiculatasporites nanus* Ouyang, 1986

  4. 云南富源,宣威组,18. 河北开平煤田,大苗庄组。

5. *Pustulatisporites fumeus* Hou and Shen, 1989

  新疆乌鲁木齐芦草沟,梧桐沟组。

6. *Apiculatasporites* cf. *parvispinosus* (Leschik) Ouyang comb. nov.

  新疆吉木萨尔,锅底坑组。

7，26. *Pustulatisporites paradoxus* Ouyang, 1986

  云南富源,宣威组。

8. *Apiculatasporites microdontus* Gupta, 1969

  山西保德,山西组—石盒子群。

9. *Apiculatasporites minutus* (Gao) Ouyang comb. nov.

  河北开平煤田,太原组。

10，11. *Lophotriletes sinensis* Zhu, 1993

  甘肃靖远,红土洼组—羊虎沟组中段。

12. *Acanthotriletes tenuispinosus* Naumova, 1953

  贵州贵阳乌当,旧司组。

13，38. *Acanthotriletes stellarus* Gao, 1984

  13. 新疆吉木萨尔大龙口,锅底坑组;38. 河北开平煤田,赵各庄组。

14. *Lophotriletes novicus* Singh, 1964

  山西宁武,上石盒子组。

15，46. *Lophotriletes pseudaculeatus* Potonié and Kremp, 1955

  15. 新疆吉木萨尔,锅底坑组;46. 河南临颖,上石盒子组。

16，17. *Lophotriletes rarispinosus* Peppers, 1970

  甘肃靖远,红土洼组—羊虎沟组下段。

19，20. *Anaplanisporites atheticus* Neves and Ioannides, 1974

  贵州贵阳乌当,旧司组。

21. *Apiculatisporis decorus* Singh, 1964

  新疆吉木萨尔,梧桐沟组。

22，23. *Apiculatisporis pyriformis* Ouyang, 1986

  云南富源,宣威组。

24，25. *Pustulatisporites papillosus* (Knox) Potonié and Kremp, 1955

  山西保德,本溪组—太原组。

27，28. *Indospora tumida* (Gao) Ouyang and Liu comb. nov.

  河北开平煤田,赵各庄组。

29. *Apiculatisporis abditus* (Loose) Potonié and Kremp, 1955

  甘肃靖远,红土洼组—羊虎沟组。

30. *Anaplanisporites globulus* (Butterworth and Williams) Smith and Butterworth, 1967

甘肃靖远,羊虎沟组中段。

31,42. *Indospora granulata* (Gao) Ouyang and Liu comb. nov.

山西宁武,太原组—山西组。

32,33. *Indospora radiatus* (Liao) Ouyang and Liu comb. nov.

山西宁武,本溪组。

34,35. *Indospora spinosa* (Gao) Ouyang and Liu comb. nov.

山西宁武,本溪组—太原组。

36. *Lophotriletes spinosellus* (Waltz) Chen, 1978

湖南邵东,龙潭组。

37. *Lophotriletes triangulatus* Gao, 1984

河北开平煤田,赵各庄组。

39. *Lophotriletes paratrilobatus* Hou and Song, 1995

浙江长兴,龙潭组。

40. *Lophotriletes tuberifer* (Imgrund) Potonié and Kremp, 1955

河北开平,唐家庄组—唐山组。

41,43. *Kaipingispora ornata* Ouyang and Lu, 1979

河北开平煤田,赵各庄组顶部。

44. *Lophotriletes paramictus* Ouyang, 1986

云南富源,宣威组上段。

45. *Pustulatisporites concavus* Hou and Song, 1995

浙江长兴,龙潭组。

47,57. *Lophotriletes rectispinus* (Luber) var. *triangulatus* (Andreyeva) Chen, 1978

湖南长沙、邵东,龙潭组。

48,49. *Lophotriletes yanzhouensis* Ouyang, 1983

山东兖州,山西组。

50,51. *Apiculatasporites spinulistratus* (Loose) R. Potonié, 1960

50. 甘肃靖远,红土洼组—羊虎沟组;51. 云南富源,宣威组上段。

52,59. *Apiculatasporites hunanensis* (Jiang) Ouyang comb. nov.

湖南长沙,龙潭组。

53. *Anaplanisporites telephorus* (Klaus) Jansonius, 1962

山西宁武,上石盒子组。

54. *Anaplanisporites stipulatus* Jansonius, 1962

新疆吉木萨尔大龙口,梧桐沟组。

55,56. *Apiculatasporites perirugosus* (Ouyang and Li) Ouyang, 1982

云南富源,宣威组下段—卡以头组。

58. *Apiculatasporites shanxiensis* Ouyang sp. nov.

山西河曲,下石盒子组。

60. *Lophotriletes papillatus* Gao, 1984

山西宁武,山西组。

图 版 104

1. *Apiculatisporis crenulatus* Hou and Shen, 1989

新疆乌鲁木齐,锅底坑组。

2. *Apiculatisporis salvus* Zhou, 1980

河南范县,上石盒子组。

3,50. *Apiculatisporis* cf. *setulosus* (Kosanke) Potonié and Kremp, 1955

3. 河南临颍,上石盒子组;50. 云南富源,宣威组上段。

4,19. *Apiculatisporis shaoshanensis* Ouyang and Chen sp. nov.

湖南韶山,龙潭组。

5，23. *Apiculatisporis spiniger*（Leschik）Qu，1980

新疆吉木萨尔,锅底坑组中上部—韭菜园组。

6，7. *Apiculatisporis spinosus*（Loose）Potonié and Kremp，1955

甘肃靖远,红土洼组—羊虎沟组。

8. *Anapiculatisporites ampullaceus*（Hacquebard）Playford，1964

内蒙古准格尔旗黑岱沟,本溪组。

9. *Anapiculatisporites dumosus*（Staplin）Huang，1982

福建长汀陂角,梓山组。

10，14. *Apiculatisporis aculeatus*（Ibrahim）Smith and Butterworth，1967

10. 甘肃靖远,靖远组、红土洼组;14. 河北开平,赵各庄组。

11，13. *Apiculatisporis megaverrucosus*（Zhang）Ouyang comb. nov.

内蒙古准格尔旗黑岱沟,山西组。

12，30. *Apiculatisporis pineatus*（Hoffmeister, Staplin and Malloy）Potonié and Kremp，1956

12. 甘肃靖远,红土洼组;30. 江苏句容,高骊山组。

15，35. *Anapiculatisporites spinosus*（Kosanke）Potonié and Kremp，1955

15. 山西左云,太原组;35. 山东沾化,太原组。

16，49. *Anapiculatisporites* cf. *minor* Butterworth and Williams，1958

贵州贵阳乌当,旧司组。

17，39. *Anapiculatisporites minor* Butterworth and Williams，1958

山西宁武,本溪组—太原组。

18. *Anapiculatisporites marginispinosus* Staplin，1960

内蒙古准格尔旗黑岱沟,太原组。

20，25，34. *Apiculatisporis xiaolongkouensis* Hou and Wang，1986

新疆吉木萨尔,梧桐沟组。

21，33. *Apiculatisporis spinosaetosus*（Loose）Smith and Butterworth，1967

甘肃靖远,红土洼组—羊虎沟组。

22，41. *Apiculatisporis variocorneus* Sullivan，1964

22. 甘肃靖远,红土洼组—羊虎沟组;41. 云南富源,宣威组下段—卡以头组。

24，52. *Apiculatisporis tesotus* Ouyang，1986

24. 山西保德,下石盒子组;52. 云南富源,宣威组上段。

26. *Apiculatisporis weylandii* Bharadwaj and Salujha，1965

山西保德,上石盒子组。

27. *Anapiculatisporites* cf. *hispidus* Butterworth and Williams，1958

山西宁武,太原组—上石盒子组。

28. *Anapiculatisporites hystricosus* Playford，1964

贵州睦化,打屋坝组底部。

29，36. *Anapiculatisporites juyongensis* Ouyang and Chen，1987

江苏句容,高骊山组。

31，53. *Apiculatisporis changxingensis* Hou and Song，1995

浙江长兴,龙潭组;53. ×1300。

32. *Apiculatisporis setaceformis* Hou and Wang，1986

新疆吉木萨尔,锅底坑组中下部。

37. *Apiculatisporis abditus*（Loose）Potonié and Kremp，1955

甘肃靖远,红土洼组—羊虎沟组。

38. *Apiculatisporis serratus* Du，1986

甘肃平凉,山西组。

40. *Apiculatisporis trinotatus* Du，1986

甘肃平凉,山西组。

42，43. *Apiculatisporis papilla* Wu，1995

河南临颖,上石盒子组。

44. *Apiculatisporis irregularis*（Alpern）Smith and Butterworth, 1967

山西宁武,本溪组。

45. *Apiculatisporis latigranifer*（Loose）Potonié and Kremp, 1955

山西保德,上石盒子组。

46, 48. *Anapiculatisporites concinnus* Playford, 1962

甘肃靖远,靖远组—红土洼组。

47. *Apiculatisporis selongensis* Hou, 1999

西藏聂拉木色龙村,曲部组。

51. *Anapiculatisporites epicharis* Ouyang and Chen, 1987

江苏句容,高骊山组。

图　版　**105**

1. *Apiculiretusispora dominans*（Kedo）Turnau, 1978

贵州代化,打屋坝组底部。

2. *Apiculiretusispora microgranulata* Gao, 1983

贵州贵阳乌当,旧司组。

3, 11. *Dibolisporites distinctus*（Clayton）Playford, 1976

江苏句容,五通群擂鼓台组最上部、高骊山组。

4. *Raistrickia aculeata* Kosanke, 1950

甘肃靖远,靖远组。

5. *Raistrickia* cf. *aculeata* Kosanke, 1950

河南柘城,上石盒子组。

6. *Raistrickia clavata*（Hacquebard）Playford, 1964

甘肃靖远,臭牛沟组。

7. *Raistrickia* cf. *dispar* Peppers, 1970

河南临颍,上石盒子组。

8, 9. *Cadiospora scabra* Du, 1986

甘肃平凉,山西组。

10, 18. *Apiculiretusispora setosa*（Kedo）Gao, 1983

贵州贵阳乌当,旧司组。

12. *Umbonatisporites medaensis* Playford, 1972

山西保德,山西组。

13, 15. *Cadiospora glabra* Chen, 1978

13. 山西宁武,山西组—下石盒子组;15. 湖南浏阳官渡桥,龙潭组。

14, 24. *Cadiospora* cf. *magna* Kosanke, 1950

14. 新疆塔里木盆地,卡拉沙伊组;24. 甘肃靖远,臭牛沟组。

16, 17. *Acanthotriletes baculatus* Neves, 1961

甘肃靖远,红土洼组。

19, 20. *Ibrahimspores* cf. *brevispinosus* Neves, 1961

甘肃靖远,羊虎沟组。

21, 27. *Ibrahimispores magnificus* Neves, 1961

甘肃靖远,红土洼组。

22, 23. *Cadiospora magna* Kosanke, 1950

甘肃靖远,红土洼组—羊虎沟组中段。

25. *Raistrickia bacula* Zhou, 1980

山东沾化,石盒子群。

26, 29. *Raistrickia* cf. *fulva* Artüz, 1957

甘肃靖远, 红土洼组—羊虎沟组。

28, 30. *Raistrickia falcis* Gao, 1984

河北开平煤田,大苗庄组。

31. *Cadiospora plicata* Gao, 1984

山西宁武,上石盒子组。

32. *Raistrickia* cf. *crocea* Kosanke, 1950

甘肃平凉,山西组。

33. *Apiculiretusisispora ornata*（Gao）Zhu and Ouyang comb. nov.

甘肃靖远,靖远组。

图 版 106

1, 9. *Raistrickia fulva* Artüz, 1957

　　1. 甘肃靖远,红土洼组—羊虎沟组;9. 甘肃平凉,山西组。

2, 3. *Raistrickia furcula* Gao, 1988

　　2. 甘肃靖远,臭牛沟组;3. 贵州睦化,打屋坝组底部。

4. *Raistrickia microcephala* Gao, 1984

河北开平煤田,赵各庄组。

5, 6. *Raistrickia media* Zhou, 1980

山西保德,太原组。

7. *Raistrickia minuta* Gao, 1987

甘肃靖远,靖远组下段。

8, 20. *Raistrickia siliqua* Gao, 1987

甘肃靖远,靖远组下段。

10. *Raistrickia fulgida* Chen, 1978

湖南邵东、浏阳,龙潭组。

11, 12. *Raistrickia leptosiphonacula* Hou and Song, 1995

浙江长兴,龙潭组。

13. *Raistrickia nigra* Love, 1960

山西宁武,太原组。

14, 35. *Raistrickia irregularis* Kosanke, 1950

山西保德,太原组。

15. *Raistrickia fibrata*（Loose）Schopf, Wilson and Bentall, 1944

山西宁武,石盒子群。

16, 17. *Raistrickia floriformis* Zhou, 1980

山东垦利;上石盒子组。

18. *Raistrickia multicoloria*（Andreyeva）Hou and Wang, 1986

新疆吉木萨尔大龙口,梧桐沟组。

19. *Raistrickia ningwuensis* Gao, 1984

山西宁武,本溪组。

21. *Raistrickia parva* Liu nom. nov.

宁夏横山堡,上石炭统。

22. *Raistrickia crinita* Kosanke, 1950

内蒙古清水河,太原组。

23. 25. *Raistrickia* cf. *aculeolata* Wilson and Kosanke, 1944

　　23. 山西宁武,山西组;25. 湖南浏阳,龙潭组。

24. *Raistrickia condycosa* Higgs, 1975

贵州睦化,打屋坝组底部。

26. *Raistrickia strigosa* Wu, 1995

河南临颖,上石盒子组。

27, 28. *Raistrickia crassidens* Zhu, 1993

甘肃靖远,红土洼组—羊虎沟组中段。

29. *Raistrickia prisca* Kosanke，1950

　　甘肃靖远,红土洼组。

30. *Raistrickia* cf. *pilosa* Kosanke，1950

　　湖南邵东,龙潭组。

31. *Raistrickia stellata* Gao，1987

　　甘肃靖远,靖远组下段。

32. *Raistrickia subrotundata*（Kedo）Gao，1983

　　贵州贵阳乌当,旧司组。

33. *Raistrickia* cf. *multipertica* Hoffmeister，Staplin and Malloy，1955

　　贵州睦化,打屋坝组底部。

34. *Raistrickia* cf. *protensa* Kosanke，1950

　　山西宁武,本溪组。

36，37. *Raistrickia saetosa*（Loose）Schopf，Wilson and Bentall，1944

　　山西保德,本溪组一下石盒子组。

38. *Raistrickia bacula* Zhou，1980

　　山东沾化,石盒子群。

39. *Raistrickia insignata* Gao，1987

　　甘肃靖远,红土洼组。

40. *Raistrickia kaipingensis* Gao，1984

　　河北开平煤田,赵各庄组。

41. *Raistrickia major* Ouyang and Chen sp. nov.

　　湖南邵东保和堂,龙潭组。

图　版　107

1，2. *Neoraistrickia biornatis*（Zhou）Ouyang comb. nov.

　　山东沾化,太原组一山西组。

3，4. *Neoraistrickia drybrookensis* Sullivan，1964

　　3. 山西保德,山西组;4. 山西宁武,山西组。

5. *Neoraistrickia* cf. *superba*（Virbitskas）Ouyang comb. nov.

　　湖南邵东保和堂,龙潭组。

6，7. *Baculatisporites uniformis* Ouyang and Norris，1999

　　6. 新疆吉木萨尔大龙口,锅底坑组一韭菜园组;7. 新疆乌鲁木齐芦草沟,锅底坑组一韭菜园组。

8，22. *Microreticulatisporites concavus* Butterworth and Williams，1958

　　8. 宁夏横山堡,下石炭统;22. 甘肃靖远,红土洼组一羊虎沟组。

9. *Microreticulatisporites fistulus*（Ibrahim）Knox，1950

　　湖南浏阳官渡桥,龙潭组。

10. *Raistrickia strigosa* Wu，1995

　　河南临颖,上石盒子组。

11，47. *Raistrickia superba*（Ibrahim）Schopf，Wilson and Bentall，1944

　　山西保德,本溪组一太原组、石盒子群。

12，13. *Neoraistrickia amblyeformis* Hou and Wang，1986

　　新疆吉木萨尔大龙口,梧桐沟组。

14. *Neoraistrickia* cf. *gracilis* Foster，1979

　　山西宁武,上石盒子组。

15. *Baculatisporites comaumensis*（Cookson）Potonié，1956

　　云南宣威,宣威组上段。

16. *Baculatisporites minor* Hou and Song，1995

　　浙江长兴煤山,龙潭组。

17，19. *Baculatisporites xuanweiensis* Ouyang，1986

云南宣威,宣威组上段。

18. *Emphanisporites canaliculatus* Ouyang, 1986

云南富源,宣威组上段。

20, 24. *Microreticulatisporites microtuberosus*（Loose）Potonié and Kremp, 1955

20. 山西宁武,太原组;24. 新疆乌鲁木齐,梧桐沟组。

21. *Neoraistrickia tuberculoides* Ouyang, 1986

云南富源,宣威组下段。

23, 40. *Microreticulatisporites harisonii* Peppers, 1970

23. 福建长汀陂角,梓山组;40. 河南临颖,上石盒子组。

25, 26. *Pseudoreticulatispora ordosense*（Deng）Ouyang comb. nov.

25. 内蒙古准格尔旗,石盒子群;26. 山西宁武,上石盒子组。

27, 29. *Dictyotriletes castaneaeformis*（Hörst）Sullivan, 1964

甘肃靖远,红土洼组—羊虎沟组。

28, 30. *Baculatisporites bacilla*（Huang）Zhu and Ouyang comb. nov.

福建长汀陂角,梓山组。

31. *Neoraistrickia dedovina* Hou and Shen, 1989

新疆乌鲁木齐芦草沟,梧桐沟组。

32. *Raistrickia pilosa* Kosanke, 1950

河北开平,开平组。

33. *Raistrickia subcrinita* Peppers, 1970

河北开平,赵各庄组。

34. *Raistrickia variabilis* Dolby and Neves, 1970

贵州睦化,打屋坝组底部。

35, 51. *Neoraistrickia rigida* Ouyang, 1986

云南富源,宣威组上段—卡以头组。

36. *Neoraistrickia spanis* Ouyang, 1986

云南富源,宣威组下段—上段。

37. *Pseudoreticulatispora shanxiensis* Ouyang sp. nov.

山西河曲,下石盒子组;×200。

38. *Neoraistrickia stratuminis*（Gao）Ouyang comb. nov.

山西宁武,上石盒子组。

39. *Microreticulatisporites gracilis* Wang, 1984

宁夏横山堡,上石炭统。

41. *Pseudoreticulatispora rhantusa*（Gao）Ouyang comb. nov.

山西宁武,上石盒子组。

42, 50. *Neoraistrickia irregularis* Ouyang and Li, 1980

云南富源,宣威组下段—卡以头组。

43, 46. *Neoraistrickia robusta* Ouyang, 1986

云南富源,宣威组下段。

44, 45. *Microreticulatisporites kansuensis* Gao, 1980

甘肃靖远,前黑山组。

48, 49. *Microreticulatisporites nobilis*（Wicher,1934）Knox, 1950

山西保德,太原组。

图 版 108

1, 6. *Dictyotriletes clatriformis*（Artüz）Sullivan, 1964

1. 甘肃靖远,羊虎沟组;6. 湖南中部,测水组。

2, 3. *Dictyotriletes hunanensis* Zhu and Ouyang nom. nov.

湖南宁远冷水铺煤矿,大塘阶测水段。

4. *Dictyotriletes minor* Naumova, 1953

    福建长汀陂角,梓山组。

5. *Dictyotriletes distortus* Peppers, 1970

    湖南中部,测水组。

7,34. *Dictyotriletes submarginatus* Playford, 1964

    新疆塔里木盆地,巴楚组。

8,17. *Dictyotriletes granulatus* Zhu, 1993

    甘肃靖远,红土洼组—羊虎沟组中下段。

9,33. *Dictyotriletes jingyuanensis* Ouyang and Zhu nom. nov.

    甘肃靖远,红土洼组—羊虎沟组。

10,11. *Microreticulatisporites punctatus* Knox, 1950

    甘肃靖远,红土洼组—羊虎沟组。

12,22. *Microreticulatisporites sulcatus* (Wilson and Kosanke) Smith and Butterworth, 1967

    山西保德,太原组。

13. *Periplecotriletes* cf. *amplectus* Naumova, 1939

    新疆吉木萨尔大龙口,锅底坑组。

14,15. *Dictyotriletes crassireticulatus* (Artüz) Smith and Butterworth, 1967

    山西宁武,本溪组底部。

16,26. *Dictyotriletes falsus* Potonié and Kremp, 1955

    山西保德,太原组。

18,19. *Microreticulatisporites lunatus* Knox, 1950

    18. 内蒙古清水河煤田,太原组;19. 河北开平煤田,开平组。

20,21. *Microreticulatisporites microreticulatus* Knox, 1950

    20. 安徽太和,上石盒子组;19. 甘肃平凉,山西组。

23. *Periplecotriletes tenuicostatus* Ouyang, 1986

    云南富源,宣威组。

24,25. *Dictyotriletes bireticulatus* (Ibrahim) Potonié and Kremp, 1955

    山西保德,本溪组—太原组。

27. *Dictyotriletes rencatus* Gao, 1984

    山西宁武,本溪组。

28,29. *Dictyotriletes reticulocingulum* (Loose) Smith and Butterworth, 1967

    山西保德,下石盒子组。

30,31. *Rugulatisporites finoplicatus* Kaiser, 1976

    山西保德,石盒子群。

32,36. *Dictyotriletes sagenoformis* Sullivan, 1964

    32. 山西宁武,太原组;36. 甘肃平凉,山西组。

35. *Dictyotriletes elegans* Zhou, 1980

    山东沾化,太原组。

37. *Dictyotriletes faveolus* Wang, 1984

    宁夏横山堡,羊虎沟组—太原组。

38,39. *Dictyotriletes pactilis* Sullivan and Marshall, 1966

    甘肃靖远,红土洼组—羊虎沟组。

40. *Dictyotriletes tuberosus* Neves, 1961

    甘肃靖远,红土洼组。

41,42. *Dictyotriletes densoreticulatus* Potonié and Kremp, 1955

    山西宁武,下石盒子组。

43,44. *Dictyotriletes mediareticulatus* (Ibrahim) Potonié and Kremp, 1955

    甘肃靖远,羊虎沟组。

45,46. *Dictyotriletes admirabilis* Playford, 1963

    甘肃靖远,羊虎沟组。

47,48. *Microreticulatisporites rugosus* Gao, 1984

　　47. 山西轩岗煤田,太原组;48. 河北开平,开平组。

图 版 109

1,2. *Convolutispora flata* Geng, 1987

　　宁夏盐池、灵武、贺兰,山西组。

3,4. *Convolutispora florida* Hoffmeister, Staplin and Malloy, 1955

　　山西保德,下石盒子组。

5,19. *Convolutispora* cf. *florida* Hoffmeister, Staplin and Malloy, 1955

　　甘肃靖远,臭牛沟组、红土洼组—羊虎沟组。

6. *Convolutispora faveolata* Gao, 1984

　　河北开平煤田,大苗庄组。

7. *Convolutispora verrucosus* (Gao) Ouyang comb. nov.

　　山西宁武,上石盒子组。

8. *Convolutispora baccata* Zhou, 1980

　　山西保德,下石盒子组。

9,10. *Convolutispora arcuata* Gao, 1984

　　9. 河北开平,赵各庄组;10. 山西宁武,本溪组。

11,34. *Convolutispora cerebra* Butterworth and Williams, 1958

　　11. 山西宁武,本溪组;34. 甘肃靖远,臭牛沟组。

12,13. *Convolutispora asiatica* Ouyang and Li, 1980

　　云南宣威,宣威组上段—卡以头组。

14. *Dictyotriletes* cf. *varioreticulatus* Neves, 1955

　　内蒙古准格尔旗房塔沟,太原组。

15,16. *Foveosporites cribratus* Zhou, 1980

　　山东沾化,太原组。

17,18. *Convolutispora superficialis* Felix and Burbridge, 1967

　　甘肃靖远,红土洼组。

20. *Convolutispora ciyaoensis* Gao, 1980

　　甘肃靖远,前黑山组。

21. *Convolutispora inspissata* Jiang, 1982

　　湖南长沙跳马涧,龙潭组。

22,30. *Convolutispora roboris* Gao, 1984

　　山西宁武,上石盒子组。

23,28. *Convolutispora papillosa* (Ibrahim) Du, 1986

　　23. 甘肃平凉,山西组;28. 山西河曲,下石盒子组。

24. *Dictyotriletes subamplectus* Kedo, 1963

　　新疆塔里木盆地,巴楚组。

25. *Convolutispora ampla* Hoffmeister, Staplin and Malloy, 1955

　　山西宁武,本溪组。

26. *Convolutispora caliginosa* Clayton and Keegan, 1982

　　新疆塔里木盆地,巴楚组。

27. *Convolutispora gingina* Gao, 1989

　　贵州凯里,梁山组。

29,37. *Convolutispora mellita* Hoffmeister, Staplin and Malloy, 1955

　　山西保德,下石盒子组。

31,32. *Convolutispora radiata* Zhu, 1989

　　甘肃靖远,红土洼组—羊虎沟组。

33. *Convolutispora sinensis* Ouyang and Li, 1980

山西朔县,本溪组。

35. *Convolutispora crispata* Wang, 1984

宁夏横山堡,上石炭统。

36. *Convolutispora dictyophora* Wang, 1984

宁夏横山堡,上石炭统。

图 版 110

1,2. *Convolutispora minuta* Zhu, 1989

甘肃靖远,红土洼组—羊虎沟组中段。

3. *Camptotriletes crenatus* Liao, 1987

山西宁武,下石盒子组。

4. *Camptotriletes paprothii* Higgs and Streel, 1984

贵州代化,打屋坝组底部。

5. *Convolutispora* cf. *vermiculata* (Kosanke) Chen, 1978

湖南邵东保和堂,龙潭组。

6,18. *Foveosporites futillis* Felix and Burbridge, 1967

内蒙古清水河煤田,太原组。

7,32. *Foveosporites glyptus* Zhu, 1993

甘肃靖远,羊虎沟组。

8. *Foveosporites minutus* (Gao) Zhu and Ouyang, comb. nov.

内蒙古清水河煤田,太原组。

9,10. *Foveosporites triangulatus* (Gao) Ouyang and Zhu comb. nov.

贵州贵阳乌当,旧司组。

11. *Foveosporites trigyroides* (Wang) Zhu and Ouyang comb. nov.

宁夏横山堡,羊虎沟组。

12. *Foveosporites zhanhuaensis* Zhou, 1980

山东沾化,石盒子群。

13,14. *Camptotriletes bucculentus* (Loose) Potonié and Kremp, 1955

河北开平,唐家庄组—赵各庄组。

15,16. *Foveosporites danvillensis* (Peppers) Zhu and Ouyang comb. nov.

山西保德,太原组。

17. *Foveosporites foratus* Ouyang, 1986

云南富源,宣威组下段—上段。

19,28. *Foveosporites junior* (Bharadwaj) Zhu and Ouyang comb. nov.

19. 宁夏横山堡,上石炭统;28. 山西宁武,太原组。

20,33. *Foveosporites reticulatus* Gao, 1988

甘肃靖远,臭牛沟组。

21,35. *Foveosporites spanios* (Wang) Ouyang and Zhu comb. nov.

21. 内蒙古准格尔旗龙王沟,本溪组;35. 河北开平煤田,开平组。

22. *Foveosporites spiralis* (Gao) Ouyang comb. nov.

山西宁武,上石盒子组。

23,24. *Convolutispora* cf. *usitata* Playford, 1962

内蒙古准格尔旗黑岱沟,太原组、山西组。

25,30. *Convolutispora venusta* Hoffmeister, Staplin and Malloy, 1955

甘肃靖远,臭牛沟组。

26. *Brochotriletes shanxiensis* Ouyang sp. nov.

山西河曲,下石盒子组。

27,31. *Foveosporites crassus* Gao, 1980

甘肃靖远,前黑山组。

29，46. *Convolutispora tessellata* Hoffmeister, Staplin and Malloy, 1955

山西保德，下石盒子组。

34，45. *Eupunctisporites guizhouensis* (Gao) Ouyang comb. nov.

34. 贵州凯里，早二叠世梁山组;45. 浙江长兴煤山，堰桥组。

36. *Camptotriletes cripus* Hou and Wang, 1986

新疆吉木萨尔大龙口，梧桐沟组。

37. *Camptotriletes polymorphus* Kaiser, 1976

山西保德，下石盒子组。

38. *Camptotriletes reticuloides* Geng, 1987

甘肃环县和华池、宁夏盐池，山西组。

39，40. *Convolutispora triangularis* Ouyang and Li, 1980

山西朔县，本溪组。

41，42. *Camptotriletes* cf. *corrugatus* (Ibrahim) Potonié and Kremp, 1955

湖南宁远、邵东，大塘阶测水段、石磴子段。

43，44. *Foveosporites insculptus* Playford, 1962

甘肃靖远，红土洼组—羊虎沟组下段。

47. *Convolutispora vermiformis* Hughes and Playford, 1961

贵州睦化，打屋坝组底部。

48. *Convolutispora shanxiensis* Ouyang sp. nov.

山西河曲，下石盒子组。

图 版 111

1. *Camptotriletes verrucosus* Butterworth and Williams, 1958

甘肃靖远，臭牛沟组。

2，3，28. *Camptotriletes* cf. *warchianus* Balme, 1970

2. 浙江长兴，青龙组;3，28. 山西宁武，上石盒子组;28. ×1000。

4，17. *Shihezisporites labiatus* Liao, 1987

山西宁武，上石盒子组。

5. *Psomospora*? *anulata* Geng, 1985

甘肃环县、宁夏石嘴山，太原组。

6. *Camptotriletes reticuloides* Geng, 1987

甘肃环县和华池、宁夏盐池，山西组。

7，22. *Camptotriletes superbus* Neves, 1961

甘肃靖远，红土洼组—羊虎沟组中下段。

8，9. *Vestispora laevigata* Wilson and Venkatachala, 1963

甘肃靖远，红土洼组—羊虎沟组。

10，15. *Vestispora mirabilis* (Gao) Ouyang comb. nov.

山西宁武，上石盒子组。

11. *Reticulatisporites carnosus* (Knox) Neves, 1964

甘肃靖远，红土洼组。

12，14. *Vestispora imbricata* Geng, 1985

甘肃环县、宁夏盐池、灵武、石嘴山、内蒙古鄂托克旗，羊虎沟组。

13. *Vestispora magna* (Butterworth and Williams) Wilson and Venkatachala, 1963

甘肃靖远，红土洼组—羊虎沟组。

16，20. *Convolutispora varicosa* Butterworth and Williams, 1958

甘肃靖远，羊虎沟组下段。

18，19. *Vestispora costata* (Balme) Bharadwaj, 1957

甘肃靖远，红土洼组—羊虎沟组。

21. *Camptotriletes variegatus* Geng, 1987

甘肃环县、宁夏灵武,山西组。

23,24. *Vestispora tortuosa*（Balme）Spode ex Smith and Butterworth,1967

甘肃靖远,红土洼组。

25,26. *Vestispora shiheziensis* Liao,1987

山西宁武,下石盒子组下部。

27. *Vestispora distincta*（Ouyang）Ouyang comb. nov.

山西河曲,下石盒子组。

图　版　112

1,24. *Reticulatisporites pseudomuricatus* Peppers,1970

1. 甘肃靖远,红土洼组;2. 山西宁武,山西组。

2,15. *Reticulatisporites crassipterus*（Kedo,Naumova in Litt.）Gao,1980

2. 甘肃靖远,前黑山组;15. 贵州睦化,打屋坝组底部。

3. *Reticulatisporites macroreticulatus*（Naumova）Gao,1985

贵州睦化,打屋坝组。

4. *Reticulatisporites minutus*（Gao）Ouyang and Zhu comb. nov.

甘肃靖远,前黑山组。

5,11. *Reticulatisporites muricatus* Kosanke,1950

5. 山西宁武,太原组;11. 甘肃靖远,羊虎沟组。

6. *Periplecotriletes amplectus* Naumova,1938

甘肃靖远,前黑山组。

7,26. *Reticulatisporites bellulus* Zhou,1980

7. 山西宁武,本溪组;26. 山东沾化,太原组。

8,9. *Reticulatisporites cancellatus*（Waltz）Playford,1962

江苏句容,五通群上部—高骊山组。

10. *Reticulatisporites nefandus*（Kedo）Gao,1980

甘肃靖远,前黑山组。

12,13. *Reticulatisporites peltatus* Playford,1962

江苏句容,高骊山组。

14. *Reticulatisporites decoratus* Hoffmeister,Staplin and Malloy,1955

内蒙古准格尔旗房塔沟,本溪组。

16. *Reticulatisporites excelsus* Ouyang,1986

云南富源,宣威组下段。

17,18. *Reticulatisporites irregulatus*（Gao）Ouyang and Zhu comb. nov.

甘肃靖远,前黑山组。

19. *Reticulatisporites polygonalis*（Ibrahim）Smith and Butterworth,1967

山西保德,太原组。

20. *Reticulatisporites carnosus*（Knox）Neves,1964

甘肃靖远,红土洼组。

21,22. *Reticulatisporites lacunosus* Kosanke,1950

21. 甘肃平凉,山西组;25. 甘肃靖远,红土洼组。

23. *Reticulatisporites magnus*（Kedo）Byvscheva,1972

甘肃靖远,前黑山组。

25. *Vestispora tortuosa*（Balme）Spode ex Smith and Butterworth,1967

甘肃靖远,红土洼组。

图　版　113

1. *Reticulatisporites verrucosus* Gao,1984

山西宁武,上石盒子组。

2，3. *Knoxisporites dissidius* Neves，1961

　　甘肃靖远，红土洼组。

4，5. *Reticulatisporites regularis* Zhou，1980

　　4. 河南范县，上石盒子组；5. 甘肃平凉，山西组。

6，21. *Knoxisporites notos* Gao，1984

　　6. 山西宁武，上石盒子组；21. 内蒙古准格尔旗黑岱沟，山西组。

7. *Reticulatisporites polygonalis*（Ibrahim）Smith and Butterworth，1967

　　山西保德，太原组。

8，13. *Reticulatisporites similis*（Kedo）Gao，1985

　　贵州睦化，打屋坝组底部。

9. *Reticulatisporites subalveolaris*（Luber）Oshurkova，2003

　　甘肃靖远，前黑山组。

10，11. *Reticulatisporites trivialis*（Kedo）Oshurkova，2003

　　甘肃靖远，前黑山组。

12，28. *Knoxisporites instarrotulae*（Hörst）Potonié and Kremp，1955

　　12. 湖南韶山、邵东、浏阳，龙潭组；28. 浙江长兴，龙潭组。

14，15. *Knoxisporites hederatus*（Ischenko）Playford，1963

　　14. 贵州睦化，打屋坝组底部；15. 甘肃靖远，红土洼组。

16，17. *Knoxisporites literatus*（Waltz）Playford，1963

　　16. 甘肃靖远，红土洼组—羊虎沟组；17. 江苏宝应，五通群擂鼓台组上部—顶部。

18. *Knoxisporites hageni* Potonié and Kremp，1954

　　山西宁武，本溪组。

19，24. *Reticulatisporites* cf. *reticulatus* Ibrahim，1933

　　19. 云南富源，宣威组下段；24. 湖南邵东保和堂，龙潭组。

20. *Knoxisporites pristicus* Sullivan，1968

　　贵州睦化，打屋坝组底部。

22，23. *Reticulatisporites reticulatus* Ibrahim，1933

　　山西保德，太原组。

25. *Reticulatisporites subamplectus*（Kedo）Gao，1980

　　甘肃靖远，前黑山组。

26，27. *Knoxisporites gansuensis* Gao，1988

　　甘肃靖远，臭牛沟组。

图　版　114

1，10. *Knoxisporites rotatus* Hoffmeister，Staplin and Malloy，1955

　　甘肃靖远，红土洼组。

2. *Knoxisporites* cf. *stephanephorus* Love，1960

　　山西宁武，太原组。

3. *Tantillus perstantus* Gao，1989

　　贵州凯里，梁山组。

4，5. *Tantillus triangulatus* Du，1986

　　甘肃平凉，山西组。

6，7. *Tantillus* cf. *triquetrus* Felix and Burbridge，1967

　　6. 甘肃平凉，山西组；7. 甘肃靖远，红土洼组—羊虎沟组。

8，9. *Perotrilites delicatus* Zhu，1993

　　甘肃靖远，红土洼组。

11，17. *Knoxisporites triangulatus* Zhang，1990

　　内蒙古准格尔旗黑岱沟，山西组。

12，22. *Knoxisporites triradiatus* Hoffmeister，Staplin and Malloy，1955

12. 甘肃平凉,山西组;22. 甘肃靖远,臭牛沟组—红土洼组。

13，18. *Velamisporites perinatus*（Hughes and Playford）Playford, 1971

　　甘肃靖远,红土洼组—羊虎沟组。

14，15. *Knoxisporites seniradiatus* Neves, 1961

　　　14. 贵州贵阳乌当,旧司组;15. 甘肃靖远,羊虎沟组中段。

16. *Velamisporites breviradialis* Geng, 1985

　　陕西吴堡,太原组。

19，20. *Knoxisporites polygonalis*（Ibrahim）Potonié and Kremp, 1955

　　　19. 甘肃靖远,臭牛沟组;20. 河北开平,唐山组。

21. *Perotrilites magnus* Hughes and Playford, 1961

　　甘肃靖远,红土洼组。

23，24. *Velamisporites rugosus* Bharadwaj and Venkatachala, 1962

　　江苏句容,高丽山组。

25. *Velamisporites* cf. *vermiculatus* Felix and Burbridge, 1967

　　江苏句容,高丽山组。

26，27. *Velamisporites datongensis* Ouyang and Li, 1980

　　山西朔县,本溪组。

28. *Proprisporites radius* Chen, 1978

　　湖南湘潭韶山,龙潭组。

29. *Proprisporites shaoshanensis* Chen, 1978

　　湖南湘潭韶山,龙潭组。

图　版　115

1，2. *Ahrensisporites guerickei*（Hörst）Potonié and Kremp, 1954

　　1. 山西保德,太原组;2. 山西宁武,本溪组。

3. *Ahrensisporites duplicatus* Neville, 1973

　　山西宁武,太原组。

4. *Triquitrites bransonii* Wilson and Hoffmeister, 1956

　　山西保德,本溪组。

5. *Triquitrites auriculaferens*（Loose）Potonié and Kremp, 1956

　　甘肃靖远,红土洼组。

6. *Triquitrites arculatus* Wilson and Coe, 1940

　　河北开平煤田,大苗庄组。

7，12. *Ahrensisporites guerickei* var. *ornatus* Neves, 1961

　　　7. 山西宁武,本溪组;12. 甘肃靖远,红土洼组—羊虎沟组。

8，27. *Ahrensisporites angulatus*（Kosanke）Potonié and Kremp, 1956

　　　8. 山西宁武,本溪组;27. 内蒙古准格尔旗龙王沟,本溪组。

9，10. *Triquitrites attenuatus* Ouyang, 1986

　　云南富源,宣威组上段。

11. *Knoxisporites* cf. *stephanephorus* Love, 1960

　　山西宁武,山西组。

13. *Stellisporites granulatus* Liao, 1987

　　山西平朔矿区,山西组。

14，15. *Stellisporites inflatus* Alpern, 1958

　　云南宣威,卡以头组。

16. *Stellisporites parvus*（Ischenko）Du, 1986

　　甘肃平凉,山西组。

17，20. *Proprisporites giganteus* Zhu, 1993

　　甘肃靖远,红土洼组—羊虎沟组下段。

18，19. *Triquitrites bellus* Wu，1995

　　河南项城，上石盒子组。

21，22. *Triquitrites additus* Wilson and Hoffmeister，1956

　　山西保德，本溪组。

23. *Velamisporites* cf. *vermiculatus* Felix and Burbridge，1967

　　江苏句容，高骊山组。

24，26. *Ahrensisporites contaminatus* Gao，1987

　　甘肃靖远，红土洼组。

25，28. *Velamisporites verrucosus* Ouyang and Chen，1987

　　江苏句容，高骊山组。

图　版　116

1. *Triquitrites bransonii* Wilson and Hoffmeister，1956

　　山西保德，本溪组。

2，17. *Triquitrites desperatus* Potonié and Kremp，1956

　　山西宁武，本溪组。

3，18. *Triquitrites dividuus* Wilson and Hoffmeister，1956

　　3. 甘肃平凉，山西组；18. 河北开平，唐家庄组。

4，19. *Triquitrites findentis* Wu，1995

　　河南临颍，上石盒子组。

5，6. *Triquitrites minutus* Alpern，1958

　　河北武清，山西组。

7，8. *Triquitrites guizhouensis* Hou，1989

　　贵州代化，打屋坝组底部。

9. *Triquitrites bacidus* Gao，1984

　　山西宁武，上石盒子组。

10. *Triquitrites conicus* Zhou，1980

　　山东垦利，上石盒子组。

11，35. *Triquitrites decorus* Gao，1984

　　山西宁武，上石盒子组；35. ×840。

12. *Triquitrites galeatus* Zhou，1980

　　山东沾化，上石盒子组。

13. *Triquitrites* cf. *discoideus* Kosanke，1950

　　甘肃靖远，红土洼组。

14. *Triquitrites* cf. *bransonii* Wilson and Hoffmeister，1956

　　湖南石门青峰，梁山组。

15，16. *Triquitrites clivoflexuosus* Kaiser，1976

　　15. 山西保德，下石盒子组；16. 甘肃平凉，山西组。

20，21. *Triquitrites huabeiensis* Wu，1995

　　河南柘城，上石盒子组。

22，25. *Triquitrites incisus* Turnau，1970

　　22. 内蒙古准格尔旗龙王沟，本溪组；25. 山西宁武，山西组。

23，29. *Triquitrites kaiserii* Playford，2008

　　山西保德，石盒子群。

24. *Triquitrites* cf. *incisus* Turnau，1970

　　甘肃平凉，山西组。

26. *Triquitrites micrograniifer* Ouyang，1962

　　浙江长兴，龙潭组。

27，34. *Triquitrites jieshouensis* Wu，1995

安徽太和、河南临颖,上石盒子组。

28. *Triquitrites jinyuanensis* Gao, 1987

甘肃靖远,红土洼组。

30. *Triquitrites datongensis* Ouyang and Li, 1980

山西朔县,本溪组。

31. *Triquitrites gansuensis* Gao, 1987

甘肃靖远,红土洼组—羊虎沟组。

32,33. *Triquitrites laevigatus* Wu, 1995

河南临颖,上石盒子组。

36. *Triquitrites hunanensis* Chen, 1978

湖南浏阳官渡桥、邵东保和堂,龙潭组。

37,38. *Triquitrites henanensis* Wu, 1995

河南临颖,上石盒子组。

图 版 117

1. *Triquitrites sculptilis* (Balme) Smith and Butterworth, 1967

甘肃靖远,红土洼组。

2,38. *Triquitrites verrucosus* Alpern, 1958

甘肃平凉,山西组。

3. *Triquitrites spinosus* Kosanke, 1943

山西宁武,太原组。

4. *Triquitrites* cf. *spinosus* (Kosanke) Helby, 1966

山西保德,山西组。

5,9. *Triquitrites oxyotus* Wang, 1984

5. 宁夏横山堡,上石炭统;9. 山西宁武,本溪组。

6,7. *Triquitrites tendoris* Hacquebard and Barss, 1957

6. 福建长汀陂角,梓山组;7. 甘肃靖远,羊虎沟组。

8,42. *Triquitrites tribullatus* (Ibrahim) Schopf, Wilson and Bentall, 1944

山西保德,本溪组。

10. *Triquitrites ornatus* Wang, 1984

宁夏横山堡,上石炭统。

11,14. *Triquitrites paraproratus* Zhou, 1980

山东沾化、垦利,上石盒子组。

12,40. *Triquitrites priscus* Kosanke, 1950

山西保德,太原组。

13,39. *Triquitrites triturgidus* (Loose) Schopf, Wilson and Bentall, 1944

山西宁武,本溪组—太原组。

15,26. *Triquitrites protensus* Kosanke, 1950

15. 山西保德,本溪组;26. 山西宁武,本溪组、太原组。

16,17. *Triquitrites subrotundus* Ouyang and Li, 1980

山西朔县,本溪组。

18. *Triquitrites tersus* Hou and Song, 1995

浙江长兴,龙潭组。

19,30. *Triquitrites reticulatus* Gao, 1984

19. 河北武清,上石盒子组;30. 山西宁武,上石盒子组。

20,27. *Triquitrites regularis* Wu, 1995

河南临颖、柘城,上石盒子组。

21. *Triquitrites* cf. *trivalvus* (Waltz) Potonié and Kremp, 1956

甘肃靖远,羊虎沟组。

22. *Triquitrites microgranifer* Ouyang, 1962

　　河南临颖,上石盒子组。

23. *Triquitrites oblongus* Wang, 1984

　　宁夏横山堡,上石炭统。

24,43. *Triquitrites pannus*（Imgrund）Imgrund, 1960

　　24. 河北开平,赵各庄组;43. 河北开平,大苗庄组。

25. *Triquitrites petaloides* Wang, 1984

　　宁夏横山堡,上石炭统。

28,29. *Triquitrites tiaomajianensis* Jiang, 1982

　　湖南长沙,龙潭组。

31,34. *Triquitrites rugulatus* Ouyang, 1986

　　云南富源,宣威组下段—上段。

32,33. *Triquitrites shanxiensis* Gao, 1984

　　山西宁武,本溪组。

35,36. *Triquitrites sinensis* Ouyang, 1962

　　35. 浙江长兴,龙潭组;36. 云南富源,宣威组。

37. *Triquitrites shandongensis* Zhou, 1980

　　山东沾化,上石盒子组。

41. *Triquitrites similis* Gupta, 1969

　　山西宁武,下石盒子组。

图　版　118

1,2. *Triquitrites vesiculatus* Du, 1986

　　甘肃平凉,山西组。

3,4. *Changtingispora simplex* Huang, 1982

　　福建长汀,梓山组。

5,6. *Changtingispora pulchra* Huang, 1982

　　福建长汀,梓山组。

7,8. *Tripartites aucrosus* Hou and Song, 1995

　　浙江长兴煤山,龙潭组。

9. *Tripartites bellus* Hou and Song, 1995

　　浙江长兴煤山,龙潭组。

10. *Tripartites coronatus* Zhou, 1980

　　河南范县,石盒子群。

11. *Trilobosporites primitivus* Ouyang, 1986

　　云南富源,宣威组上段。

12,13. *Tripartites hunanensis* Jiang and Hu, 1982

　　湖南宁远冷水铺煤矿,大塘阶测水段。

14,26. *Tripartites paradoxus* Huang, 1982

　　福建长汀陂角,梓山组。

15. *Tripartites cristatus* Dybova and Jachowicz var. *minor* Ouyang, 1986

　　湖南长沙、浏阳,龙潭组。

16,36. *Tripartites trilinguis*（Hörst）Smith and Butterworth, 1967

　　甘肃靖远,靖远组—羊虎沟组下段。

17,18. *Tripartites plicatus* Gao, 1984

　　17. 山西宁武,本溪组;18. 内蒙古准格尔旗,本溪组。

19. *Tripartites golatensis* Staplin, 1960

　　山西宁武,本溪组底部。

20. *Tripartites* cf. *specialis* Jachowicz, 1960

湖南邵东保和堂,龙潭组。

21. *Tripartites tripertitus*（Hörst）Potonié and Kremp, 1955
贵州贵阳乌当,旧司组。

22, 28. *Tripartites vetustus* Schemel, 1950
22. 甘肃靖远,臭牛沟组;28. 贵州贵阳乌当,旧司组。

23. *Stenozonotriletes circularis* Zhu, 1989
甘肃靖远,靖远组—红土洼组。

24. *Triquitrites variabilis* Gao, 1984
山西宁武,本溪组。

25, 31. *Mooreisporites lucidus*（Artüz）Felix and Burbridge, 1967
甘肃靖远,臭牛沟组—红土洼组。

27. *Tripartites scabratus*（Geng）Zhu and Ouyang comb. nov.
内蒙古鄂托克旗,羊虎沟组。

29. *Stenozonotriletes clarus* lschenko, 1958
甘肃靖远,红土洼组—羊虎沟组中下部。

30. *Triquitrites zhoukouensis* Wu, 1995
河南项城,上石盒子组。

32. *Mooreisporites trigallerus* Neves, 1961
甘肃靖远,靖远组下段。

33, 34. *Aneurospora chinensis*（Ouyang and Chen）Wen and Lu, 1993
江苏句容,五通群擂鼓台组下部。

35, 41. *Tripartites verrucosus* Gao, 1983
贵州贵阳乌当,旧司组。

37. *Stenozonotriletes conformis* Naumova, 1953
贵州睦化,打屋坝组底部。

38, 44. *Mooreispoorites fustis* Neves, 1958
甘肃靖远,臭牛沟组。

39, 40. *Stenozonotriletes lycosporoides*（Butterworth and Williams）Smith and Butterworth, 1967
甘肃靖远,红土洼组—羊虎沟组。

42. *Tripartites mirabilis*（Gao）Zhu and Ouyang comb. nov.
贵州贵阳乌当,旧司组。

43, 45. *Stenozonotriletes diedros* Gao, 1984
山西宁武,上石盒子组。

图 版 119

1, 11. *Stenozonotriletes sinensis* Zhu, 1989
甘肃靖远,红土洼组。

2. *Lycospora punctata* Kosanke, 1950
宁夏横山堡,上石炭统。

3, 63. *Stenozonotriletes minor* Jiang and Hu, 1982
湖南邵东佘田桥,大塘阶石磴子段。

4, 5. *Lycospora annulata* Zhang, 1990
内蒙古准格尔旗黑岱沟,本溪组。

6, 7. *Lycospora subtriquetra*（Luber）Potonié and Kremp, 1956
6. 甘肃靖远,臭牛沟组;7. 山西宁武,本溪组。

8, 64. *Savitrisporites minor* Jiang and Hu, 1982
湖南邵东佘田桥,大塘阶石蹬子段。

9. *Lycospora minuta*（Ischenko）Somers, 1972
宁夏横山堡,上石炭统。

10，65. *Lycospora* cf. *lobulata* Staplin，1960

福建长汀陂角，梓山组。

12，21. *Stenozonotriletes pumilus* (Waltz) Ischenko，1952

12. 福建长汀陂角，梓山组；21. 贵州贵阳乌当，旧司组。

13，14. *Bellispores nitidus* (Hörst) Sullivan，1964

甘肃靖远，红土洼组。

15，17. *Lycospora pusilla* (Ibrahim) Schopf，Wilson and Bentall，1944

山西保德，本溪组。

16，49. *Lycospora rotunda* Bharadwaj，1957

山西保德，太原组。

18. *Densosporites* cf. *lori* Bharadwaj，1957

新疆准噶尔盆地，滴水泉组。

19. *Tripartites cristatus* Dybova and Jachowicz var. *minor* Ouyang，1986

云南富源，宣威组下段—卡以头组。

20，37. *Stenozonotriletes facilis* Ischenko，1956

20. 甘肃靖远，前黑山组；37. 内蒙古准格尔旗龙王沟，本溪组。

22，23. *Stenozonotriletes rotundus* Wang emend. Zhu，1989

22. 宁夏横山堡，上石炭统；23. 甘肃靖远，红土洼组—羊虎沟组。

24. *Stenozonotriletes triangulus* Neves，1961

甘肃靖远，红土洼组—羊虎沟组。

25，26. *Savitrisporites asperatus* Sullivan，1964

甘肃靖远，红土洼组—羊虎沟组中下段。

27. *Lycospora bracteola* Butterworth and Williams，1958

山西宁武，太原组—山西组。

28，41. *Stenozonotriletes mirus* Zhang，1990

28. 内蒙古准格尔旗黑岱沟，本溪组；41. 内蒙古准格尔旗房塔沟，太原组。

29，43. *Stenozonotriletes levis* (Ouyang) Ouyang comb. nov.

29. 山西宁武，上石盒子组；43. 山西河曲，下石盒子组。

30. *Stenozonotriletes* cf. *perforatus* Playford，1962

山西保德，上石盒子组。

31. *Stenozonotriletes rasilis* Kedo，1963

贵州睦化，打屋坝组底部。

32，47. *Lycospora*? *benxiensis* Liao，1987

山西宁武，本溪组。

33，35. *Lycospora orbicula* (Potonié and Kremp) Smith and Butterworth，1967

山西平朔矿区，太原组—下石盒子组。

34，36. *Lycospora denticulata* Bharadwaj，1957

山西保德，下石盒子组。

38，46. *Stenozonotriletes granifer* Zhang，1990

内蒙古准格尔旗黑岱沟，山西组。

39，50，61. *Savitrisporites nux* (Butterworth and Williams) Smith and Butterworth，1967

甘肃靖远，红土洼组—羊虎沟组中下段；61. ×720。

40. *Stenozonotriletes marginellus* (Luber) Gao，1984

河北开平，赵各庄组。

42，52. *Lycospora* cf. *granulata* Kosanke，1950

山西保德，本溪组—太原组。

44. *Stenozonotriletes* cf. *spetcandus* Naumova，1953

山西宁武，山西组。

45. *Savitrisporites* cf. *camptotus* (Alpern) Venkatachala and Bharadwaj，1964

山西宁武，下石盒子组顶部。

48，60. *Lycospora* cf. *pseudoannulata* Kosanke, 1950

    48. 山西宁武,本溪组;60. 湖南石门青峰,栖霞组马鞍段。

51. *Stenozonotriletes retusus* Gao, 1984

    山西宁武,太原组。

53，55. *Lycospora noctuina* Butterworth and Williams, 1958

    山西保德,本溪组。

54. *Lycospora ningxiaensis* Wang, 1984

    宁夏横山堡,中上石炭统。

56，57. *Lycospora pellucida*（Wicher）Schopf, Wilson and Bentall, 1944

    甘肃靖远磁窑,红土洼组—羊虎沟组。

58，59. *Lycospora brevis* Bharadwaj, 1957

    湖南宁远冷水铺煤矿、邵东佘田桥,大塘阶测水段—石蹬子段。

62. *Stenozonotriletes tumidus* Chen, 1978

    湖南邵东保和堂,龙潭组。

66. *Stenozonotriletes stenozonalis*（Waltz）Ischenko, 1958

    山西宁武,太原组。

图　版　120

1. *Lycospora triverrucosa*（Gao）Ouyang comb. nov.

    贵州凯里,梁山组。

2，3. *Lycospora tenuispinosa* Ouyang and Chen, 1987

    江苏句容,高骊山组。

4，5. *Densosporites* cf. *lori* Bharadwaj, 1957

    湖南邵东佘田桥,大塘阶石蹬子段。

6，23. *Densosporites anulatus*（Loose）Smith and Butterworth, 1967

    6. 甘肃靖远,红土洼组;23. 新疆和布克赛尔,黑山头组3—6层。

7，13. *Lycospora* cf. *uber*（Hoffmeister, Staplin and Malloy）Staplin, 1960

    湖南石门青峰,栖霞组马鞍段。

8，48. *Densosporites sphaerotriangularis* Kosanke, 1950

    甘肃靖远,红土洼组—羊虎沟组。

9. *Lycospora bracteola* Butterworth and Williams, 1958

    山西宁武,太原组—山西组。

10. *Lycospora torquifer*（Loose）Potonié and Kremp, 1956

    宁夏横山堡,中上石炭统。

11，12. *Lycospora* cf. *torulosa* Hacquebard, 1957

    甘肃靖远,前黑山组。

14. *Lycospora venusta*（Loose）Potonié and Kremp, 1956

    山西宁武,本溪组。

15，20. *Heteroporispora deformis* Tang, 1986

    湖南双峰测水,测水组。

16，17. *Heteroporispora subtriangularis*（Huang）Zhu and Ouyang comb. nov.

    福建长汀陂角,梓山组。

18，19. *Heteroporispora ningyuanensis* Jiang, Hu and Tang, 1982

    湖南宁远冷水铺煤矿,测水组。

21，22. *Heteroporispora foveota* Jiang, Hu and Tang, 1982

    湖南宁远冷水铺煤矿、邵东佘田桥,测水组。

24，30. *Densosporites frederecii*（Potonié and Kremp）Lu, 1999

    山西保德,下石盒子组。

25，26. *Densosporites lobatus* Kosanke, 1950

内蒙古准格尔旗龙王沟,本溪组。

27. *Densosporites micicerebriformis* Zhou, 1980
  河南范县,上石盒子组。

28,49. *Densosporites paranulatus* Ouyang, 1986
  云南富源,宣威组上段。

29. *Densosporites* cf. *intermedius* Butterworth and Williams, 1958
  甘肃靖远,红土洼组。

31,47. *Densosporites mirus* Zhou, 1980
  山东沾化,本溪组—太原组。

32,33. *Callisporites cerebriformis* (Zhou) Zhu and Ouyang, 2002
  天津张贵庄,上石盒子组—孙家沟组。

34,35. *Densosporites bellulus* Geng, 1985
  内蒙古鄂托克旗、甘肃环县、宁夏盐池、灵武、石嘴山区,羊虎沟组。

36. *Densosporites* cf. *regalis* (Bharadwaj and Venkatachala) Smith and Butterworth, 1976
  甘肃靖远,红土洼组。

37,38. *Densosporites reticuloides* Ouyang and Li, 1980
  37. 山西保德,太原组;38. 山西朔县,本溪组。

39. *Densosporites labrosus* Zhou, 1980
  河南范县,上石盒子组。

40,44. *Densosporites bilateralis* Liao, 1987
  山西宁武,山西组。

41,42. *Densosporites duriti* Potonié and Kremp, 1956
  甘肃靖远,红土洼组。

43. *Densosporites parvus* Hoffmeister, Staplin and Malloy, 1955
  贵州贵阳乌当,旧司组。

45. *Densosporites faunus* (Ibrahim) Potonié and Kremp, 1956
  宁夏横山堡,上石炭统。

46. *Densosporites ma'anensis* Chen, 1978
  湖南石门青峰,栖霞组马鞍段。

图 版 121

1. *Densosporites triangularis* Kosanke, 1950
  山西宁武,太原组。

2,34. *Monilospora* cf. *mutabilis* Staplin, 1960
  贵州睦化,打屋坝组底部。

3,4. *Murospora* cf. *aurita* (Waltz) Playford, 1962
  3. 山西宁武,上石盒子组;4. 湖南测水双峰,测水组。

5. *Murospora camptoides* Gao, 1987
  甘肃靖远,靖远组。

6,36. *Murospora kosankei* Somers, 1952
  山西保德,本溪组—太原组。

7,17. *Murospora minuta* Gao, 1985
  贵州睦化,打屋坝组底部。

8,9. *Simozonotriletes arcuatus* Ishchenko, 1958
  甘肃靖远,靖远组—红土洼组。

10,38,39. *Murospora sulcata* (Waltz) Ouyang and Liu comb. nov.
  10. 甘肃靖远,红土洼组下部;38,39. 山西宁武,太原组。

11,12. *Murospora* cf. *striagata* (Waltz) Playford, 1962
  山西宁武,太原组顶部。

13，15. *Murospora laevigata* Liao，1987

山西宁武，太原组。

14，18. *Murospora lygistoides* Gao，1984

山西宁武，本溪组。

16. *Murospora varia* Staplin，1960

内蒙古准格尔旗黑岱沟，本溪组。

19. *Westphalensisporites irregularis* Alpern，1958

山西宁武，本溪组。

20. *Murospora mucronata* Gao，1984

山西宁武，本溪组。

21，22. *Murospora scabrata* Ouyang，1986

云南富源，宣威组上段。

23，26. *Murospora salus* Gao，1988

甘肃靖远，臭牛沟组。

24. *Murospora tribullata* Gao，1987

甘肃靖远，红土洼组下部。

25. *Murospora strialatus* Geng，1985

甘肃环县，太原组。

27. *Densosporites simplex* Staplin，1960

山西宁武，下石盒子组。

28，32. *Densosporites sinensis* Geng，1987

宁夏横山堡，山西组。

29，30. *Murospora conduplicata*（Andreyeva）Playford，1962

29. 甘肃靖远，臭牛沟组;30. 山西保德，下石盒子组。

31，35. *Murospora hunanensis* Tang，1986

湖南双峰测水，测水组。

33. *Densosporites* cf. *variomarginatus* Playford，1963

山西宁武，太原组。

37. *Densosporites* cf. *regalis*（Bharadwaj and Venkatachala）Smith and Butterworth，1976

甘肃靖远，红土洼组。

40. *Murospora altilis*（Hacquebard and Barss）Liao，1987

山西宁武，太原组—山西组。

图　版　122

1，2. *Patellisporites hunanensis* Chen，1978

湖南邵东保和堂、韶山区韶山、长沙跳马涧，龙潭组。

3，4. *Simozonotriletes labellatus* Wang，1984

山西保德，本溪组。

5. *Simozonotriletes duplus* Ishchenko，1956

甘肃靖远，羊虎沟组下段。

6，9. *Patellisporites meishanensis* Ouyang，1962

浙江长兴，龙潭组。

7. *Patellisporites tiaomaensis* Jiang，1982

湖南长沙跳马涧，龙潭组。

8. *Simozonotriletes crassus* Zhou，1980

河南范县，石盒子群。

10，11. *Simozonotriletes intortus*（Waltz）Potonié and Kremp，1954

山西保德，太原组。

12，32. *Lophozonotriletes rarituberculatus*（Luber）Kedo，1957

甘肃靖远,羊虎沟组中段。

13. *Lophozonotriletes cyclophymatus* Hou, 1982

    湖南锡矿山地区欧家冲剖面,邵东组上部。

14, 15. *Simozonotriletes elegans* Gao, 1988

    甘肃靖远,臭牛沟组。

16, 24. *Simozonotriletes robustus* Jiang and Hu, 1982

    湖南宁远冷水铺煤矿,大塘阶测水段。

17. *Lophozonotriletes circumscriptus* Ischenko, 1956

    贵州睦化,打屋坝组底部。

18, 19. *Lophozonotriletes crassoides* Chen, 1978

    湖南邵东保和堂、浏阳官渡桥,龙潭组。

20, 36. *Simozonotriletes pseudostriatus* Zhu, 1993

    甘肃靖远,红土洼组。

21, 22. *Lophozonotriletes verrucus*（Zhu）Zhu comb. nov.

    甘肃靖远,靖远组—羊虎沟组。

23, 39. *Lophozonotriletes famenensis*（Naumova）Gao, 1980

    甘肃靖远,前黑山组。

25, 26. *Simozonotriletes pingshuoensis*（Liao）Liu nom. nov.

    山西平朔矿区,本溪组。

27. *Lophozonotriletes obsoletus* Kedo, 1963

    贵州睦化,打屋坝组底部。

28, 29. *Multinodisporites junctus* Ouyang and Li, 1980

    云南富源,宣威组下段—卡以头组。

30, 31. *Simozonotriletes pijiaoensis* Huang, 1982

    福建长汀陂角,梓山组。

33, 34. *Multinodisporites sinuatus* Ouyang, 1986

    云南富源,宣威组下段—上段。

35. *Potoniespores bizonales* Artüz, 1957

    甘肃靖远,臭牛沟组。

37. 43. *Simozonotriletes striatus* Ouyang and Li, 1980

    山西朔县,本溪组。

38. *Potoniespores delicatus* Playford, 1963

    甘肃靖远,红土洼组。

40. *Patellisporites clarus*（Kaiser）Jiang, 1982

    湖南长沙跳马涧,龙潭组。

41, 42. *Simozonotriletes densus* Zhu, 1993

    甘肃靖远,羊虎沟组下段。

44. *Lophozonotriletes mesogrumosus*（Kedo）Gao, 1980

    甘肃靖远,前黑山组。

图 版 123

1, 37, 42. *Limatulasporites fossulatus*（Balme）Helby and Foster, 1979

    新疆吉木萨尔大龙口,锅底坑组;37, 42. ×1080。

2, 3. *Heteroporispora subtriangularis*（Huang）Zhu and Ouyang comb. nov.

    湖南双峰测水,测水组。

4, 5. *Polycingulatisporites convallatus* Wang, 1984

    甘肃靖远,红土洼组—羊虎沟组中下部。

6, 17. *Secarisporites remotus* Neves, 1961

    山西保德,本溪组—山西组。

7，23. *Vesiculatisporites triangularis* Zhu，1993

山西左云，山西组。

8，36. *Clavisporis undatus*（Yu）Ouyang comb. nov.

　　8. 内蒙古准格尔旗，石盒子群；36. 山东兖州，山西组。

9. *Distalanulisporites minutus*（Gao）Ouyang comb. nov.

山西宁武，上石盒子组。

10. *Distalanulisporites? noeggerathioides* Wang，1987

安徽界首，石千峰组下部。

11. *Crassispora kosankei*（Potonié and Kremp）Bharadwaj emend. Smith and Butterworth，1967

甘肃靖远，靖远组—羊虎沟组。

12. *Crassispora adornata*（Ouyang）Ouyang comb. nov.

浙江长兴，龙潭组。

13，14. *Propterisispora sparsa* Ouyang and Li，1980

云南富源，宣威组下段—卡以头组。

15，16. *Propterisispora verruculifera* Ouyang，1986

云南富源，宣威组下段—上段。

18. *Canalizonospora? permiana* Wang，1987

安徽界首，石千峰组中段。

19，20. *Polycingulatisporites rhytismoides* Ouyang and Li，1980

云南富源，卡以头组。

21，41. *Patellisporites verrucosus* Chen，1978

湖南长沙跳马涧、邵东保和堂，龙潭组。

22，28. *Sinulatisporites corrugatus* Geng，1987

山西柳林、陕西吴堡、甘肃环县、宁夏横山堡，下石盒子组。

24，25. *Sinulatisporites tumulosus*（Imgrund）Gao，1984

河北开平，唐家庄组。

26，31. *Vesiculatisporites meristus* Gao，1984

山西宁武，下石盒子组。

27. *Lophozonotriletes zhushanensis* Hou，1982

湖南锡矿山地区欧家冲剖面，邵东组上部。

29，43. *Clavisporis irregularis* Liao，1987

山西宁武，上石盒子组。

30. *Vesiculatisporites masculosus* Gao，1984

山西宁武，下石盒子组。

32. *Patellisporites tiaomaensis* Jiang，1982

湖南长沙跳马涧，龙潭组。

33，44. Cf. *Exallospora coronata* Playford，1971

　　33. 新疆塔里木盆地和田河井区，卡拉沙依组；44. 甘肃靖远，前黑山组。

34，46. *Vesiculatisporites undulatus* Gao，1984

　　34. 河北开平煤田，大苗庄组；46. 山西宁武，下石盒子组顶部—上石盒子组下部。

35. *Clavisporis florescentis* Chen，1978

湖南石门青峰，栖霞组马鞍段。

38. *Cingulatisporites shaodongensis* Ouyang and Chen sp. nov.

湖南邵东保和堂，龙潭组。

39，40. *Patellisporites sinensis*（Kaiser）Ouyang comb. nov.

云南富源，卡以头组。

45，47. *Sinulatisporites shansiensis*（Kaiser）Geng，1987

　　45. 山西保德，下石盒子组；47. 山西宁武，下石盒子组。

图 版 124

1，4. *Crassispora uniformis* Zhu，1989

　　1. 山西左云，太原组；4. 甘肃靖远，靖远组、红土洼组。

2，13. *Crassispora trychera* Neves and Ioannides，1974

　　贵州睦化，打屋坝组底部。

3. *Crassispora spitsbergense* Bharadwaj and Venkatachala，1962

　　新疆准噶尔盆地克拉美丽地区，滴水泉组。

5，9. *Crassispora tuberculiformis* Ouyang and Chen，1987

　　江苏句容，高骊山组。

6，22. *Crassispora punctata* Wang，1984

　　6. 甘肃靖远，红土洼组上段；22. 宁夏横山堡，中上石炭统。

7，8. *Crassispora orientalis* Ouyang and Li，1980

　　山西朔县、保德，本溪组—太原组。

10，12. *Crassispora maculosa*（Knox）Sullivan，1964

　　10. 河北开平，开平组和赵各庄组；内蒙古准格尔旗黑岱沟，本溪组；内蒙古清水河，太原组。

11. *Balteusispora textura* Ouyang，1964

　　山西河曲，下石盒子组。

14. *Balteusispora regularis*（Yan）Ouyang comb. nov.

　　河北苏桥，下石盒子组。

15，21. *Crassispora minuta* Gao，1984

　　15. 山西宁武，上石盒子组；21. 山西保德，下石盒子组。

16. *Crassispora plicata* Peppers，1964

　　甘肃平凉，山西组。

17. *Crassispora kosankei*（Potonié and Kremp）Bharadwaj emend. Smith and Butterworth，1967

　　山西宁武，本溪组—石盒子群。

18. *Crassispora galeata*（Imgrund）Ouyang comb. nov.

　　河北开平煤田，开平组。

19，20. *Crassispora gigantea* Zhu，1993

　　甘肃靖远，羊虎沟组中段。

图 版 125

1，12. *Brialatisporites iucundus*（Kaiser）Gao，1984

　　1. 山西保德，上石盒子组；2. 山西宁武，石盒子群。

2，3. *Callitisporites sinensis* Gao，1984

　　山西宁武，上石盒子组。

4，19. *Hymenozonotriletes proelegans* Kedo，1963

　　新疆塔里木盆地，巴楚组。

5. *Hymenospora* cf. *caperata* Felix and Burbridge，1967

　　江苏句容，高骊山组。

6，18. *Balteusispora textura* Ouyang，1964

　　山西河曲，下石盒子组—上石盒子组。

7，10. *Hymenozonotriletes explanatus*（Luber）Kedo，1963

　　江苏宝应，五通群擂鼓台组最上部。

8. *Cristatisporites saarensis* Bharadwaj，1957

　　山西保德，上石盒子组。

9. *Cristatisporites connexus* Potonié and Kremp，1955

　　新疆准噶尔盆地克拉美丽，滴水泉组。

11. *Hymenozonotriletes microgranulatus*（Gao）Zhu and Ouyang com. nov.

　　贵州睦化，打屋坝组底部。

13，16. *Hymenozonotriletes acutus* Zhou，1980

山东沾化，太原组。

14，15. *Auroraspora macra* Sullivan，1968

新疆塔里木盆地，巴楚组。

17，20. *Hymenozonotriletes reticuloides*（Ouyang）Liu comb. nov.

17. 山西宁武，山西组—上石盒子组；20. 山西河曲，下石盒子组。

21，23. *Callitisporites granosus* Gao，1984

山西宁武，上石盒子组；×700。

22. *Balteusispora graniverrucosa*（Tao）Ouyang comb. nov.

河北苏桥，下石盒子组。

图 版 126

1. *Hymenospora* cf. *caperata* Felix and Burbridge，1967

江苏句容，高骊山组。

2，3. *Kraeuselisporites argutus* Hou and Wang，1986

新疆吉木萨尔大龙口，梧桐沟组。

4，9. *Kraeuselisporites spinulosus* Hou and Wang，1986

新疆吉木萨尔大龙口，梧桐沟组、锅底坑组。

5，19. *Spinozonotriletes kaiserii* Ouyang sp. nov.

山西保德，上石盒子组。

6，7. *Tumulispora malevkensis*（Kedo）Turnau，1978

贵州睦化，打屋坝组底部。

8. *Tumulispora rarituberculata*（Luber）Potonié，1966

甘肃靖远，臭牛沟组。

10，17. *Tumulispora variverrucata*（Playford）Staplin and Jansonius，1964

甘肃靖远，臭牛沟组。

11. *Cristatisporites pannosus*（Knox）Butterworth and Smith，1976

山西宁武，下石盒子组石滩段。

12，13. *Cristatisporites indolatus* Playford and Satterthwait，1988

新疆塔里木盆地，巴楚组。

14，15. *Cristatisporites jinyuanensis* Gao，1988

甘肃靖远，臭牛沟组。

16. *Kraeuselisporites echinatus* Owens，Mishell and Marshall，1976

甘肃靖远，羊虎沟组。

18. *Spinozonotriletes apiculus* Geng，1985

甘肃环县，羊虎沟组。

20. *Cristatisporites saarensis* Bharadwaj，1957

山西保德，上石盒子组。

21. *Kraeuselisporites ornatus*（Neves）Owens，Mishell and Marshall，1976

甘肃靖远，羊虎沟组下段。

22，23. *Cristatisporites* cf. *solaris*（Balme）Butterworth and Smith，1989

新疆准噶尔盆地克拉美丽，滴水泉组。

24. *Cristatisporites permixtus* Gao，1987

甘肃靖远，靖远组。

25. *Kraeuselisporites* sp.

新疆塔里木盆地和田河井区，卡拉沙依组。

26，29. *Cristatisporites menendezii*（Menéndez and Azcuy）Playford，1978

新疆塔里木盆地，巴楚组。

27. *Brialatisporites spinosus* Gao，1984

山西宁武,上石盒子组。

28. *Cristatisporites microspinosus* Gao, 1987

    甘肃靖远,靖远组。

图 版 127

1,2. *Spinozonotriletes songii* Ouyang sp. nov.

    山西保德,上石盒子组。

3,4. *Vallatisporites semireticulatus* Ouyang sp. nov.

    山西保德,上石盒子组。

5,6. *Radiizonates striatus* (Knox) Staplin and Jansonius, 1964

    5. 山西保德,下石盒子组;6. 甘肃靖远,羊虎沟组中下段。

7. *Cirratriradites punctatus* Dybova and Jachowicz, 1957

    山西宁武,本溪组。

8. *Vallizonosporites spiculus* Zhou, 1980

    河南范县,上石盒子组。

9,10. *Cingulizonates capistratus* (Hoffmeister, Staplin and Malloy) Staplin and Jansonius, 1964

    9. 山西轩岗煤田,太原组;10. 甘肃靖远,红土洼组。

11. *Cirratriradites pellucidus* Gao, 1984

    山西宁武,上石盒子组。

12. *Cirratriradites petaloniformis* Hou and Wang, 1986

    新疆吉木萨尔大龙口,锅底坑组。

13,28. *Cingulizonates bialatus* (Waltz) Smith and Butterworth, 1967

    13. 甘肃靖远,靖远组;28. 山西宁武,本溪组。

14. *Tumulispora rarituberculata* (Luber) Potonié, 1966

    甘肃靖远,臭牛沟组。

15. *Vallatisporites* cf. *paravallatus* Zhou, 2003

    甘肃靖远,红土洼组—羊虎沟组下段。

16,17. *Cirratriradites flabelliformis* Wilson and Kosanke, 1944

    16. 山西宁武,本溪组;17. 山西轩岗煤田,太原组。

18,19. *Radiizonates reticulatus* Zhu, 1993

    甘肃靖远,羊虎沟组中段。

20,21. *Radiizonates solaris* Kaiser, 1976

    山西保德,太原组—下石盒子组。

22. *Radiizonates spinosus* (Liao) Ouyang and Zhu comb. nov.

    山西宁武,本溪组。

23,24. *Cirratriradites gracilis* Zhu, 1993

    甘肃靖远,红土洼组—羊虎沟组下段。

25. *Cirratriradites rarus* (Ibrahim) Schopf, Wilson and Bentall, 1944

    山西宁武,本溪组。

26,27. *Radiizonates major* Zhang, 1990

    内蒙古准格尔旗黑岱沟,太原组。

29. *Cirratriradites leptomarginatus* Felix and Burbridge, 1967

    甘肃靖远,红土洼组。

图 版 128

1,21. *Procoronaspora fasciculata* Love, 1960

    贵州睦化、代化,打屋坝组底部。

2,3. *Procoronaspora labiata* Zhu sp. nov.

    甘肃靖远,羊虎沟组中段。

4，5. *Camarozonotriletes fistulatus* Du，1986

　　甘肃平凉,山西组。

6，7. *Procoronaspora odontopetala* Zhu，1993

　　甘肃靖远,红土洼组上段—羊虎沟组中段。

8，22. *Rotaspora knoxii* Butterworth and Williams，1958

　　　8. 湖南双峰测水,测水组;22. 甘肃靖远,红土洼组。

9. *Diatomozonotriletes minutus* Gao，1983

　　贵州贵阳乌当,旧司组。

10，11. *Procoronaspora dumosa*（Staplin）Smith and Butterworth，1967

　　甘肃靖远,红土洼组。

12，23. *Pachetisporites kaipingensis* Gao，1984

　　　12. 河北开平煤田,赵各庄组;23. 山西保德,太原组。

13，14. *Rotaspora fracta*（Schemel）Smith and Butterworth，1967

　　甘肃靖远,红土洼组。

15，16. *Rotaspora granifer* Gao，1987

　　甘肃靖远,红土洼组。

17，20. *Rotaspora crenulata* Smith and Butterworth，1967

　　甘肃靖远,红土洼组。

18，19. *Wilsonisporites radiatus*（Ouyang and Li）Ouyang，1982

　　云南富源,宣威组上段—卡以头组。

24，25. *Cirratriradites* cf. *saturni*（Ibrahim）Schopf，Wilson and Bentall，1944

　　河南临颖,上石盒子组。

26，31. *Cirratriradites sinensis* Zhu，1993

　　甘肃靖远,红土洼组—羊虎沟组。

27，30. *Rotaspora major* Gao，1987

　　甘肃靖远,靖远组—红土洼组。

28，32. *Pachetisporites tenuis*（Peppers）Zhu，1993

　　甘肃靖远,红土洼组。

29，34. *Cirratriradites saturni*（Ibrahim）Schopf，Wilson and Bentall，1944

　　　29. 甘肃靖远,红土洼组;34. 山西宁武,太原组。

33. *Cirratriradites rarus*（Ibrahim）Schopf，Wilson and Bentall，1944

　　甘肃靖远,红土洼组。

35，37. *Procoronaspora ambigua*（Butterworth and Williams）Smith and Butterworth，1967

　　甘肃靖远,红土洼组—羊虎沟组中段。

36. *Procoronaspora* cf. *serrata*（Playford）Smith and Butterworth，1967

　　山西宁武,本溪组。

38. *Diatomozonotriletes jinyuanensis* Gao，1987

　　甘肃靖远,靖远组。

图　版　129

1. *Angulisporites splendilus* Bharadwaj，1954

　　山西宁武,本溪组。

2，31. *Diatomozonotriletes pectinatus* Gao，1983

　　　2. 贵州睦化,打屋坝组底部;31. 贵州贵阳乌当,旧司组。

3，8. *Diatomozonotriletes subspeciosus* Gao，1983

　　贵州贵阳乌当,旧司组。

4，9. *Reinschospora delicata* Zhu，1993

　　甘肃靖远,红土洼组—羊虎沟组。

5，22. *Diatomozonotriletes ubertus* Ischenko，1956

5. 贵州贵阳乌当,旧司组;22. 甘肃靖远,臭牛沟组。

6,29. *Rugospora minuta* Neves and Ioannides, 1974
甘肃靖远,红土洼组和羊虎沟组。

7,34. *Tholisporites scoticus* Butterwoth and Williams, 1958
7. 甘肃靖远,臭牛沟组;34. 山西宁武,太原组。

10,18. *Reinschospora speciosa* (Loose) Schopf, Wilson and Bentall, 1944
山西保德,本溪组。

11,14. *Reinschospora triangularis* Kosanke, 1950
山西保德,本溪组—太原组。

12. *Archaeozonotriletes* cf. *polymorphus* Naumova, 1953
贵州睦化,打屋坝组底部。

13. *Diatomozonotriletes saetosus* (Hacquebard and Barss) Hughes and Playford, 1961
甘肃靖远,红土洼组。

15,17. *Reinschospora magnifica* Kosanke, 1950
山西保德,本溪组。

16,25. *Tholisporites jiangnanensis* (Chen) Ouyang comb. nov.
湖南石门青峰,栖霞组马鞍段。

19. *Diatomozonotriletes jubatus* (Staplin) Playford, 1963
贵州贵阳乌当,旧司组。

20,21. *Reinschospora punctata* Kosanke, 1950
甘肃靖远,红土洼组。

23. *Diatomozonotriletes* cf. *trilinearius* Playford, 1963
甘肃靖远,红土洼组。

24. *Rotaspora ochyrosa* Gao, 1984
山西宁武,本溪组。

26,30. *Diatomozonotriletes papillatus* Gao, 1983
贵州贵阳乌当,旧司组。

27,28. *Rotaspora granifer* Gao, 1987
甘肃靖远,红土洼组—羊虎沟。

32,33. *Diatomozonotriletes mirabilis* Gao, 1988
甘肃靖远,臭牛沟组。

35. *Cymbosporites magnificus* (Owens) var. *magnificus* (Owens) Lu, 1988
新疆塔里木盆地,巴楚组。

图 版 130

1,2. *Auroraspora macra* Sullivan, 1968
江苏句容,高骊山组。

3,4. *Auroraspora pallida* (Naumova) ex Ouyang and Chen, 1987
江苏宝应,五通群擂鼓台组顶部。

5,6. *Rugospora granulatipunctata* (Hoffmeister, Staplin and Malloy) Higgs, Clayton and Keegan, 1988
新疆塔里木盆地,巴楚组。

7,16. *Fastisporites minutus* Gao, 1980
甘肃靖远,前黑山组。

8. *Colatisporites decorus* (Bharadwaj and Venkatachala) Williams in Neves et al. , 1973
甘肃靖远,臭牛沟组。

9,10,12,22. *Auroraspora jingyuanensis* Gao, 1980
甘肃靖远,前黑山组。

11,18. *Fastisporites proelegans* (Kedo) Gao, 1980
甘肃靖远,前黑山组。

13. *Rugospora arenacea* Ouyang and Chen, 1987

   江苏句容,高骊山组。

14,17. *Colatisporites denticulatus* Neville, 1973

   贵州贵阳乌当,旧司组。

15,19. *Rugospora polyptycha* Neves and Ioannides, 1974

   新疆塔里木盆地,巴楚组。

20,25. *Rugospora corporata* Neves and Owens, 1966

   甘肃靖远,红土洼组;20. ×320。

21,23. *Rugospora jingyuanensis* Gao, 1980

   甘肃靖远,前黑山组。

24,26. *Colatisporites subgranulatus* Ouyang and Chen, 1987

   江苏句容,高骊山组。

图 版 131

1,27. *Diducites poljessicus* (Kedo) emend. van Veen, 1981

   1. 江苏句容,五通群擂鼓台组上部;27. 新疆塔里木盆地莎车,奇自拉夫组。

2,3. *Grandispora uniformis* Hou, 1982

   湖南锡矿山,邵东组上部。

4. *Lundbladispora emendatus* Hou and Shen, 1989

   新疆乌鲁木齐芦草沟,锅底坑组。

5,6. *Pseudolycospora radialis* Wang, 1984

   5. 宁夏横山堡,上石炭统;6. 山西宁武,太原组。

7,10. *Lundbladispora subornata* Ouyang and Li, 1980

   新疆吉木萨尔大龙口,锅底坑组。

8,24. *Discernisporites micromanifestus* (Hacquebard) Sabry and Neves, 1971

   新疆克拉玛依,车排子组—佳木河组。

9. *Grandispora spinosa* Hoffmeister, Staplin and Malloy, 1955

   甘肃靖远,羊虎沟组下段。

11. *Lundbladispora polyspinus* Hou and Shen, 1989

   新疆乌鲁木齐芦草沟,锅底坑组。

12. *Orbisporis muricatus* Bharadwaj and Venkatachala, 1961

   甘肃靖远,臭牛沟组。

13,14. *Grandispora facilisa* (Kedo) Gao, 1988

   13. 甘肃靖远,前黑山组;14. 西藏聂拉木,章东组。

15,20. *Lundbladispora communis* Ouyang and Li, 1980

   云南富源,宣威组上段—卡以头层。

16,30. *Endosporites formosus* Kosanke, 1950

   山西宁武,本溪组。

17,23. *Auroraspora triquetra* Gao, 1980

   17. 甘肃靖远,前黑山组;23. 新疆塔里木盆地和田河井区,卡拉沙依组。

18,19. *Grandispora echinata* Hacquebard, 1957

   18. 甘肃靖远,臭牛沟组;19. 贵州睦化,打屋坝组底部。

21. *Grandispora rigidulusa* Gao, 1988

   甘肃靖远,臭牛沟组。

22. *Auroraspora solisortus* Hoffmeister, Staplin and Malloy, 1955

   甘肃靖远,靖远组。

25. *Glyptispora microgranulata* Gao, 1984

   山西宁武,本溪组。

26. *Lundbladispora? minima* Ouyang, 1986

云南富源,宣威组上段。

28,29. *Endosporites globiformis* (Ibrahim) Schopf, Wilson and Bentall, 1944

山西保德,太原组。

图 版 132

1,6. *Endosporites hyalinus tournensis* (Kedo) Gao, 1983

贵州贵阳乌当,旧司组。

2,3. *Endosporites hyalinus hyalinus* (Naumova) Gao, 1983

贵州贵阳乌当,旧司组。

4,5. *Pseudolycospora inopsa* Ouyang and Lu, 1979

4. 山西保德,太原组;5. 山西宁武,太原组。

7. *Spelaeotriletes echinatus* (Luber in Kedo) Ouyang and Chen, 1987

江苏宝应,高骊山组。

8. *Spelaeotriletes balteatus* (Playford) Higgs, 1975

新疆塔里木盆地,巴楚组。

9,16. *Spelaeotriletes arenaceus* Neves and Owens, 1966

贵州睦化、代化,打屋坝组底部。

10. *Endosporites granulatus* Gao, 1980

甘肃靖远,前黑山组。

11. *Endosporites* cf. *rotundus* (Ibrahim) Schopf, Wilson and Bentall, 1944

山西宁武,上石盒子组。

12,17. *Endosporites zonalis* (Loose) Knox, 1950

12. 山西左云,本溪组;17. 山东沾化,本溪组。

13. *Endosporites* cf. *splendidus* (Bharadwaj) Jansonius and Hills, 1976

甘肃平凉,山西组。

14,15. *Endosporites punctatus* Gao, 1984

山西宁武,上石盒子组。

18,19. *Spencerisporites radiatus* (Ibrahim) Felix and Parks, 1959

18. 山西保德,本溪组—太原组;19. 甘肃靖远,羊虎沟组;×260。

图 版 133

1,2. *Alatisporites* cf. *hexalatus* Kosanke, 1950

山西宁武,本溪组。

3,4. *Alatisporites hoffmeisterii* Morgan, 1955

甘肃靖远,羊虎沟组。

5. *Alatisporites nudus* Neves, 1958

甘肃靖远,臭牛沟组。

6. *Spelaeotriletes balteatus* (Playford) Higgs, 1975

新疆塔里木盆地,巴楚组。

7,8. *Alatisporites pustulatus* Ibrahim, 1933

山西保德,本溪组。

9,11. *Alatisporites trialatus* Kosanke, 1950

9. 宁夏横山堡,上石炭统;11. 内蒙古鄂托克旗,本溪组。

10,15. *Alatisporites punctatus* Kosanke, 1950

10. 山西朔县,本溪组;15. 甘肃靖远,红土洼组。

12,24. *Laevigatosporites bisectus* Zhang, 1990

内蒙古准格尔旗黑岱沟,本溪组。

13,14. *Laevigatosporites asperatus* Jiang, 1982

湖南长沙跳马涧,龙潭组。

16，21. *Laevigatosporites desmoinesensis* (Wilson and Coe) Schopf, Wilson and Bentall, 1944
　　甘肃靖远，红土洼组—羊虎沟组。

17，25. *Laevigatosporites callosus* Balme, 1970
　　17. 云南富源，卡以头组；25. 湖南长沙跳马涧，龙潭组。

18. *Spelaeotriletes echinatus* (Luber in Kedo) Ouyang and Chen, 1987
　　江苏宝应，高骊山组。

19，22. *Laevigatosporites labrosus* Jiang, 1982
　　湖南长沙跳马涧，龙潭组。

20. *Alatisporites rugosus* Zhang, 1990
　　内蒙古准格尔旗龙王沟、黑岱沟，本溪组。

23. *Alatisporites* cf. *inflatus* Kosanke, 1950
　　河北开平煤田，赵各庄组。

26. *Laevigatosporites angustus* Du, 1986
　　甘肃平凉，山西组。

27. *Spelaeotriletes* cf. *microspinosus* Neves and Ioannides, 1974
　　贵州贵阳乌当，旧司组。

图　版　134

1，20. *Laevigatosporites holcus* Ouyang and Li, 1980
　　山西朔县、宁武，本溪组。

2，3. *Laevigatosporites lineolatus* Ouyang, 1962
　　浙江长兴，龙潭组。

4，8. *Laevigatosporites longilabris* Ouyang, 1962
　　浙江长兴，龙潭组。

5，13. *Laevigatosporites vulgaris* Ibrahim, 1933
　　山西保德，山西组。

6，7. *Laevigatosporites gansuensis* (Zhu) Zhu comb. nov. and nom. nov.
　　甘肃靖远，红土洼组—羊虎沟组。

9，11. *Laevigatosporites robustus* Kosanke, 1950
　　9. 甘肃平凉，山西组；11. 湖南邵东，龙潭组。

10，21. *Laevigatosporites maximus* (Loose) Potonié and Kremp, 1956
　　10. 甘肃靖远，红土洼组—羊虎沟组；21. 湖南石门青峰，栖霞组。

12，14. *Latosporites ficoides* (Imgrund) Potonié and Kremp, 1956
　　12. 河北开平煤田，唐家庄组；14. 山西宁武，太原组上部。

15，16. *Laevigatosporites minimus* (Wilson and Coe) Schopf, Wilson and Bentall, 1944
　　云南富源，宣威组—卡以头组。

17，18. *Latosporites globosus* (Schemel) Potonié and Kremp, 1956
　　17. 宁夏横山堡，太原组；18. 甘肃平凉，山西组。

19，22. *Laevigatosporites medius* Kosanke, 1950
　　湖南邵东保和堂、长沙跳马涧，龙潭组。

23. *Laevigatosporites yinchuanensis* Wang, 1984
　　宁夏横山堡，本溪组。

24. *Laevigatosporites major* Venkatachala and Bharadwaj, 1964
　　山西宁武，本溪组。

图　版　135

1. *Latosporites leei* Ouyang sp. nov.
　　浙江长兴，龙潭组。

2，6. *Diptychosporites nephroformis* Chen, 1978

湖南邵东保和堂,龙潭组。

3,4. *Diptychosporites polygoniatus* Chen, 1978

湖南邵东保和堂,龙潭组。

5. *Foveomonoletes foveolatus* Geng, 1985

陕西米脂,太原组。

7. *Latosporites minutus* Bharadwaj, 1957

宁夏横山堡,羊虎沟组—太原组。

8,23. *Punctatosporites pygmaus* (Imgrund) Potonié and Kremp, 1956

河北开平煤田,唐家庄组—赵各庄组。

9,10. *Punctatosporites minutus* Ibrahim, 1933

湖南长沙,龙潭组。

11,12. *Yunnanospora radiata* Ouyang, 1979

云南富源,宣威组下段—上段。

13,14. *Crassimonoletes*? *lastilabris* Wang, 1985

新疆塔里木盆地,棋盘组、克孜里奇曼组。

15,16. *Punctatosporites* cf. *rotundus* (Bharadwaj) Alpern and Doubinger, 1973

河南临颖,上石盒子组。

17,20. *Latosporites latus* (Kosanke) Potonié and Kremp, 1956

17. 山西河曲,下石盒子组;20. 河北开平煤田,赵各庄组。

18. *Punctatosporites papillus* Zhou, 1980

河南范县,上石盒子组。

19,22. *Punctatosporites punctatus* (Kosanke) comb. Alpern and Doubinger, 1973

19. 湖南邵东,龙潭组;22. 河北开平煤田,赵各庄组。

21. *Punctatosporites* cf. *cingulatus* Alpern and Doubinger, 1967

山西宁武,本溪组。

24,25. *Punctatosporites scabellus* (Imgrund) Potonié and Kremp, 1956

山西保德,下石盒子组。

26. *Extrapunctatosporites fabaeformis* (Agrali and Akyol) Alpern and Doubinger, 1973

河北开平煤田,赵各庄组。

27,31. *Punctatosporites venustus* Liao, 1987

山西平朔矿区,山西组。

28,33. *Punctatosporites huananensis* Ouyang nom. nov.

28. 浙江长兴,龙潭组;33. 湖南邵东保和堂,龙潭组。

29,30. *Latosporites planorbis* (Imgrund) Potonié and Kremp, 1956

甘肃靖远,红土洼组—羊虎沟组。

32. *Latosporites major* Chen, 1978

湖南邵东保和堂,龙潭组。

34. *Punctatosporites ningxiaensis* Liu nom. nov.

宁夏横山堡,羊虎沟组—太原组。

图 版 136

1,2,12. *Schweitzerisporites maculatus* Kaiser, 1976

山西保德,石盒子群。

3,10. *Tuberculatosporites acutus* Ouyang, 1962

3. 湖南邵东、长沙,龙潭组;10. 浙江长兴,龙潭组。

4. *Spinosporites peppersii* Alpern and Doubinger, 1973

河北开平煤田,赵各庄组。

5,25. *Tuberculatosporites anicystoides* Imgrund, 1952

河北开平,唐家庄组—赵各庄组。

6. *Tuberculatosporites duracinus* Ouyang and Li, 1980

山西朔县,本溪组。

7. *Hazaria reticularis* Zhou, 1980

河南范县,上石盒子组。

8,9. *Hunanospora splendida* Chen, 1978

湖南邵东保和堂、韶山区韶山,龙潭组。

11. *Tuberculatosporites impistus* Ouyang, 1986

云南富源,宣威组上段。

13. *Tuberculatosporites medius* Zhou, 1980

山东沾化、河南范县,上石盒子组。

14. *Tuberculatosporites minor* Chen, 1978

湖南邵东保和堂,龙潭组。

15,19. *Spinosporites spinosus* Alpern, 1958

15. 山西保德,山西组;19. 山西宁武、内蒙古清水河,本溪组—太原组。

16,17. *Tuberculatosporites homotubercularis* Hou and Wang, 1986

新疆吉木萨尔大龙口,梧桐沟组。

18,23. *Hunanospora florida* Chen, 1978

湖南邵东保和堂,龙潭组。

20,24. *Tuberculatosporites microspinosus* Ouyang and Li, 1980

20. 云南富源,宣威组上段;24. 云南富源,卡以头组。

21,26. *Tuberculatosporites shaodongensis* Chen, 1978

21. 湖南邵东保和堂、韶山区韶山,龙潭组;26. 湖南邵东保和堂,龙潭组。

22,27. *Tuberculatosporites raphidacanthus*（Liao）Ouyang and Zhu comb. nov.

山西平朔,太原组—山西组。

图 版 137

1. *Thymospora marcida* Chen, 1978

湖南邵东保和堂,龙潭组。

2. *Thymospora maxima* Zheng, 2000

河北苏桥,下石盒子组。

3,4. *Thymotorispora margara* Jiang, 1982

湖南长沙,龙潭组。

5,23. *Polypodiidites fuyuanensis* Ouyang, 1986

云南富源,宣威组上段。

6,7. *Torispora verrucosa* Alpern, 1958

山西保德,太原组。

8,19. *Macrotorispora media*（Ouyang）Chen, 1978

8. 浙江长兴,龙潭组;19. 湖南邵东、韶山,龙潭组。

9,14. *Torispora laevigata* Bharadwaj, 1957

山西保德, 太原组—下石盒子组。

10,11. *Thymospora mesozoica* Ouyang and Li, 1980

云南宣威,宣威组下段—卡以头组。

12,13. *Thymospora thiessenii*（Kosanke）Wilson and Venkatachala, 1963

内蒙古准格尔旗黑岱沟,太原组上部(6 号煤)。

15,16. *Thymospora pseudothiessenii*（Kosanke）Wilson and Venkatachala, 1963

15. 山西宁武,太原组;16. 山西保德,下石盒子组。

17. *Thymospora amblyogona*（Imgrund）Wilson and Vekatachala, 1963

河北开平煤田,唐家庄组。

18,20. *Stripites sinensis* Liao, 1987

山西平朔矿区,山西组。

21. *Tuberculatosporites acutus* Ouyang, 1962

云南富源,宣威组下段—上段。

22, 28. *Polypodiidites anthracis* (Chen) Ouyang comb. nov.

湖南韶山区韶山、邵东保和堂,龙潭组。

24, 34a, b. *Polypodiidites perplexus* Ouyang and Li, 1980

云南富源,卡以头组。

25, 26. *Polypodiidites reticuloides* Ouyang, 1986

云南富源,宣威组上段—卡以头层。

27. *Polypodiidites margarus* (Chen) Ouyang comb. nov.

湖南邵东保和堂,龙潭组。

29, 30. *Torispora securis* (Balme) Alpern, Doubinger and Hörst, 1965

山西保德,太原组。

31, 35. *Thymotorispora acuta* (Jiang) Ouyang comb. nov.

湖南长沙,龙潭组。

32, 33. *Polypodiidites pulchera* (Chen) Ouyang comb. nov.

湖南邵东保和堂、韶山区韶山,龙潭组。

图 版 138

1, 6. *Striolatospora bellula* (Chen) Ouyang comb. nov.

湖南邵东,龙潭组。

2, 3. *Striolatospora gracilis* Ouyang and Lu, 1979

2. 河北开平唐家庄,赵各庄组(12层煤);3. 甘肃平凉,山西组。

4, 5. *Striolatospora minor* Jiang, 1982

湖南长沙,龙潭组。

7, 9. *Striolatospora lucida* (Chen) Jiang, 1982

湖南邵东、长沙,龙潭组。

8, 10. *Striolatospora microrugosa* (Tschudy and Kosanke) Jiang, 1982

8. 贵州凯里,梁山组;10. 湖南石门青峰,梁山组。

11, 15. *Striolatospora multifasciata* Zhou, 1979

11. 山东沾化,下石盒子组;15. 河北开平,大苗庄组。

12, 18. *Macrotorispora laevigata* (Gao ex Chen, 1978) emend. Ouyang and Lu, 1980

湖南邵东,龙潭组。

13, 14. *Striolatospora major* Jiang, 1982

湖南长沙、邵东,龙潭组。

16, 17. *Macrotorispora gigantea* (Ouyang) Gao ex Chen emend. Ouyang and Lu, 1980

16. 浙江长兴,龙潭组;17. 湖南邵东,龙潭组。

图 版 139

1, 2. *Aratrisporites yunnanensis* Ouyang and Li, 1980

云南富源,宣威组上段近顶部—卡以头层。

3, 4. *Speciososporites sinensis* Zhu, 1993

甘肃靖远磁窑,红土洼组—羊虎沟组。

5, 6. *Taeniaetosporites yunnanensis* Ouyang, 1979

云南富源,宣威组下段—上段。

7, 10. *Striatosporites ovalis* (Peppers) Playford and Dino, 2000

7. 山西宁武,本溪组;10. 山西保德,太原组。

8. *Reticulatasporites atrireticulatus* Staplin, 1960

新疆准噶尔盆地克拉美丽地区,滴水泉组上段。

9. *Maculatasporites punctatus* Peppers, 1970

　　甘肃靖远,羊虎沟组。

11,19. *Striolatospora nauticus* (Kaiser) Ouyang comb. nov.

　　11. 山西保德,山西组—下石盒子组;19. 山西宁武,下石盒子组。

12,16. *Striatosporites heylerii* (Doubinger) comb. and emend. Playford and Dino, 2000

　　山西保德,太原组。

13,14. *Striolatospora rarifasciata* Zhou, 1979

　　13. 山东沾化,下石盒子组;14. 山西宁武,下石盒子组。

15,18. *Perinomonoletes laevigatus* Ouyang and Lu, 1979

　　河北开平赵各庄,赵各庄组下部。

17. *Speciososporites chenii* Ouyang sp. nov.

　　湖南邵东保和堂,龙潭组。

20,21. *Aratrisporites permicus* Wang, 1985

　　新疆塔里木盆地棋盘-杜瓦地区,克孜里奇曼组—塔哈奇组。

22. *Stremmatosporites xuangangensis* Gao, 1984

　　山西轩岗煤矿,山西组。

图　版　140

1,2. *Cordaitina stenolimbata* (Luber) Hou and Wang, 1990

　　新疆吉木萨尔,泉子街组、梧桐沟组。

3,4. *Cordaitina subrotata* (Luber) Samoilovich, 1953

　　3. 山西宁武,上石盒子组;4. 新疆乌鲁木齐石人子沟,芦草沟组。

5. *Cordaitina gemina* (Andreyeva) Hart, 1965

　　山西保德,上石盒子组。

6,17. *Cordaitina pararugulifera* Wang, 2003

　　6. 新疆吉木萨尔,泉子街组;17. 新疆吉木萨尔,锅底坑组。

7,12. *Cordaitina rotata* (Luber) Samoilovich, 1953

　　7. 新疆吉木萨尔五彩湾,平地泉组;12. 新疆吉木萨尔,梧桐沟组。

8,14. *Reticulatasporites taciturnus* (Loose) Potonié and Kremp, 1955

　　8. 宁夏横山堡,上石炭统;14. 新疆准噶尔盆地克拉美丽地区,滴水泉组。

9. *Cordaitina tenurugosa* Hou and Wang, 1986

　　新疆吉木萨尔大龙口,梧桐沟组。

10,20. *Cordaitina communis* Hou and Wang, 1986

　　新疆吉木萨尔大龙口,锅底坑组。

11. *Cordaitina brachytrileta* Hou and Wang, 1986

　　新疆吉木萨尔大龙口,锅底坑组。

13,16. *Reticulatasporites foveoris* Geng, 1987

　　陕西吴堡,山西组。

15. *Cordaitina* cf. *grandireticulata* Schatkinskaja, 1958

　　湖南邵东保和堂,龙潭组。

18,19. *Cordaitina conica* Liao, 1987

　　山西宁武,上石盒子组。

21,27. *Cordaitina annulata* Hou and Wang, 1990

　　山西宁武,上石盒子组。

22,23. *Striatosporites major* Bharadwaj, 1954

　　山西宁武、内蒙古清水河煤田,太原组。

24,28,29. *Reticulatasporites facetus* Ibrahim, 1933

　　24. 甘肃靖远,红土洼组—羊虎沟组;28,29. 宁夏灵武、内蒙古鄂托克旗,羊虎沟组。

25. *Archaeoperisaccus* sp. 2

山西河曲,下石盒子组。

26. *Reticulatasporites lacunosus* Felix and Burbridge, 1967

甘肃靖远,红土洼组。

图 版 141

1，2. *Cordaitina varians* (Sadkova) Hart, 1965

  1. 新疆吉木萨尔大龙口,锅底坑组;2. 山西宁武,上石盒子组。

3，4. *Florinites circularis* Bharadwaj, 1957

  山西宁武,太原组。

5，6. *Florinites florinii* Imgrund, 1952

  河北开平,唐家庄组—开平组。

7. *Cordaitina* cf. *trileta* (Alpern) Hart, 1965

  山西宁武,上石盒子组。

8，9. *Cordaitina uralensis* (Luber) Samoilovich, 1953

  8. 湖南浏阳,龙潭组;9. 云南富源,宣威组上段。

10，16. *Florinites ningwuensis* Gao, 1984

  10. 内蒙古准格尔旗黑岱沟,山西组;16. 山西宁武,上石盒子组。

11，31. *Florinites* cf. *antiquus* Schopf, 1944

  11. 湖南邵东保和堂,龙潭组;31. 云南富源,宣威组上段。

12，13. *Florinites junior* Potonié and Kremp, 1956

  山西保德,太原组。

14，18. *Florinites mediapudens* (Loose) Potonié and Kremp, 1956

  14. 山西保德,本溪组;18. 山东垦利,太原组—上石盒子组。

15. *Florinites* cf. *luberae* Samoilovich, 1953

  新疆吉木萨尔大龙口,梧桐沟组。

17，23. *Florinites productus* Zhou, 1980

  17. 山西宁武,太原组;23. 河南范县,上石盒子组。

19，20. *Florinites parvus* Wilson and Hoffmeister, 1956

  山西宁武,山西组。

21，24. *Florinites millottii* Butterworth and Williams, 1954

  宁夏横山堡,上石炭统。

22. *Cordaitina tenurugosa* Hou and Wang, 1986

  新疆吉木萨尔大龙口,梧桐沟组。

25. *Florinites pellucidus* (Wilson and Coe) Wilson, 1958

  山西宁武,太原组。

26. *Florinites eremus* Balme and Hennelly, 1955

  湖南邵东,龙潭组。

27，29. *Florinites ovalis* Bharadwaj, 1957

  27. 山东垦利,太原组—上石盒子组;29. 湖南长沙跳马涧,龙潭组。

28，30. *Florinites minutus* Bharadwaj, 1957

  山西保德,太原组—山西组。

图 版 142

1. *Iunctella anhuiensis* (Wang) Ouyang comb. nov.

  安徽界首,石千峰组中段。

2. *Iunctella taeniata* (Wang) Ouyang comb. nov.

  安徽界首,石千峰组中段。

3. *Umbilisaccites*? *medius* Ouyang, 1986

  云南富源,宣威组上段。

4，20. *Corisaccites medius* Wu，1995

　　河南柘城，上石盒子组。

5，19. *Florinites relictus* Ouyang and Li，1980

　　云南富源，宣威组上段—卡以头组。

6，7. *Umbilisaccites elongatus* Ouyang，1979

　　云南富源，宣威组下段。

8. *Corisaccites naktosus* Gao，1984

　　山西宁武，上石盒子组。

9，10. *Florinites pumicosus*（Ibrahim）Schopf，Wilson and Bentall，1944

　　山西宁武，太原组。

11，13. *Potonieisporites borealis*（Hou and Shen）Ouyang comb. nov.

　　新疆吉木萨尔大龙口，芦草沟组、梧桐沟组。

12. *Crucisaccites quadratoides*（Zhou）Hou and Song，1995

　　12. 山西宁武，上石盒子组。

14. *Guttulapollenites hannonicus* Goubin，1965

　　山西宁武，上石盒子组。

15. *Corisaccites scaber* Zhou，1980

　　山东垦利，上石盒子组。

16. *Potonieisporites* cf. *neglectus* Potonié and Lele，1959

　　山西宁武，上石盒子组。

17. *Florinites* cf. *volans*（Ibrahim）Potonié and Kremp，1956

　　湖南浏阳，龙潭组。

18. *Potonieisporites bharadwaji* L. Remy and W. Remy，1961

　　山西宁武，上石盒子组。

21，22. *Florinites visendus*（Ibrahim）Schopf，Wilson and Bentall，1944

　　21. 湖南邵东，龙潭组;22. 山西保德，下石盒子组。

23，24. *Crucisaccites variosulcatus* Djupina，1971

　　新疆准噶尔盆地，二叠系。

图　版　143

1. *Potonieisporites grandis* Tschudy and Kosanke，1966

　　山西宁武，上石盒子组。

2，11. *Potonieisporites elegans*（Wilson and Kosanke）Wilson and Venkatachala，1964

　　甘肃靖远，红土洼组。

3. *Potonieisporites parvus* Zhou，1980

　　河南范县，上石盒子组。

4. *Samoilovitchisaccites turboreticulatus*（Samoilovich）Dibner，1971

　　山西宁武，上石盒子组。

5. *Schulzospora rara* Kosanke，1950

　　新疆塔里木盆地和田河井区，卡拉沙依组。

6，9. *Potonieisporites novicus* Bharadwaj，1954

　　6. 甘肃靖远，红土洼组下段;9. 山西宁武，下石盒子组。

7. *Crucisaccites quadratoides*（Zhou）Hou and Song，1995

　　山西宁武，上石盒子组。

8. *Endoculeospora gradzinskii* Turnau，1975

　　贵州睦化，打屋坝组底部。

10. *Potonieisporites charieis* Ouyang and Li，1980

　　山西朔县，本溪组。

图 版 144

1. *Potonieisporites* cf. *microdens* (Wilson) Jansonius, 1976
   新疆塔里木盆地,棋盘组。

2. *Guthoerlisporites triletus* (Kosanke) Loboziak, 1971
   山西宁武,山西组—下石盒子组。

3, 8. *Schulzospora campyloptera* (Waltz) Hoffmeister, Staplin and Malloy, 1955
   甘肃靖远,臭牛沟组、靖远组。

4, 7. *Potonieisporites turpanensis* Hou and Wang, 1990
   新疆准噶尔盆地南缘,井井子沟组—梧桐沟组;7. ×380。

5. *Wilsonites* cf. *delicatus* (Kosanke) Kosanke, 1959
   内蒙古准格尔旗黑岱沟,太原组(煤8)。

6. *Potonieisporites orbicularis* Zhou, 1980
   河南范县,上石盒子组。

9, 13. *Remysporites magnificus* (Hörst) Butterworth and Williams, 1958
   10. 甘肃靖远,靖远组—红土洼组;13. 新疆塔里木盆地,卡拉沙伊组。

10. *Remysporites stigmaeus* Gao, 1987
    甘肃靖远,红土洼组。

11, 12. *Noeggerathiopsidozonotriletes multirugulatus* (Hou and Wang) Wang, 2003
    新疆吉木萨尔大龙口,梧桐沟组。

14. *Qipanapollis talimensis* Wang, 1985
    山西宁武,本溪组。

图 版 145

1, 4. *Virkkipollenites* aff. *corius* Bose and Kar, 1966
   新疆克拉玛依,乌尔禾组下亚组。

2. *Nuskoisporites*? *coronatus* (Imgrund) Imgrund, 1960
   河北开平,赵各庄组。

3. *Tsugaepollenites tylodes* Wang, 1985
   新疆塔里木盆地,棋盘组。

5, 7. *Virkkipollenites sinensis* Zhang, 1990
   新疆克拉玛依,乌尔禾组下亚组。

6, 17. *Bascanisporites undulosus* Balme and Hennelly, 1956
   山西宁武,上石盒子组。

8, 9. *Parasaccites karamayensis* Zhang, 1990
   新疆克拉玛依,乌尔禾组下亚组。

10, 18. *Wilsonites delicatus* (Kosanke) Kosanke, 1959
    山西宁武,本溪组—太原组、上石盒子组。

11. *Candidispora aequabilis* Venkatachala and Bharadwaj, 1964
    山西宁武,太原组。

12, 20. *Wilsonites vesicatus* (Kosanke) Kosanke, 1959
    12. 甘肃靖远,红土洼组;20. 内蒙古清水河煤田,山西组。

13. *Parasaccites bilateralis* Bharadwaj and Tiwari, 1964
    新疆克拉玛依,乌尔禾组下亚组。

14. *Wilsonites* cf. *ephemerus* Tschudy and Kosanke, 1966
    山西宁武,上石盒子组。

15, 16. *Schulzospora ocellata* (Hörst) Potonié and Kremp, 1956
    甘肃靖远,臭牛沟组。

19. *Guthoerlisporites magnificus* Bharadwaj, 1954
    山西宁武,本溪组。

图　版　146

1，2. *Vesicaspora ooidea* Ouyang，1986
　　1. 云南富源，宣威组上段;2. 浙江长兴，龙潭组。

3. *Nuskoisporites gondwanensis* Balme and Hennelly，1956
　　山西保德，石盒子群。

4. *Vesicaspora inclusa*（Kaiser）Ouyang comb. nov.
　　山西保德，下石盒子组。

5，11. *Nuskoisporites pachytus* Gao，1984
　　山西宁武，上石盒子组。

6，9. *Vesicaspora fusiformis* Zhou，1980
　　河南范县，上石盒子组。

7. *Vesicaspora antiquus* Gao，1984
　　河北开平，赵各庄组。

8. *Nuskoisporites dulhuntyi* Potonié and Kremp，1954
　　河南范县，上石盒子组。

10，12. *Vesicaspora acrifera*（Andreyeva，1956）Hart，1965
　　新疆吉木萨尔大龙口，梧桐沟组。

13，15，16. *Qipanapollis talimensis* Wang，1985
　　新疆塔里木盆地，克孜里奇曼组—塔哈奇组。

14. *Grebespora greerii*（Clapham）Jansonius，1976
　　新疆塔里木盆地，克孜里奇曼组—塔哈奇组。

图　版　147

1. *Vesicaspora xinjiangensis* Hou and Wang，1986
　　新疆吉木萨尔大龙口，梧桐沟组。

2，5. *Vesicaspora platysaccoides* Zhou，1980
　　山东沾化、河南范县，上石盒子组。

3，4. *Vesicaspora wilsonii* Schemel，1951
　　3. 山西保德，下石盒子组;4. 山西宁武，山西组—上石盒子组。

6，7. *Vesicaspora gigantea* Zhou，1980
　　山东沾化，本溪组—太原组。

8，12. *Vesicaspora* cf. *gigantea* Zhou，1980
　　山西河曲，下石盒子组。

9. *Vesicaspora magna* Ouyang and Li，1980
　　山西朔县，本溪组。

10，11. *Costatascyclus* cf. *crenatus* Felix and Burbridge，1967
　　10. 山西宁武，上石盒子组;11. 宁夏横山堡，上石炭统。

图　版　148

1. *Sahnisporites sarrensis* Bharadwaj，1954
　　山西保德，石盒子群。

2. *Limitisporites crassus* Zhou，1980
　　河南范县，上石盒子组。

3，5. *Vestigisporites ovatus* Zhou，1980
　　河南范县，上石盒子组。

4. *Sahnisporites sinensis* Gao，1984
　　山西宁武，太原组。

6，7. *Limitisporites minor* Zhou，1980
　　河南范县，上石盒子组。

8. *Vestigisporites thomasii*（Pant）Hart，1965

　　山西宁武,上石盒子组。

9，18. *Limitisporites levis* Zhu，1993

　　甘肃靖远,羊虎沟组。

10. *Limitisporites lepidus*（Waltz，1941）Hart，1965

　　新疆吉木萨尔,梧桐沟组。

11，13. *Vestigisporites elegantulus* Hou and Wang，1986

　　新疆吉木萨尔大龙口,梧桐沟组。

12. *Limitisporites delicatus*（Zhu）Zhu and Ouyang，comb. nov.

　　甘肃靖远,红土洼组。

14，17. *Limitisporites jingyuanensis* Zhu，1993

　　甘肃靖远,红土洼组。

15. *Limitisporites minutus* Gao，1984

　　山西宁武,太原组。

16. *Vestigisporites minor* Zhou，1980

　　山东沾化,太原组。

19，20. *Limitisporites eurys*（Gao）Zhu emend.，1993

　　19. 甘肃靖远,羊虎沟组;20. 山西宁武,本溪组。

21，22. *Vestigisporites transversus* Hou and Wang，1990

　　新疆乌鲁木齐附近,梧桐沟组。

图 版 149

1. *Limitisporites oblongus* Gao，1984

　　山西宁武,上石盒子组。

2. *Limitisporites minutus* Gao，1984

　　内蒙古准格尔旗黑岱沟,山西组。

3. *Vestigisporites zhanhuaensis* Zhou，1980

　　山东沾化,上石盒子组。

4. *Limitisporites quadratoides* Liao，1987

　　山西宁武,上石盒子组。

5，25. *Limitisporites punctatus* Zhu，1993

　　甘肃靖远,红土洼组—羊虎沟组。

6，7. *Limitisporites rhombicorpus* Zhou，1980

　　6. 河南柘城,上石盒子组;7. 河南范县,石盒子群。

8，9. *Jugasporites isofrumentarius*（Chen）Ouyang comb. nov.

　　8. 湖南邵东保和堂,龙潭组;9. 新疆乌鲁木齐芦草沟,梧桐沟组。

10. *Gardenasporites* cf. *leonardii* Klaus，1963

　　山西宁武,下石盒子组。

11，12，21. *Limitisporites rectus* Leschik，1956

　　11. 新疆乌鲁木齐乌拉泊,塔什库拉组上部;12. 山西宁武,上石盒子组;21. 新疆塔里木盆地和田河井区,卡拉沙依组。

13. *Gardenasporites minor* Ouyang，1986

　　云南富源,宣威组上段。

14，15. *Limitisporites orbicorpus* Zhou，1980

　　河南范县,上石盒子组。

16. *Limitisporites delicatus*（Zhu）Zhu and Ouyang comb. nov.

　　甘肃靖远,红土洼组。

17，18. *Limitisporites* cf. *monstruosus*（Luber）Hart，1965

　　17. 甘肃靖远,红土洼组—羊虎沟组;18. 湖南邵东,龙潭组。

19，23. *Vesicaspora salebrosa* Gao，1987

甘肃靖远,红土洼组。

20. *Limitisporites lepidus* (Waltz, 1941) Hart, 1965

新疆吉木萨尔,梧桐沟组。

22. *Vesicaspora neimenguensis* Zhang, 1990

内蒙古准格尔旗黑岱沟,山西组。

24. *Limitisporites pontiferrens* (Kaiser) Ouyang, 2003

山西保德,下石盒子组。

图 版 150

1. *Gardenasporites delicatus* Ouyang, 1986

云南富源,宣威组上段。

2,6. *Gardenasporites longistriatus* Ouyang, 1983

山东兖州,山西组上部。

3,7. *Gardenasporites meniscatus* Ouyang, 1986

云南富源,宣威组上段。

4. *Labiisporites minutus* Gao, 1984

山西宁武,上石盒子组。

5,11. *Gardenasporites jieshouensis* Wang, 1987

安徽界首,石千峰组下段。

8. *Gardenasporites magnus* Hou and Wang, 1990

新疆乌鲁木齐乌拉泊,乌拉泊组。

9,10. *Jugasporites vetustus* (Gao) Zhu and Ouyang comb. nov.

甘肃靖远,靖远组—红土洼组。

12. *Limitisporites monstruosus* (Luber) Hart, 1965

新疆塔里木盆地,棋盘组—塔哈奇组。

13. *Gardenasporites protensus* Hou and Wang, 1990

新疆吉木萨尔大龙口,芦草沟组。

14,19. *Limitisporites pinnatus* (Kruzina) Zhu and Ouyang comb. nov.

14. 新疆准噶尔盆地伊宁潘吉木,铁木里克组;19. 新疆塔里木盆地叶城棋盘,棋盘组。

15,16. *Gardenasporites* cf. *boleensis* Ouyang, 2003

15. 甘肃靖远,红土洼组—羊虎沟组;16. 新疆塔里木盆地,棋盘组。

17. *Gardenasporites* cf. *leonardii* Klaus, 1963

山西宁武,下石盒子组。

18. *Gardenasporites latisectus* Hou and Wang, 1986

新疆吉木萨尔大龙口,梧桐沟组。

图 版 151

1. *Parcisporites verrucosus* Zhou, 1980

河南范县,上石盒子组。

2. *Klausipollenites retigranulatus* Zhou, 1980

河南范县,上石盒子组。

3,16. *Abietineaepollenites lembocorpus* Ouyang, 1986

云南富源,宣威组下段—卡以头组。

4. *Falcisporites porrectus* (Andreyeva) Ouyang and Zhu comb. nov.

山西宁武,太原组。

5,11. *Falcisporites zapfei* (Potonié and Klaus) Leschik, 1956

5. 浙江长兴,青龙组下段;11. 新疆吉木萨尔大龙口,锅底坑组。

6,10. *Falcisporites sublevis* (Luber) Ouyang and Norris, 1999

6. 湖南韶山,龙潭组;10. 新疆吉木萨尔大龙口,梧桐沟组—烧房沟组。

7,23. *Klausipollenites* aff. *decipiens* Jansonius, 1962

新疆吉木萨尔大龙口,锅底坑组。

8,9. *Falcisporites nuthallensis* (Clarke) Balme, 1970

8. 山西宁武,上石盒子组;9. 新疆吉木萨尔大龙口,锅底坑组。

12,13. *Walikalesaccites ellipticus* Bose and Kar, 1966

12. 山西宁武,上石盒子组;13. 山西保德,上石盒子组。

14,15. *Pteruchipollenites reticorpus* Ouyang and Li, 1980

云南富源,宣威组上段—卡以头组。

17. *Gardenasporites subundulatus* Hou and Wang, 1990

新疆吐鲁番盆地桃树园,梧桐沟组。

18. *Labiisporites minutus* Gao, 1984

山西宁武,上石盒子组。

19,20. *Pteruchipollenites caytoniformis* Zhou, 1980

山东垦利、河南范县,上石盒子组。

21. *Klausipollenites senectus* Ouyang and Li, 1980

山西朔县,本溪组。

22. *Labiisporites manos* Gao, 1984

山西宁武,上石盒子组。

24,25. *Klausipollenites schaubergerii* (Potonié and Klaus) Jansonius, 1962

新疆吉木萨尔大龙口,锅底坑组—韭菜园组。

26. *Gardenasporites protensus* Hou and Wang, 1990

新疆乌鲁木齐妖魔山,红雁池组。

27,30. *Nidipollenites lirellatus* Wang, 1985

新疆塔里木盆地棋盘,棋盘组—克孜里奇曼组。

28,29. *Vitreisporites pallidus* (Reissinger) Nilsson, 1958

云南富源,宣威组下段—卡以头组。

31,34. *Klausipollenites rugosus* Zhu, 1993

甘肃靖远,红土洼组—羊虎沟组下段。

32,33. *Vitreisporites cryptocorpus* Ouyang and Li, 1980

云南富源,宣威组下段—卡以头组。

图 版 152

1. *Pityosporites minutis* Wang, 1987

安徽界首,石千峰组下段。

2. *Platysaccus crassicorpus* Wang, 1987

安徽界首,石千峰组中段。

3,17. *Cedripites lucidus* Ouyang, 1986

云南富源,宣威组上段。

4,6. *Platysaccus insectus* (Kaiser) Ouyang comb. nov.

山西保德,下石盒子组。

5,8. *Platysaccus insignis* (Varyukhina) Ouyang and Utting, 1990

浙江长兴煤山,长兴组—青龙组下部。

7,27. *Pityosporites tongshani* Imgrund, 1952

河北开平煤田,赵各庄组—唐家庄组。

9. *Pityosporites pinusoides* Zhou, 1980

河南范县,石盒子组。

10,28. *Platysaccus alatus* (Luber) Hou and Wang, 1990

新疆吉木萨尔大龙口,梧桐沟组、锅底坑组上部—韭菜园组。

11,12. *Pityosporites expandus* Kaiser, 1976

山西保德,石盒子群。

13,14. *Pityosporites* cf. *westphalensis* Williams, 1955
  宁夏横山堡,上石炭统。

15,16. *Piceaepollenites alatus* R. Potonié, 1931
  新疆塔里木盆地皮山杜瓦,普司格组—杜瓦组。

18. *Pityosporites entelus* (Hou and Wang) Ouyang comb. nov.
  新疆吉木萨尔大龙口,梧桐沟组。

19. *Pityosporites obliquus* (Kara-Murza) Ouyang comb. nov.
  新疆吉木萨尔大龙口,芦草沟组。

20,21. *Pityosporites shandongensis* (Zhou) Ouyang comb. nov.
  河南范县,上石盒子组。

22,23. *Platysaccus conexus* Ouyang and Li, 1980
  云南富源,卡以头组。

24,25. *Platysaccus crassexinius* Hou and Wang, 1990
  新疆吉木萨尔大龙口,芦草沟组。

26,29. *Platysaccus jimsarensis* Hou and Wang, 1986
  新疆吉木萨尔大龙口,梧桐沟组。

图　版　153

1,2. *Platysaccus plautus* Gao, 1984
  1. 新疆乌鲁木齐芦草沟,锅底坑组;2. 河北开平煤田,赵各庄组。

3,14. *Platysaccus shanxiensis* Gao, 1984
  山西宁武,上石盒子组;14. ×516。

4,5. *Platysaccus undulatus* Ouyang and Li, 1980
  4. 云南富源,卡以头组;5. 湖南长沙跳马涧,龙潭组。

6. *Platysaccus phaselosaccatus* (Lakhanpal, Sah and Dube) Chen, 1978
  湖南邵东保和堂,龙潭组。

7,18. *Platysaccus qipanensis* Zhu, 1997
  新疆塔里木盆地,棋盘组。

8. *Platysaccus sincertus* Hou and Wang, 1990
  新疆乌鲁木齐妖魔山,红雁池组。

9. *Sulcatisporites kayitouensis* Ouyang, 1986
  云南富源,卡以头组。

10,11. *Platysaccus oblongus* Hou and Wang, 1986
  新疆吉木萨尔大龙口,锅底坑组。

12,13. *Platysaccus papilionis* Potonié and Klaus, 1954
  12. 新疆吉木萨尔,梧桐沟组—锅底坑组;13. 甘肃平凉,山西组。

15,16. *Sulcatisporites* cf. *ovatus* (Balme and Hennelly) Bharadwaj, 1962
  15. 湖南邵东,龙潭组;16. 山西宁武,上石盒子组。

17,19. *Sulcatisporites luminosus* Hou and Wang, 1986
  新疆吉木萨尔大龙口,泉子街组—梧桐沟组。

20. *Alisporites* cf. *grauvogelii* Klaus, 1964
  新疆库车,比尤勒包谷孜群。

21,22. *Platysaccus minor* Wang, 1985
  新疆塔里木盆地皮山杜瓦地区,棋盘组—克孜里奇曼组。

23,26. *Sulcatisporites*? *major* (Liao) Ouyang comb. nov.
  山西宁武,石盒子群。

24,25. *Alisporites auritus* Ouyang and Li, 1980
  云南富源,卡以头组。

1，2. *Alisporites lucaogouensis* Hou and Shen，1989

新疆乌鲁木齐芦草沟，梧桐沟组。

3. *Alisporites* cf. *plicatus* Jizba，1962

新疆乌鲁木齐芦草沟，锅底坑组。

4，5. *Alisporites splendens*（Leschik）Foster，1979

4. 山西宁武，太原组；5. 河北开平煤田，赵各庄组。

6，28. *Protopinus cyclocorpus* Ouyang，1986

云南富源，宣威组下段—卡以头组。

7. *Alisporites shanxiensis* Gao，1984

山西宁武，下石盒子组。

8，30. *Alisporites taenialis* Wang，1985

新疆塔里木盆地，棋盘组—克孜里奇曼组。

9，10. *Protopinus asymmetricus* Ouyang，1986

云南富源，宣威组上段。

11. *Alisporites australis* de Jersey，1962

山西兴县瓦唐，和尚沟组。

12. *Alisporites paramecoformis* Hou and Shen，1989

新疆乌鲁木齐芦草沟，锅底坑组。

13，17. *Alisporites quadrilateus* Zhu，1993

甘肃靖远，红土洼组。

14，18. *Scheuringipollenites ovatus*（Balme and Hennelly）Foster，1975

新疆塔里木盆地，克孜里奇曼组—棋盘组。

15，16. *Alisporites fusiformis* Ouyang and Li，1980

云南富源，卡以头组。

19，20. *Protopinus fuyuanensis* Ouyang and Li，1980

云南富源，卡以头组。

21. *Scheuringipollenites peristictus*（Gao）Ouyang comb. nov.

山西宁武，上石盒子组。

22，23. *Protopinus minor*（Wang）Ouyang comb. nov.

新疆塔里木盆地，棋盘组—克孜里奇曼组。

24. *Anticapipollis rectangularis* Ouyang，1986

云南富源，宣威组上段。

25，26. *Scheuringipollenites* cf. *maximus*（Hart）Tiwari，1973

新疆吉木萨尔大龙口，梧桐沟组。

27，29. *Alisporites* cf. *tenuicorpus* Balme，1970

湖南长沙跳马涧，龙潭组。

1，16. *Anticapipollis tornatilis*（Chen）emend. Ouyang，1979

1. 云南富源，下宣威组；16. 湖南韶山，龙潭组。

2，12. *Anticapipollis uber*（Chen）Ouyang comb. nov.

2. 河南柘城，上石盒子组；12. 湖南韶山，龙潭组。

3，4. *Bactrosporites ovatus* Ouyang，1986

3. 云南富源，宣威组上段；4. 山西宁武，上石盒子组。

5. *Chordasporites parvisaccus* Zhou，1980

安徽界首，石千峰组。

6，22. *Anticapipollis gibbosus* Zhou，1980

河南范县，上石盒子组。

7，23. *Anticapipollis reticorpus* Zhou，1980

　　河南范县、山东堂邑，上石盒子组。

8，15. *Chordasporites brachytus* Ouyang and Li，1980

　　　8. 云南富源，卡以头组；15. 新疆乌鲁木齐，锅底坑组。

9. *Anticapipollis medius*（Chen）Ouyang comb. nov.

　　湖南韶山，龙潭组。

10，11，27. *Anticapipollis elongatus* Zhou，1980

　　　10，11. 山西宁武，山西组—上石盒子组；27. 河南范县，上石盒子组。

13，14. *Anticapipollis tener*（Chen）Ouyang comb. nov.

　　湖南韶山、浏阳，龙潭组。

17，18. *Bactrosporites diptherus* Ouyang，1986

　　云南富源，宣威组上段。

19. *Bactrosporites microsaccites*（Gao）Ouyang comb. nov.

　　山西轩岗煤矿，山西组。

20. *Chordasporites* cf. *orientalis* Ouyang and Li，1980

　　湖南长沙跳马涧，龙潭组。

21. *Chordasporites rhombiformis* Zhou，1980

　　甘肃平凉，山西组。

24. *Scheuringipollenites* cf. *tentulus*（Tiwari）Tiwari，1973

　　新疆吉木萨尔大龙口，梧桐沟组。

25，26. *Chordasporites orbicorpus* Zhou，1980

　　河南范县，石盒子群；×250。

图　版　156

1. *Chordasporites parvisaccus* Zhou，1980

　　山东沾化，上石盒子组。

2. *Chordasporites rhombiformis* Zhou，1980

　　山东垦利，上石盒子组。

3，8. *Chordasporites tenuis* Wang R.，1987

　　安徽界首，石千峰组中下段。

4，5. *Striatolebachiites minor* Wang，2003

　　　4. 新疆乌鲁木齐芦草沟，锅底坑组；5. 安徽界首，石千峰组中段。

6. *Protohaploxypinus asper* Zhou，1980

　　河南范县，上石盒子组。

7，30. *Protohaploxypinus eurymarginatus* Wang，H.，1985

　　新疆塔里木盆地，棋盘组—塔哈奇组。

9. *Podosporites communis*（Hou and Wang）Ouyang comb. nov.

　　新疆乌鲁木齐附近，乌拉泊组。

10. *Triangulisaccus* cf. *henanensis* Ouyang and Zhang，1982

　　新疆吉木萨尔大龙口，锅底坑组。

11. *Protohaploxypinus amplus*（Balme and Hennelly）Hart，1964

　　新疆吉木萨尔，锅底坑组。

12，29. *Protohaploxypinus crassus* Zhou，1980

　　　12. 新疆吉木萨尔，锅底坑组；29. 山东沾化，石盒子群。

13. *Protohaploxypinus latissimus*（Luber and Waltz）Samoilovich，1953

　　新疆吉木萨尔大龙口，梧桐沟组—锅底坑组。

14. *Protohaploxypinus horizontatus* Hou and Wang，1990

　　河南范县，上石盒子组。

15，16. *Protohaploxypinus globus*（Hart）Hart，1964

山西宁武,山西组—石盒子群。

17，20. *Protohaploxypinus expletus* Hou and Wang, 1990

17. 新疆乌鲁木齐乌拉泊,乌拉泊组;20. 新疆克拉玛依井下,佳木河组。

18，19. *Protohaploxypinus enigmatus* (Maheshwari) Jardine, 1974

山西宁武,上石盒子组。

21. *Protohaploxypinus diagonalis* Balme, 1970

山西宁武,上石盒子组。

22. *Striomonosaccites delicatus* Hou and Wang, 1986

新疆吉木萨尔大龙口,梧桐沟组。

23，24. *Triangulisaccus primitivus* Hou and Wang, 1986

新疆吉木萨尔大龙口,锅底坑组。

25. *Chordasporites sinuosus* Liao, 1987

山西朔县,下石盒子组顶部。

26，27. *Bactrosporites shaoshanensis* Chen, 1978

湖南韶山、邵东保和堂,龙潭组。

28，31. *Pseudocrustaesporites wulaboensis* Hou and Wang, 1990

新疆乌鲁木齐乌拉泊,乌拉泊组。

图　版　157

1—3. *Protohaploxypinus ovaticorpus* Zhou, 1980

1，2. 河南范县,上石盒子组;3. 新疆吉木萨尔大龙口,梧桐沟组—锅底坑组。

4. *Protohaploxypinus reticularis* Zhou, 1980

河南范县,石盒子群。

5. *Protohaploxypinus parvisaccatus* Zhou, 1980

河南范县,上石盒子组。

6. *Anticapipollis uber* (Chen) Ouyang comb. nov.

河南柘城,上石盒子组。

7，24. *Protohaploxypinus suchonensis* (Sedova) Hart, 1964

7. 新疆吉木萨尔大龙口,锅底坑组;24. 河南淮阳,石千峰组。

8—10. *Protohaploxypinus verus* (Efremova,1966) Hou and Wang, 1990

新疆乌鲁木齐乌拉泊,乌拉泊组、塔什库拉组。

11. *Jugasporites isofrumentarius* (Chen) Ouyang comb. nov.

山西宁武,太原组。

12，18，25. *Protohaploxypinus* cf. *samoilovichiae* (Jansonius) Hart, 1964

12，18. 新疆吉木萨尔,锅底坑组;25. 安徽太和,石千峰组。

13，16，17. *Protohaploxypinus perfectus* (Naumova) Samoilovich, 1953

13. 新疆塔里木盆地皮山杜瓦,普司格组;16. 浙江长兴,龙潭组;17. 湖南邵东,龙潭组。

14. *Bactrosporites ovatus* Ouyang , 1986

山西宁武,上石盒子组。

15. *Anticapipollis tornatilis* (Chen) emend. Ouyang, 1979

云南富源,下宣威组。

19，26. *Protohaploxypinus tarimensis* Zhu, 1997

新疆塔里木盆地皮山杜瓦,普司格组—杜瓦组。

20，30. *Protohaploxypinus fusiformis* Hou and Wang, 1990

20. 新疆乌鲁木齐乌拉泊,乌拉泊组;30. 新疆克拉玛依井下,车排子组。

21. *Protohaploxypinus horizontatus* Hou and Wang, 1990

新疆克拉玛依井下,佳木河组。

22. *Protohaploxypinus latissimus* (Luber and Waltz) Samoilovich, 1953

新疆和布克赛尔,乌尔禾组下亚组。

23. *Protohaploxypinus longiformis* Hou and Shen, 1989

新疆乌鲁木齐芦草沟,锅底坑组。

27. *Protopinus fuyuanensis* Ouyang and Li, 1980

云南富源,卡以头组。

28,29. *Protohaploxypinus* cf. *fertilis* Zhan, 2003

山西宁武,上石盒子组。

31. *Protohaploxypinus venustus* Wang R. , 1987

安徽界首,石千峰组中段。

图 版 158

1. *Protopinus cyclocorpus* Ouyang, 1986

云南富源,宣威组下段—卡以头组。

2. *Protopinus asymmetricus* Ouyang, 1986

湖南邵东、龙潭组。

3. *Alisporites splendens*（Leschik）Foster, 1979

新疆吐鲁番盆地桃树园,梧桐沟组。

4. *Platysaccus papilionis* Potonié and Klaus, 1954

云南富源,卡以头组。

5. *Platysaccus alatus*（Luber）Hou and Wang, 1990

新疆吉木萨尔大龙口,梧桐沟组。

6. *Pityosporites* cf. *westphalensis* Williams, 1955

山西宁武,太原组。

7. *Falcisporites sublevis*（Luber）Ouyang and Norris, 1999

新疆吉木萨尔大龙口,梧桐沟组—烧房沟组。

8. *Pteruchipollenites reticorpus* Ouyang and Li, 1980

云南富源,宣威组上段—卡以头组。

9. *Klausipollenites schaubergerii*（Potonié and Klaus）Jansonius, 1962

新疆吉木萨尔大龙口,锅底坑组—韭菜园组。

10. *Klausipollenites* aff. *decipiens* Jansonius, 1962

云南富源,卡以头组。

11. *Alisporites fusiformis* Ouyang and Li, 1980

山西宁武,上石盒子组。

12. *Sulcatisporites* cf. *ovatus*（Balme and Hennelly）Bharadwaj, 1962

新疆乌鲁木齐芦草沟,梧桐沟组。

13. *Walikalesaccites ellipticus* Bose and Kar, 1966

河南范县,上石盒子组。

14. *Falcisporites nuthallensis*（Clarke）Balme, 1970

新疆伊宁潘吉木,铁木里克组。

15. *Protohaploxypinus vulgaris*（Efremova）Hou and Wang, 1990

新疆吉木萨尔,梧桐沟组。

16. *Alisporites australis* de Jersey, 1962

新疆吉木萨尔大龙口,锅底坑组。

17. *Platysaccus undulatus* Ouyang and Li, 1980

湖南长沙跳马涧,龙潭组。

18. *Platysaccus conexus* Ouyang and Li, 1980

湖南长沙跳马涧,龙潭组。

19. *Gardenasporites jieshouensis* Wang, 1987

河南临颖,上二叠统。

20. *Gardenasporites longistriatus* Ouyang, 1983

山西河曲,下石盒子组。

21. *Gardenasporites meniscatus* Ouyang, 1986

云南富源,宣威组上段。

22. *Klausipollenites rugosus* Zhu, 1993

甘肃靖远,红土洼组—羊虎沟组下段。

23. *Alisporites quadrilateus* Zhu, 1993

甘肃靖远,红土洼组。

24. *Pityosporites tongshani* Imgrund, 1952

山西宁武,本溪组—太原组;×1080。

25. *Sulcatisporites? major* (Liao) Ouyang comb. nov.

山西宁武,石盒子群。

26. *Vitreisporites cryptocorpus* Ouyang and Li, 1980

云南富源,宣威组下段—卡以头组。

27. *Vitreisporites pallidus* (Reissinger) Nilsson, 1958

山东垦利,上石盒子组。

28. *Alisporites* cf. *tenuicorpus* Balme, 1970

湖南长沙跳马涧,龙潭组。

29. *Limitisporites pinnatus* (Kruzina) Zhu and Ouyang comb. nov.

山西宁武,太原组。

图 版 159

1. *Limitisporites pinnatus* (Kruzina) Zhu and Ouyang comb. nov.

新疆准噶尔盆地伊宁潘吉木,铁木里克组。

2. *Limitisporites* cf. *monstruosus* (Luber) Hart, 1965

新疆准噶尔盆地,芦草沟组—梧桐沟组。

3. *Limitisporites eurys* (Gao) Zhu emend., 1993

甘肃靖远,羊虎沟组。

4. *Limitisporites delicatus* (Zhu) Zhu and Ouyang comb. nov.

甘肃靖远,红土洼组。

5. *Parasaccites karamayensis* Zhang, 1990

新疆克拉玛依,乌尔禾组下亚组。

6. *Vesicaspora acrifera* (Andreyeva) Hart, 1965

新疆吉木萨尔大龙口,梧桐沟组。

7. *Noeggerathiopsidozonotriletes multirugulatus* (Hou and Wang) Wang, 2003

新疆阜康北三台,巴塔玛依内山组。

8. *Virkkipollenites* aff. *corius* Bose and Kar, 1966

新疆克拉玛依,乌尔禾组下亚组。

9. *Wilsonites delicatus* (Kosanke) Kosanke, 1959

山西宁武,本溪组;×600。

10. *Limitisporites lepidus* (Waltz, 1941) Hart, 1965

新疆吉木萨尔,梧桐沟组。

11. *Virkkipollenites sinensis* Zhang, 1990

新疆克拉玛依,乌尔禾组下亚组。

12. *Vesicaspora platysaccoides* Zhou, 1980

新疆北部木垒,金沟组。

13. *Limitisporites jingyuanensis* Zhu, 1993

甘肃靖远,红土洼组。

14. *Nuskoisporites dulhuntyi* Potonié and Kremp, 1954

山西保德,上石盒子组。

15. *Limitisporites rhombicorpus* Zhou, 1980

  山西宁武,上石盒子组。

16. *Limitisporites punctatus* Zhu, 1993

  甘肃靖远,红土洼组—羊虎沟组。

17. *Vesicaspora* cf. *gigantea* Zhou, 1980

  山西河曲,下石盒子组。

图 版 160

1. *Florinites parvus* Wilson and Hoffmeister, 1956

  山西保德,上石盒子组。

2. *Crucisaccites quadratoides*（Zhou）Hou and Song, 1995

  河南范县,石盒子群。

3. *Florinites florinii* Imgrund, 1952

  山西宁武,本溪组。

4. *Florinites* cf. *antiquus* Schopf, 1944

  河北开平煤田,赵各庄组。

5. *Potonieisporites elegans*（Wilson and Kosanke）Wilson and Venkatachala, 1964

  甘肃靖远,红土洼组。

6. *Cordaitina stenolimbata*（Luber）Hou and Wang, 1990

  新疆吉木萨尔,泉子街组。

7. *Cordaitina uralensis*（Luber）Samoilovich, 1953

  新疆准噶尔盆地西北缘,佳木河组。

8. *Cordaitina rotata*（Luber）Samoilovich, 1953

  山西宁武,上石盒子组。

9. *Florinites pumicosus*（Ibrahim）Schopf, Wilson and Bentall, 1944

  山西保德,上石盒子组。

10. *Florinites junior* Potonié and Kremp, 1956

  山西宁武,太原组—石盒子群。

11. *Remysporites magnificus*（Hörst）Butterworth and Williams, 1958

  新疆塔里木盆地,卡拉沙伊组。

12. *Potonieisporites borealis*（Hou and Shen）Ouyang comb. nov.

  新疆乌鲁木齐仓房沟,芦草沟组。

13. *Florinites minutus* Bharadwaj, 1957

  山西宁武,太原组;×1680。

14. *Potonieisporites turpanensis* Hou and Wang, 1990

  新疆准噶尔盆地南缘,井井子沟组—梧桐沟组。

15. *Crucisaccites variosulcatus* Djupina, 1971

  新疆乌鲁木齐,锅底坑组。

16. *Florinites ovalis* Bharadwaj, 1957

  新疆吉木萨尔大龙口,锅底坑组。

17. *Potonieisporites novicus* Bharadwaj, 1954

  新疆塔里木盆地和田河井区,卡拉沙依组。

图 版 161

1,2. *Striatoabieites granulatus* Zhou, 1980

  河南范县,石盒子群。

3,4,16. *Striatoabieites lipidus*（Zhang）Ouyang comb. nov.

  新疆乌鲁木齐妖魔山,芦草沟组。

5,12,14. *Striatoabieites uviferus*（Zhang）Ouyang comb. nov.

新疆乌鲁木齐妖魔山,芦草沟组。

6. *Florinites millottii* Butterworth and Williams, 1954

湖南邵东保和堂,龙潭组。

7. *Florinites mediapudens*（Loose）Potonié and Kremp, 1956

山西左云,太原组。

8, 9. *Striatoabieites* cf. *multistriatus*（Balme and Hennelly, 1955）Hart, 1964

山东堂邑、河南范县,上石盒子组。

10, 11, 13, 15, 17. *Striatoabieites richterii*（Klaus）Hart, 1964

10, 13, 15, 17. 新疆吉木萨尔大龙口,锅底坑组;11. 新疆塔里木盆地皮山杜瓦,普司格组。

18. *Striatopodocarpites amansus* Hou and Shen, 1989

新疆乌鲁木齐芦草沟,锅底坑组。

19, 20. *Striatopodocarpites antiquus*（Leschik）Potonié, 1958

19. 新疆乌鲁木齐芦草沟,锅底坑组;20. 新疆吉木萨尔,锅底坑组。

21. *Cordaitina pararugulifera* Wang, 2003

新疆吉木萨尔,平地泉组。

22. *Cordaitina subrotata*（Luber）Samoilovich, 1953

新疆玛纳斯一碗泉,下仓房沟群。

23. *Cordaitina annulata* Hou and Wang, 1990

新疆吉木萨尔,芦草沟组。

图　版　162

1—3. *Hamiapollenites humilis* Zhang, 1983

新疆乌鲁木齐妖魔山,芦草沟组。

4—6. *Hamiapollenites linearis* Zhang, 1983

新疆乌鲁木齐妖魔山,芦草沟组。

7, 8, 32. *Striatopodocarpites* cf. *cancellatus*（Balme and Hennelly,1955）Hart, 1965

7, 32. 新疆吉木萨尔,梧桐沟组—锅底坑组;8. 山西宁武,上石盒子组。

9, 27, 28. *Hamiapollenites gracilis* Zhang, 1983

新疆乌鲁木齐妖魔山,芦草沟组。

10, 12, 25. *Striatopodocarpites compressus* Ouyang and Li, 1980

10. 新疆吉木萨尔,锅底坑组;12. 湖南长沙跳马涧,龙潭组;25. 云南富源,卡以头组。

11, 20, 24, 31. *Hamiapollenites elegantis*（Zhang）Ouyang comb. nov.

新疆乌鲁木齐妖魔山,芦草沟组。

13. *Striatopodocarpites conflutus* Hou and Wang, 1990

新疆乌鲁木齐乌拉泊,乌拉泊组。

14, 23, 26, 29. *Striatopodocarpites sincerus*（Hou and Shen）Ouyang comb. nov.

新疆乌鲁木齐芦草沟,梧桐沟组—锅底坑组。

15. *Hamiapollenites latistriatus*（Zhou）Ouyang comb. nov.

河南范县,上石盒子组。

16, 21. *Striatopodocarpites varius*（Leschik）emend. Hart, 1964

河南淮阳,石千峰组。

17. *Striatopodocarpites pantii*（Jansonius）Balme, 1970

新疆吉木萨尔,锅底坑组。

18, 22. *Striatopodocarpites lineatus* Hou and Wang, 1986

新疆吉木萨尔,锅底坑组。

19. *Striatopodocarpites zhejiangensis* Hou and Song, 1995

浙江长兴煤山,龙潭组。

30, 33. *Striatopodocarpites grandis*（Zhang）Ouyang comb. nov.

新疆乌鲁木齐妖魔山,芦草沟组。

图 版 163

1. *Hamiapollenites humilis* Zhang, 1983

   新疆乌鲁木齐妖魔山,芦草沟组。

2, 28. *Illinites* cf. *elegans* Kosanke, 1950

   2. 山西宁武,太原组;28. 甘肃靖远,红土洼组。

3, 25, 26. *Vittatina globosa* (Zhou) Ouyang comb. nov.

   3. 河南范县,上石盒子组;25, 26. 山东垦利;上石盒子组。

4, 5, 11, 30, 31. *Vittatina margelis* (Zhang) Ouyang comb. nov.

   新疆乌鲁木齐妖魔山、吉木萨尔大龙口,芦草沟组。

6, 12, 13, 29. *Vittatina striata* (Luber) Samoilovich, 1953

   6, 13. 新疆塔里木盆地杜瓦,棋盘组—塔哈奇组;12, 29. 新疆吉木萨尔大龙口,锅底坑组。

7, 14—16. *Hamiapollenites impolitus* Zhang, 2003

   新疆乌鲁木齐妖魔山,芦草沟组。

8, 10, 22, 23. *Auroserisporites hunanensis* Chen, 1978

   湖南韶山,龙潭组。

9, 17, 21. *Vittatina costabilis* Wilson, 1962

   9, 21. 新疆吉木萨尔大龙口,梧桐沟组—锅底坑组;17. 新疆塔里木盆地杜瓦,棋盘组—克孜里奇曼组。

18—20. ?*Illinites unicus* Kosanke, 1950

   18. 甘肃平凉,山西组;19. 宁夏横山堡,上石炭统;20. 山西宁武,下石盒子组。

24. *Vittatina fanxianensis* Zhou, 1980

   河南范县,上石盒子组。

27. *Vittatina vittifera* (Luber) Samoilovich, 1953

   山西宁武,上石盒子组。

图 版 164

1, 2, 7, 8, 35, 36. *Vittatina subsaccata* Samoilovich, 1953

   1, 2, 7, 35, 36. 新疆吉木萨尔大龙口,芦草沟组—红雁池组;8. 云南富源,宣威组上段。

3, 4, 6, 9, 10, 37. *Vittatina vittifera* (Luber) Samoilovich, 1953

   3. 山西宁武,上石盒子组;4, 6, 9, 10, 37. 新疆吉木萨尔大龙口,芦草沟组—梧桐沟组。

5, 26, 27. *Weylandites* cf. *lucifer* (Bharadwaj and Salujha) Foster, 1975

   山西宁武,上石盒子组。

11. *Weylandites cribratus* (Samoilovich, 1953) Ouyang comb. nov.

   山西宁武,上石盒子组。

12, 39. *Costapollenites impensus* Zhou, 1980

   12. 山西宁武,上石盒子组;39. 河南范县,石盒子群。

13. *Costapollenites fusiformis* Zhou, 1980

   河南范县,上石盒子组。

14. *Lueckisporites*? *levis* Ouyang, 1986

   云南宣威,卡以头组。

15, 16, 32—34. *Lueckisporites virkkiae* Potonié and Klaus, 1954

   15, 16, 32, 33. 新疆吉木萨尔大龙口,梧桐沟组—锅底坑组;34. 河南淮阳,石千峰组。

17. *Scutasporites argutus* (Hou and Wang) Ouyang comb. nov.

   新疆吉木萨尔大龙口,梧桐沟组。

18, 20, 29, 30. *Scutasporites xinjiangensis* (Hou and Wang) Ouyang, 2003

   新疆吉木萨尔大龙口,芦草沟组、梧桐沟组—锅底坑组。

19. *Lunatisporites acutus* (Leschik) Bharadwaj, 1962

   新疆吉木萨尔大龙口,锅底坑组。

21. *Weylandites* cf. *africanus* (Hart) Foster, 1979

   河南范县,上石盒子组。

22. *Costapollenites? transversus* (Zhou) Ouyang comb. nov.

　　河南范县,上石盒子组。

23—25. *Costapollenites multicostatus* (Zhou) Ouyang comb. nov.

　　　23, 24. 河南范县,上石盒子组;25. 山西宁武,上石盒子组。

28. *Lunatisporites* cf. *detractus* Kraeusel and Leschik, 1955

　　安徽界首,石千峰组。

31. *Lueckisporites? permianus* Gao, 1984

　　山西宁武,上石盒子组。

38. *Costapollenites tenulus* (Zhang) Ouyang comb. nov.

　　新疆乌鲁木齐妖魔山,芦草沟组。

图　版　165

1—7. *Lueckisporites virkkiae* Potonié and Klaus, 1954

　　　1, 3, 5. 新疆吉木萨尔大龙口,芦草沟组、梧桐沟组—锅底坑组;2, 6, 7. 新疆皮山杜瓦,普司格组上部;4. 浙江长兴,长兴组。

8. *Lunatisporites symmetricus* (Hou and Wang) Ouyang comb. nov.

　　新疆吉木萨尔大龙口,锅底坑组。

9. *Cycadopites caperatus* (Luber) Hart, 1965

　　甘肃平凉,山西组。

10, 19. *Schopfipollenites shansiensis* Ouyang, 1964

　　　10. 山西保德,石盒子群;19. 山西河曲,下石盒子组;×437。

11. *Lunatisporites acutus* (Leschik) Bharadwaj, 1962

　　山西兴县,和尚沟组。

12. *Lunatisporites pellucidus* (Goubin) Ouyang comb. nov.

　　新疆吉木萨尔大龙口,锅底坑组。

13, 17, 18. *Lunatisporites quadratus* (Qu and Wang) Ouyang comb. nov.

　　　13, 18. 新疆吉木萨尔大龙口,烧房沟组;17. 新疆塔里木盆地皮山杜瓦,普司格组。

14—16. *Crustaesporites gracilis* Zhang, 1983

　　新疆乌鲁木齐妖魔山,芦草沟组。

20. *Schopfipollenites* cf. *ellipsoides* (Ibrahim) Potonié and Kremp, 1954

　　山西宁武,上石盒子组。

21. *Schopfipollenites ellipsoides* var. *corporeus* Neves, 1961

　　山西保德,上石盒子组。

图　版　166

1, 2. *Marsupipollenites? tecturatus* (Imgrund) Imgrund, 1960

　　河北开平,唐家庄组。

3, 4. *Cycadopites caperatus* (Luber) Hart, 1965

　　　3. 河南范县,上石盒子组;4. 内蒙古准格尔旗黑岱沟,太原组。

5, 23. *Cycadopites* cf. *carpentierii* (Delcourt and Sprumont) Singh, 1964

　　云南富源,宣威组上段。

6. *Cycadopites conjunctur* (Andreyeva) Hart, 1965

　　内蒙古准格尔旗房塔沟,太原组。

7. *Cycadopites follicularis* Wilson and Webster, 1946

　　山西宁武,上石盒子组。

8, 9. *Cycadopites conspicuus* Zhou, 1980

　　　8. 河南龙王庙,石盒子群;9. 云南富源,宣威组上段。

10. *Cycadopites eupunctatus* Ouyang, 1986

　　云南富源,宣威组上段。

11—13. *Cycadopites linearis* Zhang, 1990

新疆克拉玛依东北夏子街,乌尔禾组下亚组。

14. *Cycadopites kimtschuensis* (Medvedeva) Hou and Wang, 1990

　　新疆乌鲁木齐妖魔山,红雁池组。

15. *Cycadopites glaber* (Waltz) Hart, 1965

　　甘肃环县,太原组。

16,19,20. *Cycadopites cymbatus* Balme and Hennelly, 1956

　　山西宁武,上石盒子组;×840。

17, 21, 22. *Schopfipollenites shansiensis* Ouyang, 1964

　　17, 21. 山西宁武,下石盒子组—上石盒子组;22. 山西保德,石盒子群;×550。

18. *Cycadopites giganteus* Geng, 1987

　　陕西吴堡,山西组—下石盒子组。

图　版　167

1. *Ephedripites conspicuus* Zhou, 1980

　　河南范县,上石盒子组。

2, 4. *Ephedripites subtilis* Zhou, 1980

　　2. 河南范县,上石盒子组;4. 湖南邵东保和堂,龙潭组。

3, 5—7. *Decussatisporites? mulstrigatus* Hou and Wang, 1986

　　新疆吉木萨尔大龙口,锅底坑组。

8. *Cycadopites minimus* (Cookson) Pocock, 1970

　　新疆吉木萨尔大龙口,锅底坑组。

9, 10. *Cycadopites parvus* (Kara-Murza) Djupina, 1974

　　云南富源,宣威组上段。

11, 12, 17. *Cycadopites retroflexus* (Luber) Hart, 1965

　　11, 12. 新疆乌鲁木齐妖魔山,芦草沟组;17. 山西宁武,上石盒子组。

13, 14, 22. *Cycadopites verrucosus* (Zhang) Ouyang and Zhu comb. nov.

　　内蒙古准格尔旗黑岱沟,本溪组—山西组。

15, 25, 27, 29. *Urmites obliquus* (Kara-Murza) Ouyang, 2003

　　15. 新疆乌鲁木齐妖魔山,芦草沟组;25, 27, 29. 新疆托里阿希列,南明水组。

16, 18. *Schopfipollenites shwartsmanae* Oshurkova, 2003

　　河北开平煤田,开平组、赵各庄组。

19, 21. *Cycadopites major* (Zhang) Ouyang comb. nov.

　　内蒙古准格尔旗黑岱沟,本溪组、山西组。

20, 23, 24, 26. *Cheileidonites kaipingensis* Gao, 1984

　　20, 24. 河北开平煤田,赵各庄组;23, 26. 甘肃靖远,红土洼组。

28. *Cycadopites spinosus* (Samoilovich) Du, 1986

　　甘肃平凉,山西组。

图　版　168

1. *Retusotriletes mirificus* Ouyang and Chen, 1987

　　江苏句容,五通群擂鼓台组下部。

2. *Granulatisporites* cf. *rudigranulatus* Staplin, 1960

　　江苏句容,五通群擂鼓台组下部。

3. *Granulatisporites unpromptus* Ouyang and Chen, 1987

　　江苏句容,五通群擂鼓台组上部。

4. *Cyclogranisporites commodus* Playford, 1964

　　江苏句容,五通群擂鼓台组下部。

5. *Anapiculatisporites* cf. *reductus* Playford, 1978

　　江苏句容,五通群擂鼓台组上部。

6. *Reticulatisporites perlotus* (Naumova) Ouyang and Chen, 1987

　　江苏句容,五通群擂鼓台组下部。

7, 8. *Convolutispora planus* Hughes and Playford, 1961

　　江苏句容,五通群擂鼓台组上部。

9. *Microreticulatisporites* cf. *verus* Potonié and Kremp, 1955

　　江苏句容,五通群擂鼓台组下部。

10. *Velamisporites simplex* Ouyang and Chen, 1987

　　江苏句容,五通群擂鼓台组下部。

11. *Leiozonotriletes leigutaiensis* Ouyang and Chen, 1987

　　江苏句容,五通群擂鼓台组下部。

12. *Leiozonotriltes extensus* Ouyang and Chen, 1987

　　江苏句容,五通群擂鼓台组下部。

13. *Monilospora limbata* Ouyang and Chen, 1987

　　江苏句容,五通群擂鼓台组上部。

14—17. *Reduviasporonites chalastus* (Foster) Elsik, 1999

　　14, 16. 山西保德,下石盒子组;15. 浙江长兴,长兴组;17. 新疆吉木萨尔大龙口,锅底坑组;×600。

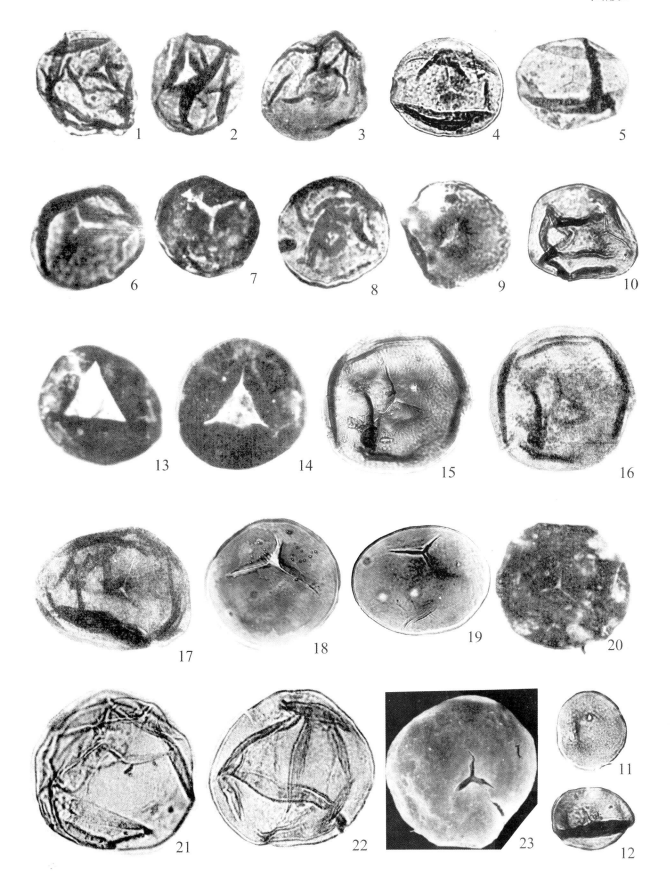

图版2

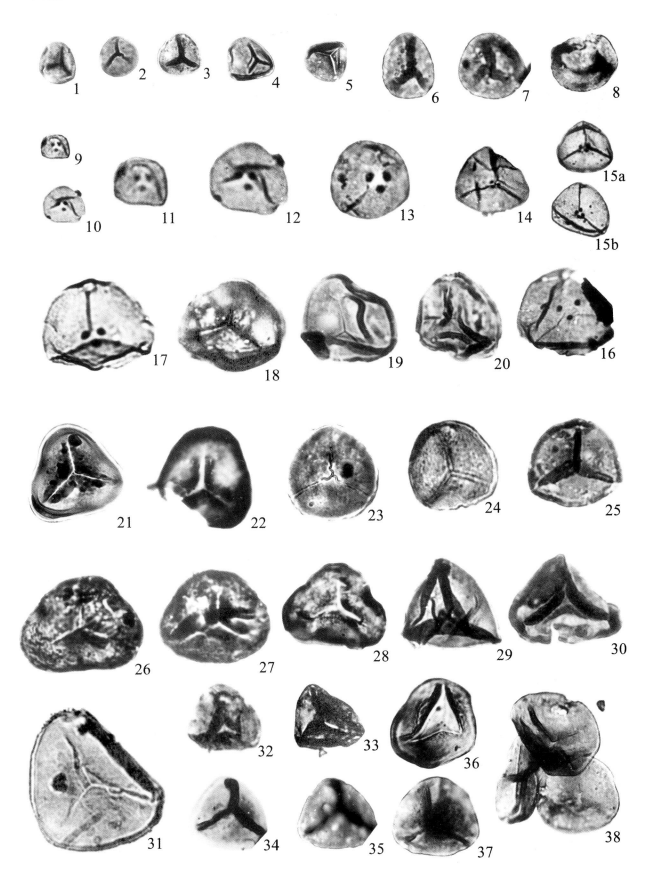

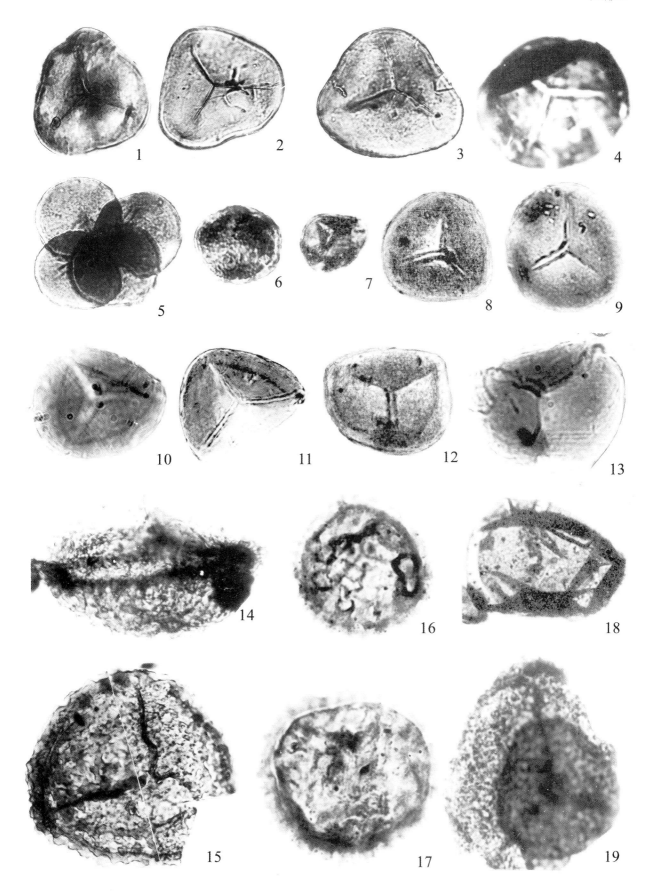

图版4

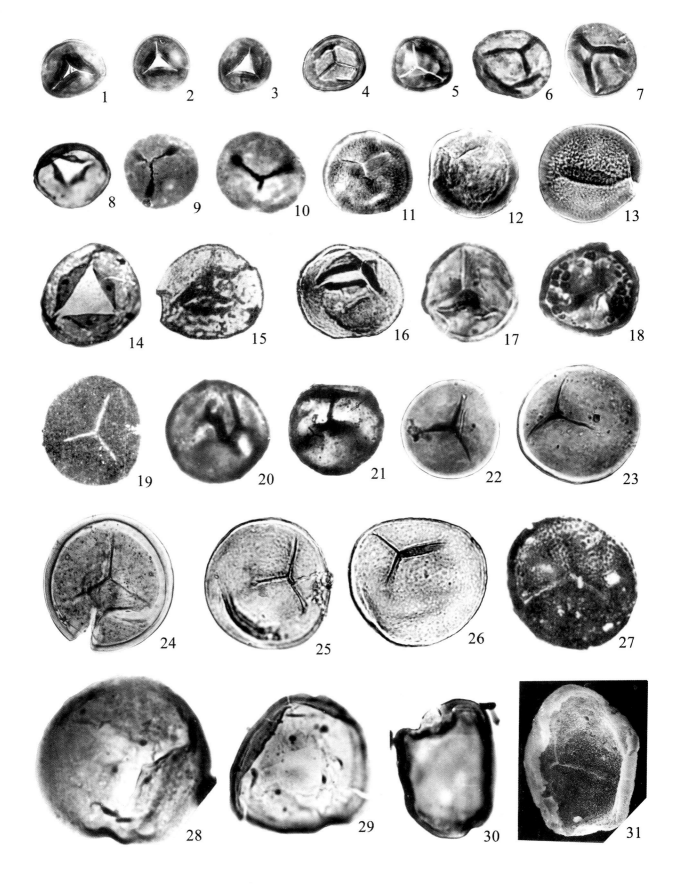

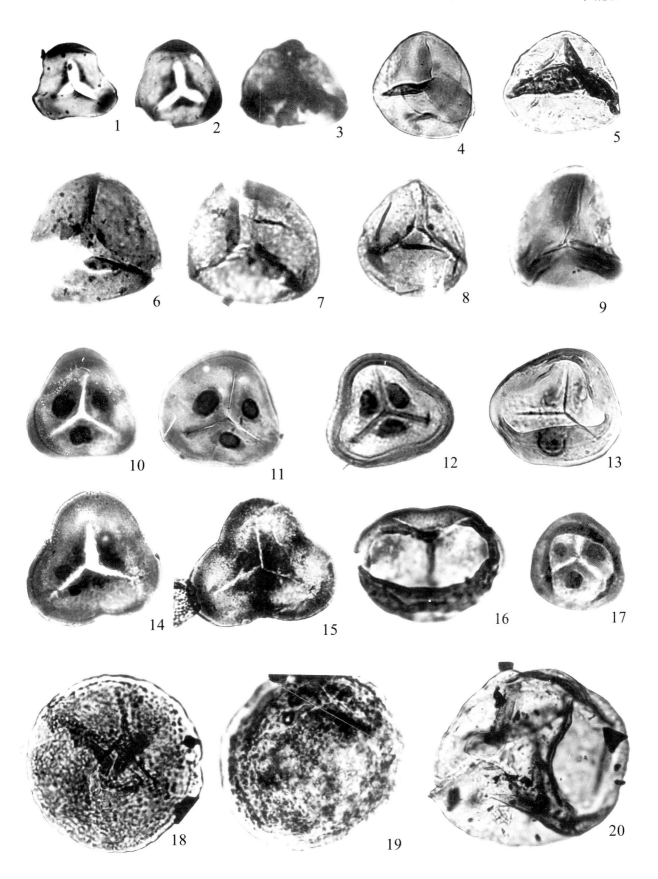

图版6

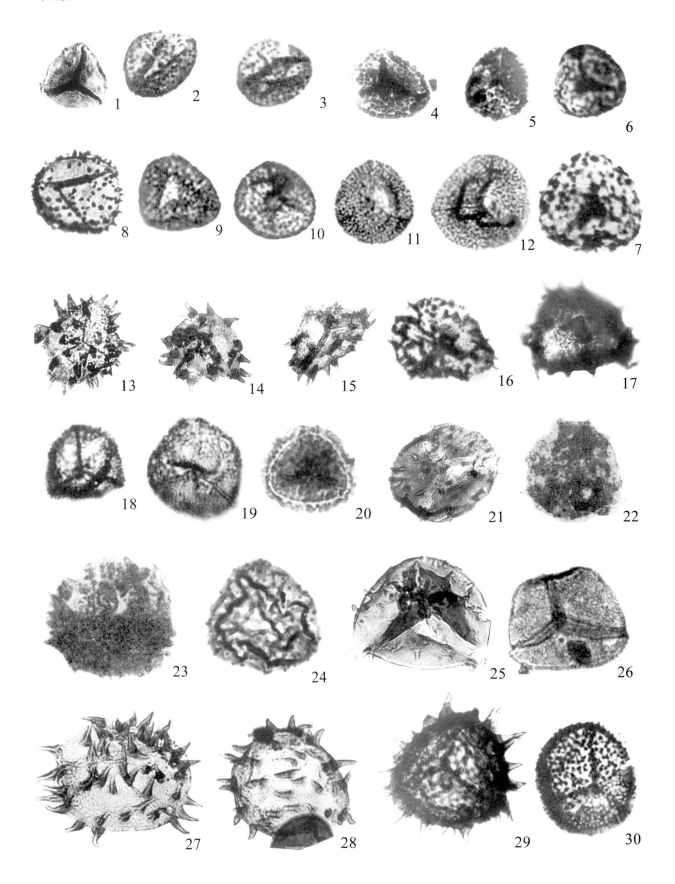

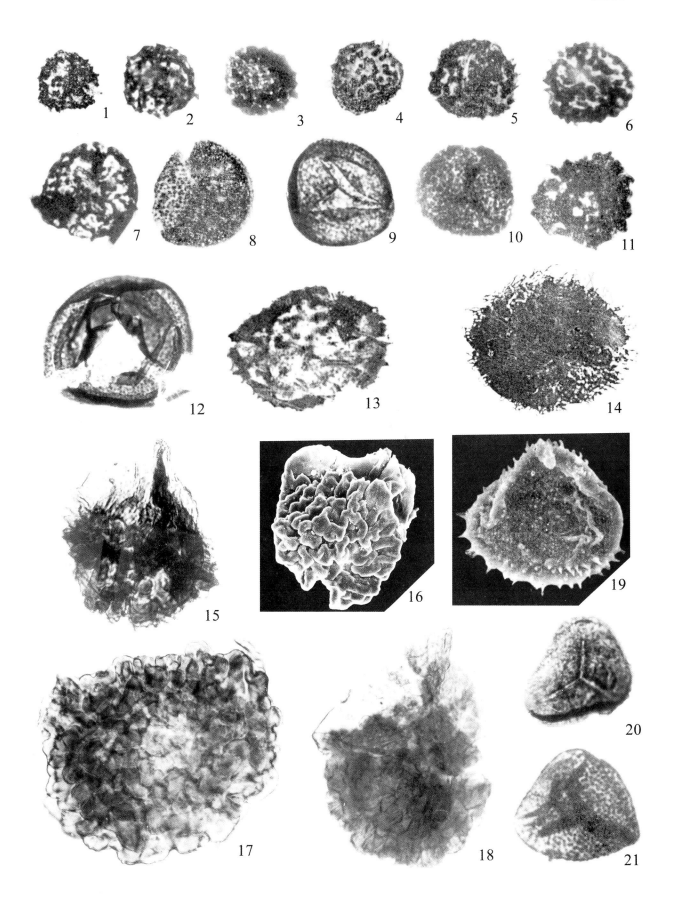

图版8

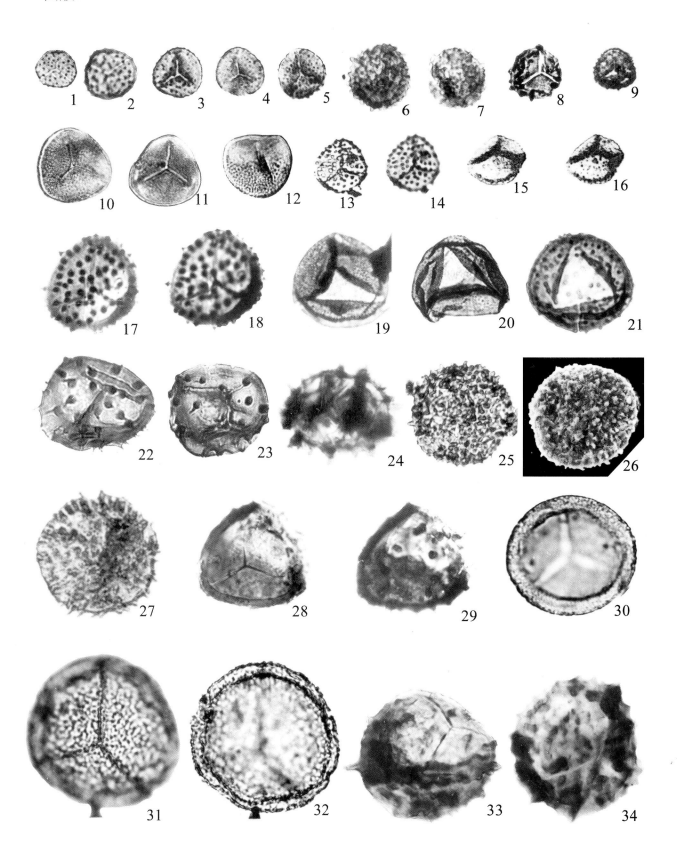

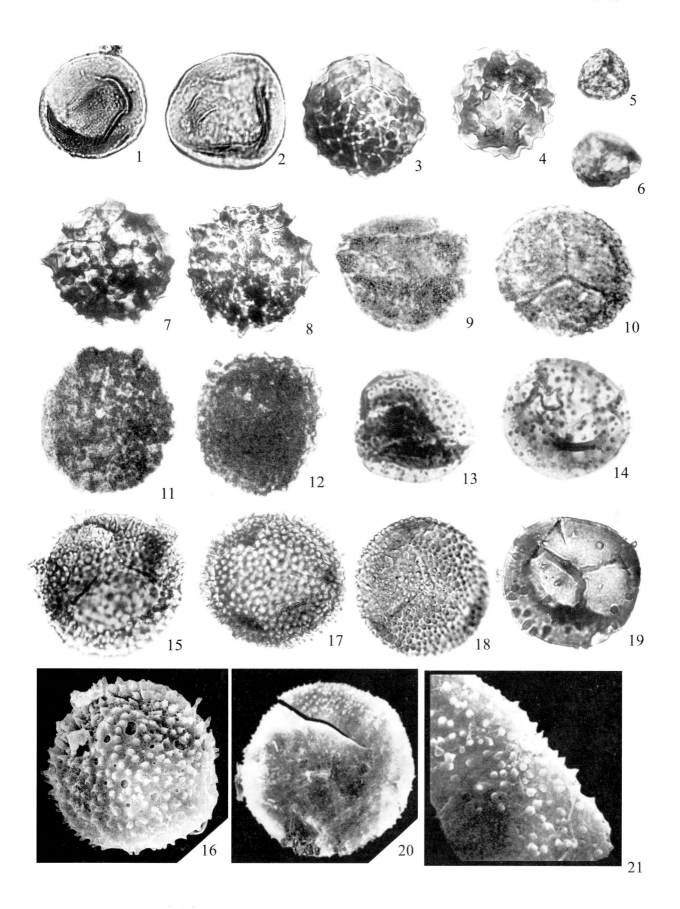

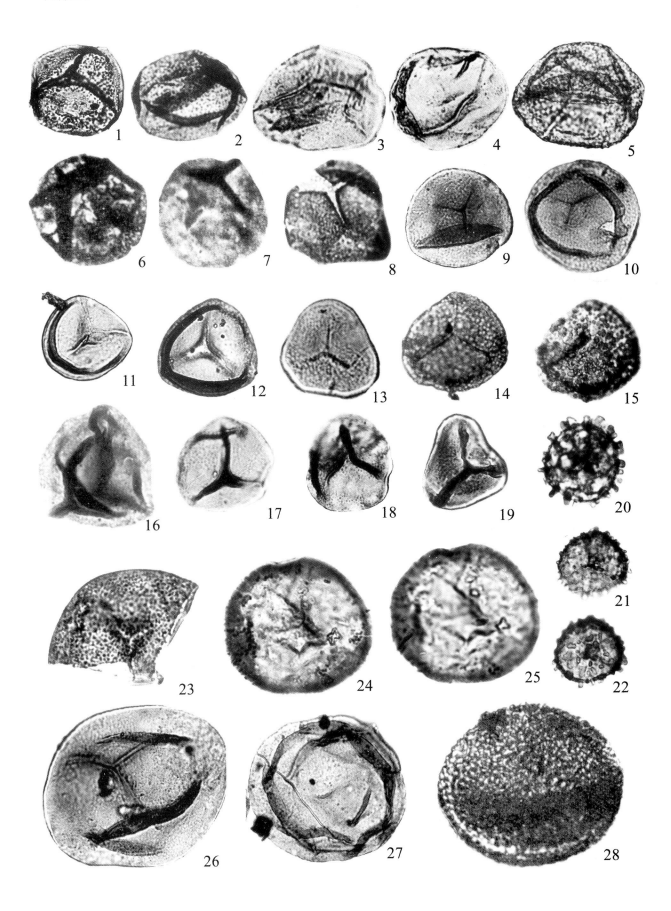

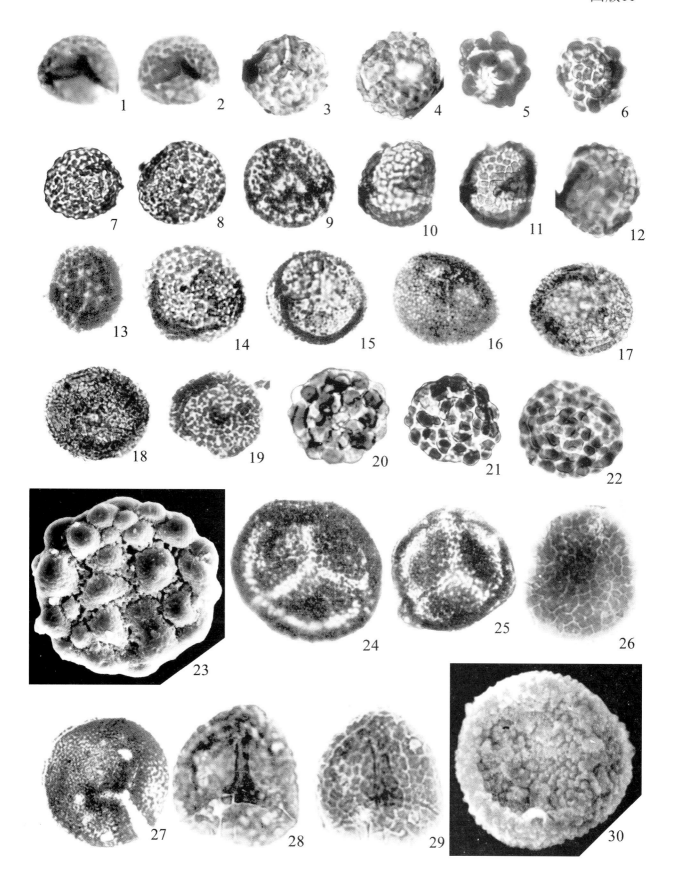

图版12

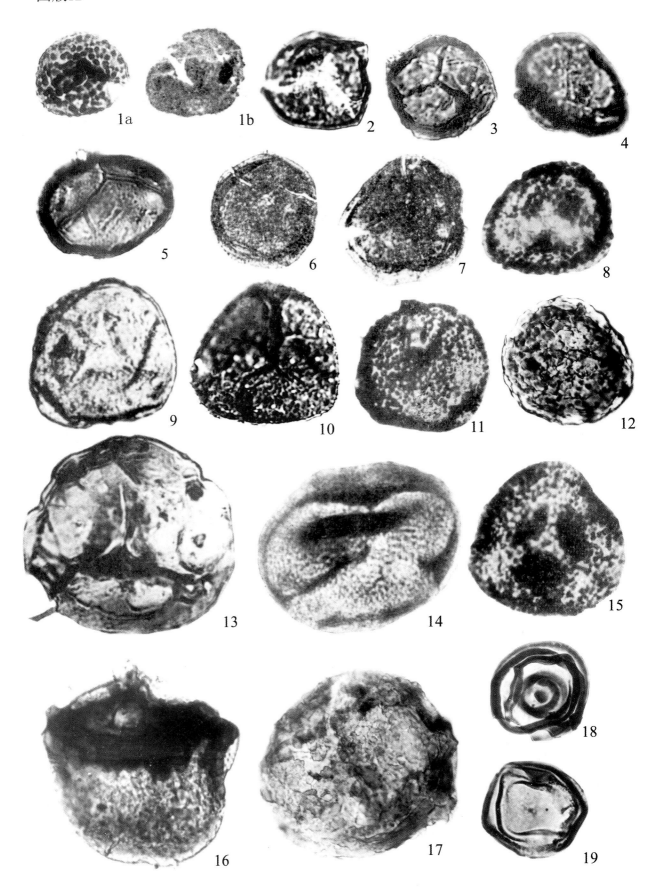

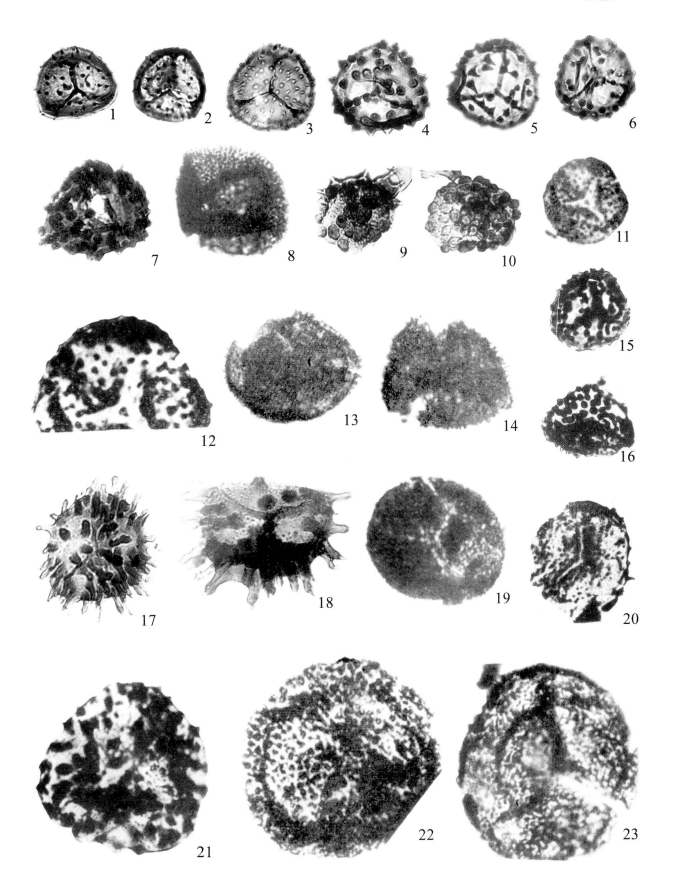

图版14

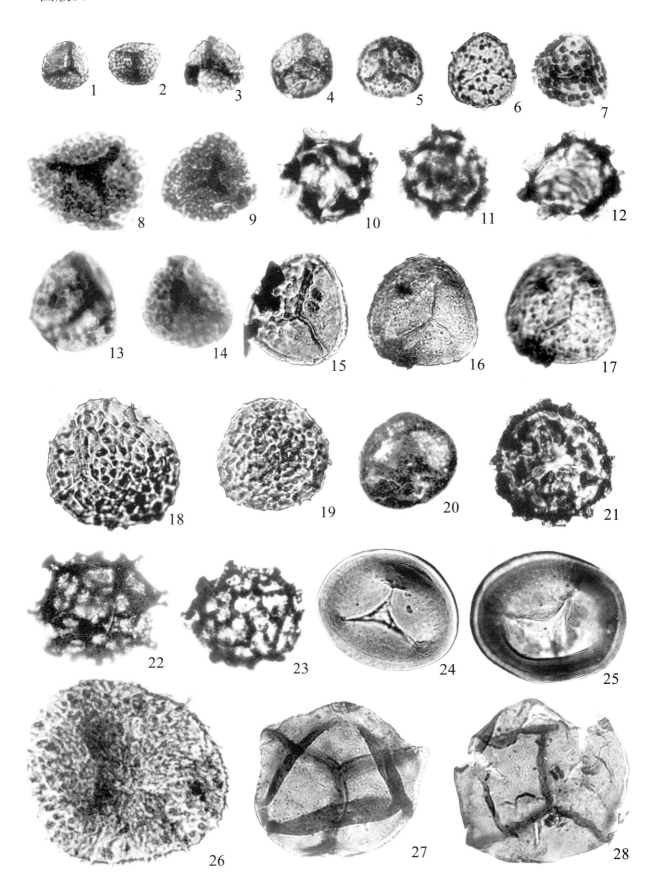

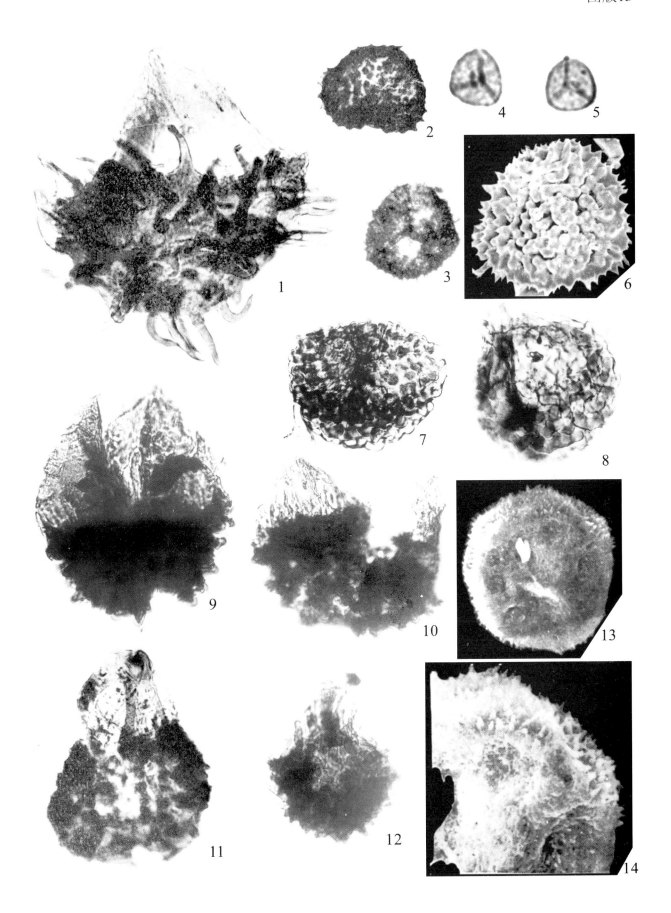

图版16

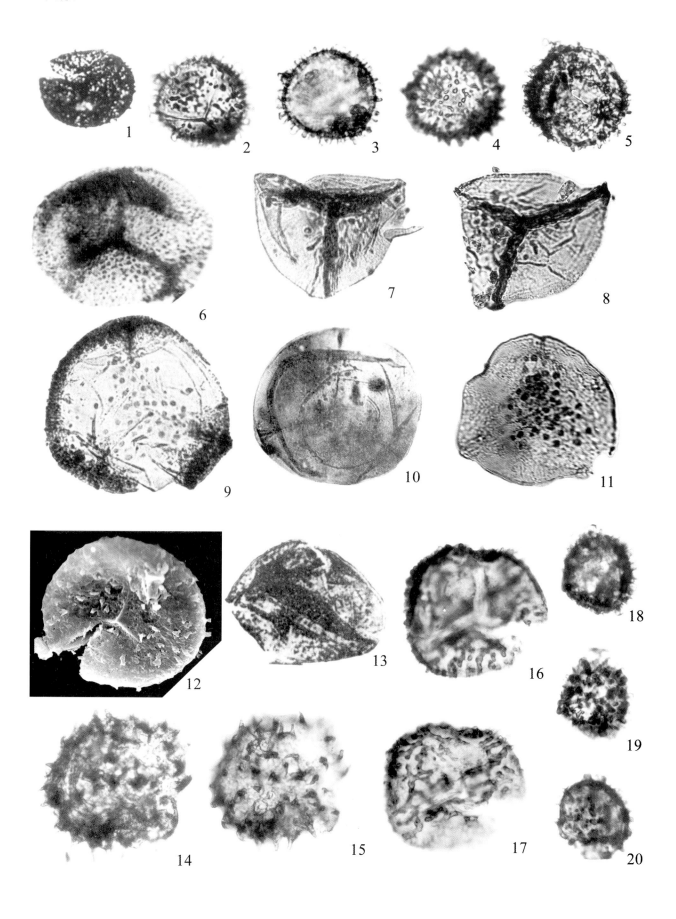

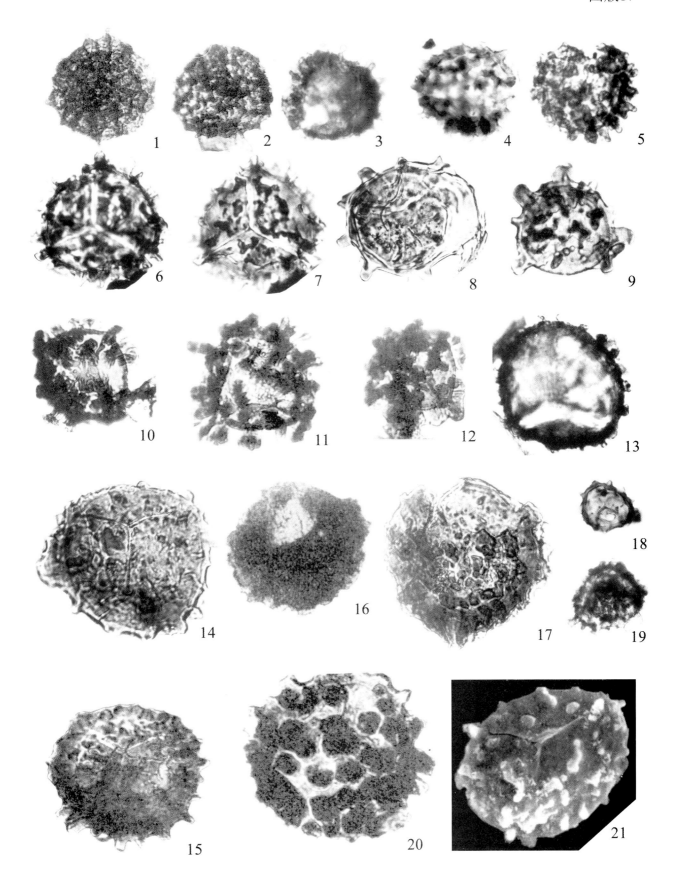

图版18

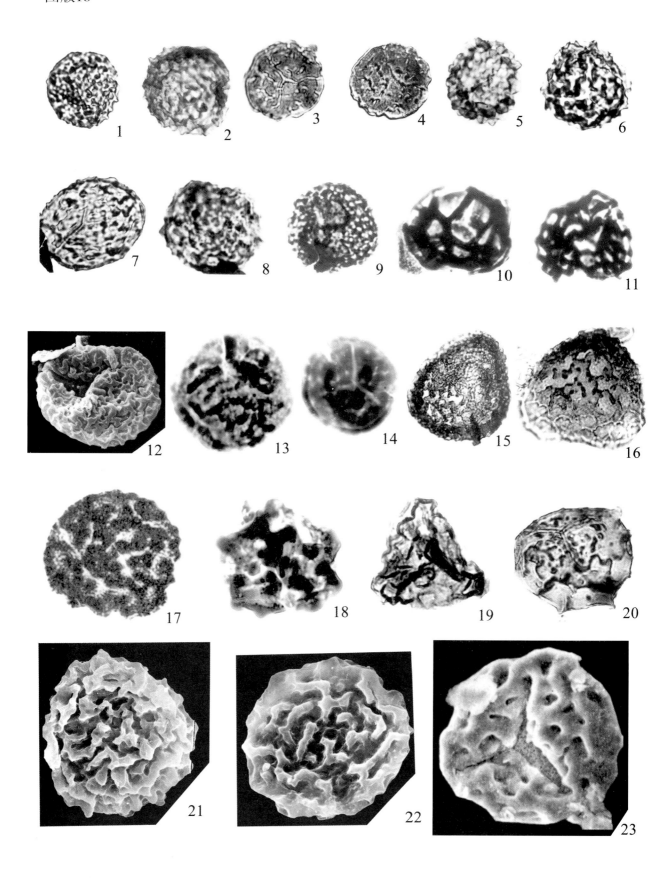

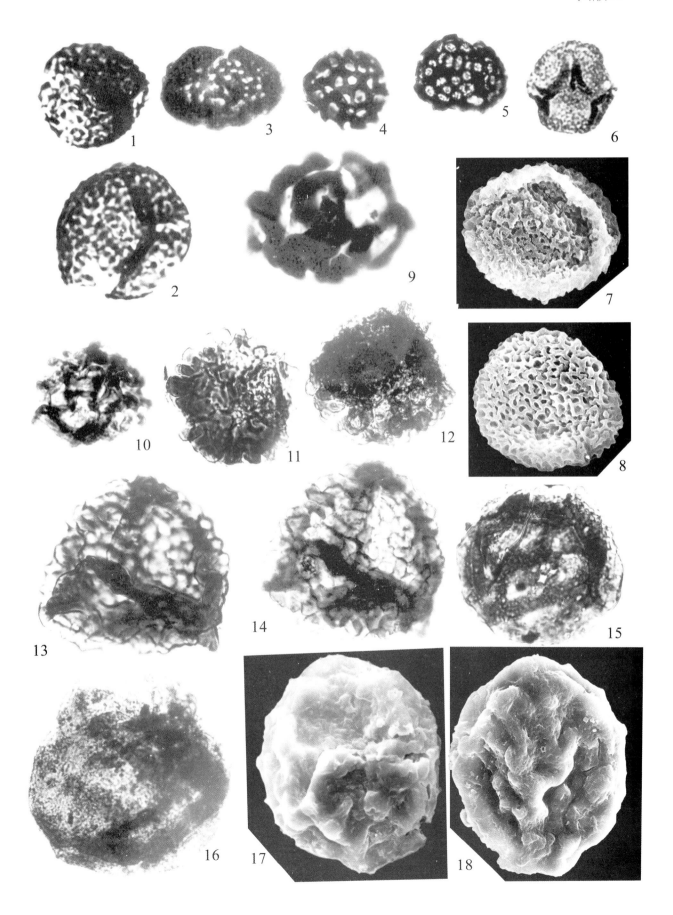

图版20

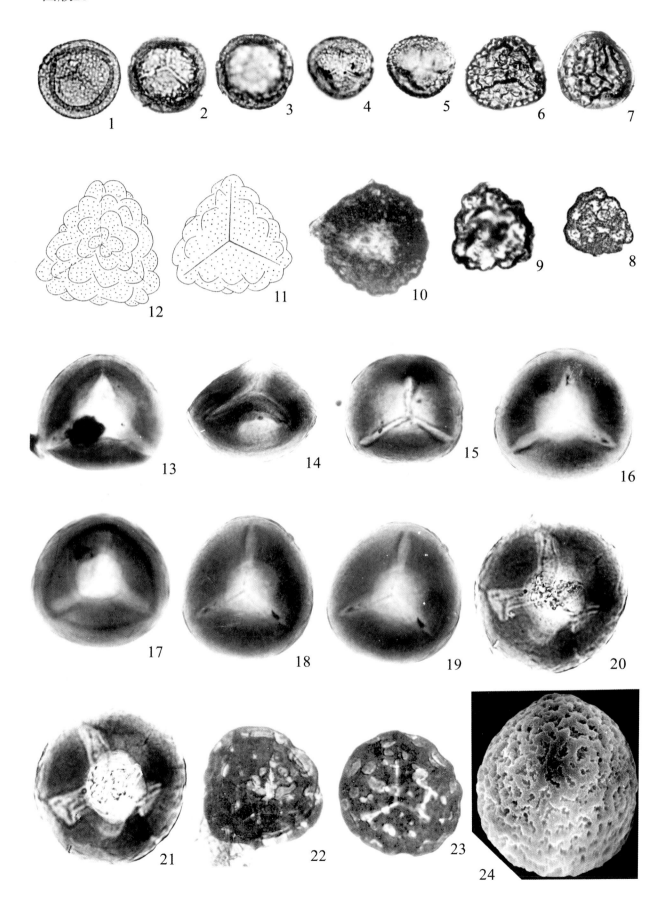

图版21

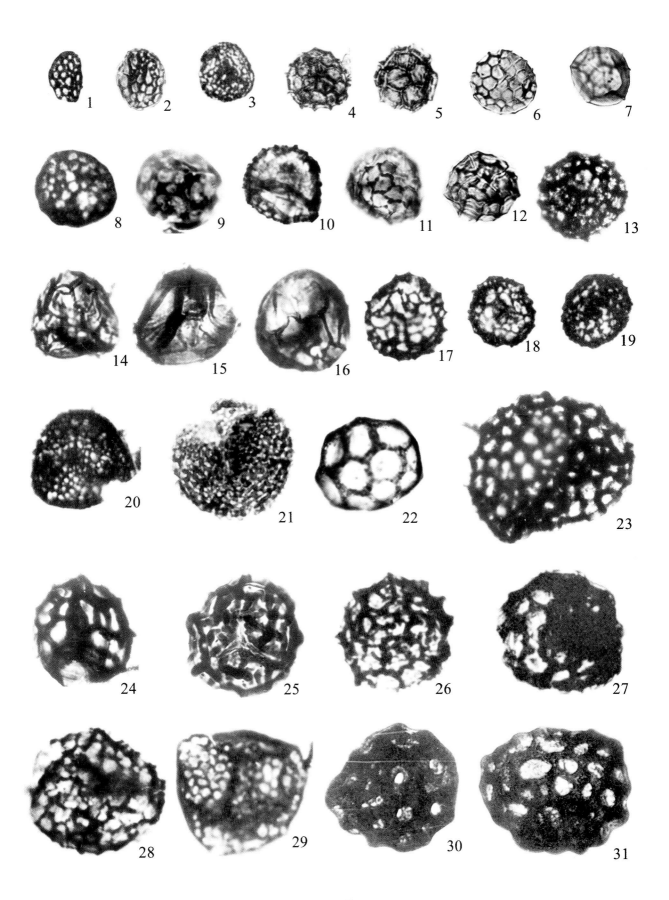

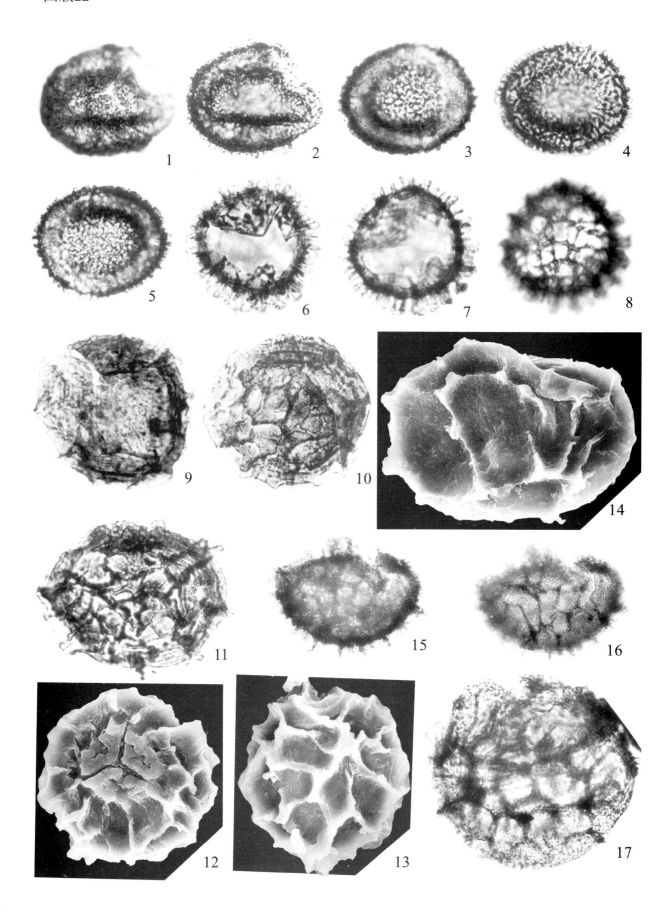

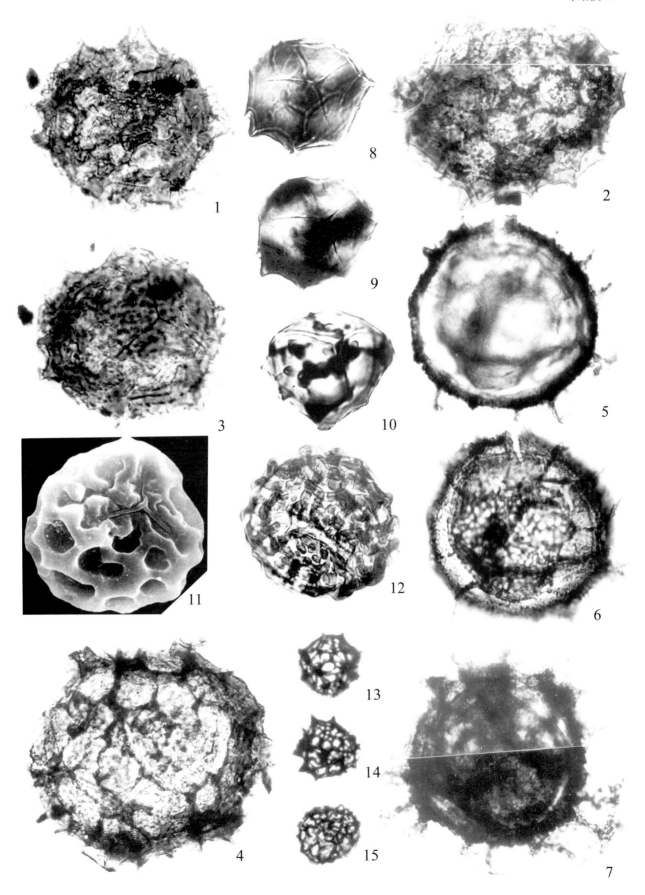

图版23

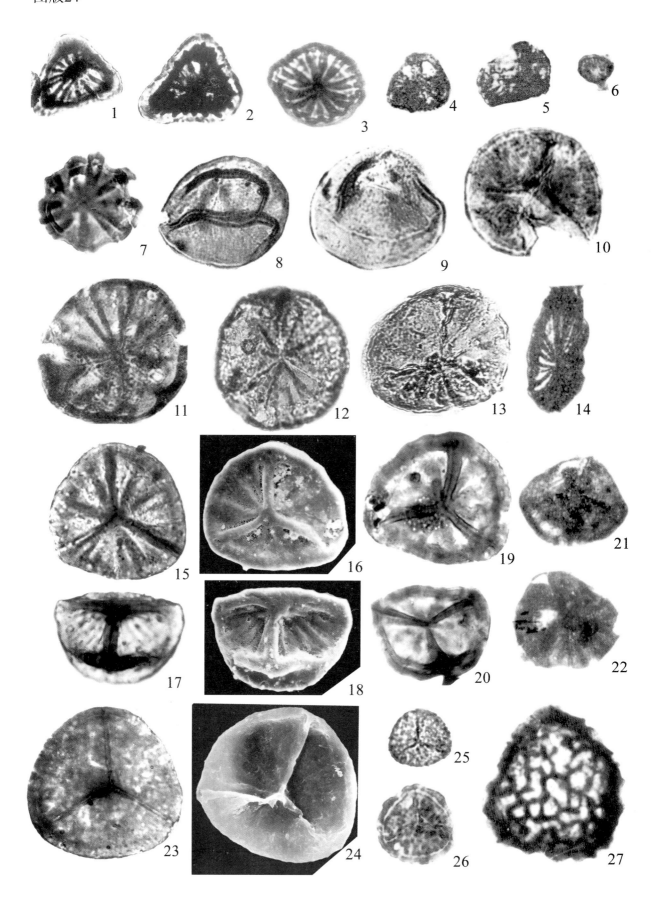

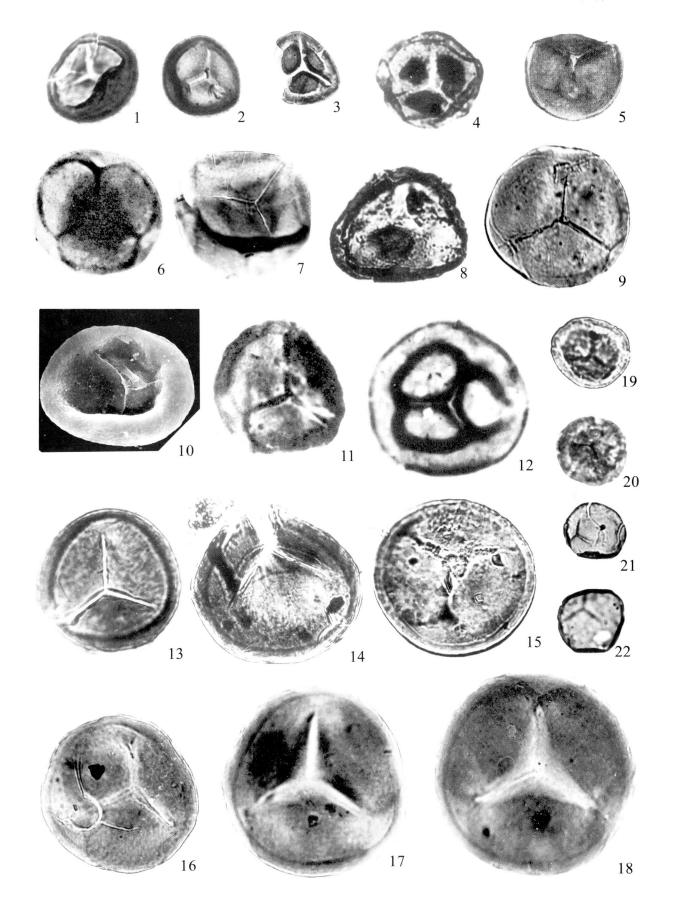

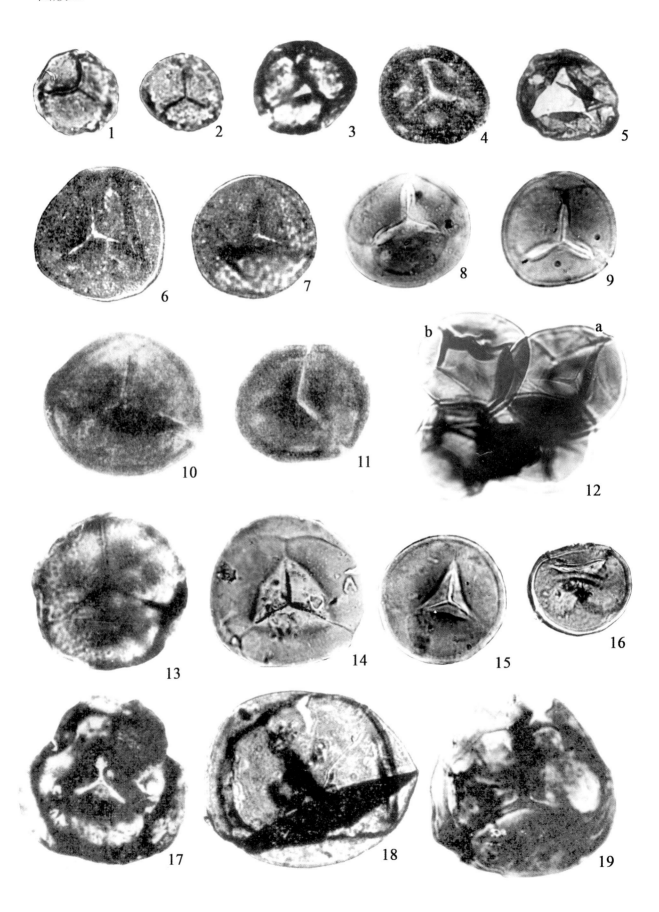

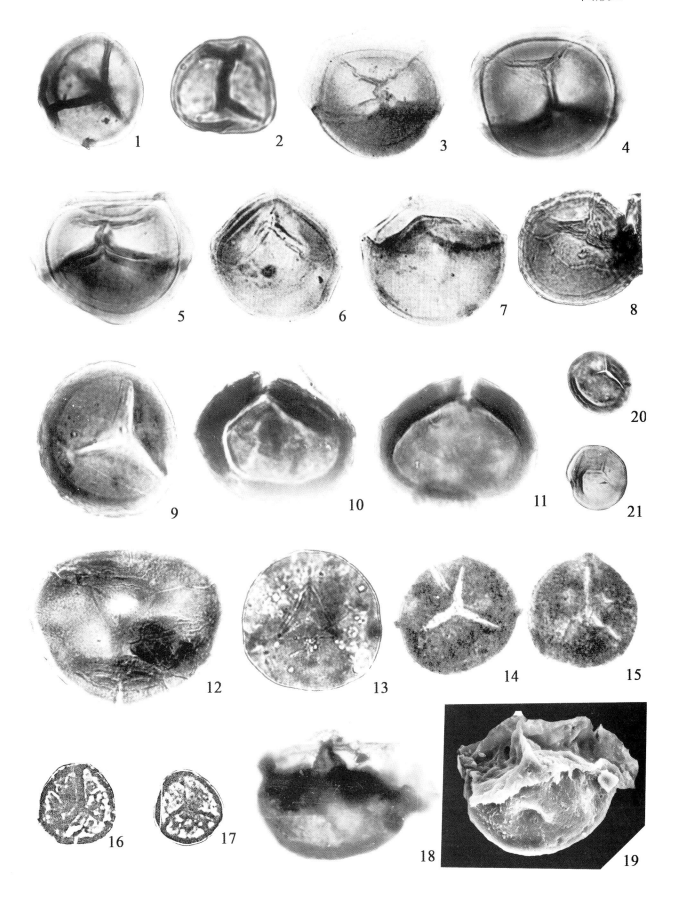

图版28

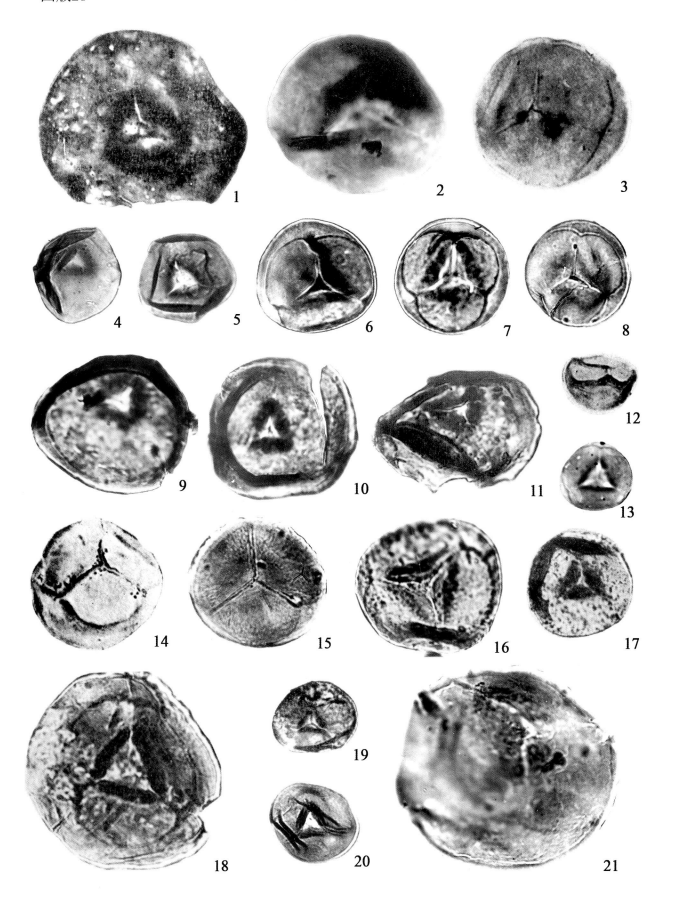

图版29

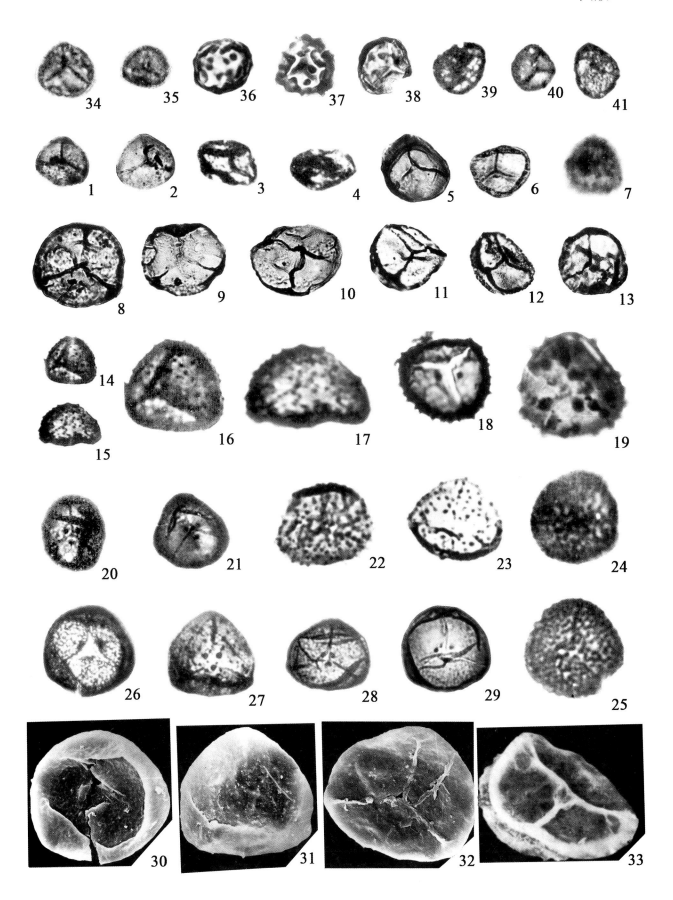

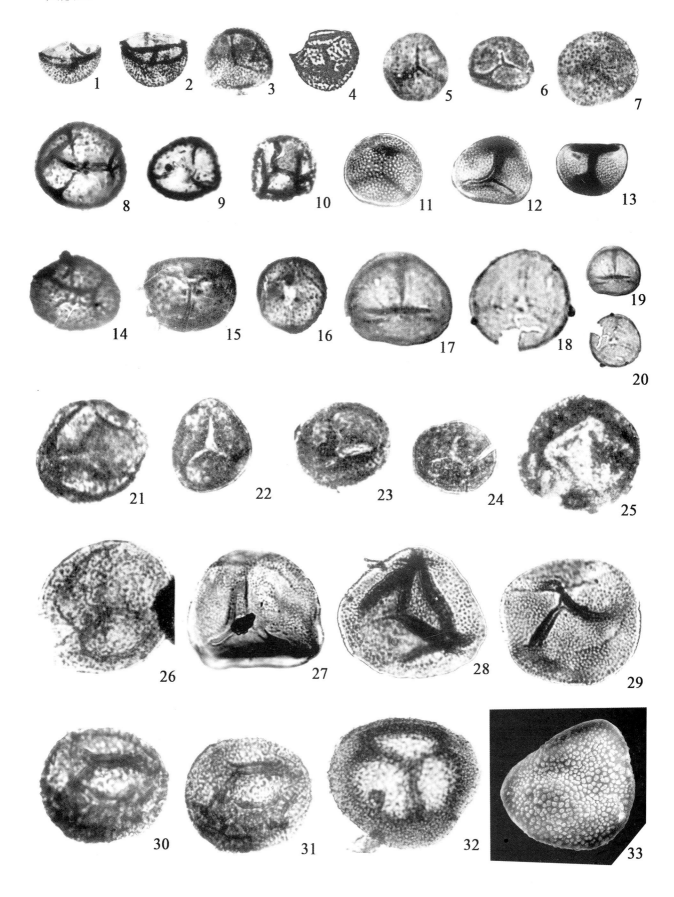

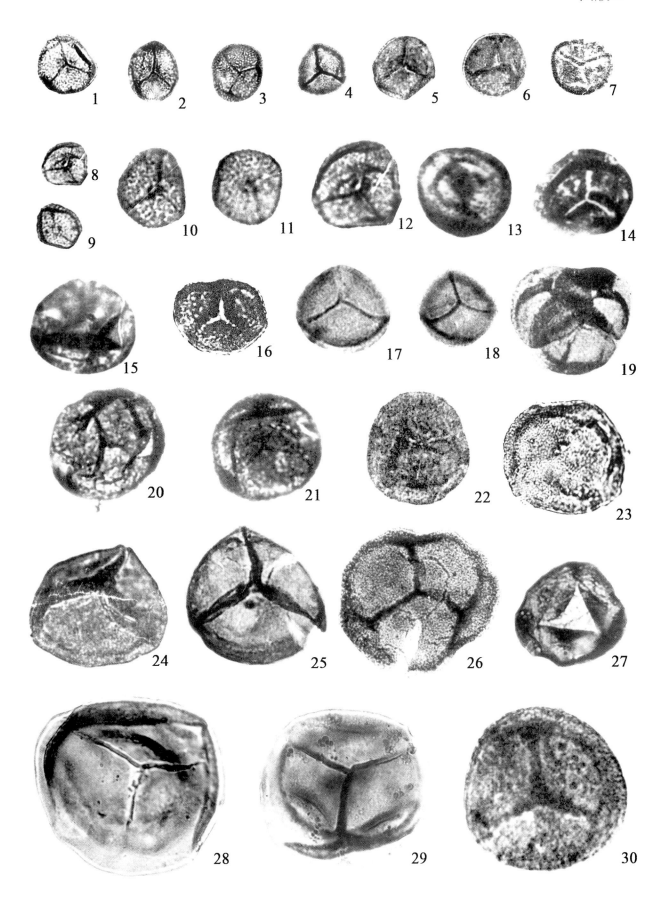

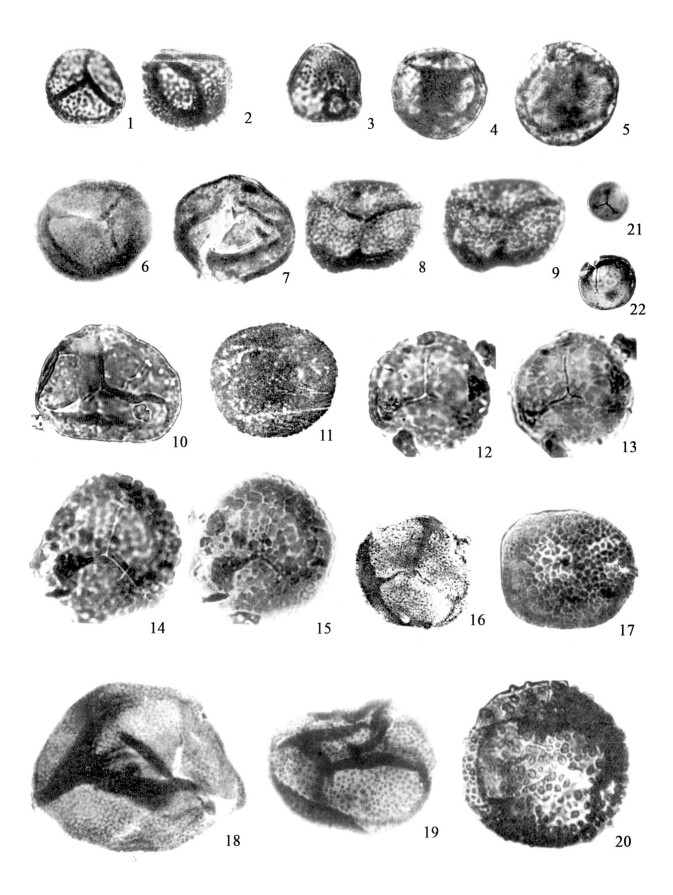

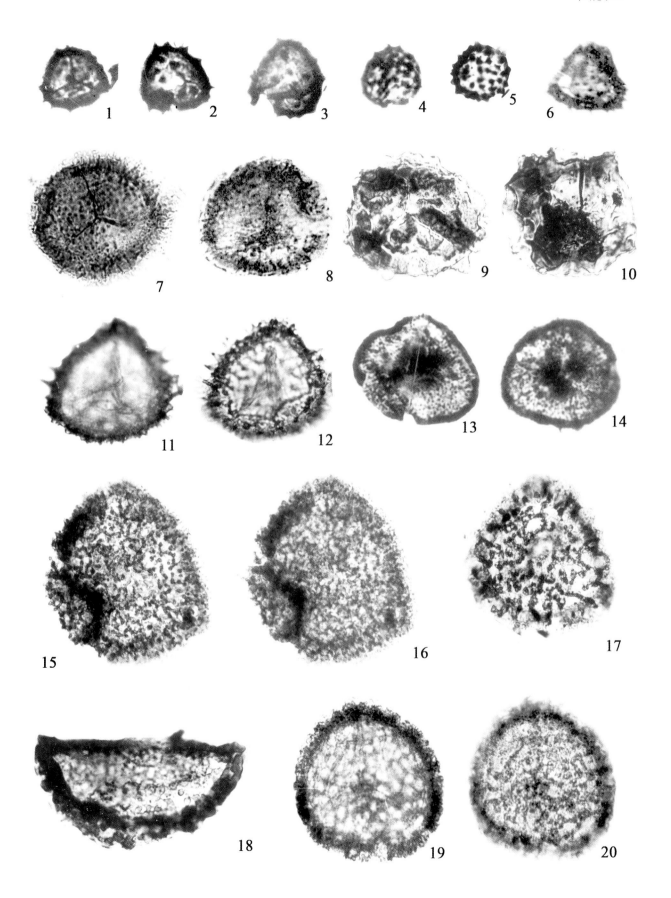

图版34

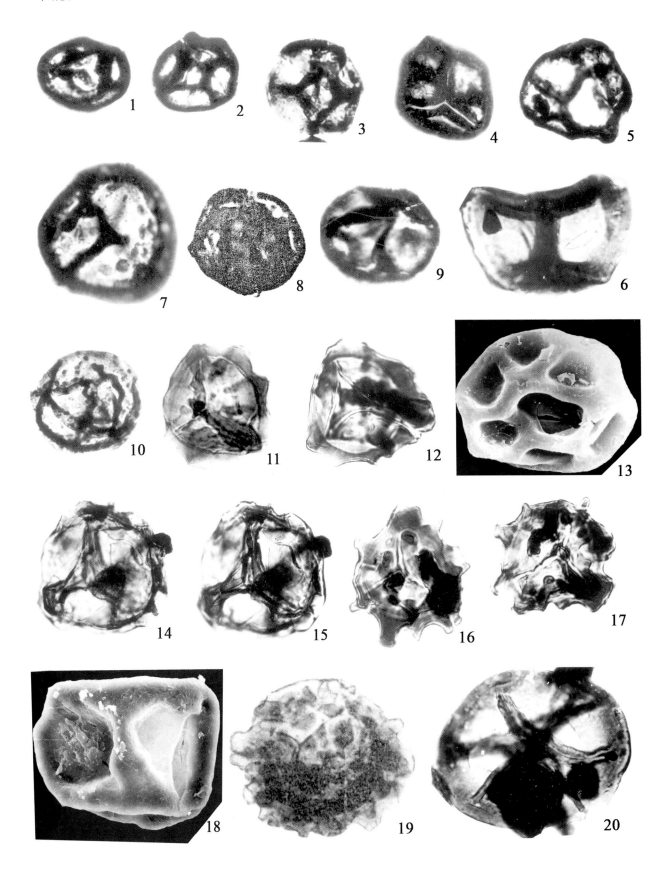

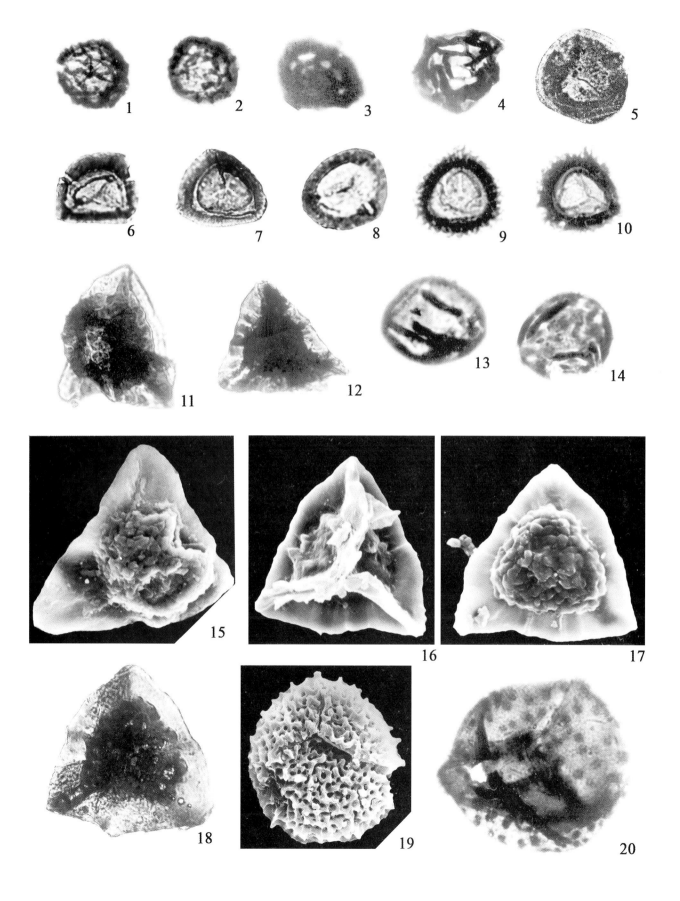

图版36

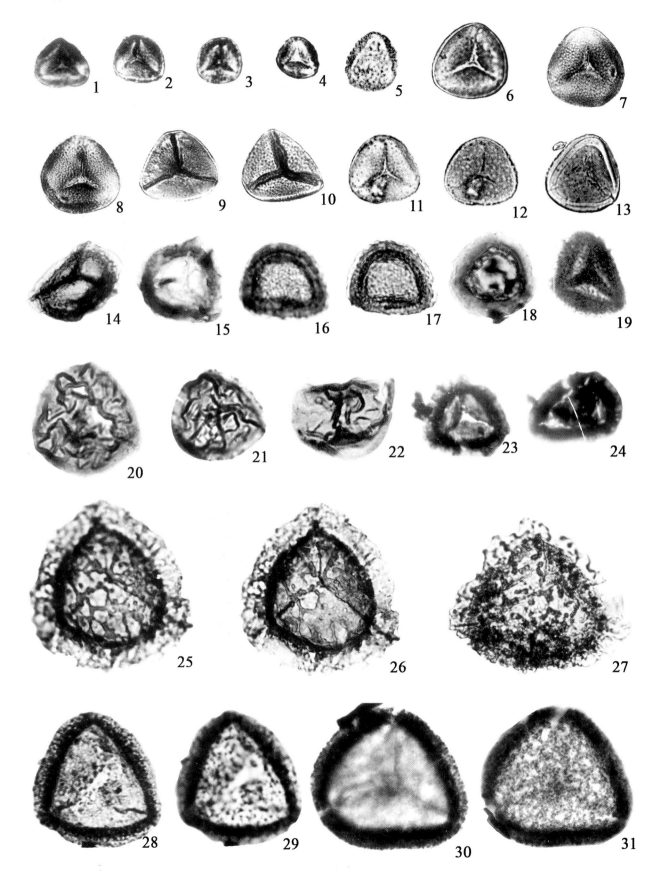

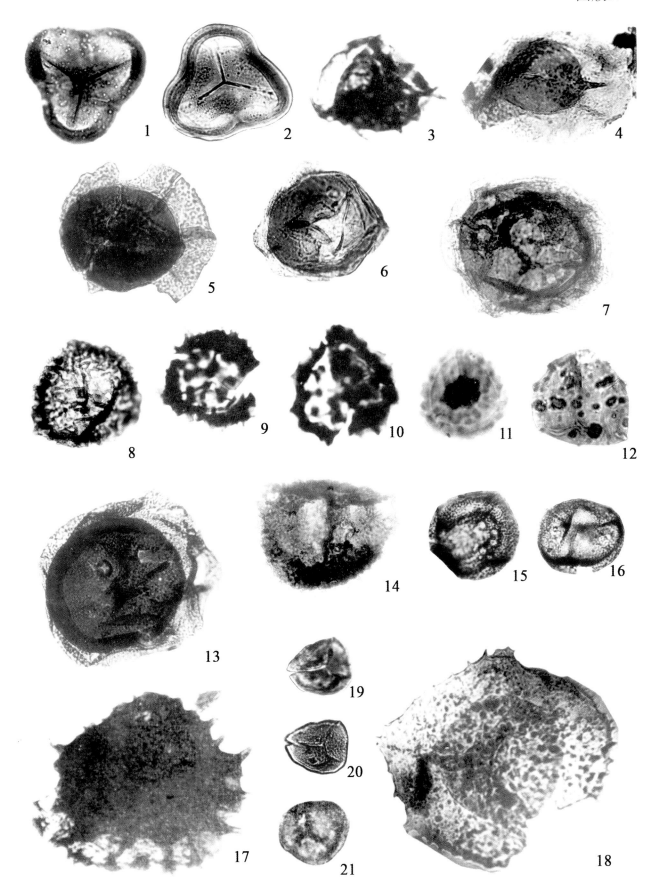

图版38

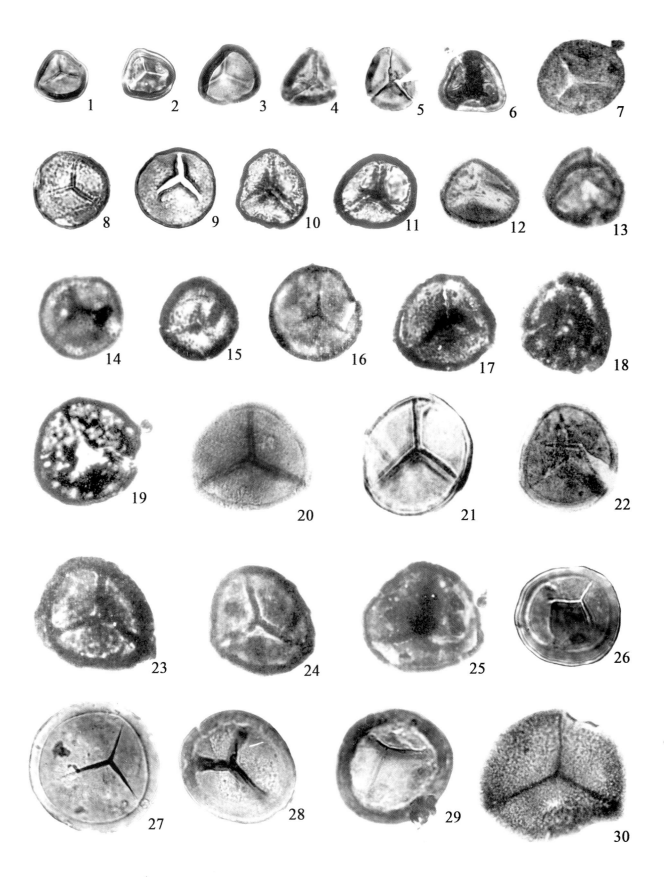

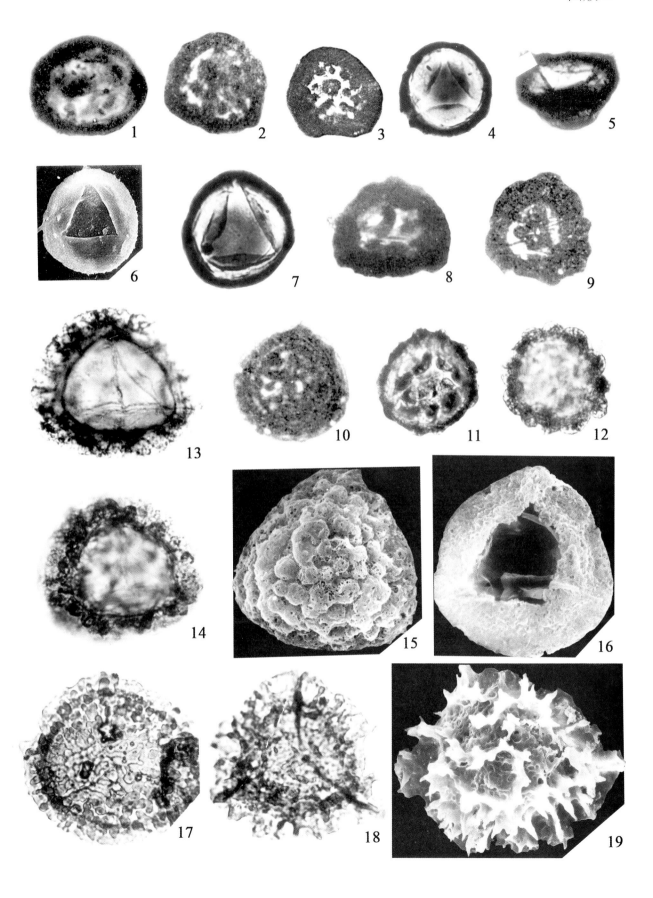

图版40

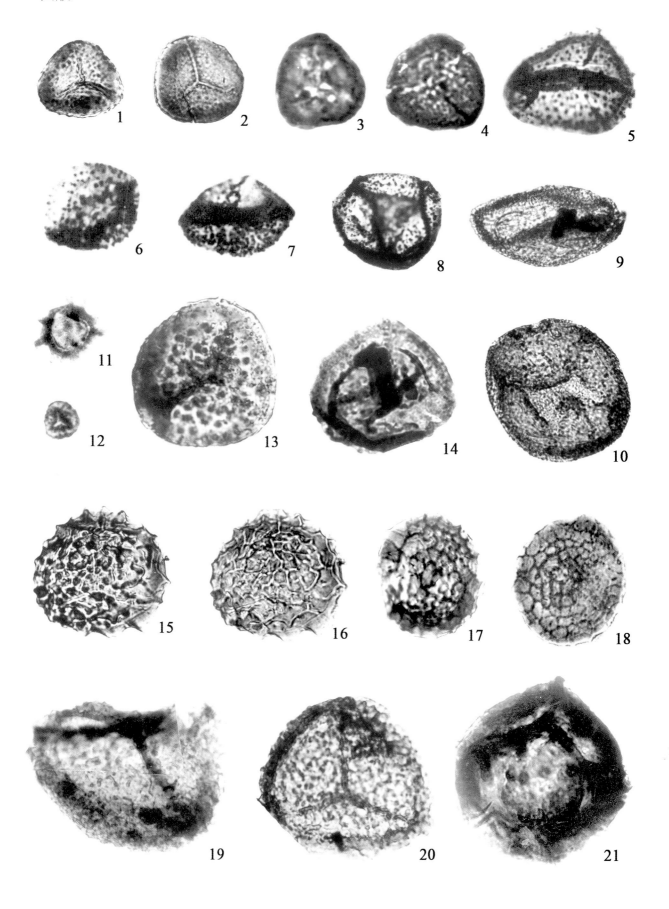

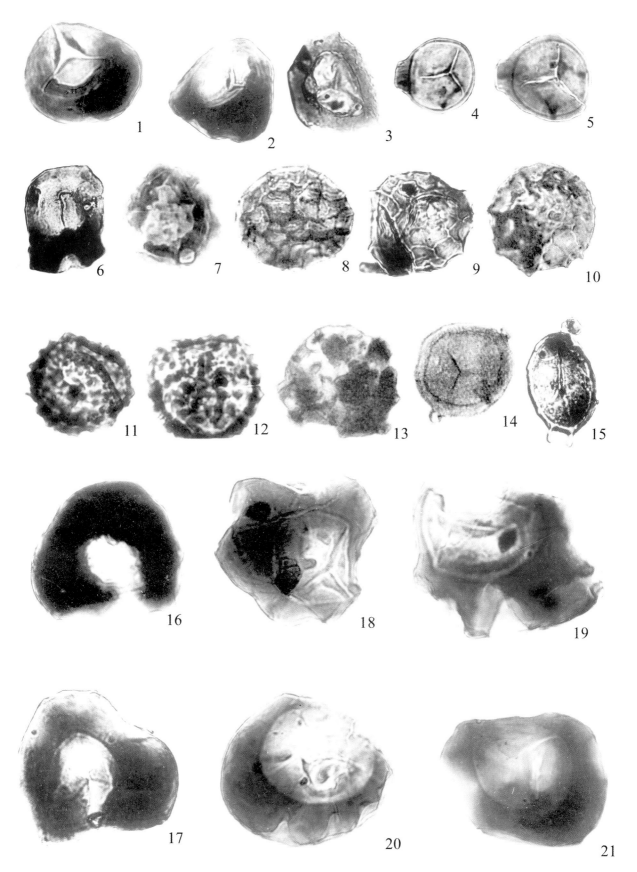

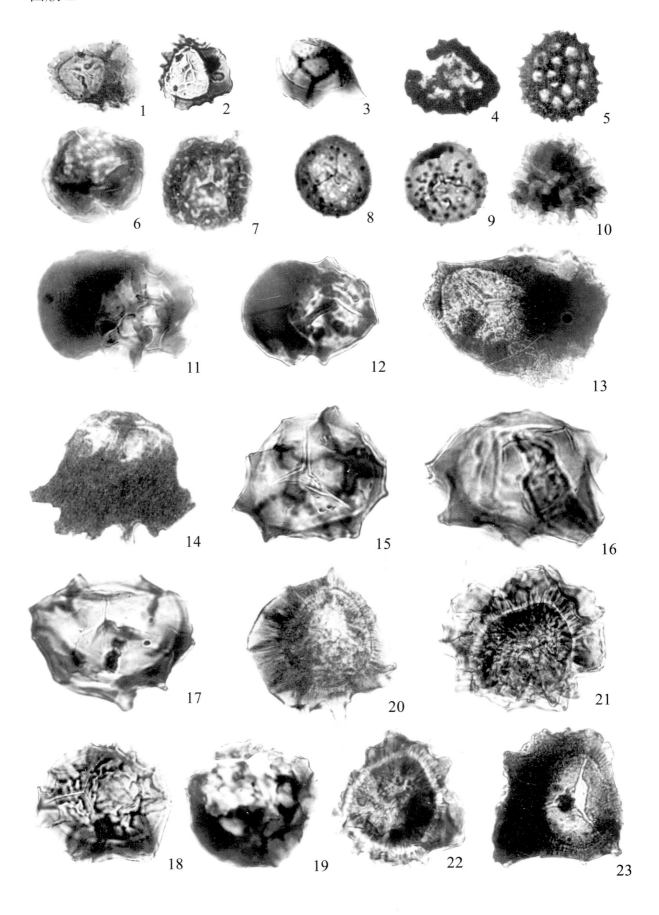

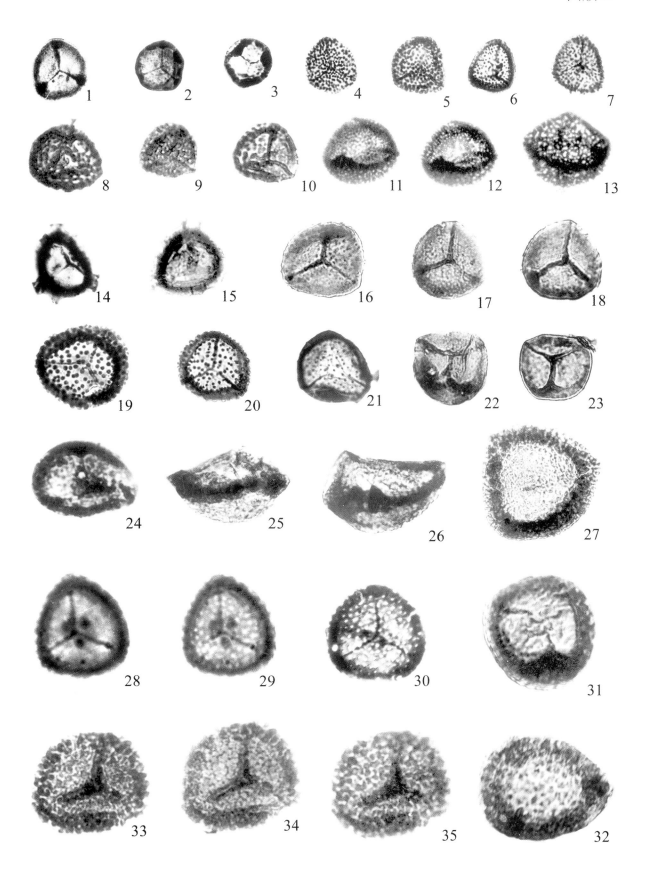

图版44

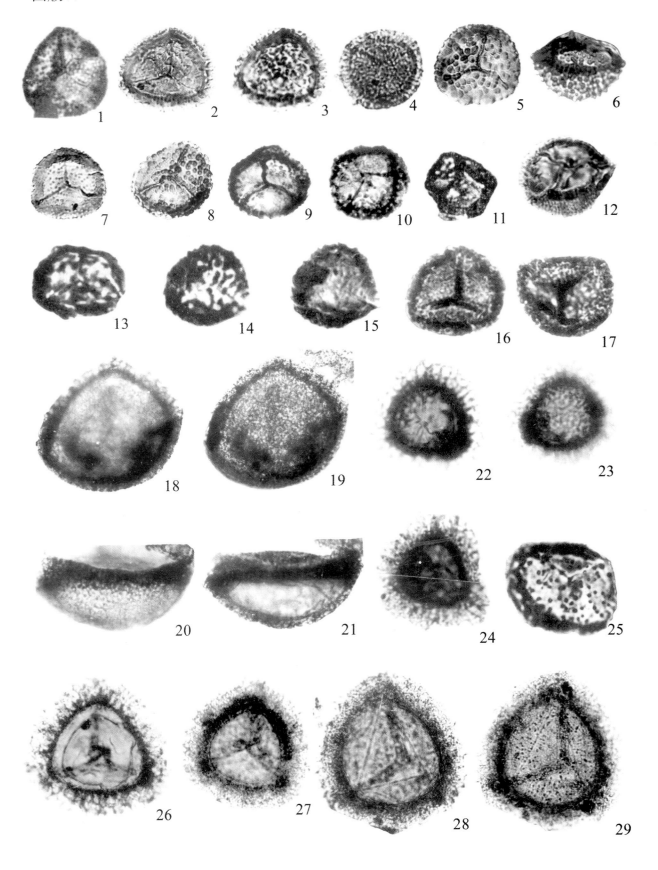

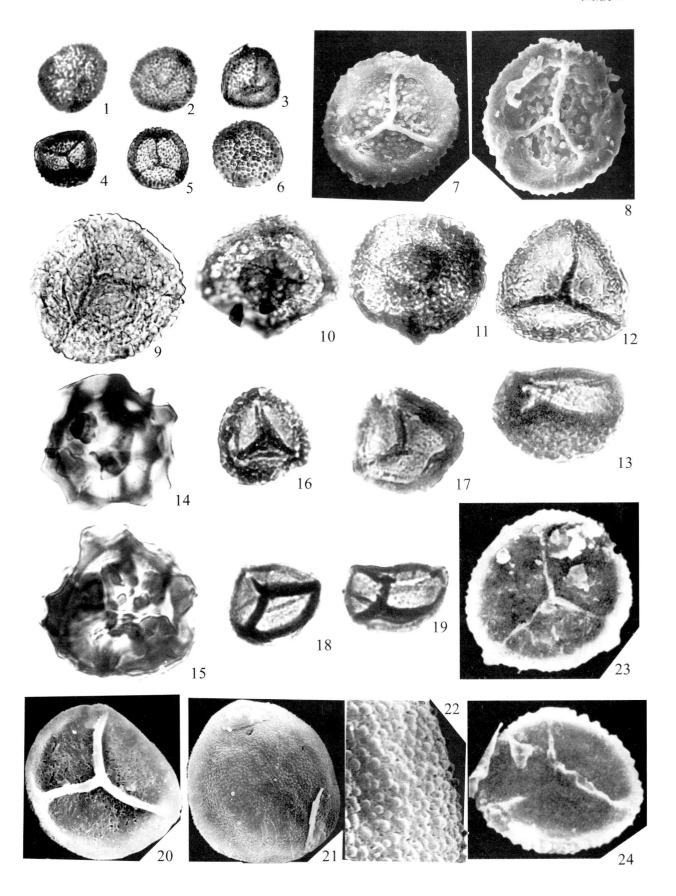

图版46

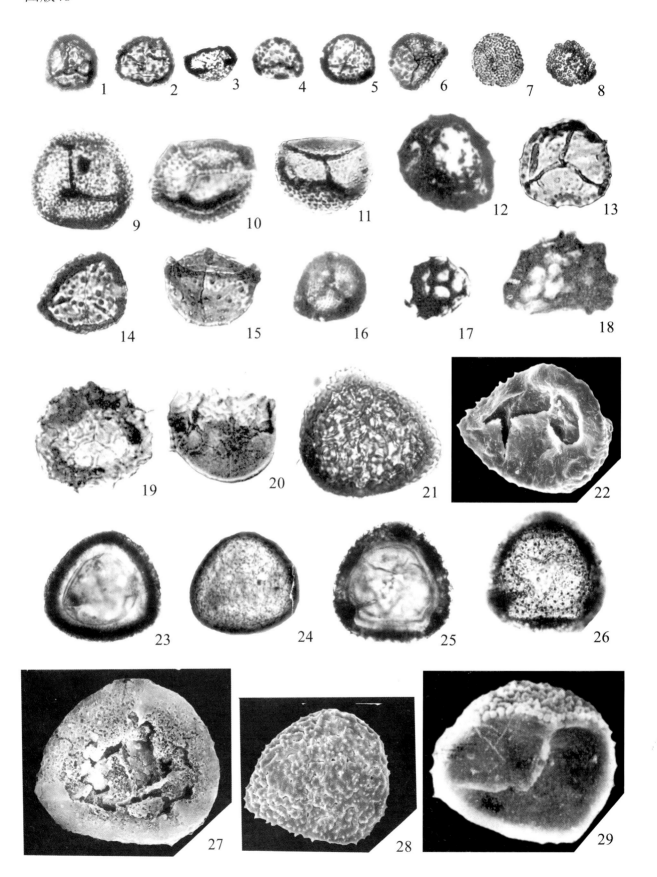

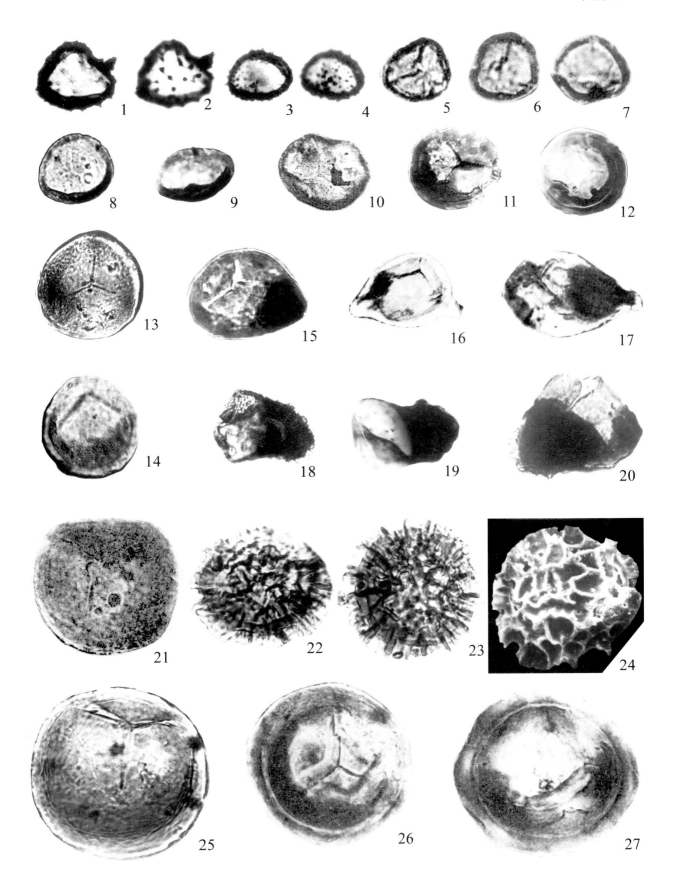

图版48

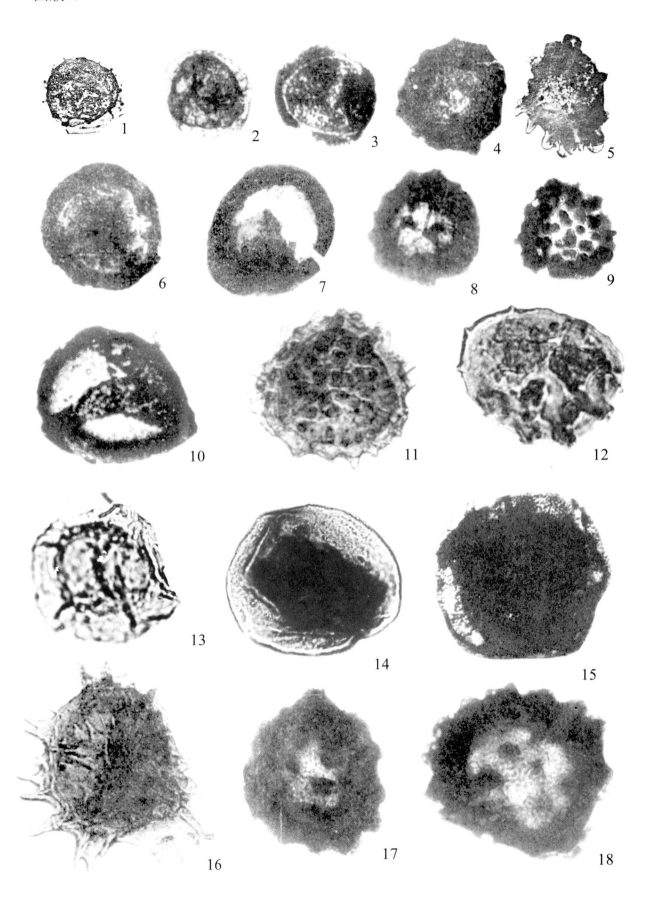

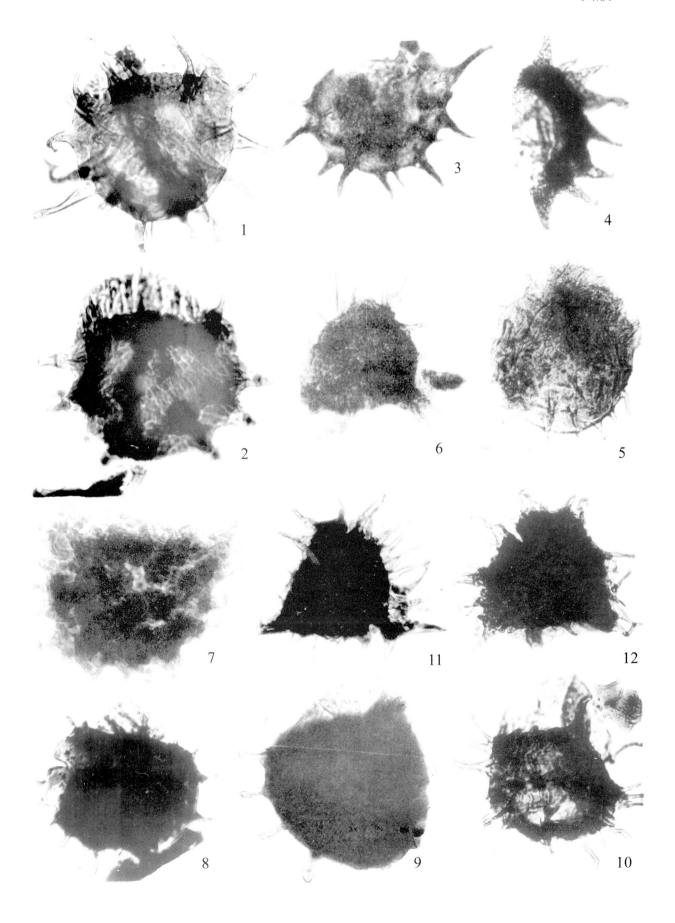

图版50

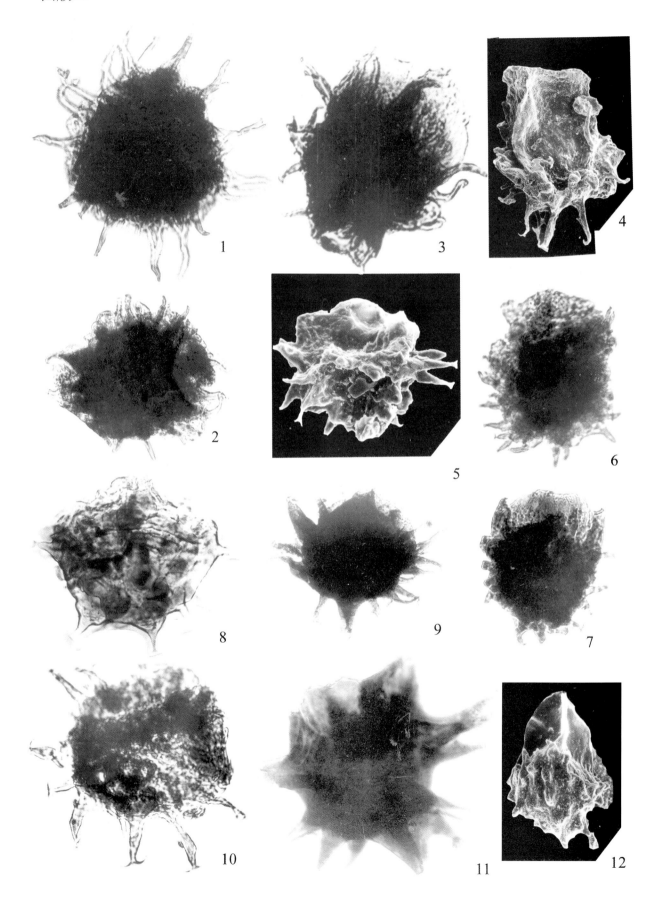

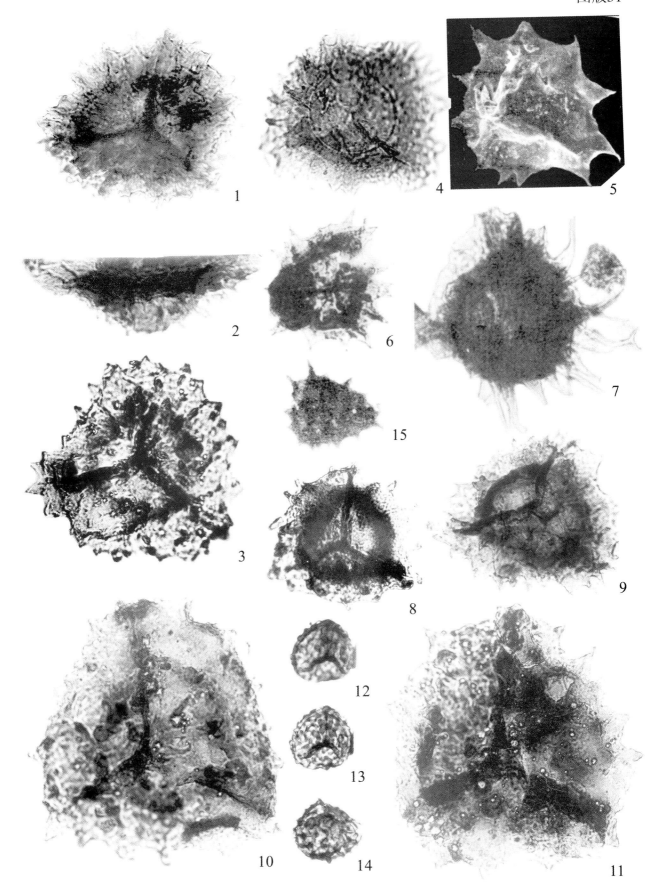

图版52

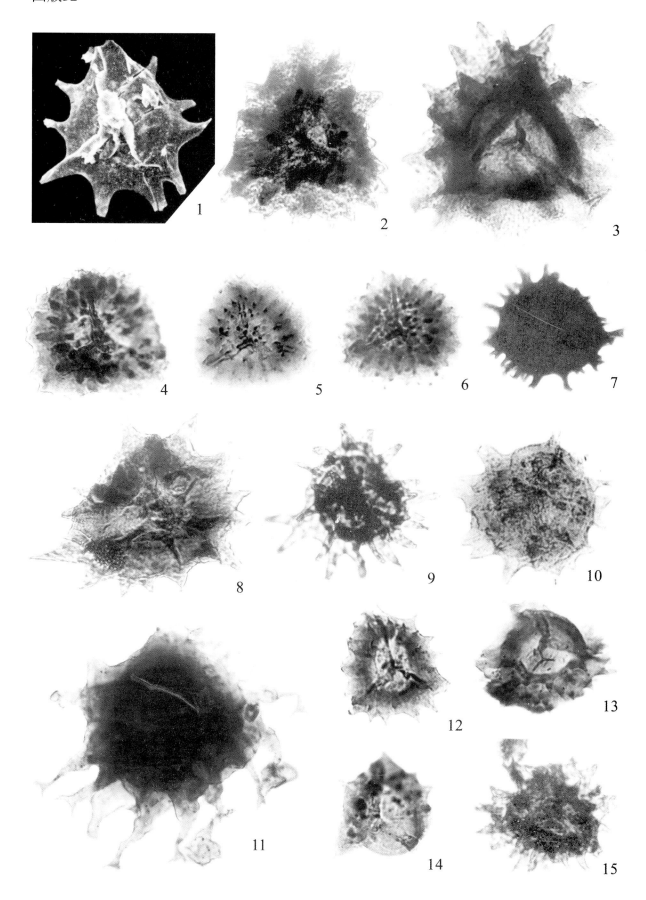

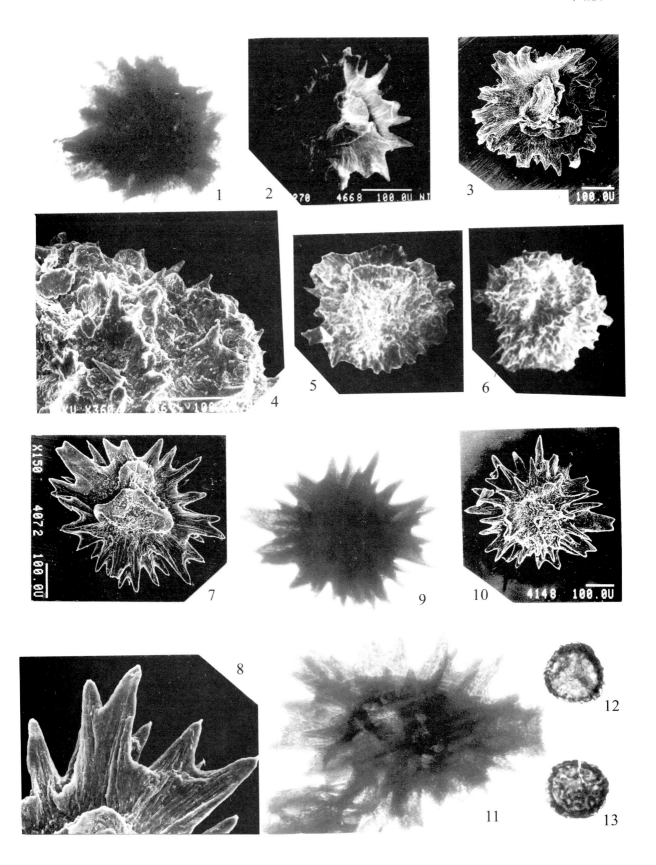

图版54

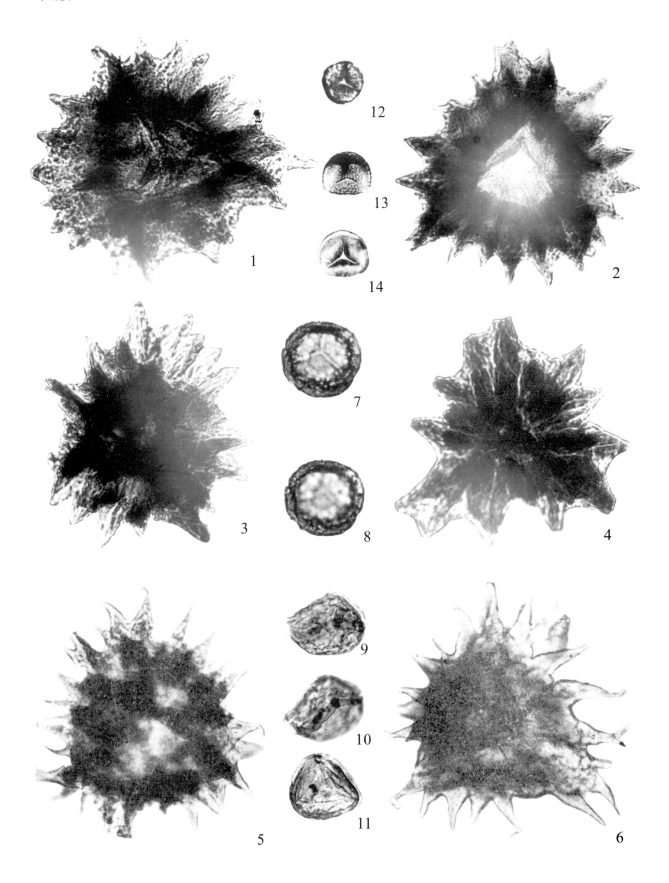

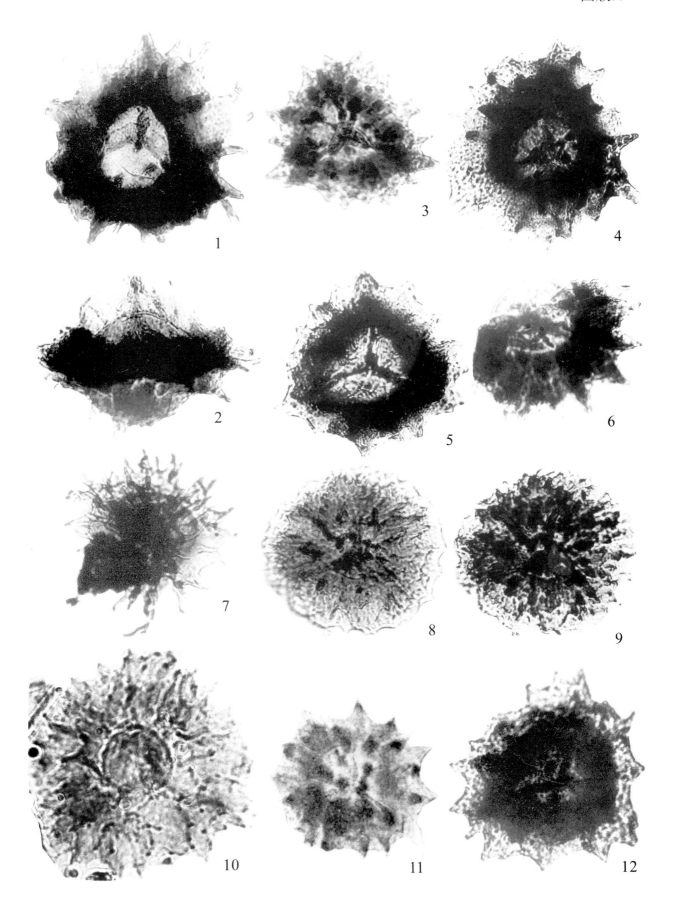

图版56

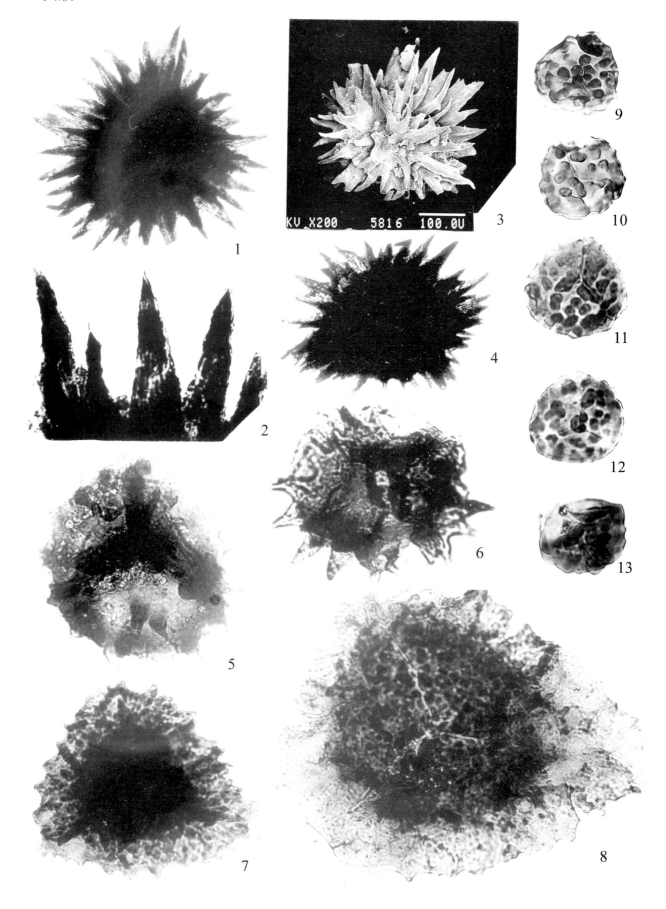

100μm

图版58

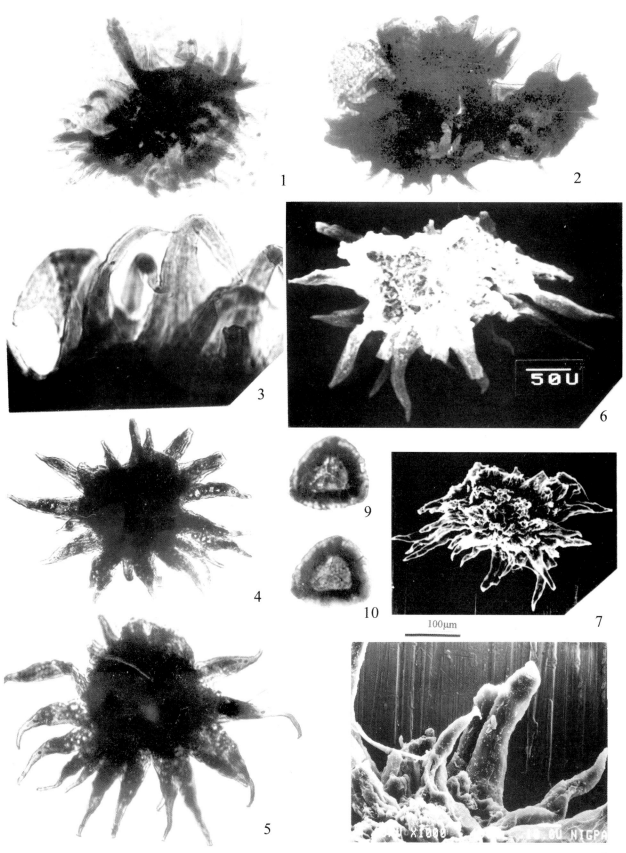

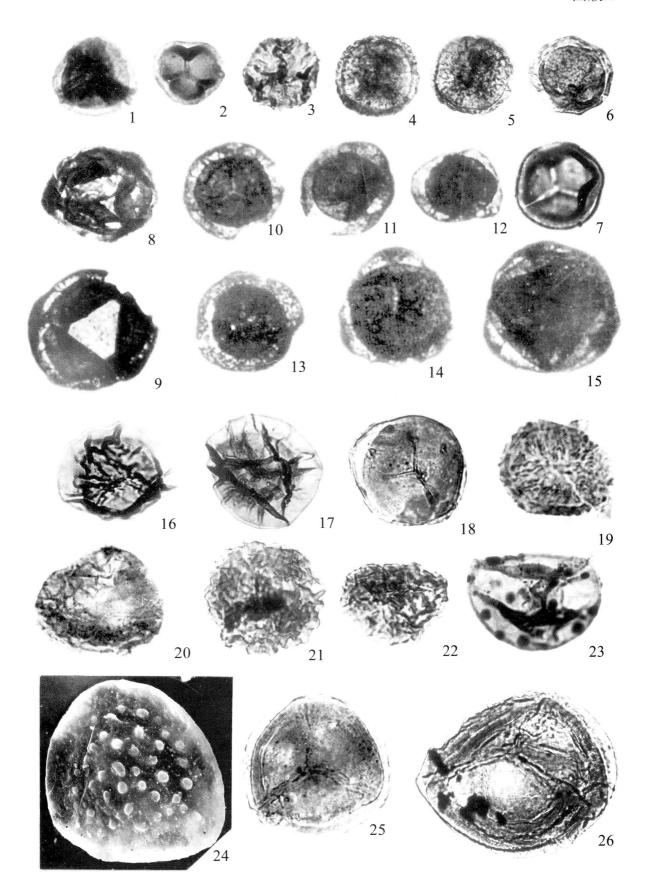

图版60

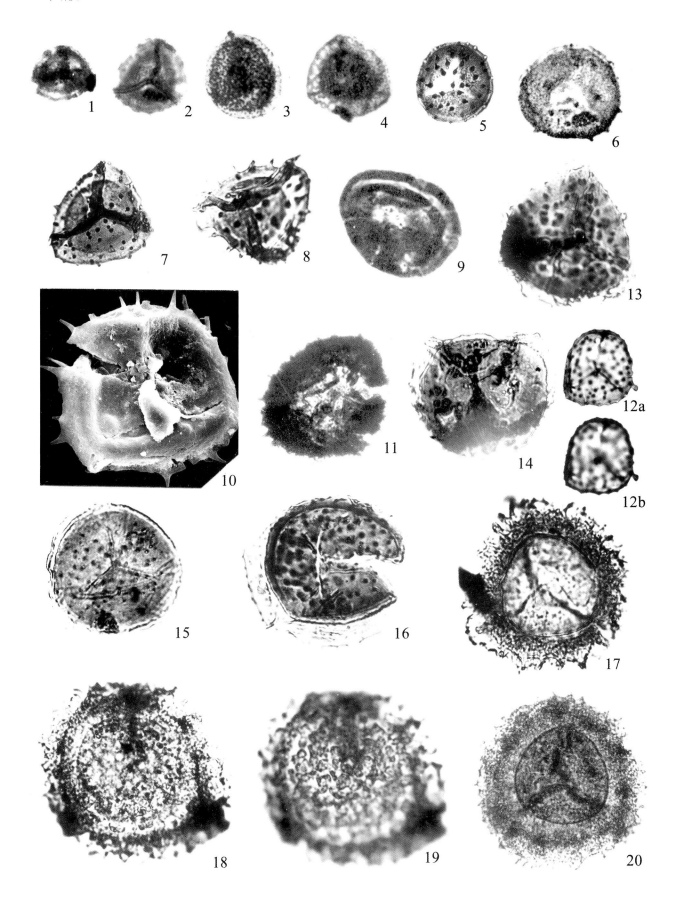

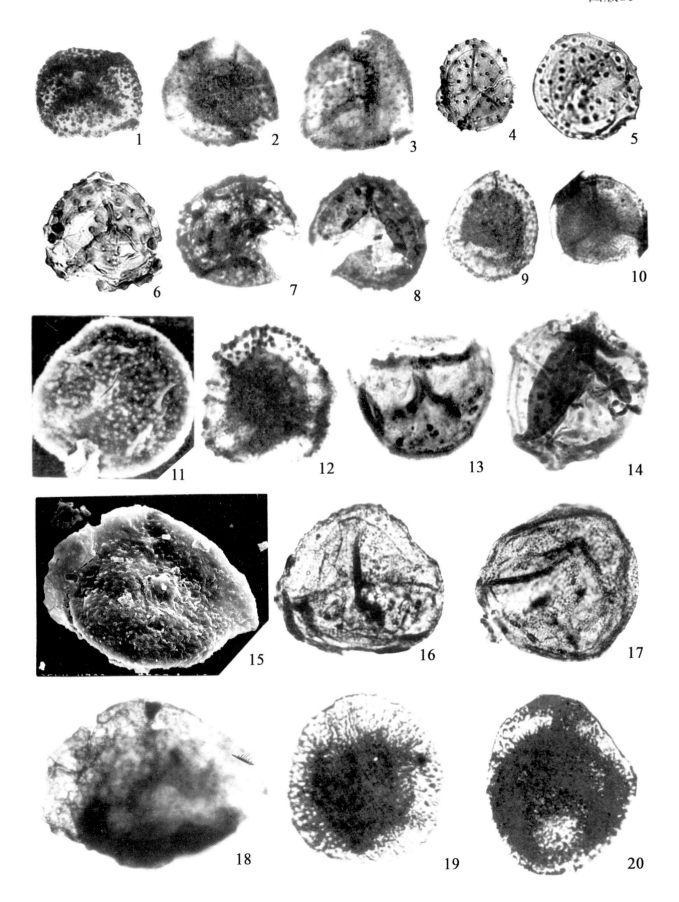

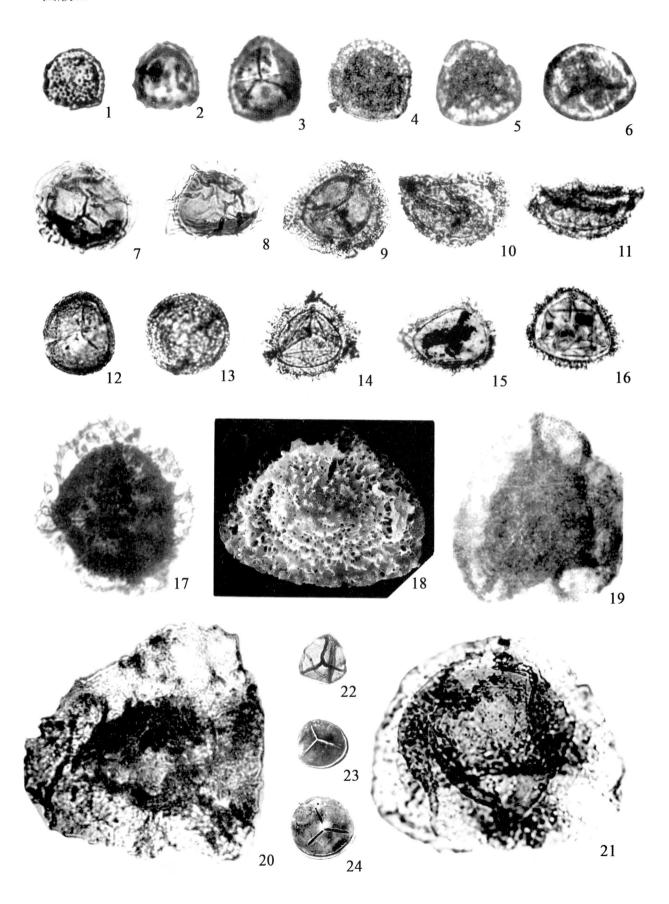

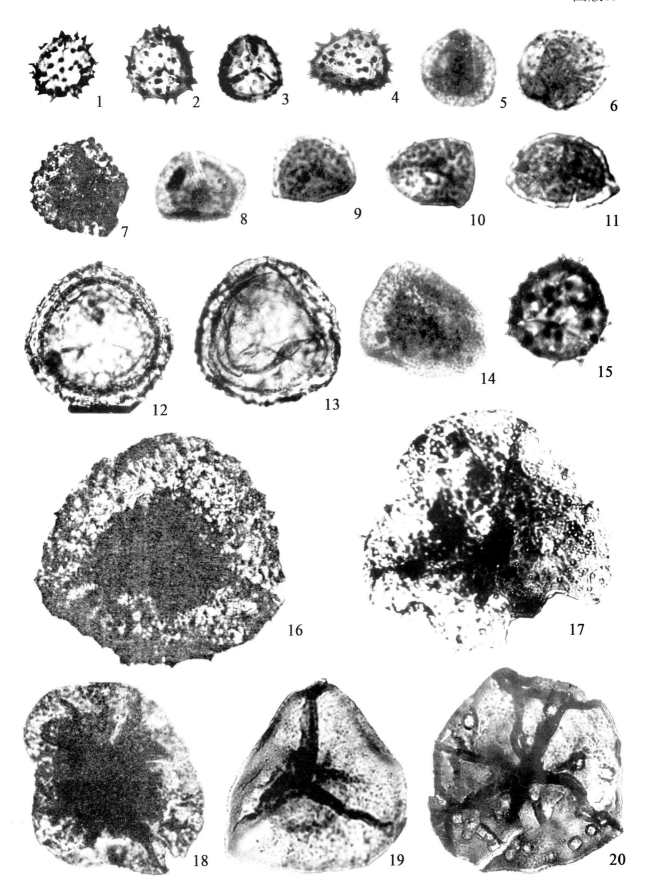

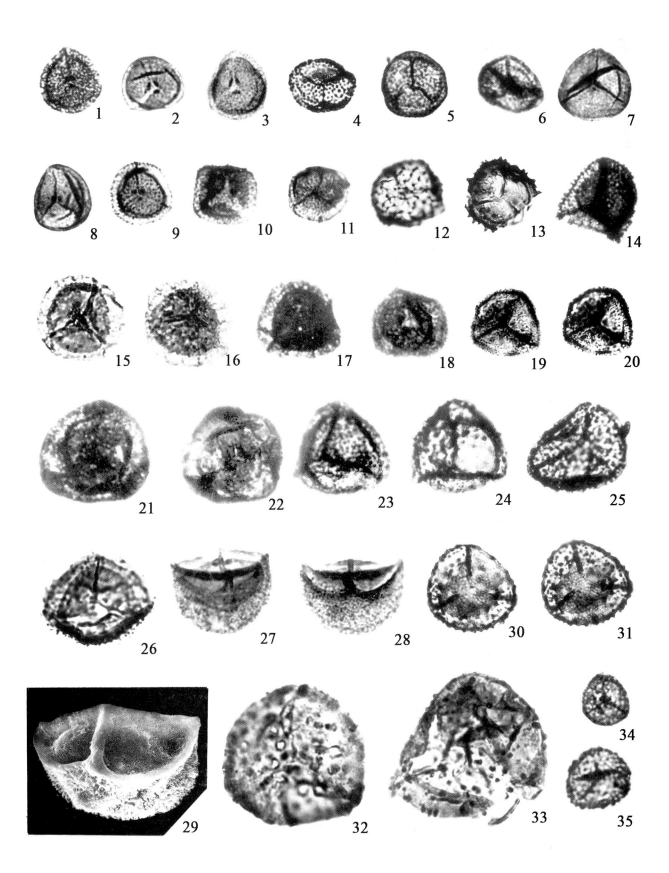

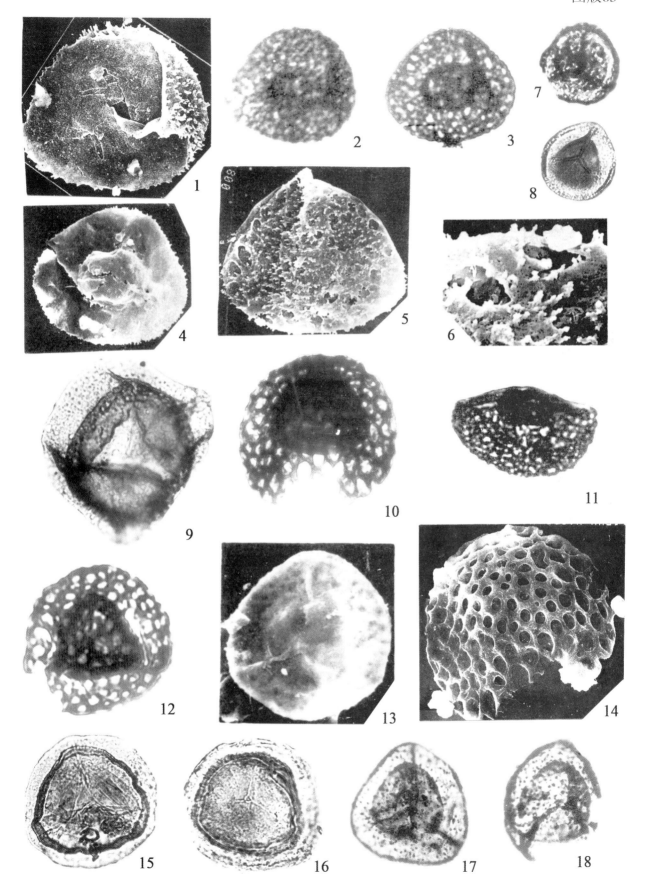

图版66

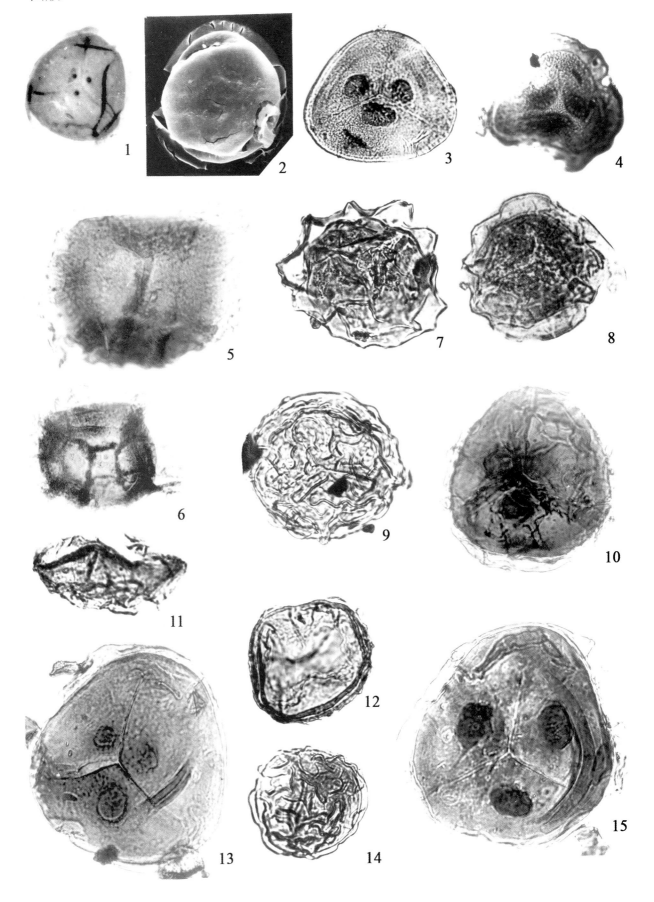

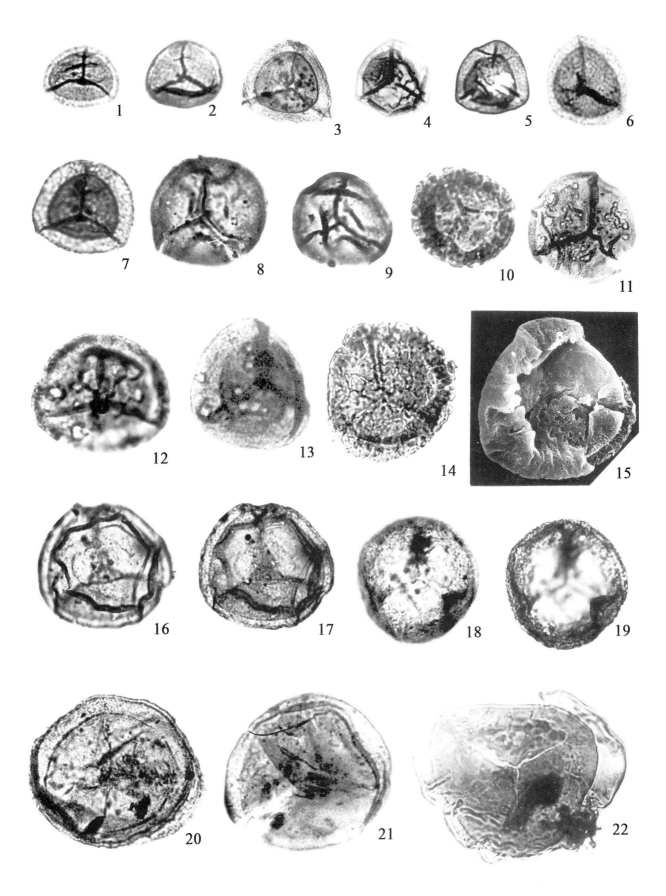

图版68

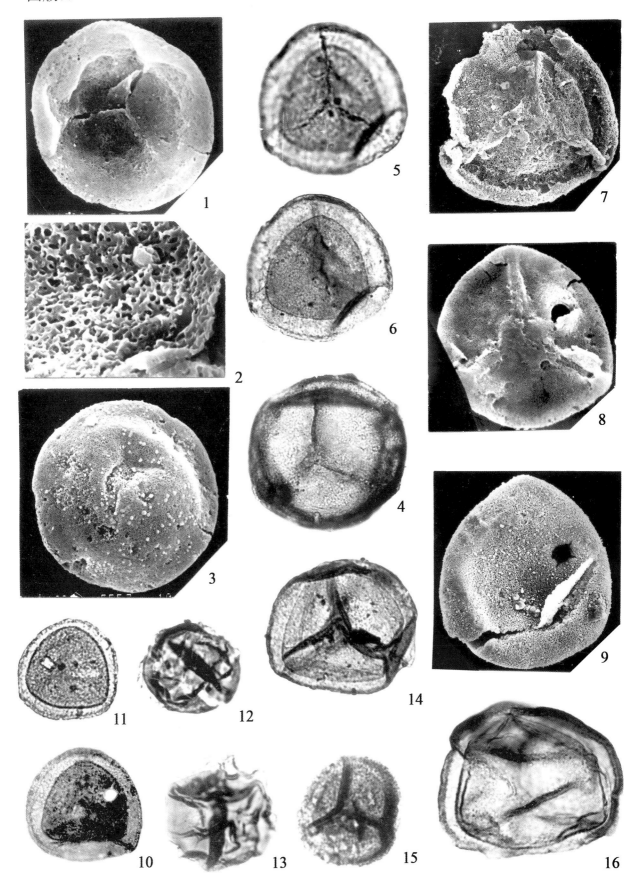

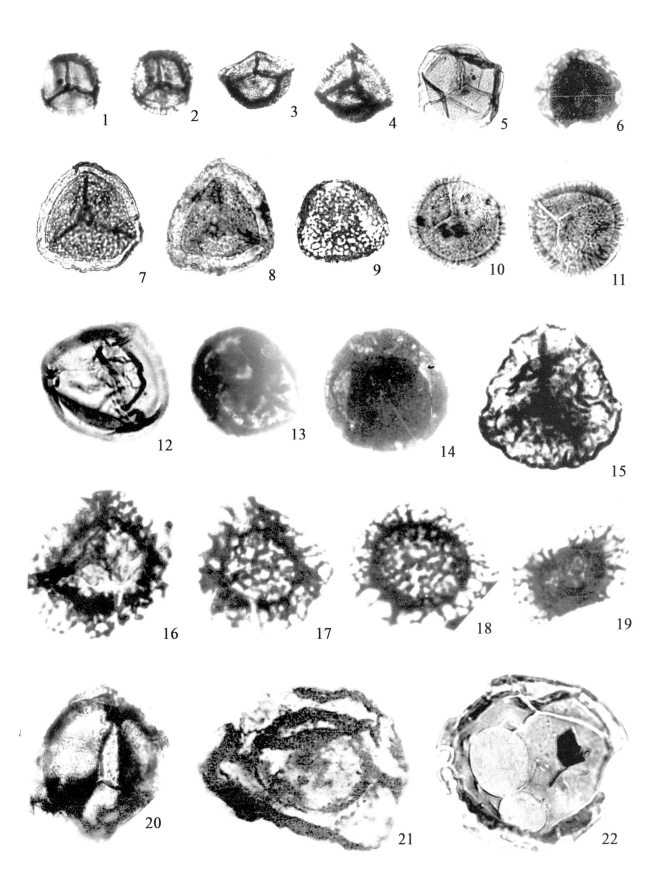

图版70

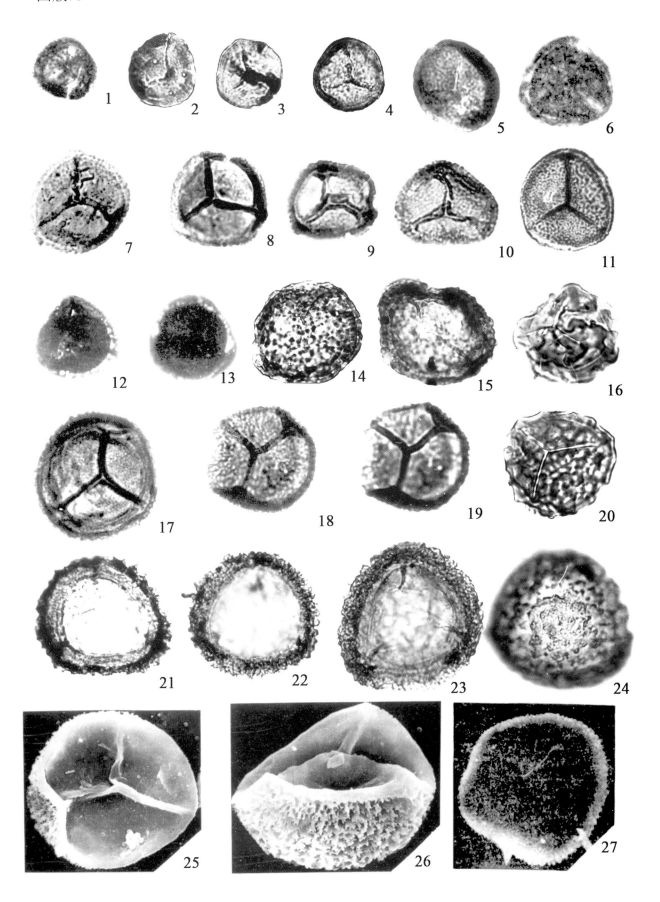

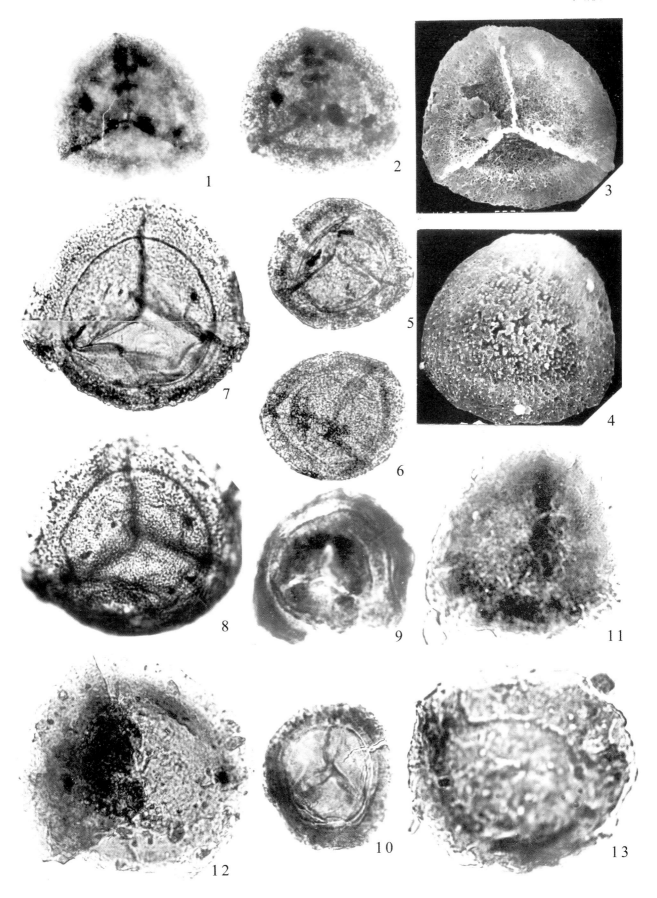

图版72

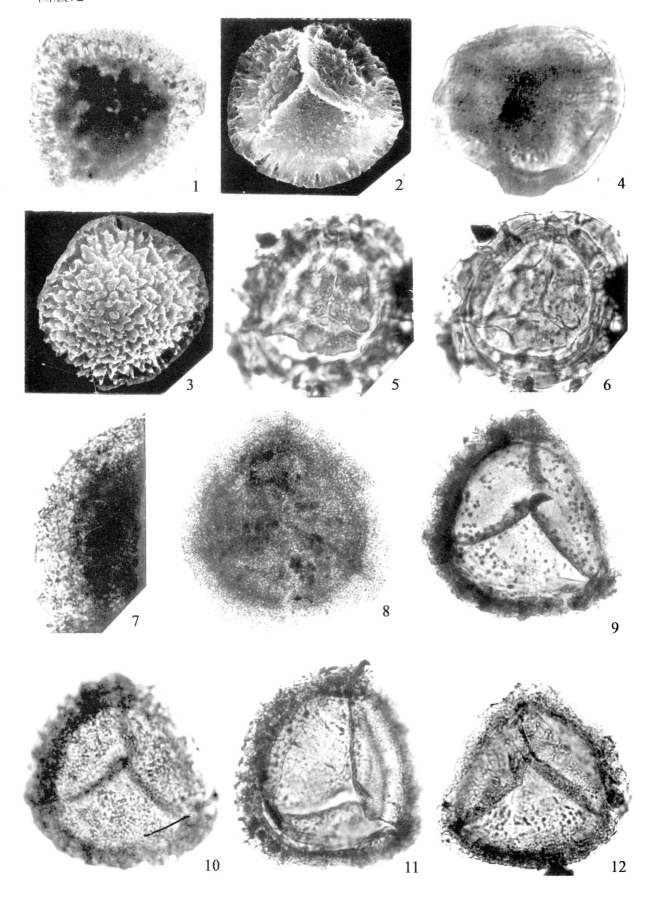

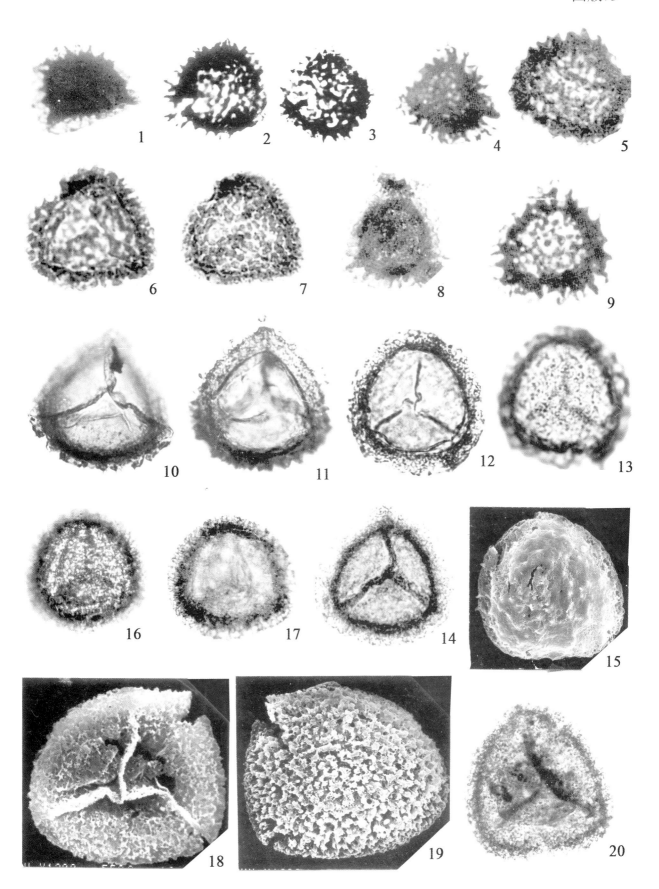

图版74

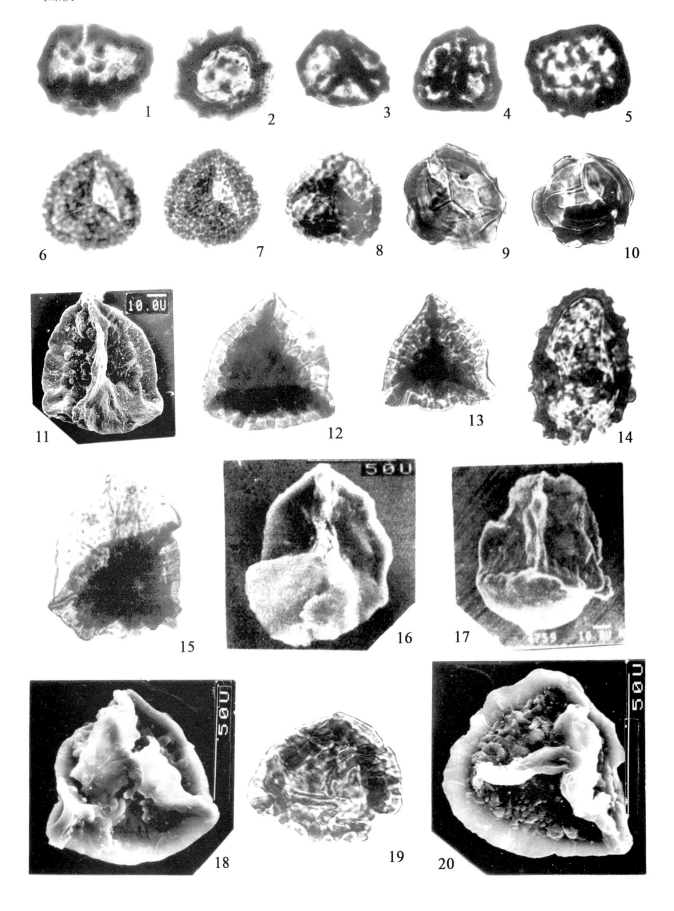

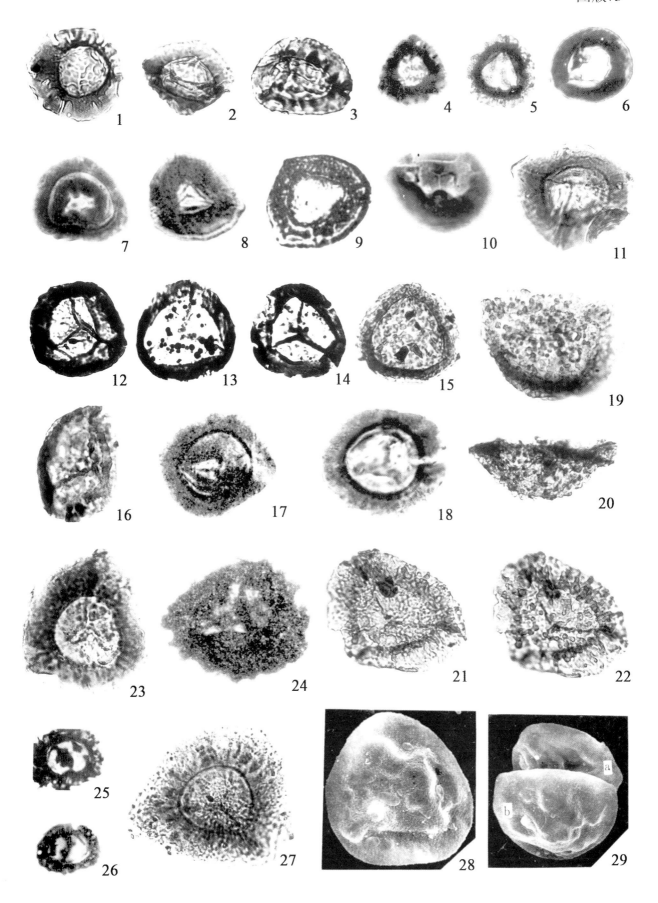

图版76

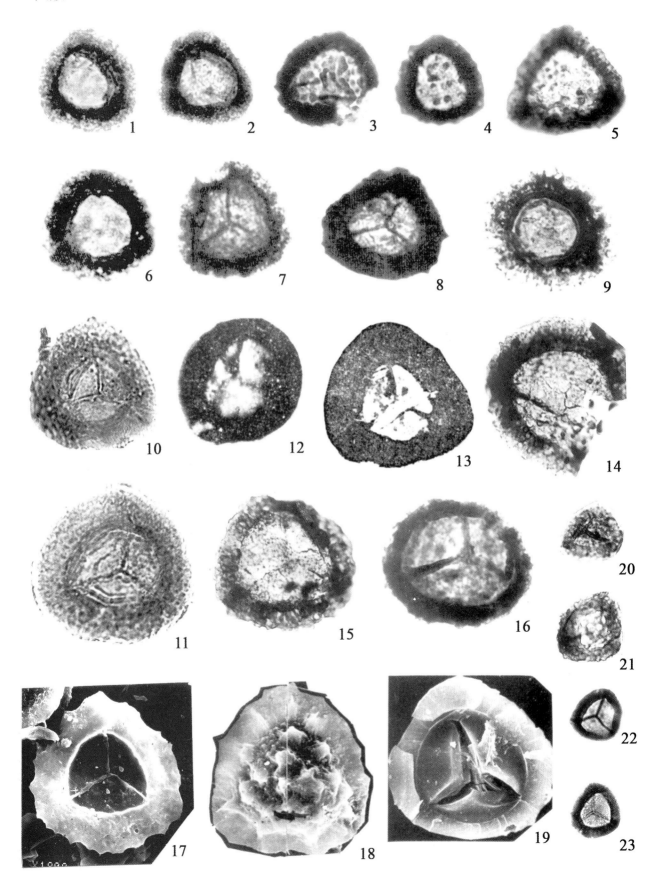

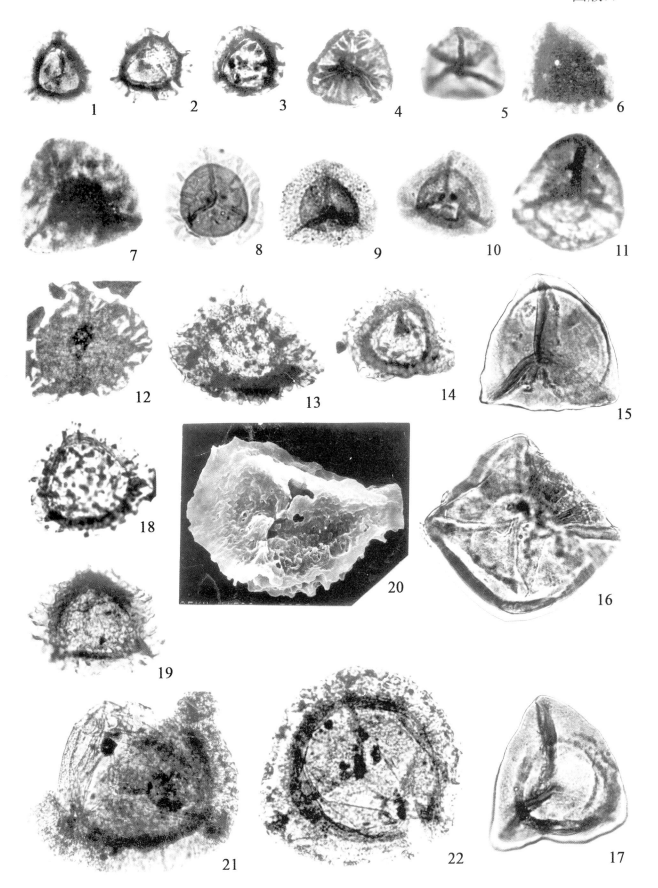

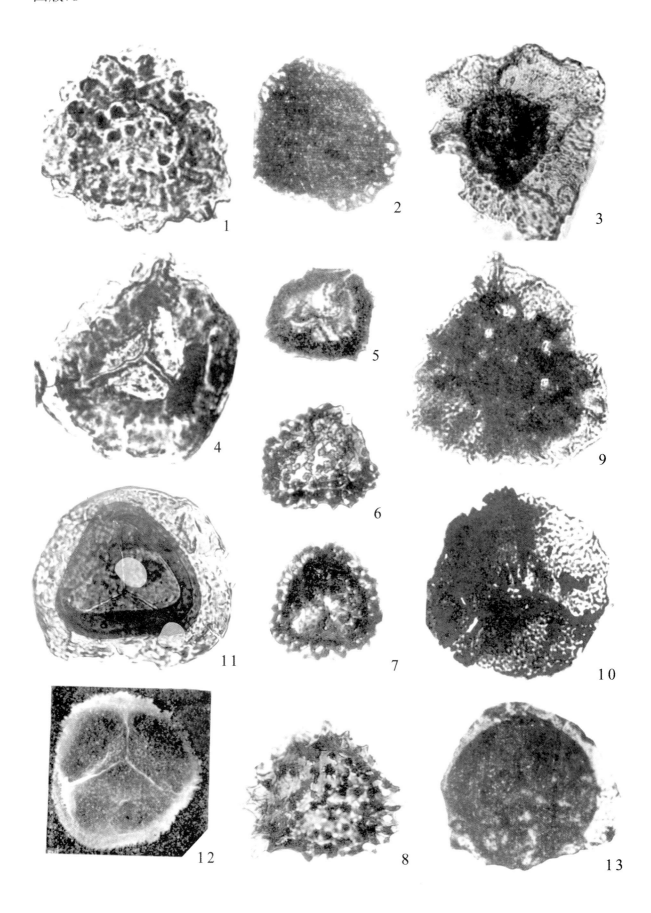

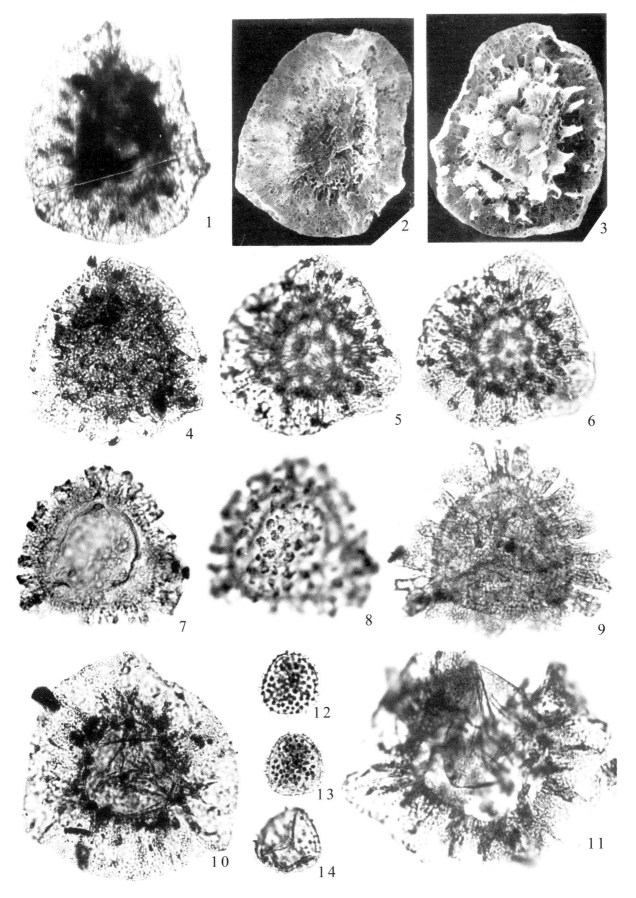

图版80

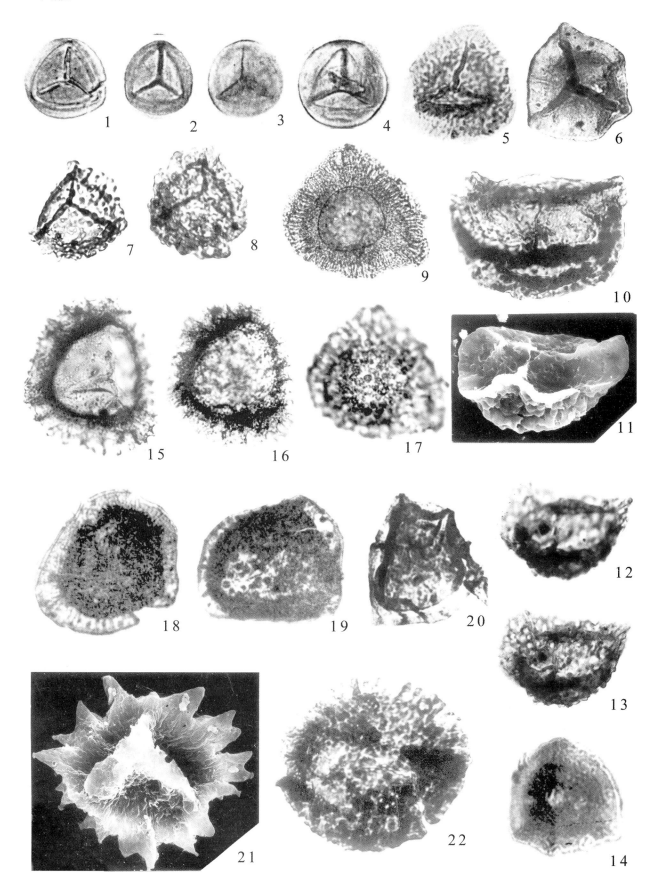

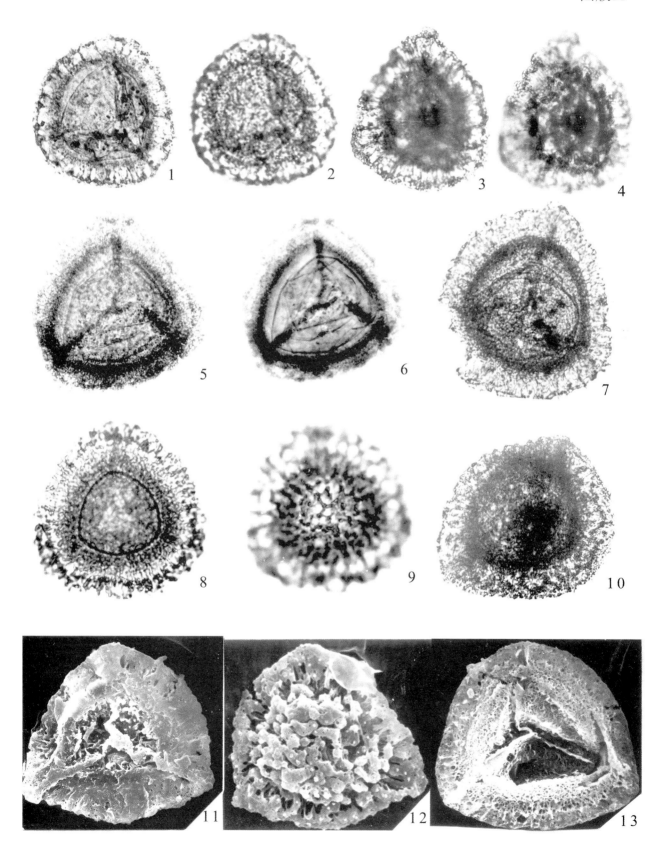

图版82

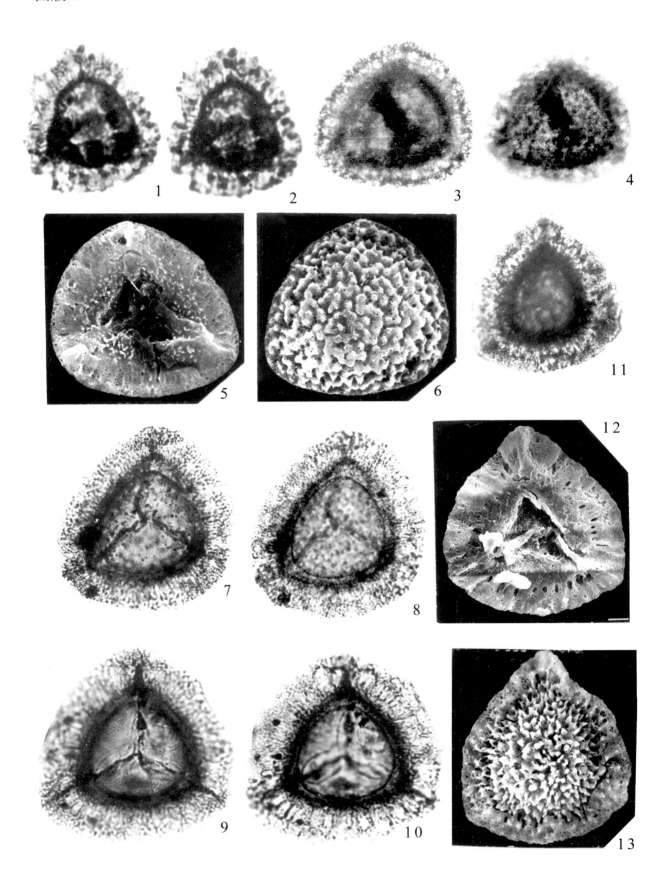

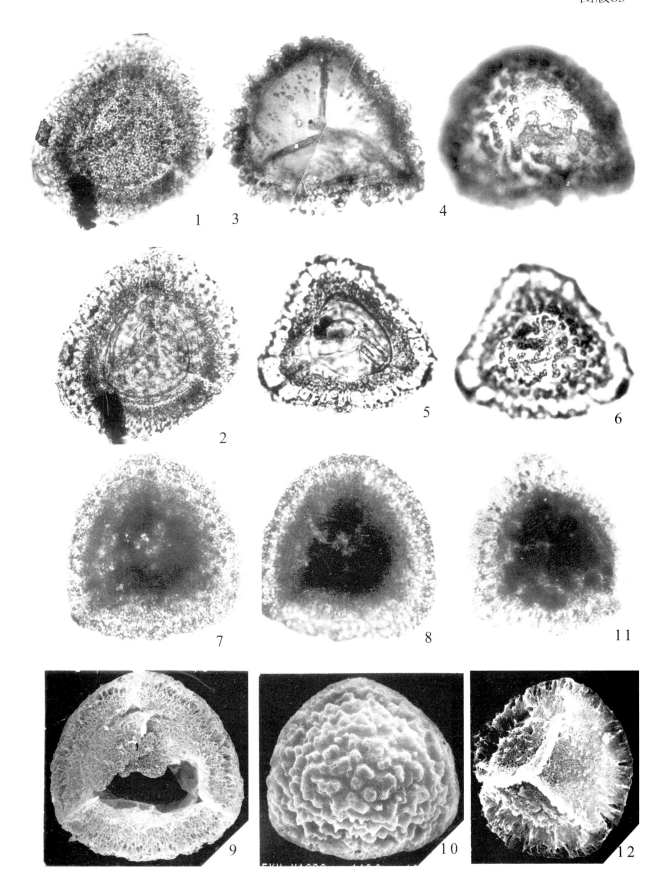

图版84

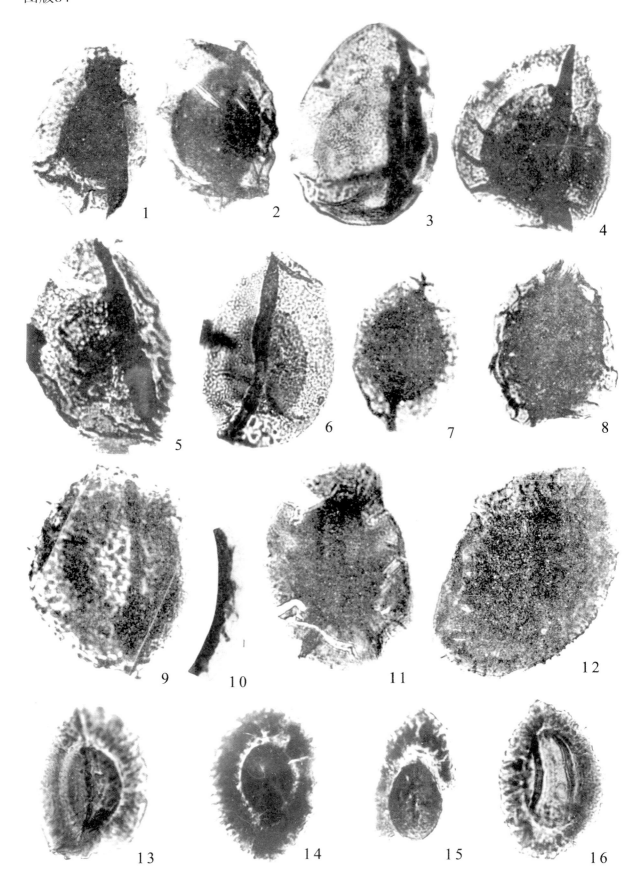

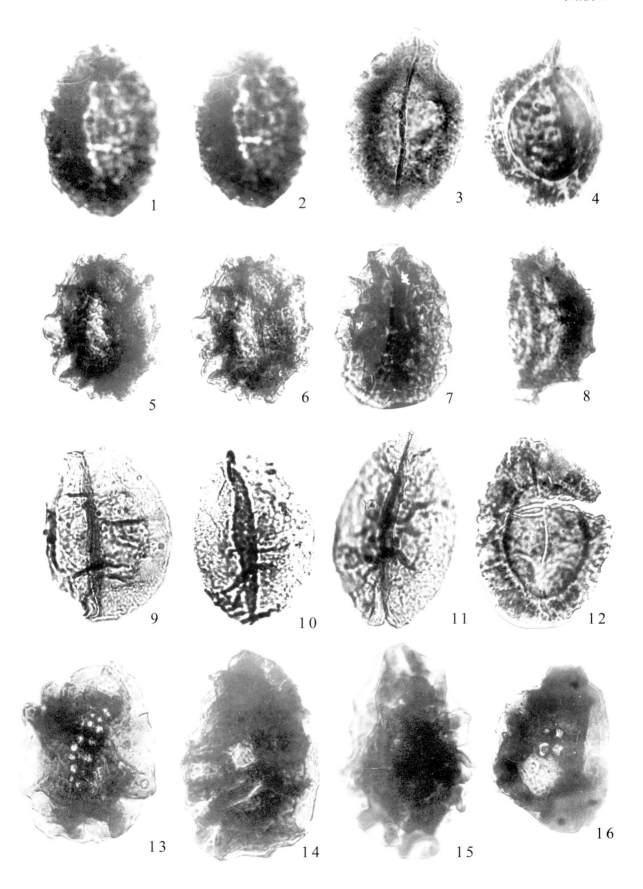

图版86

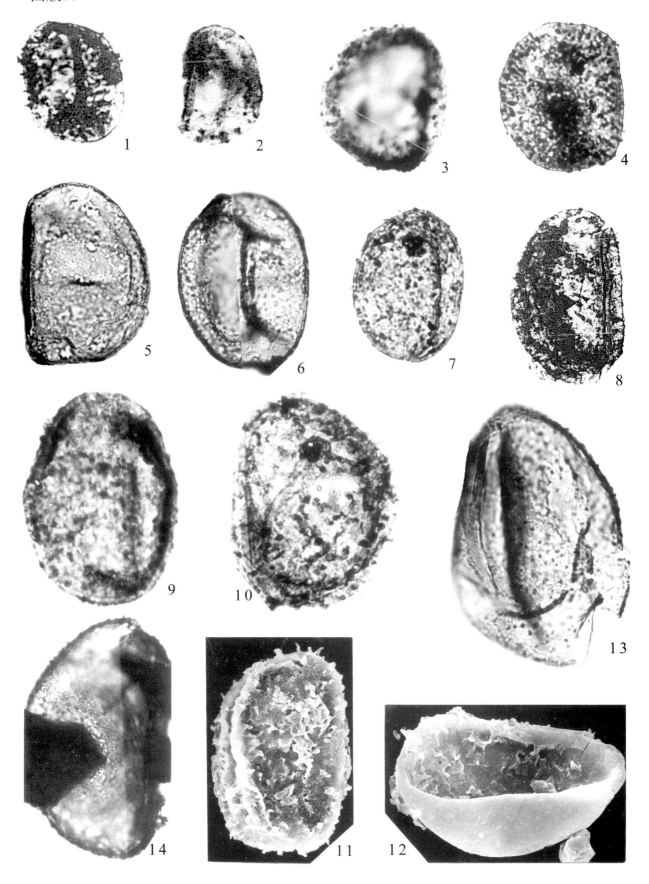

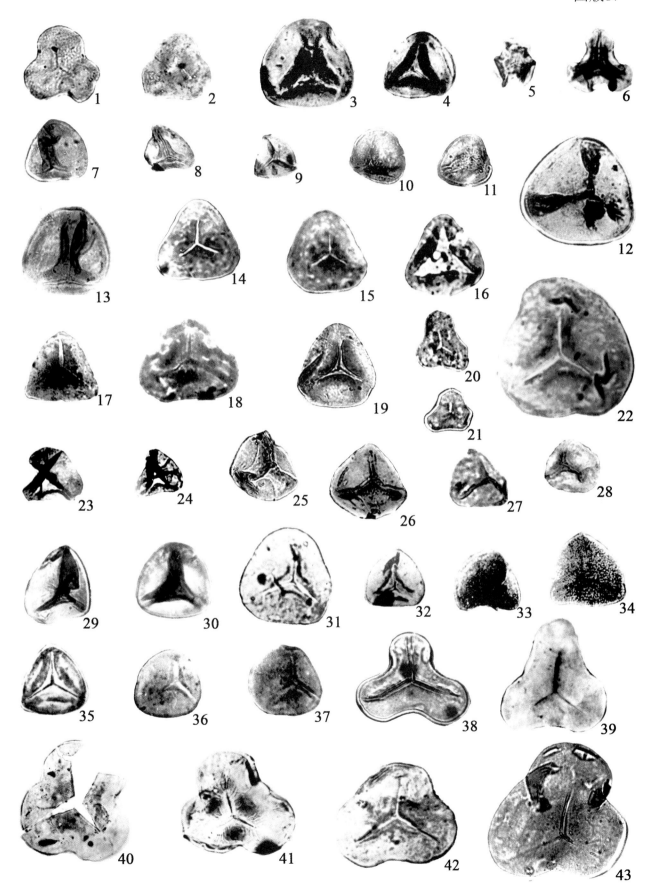

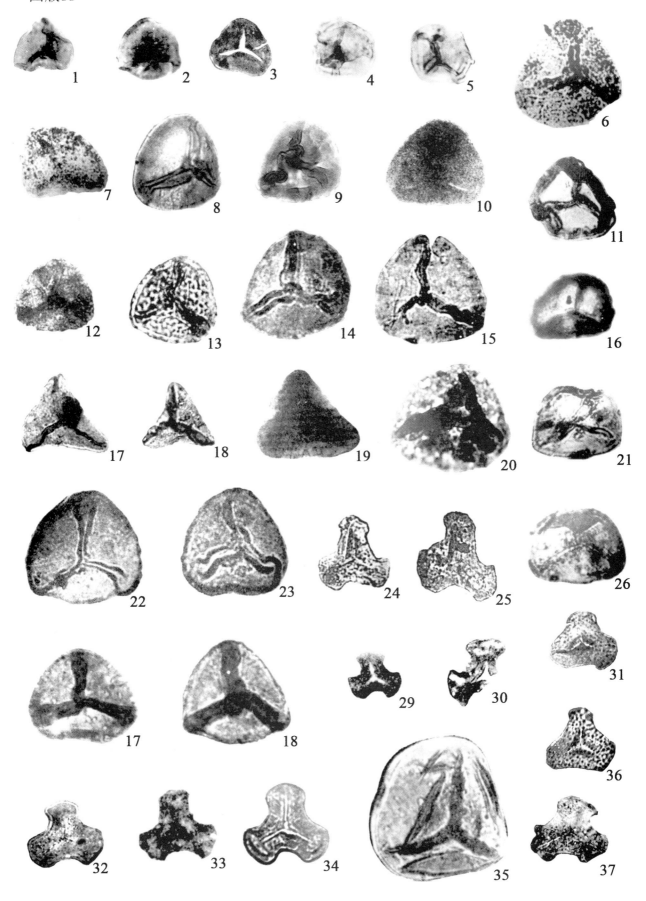

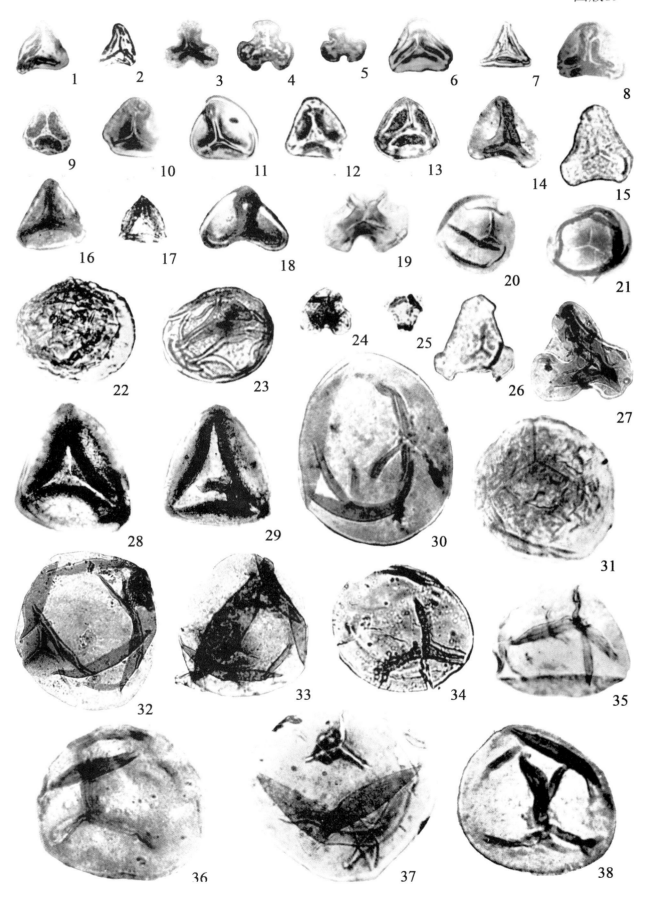

图版90

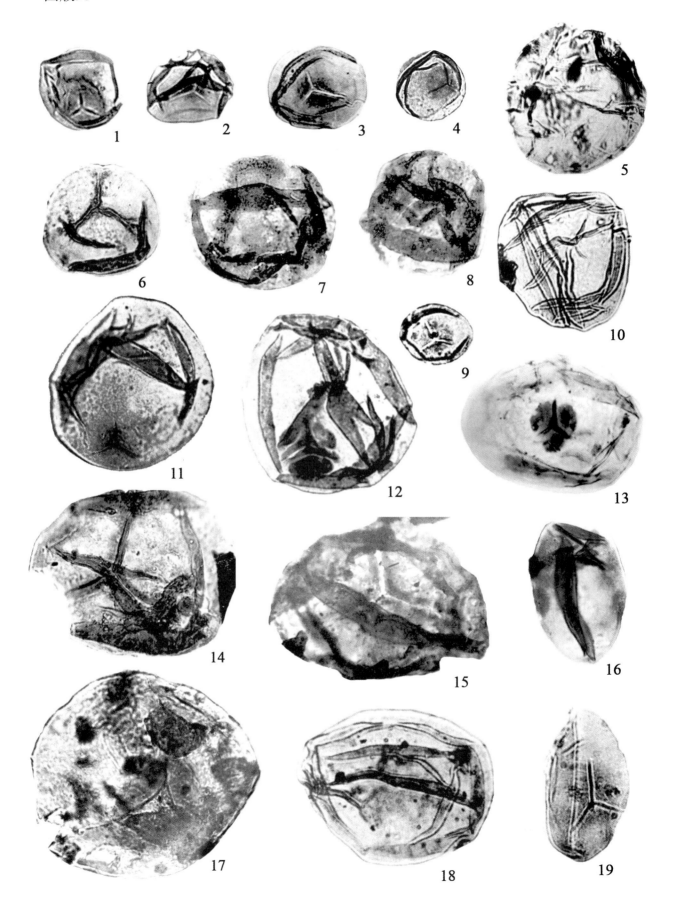

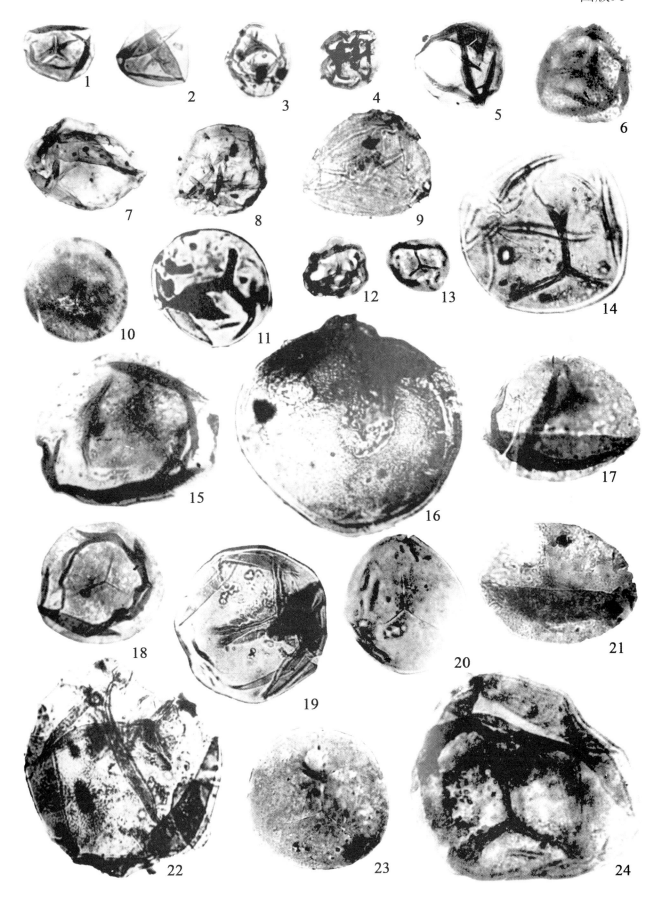

图版92

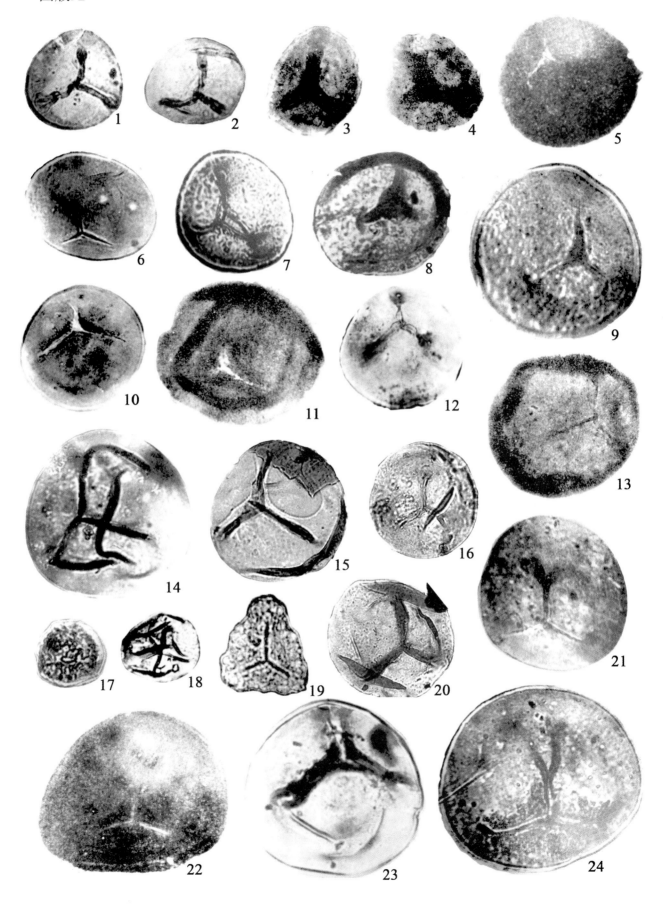

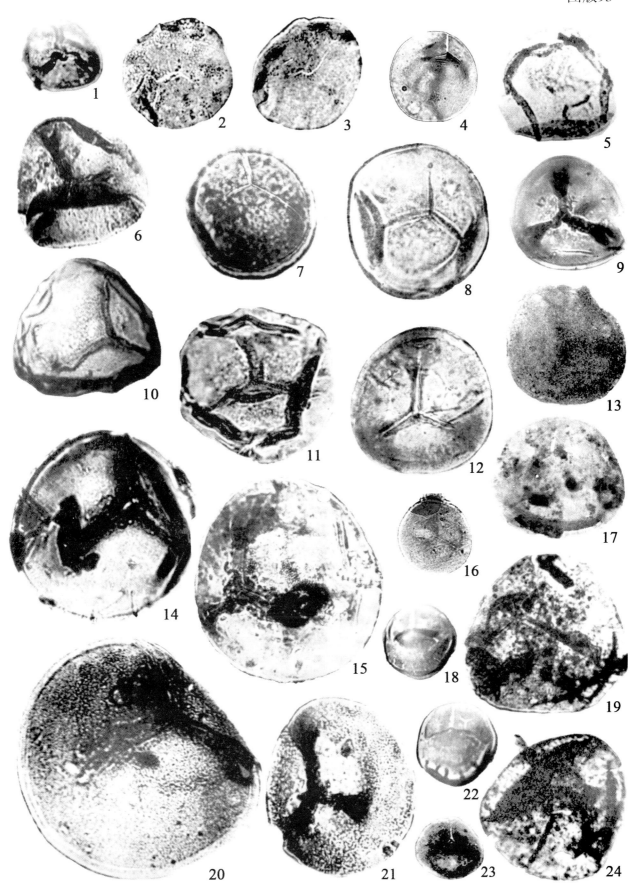

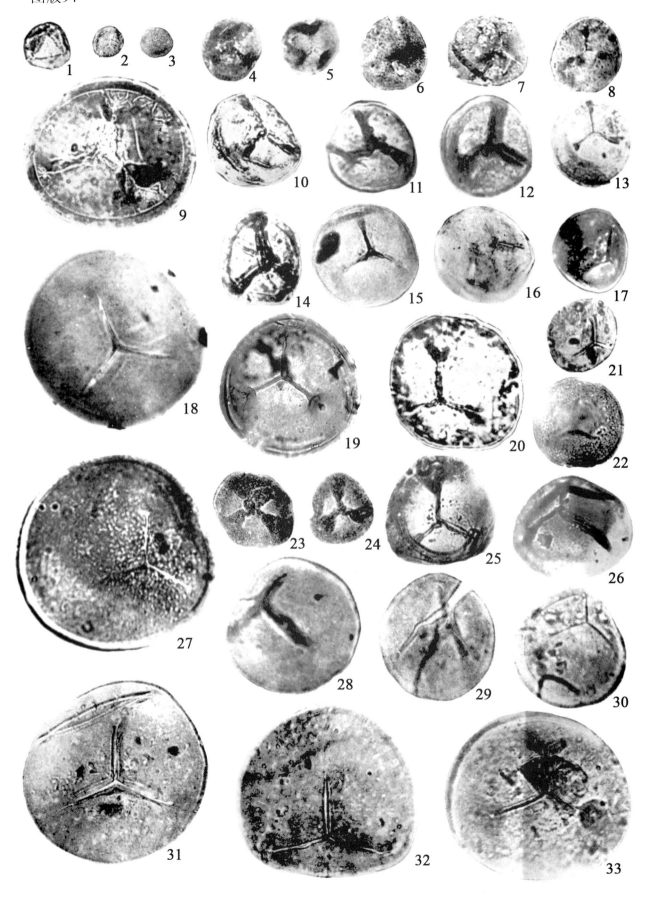

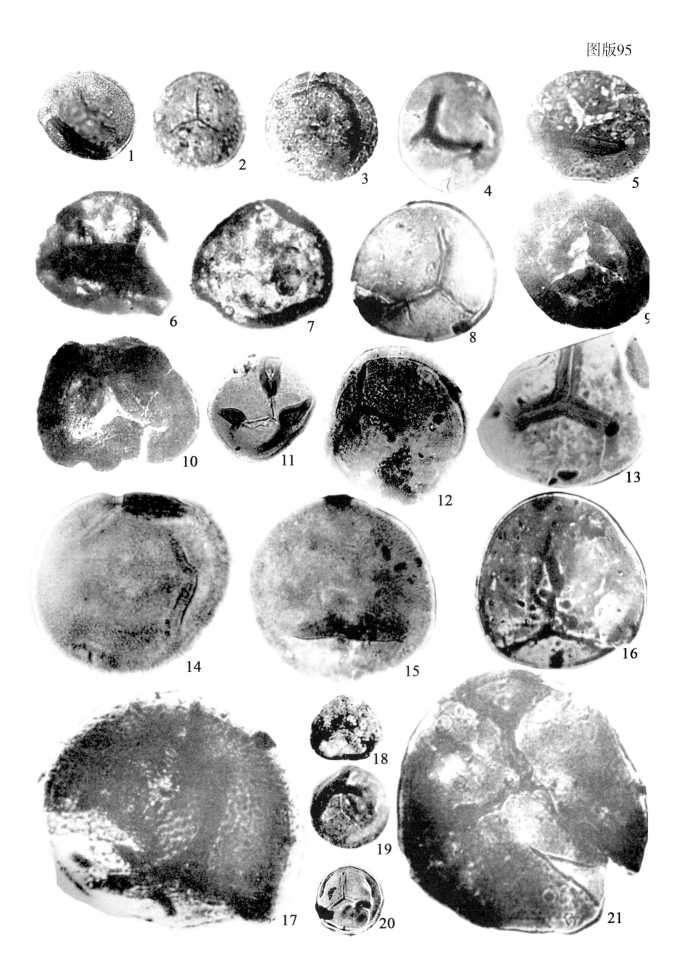

图版96

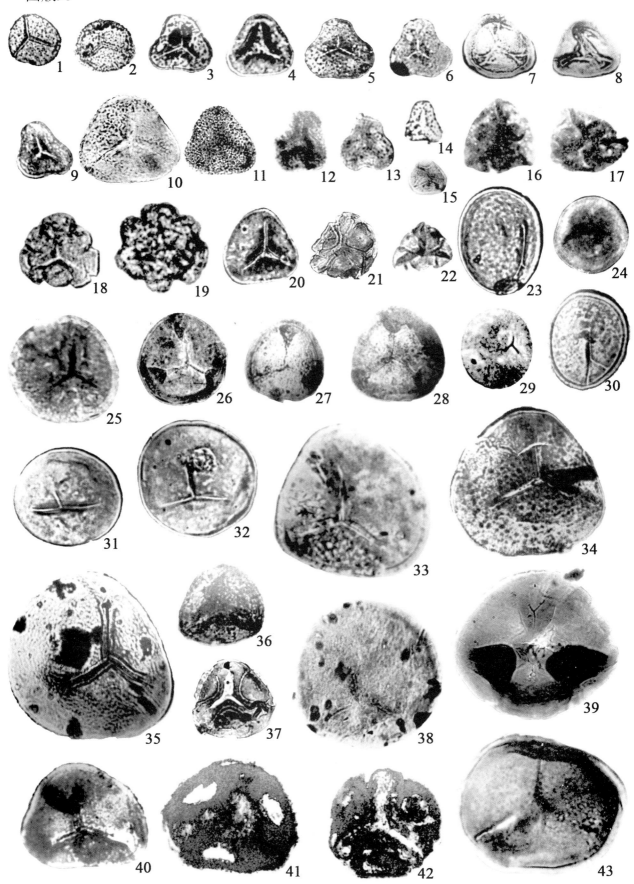

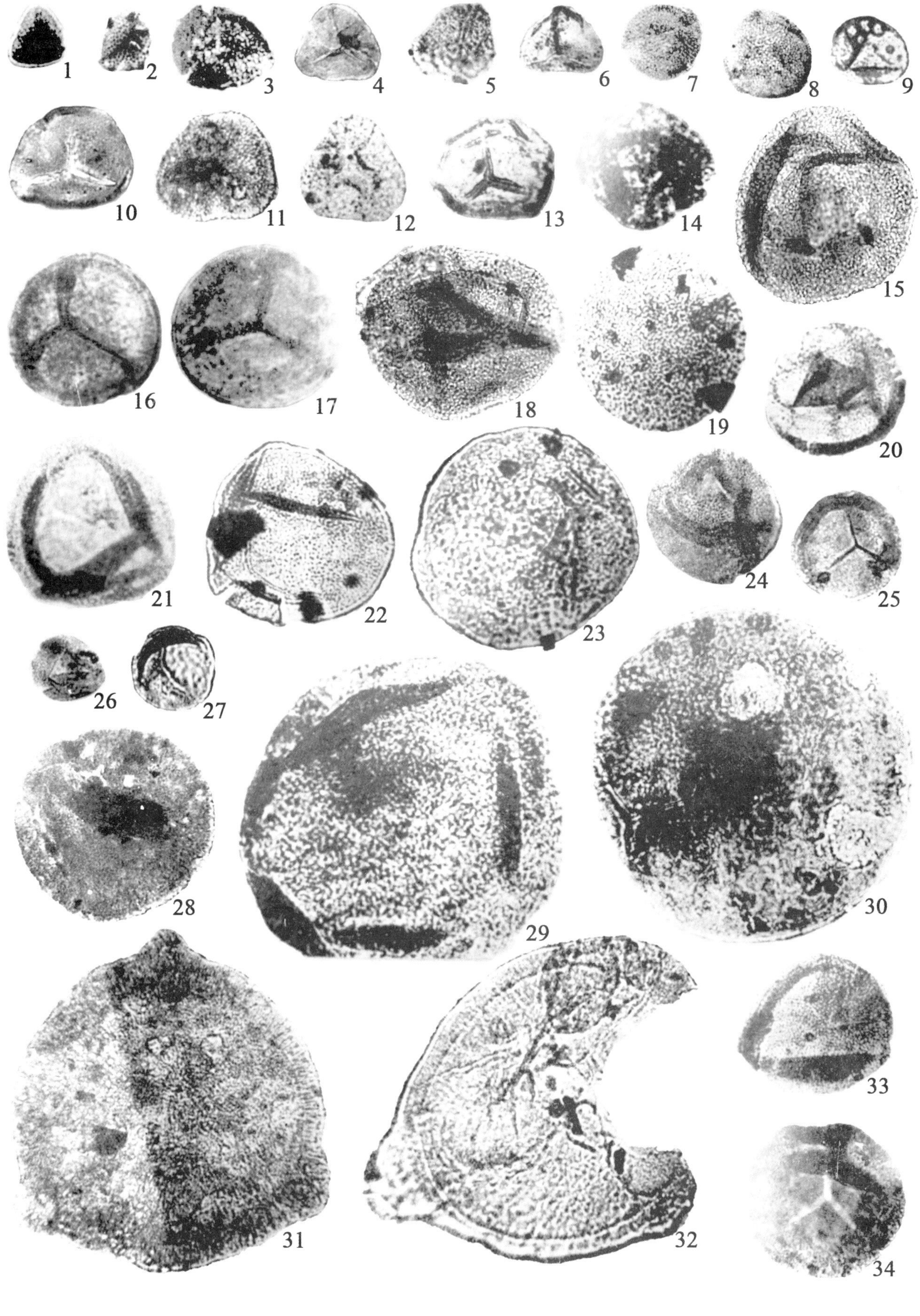
1
2
3
4
5
6
7
8
9
10
11
12
13
14
15
16
17
18
19
20
21
22
23
24
25
26
27
28
29
30
31
32
33
34

图版98

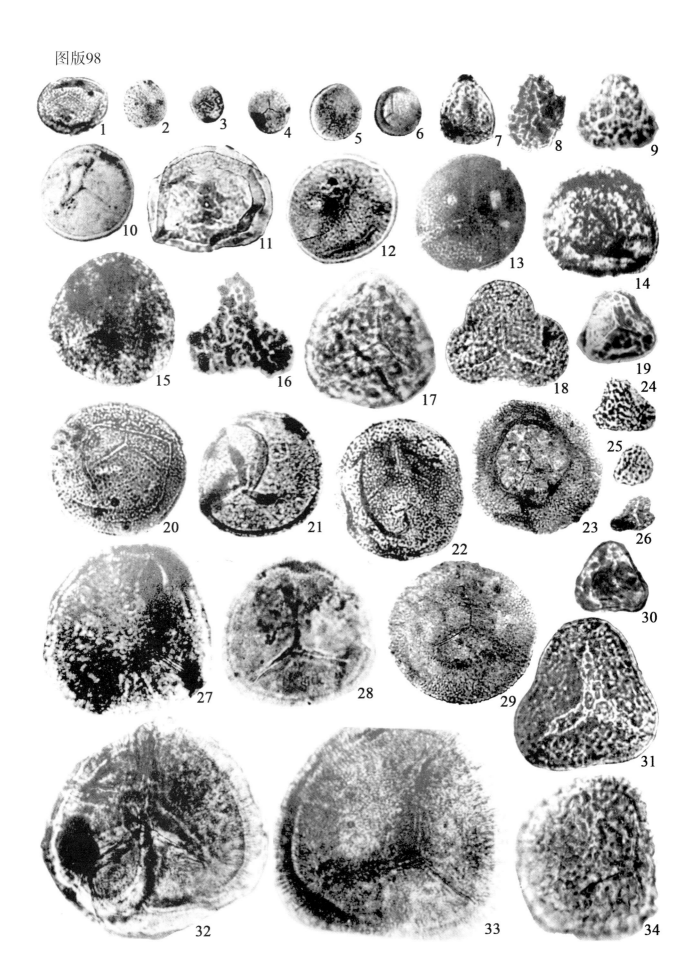

图版99

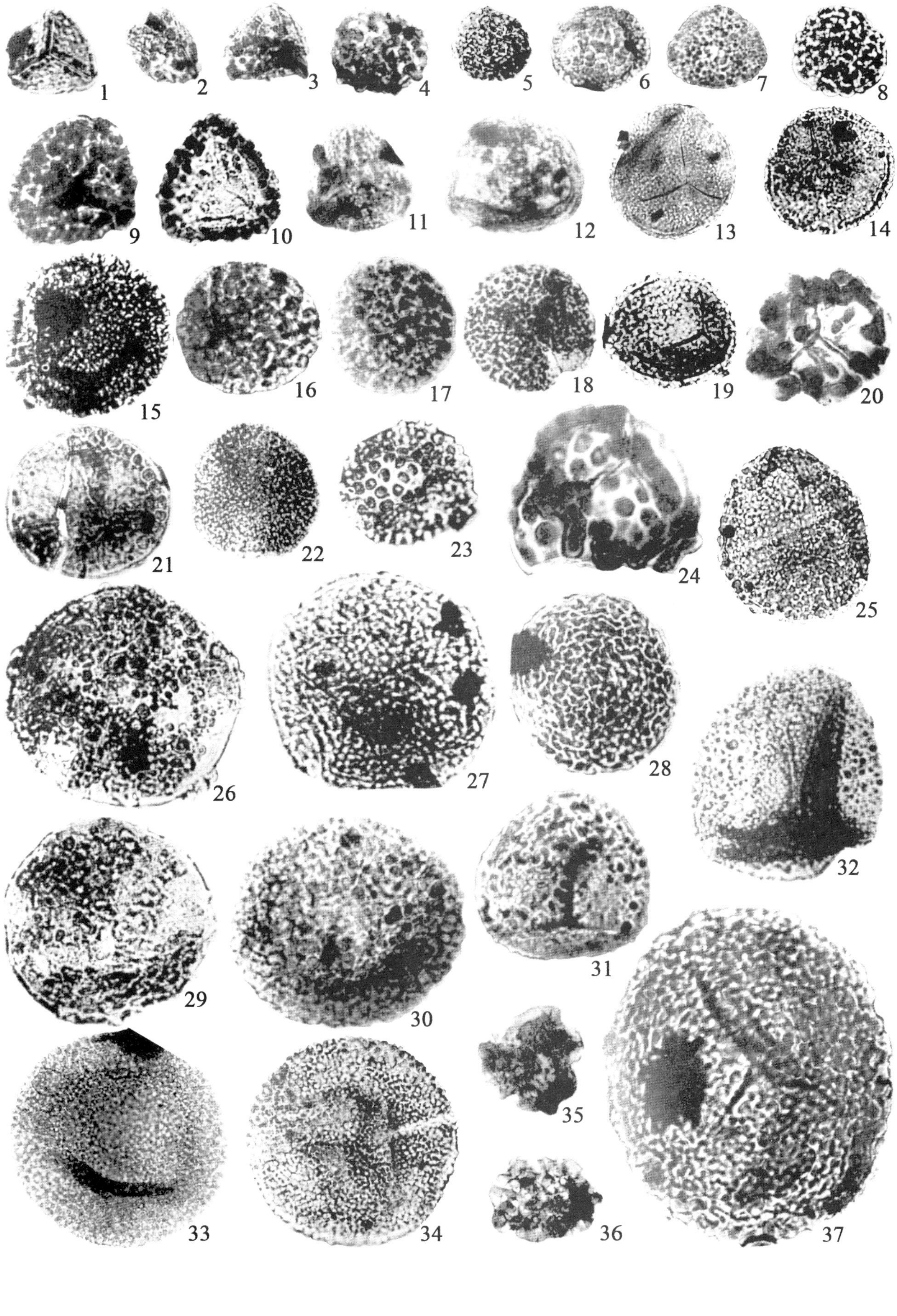
1 2 3 4 5 6 7 8
9 10 11 12 13 14
15 16 17 18 19 20
21 22 23 24 25
26 27 28
29 30 31 32
33 34 35 36 37

图版100

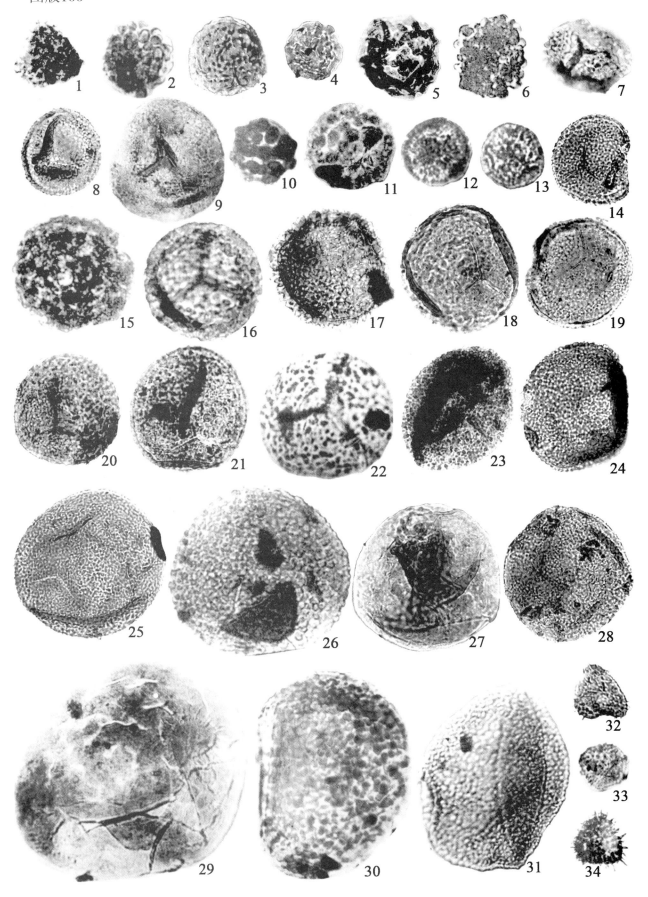

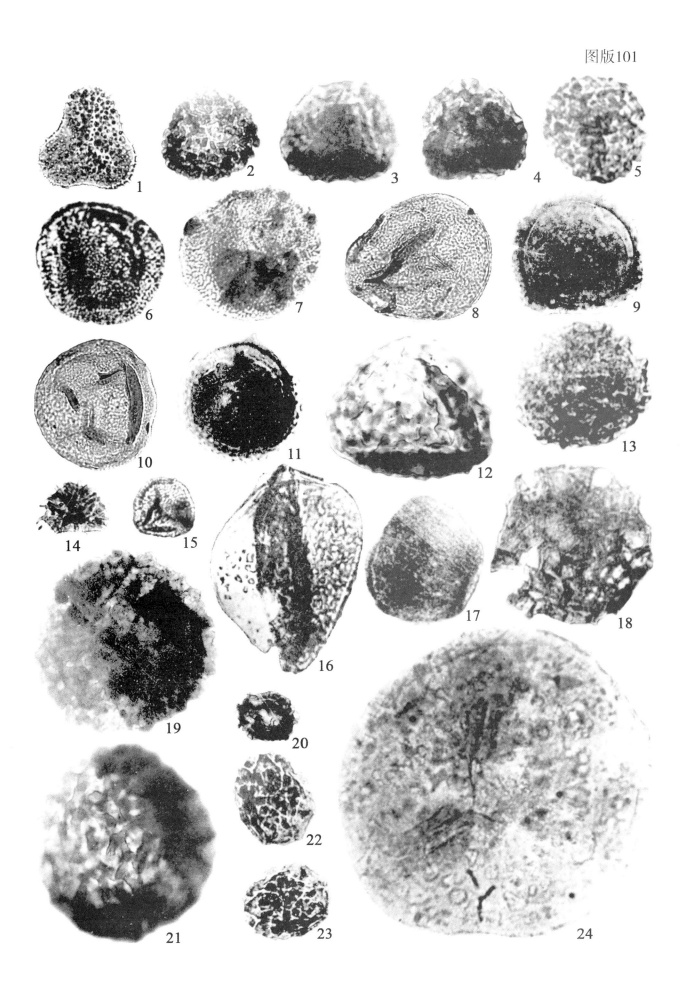

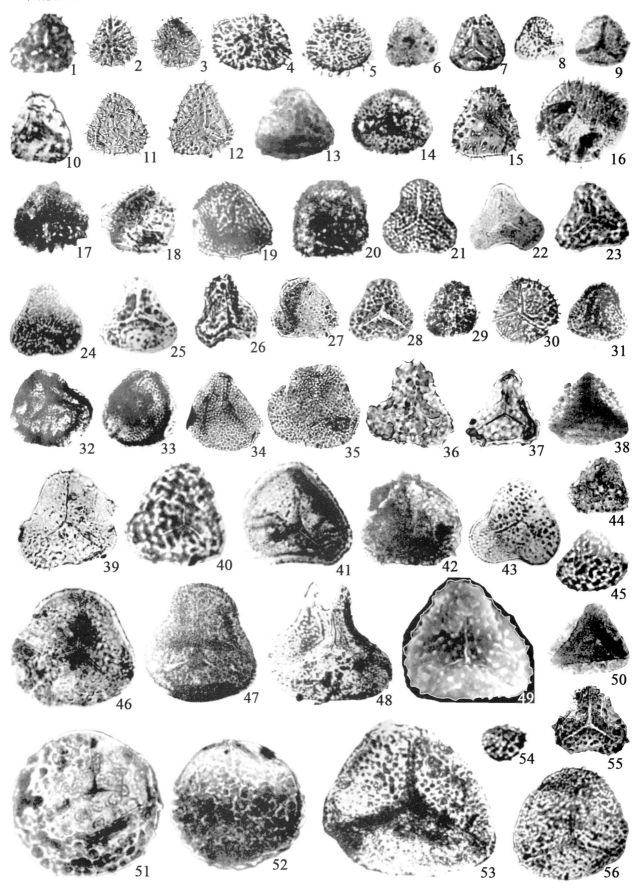

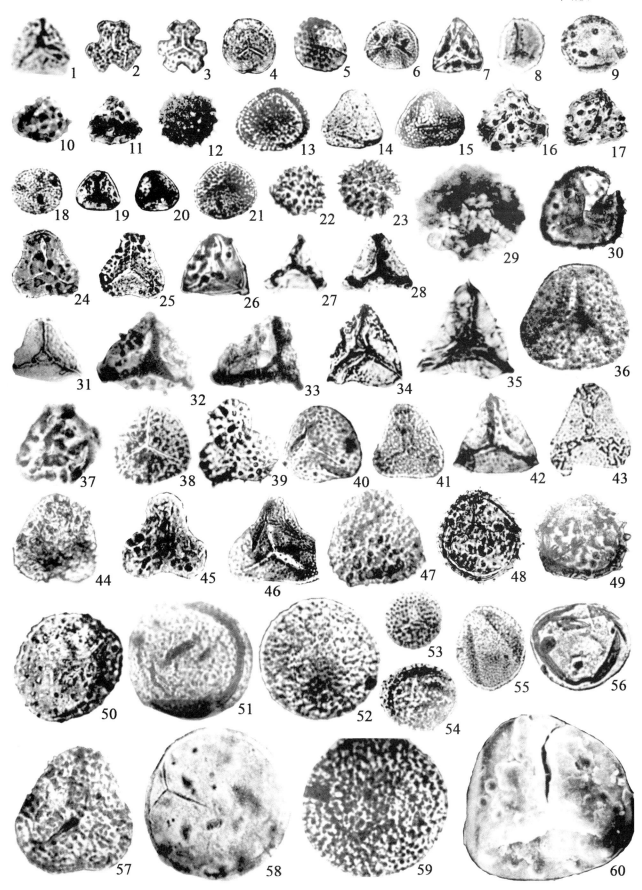

图版104

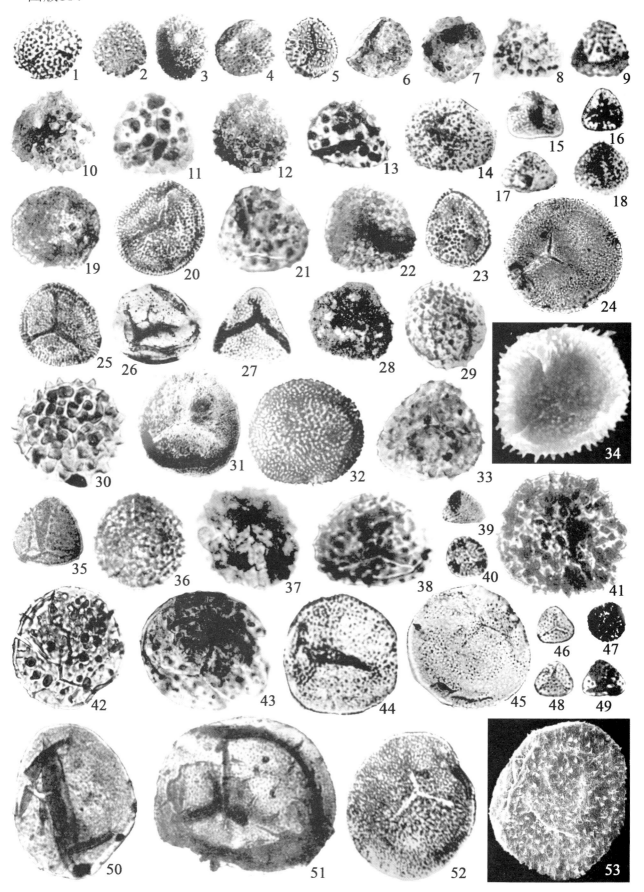

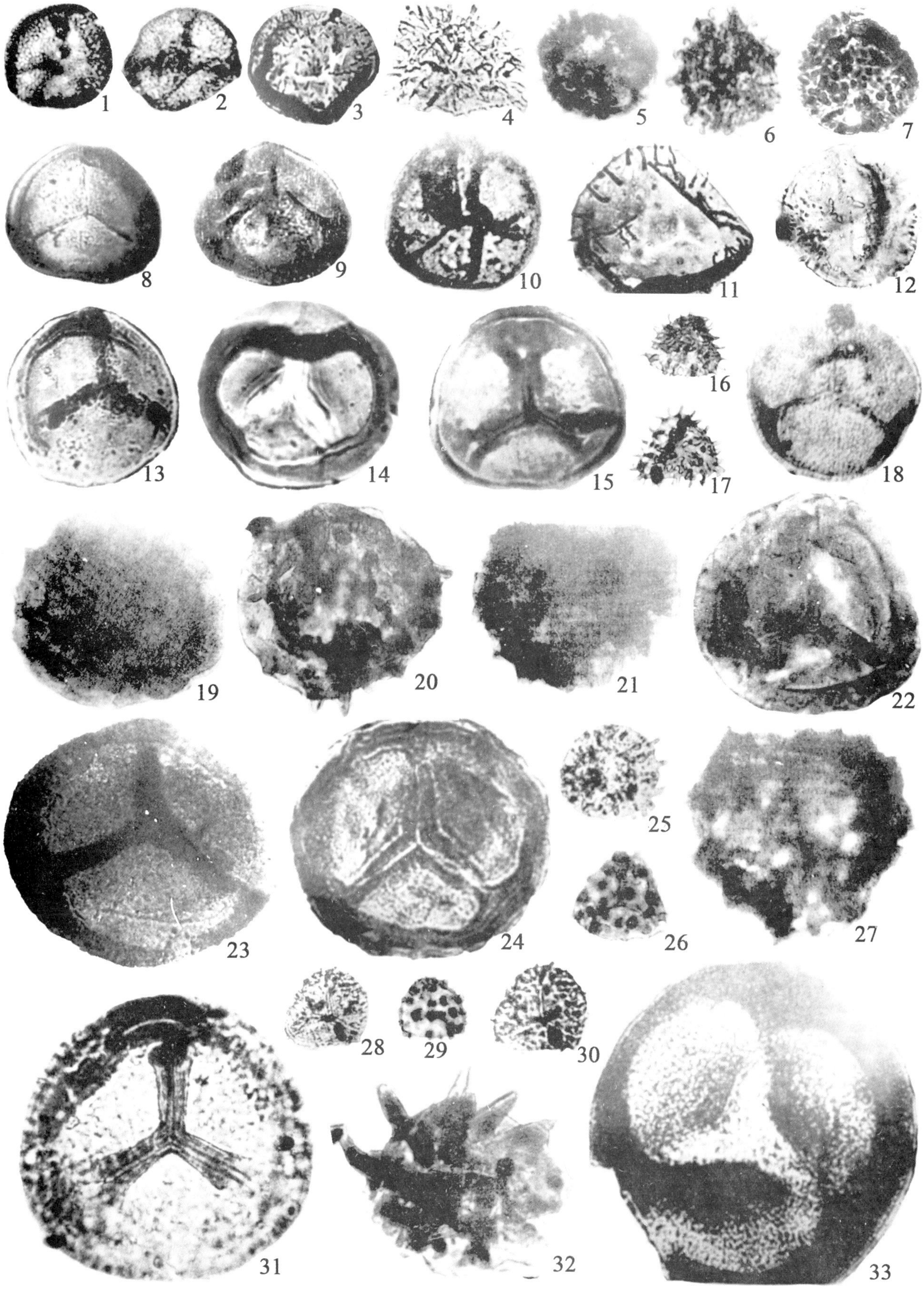
1
2
3
4
5
6
7
8
9
10
11
12
13
14
15
16
17
18
19
20
21
22
23
24
25
26
27
28
29
30
31
32
33

图版106

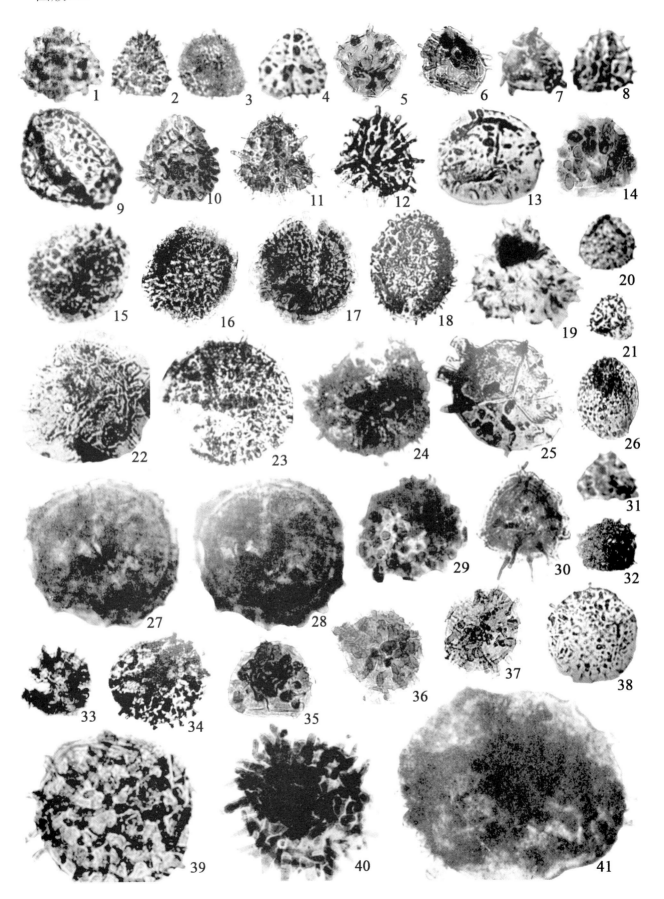

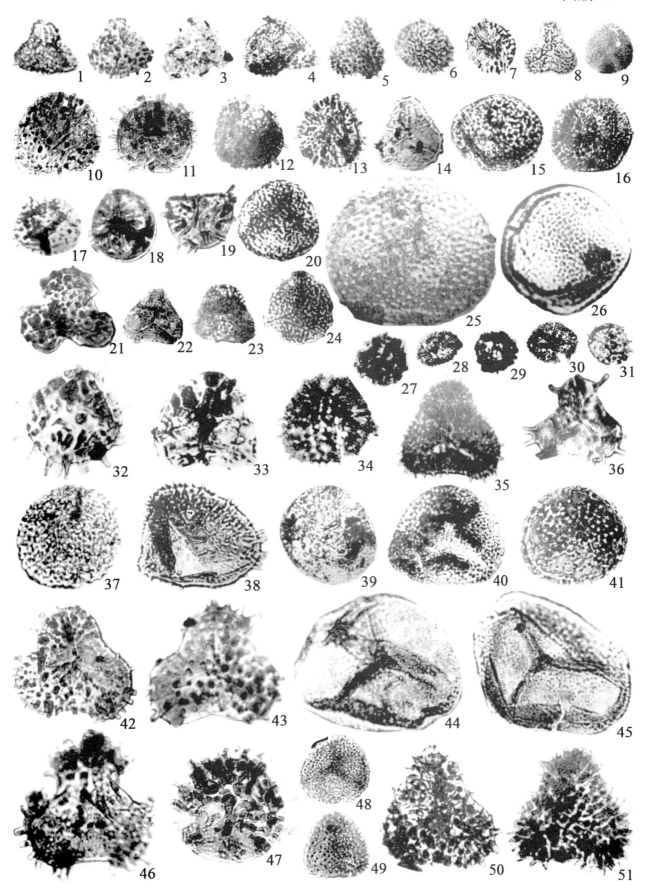

图版108

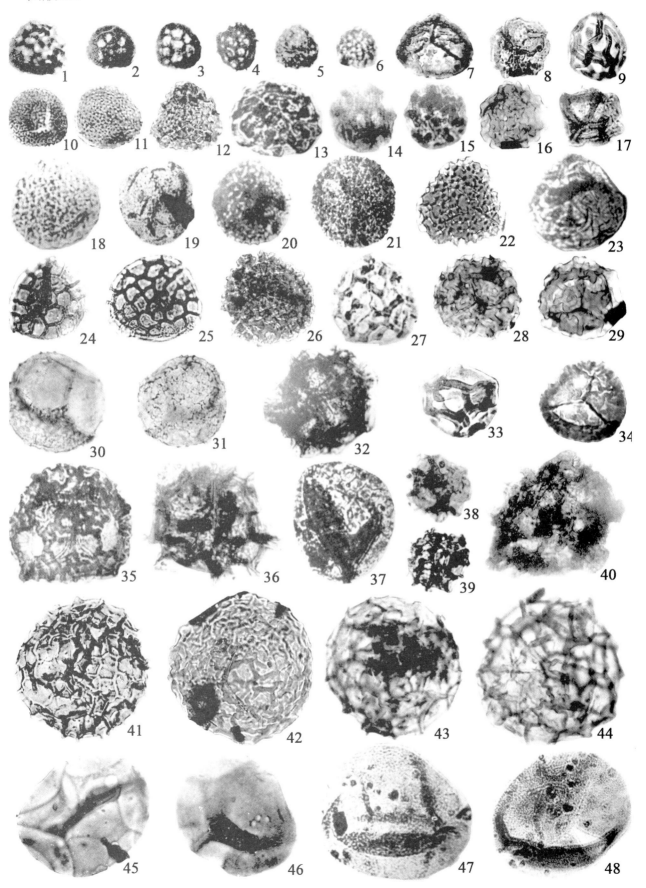

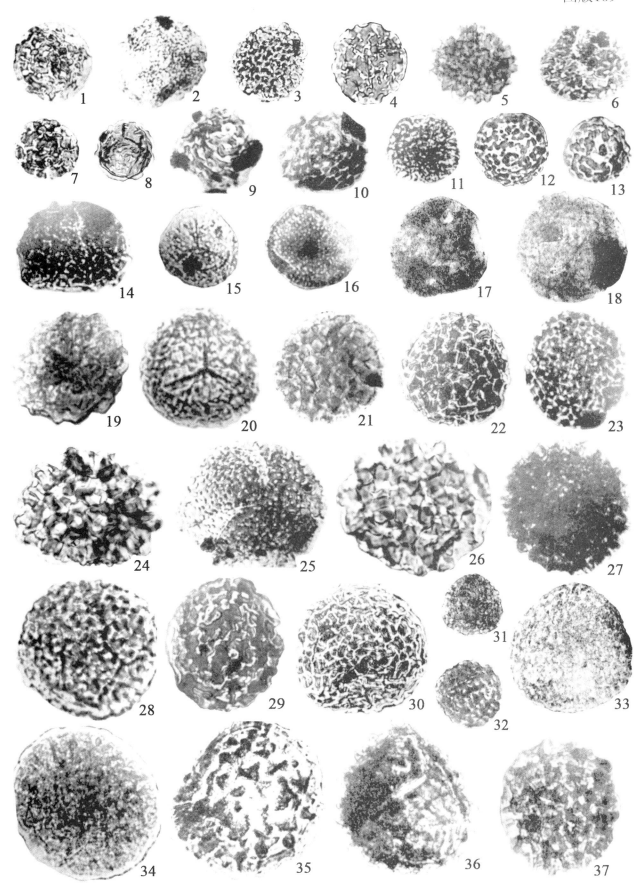

图版110

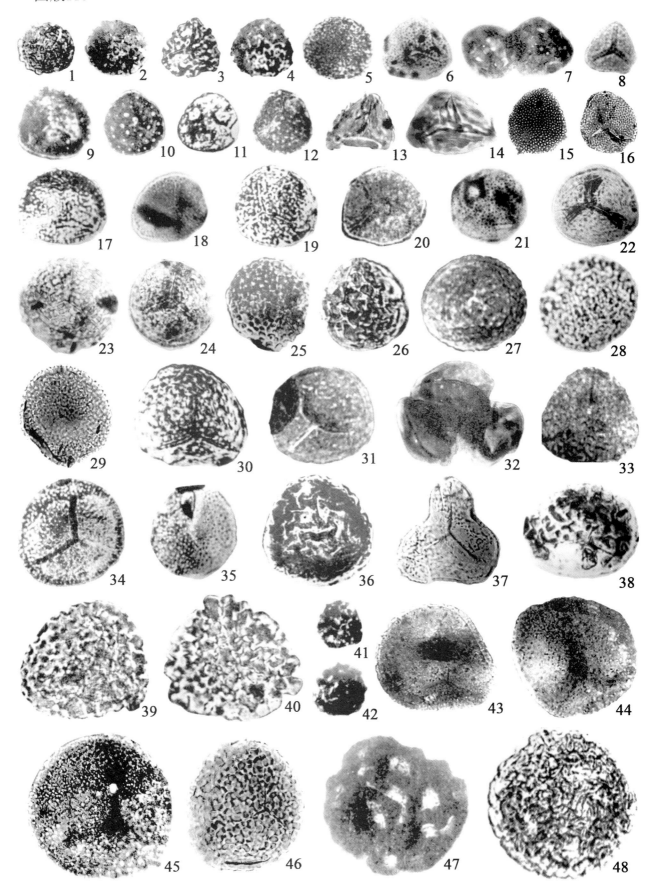

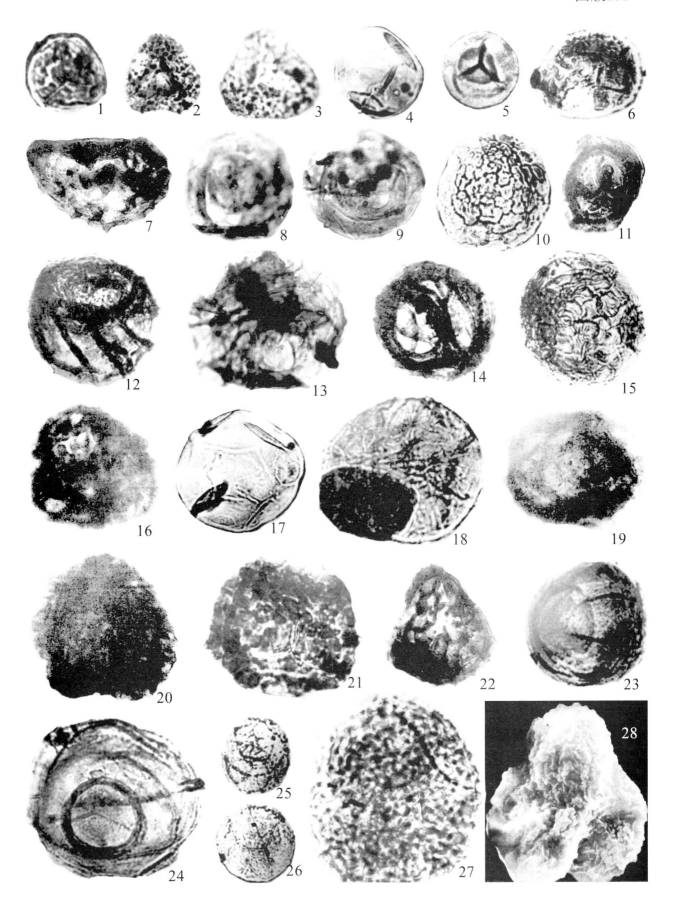

图版112

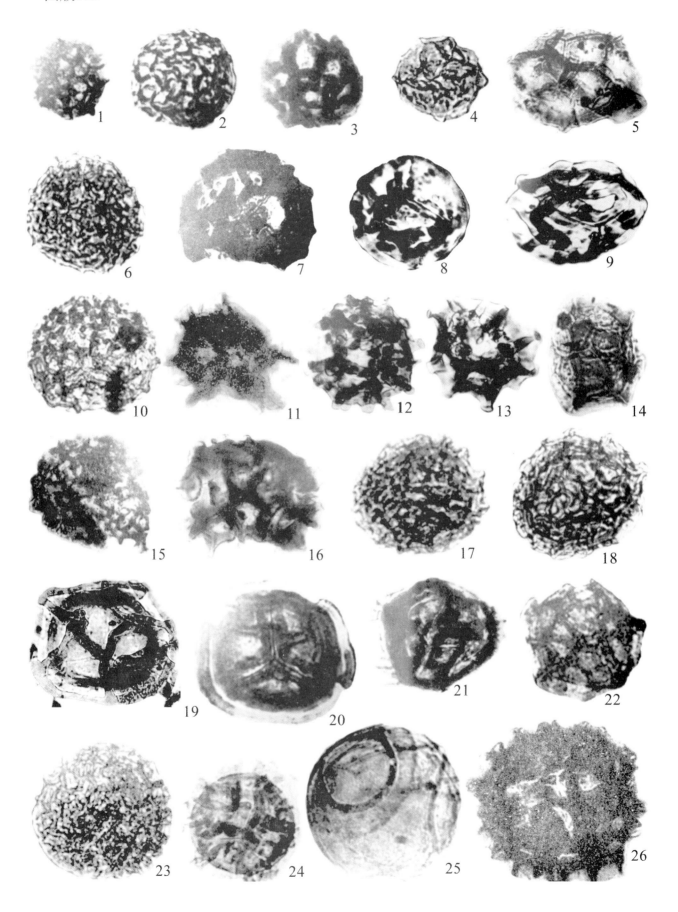

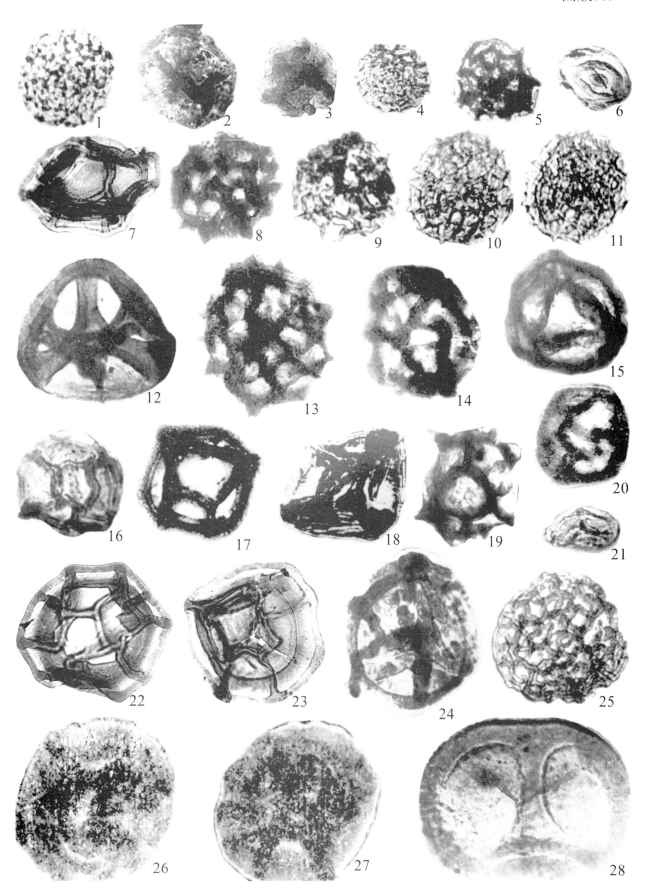

图版114

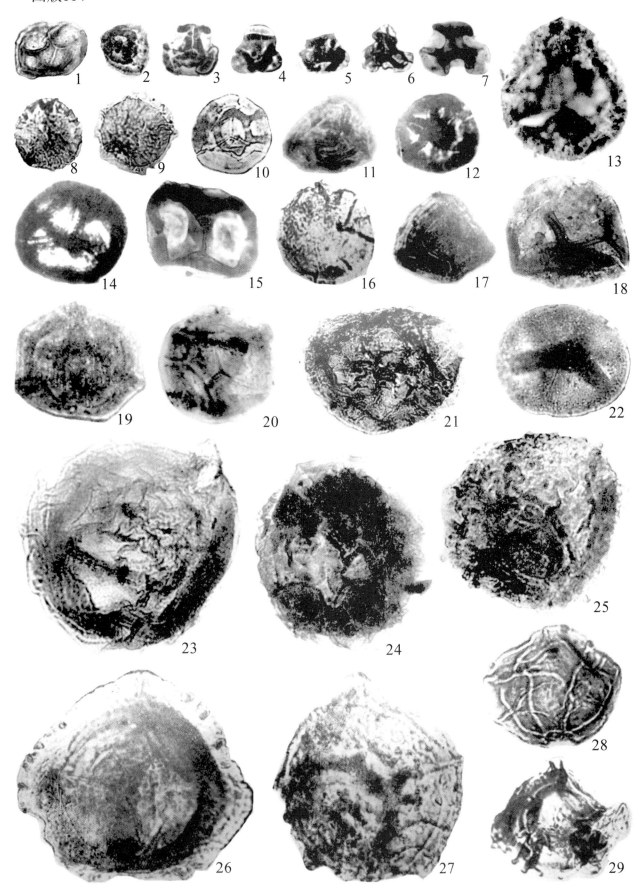

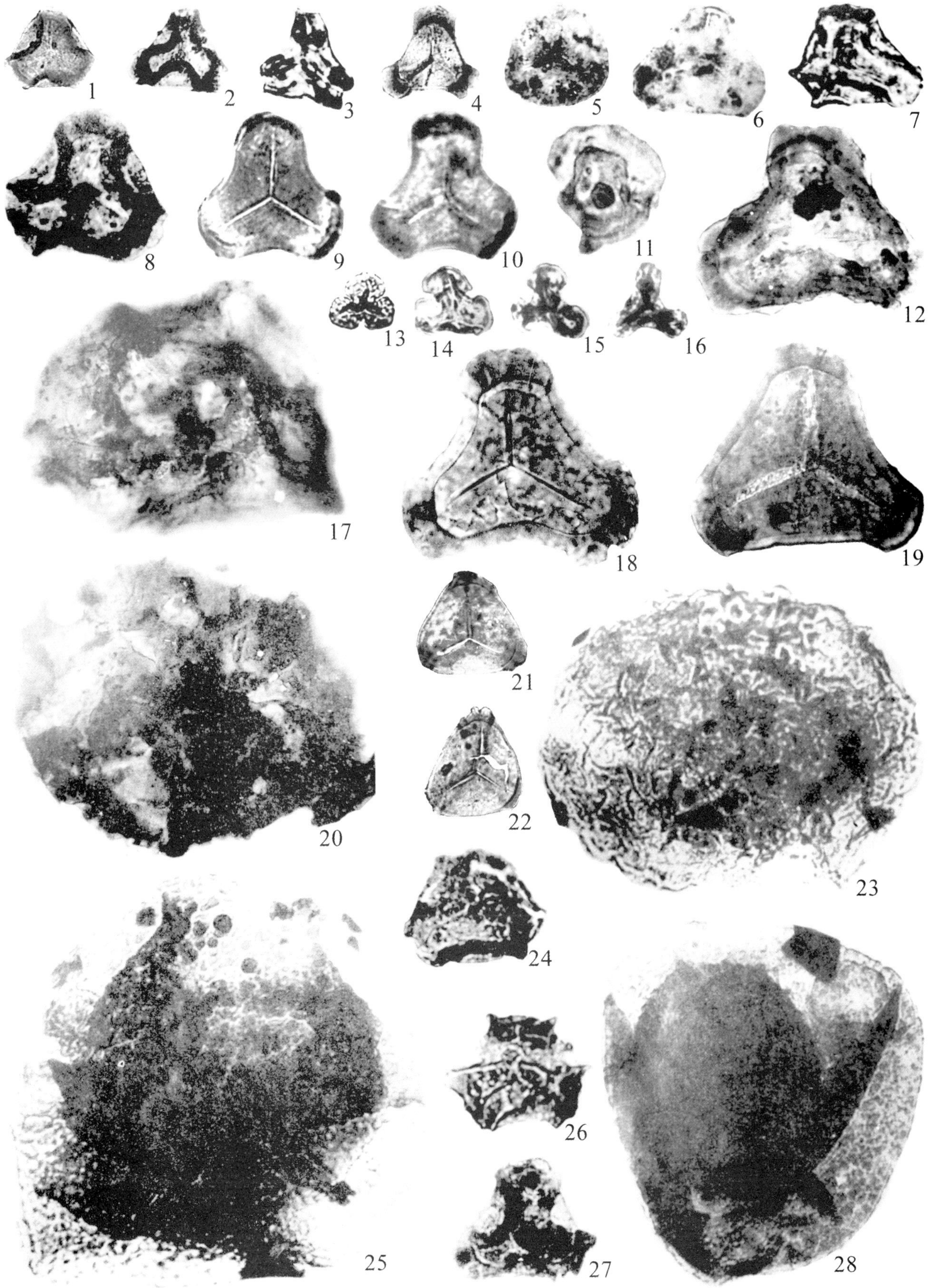
1
2
3
4
5
6
7
8
9
10
11
12
13
14
15
16
17
18
19
20
21
22
23
24
25
26
27
28

图版118

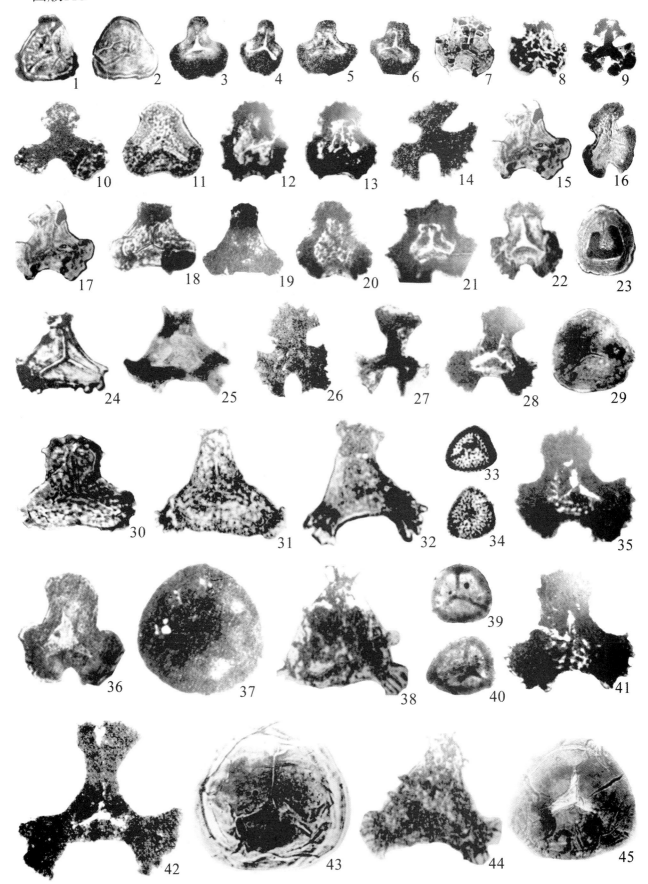

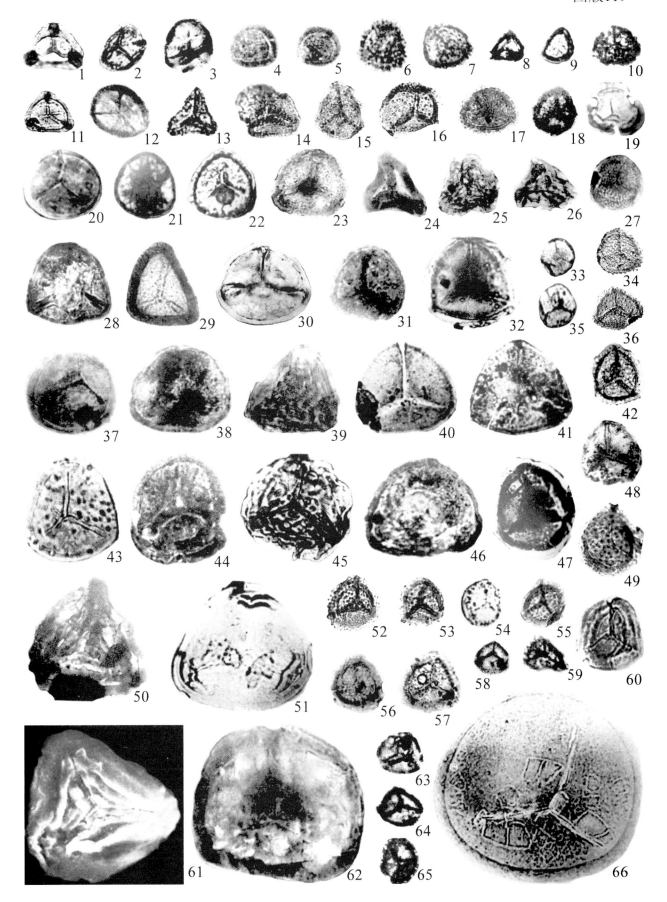

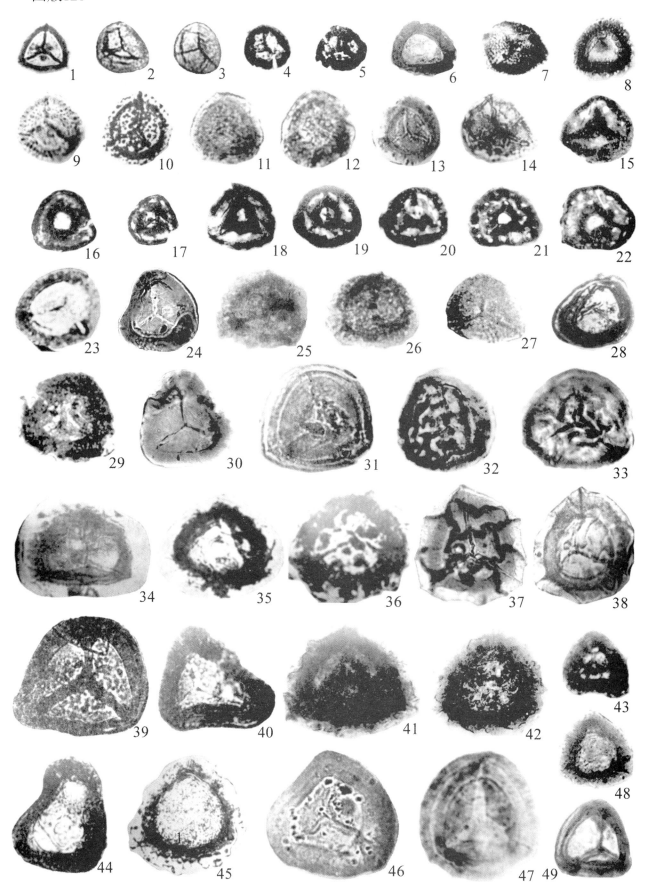

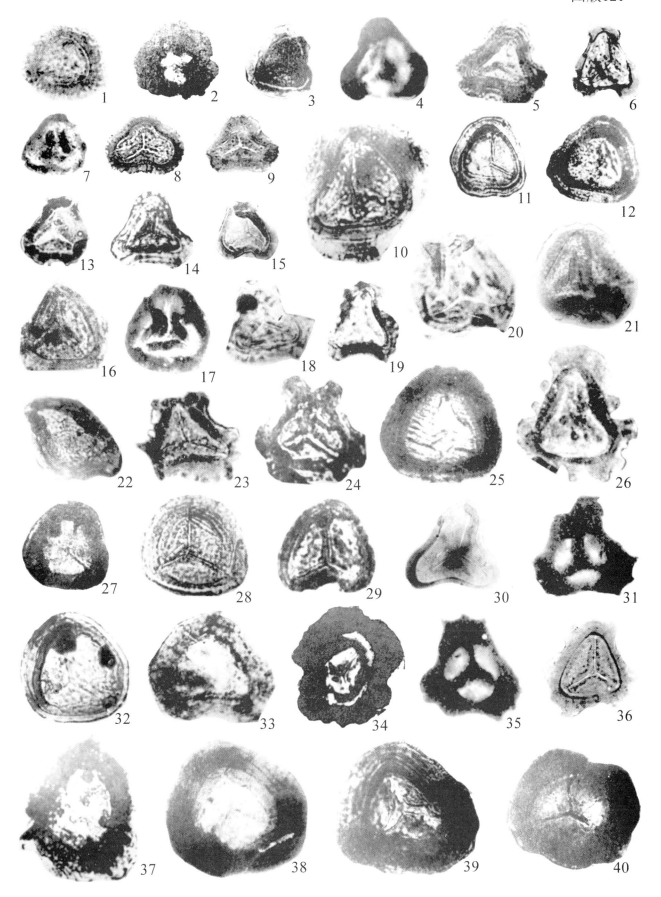

图版122

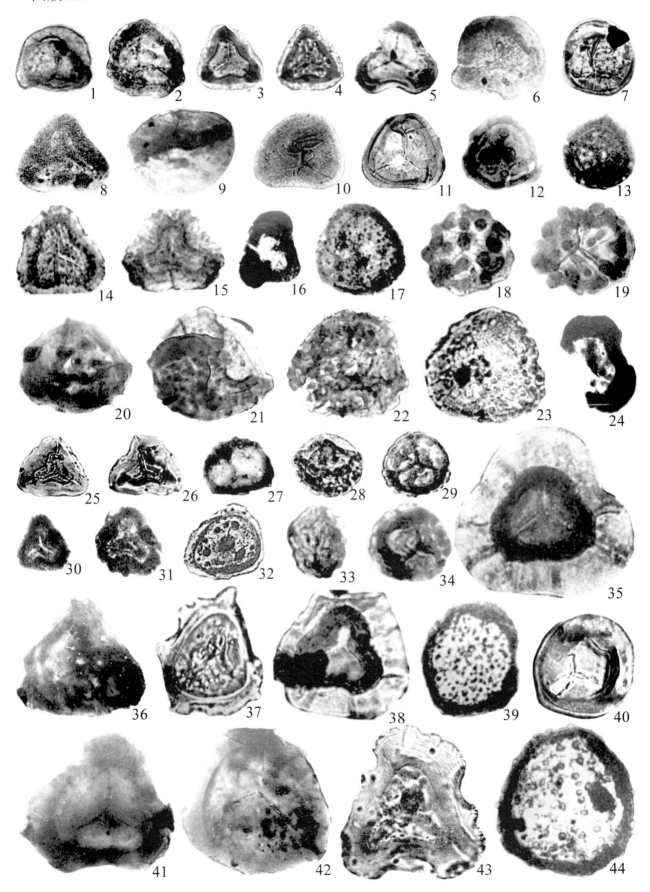

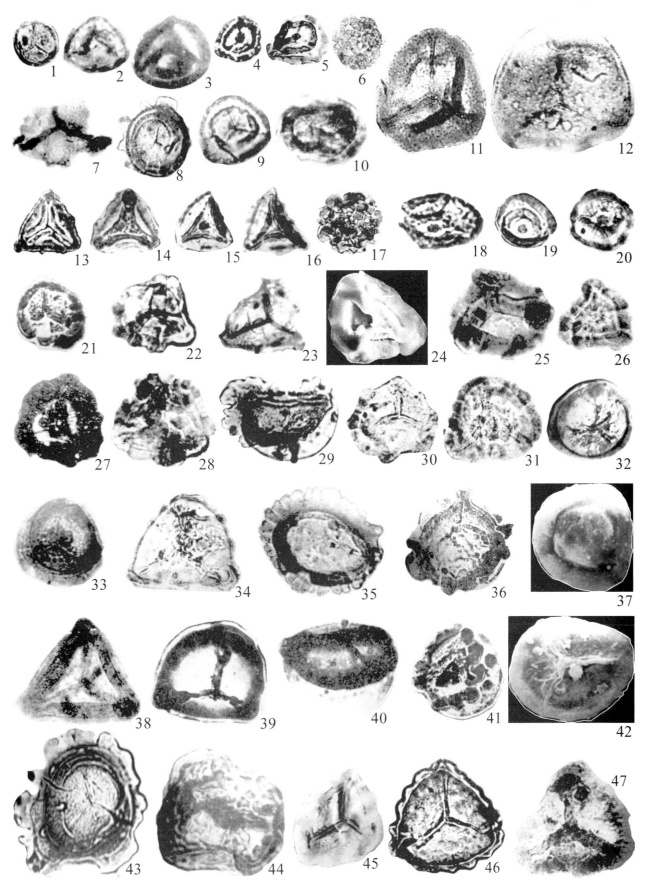

图版123

图版124

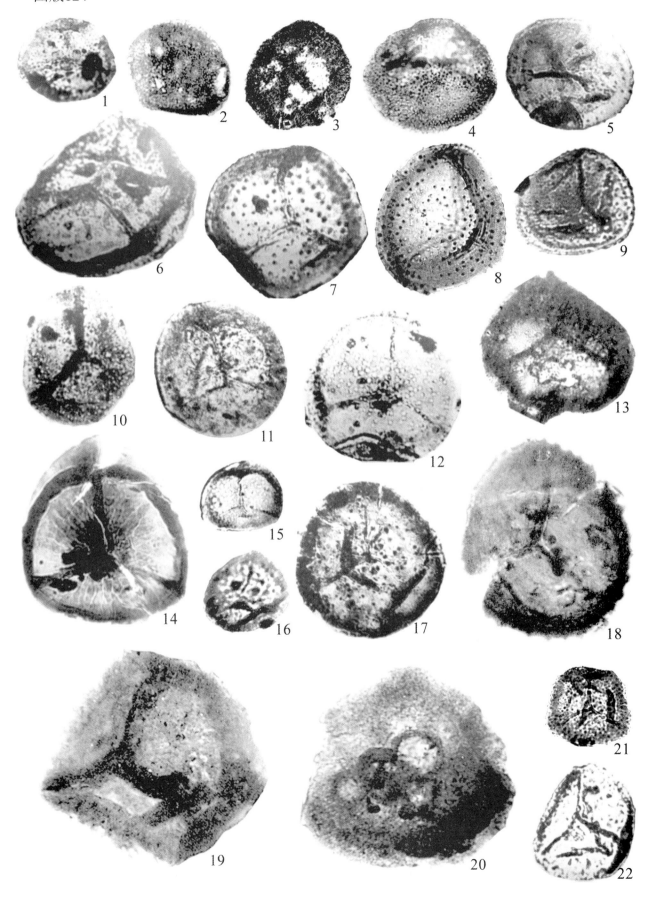

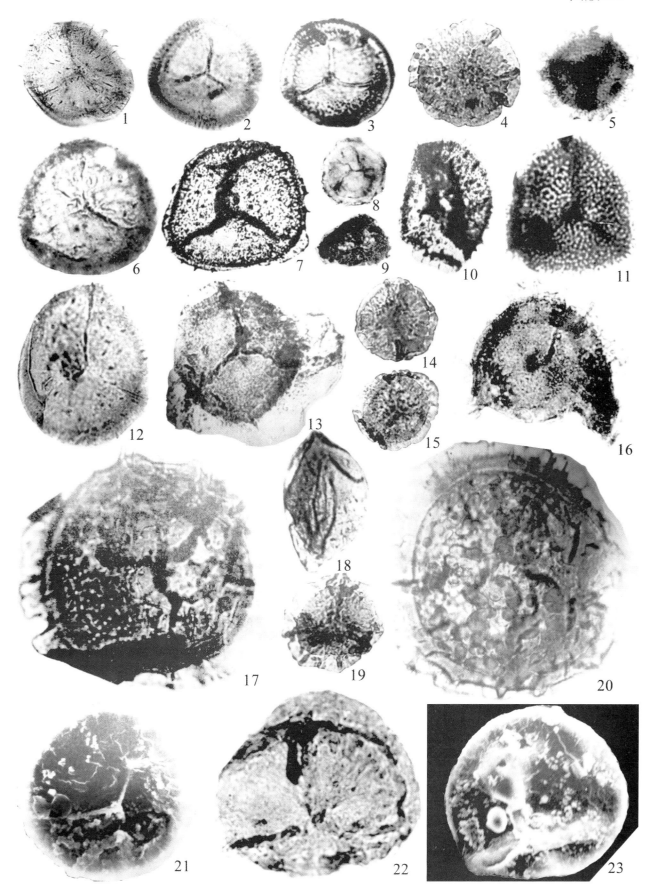

图版126

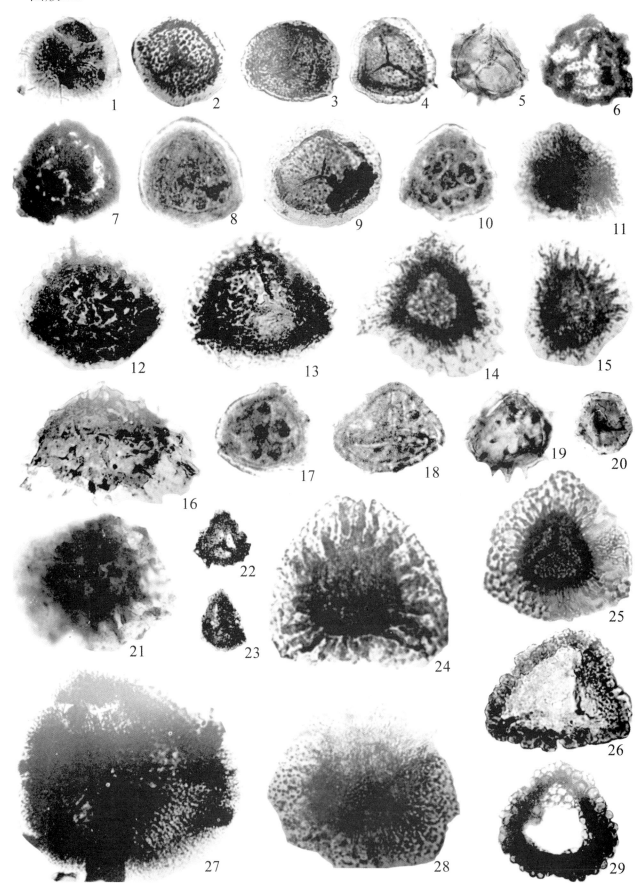

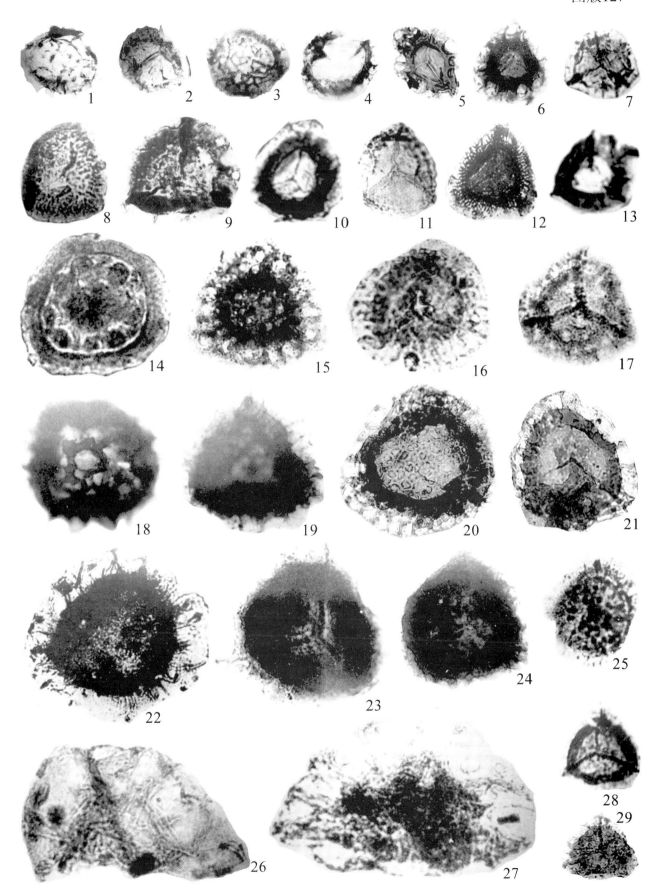

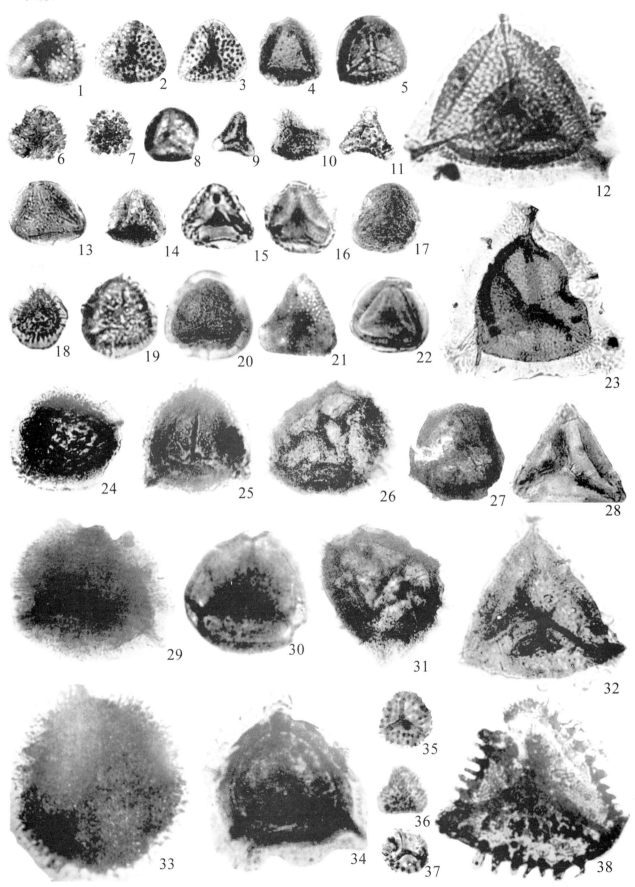

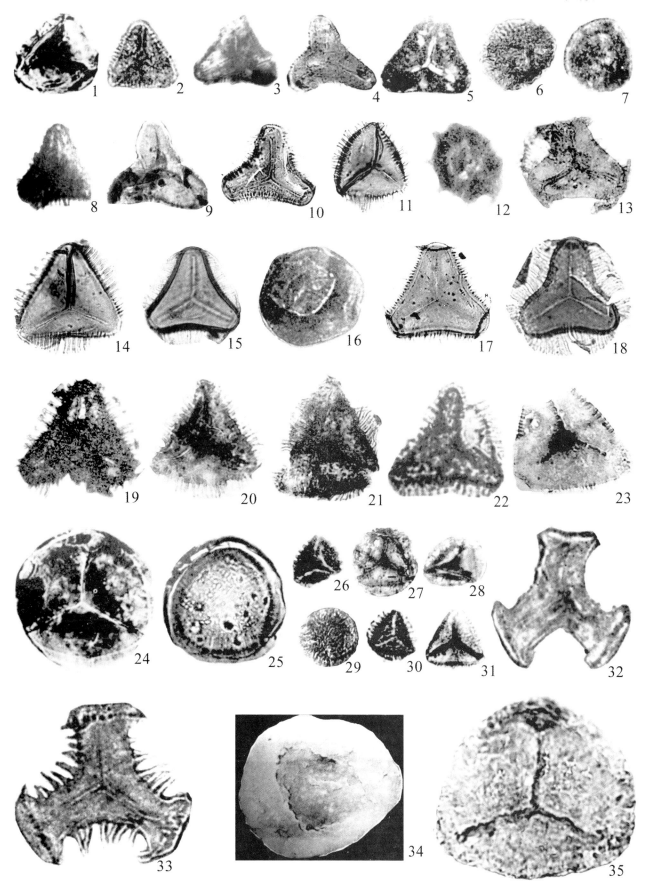

图版130

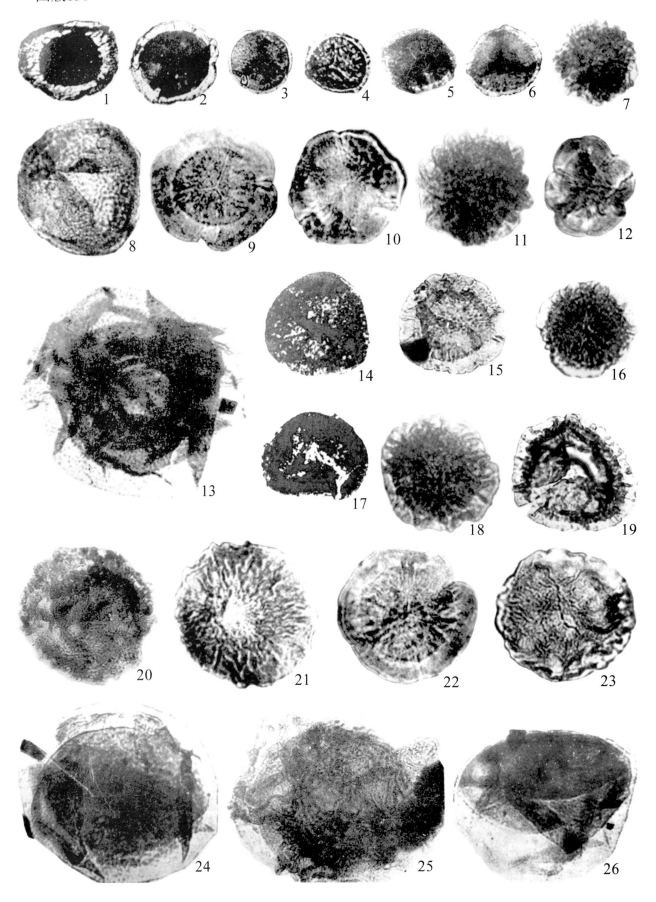

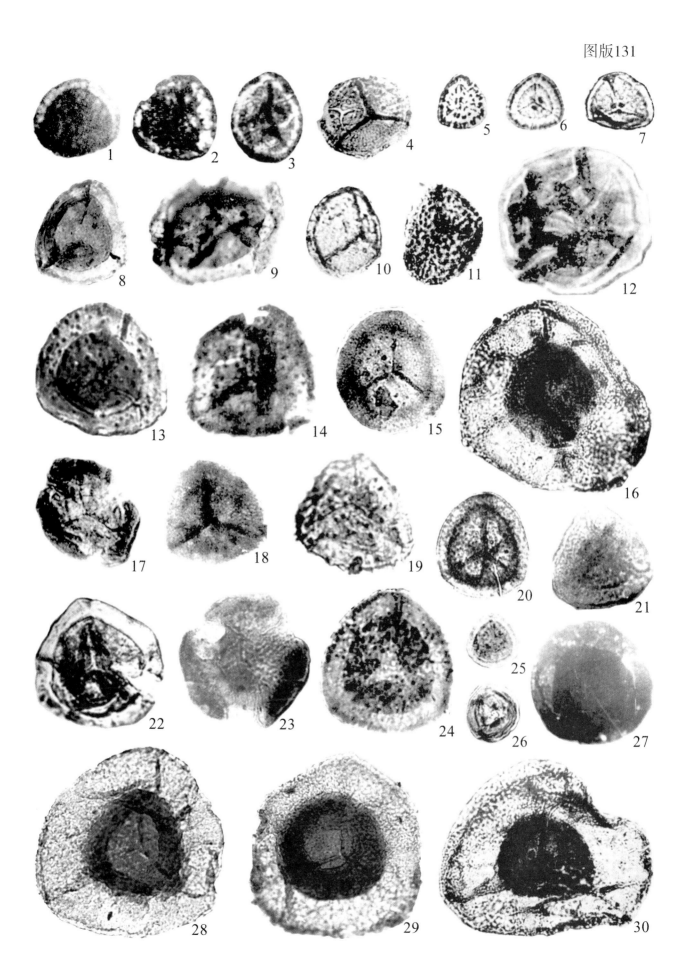

图版132

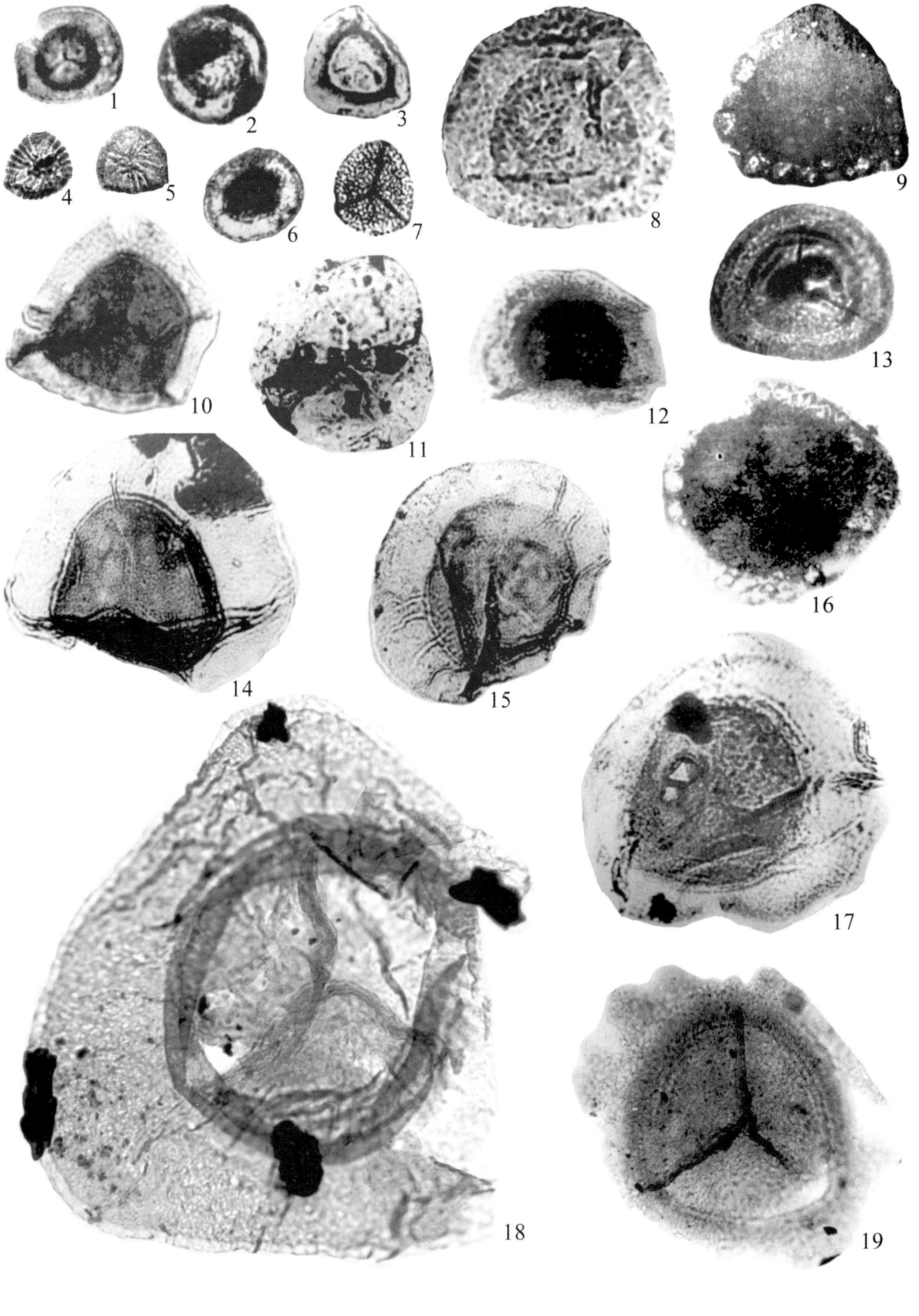

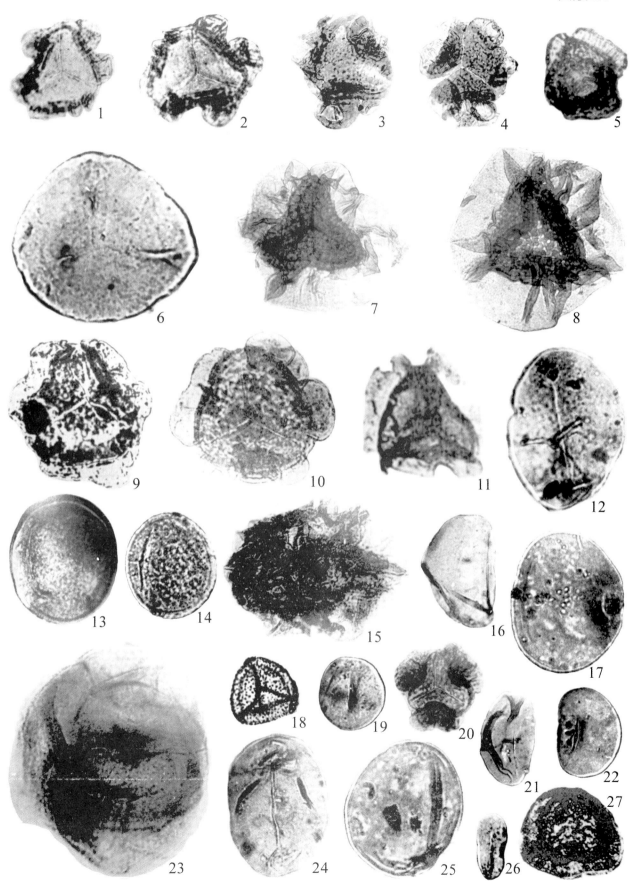

图版134

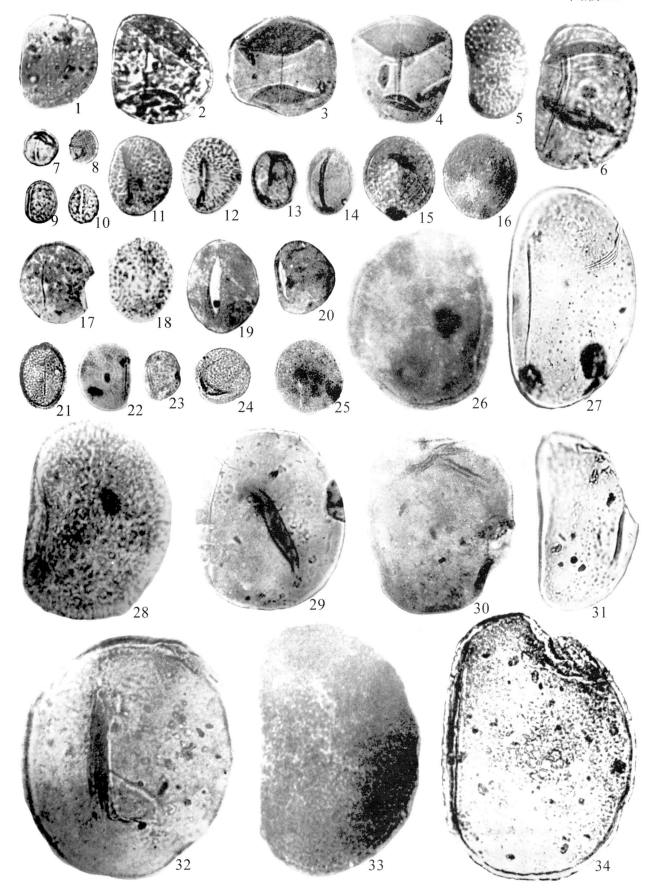

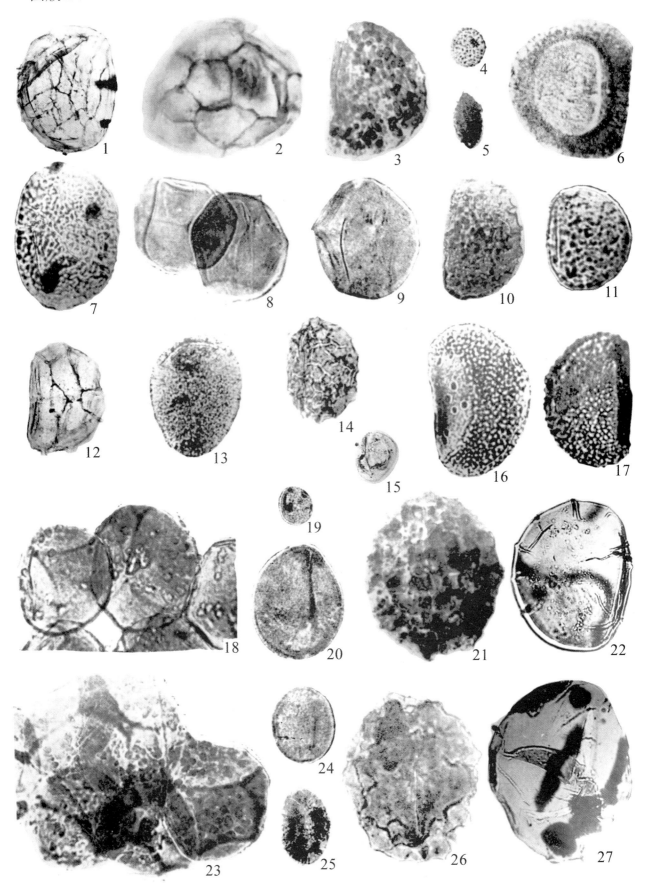

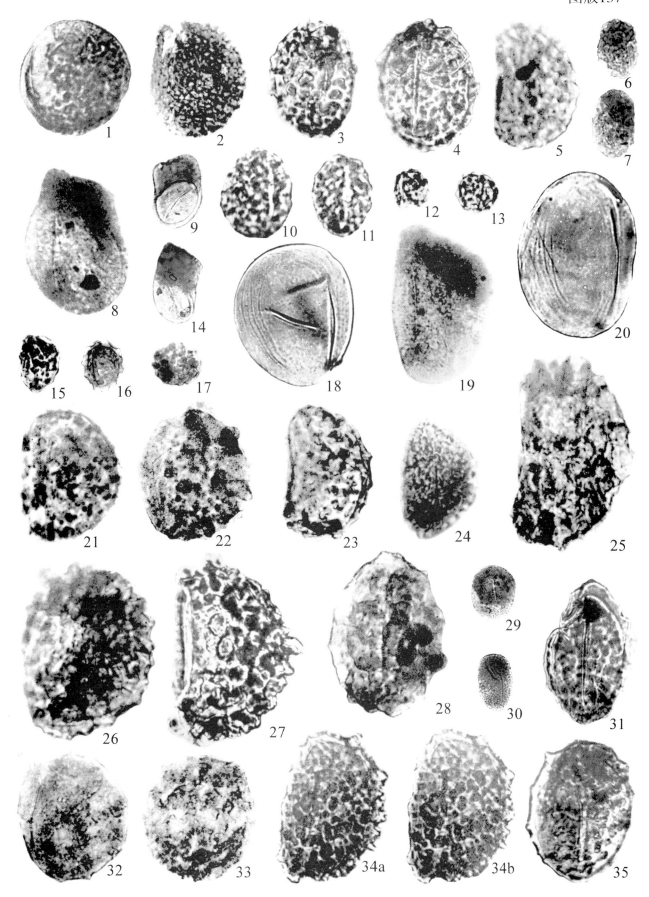

图版138

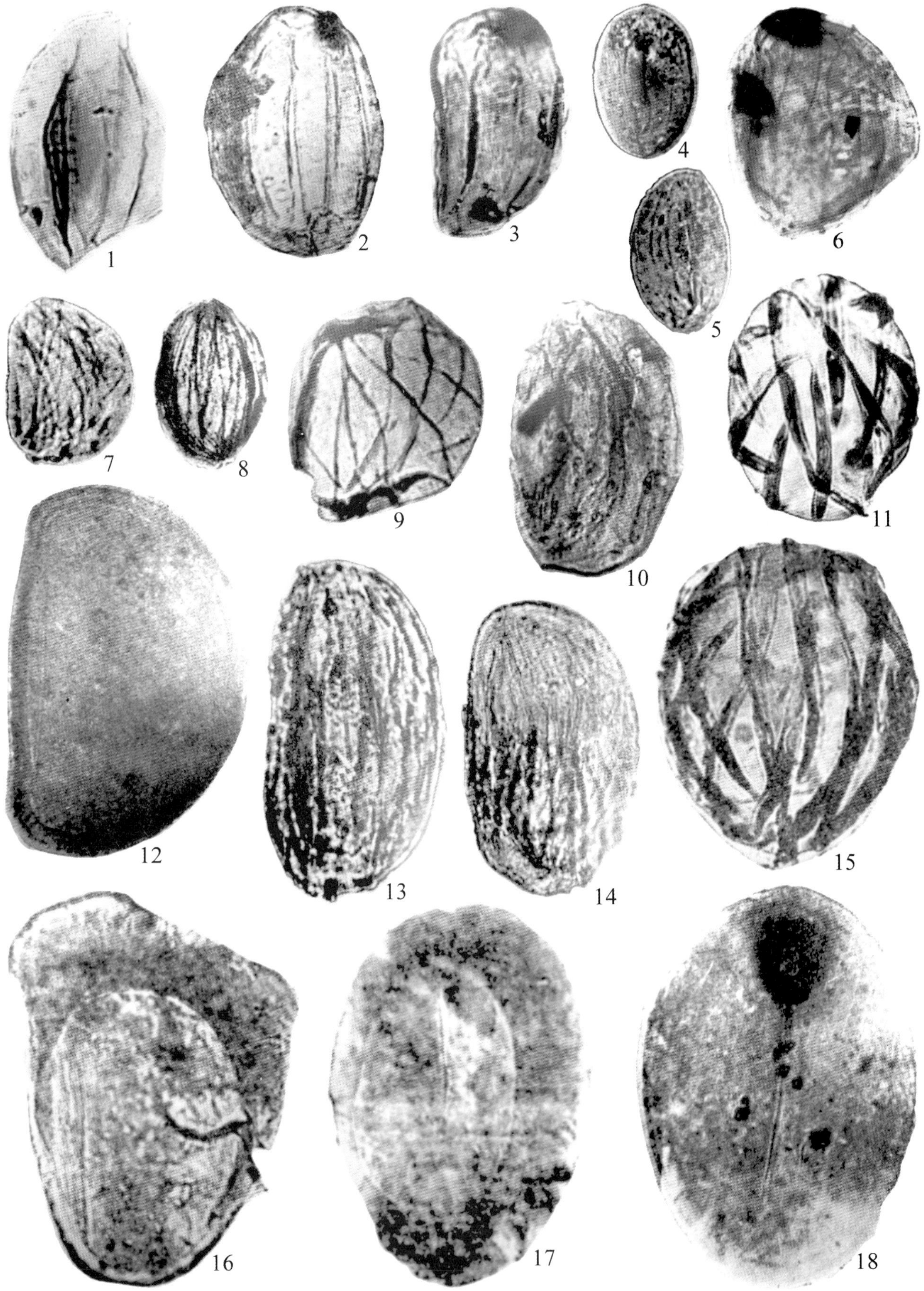

图版139

图版140

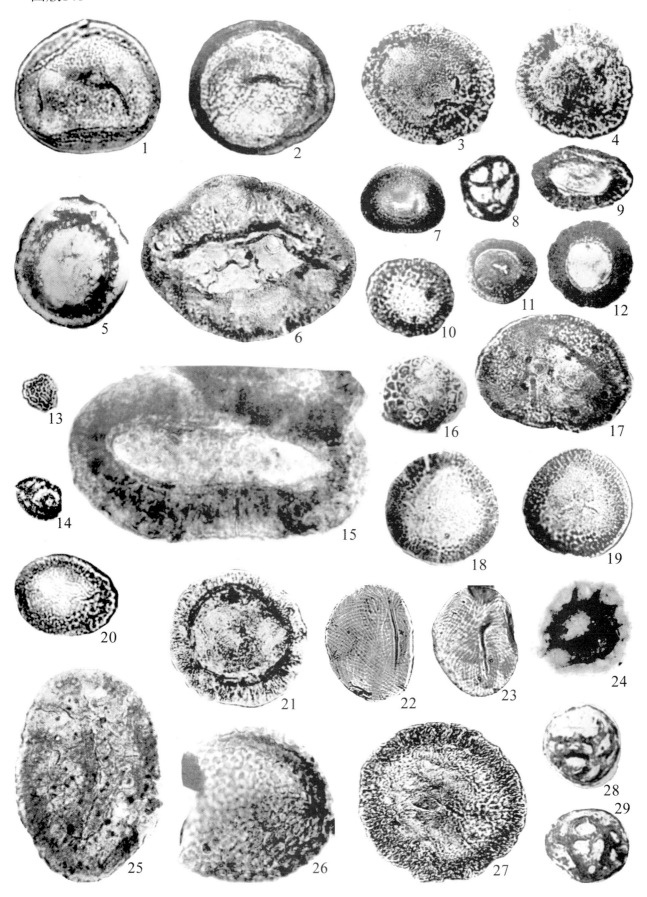

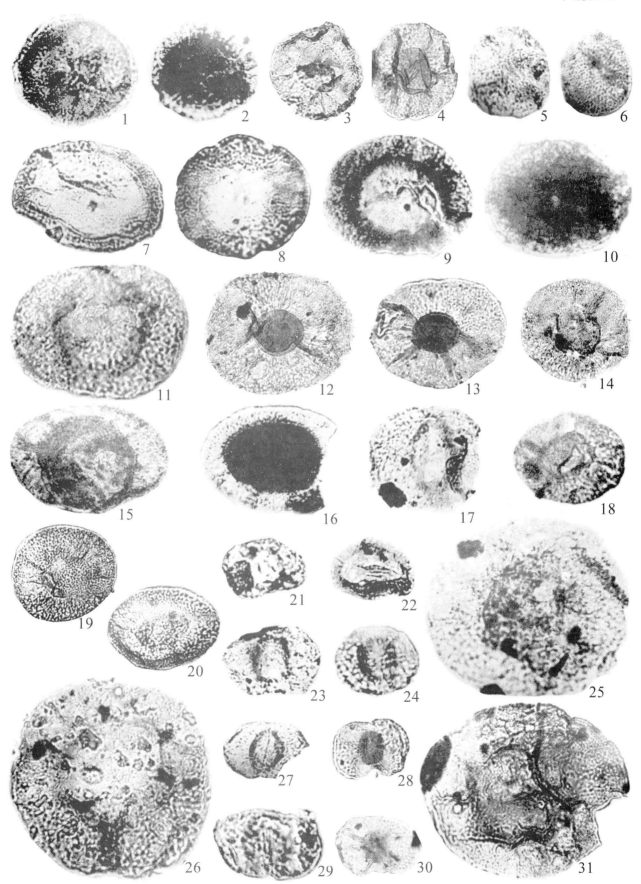

图版142

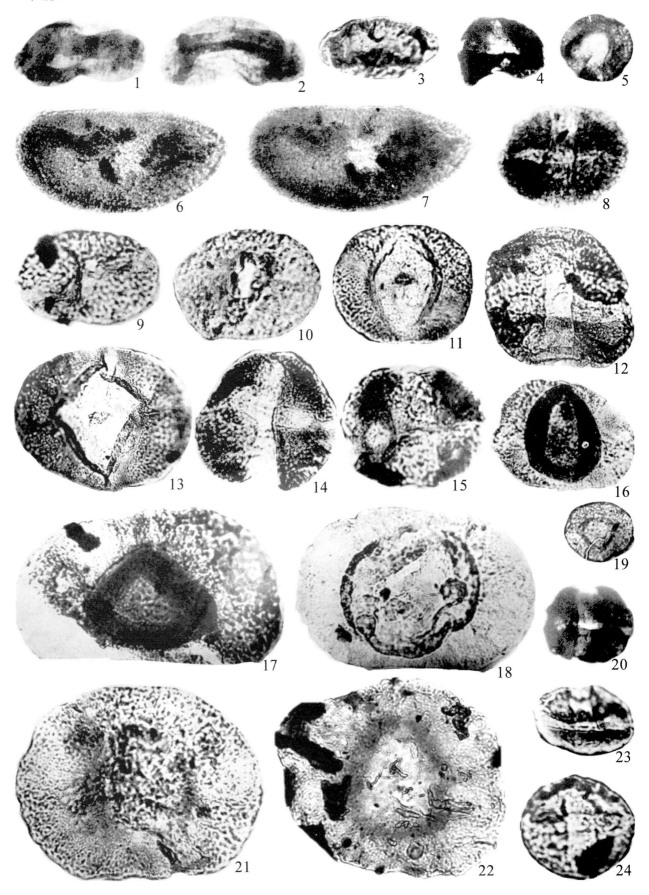

图版143

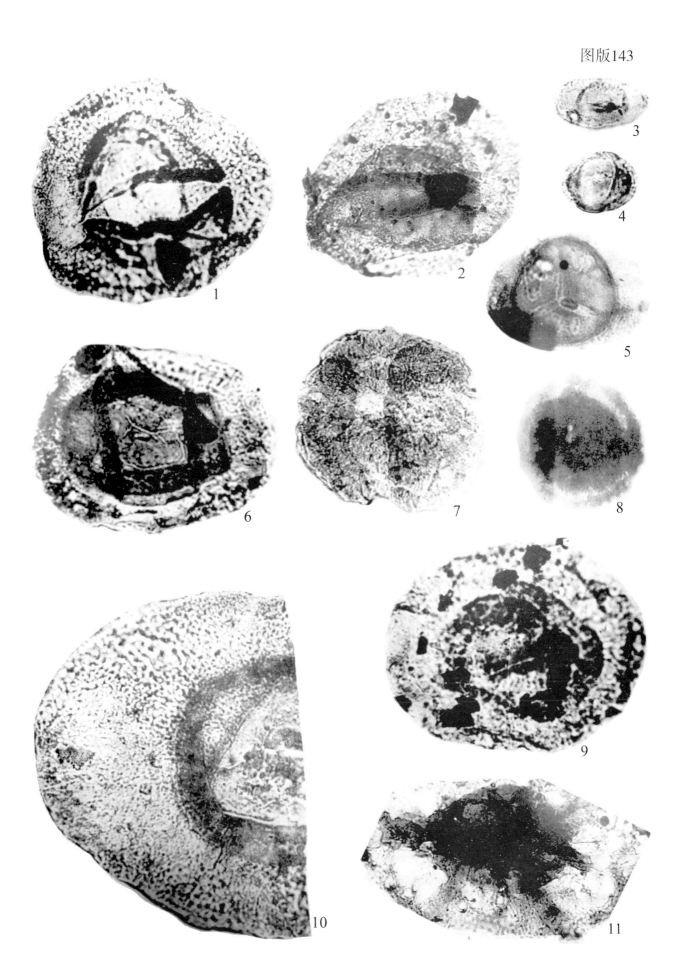

图版144

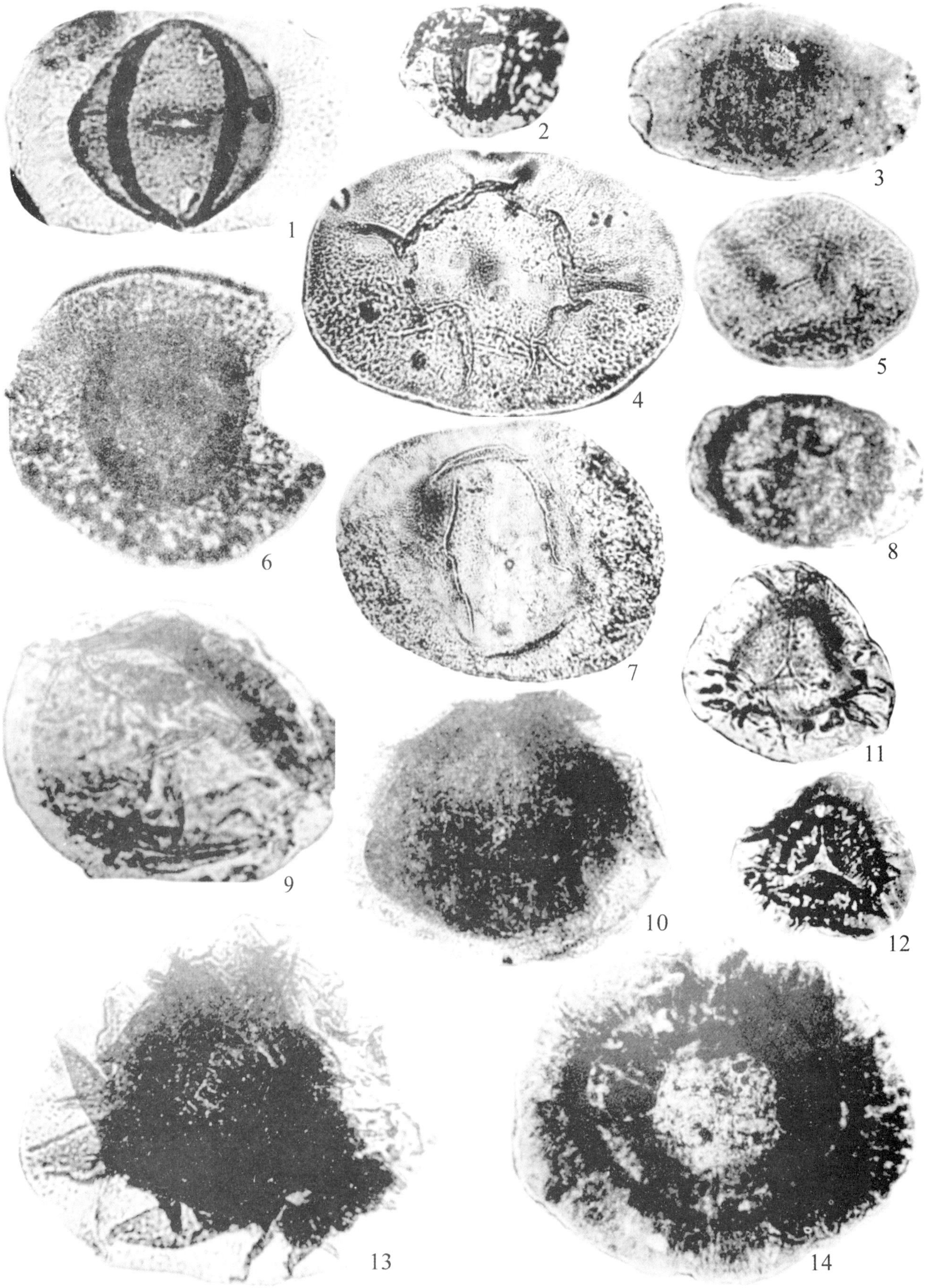

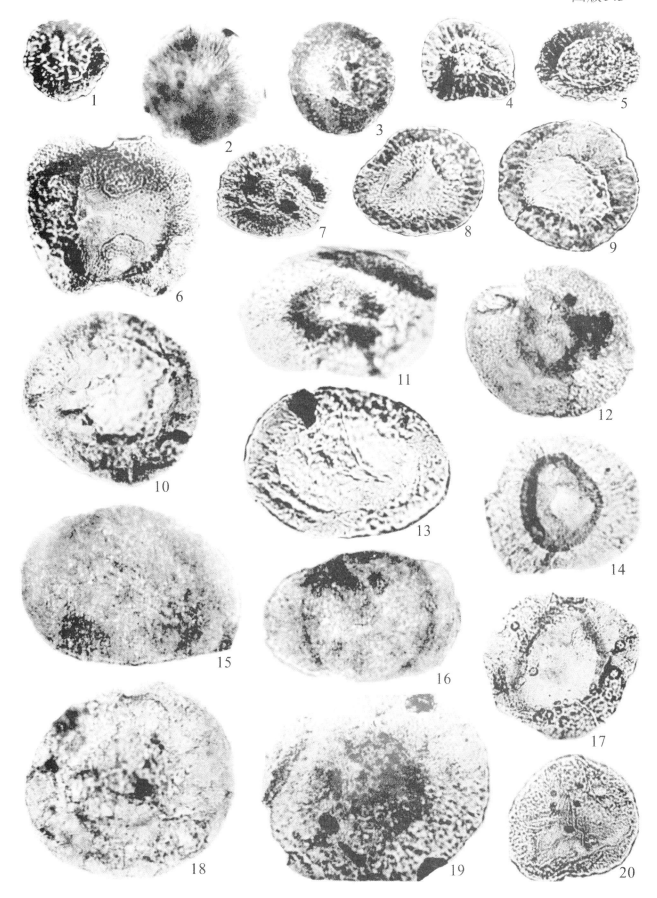

图版146

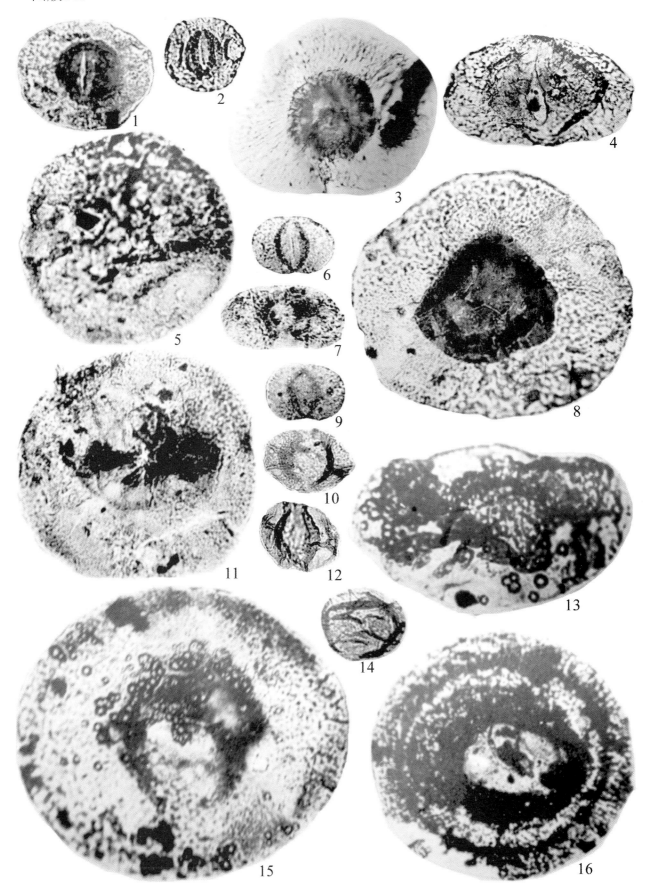

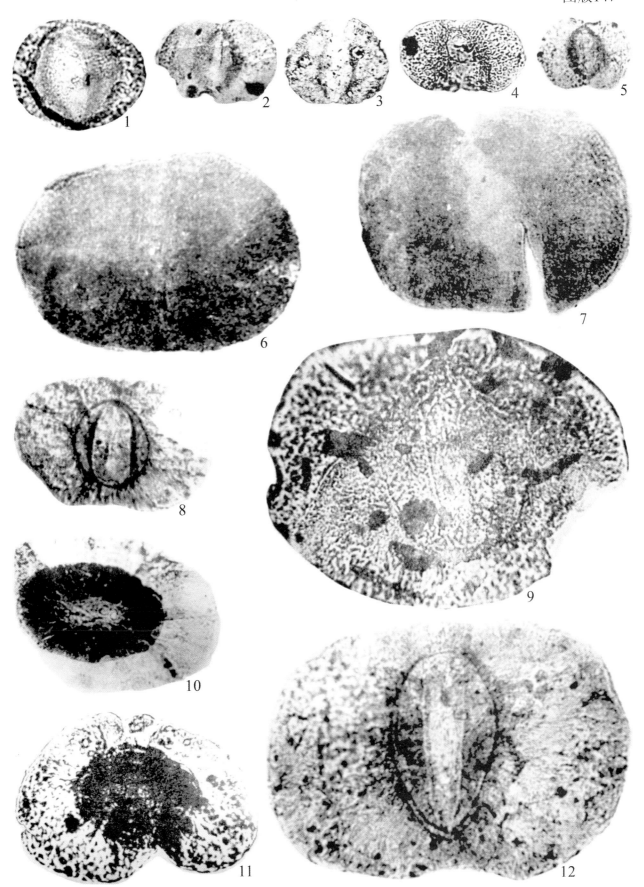

图版148

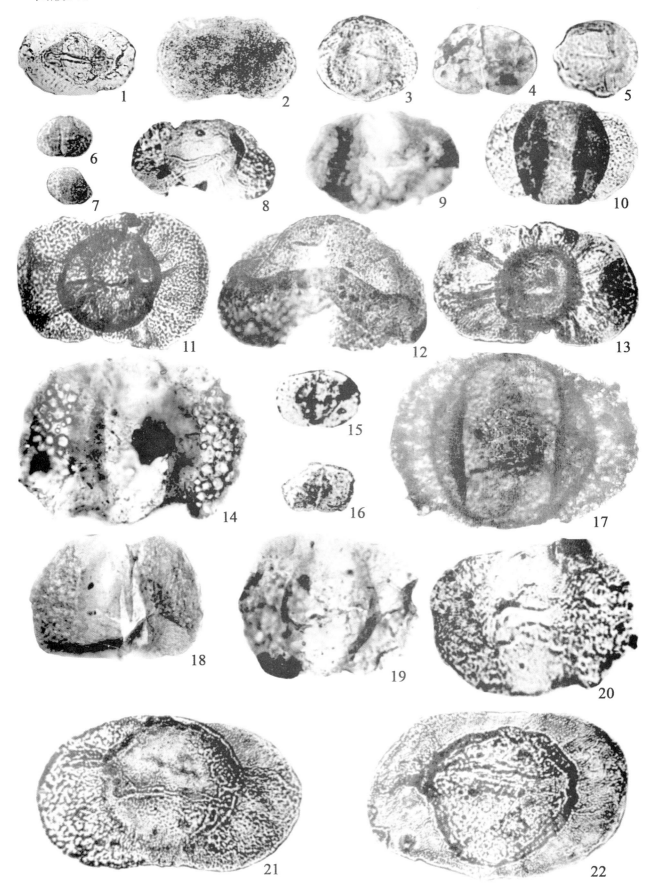

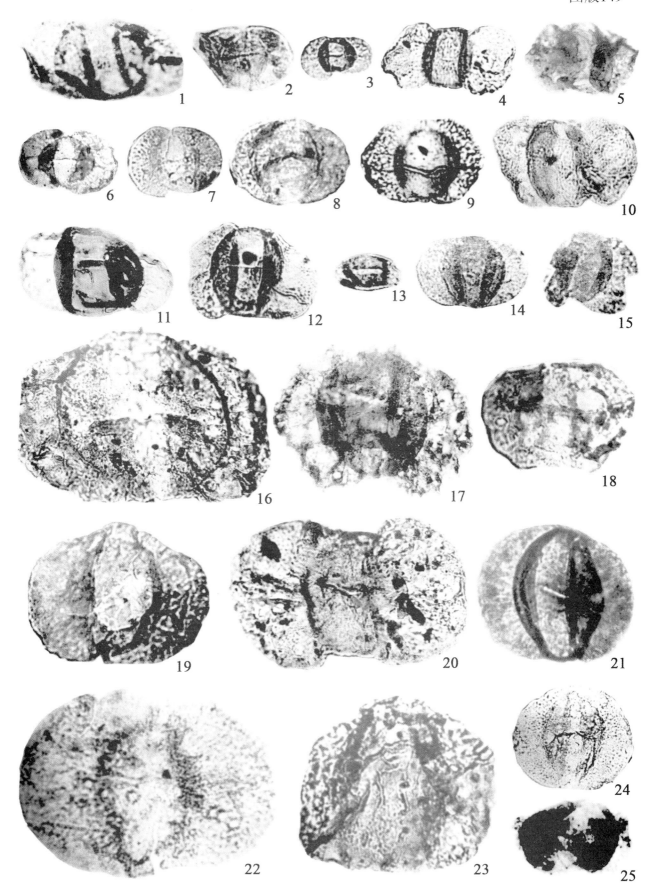

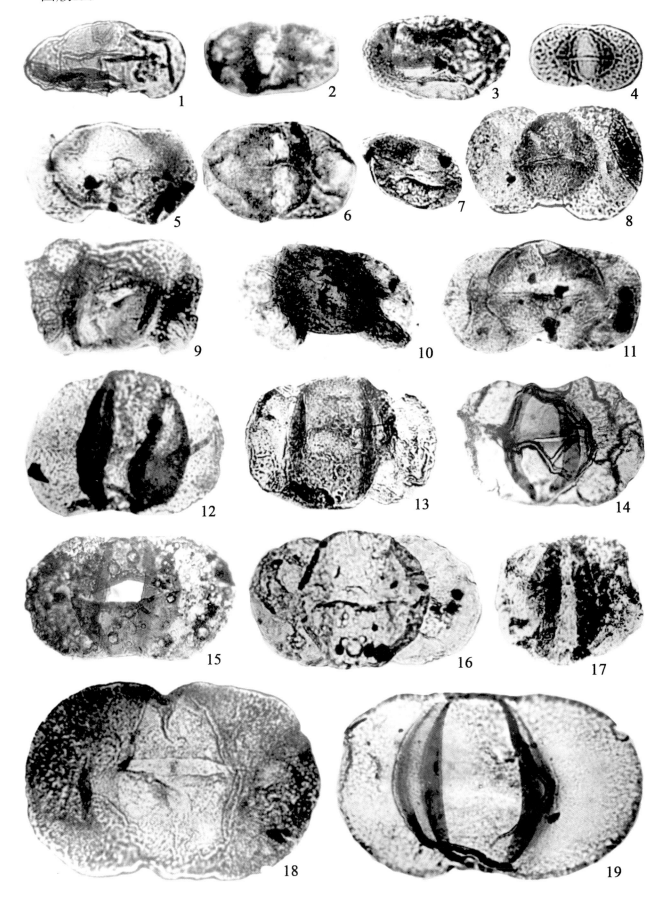

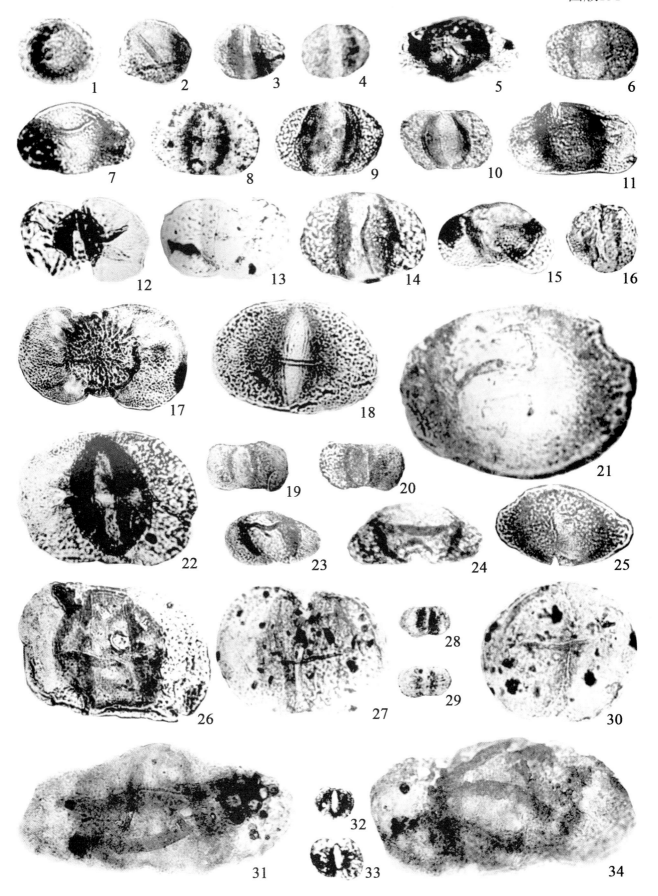

图版152

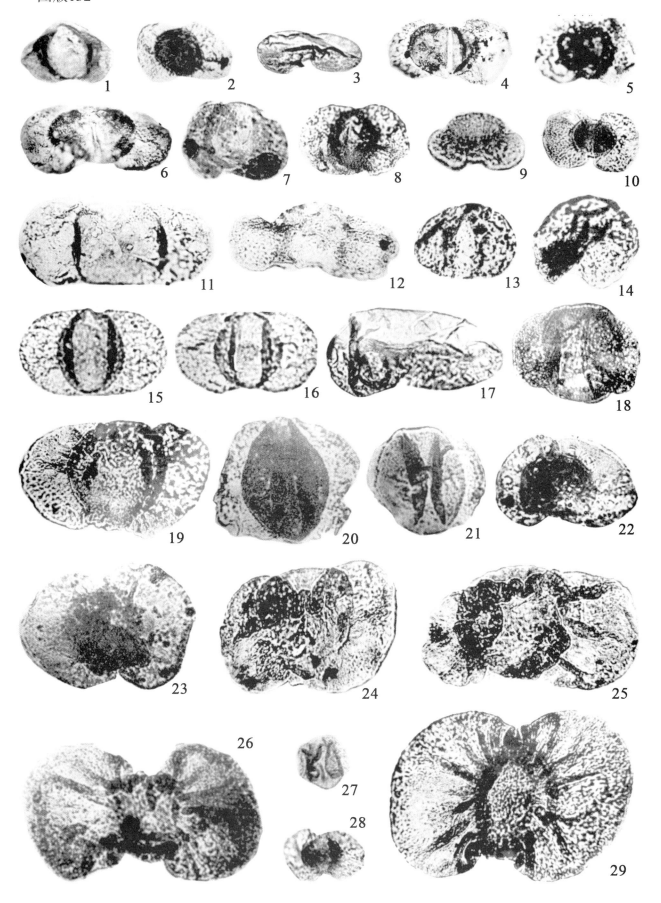

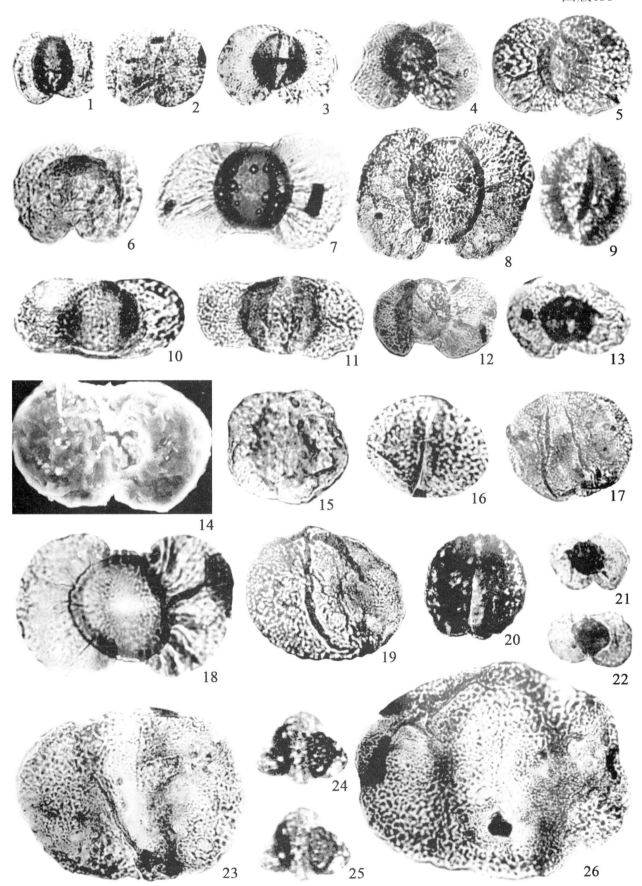

图版154

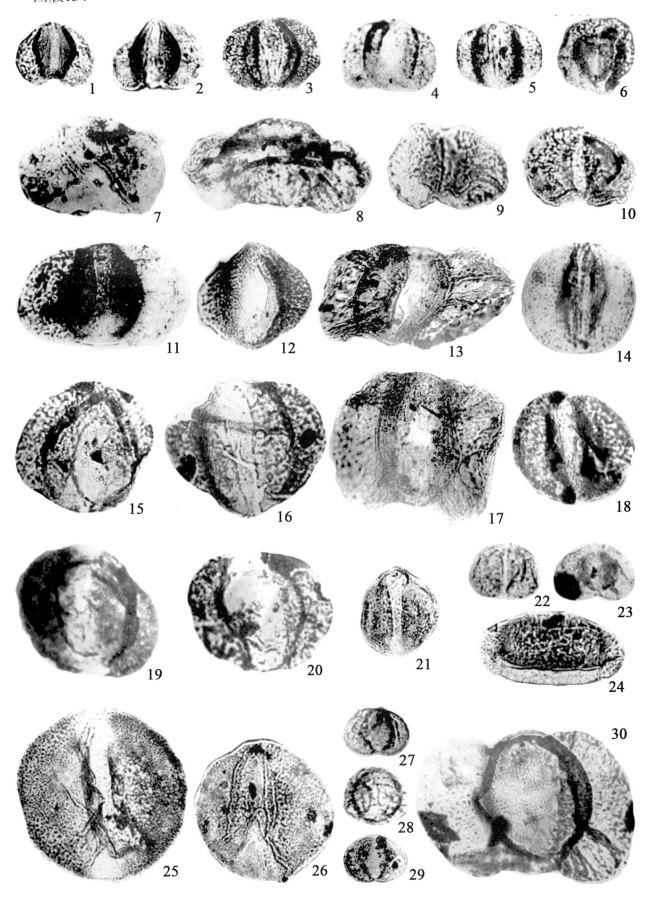

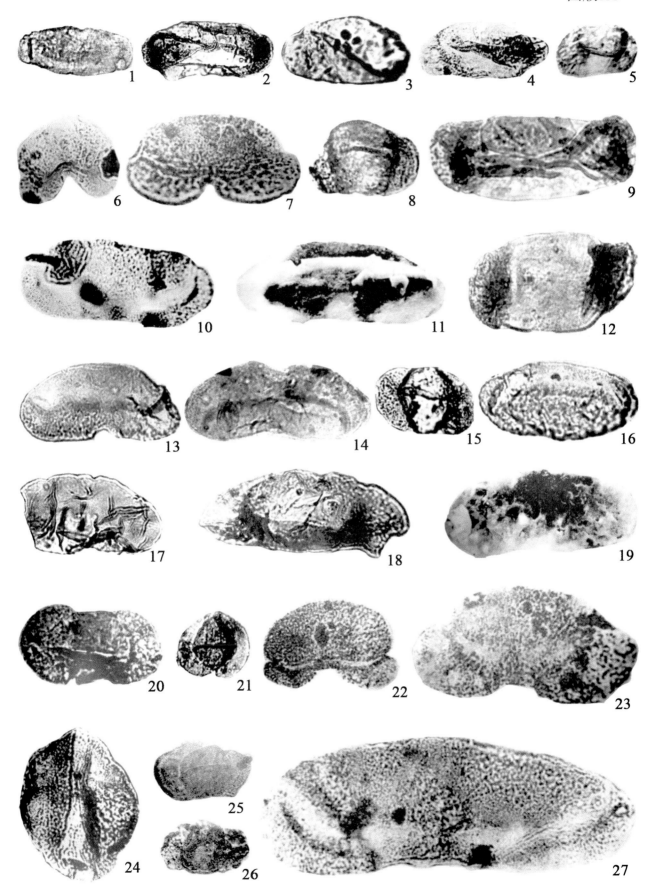

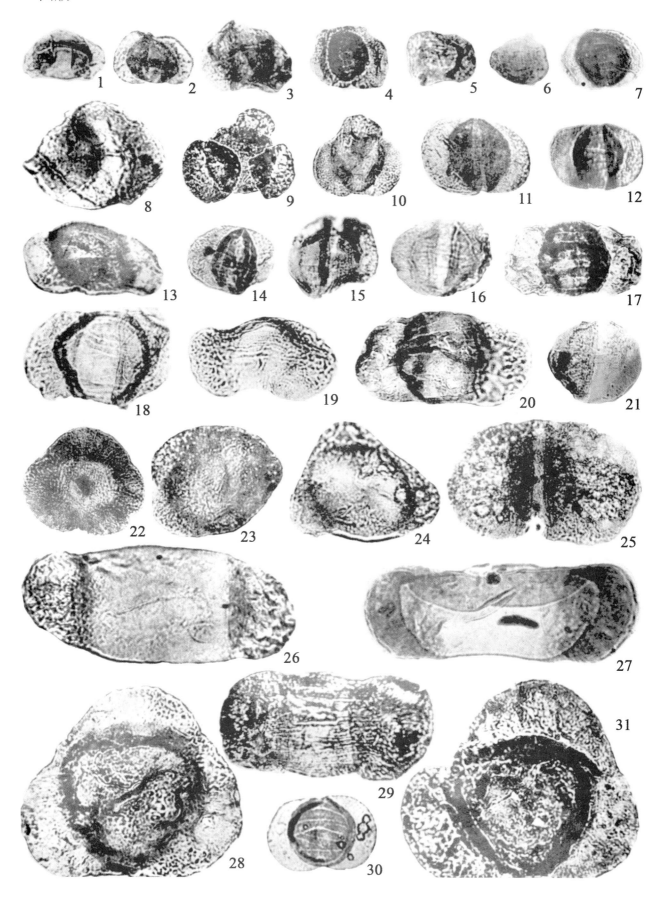

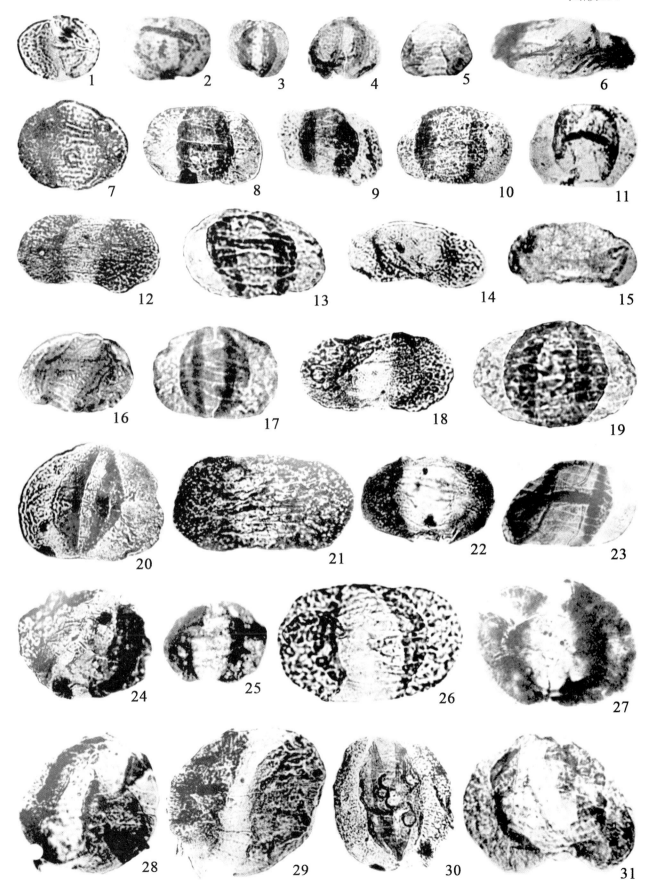

图版158

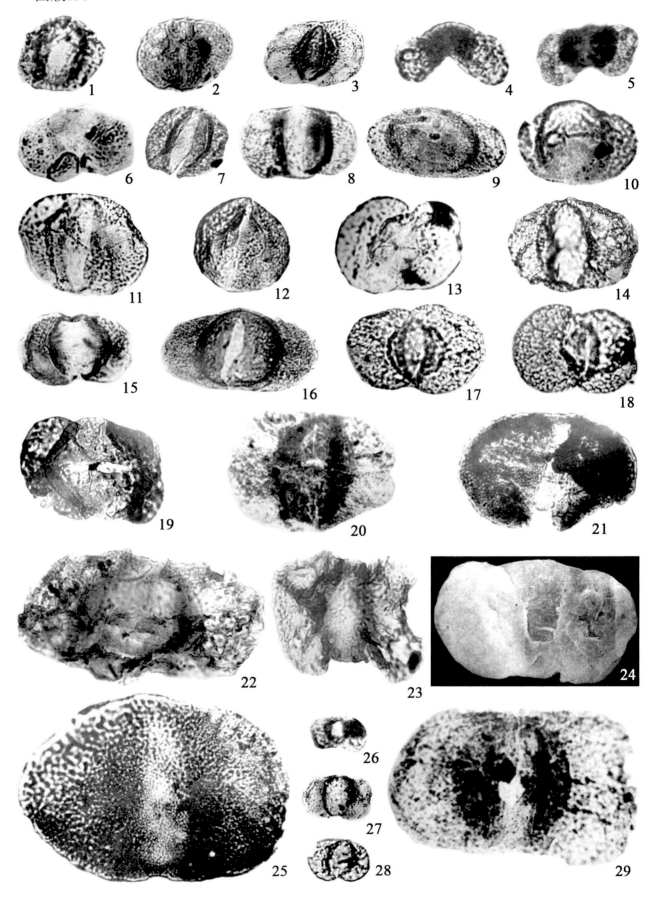

图版159

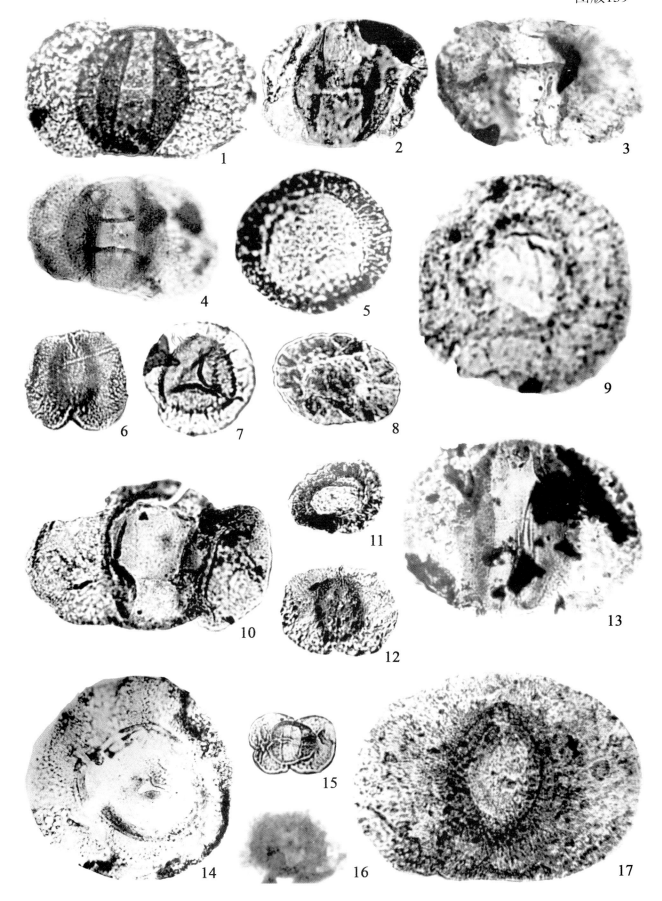

图版160

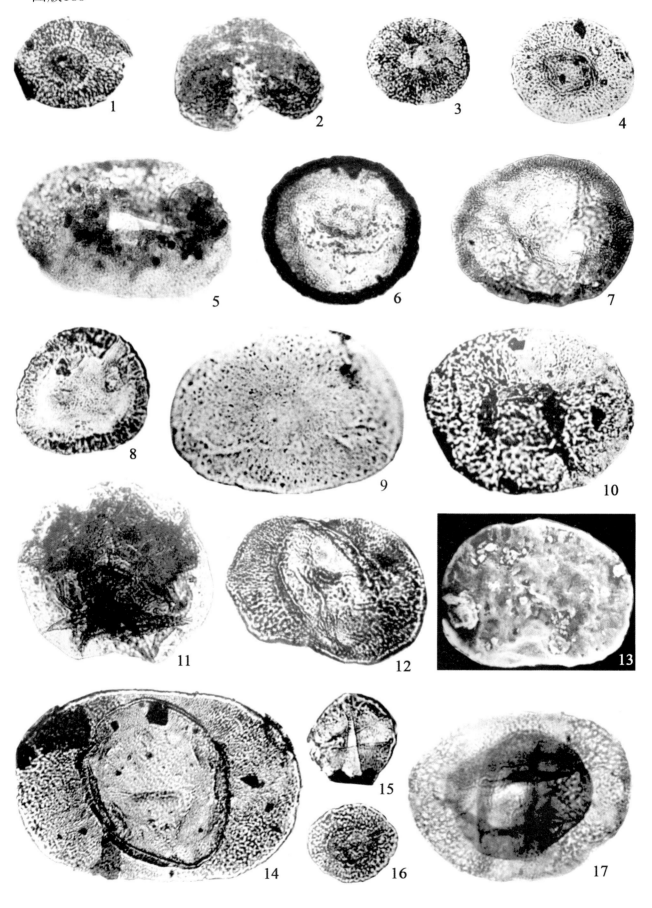

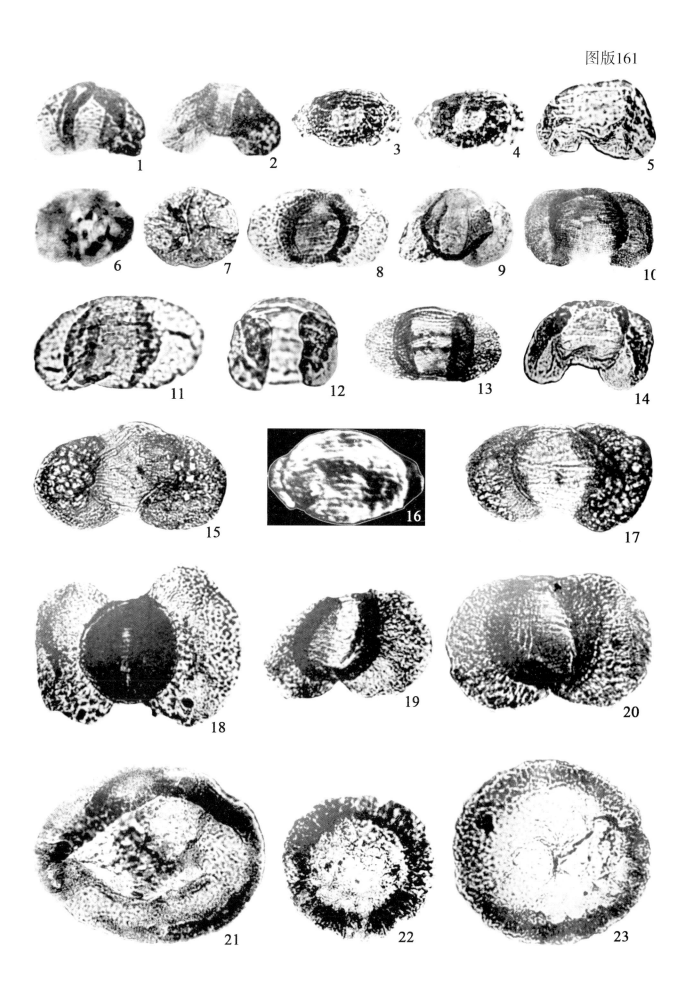

图版162

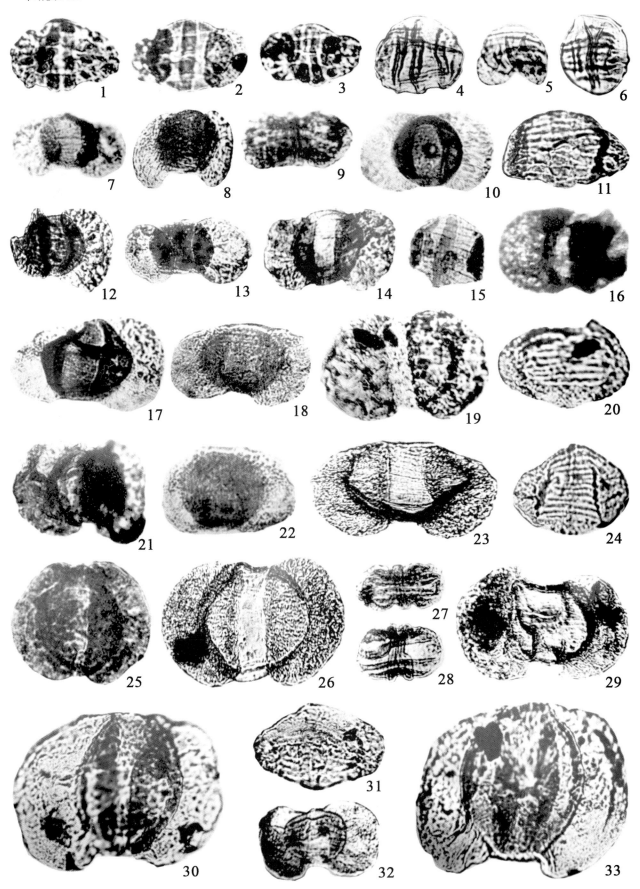

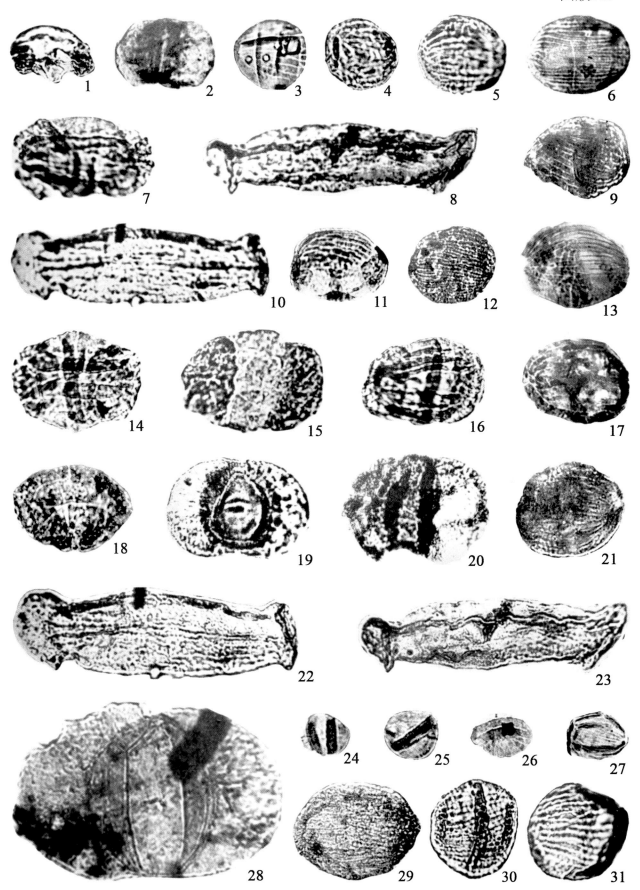

图版164

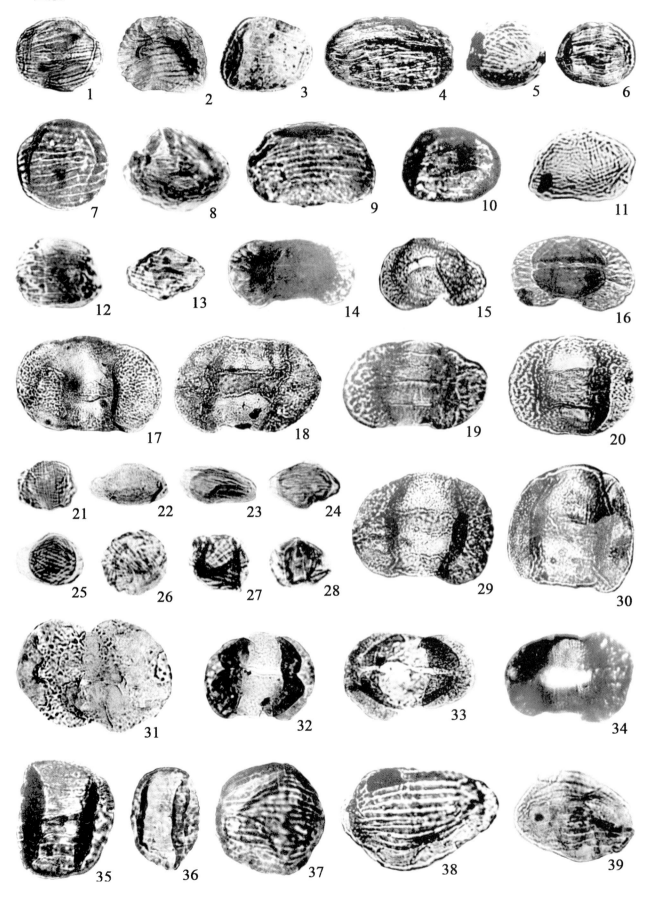

图版165

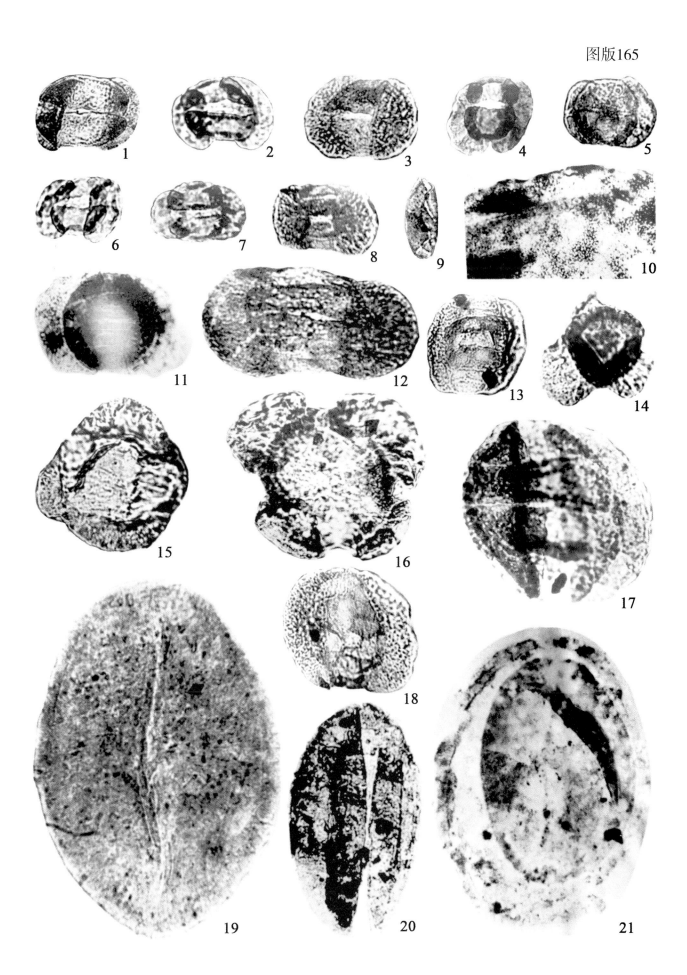

图版166

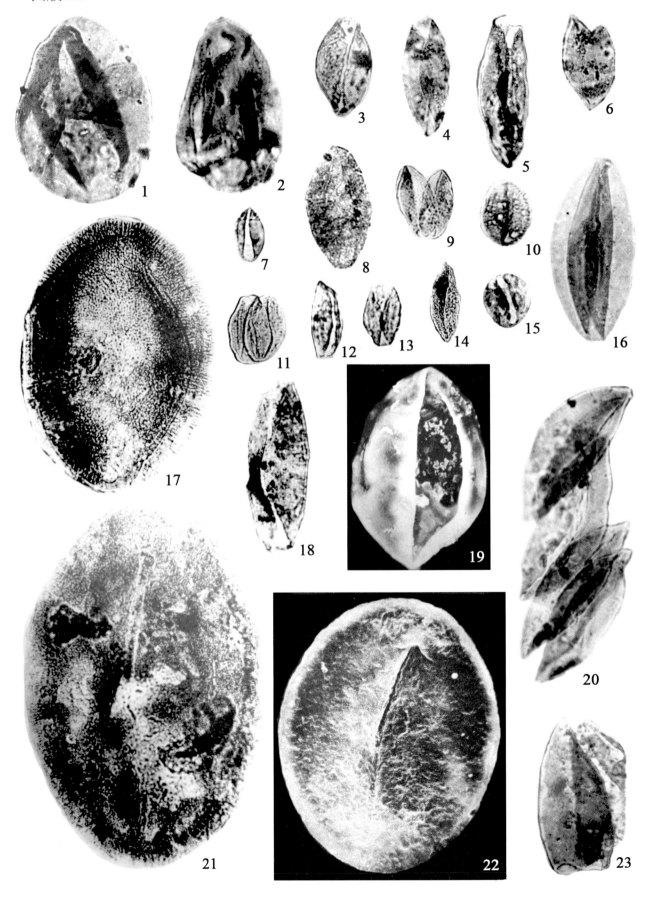

1
2
3
4
5
6
7
8
9
10
11
12
13
14
15
16
17
18
19
20
21
22
23
24
25
26
27
28
29

图版168

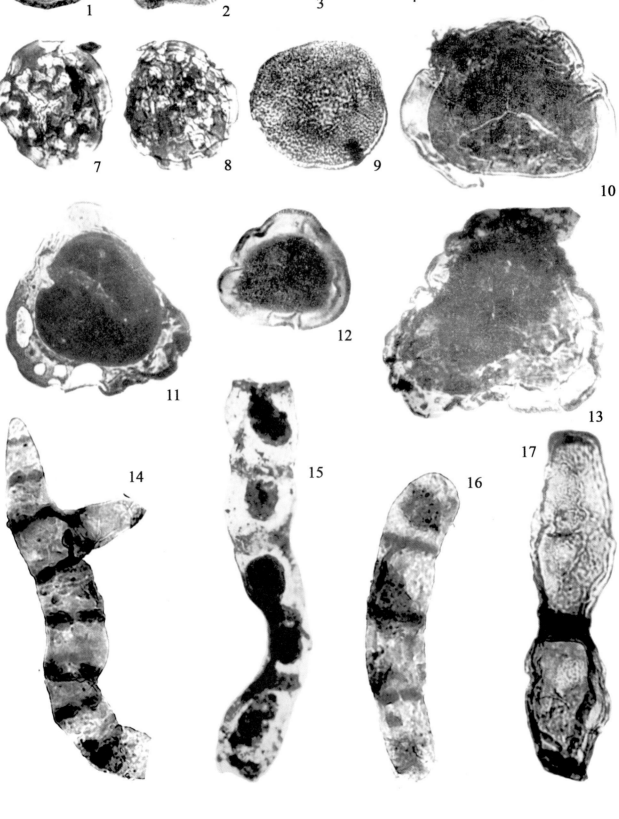